CSSC

中船（邯郸）派瑞特种气体股份有限公司
Peric Special Gases Co., Ltd.

公司简介

中船（邯郸）派瑞特种气体股份有限公司成立于2016年12月，隶属于世界500强全球较早造船企业中国船舶集团有限公司，中船特气起源于海军武器装备体系中的化工化学研究所——中国船舶集团第七一八研究所，公司及其前身深耕电子特气研制二十余载，实现了从单一产品到具备电子特种气体及含氟新材料等50余种产品生产能力的跨越式发展，在全国范围内已形成"三地四区七仓储"的产业布局，是科技重大专项（02专项）高纯电子气研发与产业化项目的组长单位，中国集成电路材料联盟副理事长单位，中国半导体材料十强企业。

公司主要从事电子特种气体及三氟甲磺酸系列产品的研制、生产和销售，产品广泛应用于集成电路、显示面板、锂电新能源、医药等行业。主要产品三氟化氮荣获国家制造业单项冠军，产能位居国内、世界前列；六氟化钨产能位居世界前列。终端客户遍及欧美及亚洲等国家和地区，与境内外知名企业建立了长期合作关系，是国内较早进入5nm先进制程的电子特气供应商，是全球排名前十的芯片制造企业和显示面板企业的重要合作伙伴。

主要产品

高纯气体：三氟化氮 (NF_3)、六氟化钨 (WF_6)、氯化氢 (HCl)、六氟丁二烯 (C_4F_6)、八氟环丁烷 (C_4F_8)、氟化氢 (HF)、 六氟乙烷 (C_2F_6)、八氟丙烷 (C_3F_8)、四氟化硅 (SiF_4)、 氘气 (D_2) 等。

稀有气体：氦气 (He)、氖气 (Ne)、氙气 (Xe)、氪气 (Kr)。

混合气体：氦氮（He/N_2）、氧氦（O_2/He）等30余种。

三氟甲磺酸系列产品：

三氟甲磺酸、三氟甲磺酸酐、双三氟甲磺酰亚胺锂等。

地址：河北省邯郸市肥乡区化工工业聚集区纬五路1号
电话：0310-7182720 0310-7182798 网址：http://www.pericsg.com/

江苏双良新能源装备有限公司

企业简介：

　　江苏双良新能源装备有限公司是双良集团的全资子公司，隶属于上市公司双良节能（股票代码：600481）。从2003年开始，双良长期致力于多晶硅成套工艺装置、高端换热器等化工装备和装置等的研发和制造，为行业核心设备和系统全面国产化做出突出贡献。

多晶硅行业产品介绍：

　　多晶硅行业是光伏和半导体产业链中的基础环节，目前行业普遍采用改良西门子法制备多晶硅。改良西门子法中还原系统则是核心工艺。

　　双良长期致力于多晶硅的生产工艺研究，尤其在还原工艺系统方面，不断深入，持续创新，已完全取代进口装置，并且与国内多晶硅企业保持友好战略合作关系，多年来始终保持市场占有率第一。

　　双良伴随中国多晶硅行业的不断发展和突破，为绿色能源的广泛运用贡献自己的力量。

主要产品：

还原炉

　　还原炉是多晶硅生产的核心设备之一。经过提纯的三氯氢硅 $SiHCl_3$ 和高纯氢混合后，通入 1150℃ 还原炉内，通过气相沉积法，生成的高纯多晶硅沉积在多晶硅载体上，即可得到最终产品多晶硅棒。还原炉性能将影响多晶硅企业其产品产量、质量、成本、能耗等关键指标。双良还原炉已形成12对棒～72对棒全规格系列覆盖，其中40对棒还原炉应用最为广泛。

还原模块

　　还原系统采用模块设计和制造，集成度高，装置紧凑，定制和优化流程，操作简便，降低能耗，易于实现全自动控制，减少现场施工时间，保证施工质量，加快项目整体进度，节省投资。

地址：江苏江阴利港街道西利路 125 号　　　邮箱：wangfg@shuangliang.com
联系人：王法根 13812117780　　　网站：www.shuangliang.com

上机数控集团

公司简介

无锡上机数控股份有限公司（股票代码：603185）属于高端智能装备制造行业，创立于2002年，注册资本2.75亿元，是一家以先进机械制造技术、高硬脆材料切割加工技术及其装备信息化技术为依托，拥有太阳能、蓝宝石和半导体配套加工专用高端装备，具有核心自主品牌产品的国家高新技术企业。

公司专注从事精密机床的研发、生产、销售，坚持"以高硬脆材料专用加工设备为核心、通用磨床设备为支撑"的业务体系。形成了覆盖开方、截断、磨面、滚圆、倒角、切片等用于高硬脆材料的全套产品线，并已在蓝宝石和半导体专用加工设备领域占据重要一席。

无锡上机数控股份有限公司

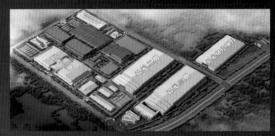

弘元新材料（包头）有限公司

WSK056C
数控单晶硅金刚线高速截断机

WSK035C
全自动磨面倒角一体机

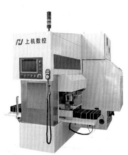

WSK900B
数控金刚线切片机

WSK060S
碳化硅切片机

2019年公司逐步拓展光伏单晶硅生产业务，打造"高端装备＋核心材料"的"双轮驱动"业务格局。于2019年5月在内蒙古包头建立全资子公司——弘元新材料（包头）有限公司，注册资本7亿元，成立了30GW直拉单晶硅棒及相关产品项目。该单晶硅生产项目共分3期建设完成，共计投资约93亿元。2021年4月，公司与江苏中能硅业科技发展有限公司共同成立内蒙古鑫元有限公司，投资建设10万t颗粒硅及15万t高纯纳米硅产能。2022年2月，公司拟在内蒙古包头市固阳县设立控股子公司投资建设进行年产15万t高纯工业硅及10万t高纯晶硅生产项目，项目总投资预计为人民币118亿元。项目分2期实施，第1期设计产能为8万t高纯工业硅项目、5万t高纯晶硅项目，预计总投资为人民币60亿元。

颗粒硅

单晶圆棒

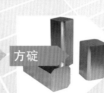
方碇

硅片

硅片

无锡上机数控股份有限公司

地址：无锡市滨湖区雪浪街道南湖中路158号
邮编：214128
电话：0510-85350590 85958787
网址：www.wuxisj.com
邮箱：sales@wuxisj.com

弘元新材料（包头）有限公司

地址：内蒙古包头市青山区装备制造园新规划区园区南路1号
邮编：014030
电话：0472-5100016
网址：www.hongyuanxcl.com
邮箱：hongyuanxcl@hongyuanxcl.com

森永机器
MoriNaga

公司简介:

浙江森永光电设备有限公司成立于2011年,位于浙江省嘉兴市。公司致力于高精度平坦化研磨抛光技术的研究与应用,生产制造一系列高品质精密单双面研磨抛光设备。产品广泛应用于石英晶体、光学玻璃、碳化硅、LED蓝宝石衬底、电子材料(硅片、锗片)、陶瓷基片、液晶显示、记忆硬盘、磷化铟、砷化镓、铌酸锂、钽酸锂等行业。

公司创始人兼董事长李正良先生早在1993年就进入了国内高端研磨抛光技术行业,并长期为行业客户提供优质研磨盘等高精密备件,参与起草工业和信息化部研磨盘行业国家标准。

公司技术人才占团队的50%以上,整个团队充满活力。我们的目标是"做世界一流的研磨和抛光设备"。

我们重视知识产权。公司现有专利共34项,其中发明专利2项,实用新型专利28项,其他4项。

公司目前主要的双面研磨/抛光设备包括ED6B、ED9B、ED13B、ED16B、ED20B、ED22B和ED32B。

公司主要的单面抛光设备包括ES32B、ES36B、ES50B。

6B 双面研磨抛光机

9B 双面研磨抛光机

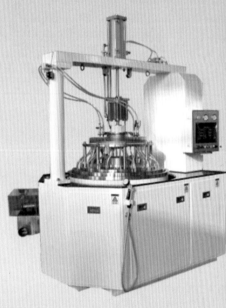

13B 双面研磨抛光机

资质证书:

公司发展历程：

　　1993 年成立台州市永安机械有限公司，为森永光电设备制造提供了长期稳定的高精密零部件支持。

　　2011 年成立浙江森永光电设备有限公司，专注平坦化研磨抛光技术和装备研发制造。

　　2018 年成立浙江永安智能装备有限公司，专注于研磨抛光设备专用蜗轮蜗杆减速机的研发与制造，作为森永光电设备制造的重要补充。

50B 单面抛光机

36B 单面抛光机

16B 双面研磨抛光机

32B 双面研磨抛光机

22B 双面研磨抛光机

浙江森永光电设备有限公司

ZHEJIANG MORINAGA OPTICAL&ELECTRONIC EQUIPMENT CO.,LTD.

地址：浙江省嘉兴市秀洲区加创路 1509 号 17 幢

电话：0573-82753980

传真：0573-82753970

务实 沉淀 创新 发展

SiC晶锭激光剥片设备
Laser stripping equipment for SiC ingot

适用于第三代半导体SiC晶锭的激光切割剥片。

SiC激光退火设备
Laser annealing equipment for SiC

适用于SiC背面金属精准快速退火,解决传统退火对正面超薄器件的影响,提高器件电性导通等性能。

SiC/Si/LT/LN晶圆激光改质切割设备
Laser stealth dicing equipment for SiC/Si/LT/LN wafer

适用于第三代半导体SiC晶圆激光内部改质切割,及硅基晶圆、LT/LN衬底晶圆的改质切割。

SDBG工艺激光改质切割设备
Full-automatic Laser Stealth Dicing Machine for SDBG

适用于薄型芯片晶圆SDBG工艺中的切割环节,支持Flash、DRAM等晶圆切割,应用于Flash Memory、Memory Controller等领域。

全自动晶圆激光开槽设备
Automatic Laser Grooving Machine

适用于带Low-K材料或金属镀层的晶圆,在晶圆表层开槽,以便于后续切割。

全自动激光解键合设备
Automatic Laser Debonding Machine

适用于2.5D/3D IC扇出型晶圆级/面板级封装、III-V族半导体、SiC、GaN等超薄器件制备。

飞秒激光强化玻璃蚀刻通孔设备(FLEE-TGV)
Femtosecond Laser Enhanced post Etching of Glass Machine (FLEE-TGV)

可实现各种尺寸盲孔、异形孔、圆锥孔制备,在先进封装、显示制造、消费电子、生命科学等领域有巨大的应用潜力。

全自动刀轮切割设备
Automatic Dicing Saw Machine

适用于硅、陶瓷、玻璃、砷化镓、磷化铟、各类引线框架/基板类封装体等材料的切割,全系列兼容6寸~12寸晶圆。

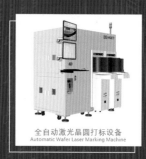
全自动激光晶圆打标设备
Automatic Wafer Laser Marking Machine

适用于对半导体晶圆进行激光打标,可以在硅、碳化硅、钽酸锂等材料表面标记字母、数字、条形码、二维码等多种字符。

全自动激光IC打标设备
Automatic IC Laser Marking Machine

适用于半导体行业封装后段,满足SOP、QFN、LGA、BGA等各种引线框架和基板类IC产品打标。

半导体AOI检测设备
Automatic Laser Debonding Machine

适用于主要用于半导体行业晶圆表面缺陷检测,3D Bump检测。

全自动晶圆芯片分选机
Automatic Die Sorting and Braiding Machine

适用于半导体行业的QFN产品、DFN产品、晶圆颗粒(不带外出引脚型类产品)的编带封装工序中。

 0755-86159293　　 www.szhset.com

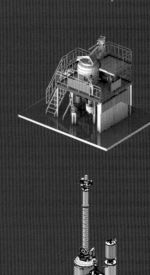

半导体材料国家标准汇编

中国标准出版社　编

中国标准出版社

北京

图书在版编目(CIP)数据

半导体材料国家标准汇编/中国标准出版社编,——
北京:中国标准出版社,2023.3
ISBN 978-7-5066-9156-7

Ⅰ.①半…　Ⅱ.①中…　Ⅲ.①半导体材料-国家标准-
汇编-中国　Ⅳ.①TN304-65

中国版本图书馆 CIP 数据核字(2022)第 207594 号

中 国 标 准 出 版 社 出 版 发 行
北京市朝阳区和平里西街甲 2 号(100029)
北京市西城区三里河北街 16 号(100045)

网址 www.spc.net.cn
总编室:(010)68533533　发行中心:(010)51780238
读者服务部:(010)68523946
中国标准出版社秦皇岛印刷厂印刷
各地新华书店经销

*

开本 880×1230　1/16　印张 46.75　字数 1 432 千字
2023 年 3 月第一版　2023 年 3 月第一次印刷

*

定价 423.00 元

出版说明

半导体材料是一类具有半导体性能（导电能力介于导体与绝缘体之间，电阻率约在 $1\ m\Omega \cdot cm \sim 1\ G\Omega \cdot cm$ ）、可用来制作半导体器件和集成电路的电子材料。20 世纪 30 年代，半导体材料被人们认知及应用，它在社会、经济，甚至人类文明方面发挥着巨大的作用。在信息技术的各个领域中，以半导体材料为基础制作的各种器件，在人们生活中几乎无所不在，不断改变着人们的生活方式、思维方式，提高了人们的生活质量，促进了人类社会文明的进步。

半导体材料现已成为现代信息社会的核心和基础，半导体材料相关标准在国民经济建设、社会可持续发展，以及国家安全中处于重要的战略地位和作用。为了半导体企业的技术人员、标准化人员、管理人员等使用方便，我们编辑出版了《半导体材料国家标准汇编》。

本书收集截至 2022 年 8 月底发布的有关国家标准 74 项，主要包括硅多晶、锗单晶、硅片和碳化硅等国家标准。

本书中的标准，由于出版年代的不同，其格式、计量单位以及技术术语存在不尽相同的地方。在本次汇编时，没有对其作出修改，而只对原标准中技术内容上的错误以及其他明显不妥之处作了更正。

由于编者的时间和水平有限，书中不妥之处，请读者批评指正。

中国标准出版社

2022 年 8 月

目　录

ICS 77.040
H 21

中华人民共和国国家标准

GB/T 1550—2018
代替 GB/T 1550—1997

非本征半导体材料导电类型测试方法

Test methods for conductivity type of extrinsic semiconducting materials

2018-12-28 发布

2019-11-01 实施

国家市场监督管理总局
中国国家标准化管理委员会 发 布

1

前　言

本标准按照 GB/T 1.1—2009 给出的规则起草。

本标准代替 GB/T 1550—1997《非本征半导体材料导电类型测试方法》,与 GB/T 1550—1997 相比主要技术变化如下:

——适用范围修改为"本标准适用于硅、锗非本征半导体材料导电类型的测试,其他非本征半导体材料可参照本标准测试"(见第 1 章,1997 年版的第 1 章);

——增加了术语和定义(见第 3 章);

——将原标准的 1.2～1.9 修改为"4.1 总则"(见 4.1,1997 年版的 1.2～1.9);

——修改了方法 A、方法 D_1、方法 D_2 的适用范围(见 4.1.2、4.1.5、4.1.6,1997 年版的 1.3、1.6、1.7);

——增加了方法 E(表面光电压法)测试导电类型(见 4.1.7、4.5、5.5、7.6、9.5);

——增加了"如果采用 9.1～9.5 的测试步骤能够获得稳定的读数和良好的灵敏度,则表明试样表面无沾污或氧化层。如果读数不稳定或灵敏度差,则表明试样表面已被沾污或有氧化层,可采用 8.2 中的方法对试样表面进行处理。"(见 9.6);

——增加了试验结果的分析(见第 10 章)。

本标准由全国半导体设备和材料标准化技术委员会(SAC/TC 203)与全国半导体设备和材料标准化技术委员会材料分会(SAC/TC 203/SC 2)共同提出并归口。

本标准起草单位:乐山市产品质量监督检验所、中国计量科学研究院、广州市昆德科技有限公司、瑟米莱伯贸易(上海)有限公司、浙江海纳半导体有限公司、新特能源股份有限公司、江苏中能硅业科技发展有限公司、峨嵋半导体材料研究所、洛阳中硅高科技有限公司、中锗科技有限公司、云南冶金云芯硅材股份有限公司、江西赛维 LDK 太阳能高科技有限公司、北京合能阳光新能源技术有限公司。

本标准主要起草人:梁洪、王莹、赵晓斌、高英、王昕、王飞尧、黄黎、徐红骞、邱艳梅、刘晓霞、杨旭、张园园、刘新军、徐远志、程小娟、潘金平、肖宗杰。

本标准所代替标准的历次版本发布情况为:

——GB 1550—1979、GB/T 1550—1997;

——GB 5256—1985。

非本征半导体材料导电类型测试方法

1 范围

本标准规定了非本征半导体材料导电类型的测试方法。

本标准适用于硅、锗非本征半导体材料导电类型的测试,其他非本征半导体材料可参照本标准测试。本标准方法能保证对均匀的同一导电类型的材料测得可靠结果;对于导电类型不均匀的材料,可在其表面上测出不同导电类型区域。

本标准不适用于分层结构材料(如外延片)导电类型的测试。

2 规范性引用文件

下列文件对于本文件的应用是必不可少的。凡是注日期的引用文件,仅注日期的版本适用于本文件。凡是不注日期的引用文件,其最新版本(包括所有的修改单)适用于本文件。

GB/T 1551 硅单晶电阻率测定方法

GB/T 4326 非本征半导体单晶霍尔迁移率和霍尔系数测量方法

GB/T 14264 半导体材料术语

3 术语和定义

GB/T 14264 界定的术语和定义适用于本文件。

4 方法提要

4.1 总则

4.1.1 本标准包括五种测试方法:方法 A——热探针法;方法 B——冷探针法;方法 C——点接触整流法;方法 D——全类型法,包括方法 D_1——全类型整流法,方法 D_2——全类型热电势法;方法 E——表面光电压法。

4.1.2 方法 A:适用于电阻率 20 Ω·cm 以下的 N 型和 P 型锗材料及电阻率 1 000 Ω·cm 以下的 N 型和 P 型硅材料。

4.1.3 方法 B:适用于电阻率 20 Ω·cm 以下的 N 型和 P 型锗材料及电阻率 1 000 Ω·cm 以下的 N 型和 P 型硅材料。

4.1.4 方法 C:适用于电阻率 1 Ω·cm~1 000 Ω·cm 的 N 型和 P 型硅材料。

4.1.5 方法 D_1:适用于电阻率 1 Ω·cm~36 Ω·cm 的 N 型和 P 型锗材料及电阻率 0.1 Ω·cm~3 000 Ω·cm 的 N 型和 P 型硅材料。

4.1.6 方法 D_2:适用于电阻率 0.2 Ω·cm~1 Ω·cm 的 N 型和 P 型硅材料。

4.1.7 方法 E:适用于电阻率 0.2 Ω·cm~3 000 Ω·cm 的 N 型和 P 型硅材料。

4.1.8 方法 A~方法 E 也可用于测试超出 4.1.2~4.1.7 界定范围的非本征半导体材料,但其适用性未经试验验证。

4.1.9 如果用方法 A～方法 E 都不能得到准确的结果,建议采用 GB/T 4326 中规定的霍尔效应测试方法确定试样的导电类型。

4.2 方法 A(热探针法)和方法 B(冷探针法)

用具有不同温度的两支金属探针接触试样,在两支探针间产生热电势信号,据此可检测出试样的导电类型。若试样为 N 型,相对于较冷的探针,较热的探针呈现为正极;若试样为 P 型,则较热的探针呈现为负极。用一个中心刻度为零的电压表或微安表,可观察到这种极性指示。最大温差发生在加热或制冷的探针周围,因此所观察到的信号极性是由这两支探针接触试样部分的导电类型决定的。

4.3 方法 C(点接触整流法)

通过试样与金属点接触处的电流方向来确定试样的导电类型。若试样为 N 型,金属点接触处为负极;若试样为 P 型,金属点接触处为正极。将一个交变电压加在金属点接触和另一个大面积欧姆接触之间,则在中心刻度为零的电流检测器、示波器或曲线示踪仪上可观察到电流的方向。由于在金属点接触处会出现整流现象,而在大面积欧姆接触处则不会发生,因此电流方向是由金属点接触处试样的导电类型决定的。

4.4 方法 D(全类型法)

4.4.1 方法 D_1:用点接触反向偏置电压极性来确定试样的导电类型。在接触试样的两个触点间加一个交变电压,在上半个周期内,一个触点会反向偏置,并承受大部分电压降。在紧接着的下半个周期内,这个触点会正向偏置,触点上的电压降比上半个周期要小得多,这相互起伏的电压降中有直流分量,而该直流分量,可通过第三个触点检测出。观察零位指示器指针的偏转情况或数字电压表读数,若指针指示为正,则试样为 P 型;若指针指示为负,则为 N 型。

4.4.2 方法 D_2:在试样的一对触点 1-2 间通过交变电流,在试样上建立一个热梯度。由另一对触点 3-4 可检测出该热梯度形成的热电势。对于 N 型材料,触点 3 相对于触点 4 是较热的,触点 3 呈正电位;对于 P 型材料,相对于触点 4,触点 3 将呈现为负电位。触点 1、2、3、4 为图 7 中所示的探针顺序号。

4.5 方法 E(表面光电压法)

通过测试表面光电压的变化趋势来确定试样的导电类型。当光照射试样时,会产生非平衡载流子,从而改变试样表面相对于体内的电势。光照前后试样表面电势之差称为表面光电压。不同导电类型的半导体材料表面光电压的变化趋势是相反的,所以通过测试表面光电压的变化趋势可以确定试样的导电类型。

5 干扰因素

5.1 方法 A(热探针法)

5.1.1 一些高电阻率的硅和锗试样,由于其电子迁移率高于空穴迁移率,在热探针的温度下大多呈现为本征半导体材料。因此,在此温度下其热电势总是负的。

5.1.2 热探针上覆盖有氧化层时会造成不可靠的测试结果。

5.1.3 探针压力不足时,电阻率高于 40 Ω·cm 的 N 型锗材料会呈现 P 型导电类型。

5.1.4 当热探针轻压与重压时的导电类型相反时,以重压时显示的导电类型为准,避免表面反型层对测试结果的干扰。

5.2 方法 B（冷探针法）

5.2.1 冷探针上不应结冰。在常压下长期使用,冷探针结冰会得出错误结果。

5.2.2 冷探针上覆盖有氧化层时会造成不可靠的测试结果。

5.2.3 冷探针压力不足时,电阻率高于 20 Ω·cm 的 N 型锗材料会呈现 P 型导电类型。

5.3 方法 C（点接触整流法）

5.3.1 方法 C 表示的是试样原始表面的导电类型,若试样表面有氧化层,则相当于其表面有一层绝缘层,会导致电流检测器无指示。

5.3.2 若大面积欧姆接触不稳定,有时会使读数相反。点接触压力过大,可使大面积欧姆接触变成一个良好的整流接触,也可使读数相反。

5.3.3 手或其他物品接触试样所引起的干扰会导致错误读数。

5.3.4 若试样表面经化学腐蚀处理,各种腐蚀剂和腐蚀操作会引起试样表面特征不可控制的变化。

5.4 方法 D（全类型法）

5.4.1 对于低电阻率的材料,使用方法 D_1 测试其导电类型时,由于输出信号低,可能会导致完全错误的结果。对于硅材料,如果输出信号低于 0.5 V,不推荐使用方法 D_1。

5.4.2 对于电阻率较高的材料,方法 D_2 也可能导致完全错误的结果。

5.5 方法 E（表面光电压法）

5.5.1 如果样品表面存在大量静电荷(如表面氧化层上的电荷),将会在样品表面导致多子积累,影响表面光电压信号的产生,无法进行测试。另外,样品表面残留的钝化试剂、酸液以及活性化学试剂也会影响测试。

5.5.2 硅片表面的损伤层会干扰表面光电压信号的产生,因为损伤层没有确定的能带结构,如果损伤层的厚度比测试所采用的激发光的注入深度更大,将很难产生表面光电压信号。

5.6 其他

5.6.1 热施主(主要是氧施主)的存在会干扰测试结果,对于含有较多氧施主的 P 型样品来说,其测试结果可能显示为 N 型。

5.6.2 试样表面有沾污或有氧化层时会造成不可靠的测试结果。

5.6.3 若有强光照射试样,方法 A～方法 E 都有可能得出错误的读数,尤其是高电阻率试样。

5.6.4 测试环境周围的高频电场也会引起寄生整流,导致错误的测试结果。

6 试剂和材料

6.1 蒸馏水或去离子水:在 25 ℃时水的电阻率高于 2 MΩ·cm。

6.2 冷却剂:干冰与丙酮的混合物、液氮或其他冷却剂。

6.3 不锈钢丝棉或其他等同材料。

7 仪器和设备

7.1 方法 A（热探针法）

方法 A 的测试设备如图 1 所示,主要由以下几部分组成:

a) 两支探针,选用不锈钢或镍材料制作,每支探针针尖成 60°的锥体,其中一只探针杆有加热功能,能使热探针温度加热到 40 ℃～60 ℃;

b) 零位指示器,其偏转灵敏度不低于 $1×10^{-9}$ A/mm;

c) 温度传感器,用于测量热探针温度。

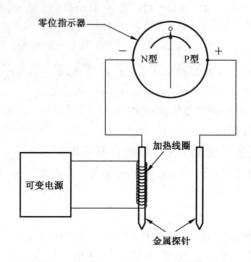

图 1　热探针法测试设备示意图

7.2　方法 B(冷探针法)

方法 B 的测试设备如图 2 所示,主要由以下几部分组成:

a) 两支探针,用铜材或铝材制作,针杆用酚醛等材料绝缘,其中一支探针的热容量至少是 15 g 铝的热容量。将探针在冷却剂中浸 5 min,在 25 ℃ 的环境下,探针能维持在 -40 ℃ 左右约 5 min。每支探针针尖成 60°的锥体,接触半径约 200 μm。

b) 零位指示器,其偏转灵敏度不低于 $1×10^{-9}$ A/mm。

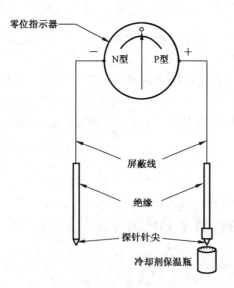

图 2　冷探针法测试设备示意图

7.3　方法 C(点接触整流法)

方法 C 的测试设备分别如图 3、图 4 和图 5 所示,主要由以下几部分组成:

a)　自耦变压器,能使 50 Hz 或 60 Hz 的 0 V～15 V 电压加到待测试样上(见图 3、图 4);

b)　隔离变压器,能使 50 Hz 或 60 Hz 的 220 V 电压降为 50 Hz 或 60 Hz 的 15 V 电压(见图 3、图 4);

c)　探针,用铜、钨、铝或银等合适的导体制成,探针一头呈锥形,接触半径不大于 50 μm;

d)　大面积欧姆接触器,采用铝箔或铟箔等软性导体和弹簧夹具或其他类似方式构成;

e)　电流检测器(见图 3),检测器中心刻度为零,其满刻度灵敏度至少要优于 200 μA,或示波器(见图 4),或曲线示踪仪(见图 5)。

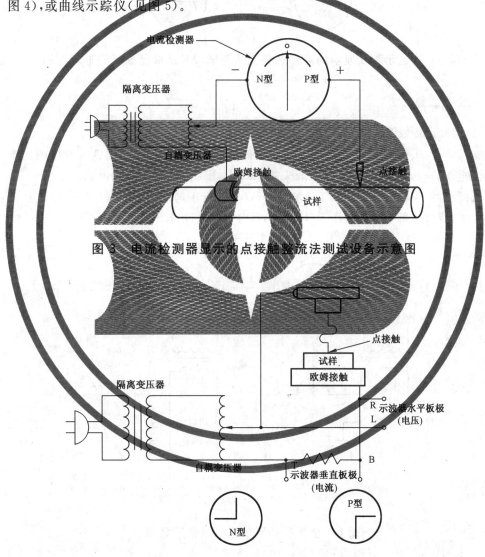

图 3　电流检测器显示的点接触整流法测试设备示意图

图 4　示波器显示的点接触整流法测试设备及典型显示图形示意图

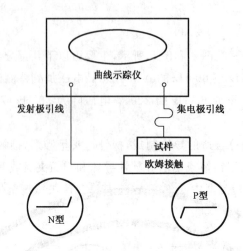

图 5　曲线示踪仪显示的点接触整流法测试设备及典型显示图形示意图

7.4　方法 D_1（全类型整流法）

方法 D_1 的测试设备如图 6 所示，主要由以下几部分组成：

a)　三支探针，可采用 GB/T 1551 中直排四探针法测试电阻率用的直排四探针中的三支探针；

b)　交流电源，电压为 6 V～24 V，一般采用 12.6 V，限制电流不大于 1.0 A；

c)　零位指示器，偏转灵敏度不低于 1×10^{-9} A/mm，与 1 MΩ 电阻串联后至少应有 0.1 V/mm 的分辨率；或极性指示数字电压表（DVM），其分辨率优于 0.1 V/单位刻度。

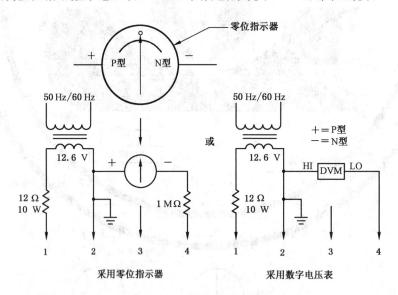

图 6　全类型整流法测试设备示意图

7.5　方法 D_2（全类型热电势法）

方法 D_2 的测试设备如图 7 所示，主要由以下几部分组成：

a)　直排四探针，同 GB/T 1551 中直排四探针法测试电阻率用的四支探针；

b)　零位指示器，灵敏度优于 1×10^{-9} A/mm；或极性指示数字电压表，精度优于 100 μV/单位刻度；

c)　交流电源，电压为 6 V～24 V，一般采用 12.6 V，限制电流不大于 1.0 A。

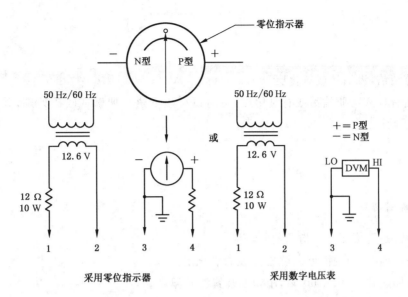

图 7　全类型热电势法测试设备示意图

7.6　方法 E(表面光电压法)

方法 E 的测试设备如图 8 所示,主要由以下几部分组成:

a)　脉冲光源驱动器;

b)　测量探头,包含激发光源、感应电极片等;

c)　信号处理电路;

d)　显示装置。

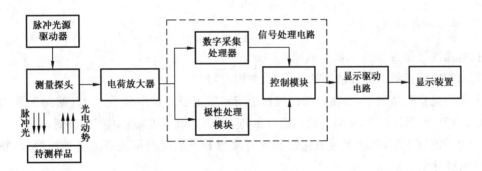

图 8　表面光电压法测试设备示意图

7.7　挡板

挡板在测试过程中用于遮挡光线,防止光线照射试样。

7.8　高频屏蔽装置

高频屏蔽装置用于避免高频对测试结果的影响,需要时连接好导线。

7.9　研磨或喷砂设备

研磨或喷砂设备用于处理试样。

8 试样

8.1 试样表面应清洁,无沾污或氧化层。

8.2 若试样表面有外来物质沾污或有氧化层,可对试样表面进行研磨或喷砂处理,并将处理后的试样用水清洗干净、干燥。

9 测试步骤

9.1 方法 A(热探针法)

9.1.1 检查热探针是否接于零位指示器的负极。

9.1.2 用不锈钢丝棉抛光热探针尖,除去其表面氧化层。

9.1.3 将热探针加热到 40 ℃～60 ℃,用测温装置测其温度。

9.1.4 支撑试样保证其不被损伤,使两支探针的间距在几毫米之内并向下稳稳地压到试样上。

9.1.5 观察零位指示器指针的偏转情况。指针向正方向偏转,则试样为 P 型;若指针向负方向偏转,则试样为 N 型。

9.1.6 在试样表面的测试区上移动探针,测试其导电类型。

9.2 方法 B(冷探针法)

9.2.1 检查冷探针是否接于零位指示器的正极。

9.2.2 将冷探针在冷却剂中浸约 5 min。

9.2.3 按 9.1.4～9.1.6 进行测试。

9.3 方法 C(点接触整流法)

9.3.1 检查电路连接是否与图 3、图 4 或图 5 一致。

9.3.2 将大面积欧姆接触器放在清洁的试样上,并固定好。

9.3.3 如采用电流检测器显示,点接触探针应接于指示器正极。若指示器的指针偏向正极,则试样为 P 型;若指针偏向负极,则试样为 N 型。如果指针偏转不稳定,则不适宜采用该方法测试。

9.3.4 如采用示波器显示,则将点接触探针和欧姆接触器分别接到示波器水平板极两极,按图 4 所示的整流特性测试导电类型。

9.3.5 如采用曲线示踪仪显示,则将点接触探针接到示踪仪的集电极端,将欧姆接触器接到示踪仪的发射极端,调节示踪仪上的刻度调节钮,手动变换曲线示踪仪的极性,直到能看到完整的整流特性曲线,按图 5 所示,测试试样导电类型。

9.3.6 在试样表面的测试区域上移动点接触探针,测试试样的导电类型。

9.4 方法 D(全类型法)

9.4.1 检查电路连接是否与图 6 一致。

9.4.2 支撑试样保证其不被损伤,将探针与试样接触。

9.4.3 观察零位指示器指针的偏转情况或数字电压表读数,若指针指示为正,则试样为 P 型;若指针指示为负,则试样为 N 型。如果零位指示器指示值小于 0.5 μA 或数字电压表的读数小于 500 mV,则不能用方法 D_1 进行测试。

9.4.4 如果用方法 D_1 不能进行测试,应改用热电势法 D_2 进行测试。将探针按图7所示连接好,3号探针靠近热源。热源是由1号、2号探针间通入电流的方法产生的。将3号探针接到零位指示器的负极或数字电压表的低阻端,使探针与试样接触,观察零位指示器指针的偏转情况或数字电压表读数,若指针指示为正,则试样为P型;若指针指示为负,则试样为N型。

9.4.5 在试样表面的测试区上移动探针,测试试样的导电类型。

9.5 方法 E(表面光电压法)

9.5.1 检查电路连接是否与图8一致。

9.5.2 将待测试样放置在样品台上,脉冲光源驱动器驱动红外激光器发射一定频率的脉冲光,脉冲光照射在试样上。

9.5.3 试样表面在脉冲光照射下激发出光电压,感应电极片采集因光电压引起的静电荷,经同轴电缆线传送至电荷放大器。

9.5.4 电荷放大器把静电荷变为电压信号并放大,信号处理电路对放大后的电压信号进行同步整形、极性判断、数值转换,得到待测试样的导电类型。

9.6 其他

如果采用9.1~9.5的测试步骤能够获得稳定的读数和良好的灵敏度,则表明试样表面无沾污或氧化层。如果读数不稳定或灵敏度差,则表明试样表面已被沾污或有氧化层,可采用8.2中的方法对试样表面进行处理。

10 试验结果的分析

本标准中的方法 A、C、D_1、D_2、E 在不同实验室进行了对比试验,测试结果见表1。由表1可知各测试方法导电类型测试结果完全正确的电阻率范围,见表2。本标准各测试方法的适用范围参照表2的数据确定。

表 1 测试结果

材料类型	电阻率 Ω·cm	导电类型	方法 A		方法 C		方法 D_1		方法 D_2		方法 E	
			正确数	测试数	正确数	测试数	正确数	测试数	正确数	测试数	正确数	测试数
硅	0.004	P	6	8	1	5	3	9	1	3	0	3
硅	0.016	N	8	8	1	5	8	9	3	3	0	3
硅	0.017	P	7	8	2	5	8	9	1	3	0	3
硅	0.097	P	8	8	5	5	8	9	2	3	0	3
硅	0.148	N	8	8	4	5	9	9	3	3	3	3
硅	1.4	N	8	8	5	5	9	9	3	3	2	3
硅	1.6	P	8	8	5	5	9	9	3	3	3	3
硅	1.7	P	8	8	5	5	9	9	3	3	2	3
硅	4	N	8	8	5	5	9	9	3	3	1	2
硅	63	N	8	8	5	5	9	9	2	3	2	2

表 1（续）

材料类型	电阻率 Ω·cm	导电类型	方法 A		方法 C		方法 D₁		方法 D₂		方法 E	
			正确数	测试数	正确数	测试数	正确数	测试数	正确数	测试数	正确数	测试数
硅	120	N	8	8	5	5	9	9	2	3	3	3
硅	170	P	8	8	5	5	9	9	2	3	3	3
硅	580	N	8	8	3	5	9	9	2	3	3	3
硅	1 060	N	8	8	3	5	9	9	2	3	3	3
硅	1 500	N	8	8	3	5	9	9	2	3	3	3
硅	3 800	N	8	8	3	5	9	9	2	3	3	3
硅	9 000	P	3	8	3	5	9	9	1	3	3	3
硅	15 000	P	3	8	3	5	9	9	1	3	3	3
锗	0.007	N	8	8	2	5	8	9	2	3	0	2
锗	0.008 7	P	8	8	1	5	4	9	0	3	0	2
锗	0.88	N	8	8	5	5	9	9	2	3	0	2
锗	3.5	P	8	8	3	5	9	9	1	3	0	2
锗	19	N	8	8	5	5	9	9	2	3	0	2
锗	24	P	7	8	5	5	9	9	1	3	2	2
锗	31	N	7	8	4	5	9	9	1	3	0	2
锗	36	N	5	8	5	5	9	9	1	3	0	2

表 2　测试结果完全正确的电阻率范围

测试方法	材料类型	测试结果完全正确的电阻率范围
方法 A	N 型和 P 型硅材料	0.097 Ω·cm～3 800 Ω·cm
	N 型和 P 型锗材料	0.007 Ω·cm～19 Ω·cm
方法 C	N 型和 P 型硅材料	1.4 Ω·cm～170 Ω·cm
	N 型和 P 型锗材料	无
方法 D₁	N 型和 P 型硅材料	0.148 Ω·cm～15 000 Ω·cm
	N 型和 P 型锗材料	0.88 Ω·cm～36 Ω·cm
方法 D₂	N 型和 P 型硅材料	0.148 Ω·cm～4 Ω·cm
	N 型和 P 型锗材料	无
方法 E	N 型和 P 型硅材料	63 Ω·cm～15 000 Ω·cm
	N 型和 P 型锗材料	无

11 试验报告

试验报告应包括以下内容：

a) 测试单位和测试人；

b) 使用的测试方法；

c) 使用的设备名称；

d) 试样名称和编号；

e) 测得的试样导电类型，如果试样导电类型为混合型，应定量画出所测不同导电类型的轮廓；

f) 本标准编号；

g) 测试日期。

ICS 77.040
CCS H 21

中华人民共和国国家标准

GB/T 1551—2021
代替 GB/T 1551—2009

硅单晶电阻率的测定
直排四探针法和直流两探针法

Test method for measuring resistivity of monocrystal silicon—
In-line four-point probe and direct current two-point probe method

2021-05-21 发布

2021-12-01 实施

国家市场监督管理总局
国家标准化管理委员会
发 布

前　言

本文件按照 GB/T 1.1—2020《标准化工作导则　第 1 部分:标准化文件的结构和起草规则》的规定起草。

本文件代替 GB/T 1551—2009《硅单晶电阻率测定方法》,与 GB/T 1551—2009 相比,除结构调整和编辑性改动外,主要技术变化如下:

a)　更改了直排四探针法的适用范围(见第 1 章,2009 年版的第 1 章);

b)　"范围"中增加了"硅单晶其他范围电阻率的测试可参照本文件进行"(见第 1 章);

c)　增加了规范性引用文件 GB/T 14264(见第 2 章);

d)　增加了"术语和定义"(见第 3 章);

e)　更改了测试环境温度的要求(见第 4 章,2009 年版的第 2 章、第 13 章);

f)　更改了"干扰因素"中光照对测试结果的影响(见 5.1,2009 年版的 3.1、14.1);

g)　增加了少数载流子注入对测试结果具体影响的干扰因素(见 5.3);

h)　更改了"干扰因素"中温度对测试结果的影响(见 5.4,2009 年版的 3.4、14.4);

i)　增加了探针振动、探针头类型对测试结果影响的干扰因素(见 5.5、5.6);

j)　增加了直排四探针法测试时样品发热、探针与样品接触的位置对测试结果影响的干扰因素[见 5.7a)、5.7c)];

k)　增加了直流两探针法测试时样品电阻率不均匀、存在轻微裂痕或其他机械损伤、导电类型不唯一对测试结果影响的干扰因素(见 5.8);

l)　删除了直流两探针法测试干扰因素中探针间距的内容(见 2009 年版的 14.6);

m)　更改了直排四探针法的测试原理(见 6.1,2009 年版的第 4 章);

n)　增加了直排四探针法中"试剂和材料"(见 6.2);

o)　更改了直排四探针法中对针尖形状和初始标称半径的要求[见 6.3.1a),2009 年版的 5.1.1];

p)　更改了直排四探针法中标准电阻的要求[见 6.3.2c),2009 年版的 5.2.4];

q)　更改了直排四探针法中散热器的要求(见 6.3.4,2009 年版的 5.4);

r)　更改了直排四探针法中制样装置的要求(见 6.3.5,2009 年版的 5.5);

s)　更改了直排四探针法中厚度测试仪的要求(见 6.3.6,2009 年版的 5.6);

t)　删除了直排四探针法中超声波清洗器、化学实验室器具的要求(见 2009 年版的 5.13、5.14);

u)　更改了直排四探针法中样品表面处理的描述(见 6.4.1,2009 年版的 6.1);

v)　增加了电阻率大于 3 000 Ω·cm 样品对应的推荐圆片样品测试电流值(见表 2,2009 年版的表 2);

w)　删除了不同电阻率样品对应的测试电流(见 2009 年版的表 2);

x)　更改了直排四探针法中电学测试装置的要求(见 6.5.1.6,2009 年版的 7.1.6);

y)　更改了直排四探针法中确定探针间距用材料的要求(见 6.5.2.1,2009 年版的 7.2.1);

z)　删除了直排四探针法测试中样品清洗、干燥的过程(见 2009 年版的 7.3.1);

aa)　删除了直排四探针法测试中对于圆片试样的特殊要求(见 2009 年版的 7.3.2、7.3.3);

bb)　删除了直排四探针法测试圆片时探针阵列位置的要求(见 2009 年版的 7.3.4);

cc)　更改了直排四探针法测量组数的要求(见 6.5.3.7,2009 年版的 7.3.8);

dd)　更改了直排四探针法测试精密度的内容(见 6.7,2009 年版的第 9 章);

ee)　更改了直排四探针法的测试原理(见 7.1,2009 年版的第 15 章);

ff)   删除了直流两探针法"试剂"中的丙酮、乙醇(见 2009 年版的 16.2、16.3);

gg)   更改了直流两探针法中欧姆接触材料和磨料的要求(见 7.2.2、7.2.3,2009 年版的 16.4、16.5);

hh)   增加了直流两探针法中显微镜放大倍数的要求(见 7.3.5);

ii)   删除了直流两探针法中的化学实验室设备(见 2009 年版的 17.7);

jj)   删除了直流两探针法"试样制备"中对晶体导电类型的要求(见 2009 年版中的 18.1);

kk)   更改了直流两探针法在第二测量道上测试的条件(见 7.4.2、7.5.3.10,2009 年版的 18.2、19.3.10);

ll)   更改了直流两探针法中样品表面处理的描述(见 7.4.3、7.4.4,2009 年版的 18.3、18.4);

mm) 更改了直流两探针法测试设备适用性检查中模拟电阻平均值$\overline{R_a}$的要求(见 7.5.2.2,2009 年版的 19.2.2.3);

nn)   更改了直流两探针法测试精密度的内容(见 7.7,2009 年版的第 21 章)。

请注意本文件的某些内容可能涉及专利。本文件的发布机构不承担识别专利的责任。

本文件由全国半导体设备与材料标准化技术委员会(SAC/TC 203)和全国半导体设备与材料标准化技术委员会材料分技术委员会(SAC/TC 203/SC2)共同提出并归口。

本文件起草单位:中国电子科技集团公司第四十六研究所、有色金属技术经济研究院有限责任公司、有研半导体材料有限公司、广州市昆德科技有限公司、青海芯测科技有限公司、浙江海纳半导体有限公司、乐山市产品质量监督检验所、中国计量科学研究院、亚洲硅业(青海)股份有限公司、浙江金瑞泓科技股份有限公司、开化县检验检测研究院、南京国盛电子有限公司、青海黄河上游水电开发有限责任公司新能源分公司、义乌力迈新材料有限公司。

本文件主要起草人:刘立娜、刘兆枫、何烜坤、刘刚、杨素心、孙燕、高英、王昕、梁洪、潘金平、楼春兰、宗冰、李慎重、潘文宾、蔡丽艳、王志强、皮坤林。

本文件及其所代替文件的历次版本发布情况为:

——1979 年首次发布为 GB 1551—1979;

——1995 年第一次修订时,并入了 GB 5253—1985《锗单晶电阻率直流两探针测量方法》的内容;

——2009 年第二次修订时,并入了 GB/T 1552—1995《硅、锗单晶电阻率测定直排四探针法》的内容(GB/T 1552—1995 的历次版本发布情况为:GB 1552—1979《硅单晶电阻率直流四探针测量方法》、GB/T 1552—1995《硅、锗单晶电阻率测定直排四探针法》,其中 GB/T 1552—1995 代替 GB 1552—1979、GB 5251—1985、GB 6615—1986),并删除了锗单晶电阻率测试方法的内容;

——本次为第三次修订。

硅单晶电阻率的测定
直排四探针法和直流两探针法

1 范围

本文件规定了用直排四探针法和直流两探针法测试硅单晶电阻率的方法。

本文件适用于硅单晶电阻率的测试,其中直排四探针法可测试的 p 型硅单晶电阻率范围为 $7\times10^{-4}\ \Omega\cdot cm\sim8\times10^{3}\ \Omega\cdot cm$,n 型硅单晶电阻率范围为 $7\times10^{-4}\ \Omega\cdot cm\sim1.5\times10^{4}\ \Omega\cdot cm$;直流两探针法适用于测试截面积均匀的圆形、方形或矩形硅单晶的电阻率,测试范围为 $1\times10^{-3}\ \Omega\cdot cm\sim1\times10^{4}\ \Omega\cdot cm$,样品长度与截面最大尺寸之比不小于 3∶1。硅单晶其他范围电阻率的测试可参照本文件进行。

2 规范性引用文件

下列文件中的内容通过文中的规范性引用而构成本文件必不可少的条款。其中,注日期的引用文件,仅该日期对应的版本适用于本文件;不注日期的引用文件,其最新版本(包括所有的修改单)适用于本文件。

GB/T 1550 非本征半导体材料导电类型测试方法

GB/T 14264 半导体材料术语

3 术语和定义

GB/T 14264 界定的术语和定义适用于本文件。

4 试验条件

环境温度为 23 ℃±5 ℃,相对湿度不大于 65%。

5 干扰因素

5.1 光照可能影响电阻率测试结果,因此,除非是待测样品对周围的光不敏感,否则测试宜尽量在光线较暗的环境或遮光罩中进行。

注:对于电阻率大于 $10^{3}\ \Omega\cdot cm$ 的样品,光照的影响更显著。

5.2 当测试仪器放置在高频干扰源附近时,有可能会导致样品内交流干扰产生杂散电流,引起电阻率测试结果的误差,此时仪器应有电磁屏蔽。

5.3 样品中电场强度不宜过大,以避免少数载流子注入。对于高电阻率、长寿命的样品,少数载流子注入可能导致电阻率减小。少数载流子注入对电阻率的影响可以通过低电流下重复测试获得,重复测试电阻率不发生变化,说明少数载流子注入的影响很小。如果使用的电流适当,用该电流的 2 倍或 1/2 倍进行测试时,引起电阻率的变化应不超过±0.5%。

5.4 电阻率测试受温度影响,因此需要保持测试过程中测试环境的温度稳定。测试基准温度为

23 ℃±0.5 ℃,其他温度(18 ℃~28 ℃)下进行测试的结果可进行适当修正,建议仲裁测试时的环境温度为 23 ℃±0.5 ℃。

5.5 探针振动会引起接触电阻的变化,如果遇到这种情况,仪器和样品应安装隔震装置,或设备应安装防震装置。

5.6 由于探针头类型和压力对测试结果有影响,测试时应根据样品的形状选择合适的探针头类型和压力。

5.7 直排四探针法测试的干扰因素还有以下几种:

    a) 样品在测试过程中电流过大或通入电流时间过长,都可能使样品测试区的温度提高,因此测试过程中电流宜尽可能小,每次测试通电时间宜尽可能短,如果电阻率随通电时间的增大而变化,说明样品发热,此时宜采用散热器,使样品在测试温度下保持足够的时间,以便温度平衡;

    b) 仲裁测试时要求厚度按6.4.3的规定进行测试,一般测试用户可以根据实际需要确定厚度的允许偏差;

    c) 由于硅单晶径向电阻率不均匀及样品存在有限边界,探针与样品接触的位置可能影响电阻率测试结果,仲裁测试时探针应在样品中心 0.25mm 范围内,选择探针间距为 1.59 mm。

5.8 直流两探针法测试的干扰因素还有以下几种:

    a) 如果样品中存在电阻率不均匀,直流两探针法的测试结果只能代表晶体某测试截面电阻率的平均值,此时从硅单晶切下的硅片的电阻率与直流两探针法测试的硅单晶电阻率不相关;

    b) 样品中存在轻微裂痕(一般肉眼不可见)或其他机械损伤时,可能会给出错误的电阻率测试结果;

    c) 样品整个晶体的导电类型不唯一时,可能会给出错误的电阻率测试结果。

6 直排四探针法

6.1 原理

    排列成一直线的四根探针垂直地压在近似为半无穷大的平坦样品表面上,当直流电流由探针1、探针4流入半导体样品时,根据点源叠加原理,探针2、探针3位置的电位是探针1、探针4点电流源产生的电位的和,探针2、探针3之间的电势差即为电流源强度、样品电阻率和探针系数的函数。将直流电流 I 在探针1、探针4间通入样品,测试探针2、探针3间所产生的电势差 V,根据测得的电流和电势差值,按公式(1)计算电阻率,测试示意图见图1。对圆片样品还应根据其厚度、直径与平均探针间距的比例,利用修正因子进行修正。

$$\rho = 2\pi S \frac{V}{I} \qquad\qquad \cdots\cdots\cdots\cdots\cdots\cdots\cdots (1)$$

式中:

ρ ——电阻率,单位为欧姆厘米(Ω·cm);

S ——探针间距,单位为厘米(cm);

V ——测得的电势差,单位为毫伏(mV);

I ——测得的电流,单位为毫安(mA)。

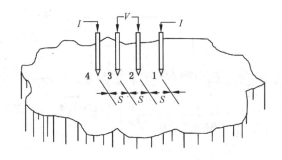

图 1 直排四探针法测试电阻率的示意图

6.2 试剂和材料

6.2.1 去离子水:25 ℃时电阻率大于 2 MΩ·cm。

6.2.2 磨料:氧化铝或其他。

6.3 仪器设备

6.3.1 探针装置应符合下列要求:

a) 探针:用钨、碳化钨或高速钢等金属制成,针尖呈圆锥形、半球形或平的圆截面,夹角为 45°~150°,尖端初始标称半径为 25 μm~50 μm,也可以使用其他尖端初始标称半径;

b) 探针压力:每根探针压力为 1.75 N±0.25 N,也可选择其他合适的探针压力;

c) 绝缘性:任一探针(包括连接弹簧和外部引线的探针)与任何其他探针或装置任一部分之间的绝缘电阻大于 10^9 Ω;

d) 探针排列和间距:四根探针的尖端应成等间距直线排列,仲裁测试时,探针间距(相邻探针之间的距离)标称值应为 1.59 mm,其他标称间距如 1 mm 用于非仲裁测试;

e) 探针架:能在针尖几乎无横向移动的情况下使探针下降到样品表面。

6.3.2 任何满足 6.5.1.6 要求的电学测试装置均可使用,推荐电路如图 2 所示,具体包括以下几部分:

a) 恒流源:电流范围为 10^{-6} A~10^{-1} A,纹波系数不超过±0.1%,稳定度优于±0.05%;

b) 电流选择开关;

c) 标准电阻:0.01 Ω~10 000 Ω;

d) 电位选择开关:用于选择测试标准电阻或样品上电势差;

e) 数字电压表:用于测试以毫伏为单位的电势差或者连通电流源一起校准到能直接读出电压-电流比值,测试量程为 0.2 mV~50 mV,分辨率优于±0.05%($3\frac{1}{2}$位有效数字),输入阻抗大于样品电阻率的 10^6 倍,如样品电阻率仅限定在某一数值范围内,一个较小的量程范围即可。

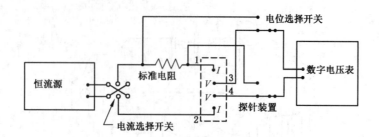

标引序号说明：

1、2——电流引线；

3、4——电压引线。

图 2 推荐电路图

6.3.3 样品架或样品台:仲裁测试时应有吸附系统或其他合适的夹具固定样品。

6.3.4 散热器:仲裁时推荐使用,散热器的安放应能使探针尖端阵列中心在样品中心的 1 mm 以内,且应与电学测试装置的接地端相连接。为了迅速对准样品中心,可在散热器表面加工一个与支撑平台同心的浅圆环。散热器如图 3 所示,具体包括以下几部分:

a) 支撑平台:用于样品支撑和散热作用,直径宜大于 100 mm,厚度宜大于 38 mm;

b) 绝缘层:使样品与支撑平台之间电绝缘,电阻应大于 10^9 Ω;

c) 填充层:减少绝缘层与支撑平台间的热阻;

d) 温度计:放置在离样品 10 mm 范围内的散热器中心区以监控温度。

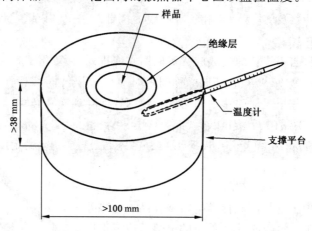

图 3 散热器示意图

6.3.5 制样装置:包括研磨及喷砂装置等,用于制备平坦的样品表面,应能使样品测试区域的厚度变化不超过样品中心处厚度值的±1.0%。

6.3.6 机械或电子厚度测试仪:能测试样品不同位置的厚度,示值误差优于 0.002 mm。

6.3.7 千分尺或游标卡尺:分度值达到或优于 0.05 mm。

6.3.8 微移动机构:能以 0.05 mm~0.10 mm 增量使探针装置或样品以垂直于探针尖端连线方向并平行于样品表面移动。

6.3.9 显微镜:分辨率为 1 μm,放大倍数不小于 400 倍。

6.3.10 温度计或其他测温仪器:测温范围为 0 ℃~40 ℃,分度值为 0.1 ℃。

6.3.11 欧姆计:能指示大于 10^8 Ω 绝缘电阻。

6.4 样品

6.4.1 将样品在研磨装置上用磨料研磨待测表面或进行喷砂处理。

6.4.2 在不包括参考面或切口的样品圆周上的不同位置测试直径 3 次,计算及记录样品的平均直径 D。样品直径应不小于平均探针间距 $\overline{S}$ 的 10 倍,直径变化应不大于 $D/5\overline{S}\%$。

6.4.3 在样品测试区域测试 9 个点的厚度,其中应包括样品的几何中心,测试点分布如图 4 所示,记下样品各测试点的厚度 W。各测试点厚度与样品中心点厚度的偏差应不超过 ±1.0%。

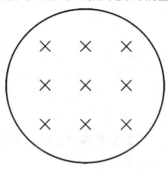

图 4 样品测试区域厚度测试点位置示意图

6.4.4 将样品用去离子水清洗并干燥。

6.5 试验步骤

6.5.1 电学测试装置适用性和准确度的确定

6.5.1.1 将恒流源关闭,断开探针装置与电学测试装置的连接。

6.5.1.2 根据不同的电阻率范围,按表 1 选择模拟电路(见图 5)中的标准电阻。将电流引线(图 2 中的 1 和 2)接到模拟电路的电流端,将电压引线(图 2 中的 3 和 4)接到模拟电路的电压端。

表 1 标准电阻选择

电阻率 $\Omega \cdot cm$	标准电阻 $r,\geqslant$ Ω
<0.002 5	0.01
0.002 0~0.025	0.1
0.020~0.25	1
0.20~2.5	10
2.0~25	100
20~250	1 000
>200	10 000

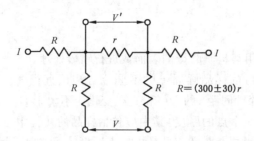

标引序号说明：

r ——模拟测试电路标准电阻；

R ——模拟测试电路电阻，其中 $R=(300\pm30)r$；

I ——模拟测试电路电流；

V ——模拟测试电路电势差；

V' ——标准电阻两端电势差。

图 5 直排四探针法模拟电路

6.5.1.3 如果采用电阻直接测试仪器，则开始在任一极性上（正向）测试模拟电路的正向电阻 r_f。改变连接极性，测试反向电阻 r_r。继续改变极性重复测试 5 次，记录每一极性的正向电阻 r_f 和反向电阻 r_r 测试值。

6.5.1.4 如果不是采用电阻直接测试仪器，则让电流在正向，调节电流大小到近似表 2 中推荐的圆片样品测试电流值。测试正向电流时标准电阻两端的电势差 V_{sf} 或直接测试流过模拟电路的正向电流 I_{af}，再测试正向电流时模拟电路的电势差 V_{af}。将电流换向，测试反向电流时标准电阻两端的电势差 V_{sr} 或直接测试流过模拟电路的反向电流 I_{ar} 和反向电流时模拟电路的电势差 V_{ar}。继续改变极性重复测试 5 次，记录每一极性的测试值。

表 2 不同电阻率样品对应的推荐电流值

电阻率 $\Omega \cdot cm$	推荐的圆片样品测试电流值 mA
<0.03	100
0.03~0.30	25
0.30~3	2.5
3~30	0.25
30~300	0.025
300~3 000	0.002 5
>3 000	0.000 25
注：本表中推荐的圆片样品测试电流值是在样品厚度为 0.5 mm,2 探针、3 探针间电势差为 10 mV 时得到的。	

6.5.1.5 按 6.6.2 计算平均电阻和平均电阻标准偏差 σ。

6.5.1.6 电学测试装置应符合下述规定：

 a) 电阻<100 Ω，平均电阻值（$\bar{r}$）与标准电阻标称值（r）的差应不超过±0.1%r，电阻≥100 Ω，平均电阻值（$\bar{r}$）与标准电阻标称值（r）的差应不超过±0.3%r"；

 b) 平均电阻标准偏差 σ 应小于 0.3%$\bar{r}$；

 c) 设备应能测试出 0.05%电阻的变化。

6.5.2 探针间距与探针尖端状态的确定

6.5.2.1 将四探针以合适压力压在严格固定的抛光片或其他满足要求材料(以下简称样片)的表面上,形成一组压痕。提起探针,在垂直于探针尖连线方向上移动样片或探针 0.05 mm～0.10 mm,再将探针压到样片表面上。重复上述步骤,直到获得 10 组压痕。建议在获得两组或三组压痕后,将样片或探针移动距离改为上述距离的两倍,以利于操作者识别压痕属于哪一组。

6.5.2.2 将具有 10 组压痕的样片(6.5.2.1)用去离子水清洗并干燥。

6.5.2.3 将样片(6.5.2.2)置于显微镜的载物台上,y 轴的读数(图 6 中的 y_B 和 y_A)相差应不大于 0.150 mm,记录 10 组压痕 A 到 H 的 x 轴读数,精确到 1 μm。

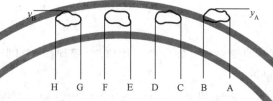

图 6 四探针压痕对位置示意图

6.5.2.4 按 6.6.1 计算每一探针间距的平均值 $\overline{S}_i$、平均探针间距 $\overline{S}$、探针间距标准偏差 σ_i 和探针系数 C。

6.5.2.5 对于合格的探针,应符合下述规定:

a) 每一探针间距标准偏差 σ_i 应小于 0.30%$\overline{S}_i$;

b) 每一探针间距的平均值 $\overline{S}_1$、$\overline{S}_2$ 和 $\overline{S}_3$ 的差应不大于 2%$\overline{S}$;

c) 每根探针的压痕应只出现一个接触面,直径线度不大于 100 μm,如果有的压痕出现不连续的接触面,则更换探针并重新测试;

d) 在显微镜下检验时,探针与样片表面的接触面上应不出现明显的横向移动,否则应重新调整该探针系统。

6.5.3 测试

6.5.3.1 将样品置于样品架或样品台上。

6.5.3.2 测试并记录环境温度 T,让样品在该温度下保持足够的时间,以使温度平衡。

注:当样品与样片架或样品台在同一室温环境不少于 30 min 时,则平衡时间不超过 30 s。仲裁试验推荐使用散热器,建议先将散热器放置在室温环境内 24 h(室温变化宜不超过±1 ℃)。

6.5.3.3 将探针下降到样品表面的待测位置,每一探针尖离样品边缘的距离至少为平均探针间距的 4 倍。

6.5.3.4 让电流在正向,根据样品电阻率大小按表 2 调节电流大小。探针 2、探针 3 之间测得的电势差应小于 50 mV。不同的测试方法应记录不同的数据,具体如下:

a) 用标准电路测试时,记录正向电流下标准电阻两端的电势差(V_{sf})、正向电流下模拟电路两端的电势差(V_{af})、反向电流下标准电阻两端的电势差(V_{sr})、反向电流下模拟电路两端的电势差(V_{ar})、测试温度(T),其中 V_{sf}、V_{af}、V_{sr}、V_{ar} 至少保留 $3\frac{1}{2}$ 位有效数字;

b) 直接测试电流时,记录流过模拟电路的正向电流(I_{af})、正向电流下模拟电路两端的电势差(V_{af})、流过模拟电路的反向电流(I_{ar})、反向电流下模拟电路两端的电势差(V_{ar})、测试温度 T,其中 I_{af}、V_{af}、I_{ar}、V_{ar} 至少保留 $3\frac{1}{2}$ 位有效数字;

c) 直接测试电阻时,记录正向电流时的样品电阻(R_f)、反向电流时的样品电阻(R_r)、每一测试位置的电阻平均值(R_m)、测试温度 T 下样品的电阻率 $\rho(T)$、温度修正因子(F_T)。

6.5.3.5 测试并记录正向电流下标准电阻两端的电势差(V_{sf})[或通过样品的正向电流(I_f)]、正向电流时测得的样品电势差(V_f);改变电流方向,测试并记录反向电流下标准电阻两端的电势差(V_{sr})[或通过样品的反向电流(I_r)]、反向电流时测得的样品电势差(V_r)值。

6.5.3.6 关闭电流源,提起探针,将样品旋转 $15°\sim20°$。

6.5.3.7 重复 6.5.3.3～6.5.3.6 步骤,直到完成预定的测试,测试位置和测试次数可由测试双方协商确定并在试验报告中注明。仲裁时宜测试 10 次。

6.5.3.8 对于不是圆片的样品,如果选用的测试电流 I 在数值上等于 $2\pi C$,则探针 2、探针 3 之间测得的电势差在数值上等于电阻率值。

6.6 试验数据处理

6.6.1 采用 6.5.2 的测试数据计算每一探针间距的平均值 $\overline{S_i}$、平均探针间距 $\overline{S}$、探针间距标准偏差 σ_i、探针系数 C 和探针间距修正因子 F_{sp}。

　　a) 对 10 组测试数据中的每一组,用公式(2)、公式(3)、公式(4)计算探针间距 S_{1j}、S_{2j}、S_{3j}:

$$S_{1j}=[(C_j+D_j)/2]-[(A_j+B_j)/2] \quad\quad\cdots\cdots\cdots(2)$$

$$S_{2j}=[(E_j+F_j)/2]-[(C_j+D_j)/2] \quad\quad\cdots\cdots\cdots(3)$$

$$S_{3j}=[(G_j+H_j)/2]-[(E_j+F_j)/2] \quad\quad\cdots\cdots\cdots(4)$$

式中:

S_{1j} ——1、2 探针间距,单位为毫米(mm);

S_{2j} ——2、3 探针间距,单位为毫米(mm);

S_{3j} ——3、4 探针间距,单位为毫米(mm);

$A_j\sim H_j$ ——探针压痕的点位(如图 6 所示),单位为毫米(mm);

j ——组数,$j=1\sim10$。

　　b) 每一探针间距的平均值 $\overline{S_i}$ 按公式(5)计算:

$$\overline{S_i}=\left(\frac{1}{10}\right)\sum_{j=1}^{10}S_{ij} \quad\quad\cdots\cdots\cdots(5)$$

式中:

$\overline{S_i}$ ——每一探针间距 10 组测试数值的平均值,单位为毫米(mm);

S_{ij} ——探针间距,单位为毫米(mm);

j ——组数,$j=1\sim10$。

　　c) 探针间距的标准偏差 σ_i 按公式(6)计算:

$$\sigma_i=\frac{1}{3}\left[\sum_{j=1}^{10}(S_{ij}-\overline{S_i})^2\right]^{\frac{1}{2}} \quad\quad\cdots\cdots\cdots(6)$$

式中:

σ_i ——探针间距标准偏差,单位为毫米(mm);

S_{ij} ——探针间距,单位为毫米(mm);

$\overline{S_i}$ ——每一探针间距 10 组测试数值的平均值,单位为毫米(mm);

j ——组数,$j=1\sim10$。

　　d) 平均探针间距 $\overline{S}$ 按公式(7)计算:

$$\overline{S}=\frac{1}{3}(\overline{S_1}+\overline{S_2}+\overline{S_3}) \quad\quad\cdots\cdots\cdots(7)$$

式中:

$\overline{S}$ ——平均探针间距,单位为毫米(mm);

$\overline{S_1}$、$\overline{S_2}$、$\overline{S_2}$ ——每一探针间距的平均值,单位为毫米(mm)。

e) 探针系数 C 按公式(8)计算:

$$C = \frac{2\pi}{1/\overline{S_1} + 1/\overline{S_3} - 1/(\overline{S_1}+\overline{S_3}) - 1/(\overline{S_2}+\overline{S_3})} \quad\quad\quad\quad (8)$$

式中:

C ——探针系数,单位为毫米(mm);

$\overline{S_1}$、$\overline{S_2}$、$\overline{S_3}$ ——每一探针间距的平均值,单位为毫米(mm)。

f) 适用于圆片样品测试时的探针间距修正因子 F_{sp} 按公式(9)计算:

$$F_{sp} = 1 + 1.082[1 - (\overline{S_2}/\overline{S})] \quad\quad\quad\quad (9)$$

式中:

F_{sp}——探针间距修正因子;

$\overline{S_2}$——2、3 探针间距的平均值,单位为毫米(mm);

$\overline{S}$ ——平均探针间距,单位为毫米(mm)。

6.6.2 采用 6.5.1.3～6.5.1.4 测试的数据,计算模拟电路测试的平均电阻$\bar{r}$和平均电阻标准偏差σ。

a) 如果直接测试电阻,用单个正向和反向电阻(无论是计算结果或是测试结果)均按公式(10)计算平均电阻,如果用标准电路测试,按公式(11)、公式(12)分别计算模拟电路的正向电阻 r_f 及反向电阻 r_r:

$$\bar{r} = \frac{1}{10}\sum_{i=1}^{10} r_i \quad\quad\quad\quad (10)$$

式中:

$\bar{r}$ ——平均电阻,单位为欧姆(Ω);

r_i ——10 个模拟电路的正向电阻 r_f 及反向电阻 r_r 中的任意一个值,单位为欧姆(Ω)。

$$r_f = V_{af}R_s/V_{sf} \quad\quad\quad\quad (11)$$

式中:

r_f ——模拟电路的正向电阻,单位为欧姆(Ω);

V_{af} ——正向电流时模拟电路两端的电势差,单位为毫伏(mV);

R_s ——标准电阻值,单位为欧姆(Ω);

V_{sf} ——正向电流时标准电阻两端的电势差,单位为毫伏(mV)。

$$r_r = V_{ar}R_s/V_{sr} \quad\quad\quad\quad (12)$$

式中:

r_r ——模拟电路的反向电阻,单位为欧姆(Ω);

V_{ar} ——反向电流时模拟电路两端的电势差,单位为毫伏(mV);

R_s ——标准电阻值,单位为欧姆(Ω);

V_{sr} ——反向电流时标准电阻两端的电势差,单位为毫伏(mV)。

b) 如果直接测试电流,模拟电路的正向电阻 r_f 及反向电阻 r_r 分别按公式(13)、公式(14)计算:

$$r_f = V_{af}/I_{af} \quad\quad\quad\quad (13)$$

式中:

r_f ——模拟电路的正向电阻,单位为欧姆(Ω);

V_{af} ——正向电流时模拟电路两端的电势差,单位为毫伏(mV);

I_{af} ——流过模拟电路的正向电流,单位为毫安(mA)。

$$r_r = V_{ar}/I_{ar} \quad\quad\quad\quad (14)$$

式中：

r_r ——模拟电路的反向电阻,单位为欧姆(Ω);

V_{ar} ——反向电流时模拟电路两端的电势差,单位为毫伏(mV);

I_{ar} ——流过模拟电路的反向电流,单位为毫安(mA)。

c) 模拟电路测试的平均电阻标准偏差 σ 按公式(15)计算:

$$\sigma = \frac{1}{3}\left[\sum_{i=1}^{10}(r_i - \bar{r})^2\right]^{\frac{1}{2}} \quad\quad\quad\quad\cdots\cdots\cdots\cdots\cdots\cdots\cdots(15)$$

式中：

σ ——平均电阻标准偏差,单位为欧姆(Ω);

r_i ——10 个模拟电路的正向电阻 r_f 及反向电阻 r_r 中的任意一个值,单位为欧姆(Ω);

$\bar{r}$ ——平均电阻,单位为欧姆(Ω)。

6.6.3 按下列规定分别计算正向电流和反向电流时的样品电阻、电阻平均值、几何修正因子、温度修正因子、电阻率、电阻率平均值、电阻率标准偏差。

a) 正向电流和反向电流时的样品电阻分别按公式(16)、公式(17)计算:

$$R_f = V_f R_s / V_{sf} \quad\quad\quad\quad\cdots\cdots\cdots\cdots\cdots\cdots\cdots(16)$$

式中：

R_f ——正向电流时的样品电阻,单位为欧姆(Ω);

V_f ——正向电流时测得的样品电势差,单位为毫伏(mV);

R_s ——标准电阻值,单位为欧姆(Ω);

V_{sf} ——正向电流时标准电阻两端的电势差,单位为毫伏(mV)。

$$R_r = V_r R_s / V_{sr} \quad\quad\quad\quad\cdots\cdots\cdots\cdots\cdots\cdots\cdots(17)$$

式中：

R_r ——反向电流时的样品电阻,单位为欧姆(Ω);

V_r ——反向电流时测得的样品电势差,单位为毫伏(mV);

R_s ——标准电阻值,单位为欧姆(Ω);

V_{sr} ——反向电流时标准电阻两端的电势差,单位为毫伏(mV)。

如果直接测试电流,正向电流和反向电流时的样品电阻分别按公式(18)、公式(19)计算:

$$R_f = V_f / I_f \quad\quad\quad\quad\cdots\cdots\cdots\cdots\cdots\cdots\cdots(18)$$

式中：

R_f ——正向电流时的样品电阻,单位为欧姆(Ω);

V_f ——正向电流时测得的样品电势差,单位为毫伏(mV);

I_f ——通过样品的正向电流,单位为毫安(mA)。

$$R_r = V_r / I_r \quad\quad\quad\quad\cdots\cdots\cdots\cdots\cdots\cdots\cdots(19)$$

式中：

R_r ——反向电流时的样品电阻,单位为欧姆(Ω);

V_r ——反向电流时测得的样品电势差,单位为毫伏(mV);

I_r ——通过样品的反向电流,单位为毫安(mA)。

如果使用电阻直读仪器,则不需此计算。R_f 与 R_r 之差与 R_f 或 R_r(取两者中较大者)的比值应小于 10%。

b) 每一测试位置的电阻平均值 R_m 按公式(20)计算:

$$R_m = \frac{1}{2}(R_f + R_r) \quad\quad\quad\quad\cdots\cdots\cdots\cdots\cdots\cdots\cdots(20)$$

式中：

R_m——每一测试位置的电阻平均值，单位为欧姆（Ω）；

R_f——正向电流时的样品电阻，单位为欧姆（Ω）；

R_r——反向电流时的样品电阻，单位为欧姆（Ω）。

c)　如果为圆片样品，则需计算几何修正因子 F，否则从 6.6.3 d)继续进行计算。

　　1)　计算样品厚度 W 与平均探针间距 $\overline{S}$ 的比值，用线性内插法从表 3 中查出厚度修正因子 $F(W/\overline{S})$。

表 3　厚度修正因子 $F(W/\overline{S})$

$W/\overline{S}$	$F(W/\overline{S})$	$W/\overline{S}$	$F(W/\overline{S})$	$W/\overline{S}$	$F(W/\overline{S})$	$W/\overline{S}$	$F(W/\overline{S})$
0.40	0.999 3	0.60	0.992 0	0.80	0.966 4	1.0	0.921
0.41	0.999 2	0.61	0.991 2	0.81	0.964 5	1.2	0.864
0.42	0.999 0	0.62	0.990 3	0.82	0.962 7	1.4	0.803
0.43	0.998 9	0.63	0.989 4	0.83	0.960 8	1.6	0.742
0.44	0.998 7	0.64	0.988 5	0.84	0.958 8	1.8	0.685
0.45	0.998 6	0.65	0.987 5	0.85	0.956 6	2.0	0.634
0.46	0.984	0.66	0.986 5	0.86	0.954 7	2.2	0.587
0.47	0.998 1	0.67	0.985 5	0.87	0.952 6	2.4	0.546
0.48	0.997 8	0.68	0.984 2	0.88	0.950 5	2.6	0.510
0.49	0.997 6	0.69	0.983 0	0.89	0.948 3	2.8	0.477
0.50	0.997 5	0.70	0.981 8	0.90	0.946 0	3.0	0.448
0.51	0.997 1	0.71	0.980 4	0.91	0.943 8	3.2	0.422
0.52	0.996 7	0.72	0.979 1	0.92	0.941 4	3.4	0.399
0.53	0.996 2	0.73	0.977 7	0.93	0.939 1	3.6	0.378
0.54	0.995 8	0.74	0.976 2	0.94	0.936 7	3.8	0.359
0.55	0.995 3	0.75	0.974 7	0.95	0.934 8	4.0	0.342
0.56	0.994 7	0.76	0.973 1	0.96	0.931 8	—	—
0.57	0.994 1	0.77	0.971 5	0.97	0.929 3	—	—
0.58	0.993 4	0.78	0.969 9	0.98	0.926 3	—	—
0.59	0.992 7	0.79	0.968 1	0.99	0.924 2	—	—

　　2)　计算平均探针间距 $\overline{S}$ 与样品直径 D 的比值，确定修正因子 F_2，当 $2.5 \leqslant W/\overline{S} \leqslant 4$ 时，F_2 取 4.532，当 $W/\overline{S} < 2.5$ 时，用线性内插法从表 4 中查出 F_2。

表4 修正因子 F_2

$\overline{S}/D$	F_2	$\overline{S}/D$	F_2	$\overline{S}/D$	F_2
0	4.532	0.035	4.485	0.070	4.348
0.005	4.531	0.040	4.470	0.075	4.322
0.010	4.528	0.045	4.454	0.080	4.294
0.015	4.524	0.050	4.436	0.085	4.265
0.020	4.517	0.055	4.417	0.090	4.235
0.025	4.508	0.060	4.395	0.095	4.204
0.030	4.497	0.065	4.372	0.100	4.171

    3) 几何修正因子 F 按公式(21)计算：

$$F = F(W/\overline{S}) \times W \times F_2 \times F_{sp} \quad\quad\quad\quad\quad\quad\quad(21)$$

式中：

F ——几何修正因子,当 $W/\overline{S}>1$,$D>16\overline{S}$时,F 的精密度不大于 2%;

$F(W/\overline{S})$——厚度修正因子;

W ——样品厚度,单位为厘米(cm);

F_2 ——修正因子;

F_{sp} ——探针间距修正因子。

    d) 测试温度 T 下样品的电阻率按公式(22)计算：

$$\rho(T) = R_m \times C \quad\quad\quad\quad\quad\quad\quad(22)$$

式中：

$\rho(T)$——测试温度 T 下样品的电阻率,单位为欧姆厘米($\Omega \cdot cm$);

R_m ——平均电阻,单位为欧姆(Ω);

C ——探针系数,单位为厘米(cm)。

如果为圆片样品,测试温度 T 下样品的电阻率则按公式(23)计算：

$$\rho(T) = R_m \times F \quad\quad\quad\quad\quad\quad\quad(23)$$

式中：

$\rho(T)$——测试温度 T 下样品的电阻率,单位为欧姆厘米($\Omega \cdot cm$);

R_m ——平均电阻,单位为欧姆(Ω);

F ——几何修正因子,单位为厘米(cm)。

    e) 从表5中查出电阻率对应的电阻率温度系数,温度修正因子 F_T 按公式(24)计算：

$$F_T = 1 - C_T(T - 23) \quad\quad\quad\quad\quad\quad\quad(24)$$

式中：

F_T ——温度修正因子;

C_T ——从表5中查得的电阻率温度系数;

T ——温度,单位为摄氏度(℃)。

表 5　18 ℃～28 ℃范围硅的电阻率温度系数

电阻率 Ω·cm	电阻率温度系数 C_T ℃⁻¹		电阻率 Ω·cm	电阻率温度系数 C_T ℃⁻¹	
	n 型	p 型		n 型	p 型
0.000 6	0.002 00	0.001 60	1.0	0.007 36	0.007 07
0.000 8	0.002 00	0.001 60	1.2	0.007 47	0.007 22
0.001 0	0.002 00	0.001 58	1.4	0.007 55	0.007 34
0.001 2	0.001 84	0.001 51	1.6	0.007 61	0.007 44
0.001 4	0.001 69	0.001 49	2.0	0.007 68	0.007 59
0.001 6	0.001 61	0.001 48	2.5	0.007 74	0.007 73
0.002 0	0.001 58	0.001 48	3.0	0.007 78	0.007 83
0.002 5	0.001 59	0.001 45	3.5	0.007 82	0.007 91
0.003 0	0.001 56	0.001 37	4.0	0.007 85	0.007 97
0.003 5	0.001 46	0.001 27	5.0	0.007 91	0.008 05
0.004 0	0.001 31	0.001 16	6.0	0.007 97	0.008 11
0.005 0	0.000 96	0.000 94	8.0	0.008 06	0.008 19
0.006 0	0.000 60	0.000 74	10	0.008 13	0.008 25
0.008 0	0.000 06	0.000 46	12	0.008 18	0.008 29
0.010	−0.000 22	0.000 31	14	0.008 22	0.008 32
0.012	−0.000 31	0.000 25	16	0.008 24	0.008 35
0.014	−0.000 26	0.000 25	20	0.008 26	0.008 40
0.016	−0.000 13	0.000 29	25	0.008 27	0.008 45
0.020	0.000 25	0.000 45	30	0.008 28	0.008 49
0.025	0.000 83	0.000 73	35	0.008 29	0.008 53
0.030	0.001 39	0.001 02	40	0.008 30	0.008 57
0.035	0.001 90	0.001 31	50	0.008 30	0.008 62
0.040	0.002 35	0.001 58	60	0.008 30	0.008 67
0.050	0.003 09	0.002 08	80	0.008 30	0.008 72
0.060	0.003 64	0.002 51	100	0.008 30	0.008 76
0.080	0.004 39	0.003 20	120	0.008 30	0.008 78
0.10	0.004 86	0.003 72	140	0.008 30	0.008 79
0.12	0.005 17	0.004 12	160	0.008 30	0.008 80
0.14	0.005 40	0.004 44	200	0.008 30	0.008 82
0.16	0.005 58	0.004 71	250	0.008 30	0.008 84
0.20	0.005 85	0.005 12	300	0.008 30	0.008 86
0.25	0.006 09	0.005 48	350	0.008 30	0.008 88
0.30	0.006 27	0.005 75	400	0.008 30	0.008 91
0.35	0.006 43	0.005 96	500	0.008 30	0.008 97
0.40	0.006 56	0.006 13	600	0.008 30	0.009 00
0.50	0.006 78	0.006 39	800	0.008 30	0.009 00
0.60	0.006 96	0.006 59	1 000	0.008 30	0.009 00
	0.007 20	0.006 87	—	—	—

f) 修正到温度 23 ℃的电阻率按公式(25)计算：

$$\rho(23)=\rho(T)\times F_T \qquad\qquad\cdots\cdots\cdots\cdots\cdots\cdots(25)$$

式中：

$\rho(23)$ ——温度 23 ℃样品的电阻率，单位为欧姆厘米(Ω·cm)；

$\rho(T)$ ——测试温度 T 时样品的电阻率，单位为欧姆厘米(Ω·cm)；

F_T ——温度修正因子。

g) 修正到温度 23 ℃的电阻率平均值按公式(26)计算：

$$\bar{\rho}(23)=\frac{1}{n}\sum_{i=1}^{n}\rho_i(23) \qquad\qquad\cdots\cdots\cdots\cdots\cdots\cdots(26)$$

式中：

$\bar{\rho}(23)$ ——修正到温度 23 ℃的电阻率平均值，单位为欧姆厘米(Ω·cm)；

$\rho_i(23)$ ——根据公式(25)计算的 23 ℃的某次电阻率，单位为欧姆厘米(Ω·cm)；

i ——测试次数，$i=1\sim n$。

注：如果仅进行了一次测试，则省去这一步骤。

h) 电阻率的标准偏差 s 按公式(27)计算：

$$s=\left\{\frac{\sum_{i=1}^{n}\left[\rho_i(23)-\bar{\rho}(23)\right]^2}{n-1}\right\}^{\frac{1}{2}} \qquad\qquad\cdots\cdots\cdots\cdots\cdots\cdots(27)$$

式中：

s ——电阻率的标准偏差，单位为欧姆厘米(Ω·cm)；

$\rho_i(23)$ ——根据公式(25)计算的 23 ℃的某次电阻率，单位为欧姆厘米(Ω·cm)；

$\bar{\rho}(23)$ ——修正到温度 23 ℃的电阻率平均值，单位为欧姆厘米(Ω·cm)；

i ——测试次数，$i=1\sim n$。

6.7 精密度

用直排四探针法对不同电阻率范围的硅片进行测试，每个样品在中心点重复测 10 次，测试结果的重复性和再现性用相对标准偏差表示，具体如下：

a) 电阻率<50 Ω·cm 硅片的重复性不大于 2%，再现性不大于 2%；

b) 电阻率 50 Ω·cm～120 Ω·cm 硅片的重复性不大于 1%，再现性不大于 2%；

c) 电阻率 120 Ω·cm～500 Ω·cm 硅片的重复性不大于 3%，再现性不大于 3%；

d) 电阻率 500 Ω·cm～2 000 Ω·cm 硅片的重复性不大于 2%，再现性不大于 2%；

e) 电阻率 2 000 Ω·cm～6 000 Ω·cm 硅片的重复性不大于 3%，再现性不大于 4%；

f) 电阻率 6 000 Ω·cm～10 000 Ω·cm 硅片的重复性不大于 10%，再现性不大于 12%。

6.8 试验报告

试验报告应至少包括以下内容：

a) 样品编号及信息；

b) 测试设备信息；

c) 测试温度；

d) 测试电流；

e) 探针间距和探针压力；

f) 测试位置和测试次数；

g) 样品电阻率；

h)　样品电阻率标准偏差；

i)　本文件编号及方法名称；

j)　测试者；

k)　测试日期。

7　直流两探针法

7.1　原理

在电阻率均匀、横截面积为 A 的长条形或棒状的样品两端通以直流电流,并在样品的电流回路上串联一个标准电阻,利用高输入阻抗的电压表测试标准电阻上的电势差,从而得到流经样品的电流 I,使 A、B 两根探针垂直压在样品侧面,测试 A、B 两根探针间的电势差 V、探针间距 S,如图 7 所示。根据电阻率是平行于电流的电位梯度与电流密度之比,则样品的电阻率 ρ 可用公式(28)计算：

$$\rho = \frac{A}{S} \times \frac{V}{I} \qquad\qquad\qquad (28)$$

式中：

ρ ——电阻率,单位为欧姆厘米($\Omega \cdot cm$)；

A——样品的截面积,单位为平方厘米(cm^2)；

S——两探针间的探针间距,单位为厘米(cm)；

V——两探针间的电势差,单位为伏特(V)；

I——通过样品的直流电流,单位为安培(A)。

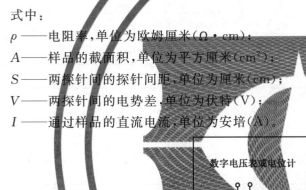
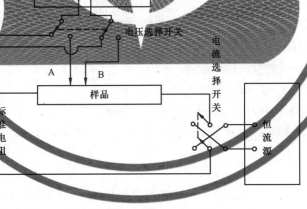

图 7　直流两探针法测试电路示意图

7.2　试剂和材料

7.2.1　去离子水：25 ℃时电阻率大于 2 M$\Omega \cdot$cm。

7.2.2　欧姆接触材料：导电橡胶或其他。

7.2.3　磨料：氧化铝或其他。

7.3　仪器设备

7.3.1　探针装置由以下几部分组成：

    a)　探针架:能保证探针与样品多次接触的位置重叠,无横向移动;

    b)　探针:用钨、锇、碳化钨或合金钢等耐磨硬质材料制成,探针间及探针与其他部分之间的绝缘电阻应大于 10^9 Ω,探针间距标称值为 1 mm~4.7 mm 及 10 mm,探针压力应为 1.75 N+ 0.25 N。

7.3.2　电学测试装置由下列几部分组成,模拟电路见图 5:

    a)　恒流源:电流量程为 0.01 mA~0.1 A,稳定度优于±0.05%;

    b)　电流选择开关;

    c)　电位选择开关;

    d)　数字电压表或其他相当的仪表:量程为 0.1 mV~1 000 mV,输入阻抗一般大于 10^9 Ω,分辨率为 $3\frac{1}{2}$ 位有效数字;

    e)　标准电阻和模拟电阻:推荐值见表 6。

表 6　与电阻率适应的标准电阻和模拟电阻的推荐值

电阻率量级 Ω·cm	标准电阻 R_s 和模拟电阻 R_a 推荐值 Ω
10^{-3}	0.001
10^{-2}	0.01
10^{-1}	0.1
1	1
10	10
10^2	100
10^3	1 000

7.3.3　导电类型测试设备。

7.3.4　制样装置:包括研磨及喷砂装置等。

7.3.5　显微镜:分辨率 1 μm,放大倍数不小于 400 倍。

7.3.6　千分尺或游标卡尺:分度值达到或优于 0.05 mm。

7.3.7　温度计或其他测温仪器:测温范围为 0 ℃~40 ℃,分度值为 0.1 ℃。

7.4　样品

7.4.1　按 GB/T 1550 规定的方法测试样品的导电类型,沿长度每隔 1 cm 测一次,记录导电类型。

7.4.2　如果为圆柱形样品,则用研磨或喷砂方法在晶体圆周侧面上制备宽 3 mm~5 mm 的测量道,仲裁时应在与该测量道成 90°的侧面上制备宽度相同的第二测量道。

7.4.3　样品两端用磨料研磨或喷砂。

7.4.4　将样品用去离子水清洗并干燥。

7.4.5　选用欧姆接触材料在样品两端形成欧姆接触。

7.4.6　样品各测试点的截面积与整个样品平均截面积之差应不超过整个样品平均截面积的±1%,否则不宜使用本方法。

7.5 试验步骤

7.5.1 样品平均截面积的测试

7.5.1.1 圆柱形样品沿样品长度以适当等距离间隔分别测试并记录 2 条垂直的直径,以这 2 条直径的平均值计算各位置的截面积 A_i,根据各 A_i 值计算整个样品的平均截面积 A。

7.5.1.2 方形或矩形样品沿样品长度以适当等距离间隔分别测试并记录截面的长度和宽度,计算各位置的截面积 A_i,根据各 A_i 值计算整个样品的平均截面积 A。

7.5.2 测试设备的适用性检查

7.5.2.1 对于仲裁测试,需按 7.5.2.2、7.5.2.3 进行测试设备的适用性检查。

7.5.2.2 按 6.5.1 确定电气测试设备的适用性和准确性。测定 5 组模拟电路的电势差或 10 组模拟电路的电阻值,计算模拟电阻 R_i、模拟电阻的平均值 $\overline{R_a}$ 及模拟电阻的标准偏差 S_a。模拟电阻的平均值 $\overline{R_a}$ 与模拟电阻标称值 R_a 的差应不超过 $\pm 0.3\% \overline{R_a}$,模拟电阻的标准偏差 S_a 应不大于 $0.3\% \overline{R_a}$。

7.5.2.3 按 6.5.2 确定探针间距和探针尖端状态。测试 10 组探针压痕对的位置 A、B、C、D,如图 8 所示,计算 10 组探针间距 S_i、平均探针间距 $\overline{S}$ 及探针间距标准偏差 S_p。探针间距标准偏差 S_p 应小于 $0.25\% \overline{S}$。

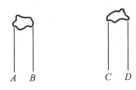

图 8 两探针压痕对位置示意图

7.5.3 测试

7.5.3.1 将样品两端接好电极,将探针降低到测量道上,使探针垂直压在样品侧面测量道上,第一测试点在离端面 2 cm 处,测试距离从两根探针的中心算起。

7.5.3.2 如果电阻率未知,从低电流开始逐渐增加电流,直到两个电压探针之间测到 10 mV 左右的电势差。

7.5.3.3 测试并记录环境温度 T,准确到 0.2 ℃。

7.5.3.4 测试标准电阻上的电势差 V_{sf} 或直接测试样品电流 I_f。

7.5.3.5 测试两根电压探针之间的电势差 V_f。

7.5.3.6 将电流反向。

7.5.3.7 测试标准电阻上的电势差 V_{sr} 或直接测试样品电流 I_r。

7.5.3.8 测试两根电压探针之间的电势差 V_r。

7.5.3.9 将探针升高并向另一端面方向移动适当距离(与 7.5.1 移动距离相同),重复 7.5.3.4～7.5.3.8 步骤,直到两探针中心与另一端面相距在 2 cm 内。

7.5.3.10 重复 7.5.3.4～7.5.3.9 步骤,直到取得 5 组数据为止。

7.5.3.11 仲裁时,还需在第二测量道上重复 7.5.3.4～7.5.3.10 步骤。

7.5.3.12 若样品长度小于 4 cm,可将测试点置于同两端面欧姆接触等距离处,按 7.5.3.4～7.5.3.8 步骤重复测试 5 次;仲裁时还需在第二测量道的同两端面欧姆接触等距离处按 7.5.3.4～7.5.3.8 步骤重复测试 5 次。

7.6 试验数据处理

7.6.1 探针间距 S_i、平均探针间距 $\overline{S}$ 及探针间距标准偏差 S_p 按下列规定计算。

a) 探针间距 S_i 按公式(29)计算：

$$S_i = \frac{A_i + B_i}{2} - \frac{C_i + D_i}{2} \qquad \cdots\cdots\cdots\cdots\cdots\cdots (29)$$

式中：

S_i ——探针间距,单位为毫米(mm);

A_i、B_i、C_i、D_i——探针压痕对的位置(如图8所示),单位为毫米(mm);

i ——组数,$i=1\sim10$。

b) 平均探针间距 $\overline{S}$ 按公式(30)计算：

$$\overline{S} = \frac{1}{10}\sum_{i=1}^{10} S_i \qquad \cdots\cdots\cdots\cdots\cdots\cdots (30)$$

式中：

$\overline{S}$ ——平均探针间距,单位为毫米(mm);

S_i ——探针间距,单位为毫米(mm);

i ——组数,$i=1\sim10$。

c) 探针间距的标准偏差 S_p 按公式(31)计算：

$$S_p = \frac{1}{3}\sqrt{\sum_{i=1}^{10}(S_i - \overline{S})^2} \qquad \cdots\cdots\cdots\cdots\cdots\cdots (31)$$

式中：

S_p ——探针间距的标准偏差,单位为毫米(mm);

S_i ——探针间距,单位为毫米(mm);

$\overline{S}$ ——平均探针间距,单位为毫米(mm);

i ——组数,$i=1\sim10$。

7.6.2 模拟电阻 R_{ai}、模拟电阻平均值 R_a 及标准偏差 S_a 按下列规定计算。

a) 模拟电阻 R_{ai} 按公式(32)计算：

$$R_{ai} = V_a R_s / V_s \qquad \cdots\cdots\cdots\cdots\cdots\cdots (32)$$

式中：

R_{ai} ——模拟电阻,单位为欧姆(Ω);

V_a ——模拟电路的电势差,单位为毫伏(mV);

R_s ——标准电阻的阻抗,单位为欧姆(Ω);

V_s ——标准电阻上的电势差,单位为毫伏(mV)。

分别对5组正向及反向数据进行计算,如果直接测试电流,模拟电阻 R_{ai} 则按公式(33)计算：

$$R_{ai} = V_a / I_a \qquad \cdots\cdots\cdots\cdots\cdots\cdots (33)$$

式中：

R_{ai} ——模拟电阻,单位为欧姆(Ω);

V_a ——模拟电路的电势差,单位为毫伏(mV);

I_a ——通过模拟电路的电流,单位为毫安(mA)。

b) 模拟电阻平均值 $\overline{R_a}$ 按公式(34)计算：

$$\overline{R_a} = \frac{1}{10}\sum_{i=1}^{10} R_{ai} \qquad \cdots\cdots\cdots\cdots\cdots\cdots (34)$$

式中：

$\overline{R_a}$——模拟电阻的平均值，单位为欧姆(Ω)；

R_{ai}——模拟电阻，单位为欧姆(Ω)；

i ——组数，$i=1\sim10$。

c) 模拟电阻的标准偏差 S_a 按公式(35)计算：

$$S_a = \frac{1}{3}\sqrt{\sum_{i=1}^{10}(R_{ai}-\overline{R_a})^2} \quad \cdots\cdots\cdots(35)$$

式中：

S_a——模拟电阻的标准偏差；

R_{ai}——模拟电阻，单位为欧姆(Ω)；

$\overline{R_a}$——模拟电阻的平均值，单位为欧姆(Ω)。

7.6.3 正向电流电阻 R_f、反向电流电阻 R_r、样品电阻率 ρ 按下列规定计算。

a) 正向电流电阻 R_f 和反向电流电阻 R_r 分别按公式(36)、公式(37)计算：

$$R_f = V_f R_s / V_{sf} \quad \cdots\cdots\cdots(36)$$

式中：

R_f ——正向电流时样品的电阻，单位为欧姆(Ω)；

V_f ——正向电流时测得的样品上的电势差，单位为毫伏(mV)；

R_s ——标准电阻，单位为欧姆(Ω)；

V_{sf} ——正向电流时标准电阻两端的电势差，单位为毫伏(mV)。

$$R_r = V_r R_s / V_{sr} \quad \cdots\cdots\cdots(37)$$

式中：

R_r ——反向电流时样品的电阻，单位为欧姆(Ω)；

V_r ——反向电流时测得的样品上的电势差，单位为毫伏(mV)；

R_s ——标准电阻，单位为欧姆(Ω)；

V_{sr} ——反向电流时标准电阻两端的电势差，单位为毫伏(mV)。

若直接测试电流，则正向电流电阻 R_f 和反向电流电阻 R_r 分别按公式(38)、公式(39)计算：

$$R_f = V_f / I_f \quad \cdots\cdots\cdots(38)$$

式中：

R_f——正向电流时样品的电阻，单位为欧姆(Ω)；

V_f——正向电流时测得的样品上的电势差，单位为毫伏(mV)；

I_f——通过样品的正向电流，单位为毫安(mA)。

$$R_r = V_r / I_r \quad \cdots\cdots\cdots(39)$$

式中：

R_r——反向电流时样品的电阻，单位为欧姆(Ω)；

V_r——反向电流时测得的样品上的电势差，单位为毫伏(mV)；

I_r——通过样品的反向电流，单位为毫安(mA)。

对于仲裁测试，每一对 R_f 和 R_r 两者之差应小于其中较大值的 2%。

b) 每个测试点每次测试的正、反向平均电阻 R_i 按公式(40)计算：

$$R_i = (R_{fi} + R_{ri})/2 \quad \cdots\cdots\cdots(40)$$

式中：

R_i ——每个测试点每次测试的正、反向平均电阻，单位为欧姆(Ω)；

R_{fi} ——每次测试求得的正向电阻,单位为欧姆(Ω);

R_{ri} ——每次测试求得的反向电阻,单位为欧姆(Ω);

i ——表示 5 组正、反向电阻中的一组,$i=1\sim5$。

c) 每个测试点的平均电阻 $\overline{R}$ 按公式(41)计算:

$$\overline{R} = \frac{1}{5}\sum_{i=1}^{5}R_i \qquad\qquad\cdots\cdots\cdots\cdots\cdots\cdots\cdots\cdots\cdots(41)$$

式中:

$\overline{R}$ ——每个测试点的平均电阻,单位为欧姆(Ω);

R_i ——每个测试点每次测试的正、反向平均电阻,单位为欧姆(Ω);

i ——表示 5 组正、反向电阻中的一组,$i=1\sim5$。

d) 每个测试点在温度 T 时的电阻率 $\rho(T)$ 按公式(42)计算:

$$\rho(T) = \overline{R}\times(\overline{A}/\overline{S}) \qquad\qquad\cdots\cdots\cdots\cdots\cdots\cdots\cdots\cdots\cdots(42)$$

式中:

$\rho(T)$——温度 T 时的电阻率,单位为欧姆厘米(Ω·cm);

$\overline{R}$ ——每个测试点的平均电阻,单位为欧姆(Ω);

$\overline{A}$ ——样品的平均截面积,单位为平方厘米(cm²);

$\overline{S}$ ——平均探针间距,单位为厘米(cm)。

e) 硅单晶的电阻率温度系数从表 5 可查得,然后按公式(43)计算温度修正因子 F_T:

$$F_T = 1 - C_T(T-23) \qquad\qquad\cdots\cdots\cdots\cdots\cdots\cdots\cdots\cdots\cdots(43)$$

式中:

F_T ——温度修正因子;

C_T ——电阻率的温度系数,单位为每摄氏度(℃⁻¹);

T ——温度,单位为摄氏度(℃)。

f) 23 ℃时的电阻率按公式(44)计算:

$$\rho(23) = \rho(T)\times F_T \qquad\qquad\cdots\cdots\cdots\cdots\cdots\cdots\cdots\cdots\cdots(44)$$

式中:

$\rho(23)$——温度 23 ℃时的电阻率,单位为欧姆厘米(Ω·cm);

$\rho(T)$——温度 T 时的电阻率,单位为欧姆厘米(Ω·cm);

F_T ——温度修正因子。

7.7 精密度

用直流两探针法对不同电阻率范围的硅单晶棒进行测试,每个样品在单侧量道的每个测试位置测5 次,测试结果的重复性和再现性用相对标准偏差表示,具体如下:

a) 电阻率<1 500 Ω·cm 硅单晶棒的重复性不大于 3%,再现性不大于 4%;

b) 电阻率 1 500 Ω·cm~3 000 Ω·cm 硅单晶棒的重复性不大于 2%,再现性不大于 4%;

c) 电阻率 3 000 Ω·cm~5 000 Ω·cm 硅单晶棒的重复性不大于 4%,再现性不大于 4%;

d) 电阻率 5 000 Ω·cm~6 000 Ω·cm 硅单晶棒的重复性不大于 5%,再现性不大于 8%。

7.8 试验报告

试验报告应至少包括以下内容:

a) 样品的平均截面积及样品编号;

b) 测试设备信息;

c)　每个测试点距起始端面的距离；

d)　探针间距；

e)　测试温度；

f)　样品每个测试点的电阻率；

g)　本文件编号及方法名称；

h)　测试者；

i)　测试日期。

ICS 29.045
H 80

中华人民共和国国家标准

GB/T 1553—2009
代替 GB/T 1553—1997

硅和锗体内少数载流子寿命测定
光电导衰减法

Test methods for minority carrier lifetime in bulk germanium
and silicon by measurement of photoconductivity decay

2009-10-30 发布

2010-06-01 实施

中华人民共和国国家质量监督检验检疫总局
中国国家标准化管理委员会 发布

GB/T 1553—2009

前　言

本标准代替 GB/T 1553—1997《硅和锗体内少数载流子寿命测定光电导衰减法》。

本标准与原标准相比,主要有如下变化:

——新增加少子寿命值的测量下限范围;

——删除了有关"斩切光"的内容;

——本标准将 GB/T 1553—1997 中第 7 章"试剂和材料"和第 8 章"测试仪器"并为第 6 章"测量仪器";

——本标准增加了"术语"章和"体寿命"的解释;

——本标准在"干扰因素"章增加了对各干扰因素影响的消除方法。

本标准的附录 A 为规范性附录。

本标准由全国半导体设备和材料标准化技术委员会提出。

本标准由全国半导体设备和材料标准化技术委员会材料分技术委员会归口。

本标准起草单位:峨嵋半导体材料厂。

本标准主要起草人:江莉、杨旭。

本标准所代替标准的历次版本发布情况为:

——GB 1553—1979、GB 5257—1985、GB/T 1553—1997。

硅和锗体内少数载流子寿命测定
光电导衰减法

1 范围

1.1　本标准规定了硅和锗单晶体内少数载流子寿命的测量方法。本标准适用于非本征硅和锗单晶体内载流子复合过程中非平衡少数载流子寿命的测量。

1.2　本标准为脉冲光方法。这种方法不破坏试样的内在特性,试样可以重复测试,但要求试样具有特殊的条形尺寸和研磨的表面,见表1。

表 1　　　　　　　　　　　　　　　　　　　　　　　　　　　　　　　单位为毫米

类 型	长 度	宽 度	厚 度
A	15.0	2.5	2.5
B	25.0	5.0	5.0
C	25.0	10.0	10.0

1.3　本标准可测的最低寿命值为 $10~\mu s$,取决于光源的余辉,而可测的最高寿命值主要取决于试样的尺寸,见表2。

表 2　　　　　　　　　　　　　　　　　　　　　　　　　　　　　　　单位为微秒

材料	类型 A	类型 B	类型 C
p 型锗	32	125	460
n 型锗	64	250	950
p 型硅	90	350	1 300
n 型硅	240	1 000	3 800

1.4　本标准不适用于抛光片的验收测试。

2　规范性引用文件

下列文件中的条款通过本标准的引用而成为本标准的条款。凡是注日期的引用文件,其随后所有的修改单(不包括勘误的内容)或修订版均不适用于本标准,然而,鼓励根据本标准达成协议的各方研究是否可使用这些文件的最新版本。凡是不注日期的引用文件,其最新版本适用于本标准。

GB/T 1550　非本征半导体材料导电类型测试方法

GB/T 1551　硅、锗单晶电阻率测定　直流两探针法

GB/T 14264　半导体材料术语

3　术语和定义

GB/T 14264 规定的以及下列术语和定义适用于本标准。

3.1

表观寿命　filament lifetime
光电导衰减到初始值的 $1/e$ 时的时间常数 $\tau_F(\mu s)$。

3.2

体寿命 lifetime

晶体中非平衡载流子由产生到复合存在的平均时间间隔,它等于非平衡载流子浓度衰减到起始值的 $1/e(e=2.718)$ 所需的时间,又称少数载流子寿命。

4 方法原理

在两端面为研磨表面并具有欧姆接触的单一导电类型的半导体单晶试样上通一直流电流,用示波器观察试样上的电压降。对试样施一脉冲光,在试样中产生非平衡少数载流子,同时触发示波器扫描。从脉冲光停止起电压衰减的时间常数可由示波器扫描测得。当试样中电导率调幅非常小时,所观察到的电压衰减等价于光生载流子的衰减,因此电压衰减的时间常数就等于非平衡少数载流子衰减的时间常数,少数载流子寿命即由该时间系数确定,用公式(1)表示。必要时,应消除陷阱效应和对表面复合及过量电导率调幅进行修正。

$$\Delta V = \Delta V_0 \exp(-t/\tau_F) \quad\cdots\cdots(1)$$

式中:

ΔV——光电导电压,单位为伏特(V);

ΔV_0——光电导电压的峰值或初始值,单位为伏特(V);

t——时间,单位为微秒(μs);

τ_F——表观寿命,单位为微秒(μs)。

本方法不适用于测试条件下呈非指数规律变化信号的试样。

5 干扰因素

5.1 陷阱效应影响

室温下的硅和低温状况下的锗,载流子陷阱会产生影响。如果试样中存在电子或空穴陷阱,脉冲光停止后,非平衡少数载流子将保持较高浓度并维持相当长一段时间,光电导衰减曲线会出现一条长长的尾巴。在这段衰减曲线上进行测量将错误的导致寿命值增大。

5.1.1 沿衰减曲线进一步延伸,由衰减曲线高端至低端进行测量,若时间常数增加,可判定存在陷阱效应,消除方法见8.9。

5.1.2 当试样中陷阱效应超过衰减曲线总幅度的5%,就不能用本方法测量少数载流子寿命。

5.2 表面复合影响

5.2.1 表面复合会影响寿命测量,特别是使用小块试样时。表3给出了推荐试样尺寸对应的表面复合率 R_{sf},在"计算"一章中也给出了表面复合修正的一般公式。当试样表面积与体积之比很大时,更有必要进行修正。

5.2.2 若对表面复合修正太大,会严重降低测量的准确性。建议对测量值的修正不要超过测量值倒数的1/2[即表观寿命须大于体寿命的一半,或表面复合率不大于体寿命的倒数,见第9章公式(8)]。标准条形试样所测定的最大体寿命值列于表2。

表 3

材 料	类型 A/ (μs^{-1})	类型 B/ (μs^{-1})	类型 C/ (μs^{-1})
p 型锗	0.032 3	0.008 13	0.002 15
n 型锗	0.015 75	0.003 96	0.001 05
p 型硅	0.011 2	0.002 82	0.000 75
n 型硅	0.004 2	0.001 05	0.000 28

5.3 注入量的影响

测量时试样电导率调幅必须很小,这样试样上电势差的衰减才等价于光生载流子的衰减。当试样上最大直流电压调幅 $\Delta V_0/V_{dc}$ 超过 0.01 时,允许进行修正。

5.4 光生伏特效应影响

试样电阻率不均匀会产生使衰减信号扭曲的光电压——光生伏特效应。在没有电流通过时就呈现光电压的试样不适宜用本方法测量。测量时避免光照。

5.5 光源波长的影响

光生载流子大幅度衰减会影响曲线的形状,尤其在衰减初期使用脉冲光时,这种现象更为显著。因为脉冲光源注入的载流子初始浓度一致性差,要求使用滤光片以增加注入载流子浓度的一致性,并在衰减曲线峰值逐渐减弱之后进行测量。或用单色激光作光源。

5.6 电场影响

如果少数载流子被电流产生的电场扫出试样的一端,少数载流子就不会形成衰减曲线。因此,需要用一块挡光板遮挡试样端面,使测试中扫出效应不显著。

5.7 温度影响

半导体中杂质的复合特性受温度强烈影响,控制测量时的温度就相当重要。在相同温度下进行的测量才可以做比较。

5.8 杂质复合中心的影响

不同的杂质中心具有不同的复合特性,当试样中存在一种以上类型的复合中心时,观察到的衰减曲线可能包含两个或多个具有不同时间常数的指数曲线,诸曲线合成结果也不呈指数规律,测量不能得出单一寿命值。

5.9 滤光片的影响

滤光片本身有信号,它和试样信号叠加产生测试误差。因此应选择厚度 1 mm、与被测试样材料相同、信号较弱(低寿命值)的滤光片。

6 测量仪器

6.1 测试电路图

测试电路图见图 1。

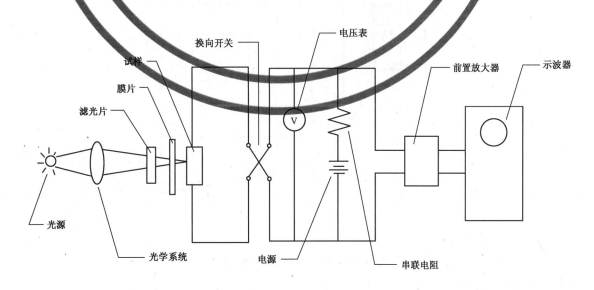

图 1 少数载流子寿命测量电路示意图

6.2 光源

脉冲光源应在光强从最大值减小到其10%时关断,或关断时间小于所测试样寿命时间的1/5或更少。用于硅试样测量的光源光谱分布的最大值应在波长范围1.0 μm~1.1 μm以内。

氙光管或放电管,配备0.01 μF的电容器以及可提供频率为2 Hz~60 Hz脉冲的高压电源。光源应在0.3 μs内达到最大光强,并在小于0.5 μs内光强由最大值下降不大于5%。采用更小的电容可获得更短的脉冲宽度,适合测量表观寿命低于5 μs的试样。

6.3 电源

电源应稳定并经过良好滤波,应在试样上产生不低于5 V的直流电压。电路中的串联电阻R_s值至少是试样电阻R及接触电阻R_c之和的20倍,电路中还应有对试样电流换向及切断电流的开关装置。

6.4 试样夹具及恒温器

隔热试样夹具及恒温器应使试样处于规定温度27 ℃±1 ℃,夹具与试样的整个端面应保持欧姆接触,并至少应使试样四个侧面中的一个侧面处于光照下。

> 注:制作与试样端面成欧姆接触的试样夹具的方法较多,建议使用金属带或纤维的压力接触,也可用厚铅板或铟板。

6.5 滤光片

滤光片应双面抛光,由与试样相同的材料制成,厚度为1 mm,直接放置在矩形窗孔膜片的上方。

6.6 矩形窗孔膜片

放置于靠近试样的光照表面,光透过矩形窗孔膜片,只能照射到试样的部分区域。光照区域的长度$L_i=L/2$,宽度$W_i=W/2$;光照部位都在试样中央位置。

6.7 电信号测量线路

6.7.1 前置放大器——具有可调的高、低频频带范围,低频截止频率从0.3 Hz~30 Hz可调。

6.7.2 示波器——具有适合的时间扫描和信号灵敏度及经校准的时间基线,其精度和线性度都优于3%并能被试验信号或外部信号触发,还应配备有助于分析衰减曲线的透明屏幕,其要求如下:

规定屏幕尺寸在10 cm×10 cm以内,该尺寸有利于减小视差。屏幕上刻有一条曲线,在基线上方的高度沿横坐标的距离呈指数衰减,由公式(2)表示:

$$y = 6\exp(-x/2.5) \qquad \cdots\cdots\cdots\cdots (2)$$

式中:x和y都是以刻度盘的刻度划分。

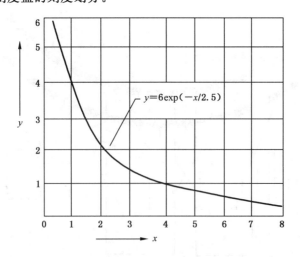

图2 示波器面板上的指数曲线

6.7.3 对电路总体要求:

6.7.3.1 校正垂直扫描灵敏度至0.1 mV/cm或更低;

6.7.3.2 校正垂直增益和扫描线性度在3%以内;

6.7.3.3 响应时间:输入信号以步进方式变化时,输出信号的衰减不超过所测最小表观寿命值的 1/5;

6.7.3.4 脉冲没有明显的变坏现象,如过冲或阻尼效应。

7 样品制备

7.1 试剂和材料

7.1.1 纯水

25 ℃时电阻率大于 2 MΩ·cm 的去离子水。

7.1.2 研磨材料

氧化铝粉,颗粒范围为 5 μm～12 μm。

7.2 取样

从晶体上指定区域切取试样,长度为 L,厚度为 T,宽度为 W,如表 1 所示。记录所有尺寸,精确到 0.1 mm。较低寿命值的材料测量宜使用较小尺寸的试样。直拉硅单晶的测量大都使用类型 B,而区熔硅单晶的测量建议采用类型 C。

7.3 研磨

测量前,用氧化铝粉研磨试样,使试样的六个表面成为平整的磨面。

7.4 清洗

将研磨后的试样用超声清洗或用水冲洗,用干燥氮气吹干。试样端面应清洁干净,有利形成良好的欧姆接触。

7.5 欧姆接触材料

在试样端面应形成欧姆接触,可使用镍、铑或金电镀浴,要避免铜沾污。对硅试样,可用一小滴镓滴在金刚砂布上,并使用加热盘将试样加热至 35 ℃。

7.6 研磨设备

能把试样的所有表面加工成光滑、平整的表面。

7.7 清洗和干燥设备

可用水冲洗或超声清洗。干燥设备提供干燥氮气吹干试样。

7.8 试样尺寸测量工具

精度为 0.01 mm 的千分尺或游标卡尺。

7.9 欧姆接触

在试样的两个整个端面上制作欧姆接触。推荐在锗试样的断面镀镍、铑或金,镀膜过程中应避免铜沾污;对硅试样最好办法是把试样加热到 35 ℃,同时研磨端面,防止滴在金刚砂布上的镓形成镓污点。也可在 n 型硅试样端面镀镍,在 p 性型硅试样端面镀铑。

7.10 测试接触点

将试样置于夹具中,以一个方向接通电流,在试样上形成 2 V～5 V 的电压,记录该电压降 V_1。改变电流方向,记录试样上电压降 V_2。如果 V_1 与 V_2 的差小于 5%,则试样具有欧姆接触。

7.11 测量和记录

按 GB/T 1551 测量和记录并修正其至 27 ℃时电阻率。如果试样导电类型是未知的,可按 GB/T 1550 测定。

8 测量步骤

8.1 用试样夹具夹紧试样,定位于膜片的矩形窗孔处,使试样的中央处于光照下。测量并记录试样夹具的温度,取值±1 ℃。

8.2 开启光源,将前置放大器与示波器接通。

8.3 接通电源,调整电流,在试样上产生 2 V～5 V。

8.4 使观察到的衰减曲线与画在示波器透明屏上的标准指数曲线一致(见6.7.2),方法如下:

8.4.1 调节垂直位移旋钮,使观察到的衰减曲线的基线与标准指数曲线的基线重合。调节时间基准扫描速度于一较低值,使屏幕横向上出现多个衰减曲线,以易于调节。

8.4.2 延长时间基准以产生一个单周期信号图样,调节水平位移、垂直放大和时间基准扫描速度,直到观察到的曲线与标准指数曲线尽可能吻合,脉冲峰值 ΔV_0 与标准曲线左边上方点一致。

8.5 测试试样是否存在光生伏特效应:关断电流,保留光照,其他旋钮不动,观察示波器是否检测到一个光电压信号。如果检测到一个超过脉冲峰值1%的信号,则试样中存在光生伏特效应,该试样不适合用本方法测量。

8.6 若未观察到上述光电压信号且衰减曲线呈指数曲线,则可由式(3)确定表观寿命 $\tau_F(\mu s)$:

$$\tau_F = 2.5 \cdot S_1 \quad\quad\quad\quad\quad\quad\quad\cdots\cdots\cdots(3)$$

式中:

S_1——时间基准扫描速度,单位为微秒每厘米($\mu s/cm$)。

8.7 若示波器时间基准未经校准,则标准指数曲线不适用,表观寿命可如下确定:旋转时间基准扫描速度至一合适分度值 $S_2(\mu s/cm)$,测量衰减曲线上任意两点间幅度比为2:1的水平距离 $M(cm)$,由式(4)计算 τ_F:

$$\tau_F = 1.44 M S_2 \quad\quad\quad\quad\quad\quad\cdots\cdots\cdots(4)$$

当不具备屏幕标准曲线(见6.7.2.1)时,也可用该步骤。

8.8 当观察到的屏幕衰减曲线呈非纯指数曲线但接近于纯指数曲线时,表观寿命可由曲线低端的几对点确定。

8.8.1 当试样的一半或少于一半的宽度已受光照,表观寿命从信号衰减到其峰值的60%以后的曲线部分来测定。

8.8.2 当试样的一半以上的宽度已受光照,表观寿命从信号衰减到其峰值的25%以后的曲线部分来测定。

8.8.3 上述两种情况都要增加垂直增益以延长衰减曲线,使指定部分达到屏幕垂直满刻度,调节时间基准扫描到一合适分度值 $S_2(\mu s/cm)$,使衰减曲线的指定部分尽可能达到屏幕水平满刻度,测量曲线上幅度比为2:1的任意两点间水平距离 $M(cm)$,由式(5)计算表观寿命:

$$\tau_{F1} = 1.44 M S_2 \quad\quad\quad\quad\quad\quad\cdots\cdots\cdots(5)$$

重复上述过程两遍以上,得到 τ_{F2}、τ_{F3} 等。

8.8.4 确定和记录平均表观寿命 τ_F,即 τ_{Fi} 的平均值。若 τ_{Fi} 之间差值超过10%,则该试样不适合用本方法测量。

> 注:特别是在p型硅的情况下,寿命随载流子浓度函数变化非常迅速,在宽范围内取得的平均值产生的误差可能很大。

8.9 试样是否存在陷阱效应由表观寿命值的变化来确定。诸寿命值从小于衰减曲线峰值(ΔV_0)的25%的曲线部分来确定。若寿命值在沿曲线更低处测量时反而增加,则存在陷阱。把试样加热到50 ℃~70 ℃或用一稳定的本底光照射试样,可消除陷阱效应。若陷阱的影响超过曲线总幅度的5%,则该试样不适于用本方法测量。

8.10 检查是否满足扫出条件

8.10.1 关断光源,测量试样上直流电压 V_{dc}。

8.10.2 计算 V_{dc} 与 τ_F 的积,若乘积不大于表4给出的对应常数,则满足扫出条件,即扫出效应不显著,进行8.11操作。

8.10.3 表4给出的常数,仅用于推荐长度的试样,其他长度的试样,其条件由式(6)给出:

$$V_{dc} \cdot \tau_F \leqslant 30 \, L/\mu \quad\quad\quad\quad\cdots\cdots\cdots(6)$$

式中：

L——试样长度，单位为毫米(mm)；

μ——少数载流子迁移率，单位为平方厘米每伏秒($cm^2/(V \cdot s)$)(见表4)；

τ_F——表观寿命，单位为微秒(μs)。

8.10.4 若不满足扫出条件，可降低试样电流来减小V_{dc}，这将会改变曲线形状，τ_F值也将发生变化。

8.10.5 重复从8.4～8.10.4的操作，直至τ_F值是一个常数且满足扫出条件。

表 4

材　料	迁移率/ ($cm^2/(V \cdot s)$)	类型 A	类型 B 和 C
p 型锗	3 800	7.3	12
n 型锗	1 800	11	18
p 型硅	1 400	12	20
n 型硅	470	20	35

8.11 检查是否满足小注入条件。

8.11.1 用满足扫出条件相同的电流值，开启光源，测量脉冲峰值，ΔV。

8.11.2 若$\Delta V_0/V_{dc} \leqslant 0.01$，则满足小注入条件，进行"计算"。

8.11.3 若$\Delta V_0/V_{dc} > 0.01$，则按式(7)修正表观寿命：

$$\tau_F = \tau_{Fmeas}[1 - (V_0/V_{dc})] \quad\quad\quad (7)$$

式中：

τ_{Fmeas}——8.6中测量或8.7中计算的表观寿命值；

τ_F——表观寿命修正值。

9 计算

9.1 小注入条件下的体少数载流子寿命由式(8)计算。

$$\tau_b = (\tau_F^{-1} - R_{SF})^{-1} \quad\quad\quad (8)$$

式中：

τ_b——体少数载流子寿命，单位为微秒(μs)；

τ_F——表观寿命，单位为微秒(μs)；

R_{SF}——表面复合率；标准样品的R_{SF}由表3给出，单位为微秒$^{-1}$(μs^{-1})。

注：注意5.2.1中的复合及表2规定的可测最大体寿命。

9.2 对长度为L，宽为W，厚为T的长条形试样，R_{SF}由式(9)求得：

$$R_{SF} = \pi^2 D(L^{-2} + W^{-2} + T^{-2}) \quad\quad\quad (9)$$

9.3 对长度为L，半径为r的圆柱样品，R_{SF}由式(10)求得：

$$R_{SF} = \pi^2 D[L^{-2} + (9/16r^2)] \quad\quad\quad (10)$$

式中：

D——少数载流子扩散系数，单位为平方厘米每秒(cm^2/s)。

10 报告

试验报告应包括如下内容：

a) 试样编号；

b) 试样尺寸；

c) 试样导电类型和电阻率；

d) 试样上测量点及其光照区域的长(L_i)、宽(W_i)；

e) 光源种类；

f) 直流电压降V_{dc},电压幅度峰值或饱和值；

g) 是否使用了幅度修正；

h) 表观寿命τ_F测量值；

i) 计算的体少数载流子寿命τ_b；

j) 本标准编号；

k) 测试人员和日期。

11 精密度

本标准测量硅单晶体少数载流子寿命单个实验室测量精密度为±20%,测量锗单晶体少数载流子寿命单个实验室测量精密度为±50%。

附 录 A
（规范性附录）
硅单晶少数载流子寿命测定高频光电导衰减法

A.1 范围

本标准规定了硅单晶少数载流子寿命高频光电导衰减测量方法。本标准适用于硅单晶锭、块的少数载流子寿命测量,多用于常规测量。

A.2 方法原理

本方法以直流光电导率减法原理为基础,用高频电场代替直流电场,以电容耦合代替欧姆接触,以检测试样上电流的变化代替检测样品上电压的变化。不光照时,由高频源产生等幅高频正弦电流,通过试样与取样电阻 R,在取样电阻两端产生高频电压。试样受光照时,产生附加光电导,流过试样到取样电阻 R 的高频电流幅值也相应增加。光照停止后,在小注入条件下,附加光电导按指数规律衰减,高频电流幅值增加部分指数规律衰减,取样电阻上形成的高频调幅信号经检波和滤波、宽频放大器放大输入示波器,屏上显示一条指数衰减曲线,其时间常数 τ 即为非平衡少数载流子寿命。

A.3 测量仪器

A.3.1 测量系统装置图

测量系统装置图见图 A.1。

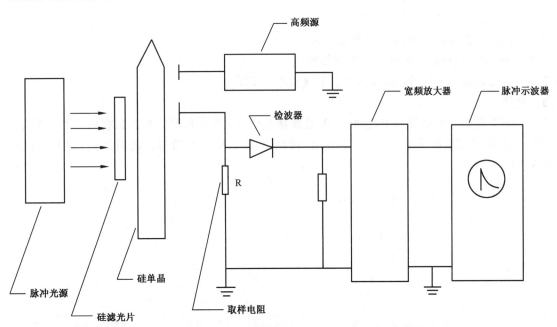

图 A.1 少数载流子寿命高频光电导衰减法测量电路示意图

A.3.2 光脉冲发生装置

光脉冲关断时间应小于所测寿命值的一半,重复频率为(1～5)次/s。

注：当采用发光二极管作光源时,重复频率可达 25 次/s。

A.3.3 光学系统

透镜和滤光片分别构成聚光和滤光系统,聚光只改变光强而不改变光照面积,保证区域内光照均匀。滤光片由电阻率大于 10 Ω·cm 的硅单晶片制成,厚度不小于 1 mm,表面抛光至镜面。

A.3.4 高频电源

频率 25 MHz～35 MHz,低输出阻抗,输出功率不低于 1 W。

A.3.5 检波器

宽频带放大器与脉冲示波器,保证信号不畸变,频率响应 2 Hz～1 MHz,脉冲示波器扫描时间应连续可调。

A.4 样品制备

A.4.1 试样形状:整根单晶棒,圆柱状或具有平面的单晶锭亦可。

A.4.2 试样处理:腐蚀去除氧化层,表面清洁,不得有沾污。

A.5 测量步骤

A.5.1 测量环境

A.5.1.1 温度 23±2 ℃,相对湿度不大于 65%。

A.5.1.2 测量房间应有电磁屏蔽,工作电源应有滤波装置。

A.5.2 测量条件

A.5.2.1 应保证在小注入条件下测量,满足式(A.1)要求,也可以通过把取样电阻上的高频电压变化值控制在一定范围内来保证小注入条件。

$$(1/M)(\Delta V/V) \leqslant 1\% \quad \cdots\cdots\cdots\cdots\cdots\cdots (\text{A.1})$$

式中:

M——修正因子,当忽略回路中感抗、容抗以及试样电阻比取样电阻大得多时,M 近似于 1;

ΔV——光照时,取样电阻上电压变化值;

V——无光照时,取样电阻上电压降。

A.5.2.2 试样的光生伏特效应应小于光电导信号的 5%。

A.5.2.3 测量时,试样应避免环境光照的影响。

A.5.2.4 信噪比应小于 10%,测量信号上下波动小于 5%。

A.5.3 测量

A.5.3.1 调节光强及示波器有关旋钮,在满足测量条件下,使示波器屏幕上观察到的光电导信号 ΔV 与示波器上的标准指数曲线 $y = y_0 e^{-X/L}$ 相重合,读出 X 轴上长度 L 所对应的时间值,即为表观寿命 τ_F (见图 A.2)。

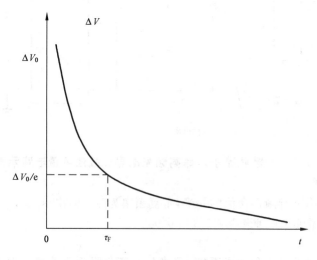

图 A.2 $\Delta V - \tau_F$ 曲线

A.5.3.2 若光电导信号 ΔV 部分偏离指数曲线,则应作如下处理。

A.5.3.2.1 若曲线初始部分衰减较快(表面复合效应),则由曲线较后部分测量,一般取下降到 60% 以后的部分读数也可以用更厚的硅滤光片测量(见图 A.3)。

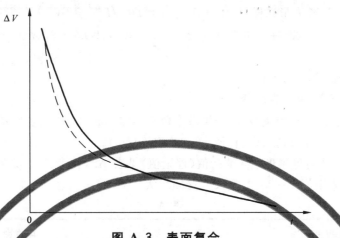

图 A.3　表面复合

A.5.3.2.2 若曲线后部不与基线重合,则用弱的稳定光照消除陷阱效应进行测量。当陷阱幅度大于 20%(与曲线的最大值比较)时,则不予报数(见图 A.4)。

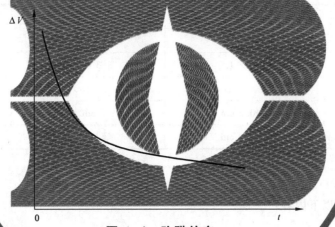

图 A.4　陷阱效应

A.5.3.2.3 若曲线头部出现平顶现象,说明信号太大,应减弱光强及倍数在小信号下进行测量(见图 A.5)。

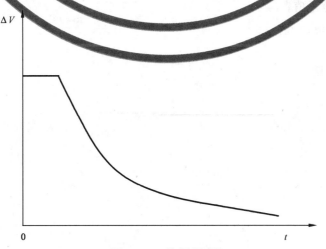

图 A.5　信号限幅

A.6 计算

A.6.1 计算体寿命时,考虑到表面复合作用,对表观寿命应作修正:

$$对长方形试样:1/\tau_B = 1/\tau_F - \pi^2 D(1/L^2 + 1/W^2 + 1/T^2) \quad\cdots\cdots\cdots\cdots\cdots\cdots(A.2)$$

$$对圆柱形试样:1/\tau_B = 1/\tau_F - \pi^2 D(1/L^2 + 9/4\phi^2) \quad\cdots\cdots\cdots\cdots\cdots(A.3)$$

式中:

τ_B——体寿命,单位为微秒(μs);

τ_F——表观寿命,单位为微秒(μs);

D——少数载流子扩散系数,电子扩散系数 $D_n = 36\ cm^2/s$,空穴扩散系数 $D_p = 13\ cm^2/s$;

L、W、T、ϕ——分别为试样长、宽、厚、直径,单位为厘米(cm)。

A.6.2 试样的最小尺寸与可测量最高寿命值(理论值)见表 A.1。表 A.1 供制作试样时参考,若直接测得的表观寿命大于表中值的一半时,则尺寸必须增大。

表 A.1

长度/ cm	截面积或直径	体寿命/ μs	
		n 型	p 型
1.5	0.25 cm×0.25 cm	240	90
2.5	0.5 cm×0.5 cm	950	350
2.5	1.0 cm×1.0 cm	3 600	1 300
1.5	ϕ0.25 cm	2 100	80
2.5	ϕ0.5 cm	860	310
2.5	ϕ1.0 cm	3 300	1 200

A.7 报告

试验报告应包括以下内容:

a) 试样编号;

b) 试样尺寸;

c) 试样导电类型和电阻率;

d) 表观寿命 τ_F 测量值;

e) 计算的体少子寿命 τ_B;

f) 本标准编号;

g) 测试人员和日期。

ICS 29.045
H 80

中华人民共和国国家标准

GB/T 1554—2009
代替 GB/T 1554—1995

硅晶体完整性化学择优腐蚀检验方法

Testing method for crystallographic perfection of silicon by
preferential etch techniques

2009-10-30 发布
2010-06-01 实施

中华人民共和国国家质量监督检验检疫总局
中国国家标准化管理委员会
发布

前　言

本标准代替 GB/T 1554—1995《硅晶体完整性化学择优腐蚀检验方法》。

本标准与 GB/T 1554—1995 相比,主要有如下变化:

——增加了"本方法也适用于硅单晶片";

——增加了"术语和定义"、"干扰因素"章;

——第 4 章最后一句将"用肉眼和金相显微镜进行观察"修改为"用目视法结合金相显微镜进行观察";

——将原标准中"表 1 四种常用化学抛光液配方"删除,对化学抛光液配比进行了修改,删除了乙酸配方;并将各种试剂和材料的含量修改为等级;增加了重量比分别为 50%CrO_3 和 10%CrO_3 标准溶液的配比;增加了晶体缺陷显示常用的腐蚀剂对比表;依据 SEMI MF1809-0704 增加了几种国际上常用的无铬、含铬腐蚀溶液的配方、应用及适用性的分类对比表;

——第 9 章将原 GB/T 1554—1995 中"(111)面缺陷显示"中电阻率不小于 0.2 Ω·cm 的试样腐蚀时间改为了 10 min～15 min;"(100)面缺陷显示"中电阻率不小于 0.2 Ω·cm 的试样和电阻率小于 0.2 Ω·cm 的试样腐蚀时间全部改为 10 min～15 min;增加了(110)面缺陷显示;增加了对重掺试样的缺陷显示;在缺陷观测的测点选取中增加了"米"字型测量方法。

本标准的附录 A 为资料性附录。

本标准由全国半导体设备和材料标准化技术委员会提出。

本标准由全国半导体设备和材料标准化技术委员会材料分技术委员会归口。

本标准起草单位:峨嵋半导体材料厂。

本标准主要起草人:何兰英、王炎、张辉坚、刘阳。

本标准所代替标准的历次版本发布情况为:

——GB 1554—1979、GB/T 1554—1995。

——GB 4057—1983。

硅晶体完整性化学择优腐蚀检验方法

1 范围

本标准规定了用择优腐蚀技术检验硅晶体完整性的方法。

本标准适用于晶向为〈111〉、〈100〉或〈110〉、电阻率为 10^{-3} Ω·cm～10^4 Ω·cm、位错密度在 0 cm^{-2}～10^5 cm^{-2} 之间的硅单晶锭或硅片中原生缺陷的检验。

本方法也适用于硅单晶片。

2 规范性引用文件

下列文件中的条款通过本标准的引用而成为本标准的条款。凡是注日期的引用文件,其随后所有的修改单(不包括勘误的内容)或修订版均不适用于本标准,然而,鼓励根据本标准达成协议的各方研究是否可使用这些文件的最新版本。凡是不注日期的引用文件,其最新版本适用于本标准。

GB/T 14264 半导体材料术语

YS/T 209 硅材料原生缺陷图谱

3 术语和定义

GB/T 14264 中规定的术语和定义适用于本标准。

4 方法原理

本方法利用化学择优腐蚀显示结晶缺陷。试样经择优腐蚀液腐蚀,在有缺陷的位置被腐蚀成浅坑或丘,在宏观上可能组成一定的图形,在微观上呈现为分立的腐蚀坑或丘。采用目视法结合金相显微镜进行观察。

5 干扰因素

5.1 腐蚀液放置时间过长,有挥发、沉淀物现象出现,影响腐蚀效果。

5.2 腐蚀时腐蚀时间过短、位错特征不明显;腐蚀时间过长、腐蚀蚀坑易扩大,表面就粗糙,背景就不清晰,特征就不明显,位错也不易观察。

5.3 腐蚀时腐蚀温度高,反应速度就快了,反应物易附在试样表面影响缺陷的观察。

5.4 腐蚀时,试样的摆放方式对结果的观察也有一定的影响,如果腐蚀时试样竖放在耐氢氟酸容器内,则可能会在试样表面产生腐蚀槽,影响缺陷的观察。

6 试剂和材料

6.1 三氧化铬,化学纯。

6.2 氢氟酸,化学纯。

6.3 硝酸,化学纯。

6.4 乙酸,化学纯。

6.5 纯水,电阻率大于 10 MΩ·cm(25 ℃)。

6.6 化学腐蚀抛光液配比:HF:HNO₃=1:(3～5)(体积比)。

6.7 铬酸溶液 A:称取 500 g 三氧化铬于烧杯中,用水完全溶解后,移入 1 000 mL 容量瓶中,用水稀释至刻度,混匀。

6.8 铬酸溶液 B:称取 75 g 三氧化铬于烧杯中,用水完全溶解后,移入 1 000 mL 容量瓶中,用水稀释至刻度,混匀。

6.9 三氧化铬标准溶液配比:CrO_3:H_2O=1:1(质量比)。

6.10 三氧化铬标准溶液配比:CrO_3:H_2O=1:9(质量比)。

6.11 Sirtl 腐蚀液:铬酸溶液 A(6.7):氢氟酸=1:1(体积比),使用前配置。

6.12 Schimmel 腐蚀液 A:铬酸溶液 B(6.8):氢氟酸=1:2(体积比),使用前配置。

6.13 Schimmel 腐蚀液 B:铬酸溶液 B(6.8):氢氟酸:水=1:2:1.5(体积比),使用前配置。

6.14 晶体缺陷显示常用的腐蚀剂见表1。

表 1 硅的腐蚀剂

腐蚀剂名称	组分	腐蚀时间	说明
Sirtl 腐蚀液	铬酸溶液 A(6.7):氢氟酸=1:1(体积比)	10 min～15 min	1. 特别适合(111)方向硅单晶的腐蚀;2. 此液会使(100)表面模糊,故不适合用于(100)方向;3. 腐蚀反应时会使得腐蚀液温度升高,故需注重温度的控制
Wright 腐蚀液	60 mL HF+60 mL HAc+60 mL H_2O+30 mL 铬酸溶液 A(6.7)+30 mL HNO_3+2 g $Cu(NO_3)_2 \cdot 3H_2O$	20 min 以上	可显示(100)面位错,显示(100)面旋涡不充分,背景清晰,选择性好。
Schimmel 腐蚀液	对 $\rho \geq 0.2\ \Omega \cdot cm$:Schimmel 腐蚀液 A 配比:铬酸溶液 B(6.8):氢氟酸=1:2(体积比);对 $\rho < 0.2\ \Omega \cdot cm$:Schimmel 腐蚀液 B 配比:铬酸溶液 B(6.8):氢氟酸:水=1:2:1.5(体积比)	10 min～15 min	适用于(100)面位错及氧化缺陷显示。使用时须对腐蚀剂加以震荡。
Dash 腐蚀液	HF:HNO_3:CHCOOH=1:3:(8～10)	1 μm/min	1. 同时适合(111)及(100)方向硅单晶表面的腐蚀;2. 更加适合 p 型硅单晶的腐蚀
Secco 腐蚀液	先将 11 g $K_2Cr_2O_7$ 溶解于 250 mL H_2O 中(即 0.15 mol/L),再以 1:2 的比例与浓度49%的 HF 混合	约 1.5 μm/min	1. 特别适合(100)方向硅单晶的腐蚀;2. 不适合 P^+ 型硅单晶的腐蚀
ASTM 铜腐蚀液	A 溶液(5 mL)+B 溶液(1 mL)+H_2O(49 mL);A 溶液:H_2O(600 mL)+HNO_3(300 mL)+28 g[$Cu(NO_3)_2$];B 溶液:H_2O(1 000 mL)+1 滴 1 mol/L KOH+3.54 g KBr+0.708 g $KBrO_3$	室温 4 h	1. 适合显示(111)面的位错;2. A 溶液和 B 溶液应预先配制好,使用前才将这两种液进行混合;3. 腐蚀时如果不出现腐蚀坑,则需将表面磨去 10 μm 厚后重新抛光,并延长腐蚀时间至 4 h 以上

6.15 国际上几种常用的无铬、含铬腐蚀溶液的配方、应用及适用性的分类对比见附录A。

6.16 研磨材料,采用 W20 碳化硅或氧化铝金刚砂。

7 设备和仪器

7.1 金相显微镜:具有 X-Y 机械载物台及载物台测微计,放大倍数不低于 100 倍。

7.2 平行光源:照度 100 lx～150 lx,观察背景为无光泽黑色。

8 试样制备

8.1 在强光照射下,根据不同的反射光,根据晶体收尾情况及位错线长度,切去晶锭尾部的位错部分,用于检验的试样应取自接近头尾切除部分的保留晶体,或在供需双方指定的部位切取试样,厚度为 1 mm～3 mm。

8.2 把取得的试样(重掺试样要用研磨材料研磨)用化学抛光液(6.6)抛光或机械抛光。如果硅片已经抛光并清洗干净,则按 9.1 直接进行缺陷腐蚀。

8.3 试样待测面应成镜面,要求无划道、无浅坑、无氧化,并经充分清洗。

9 检测程序

9.1 缺陷显示

9.1.1 (111)面缺陷显示

将试样待侧面向上放入耐氢氟酸容器内,用足够量的 Sirtl 腐蚀液(6.11)浸没进行腐蚀,使液面高出试样约 1 cm,腐蚀时间(10～15)min。

9.1.2 (100)、(110)面缺陷显示

将试样待侧面向上放入耐氢氟酸容器内,用足够量的 Schimmel 腐蚀液浸没进行腐蚀,使液面高出样品约 2.5 cm。电阻率不小于 0.2 Ω·cm 的试样,用 Schimmel 腐蚀液 A(6.12)腐蚀;电阻率小于 0.2 Ω·cm 的试样,用 Schimmel 腐蚀液 B(6.13)腐蚀。腐蚀时间均为(10～15)min。

9.1.3 重掺(111)面(重掺 B、重掺 As、重掺 Sb)缺陷显示

将试样待侧面向上放入耐氢氟酸容器内,用足够量的 Sirtl 腐蚀液(6.11)浸没进行腐蚀,使液面高出试样约 1 cm,腐蚀时间 1 h。对于重掺 B,在腐蚀过程中,当腐蚀 15 min 时,将样品取出冲洗干净,在白炽灯下观察是否有杂质条纹,再将样品放回腐蚀液中继续腐蚀至 1 h。

9.1.4 重掺(100)面缺陷显示

9.1.4.1 重掺 B(100)面缺陷显示

腐蚀液配比:三氧化铬标准溶液(6.9):HF=3:1〈体积比〉。

腐蚀时间 1 h。在腐蚀过程中当腐蚀到 10 min 时,将样品取出冲洗干净,在白炽灯下观察是否有杂质条纹,然后再放入腐蚀液中继续腐蚀。

9.1.4.2 重掺 As(100)面缺陷显示

腐蚀液配比:三氧化铬标准溶液(6.10):HF=1:2〈体积比〉。

腐蚀时间 1 h。

9.1.4.3 腐蚀后试样用水充分清洗干净。

9.2 缺陷观测

9.2.1 在无光泽黑色背景的平行光下,用肉眼观察试样上缺陷的宏观分布。

9.2.2 在金相显微镜下观察缺陷的微观特征。

9.2.3 缺陷测点选取:测点选取采用 9 点法或"米"字型法,具体方法由供需双方协商。

9.2.3.1 9 点法:在两条与主参考面不相交的相互垂直的直径上取 9 点,选点位置见图 1,即边缘取 4 点(见表 2),R/2 处取 4 点,中心处一点,以 9 点平均值取数。

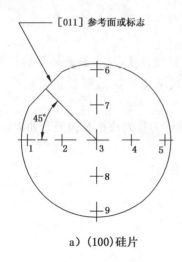

a) (100)硅片

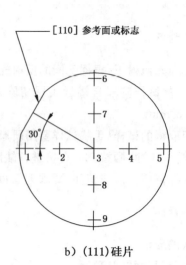

b) (111)硅片

图 1 选点位置

表 2 边缘选点位置表   单位为毫米

直　　径	距边缘(互相垂直直径上)
38	3.1
50	3.8
51	3.9
63	4.6
75	5.3
76	5.4
100	6.8
125	8.3
150	9.8

9.2.3.2 采用"米"字型法:在"9 点法"的基础上,将两条相互垂直的直径顺时针旋转 45°,增加两条直径,在边缘和 $R/2$ 处分别增加 8 个测量点,选点位置见图 2,即此种测量方法边缘取 8 点(见表 2),$R/2$ 处取 8 点,中心处一点,以 17 点平均值取数。

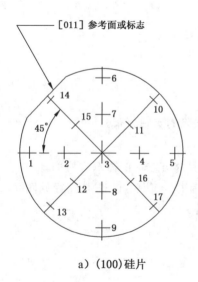

a) (100)硅片

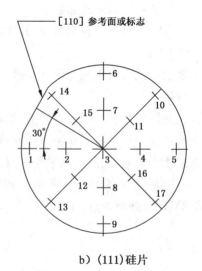

b) (111)硅片

图 2 选点位置

9.2.4 视场面积选取:当缺陷密度不大于 $1×10^4$ 个/cm^2 时,取 1 mm^2;当缺陷密度大于 $1×10^4$ 个/cm^2 时,取 0.2 mm^2。

9.3 缺陷特征

9.3.1 典型位错蚀坑及浅蚀坑见图3。

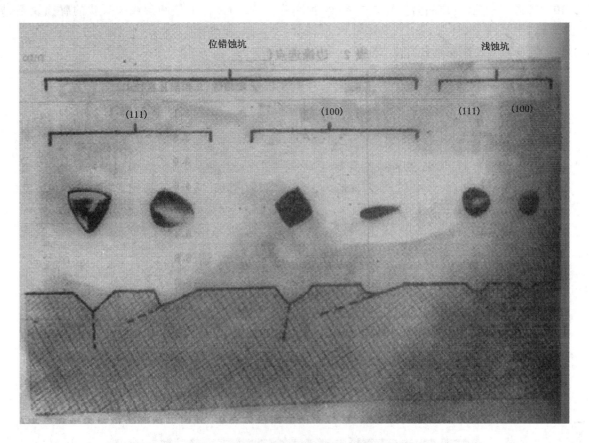

图 3 典型的位错蚀坑和浅蚀坑

9.3.1.1 (111)面上的位错蚀坑呈三角形,其侧面也近似呈三角形,并以三角形的顶对着坑底。当位错线与显示面成小于90°角时,将呈变了形的三角形。见图3。

9.3.1.2 (100)面上的位错蚀坑呈方形,当位错线与显示面不垂直或增加腐蚀时间时,将呈椭圆形、圆形。见图3。

9.3.2 硅片内的滑移由多个不一定互相接触的呈直线排列的位错蚀坑图形构成,见图4。该蚀坑排列的直线在(110)方向。

9.3.2.1 (111)面上的滑移线由多个底边在同一条直线上的三角形蚀坑构成,在晶体断面上呈三角形或六角图形。

9.3.2.2 (100)面上的滑移呈直线型外貌,在晶体断面上呈离开晶片边缘的直线或正方形。

9.3.3 多晶——在宏观上呈镶嵌块图形,见图5。

9.3.4 小角度晶界——由位错蚀坑顶点对着底边排列而构成,且蚀坑线密度大于25个/mm,见图6a)、图6b)。

9.3.5 孪晶界——由两个取向不同的单晶体所共有的界面构成,见图7。

9.3.6 条纹——在宏观上为一系列同心环状或螺旋状的腐蚀图形,见图8。在100倍或更高放大倍数下是连续的表面凹凸状条纹。

9.3.7 旋涡——在宏观上为螺旋状、同心圆、波浪和弧状等图形,见图9。在100倍或更高放大倍数下是由不连续的碟形(浅)蚀坑组成,见图3。

9.3.8 层错——是晶体中原子错排面与显示表面的交界线,腐蚀后表现为直线沟槽,其两端为位错坑,见图10。

9.3.9 杂质析出——宏观上为弧穗状图形,在100倍或更高放大倍数下是连续的表面凹凸状条纹。见图11。

9.3.10 管道——是(111)晶向生长的单晶,经腐蚀后(111)横断面上呈圆形或圆弧状的腐蚀线条,见图12。

9.3.11 其他有关缺陷腐蚀特征见YS/T 209中相应的图片。

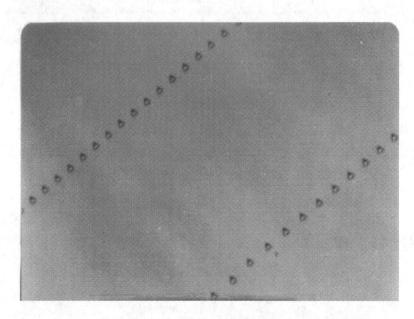

a) 〈111〉晶面上的滑移位错

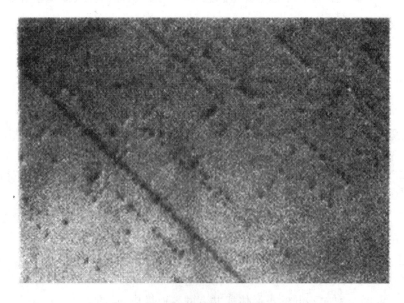

b) 〈100〉晶面上的滑移

图 4　滑移

图 5　多晶嵌镶

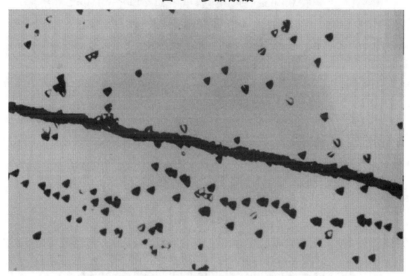

a）（111）晶面上的小角度晶界

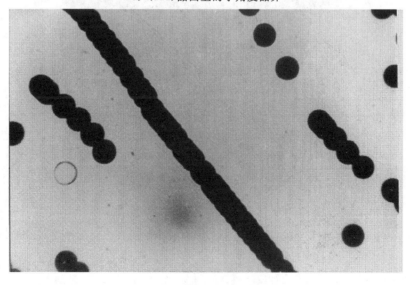

b）（100）晶面上的小角度晶界

图 6　小角度晶界

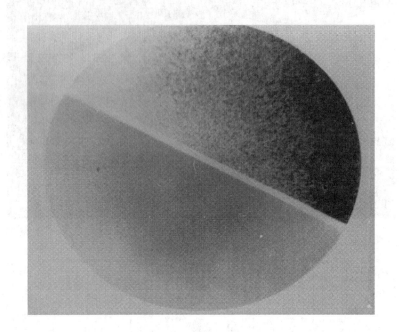

图 7　孪晶

图 8　条纹

a) 旋涡宏观图形

b) 旋涡微观图形

图 9　旋涡

图 10　层错

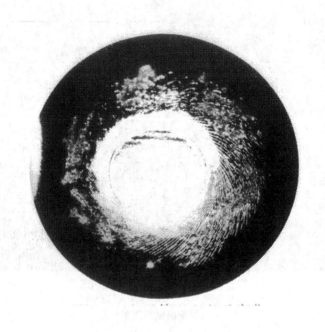

图 11　杂质析出和管道

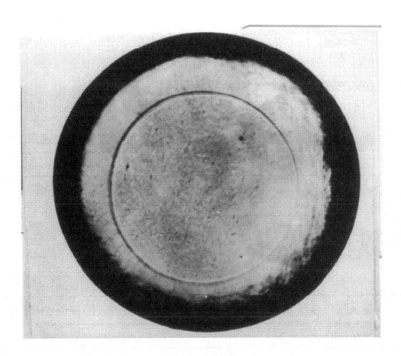

图 12　管道

10　检测结果计算

缺陷密度按公式(1)计算:

$$N = \frac{n}{S} \qquad\qquad \cdots\cdots\cdots\cdots\cdots\cdots\cdots\cdots\cdots\cdots\cdots (1)$$

式中:

N——缺陷密度,单位为个每平方厘米(个/cm²);

n——视场内缺陷蚀坑数,单位为个(个);

S——视场面积,单位为平方厘米(cm²)。

11　精密度

从 9 个指定的计算位置求平均密度时,精密度为平均位错蚀坑密度的±35%(R2S)。

精密度主要受硅单晶内蚀坑分布规则程度影响,因而影响位错蚀坑的测量结果。

12　报告

试验报告应包括如下内容:

a)　晶体导电类型、晶向、电阻率;

b)　腐蚀液和腐蚀时间;

c)　缺陷的名称;

d)　缺陷平均密度;

e)　本标准编号;

f)　检验单位及检测者;

g)　检验日期。

附　录　A
（资料性附录）
几种常用的无铬、含铬腐蚀溶液的配方、应用及适用性的分类对比

表 A.1　无铬腐蚀溶液的配方、数字指标和适宜的腐蚀速率

溶液名称	见图	配方	大致的腐蚀速率
Copper-3	图 A.1～图 A.2(有搅拌)	HF：HNO_3：HAc：H_2O：$Cu(NO_3)_2 \cdot 3H_2O$ 36：25：18：21：(1 g/100 mL 总容积)	1 μm/min
Copper-3	图 A.3～图 A.8(无搅拌)	HF：HNO_3：HAc：H_2O：$Cu(NO_3)_2 \cdot 3H_2O$ 36：25：18：21：(1 g/100 mL 总容积)	5 μm/min
Modified Dash	图 A.9～图 A.16	HF：HNO_3：HAc：H_2O 1：3：12：0.17＋$AgNO_3$(0.005～0.05)g/L	1 μm/min

表 A.2　含铬腐蚀溶液的配方、数字指标和适宜的腐蚀速率

溶液名称	见图	配方	大致的腐蚀速率
Secco	图 A.17～图 A.22	HF：K_2CrO_7(0.15 M) 2：1	1 μm/min
Wright	图 A.23～图 A.32	HF：HNO_3：CrO_3(5 M)：HAc：H_2O： $Cu(NO_3)_2 \cdot 3H_2O$ 2：1：1：2：2：(2 g/240 mL 总容积)	0.6 μm/min

表 A.3　无铬腐蚀溶液应用和结果适用性的分类

溶液名称	应用											结果			
	100晶向	111晶向	p型	p^+型	n型	n^+型号	诱生氧化层错	浅坑	小丘	位错	外延堆垛层错	气泡形成	搅拌需求	温度	流型
有搅拌的Copper-3	A	A	A	D	A	D	A	A	C	A	A	是	是	～25 ℃	无
无搅拌的Copper-3	A	A	A	D	A	D	A	A	C	A	A	是	无	～25 ℃	无
Modified Dash	A	A	A	C	A	D	A	A	—	A	A	是	是	～25 ℃	无

注：A＝优秀，B＝好，C＝可以接受的，D＝不可接受的。

表 A.4　含铬腐蚀溶液应用和结果适用性的分类

溶液名称	应用											结果			
	100晶向	111晶向	p型	p^+型	n型	n^+型号	诱生氧化层错	浅坑	小丘	位错	外延堆垛层错	气泡形成	搅拌需求	温度	流型
Secco[a]	A	B	A	D	A	C	A	B	C	A	A	是	是	<30 ℃	无
Wright	A	A	B	B	A	C	A	B	B	A	A	是	是	<30 ℃	无

注：A＝优秀，B＝好，C＝可以接受的，D＝不可接受的。

[a] 当硅片在垂直位置不搅拌酸进行腐蚀时，形成"v"型流型缺陷（见图 A.19）。Secco 腐蚀的其他应用需要搅拌来避免与气泡形成有关的混淆假象。

p 型,10 Ω.cm,(100)硅片,1 100 ℃蒸汽;
80 min 氧化,有搅拌的 Copper-3 腐蚀;2 μm 错位
图 A.1 氧化堆垛层错,500×

p 型,10 Ω.cm,(111)硅片,1 100 ℃蒸汽;
80 min 氧化,有搅拌的 Copper-3 腐蚀;2 μm 错位
图 A.2 浅坑(薄雾),500×

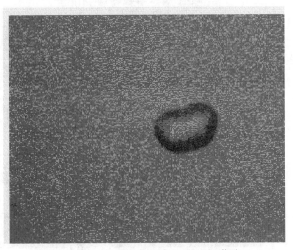

p 型,10 Ω.cm,(100)硅片,1 100 ℃蒸汽;
80 min 氧化,无搅拌的 Copper-3 腐蚀;1 μm 错位
图 A.3 氧化堆垛层错,1 000×

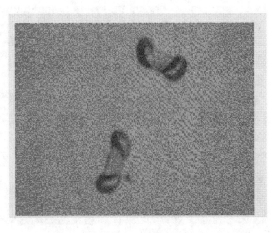

p 型,10 Ω.cm,(100)硅片,1 100 ℃蒸汽;80 min 氧化,
无搅拌的 Copper-3 腐蚀;1 μm 错位
图 A.4 氧化堆垛层错,1 000×

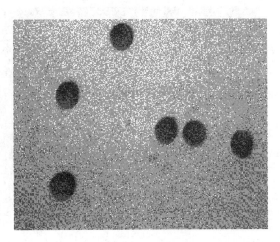

p 型,10 Ω.cm,(111)硅片,无搅拌的 Copper-3 腐蚀,
10 μm 错位
图 A.5 位错,500×

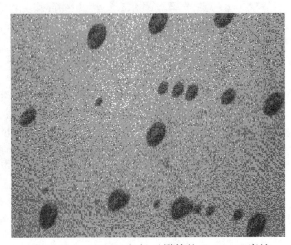

p 型,10 Ω.cm,(100)硅片,无搅拌的 Copper-3 腐蚀;
10 μm 错位
图 A.6 位错,500×

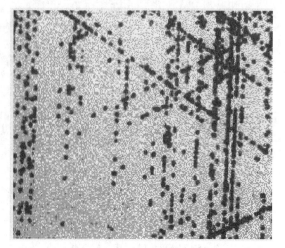

p型,10 Ω.cm,(111)硅片,无搅拌的 Copper-3 腐蚀;
10 μm 错位

图 A.7　滑移位错,500×

p型,10 Ω.cm,(100)硅片,无搅拌的 Copper-3 腐蚀;
10 μm 错位

图 A.8　滑移位错,100×

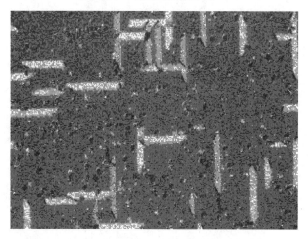

p型,10 Ω.cm,(100)硅片,1 100 ℃,O_2,8 h 氧化,
Modified Dash 腐蚀;~4 μm 错位

图 A.9　氧化诱生堆垛层错,400×

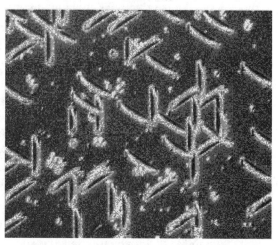

n型,10 Ω.cm,(111)硅片,1 100 ℃,O_2,8 h 氧化,
Modified Dash 腐蚀;~4 μm 错位

图 A.10　氧化诱生堆垛层错,400×

p型,0.007 Ω.cm,(100)硅片,1 100 ℃,O_2,8 h 氧化,
Modified Dash 腐蚀;~5 μm 错位

图 A.11　氧化诱生堆垛层错,400×

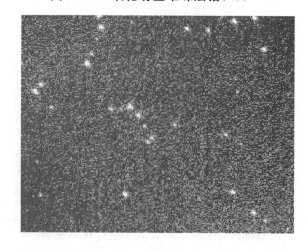

p型,<0.02 Ω.cm,(100)硅片,1 100 ℃,O_2,8 h 氧化,
Modified Dash 腐蚀;~5 μm 错位

图 A.12　氧化诱生堆垛层错,400×

p/p$^+$型,(100)外延片,Modified Dash 腐蚀;
~4 μm 错位

图 A.13 滑移位错,400×

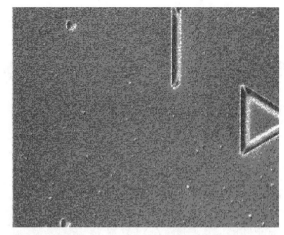

n/n$^+$型,(111)外延片,Modified Dash 腐蚀;
~4 μm 错位

图 A.14 滑移位错,外延堆垛层错和浅坑,400×

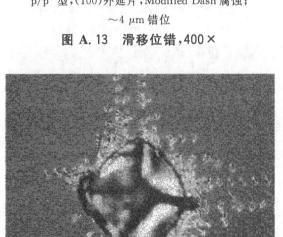

p 型,(100)硅片,1 100 ℃,O$_2$,1 min 氧化,
Modified Dash 腐蚀;~4 μm 错位

图 A.15 损伤引起的滑移位错,400×

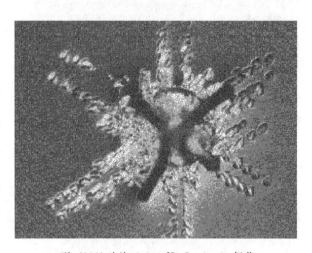

n 型,(111)硅片,1 100 ℃,O$_2$,1 min 氧化,
Modified Dash 腐蚀;~4 μm 错位

图 A.16 损伤引起的滑移位错,400×

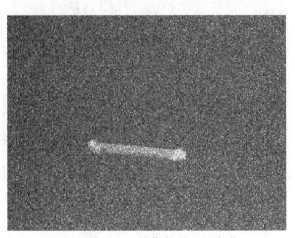

(100)硅片,1 100 ℃蒸汽,80 min 氧化,
有搅拌的 Secco 腐蚀;~4 μm 错位

图 A.17 氧化堆垛层错,1 000×

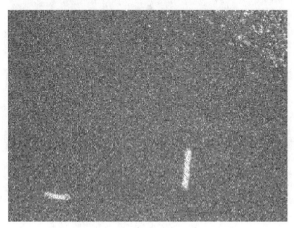

(100)硅片,1 100 ℃蒸汽,80 min 氧化,
有搅拌的 Secco 腐蚀;~4 μm 错位

图 A.18 氧化堆垛层错,400×

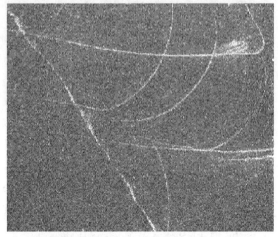

(100)硅片,无搅拌的 Secco 腐蚀;～8 μm 错位

图 A.19　流型缺陷,200×

(100)硅片,有搅拌的 Secco 腐蚀;～4 μm 错位

图 A.20　外延堆垛层错,150×

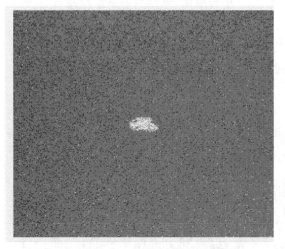

(100)硅片,1 100 ℃蒸汽,80 min 氧化,
有搅拌的 Secco 腐蚀;～15 μm 错位

图 A.21　本体氧化堆垛层错,200×

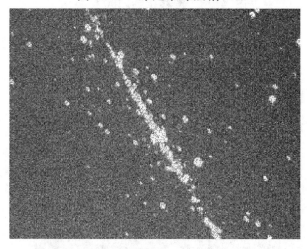

(100)硅片,1 100 ℃蒸汽,80 min 氧化,有搅拌的
Secco 腐蚀;～415 μm 错位

图 A.22　擦伤引起的氧化堆垛层错,100×

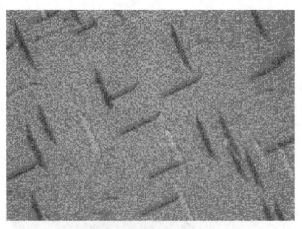

(100)硅片,1 100 ℃蒸汽,80 min 氧化,
有搅拌的 Wright 腐蚀

图 A.23　损伤引起的氧化堆垛层错,1 000×

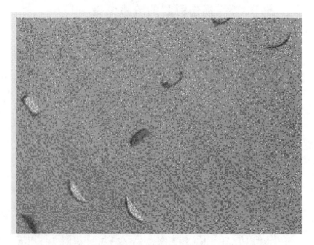

(100)硅片,1 100 ℃蒸汽,80 min 氧化,
有搅拌的 Wright 腐蚀

图 A.24　本体氧化堆垛层错,1 000×

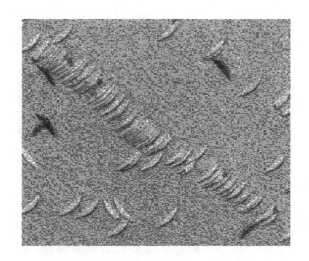

掺硼(100)硅片,1 100 ℃蒸汽,80 min 氧化,
有搅拌的 Wright 腐蚀

图 A.25 擦伤引起的氧化堆垛层错,500×

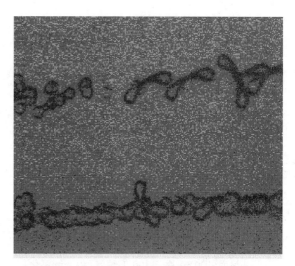

掺锑(100)硅片,1 100 ℃蒸汽,80 min 氧化,
有搅拌的 Wright 腐蚀

图 A.26 擦伤引起的氧化堆垛层错,500×

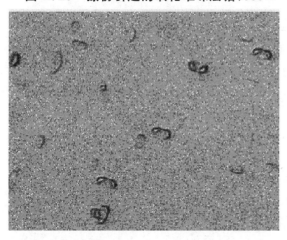

低电阻率掺硼(100)硅片,1 100 ℃蒸汽,80 min 氧化,
有搅拌的 Wright 腐蚀

图 A.27 氧化堆垛层错,500×

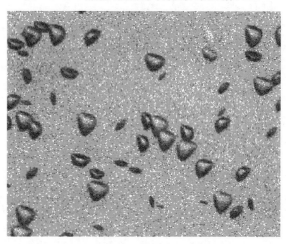

(111)硅片,1 100 ℃蒸汽,80 min 氧化,
有搅拌的 Wright 腐蚀

图 A.28 氧化诱生的堆垛层错,500×

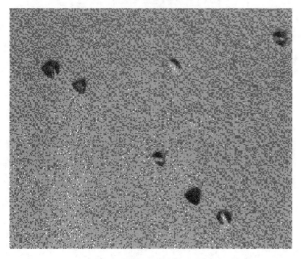

(111)硅片,有搅拌的 Wright 腐蚀

图 A.29 滑移位错,500×

(100)硅片,有搅拌的 Wright 腐蚀

图 A.30 滑移位错,200×

掺硼(100)硅片,1 100 ℃蒸汽,80 min 氧化,
有搅拌的 Wright 腐蚀

图 A.31 浅坑(薄雾),500×

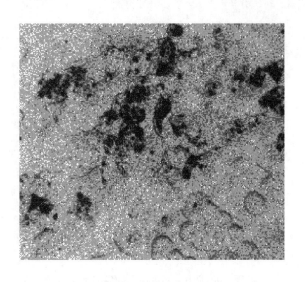

掺硼硅片,Wright 腐蚀

图 A.32 腐蚀时引入的沾污,200×

ICS 29.045
H 80

中华人民共和国国家标准

GB/T 1555—2009
代替 GB/T 1555—1997

半导体单晶晶向测定方法

Testing methods for determining the orientation of
a semiconductor single crystal

2009-10-30 发布

2010-06-01 实施

中华人民共和国国家质量监督检验检疫总局
中国国家标准化管理委员会 发布

前　言

本标准代替 GB/T 1555—1997《半导体单晶晶向测定方法》。

本标准与 GB/T 1555—1997 相比,主要有如下变化:

——增加了"术语"章;

——增加了"干扰因素"章;

——将原标准定向推荐腐蚀工艺中"硅的腐蚀时间 5 min"改为"硅的腐蚀时间 3 min～5 min"。

本标准由全国半导体设备和材料标准化技术委员会提出。

本标准由全国半导体设备和材料标准化技术委员会材料分技术委员会归口。

本标准起草单位:峨嵋半导体材料厂。

本标准主要起草人:杨旭、何兰英。

本标准所代替标准的历次版本发布情况为:

——GB 1555—1979、GB 1556—1979、GB 5254—1985、GB 5255—1985、GB 8759—1988;

——GB/T 1555—1997。

半导体单晶晶向测定方法

1 范围

本标准规定了半导体单晶晶向X射线衍射定向和光图定向的方法。

本标准适用于测定半导体单晶材料大致平行于低指数原子面的表面取向。

2 规范性引用文件

下列文件中的条款通过本标准的引用而成为本标准的条款。凡是注日期的引用文件,其随后所有的修改单(不包括勘误的内容)或修订版均不适用于本标准,然而,鼓励根据本标准达成协议的各方研究是否可使用这些文件的最新版本。凡是不注日期的引用文件,其最新版本适用于本标准。

GB/T 2481.1 固结磨具用磨料 粒度组成的检测和标记 第1部分:粗磨粒F4~F220

GB/T 2481.2 固结磨具用磨料 粒度组成的检测和标记 第2部分:微粉F230~F1200

GB/T 14264 半导体材料术语

3 术语和定义

GB/T 14264规定的术语和定义适用于本标准。

方法1 X射线衍射法定向法

4 方法提要

4.1 以三维周期性晶体结构排列的单晶的原子,其晶体可以看作原子排列于空间垂直距离为d的一系列平行平面所形成,当一束平行的单色X射线射入该平面上,且X射线照在相邻平面之间的光程差为其波长的整数倍即n倍时,就会产生衍射(反射)。利用计数器探测衍射线,根据其出现的位置即可确定单晶的晶向,如图1所示。当入射光束与反射平面之间夹角θ、X射线波长λ、晶面间距d及衍射级数n同时满足下面布喇格定律取值时,X射线衍射光束强度将达到最大值;

$$n\lambda = 2d\sin\theta \qquad \cdots\cdots(1)$$

对于立方晶胞结构:

$$d = a/(h^2 + k^2 + l^2)^{1/2} \qquad \cdots\cdots(2)$$

$$\sin\theta = n\lambda(h^2 + k^2 + l^2)^{1/2}/2a \qquad \cdots\cdots(3)$$

式中:

a——晶格常数;

h、k、l——反射平面的密勒指数。

对于硅、锗等Ⅳ族半导体、砷化镓及其他Ⅲ-Ⅴ族半导体,通常可观察到反射一般遵循以下规则:h、k和l必须具有一致的奇偶性,并且当其全为偶数时,$h+k+l$一定能被4整除。表1列出了硅、锗及砷化镓单晶低指数反射面对于铜靶衍射的θ角取值。

4.2 通常,单晶的横截面或单晶切割片表面与某一低指数结晶平面如(100)或者(111)平面会有几度的偏离,用结晶平面与机械加工平面的最大角度偏离加以体现,并可以通过测量两个相互垂直的偏离分量而获得。

4.3 X射线衍射法是一种非破坏性的高精度定向方法,但使用设备时应严格遵守其安全操作规程。

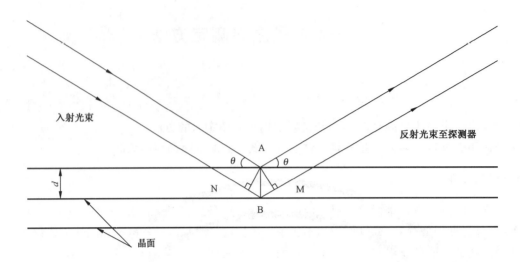

入射光束

反射光束至探测器

晶面

图 1　X 射线照射到单晶上几何反射条件

表 1　半导体晶体对于 $C_U K_\alpha$　X 射线衍射的布喇格角 θ

反射平面 HKL	布喇格角 θ		
	硅 ($a=5.430\ 73$ Å$\pm0.000\ 02$ Å)	锗 ($a=5.657\ 5$ Å$\pm0.000\ 01$ Å)	砷化镓 ($a=5.653\ 4$ Å$\pm0.000\ 02$ Å)
111	14°14′	13°39′	13°40′
220	23°40′	22°40′	22°41′
311	28°05′	26°52′	26°53′
400	34°36′	33°02′	33°03′
331	38°13′	36°26′	36°28′
422	44°04′	41°52′	41°55′
注：波长 $\lambda=1.541\ 78$ Å，a 为晶格常数值，1 Å$=0.1$ nm。			

5　实验装置

5.1　X 射线测试装置一般使用铜靶，X 射线束靠一个狭缝系统校正，使其穿过一个薄的镍制滤光片而成为一束基本上为单色的平行射线。

5.2　试样放置在一个支座上，使被测面绕满足布喇格条件的轴，以度数和弧分测量旋转。

5.3　用合适的探测器如盖革计数管进行定位，使入射 X 射线的延长线与计数管和试样转轴连线之间的夹角为两倍布喇格角，注意使入射 X 射线束、衍射光束、基准面法线及探测器窗口在同一平面内。

6　干扰因素

6.1　在调节入射 X 射线的延长线与计数管和试样转轴连线之间的夹角时，可能造成人为测试误差。

6.2　入射 X 射线束、衍射光束、基准面法线及探测器窗口均位于同一平面内至关重要。

7　测量步骤

7.1　选择布喇格角 θ。

7.1.1　根据被测晶体的大致取向（晶体被测面参考平面取向）计算或查表得到布喇格角 θ。

7.1.2　置 GM 计数管于 2θ 位置。

7.2 将被测试样安放在支座上,并适当固定。

7.3 开启 X 射线发生器,转动测角仪手轮,直到射线衍射强度最大为止。

7.4 记下测角仪读数 Ψ_1。

7.5 将试样沿被测面(基准面)法线以同一方向分别旋转 90°、180° 及 270°,分别重复 7.3 步骤,依次记下测角仪读数 Ψ_2、Ψ_3 和 Ψ_4。

8 测试结果计算

8.1 计算并记录角度偏差分量 α 和 β:

$$\alpha = 1/2(\Psi_1 - \Psi_3) \quad \cdots\cdots\cdots\cdots\cdots\cdots\cdots\cdots\cdots (4)$$
$$\beta = 1/2(\Psi_2 - \Psi_4) \quad \cdots\cdots\cdots\cdots\cdots\cdots\cdots\cdots\cdots (5)$$

式中:

α 和 β——角度偏差分量,单位为度(°);

Ψ_1、Ψ_2、Ψ_3 和 Ψ_4——为测量仪读数,单位为度(°)。

8.2 根据 12.1,计算并记录总的角度偏差 Φ。

8.3 计算仪器偏差 δα 和 δβ:

$$\delta\alpha = 1/2(\Psi_1 + \Psi_3) - \theta \quad \cdots\cdots\cdots\cdots\cdots\cdots\cdots\cdots\cdots (6)$$
$$\delta\beta = 1/2(\Psi_2 + \Psi_4) - \theta \quad \cdots\cdots\cdots\cdots\cdots\cdots\cdots\cdots\cdots (7)$$

式中:

θ——入射光束与反射平面间夹角,(°)。

θ 根据结晶平面和被测材料取自表 1。

注:如果仪器误差很小,且为一常数,则可用来校正 Ψ_1 和 Ψ_2,使 α 和 β 在不需要最高测量精度时仅用两次测量便可确定。既然仪器误差为一常数,则 δα 和 δβ 应相同,其任何误差则由 Ψ_1、Ψ_2、Ψ_3 和 Ψ_4 测量不准确引起。在精确测量下,δα 和 δβ 的差异应小于 0.5。

方法 2 光图定向法

9 方法提要

9.1 硅或锗的单晶表面经研磨和择优腐蚀后,会出现许多微小的凹坑,这些凹坑被约束在与材料的主要结晶方向相关的平面上,并由这些边界平面决定其腐蚀面凹坑形状。由凹坑壁组成的小平面的光图与被测平面的结晶方向有关,因而可由光图来测定表面结晶学方向及其偏离角度。

9.2 从择优腐蚀面反射的一束光束,可聚集在一屏幕上并形成一定的具有其表面腐蚀坑结构特征的几何图形。从近似平行于(111)、(100)及(110)晶面反射的图形可以分辨并显示于屏幕上,如图 2 所示。对于每一个图形,从屏幕上观察到的图形的中心部分为来自每个腐蚀坑底部反射而成的像。这些底部小平面代表了与被测平面近似平行的特定结晶平面。因此,当反射光束的中心与入射光束对准时,这个结晶平面就垂直于光束的方向,通过观测,即可测得晶体轴线的取向或晶体被测表面与某一结晶平面的晶向偏离。

9.3 光图定向法需腐蚀试样,因此要破坏抛光片表面。该方法的精度低于 X 射线衍射法,但设备要求不那么复杂。

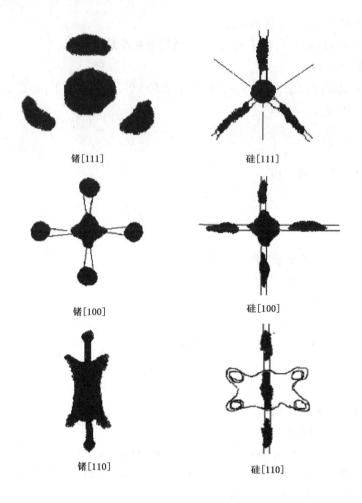

锗[111]　　　　　　　　硅[111]

锗[100]　　　　　　　　硅[100]

锗[110]　　　　　　　　硅[110]

图 2　经腐蚀后锗和硅表面的反射光图

10　试验装置

10.1　采用激光或其他高强度点光源光束,光源的图像可由一位于晶体测试位置的镜面反射而在屏幕上看到,由此可确定基准零点。屏幕中心应开一个小孔,以使入射光束通过。

10.2　载物台能沿垂直和水平方向旋转。将晶体反射面固定在载物台上,对 0°基准面的误差校准到允许值。

11　样品的制备

11.1　用 W28 金刚砂磨料研磨试样表面,磨料粒度应符合 GB/T 2481.1 和 GB/T 2481.2 的要求。在研磨过程中应避免在原表面磨出偏角,表面平整无机械损伤。

11.2　按表 2 规定的腐蚀液成分、温度和时间,选择合适的条件,对研磨好的试样表面进行腐蚀。

表 2　硅或锗的单晶光图定向推荐腐蚀工艺

材料	腐蚀液成分	腐蚀时间/min	腐蚀温度/℃
锗	1 份(体积)氢氟酸(49%) 1 份(体积)过氧化氢(30%) 4 份(体积)水	1	25
硅	50%氢氧化钠溶液(重量)或 45%氢氧化钾溶液(重量)	3～5	65

12 干扰因素

12.1 试样的表面是否垂直于晶体的轴向影响测试准确性。

12.2 腐蚀试样后得到的光图清晰度直接影响到测试准确性。

13 测量步骤

13.1 将制备好表面的试样安放在位于入射光束通道的测角仪上,观察光屏上的放射图像,对照图2,确定被测面所属或接近的结晶学平面,即晶体(被测面)的参考平面。

13.2 调节载物台角度,使反射光图中心对准如10.1中所述基准零点,此时测角仪上的读数为被测面取向偏离的角度分量,即 α 和 β。

13.3 若需要,可将晶体表面绕其法线旋转180°,再进行13.2操作,起角度偏差分量的大小应保持常数,但符号相反。

14 测量结果计算

不论何种方法,被测表面与所要求的结晶平面之间总的角度偏离 ϕ,可由下式求得:

$$\cos\phi = \cos\alpha \cdot \cos\beta \qquad\qquad\qquad (8)$$

对于总角度偏离小于5°的角,该式可化简为:

$$\phi^2 = \alpha^2 + \beta^2 \qquad\qquad\qquad (9)$$

式中:

ϕ——总角度偏离,单位为度(°);

α、β——总角度偏离的两个分量,单位为度(°)。

15 精密度

对方法 A:X 射线衍射定向法,使用工业 X 射线装置单一仪器的精密度为±15′(3 s)。

对方法 B:光图定向法,使用工业光的定向装置,单台仪器的精密度为±30′(3 s)。

16 试验报告

试验报告应包括下列内容:

a) 所用方法(X 射线法或光图法);

b) 材料名称;

c) 晶体参考平面;

d) 被测平面与参考平面的两个偏离分量;

e) 总的角度偏差;

f) 测量仪器;

g) 本标准编号;

h) 测量单位和测量者;

i) 测量日期。

ICS 77.040
H 17

中华人民共和国国家标准

GB/T 1557—2018
代替 GB/T 1557—2006

硅晶体中间隙氧含量的红外吸收测量方法

Test method for determining interstitial oxygen content in silicon by infrared absorption

2018-09-17 发布

2019-06-01 实施

国家市场监督管理总局
中国国家标准化管理委员会 发 布

前　言

本标准按照 GB/T 1.1—2009 给出的规则起草。

本标准代替 GB/T 1557—2006《硅晶体中间隙氧含量的红外吸收测量方法》，与 GB/T 1557—2006 相比，除编辑性修改外主要技术变化如下：

——范围中增加了"以低温红外设备测试时，氧含量（原子数）的测试范围从 $0.5×10^{15}$ cm^{-3} 到硅中间隙氧的最大固溶度"（见第 1 章）。

——在规范性引用文件中增加了 GB/T 4059、GB/T 4060、GB/T 29057、GB/T 35306（见第 2 章）。

——在方法提要中增加了低温红外光谱仪的测试原理，并明确"低温傅里叶变换红外光谱仪测试硅单晶中氧含量的具体内容见 GB/T 35306"（见第 4 章）。

——在干扰因素中增加了多晶、测试环境、样品位置、测试设备对测试结果的影响（见 5.1、5.8、5.9、5.10）。

——将扣除参比光谱后样品的透射光谱在 $1\ 600\ cm^{-1}$ 处的透射率由"100%±0.5%"改为"100%±5%"（见 5.4，2006 年版 5.3）。

——删除了沉淀氧浓度较高时，$1\ 230\ cm^{-1}$ 处的吸收谱带对测试结果的影响（见 2006 年版 5.5）。

——将"6.3　千分尺"修改为"6.3　厚度测量设备"，修改设备精度大于 0.01 mm（见 6.3，2006 年版 6.3）。

——将"6.4　热电偶-毫伏计"修改为"6.4　温度测量设备　热电偶-毫伏计或其他适用于测试样品室温度的设备"（见 6.4，2006 年版 6.4）。

——增加"6.5　湿度测试设备　湿度计或其他适用于测试环境湿度的设备"（见 6.5）。

——将设备检查中的抛光片厚度由 0.065 cm 改为 0.085 cm（见 8.2.5，2006 年版 8.2.5）。

——将"表面处理"修改为"在测试之前，应保证样品表面无氧化物"，删除了"用 HF 腐蚀去除表面的氧化物"（见 8.3，2006 年版 8.3）。

——将"厚度测量"修改为"测量被测样品和参比样品的厚度。两者中心的厚度差应小于±0.5%"（见 8.4，2006 年版 8.4）。

——将绘制透射谱图列为资料性附录（见附录 A，2006 年版 8.7）。

——根据试验情况，修改了精密度（见第 10 章，2006 年版第 11 章）。

本标准由全国半导体设备和材料标准化技术委员会（SAC/TC 203）与全国半导体设备和材料标准化技术委员会材料分会（SAC/TC 203/SC 2）共同提出并归口。

本标准起草单位：新特能源股份有限公司、有研半导体材料有限公司、亚洲硅业（青海）有限公司、宜昌南玻硅材料有限公司、隆基绿能科技股份有限公司、内蒙古盾安光伏科技有限公司、峨嵋半导体材料研究所、北京合能阳光新能源技术有限公司。

本标准主要起草人：银波、夏进京、邱艳梅、刘国霞、柴欢、赵晶晶、刘文明、姚利忠、王海礼、邓浩、高明、郑连基、陈赫、石宇、杨旭、肖宗杰。

本标准代替了 GB/T 1557—2006。

GB/T 1557—2006 历次版本发布情况为：

——GB/T 1557—1989、GB/T 14143—1993。

硅晶体中间隙氧含量的红外吸收测量方法

1 范围

本标准规定了采用红外光谱法测定硅单晶晶体中间隙氧含量的方法。

本标准适用于室温电阻率大于 0.1 Ω·cm 的 N 型硅单晶和室温电阻率大于 0.5 Ω·cm 的 P 型硅单晶中间隙氧含量的测定。以常温红外设备测试时,氧含量(原子数)测试范围从 1×10^{16} cm^{-3} 到硅中间隙氧的最大固溶度;以低温红外设备测试时,氧含量(原子数)的测试范围从 0.5×10^{15} cm^{-3} 到硅中间隙氧的最大固溶度。

2 规范性引用文件

下列文件对于本文件的应用是必不可少的。凡是注日期的引用文件,仅注日期的版本适用于本文件。凡是不注日期的引用文件,其最新版本(包括所有的修改单)适用于本文件。

GB/T 4059 硅多晶气氛区熔基磷检验方法

GB/T 4060 硅多晶真空区熔基硼检验方法

GB/T 14264 半导体材料术语

GB/T 29057 用区熔拉晶法和光谱分析法评价多晶硅棒的规程

GB/T 35306 硅单晶中碳、氧含量的测定 低温傅立叶变换红外光谱法

ASTM E131 分子光谱有关术语(Standard terminology relating to molecular spectroscopy)

3 术语和定义

GB/T 14264 和 ASTM E131 界定的以及下列术语和定义适用于本文件。

3.1

色散型红外光谱仪 dispersive infrared spectrophotometer

一种使用棱镜或光栅作为色散元件,通过振幅—波数(或波长)光谱图获取数据的红外光谱仪。

3.2

傅里叶变换红外光谱仪 Fourier transform infrared spectrophotometer

一种通过傅里叶变换将由干涉仪得到的干涉谱图转换为振幅—波数(或波长)光谱图来获取数据的红外光谱仪。

3.3

参比光谱 reference spectrum

参比样品的光谱。

注:在用双光束光谱仪测试时,可以通过直接将参比样品放入样品光路,让参比光路空着获得;在用单光束光谱仪测试时,可以通过由红外光路中获得的参比样品的光谱扣除背景光谱后计算获得。

3.4

样品光谱 sample spectrum

测试样品的光谱。

注:在用双光束光谱仪测试时,可以通过直接将测试样品放入样品光路,让参比光路空着获得;在用单光束光谱仪测试时,将由测试样品放入红外光路获得的光谱扣除背景光谱后计算获得。

4　方法提要

使用经过校准的红外光谱仪和适当的参比材料,通过参比法获得双面抛光含氧硅片的红外透射谱图。无氧参比样品的厚度应尽可能与测试样品的厚度一致,以便消除由硅晶格振动引起的吸收的影响。用常温红外测试设备时,利用在波数 1 107 cm^{-1} 处硅-氧吸收谱带的吸收系数来计算硅片中间隙氧含量。用低温红外测试设备时,将样品冷却至低于 −258.15 ℃(15 K)温度下,使红外光束直接透射样品,采集吸收光谱,根据硅中间隙氧原子在波数 1 136.3 cm^{-1}(或 1 205.5 cm^{-1})处硅-氧吸收谱带的吸收系数来计算硅片中间隙氧含量。低温傅里叶变换红外光谱仪测试硅单晶中氧含量的具体内容见 GB/T 35306。

5　干扰因素

5.1　本标准中规定的方法不可以直接测试多晶硅中的间隙氧含量,在对多晶硅进行间隙氧含量测试前,应按照 GB/T 4059、GB/T 4060 或 GB/T 29057 规定的方法制成硅单晶后,再进行切片制样和测试。

5.2　在氧吸收谱带位置有一个硅晶格吸收谱带,无氧参比样品的厚度与测试样品的厚度差应小于 ±0.5%,以避免硅晶格吸收的影响。

5.3　氧吸收谱带和硅晶格吸收谱带都会随样品温度的改变而改变,因此测试期间光谱仪样品室的温度应恒定在 27 ℃±5 ℃。

5.4　电阻率低于 1.0 Ω·cm 的 N 型硅单晶和电阻率低于 3.0 Ω·cm 的 P 型硅单晶中的自由载流子吸收较为严重,因此在测试这些电阻率的样品时,参比样品的厚度、电阻率应尽量与待测样品的一致,以保证扣除参比光谱后样品的透射光谱在 1 600 cm^{-1} 处的透射率为 100%±5%。

5.5　电阻率低于 0.1 Ω·cm 的 N 型硅单晶和电阻率低于 0.5 Ω·cm 的 P 型硅单晶中的自由载流子吸收会使大多数光谱仪难以获得满意的能量。

5.6　沉淀氧浓度较高时,在 1 073 cm^{-1} 处的吸收谱带可能会导致间隙氧含量的测试误差。

5.7　26.85 ℃时,硅中间隙氧吸收谱带的半高宽(FWHM)应为 32 cm^{-1}。在光谱计算时,较大的半高宽将导致测试误差。

5.8　在测试过程中,需监测水蒸气(1 521 cm^{-1})或二氧化碳(667 cm^{-1})吸收带,保持测试环境干燥、清洁,湿度小于 60%,透射光谱在 1 521 cm^{-1} 和 667 cm^{-1} 处的透射率保持在 98%～102%。

5.9　测试结果会受到样品表面与光谱仪的组成部分之间的反射影响,样片正对入射光线的轴心,倾斜角度应不大于 10°。

5.10　采用低温红外测试设备进行测试,可以提高测试灵敏度,降低检测限,而测试设备的选择主要依据测试样品对氧含量的要求精度。

6　仪器设备

6.1　红外光谱仪

常温傅里叶变换红外光谱仪的分辨率应达到 4 cm^{-1} 或更好,色散型红外光谱仪的分辨率应达到 5 cm^{-1} 或更好。

6.2　样品架

如果测试样品较小,应将它安放到一个有小孔的架子上以阻止任何红外光线从样品的旁路通过。

样品应垂直或基本垂直于红外光束的轴线方向。

6.3 厚度测量设备

千分尺或其他适用于测量样品厚度的设备,精度大于 0.01 mm。

6.4 温度测量设备

热电偶-毫伏计或其他适用于测试样品室温度的设备。

6.5 湿度测试设备

湿度计或其他适用于测试环境湿度的设备。

7 样品制备

7.1 本方法中样品的厚度范围为 0.04 cm～0.40 cm。

7.2 切取硅单晶样片后,经双面研磨、抛光后用千分尺或其他设备测量其厚度。加工后样片的两个面应尽可能平行,所成角度小于 5°,其厚度差应不大于 0.5%,表面平整度应小于所测杂质谱带最大吸收处波长的 1/4。样片表面应无氧化物。

7.3 因为本测试方法适用于不同生产工艺的样品,应准备与测试样品相同材质的无氧单晶作为参比样品。参比样品的加工精度应与测试样品的加工精度相同,参比样品与测试样品的厚度差应不超过 ±0.5%。

7.4 从 5 个～10 个被认为是无氧的硅单晶片中选取氧含量尽可能低的硅单晶片,将这些硅片相互作为参比进行比较,选择吸收系数最低的作为参比样品。

8 测试步骤

8.1 光谱仪的校准

按照设备说明书,用经过认定的硅中氧含量的参考物质对光谱仪进行校准。

8.2 设备检查

8.2.1 通过测试确定 100% 基线的噪声水平。测试时,对于双光束光谱仪,在样品光路和参比光路都是空着的情况下记录透射光谱;对于单光束光谱仪,在样品光路空着的情况下先后两次记录的光谱之比获得透射光谱。画出透射光谱在 900 cm⁻¹～1 300 cm⁻¹ 波数范围的 100% 基线,如果在这个范围内基线没有达到 100%±5%,则应增加测试时间直到达到为止。如果仍有问题则应对设备进行维修。

8.2.2 确定 0% 线,仅适用于色散型光谱仪。将样品光路遮挡,记录在 900 cm⁻¹～1 300 cm⁻¹ 波数范围内设备的零点。如果在此范围有较大的非零信号,则应检查设备是否有杂散光投射到探测器上。如果仍有问题则应对设备进行维修。

8.2.3 记录光谱仪光通量特性曲线,仅适用于傅里叶变换红外光谱仪。让样品光路空着,绘制在 450 cm⁻¹～4 000 cm⁻¹ 波数范围的该单光束光谱图。按照设备说明书对设备进行适当的调整后,记录下该光谱图,作为对设备性能进行评定的参考谱图。当获得的光谱与设备的参考谱图有较大的差异时,则应重新调整设备。

8.2.4 用空气参考法测试电阻率大于 5 Ω·cm 的双面抛光硅单晶薄片在 1 600 cm⁻¹～2 000 cm⁻¹ 波数范围的光谱图,用来检验设备的线性度。如果这个波数范围内的透射率值不是 53.8%±2%,则应将样品的放置方向在垂直于入射光的轴线方向上进行调整,倾斜角不超过 10°。

8.2.5 确定光谱的测试时间。将一个电阻率大于 5 Ω·cm,厚度 0.04 cm～0.085 cm,氧含量(原子数)
6×10^{17} cm^{-3}～9×10^{17} cm^{-3}的双面抛光硅单晶薄片通过傅里叶变换红外光谱仪以 1 min 扫描 64 次或
色散型光谱仪以某一速度扫描获得记录有全峰高的透射谱图。如果谱图中氧吸收谱带的净振幅
T_b-T_p(T_b 为基线透射率,T_p 为峰值透射率)与其标准偏差之比未超过 100,则应增加扫描次数(傅里
叶变换红外光谱仪)或降低扫描速度(色散型红外光谱仪),直到达到为止。

8.3 表面处理

在测试之前,应保证样品表面无氧化物。

8.4 厚度测量

测量被测样品和参比样品的厚度。二者中心的厚度差应小于±0.5%。

8.5 温度、湿度

测试并记录光谱仪样品室及测试环境的温度、湿度。

8.6 测试红外透射光谱

测试红外透射光谱时,应保证红外光束通过测试样品和参比样品的中心位置。对于双光束设备,在
参比光路中放置无氧参比样品,在样品光路中放置测试样品获取透射光谱。对于单光束设备,用样品光
谱与参比光谱计算出透射光谱。

8.7 绘制透射谱图

透射谱图的绘制方法参照附录 A 进行。

8.8 记录

确定并记录吸收峰的半高宽(FWHM)。

9 试验结果的计算

9.1 峰值吸收系数和基线吸收系数分别按式(1)和式(2)计算:

$$\alpha_p=-\frac{1}{x}\ln\left[\frac{(0.09-e^{1.70x})+\sqrt{(0.09-e^{1.70x})^2+0.36T_p^2e^{1.70x}}}{0.18T_p}\right] \quad\cdots\cdots(1)$$

$$\alpha_b=-\frac{1}{x}\ln\left[\frac{(0.09-e^{1.70x})+\sqrt{(0.09-e^{1.70x})^2+0.36T_b^2e^{1.70x}}}{0.18T_b}\right] \quad\cdots\cdots(2)$$

式中:
α_p——峰值吸收系数,单位为每厘米(cm^{-1});
α_b——基线吸收系数,单位为每厘米(cm^{-1});
x——样品厚度,单位为厘米(cm);
T_p——峰值透射率;
T_b——基线透射率。

9.2 间隙氧的吸收系数 α_0 按式(3)计算:

$$\alpha_0=\alpha_p-\alpha_b \quad\cdots\cdots(3)$$

式中:
α_0——间隙氧的吸收系数,单位为每厘米(cm^{-1})。

9.3　间隙氧的含量 $N_{[0]}$ 按式(4)计算：

$$N_{[0]} = F_0 \times \alpha_0 \quad\quad\quad\quad\quad\quad\cdots\cdots\cdots\cdots\cdots\cdots(4)$$

式中：

$N_{[0]}$——间隙氧的含量(原子数)，单位为每立方厘米(cm^{-3})；

F_0　——校准因子，单位为每平方厘米(cm^{-2})；常温时，F_0 为 3.14×10^{17}。

注1：间隙氧含量单位由 cm^{-3} 换算为 ppma 时，除以 5×10^{16}(cm^{-3}/ppma)。

注2：不同标准中规定的校准因子及其换算关系参见附录B。

10　精密度

本标准复验样品共计 10 个，厚度约为 2 mm，氧含量(原子数)范围为 1.5×10^{17} cm^{-3} ～ 13×10^{17} cm^{-3}，由 16 个不同的实验室独立测试，单个实验室的测试结果相对标准偏差为 0.1%～4.4%，不同的实验室间测试结果相对标准偏差为 7%～13%。

11　试验报告

试验报告应包括以下内容：

a)　使用的设备，操作者和测试日期；

b)　测试样品和参比样品的编号；

c)　光谱仪样品室的温度、湿度；

d)　测试样品和参比样品的厚度；

e)　测试结果；

f)　本标准编号；

g)　其他。

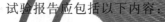

附　录　A

（资料性附录）

绘制透射谱图的方法

绘制透射谱图的方法如下：

a) 从 900 cm^{-1}～1 300 cm^{-1}画一条直线作为基线。用 900 cm^{-1}～1 000 cm^{-1}和 1 200 cm^{-1}～1 300 cm^{-1}范围的平均透射率作为该直线的两个端点。

b) 找出 1 102 cm^{-1}～1 112 cm^{-1}波数范围内与最低透射率相对应的波数，记录下该波数值 W_p（保留 5 位有效数字）。记录最小透射率 T_p，作为吸收峰的峰值透射率。以 a)确定的基线在 W_p 处的值，作为基线透射率 T_b。T_p 和 T_b 保留三位有效数字。

附 录 B
（资料性附录）
各标准中校准因子及其换算关系

B.1 现在，多个标准化组织采用 1 107 cm⁻¹ 处的红外吸收峰计算硅中间隙氧含量，使用 IOC-88（见 SEMI MF 1188:2000[3]）提供的校准因子，该校准因子能更正确地反映硅中真实的氧含量与吸收峰之间的关系。

B.2 表 B.1 和表 B.2 分别给出了不同标准中的校准因子及其换算关系。

表 B.1 校准因子

标准编号	采用 ppma 单位的校准因子	采用 cm⁻³ 单位的校准因子
ASTM F121,1980—1983[1]	4.90	2.45×10^{17}
JEIDA 61—1983[2]	6.10	3.05×10^{17}
GB/T 1557—2018	6.28	3.14×10^{17}
SEMI MF 1188:2000[3] DIN 50438,1994—1995[4] JEITA EM3504[5]	6.28	3.14×10^{17}
ASTM F121,1970—1979[6]	9.63	4.815×10^{17}

表 B.2 换算关系

标准编号	ASTM F121, 1980-1983[1]	JEIDA 61-1983[2]	GB/T 1557—2018	SEMI MF 1188:2000[3] DIN 50438,1994-1995[4] JEITA EM3504[5]	ASTM F121, 1970-1979[6]
ASTM F121,1980—1983[1]	1	1.245	1.282	1.282	1.965
JEIDA 61—1983[2]	0.803	1	1.030	1.030	1.579
GB/T 1557—2018	0.780	0.971	1	1	1.533
SEMI MF 1188:2000[3] DIN 50438,1994—1995[4] JEITA EM3504[5]	0.780	0.971	1	1	1.533
ASTM F121,1970—1979[6]	0.509	0.633	0.652	0.652	1

参 考 文 献

[1] ASTM F121,1980—1983 Test method for interstitial atomic oxygen content of silicon by infrared absorption

[2] JEIDA 61—1983 Standard the method for interstitial atomic oxygen content of silicon by infrared absorption

[3] SEMI MF 1188:2000 The method for interstitial oxygen content of silicon by infrared absorption with short baseline

[4] DIN 50438,1994—1995 Determination of impurity content in silicon by infrared absorption:Oxygen

[5] JEITA EM3504 Standard the method for interstitial atomic oxygen content of silicon by infrared absorption

[6] ASTM F121,1970—1979 Test method for interstitial atomic oxygen content of silicon by infrared absorption

ICS 29.045
H 80

中华人民共和国国家标准

GB/T 1558—2009
代替 GB/T 1558—1997

硅中代位碳原子含量红外吸收测量方法

Test method for substitutional atomic carbon concent of
silicon by infrared absorption

2009-10-30 发布
2010-06-01 实施

中华人民共和国国家质量监督检验检疫总局
中国国家标准化管理委员会 发布

前　言

本标准修改采用 SEMI MF 1391-0704《硅中代位碳原子含量红外吸收测量方法》。

本标准与 SEMI MF 1391-0704 的主要差异如下：

——本标准在结构上主要依照我国国标编制格式，与 SEMI MF 1391-0704 有所不同；

——本标准未引用"偏差"、"关键词"两章内容。

本标准代替 GB/T 1558—1997《硅中代位碳原子含量红外吸收测量方法》。

本标准与原标准相比主要有以下变化：

——对测量的碳原子含量有效范围进行了修改，室温下从硅中代位碳原子含量 $5×10^{15}$ at·cm^{-3}
（0.1 ppma）到碳原子的最大溶解度，77 K 时检测下限为 $5×10^{14}$ at·cm^{-3}（0.01 ppma）；

——补充了"术语"、"干扰因素""报告"三章；

——在"操作步骤"中增加了"仪器检查"内容。

本标准由全国半导体设备和材料标准化技术委员会提出。

本标准由全国半导体设备和材料标准化技术委员会材料分技术委员会归口。

本标准负责起草单位：信息产业部专用材料质量监督检验中心、中国电子科技集团公司第四十六研究所、峨嵋半导体材料厂。

本标准主要起草人：何秀坤、李静、段曙光、梁洪。

本标准所代替标准的历次版本发布情况为：

——GB/T 1558—1979、GB/T 1558—1997。

硅中代位碳原子含量红外吸收测量方法

1 范围

本标准规定了硅中代位碳原子含量的红外吸收测量方法。

本标准适用于电阻率高于 3 Ω·cm 的 p 型硅片及电阻率高于 1 Ω·cm 的 n 型硅片中代位碳原子含量的测定,对于精密度要求不高的硅片,可以测量电阻率大于 0.1 Ω·cm 的硅片中代位碳原子含量。由于碳也可能存在于间隙位置,因而本方法不能测定总碳含量。

本标准也适用于硅多晶中代位碳原子含量的测定,但其晶粒界间区的碳同样不能测定。

本标准测量的碳原子含量的有效范围:室温下从硅中代位碳原子含量 5×10^{15} at·cm^{-3} (0.1 ppma)到碳原子的最大溶解度,77 K 时检测下限为 5×10^{14} at·cm^{-3}(0.01 ppma)。

2 规范性引用文件

下列文件中的条款通过本标准的引用而成为本标准的条款。凡是注日期的引用文件,其随后所有的修改单(不包括勘误的内容)或修订版均不适用于本标准,然而,鼓励根据本标准达成协议的各方研究是否可使用这些文件的最新版本。凡是不注日期的引用文件,其最新版本适用于本标准。

GB/T 6618 硅片厚度和总厚度变化测试方法

GB/T 14264 半导体材料术语

3 术语和定义

GB/T 14264 确立的以及下列术语和定义适用于本标准。

3.1

背景光谱 background spectrum

在红外光谱仪中,无样品存在的情况下使用单光束测量获得的谱线,通常包括氮气,空气等信息。

3.2

基线 baseline

从测量图谱中碳峰的两侧最小吸光度处作出的一条切线,用来计算吸收系数 α,如图 1 所示。

3.3

基线吸收 baseline absorbance

与计算吸收峰高度的碳峰相对应波数处的基线值。

3.4

傅里叶变换红外光谱仪 Fourier transform infrared(FTIR) spectrometer

一种通过傅里叶变换将由干涉仪获得的干涉图转换为振幅-波数(或波长)光谱图来获取数据的红外光谱仪。

3.5

半高宽 full width at half maximum (FWHM)

半峰高处的吸收带宽度,如图 1 所示。

3.6

参比光谱 reference spectrum

参比样品的光谱。对于双光束仪器,参比光谱是直接将参比样品放置于样品光路,让参比光路空着获得的,对于傅里叶变换红外光谱仪及其他单光束仪器,参比光谱是将参比样品的光谱扣除背景光谱后所得到的结果。

3.7

样品光谱　sample spectrum

测试样品所得到的光谱。对于双光束仪器,样品光谱是直接将样品放置于样品光路,让参比光路空着获得的,对于傅里叶变换红外光谱仪及其他单光束仪器,样品光谱是将样品的光谱扣除背景光谱后所得到的结果。

4　方法原理

本方法利用硅中代位碳原子在波数为 607.2 cm^{-1}(16.47 μm)处的红外吸收峰的吸收系数来确定代位碳原子浓度。

5　干扰因素

5.1　投射到探测器上的杂散光会降低吸收系数的计算值,从而降低碳原子浓度的测量值。

5.2　测试样品和参比样品应尽可能地保持相同的温度,以避免与温度有关的晶格吸收对测量的影响。

5.3　参比样品的碳含量应小于 $1×10^{15}$ at·cm^{-3}(0.02 ppma),使参比样品造成的误差低于本方法最低检测限的 10%。低温下(低于 80 K)该测试方法可以精确到 0.01 ppma。若要测得硅样品中低于 0.01 ppma 的碳含量是十分困难的。因此,对于测量硅样品中接近于 0.01 ppma 碳含量,该方法只是相对精确的。

5.4　为得到令人满意的测试结果,室温下碳吸收带的半高宽(FWHM)必须小于 6 cm^{-1}。而在低温下,这一数值必须小于 3 cm^{-1}。样品厚度不合适,以及仪器分辨率设置过低都有可能造成半高宽变宽。在色散仪器中,仪器平衡调节不正确或扫描速度太快也有可能使半高宽变宽。

5.5　样品尺寸小于仪器测量光路的光圈直径会产生误差。可以缩小光圈或者采用合适的聚光器消除因样品尺寸小于仪器测量光路的光圈直径而产生的误差。

5.6　硅中双声子晶格吸收在 625 cm^{-1}(16 μm)非常强,应采用无碳的硅片作为参比样品,用差示法消除该处强晶格吸收带,才能在室温下测定碳的吸收光谱。

5.7　本方法的最低检测下限取决于仪器的信噪比。因此,为获得最高的测试灵敏度,必须增加样品的扫描时间。

6　测量仪器

6.1　傅里叶变换红外光谱仪

光谱范围为 500 cm^{-1}～700 cm^{-1}(14 μm ～18 μm),室温下光谱仪的分辨率必须不低于 2 cm^{-1},77 K 温度下光谱仪的分辨率不低于 1 cm^{-1}。

6.2　厚度测量仪

精度为 0.005 mm。

6.3　样品架

如果测试样品较小,则将它安放在一个有小孔的架子上以阻止任何红外光线从样品的旁路通过。样品架应垂直或基本垂直于红外光束的轴线方向。

6.4　窗口材料

低温恒温器及合适的窗口材料应能使样品和参比样品保持在 77 K。

6.5　温度计

能够测量室温下样品室的温度以及低温下样品架的温度或者其他测温设备,精度为小于 2 ℃。

7　试样制备

7.1　因碳的分凝系数小于 1,单晶尾部的碳含量较高,测碳样品应从单晶尾部取样,以测得单晶最高碳含量。

7.2 参比样品必须从代位碳原子含量小于 1×10^{15} at·cm^{-3}(0.02 ppma)的硅片中选取。

7.3 可用于电阻率高于 3 Ω·cm 的 p 型硅片及电阻率高于 1 Ω·cm 的 n 型硅片中代位碳原子含量的测定,对于精密度要求不高的硅片,可以测量电阻率大于 0.1 Ω·cm 的硅片中代位碳原子含量。

7.4 若无其他规定,一般以硅片中心为测量区,采用 GB/T 6618 规定测量样品厚度。如果将硅片加工成小片,小片中心应为原片中心并保证有足够的样品面积,以避免入射光绕过样品。

7.5 测试样品和参比样品应双面研磨,然后再抛光至 2 mm 或更薄。

7.6 测量区的厚度变化不超过 0.005 mm。

7.7 测试样品和参比样品的厚度差应小于 0.01 mm。

8 操作步骤

8.1 仪器检查

8.1.1 通过测量确定 100%基线的噪声水平。对双光束仪器,在样品及参比光路都空着的情况下记录透射光谱。对单光束仪器,在样品光路空着的情况下先后两次记录的光谱之比获得透射光谱。画出透射光谱从 500 cm^{-1}～700 cm^{-1} 的波数范围的 100%基线,如果在这个范围内基线没有达到 100%±0.5%,则要增加测量时间直到达到为止,否则对仪器要进行调整或维修以达到此标准。

8.1.2 确定 0%线,仅适用于色散型(DIR)仪器。将样品光路遮挡,记录 500 cm^{-1}～700 cm^{-1} 范围内仪器的零点。如果在此范围有较大的非零信号,则要检查仪器是否有杂散光投射到探测器上。如果仍有问题则需对仪器进行调整或维修。

8.1.3 用空气参比法测量电阻率大于 5 Ω·cm 的双面抛光的硅单晶薄片从 1 600 cm^{-1}～2 000 cm^{-1} 波数范围内的光谱图,用来检验仪器中刻度的线性度。如果在此波数范围内透光率不是 53.8%±2%,则需要将样品的放置方向在垂直于入射光的轴线方向上进行调整,倾斜角度不超过 10°。

8.2 测量样品的室温差示光谱

8.2.1 在室温下,在 607.2 cm^{-1} 处使用 2 cm^{-1} 分辨率或小于 2 cm^{-1} 分辨率。在 77 K 时,在 607.5 cm^{-1} 处使用小于 1 cm^{-1} 分辨率。

8.2.2 获取光谱。必须保证红外光束是通过测试样品和参比样品的中心位置。对双束光仪器,将样品放在样品光束下,将参比样品放在参比样品光束下,测量 500 cm^{-1}～700 cm^{-1} 范围内的吸收光谱。对单光束仪器,用测试样品光谱和参比样品光谱计算出吸收光谱。

8.2.3 用氮气或干燥空气对仪器光路进行充分吹扫,使仪器内部的相对湿度不大于 20%。

8.2.4 采用多次扫描,一般不少于 64 次。

8.2.5 在上述条件下,在光谱范围为 500 cm^{-1}～700 cm^{-1} 范围分别测得样品和参比样品的吸收光谱。图 1 是典型硅样品的差示光谱,室温下碳吸收峰位于 607.2 cm^{-1},其半高宽为 6 cm^{-1}。

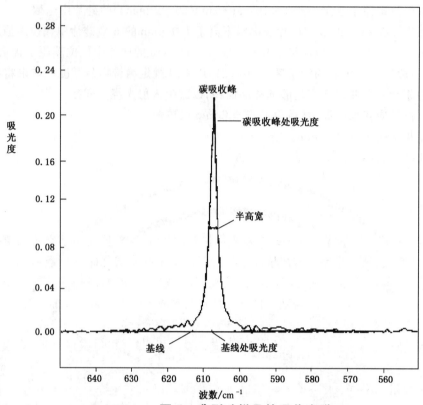

图 1　典型硅样品的吸收光谱

9　测量结果计算

9.1　吸收系数 α 按式(1)计算：

$$\alpha = \frac{23.03}{X}(A_{\mathrm{p}} - A_{\mathrm{b}}) \qquad\qquad\qquad (1)$$

式中：

α——吸收系数，单位为每厘米($\mathrm{cm^{-1}}$)；

X——样品厚度，单位为毫米(mm)；

A_{p}——吸收峰顶点处吸光度值；

A_{b}——基线处吸光度值。

9.2　碳含量 $N[\mathrm{C}]$ 按式(2)计算：

$$N[\mathrm{C}] = F \times \alpha \qquad\qquad\qquad (2)$$

式中：

$N[\mathrm{C}]$——碳含量，单位为厘米数每立方厘米($\mathrm{at \cdot cm^{-3}}$)；

F——标定因子，单位为每平方厘米($\mathrm{cm^{-2}}$)。300 K 时，F 为 8.2×10^{16} $\mathrm{cm^{-2}}$；77 K 时，F 为 3.7×10^{16} $\mathrm{cm^{-2}}$。

注：如上的标定因子 F 是执行日本硅技术委员会 JEITA 的研究结果。因为 F 是温度的函数，所以 F 具有不确定性，为消除此误差 ASTM 协会对该因子进行了分析，确定在 300 K 温度时该因子的不确定性为 $\pm 0.4 \times 10^{16}$ $\mathrm{at \cdot cm^{-2}}$；77 K 温度时该因子的不确定性为 $\pm 0.2 \times 10^{16}$ $\mathrm{at \cdot cm^{-2}}$。

9.3　根据式(2)计算的硅片代位碳含量 $N[\mathrm{C}]$，当单位由 $\mathrm{at \cdot cm^{-3}}$ 换算为 ppma 时，除以 5×10^{16}($\mathrm{at \cdot cm^{-3}}$/ppma)。

10 精密度

单个实验室在低温下测定碳含量的精密度方法:使用一个碳含量为 0.16 ppma 的样品,30 天为一周期,每天测量一次。经过多位测试人员多天对该样品的碳含量进行测量得出,该实验方法的精密度为±0.02 ppma。

11 报告

测量报告应包括如下内容:
a) 使用设备、操作者、测量日期;
b) 测试样品和参比样品编号;
c) 测量温度(室温或 77 K);
d) 测试样品和参比样品厚度;
e) 样品光照区域的位置和尺寸;
f) 测量次数及扫描分辨率;
g) 光谱图吸收峰的半高宽;
h) 吸收峰的波数,cm^{-1};
i) 代位碳吸收系数,α,cm^{-1};
j) 代位碳含量 $N[C]$,at·cm^{-3}/ppma;
k) 所使用的标定因子。

ICS 29.045
H 80

中华人民共和国国家标准

GB/T 4058—2009
代替 GB/T 4058—1995

硅抛光片氧化诱生缺陷的检验方法

Test method for detection of oxidation induced defects in
polished silicon wafers

2009-10-30 发布

2010-06-01 实施

中华人民共和国国家质量监督检验检疫总局
中国国家标准化管理委员会 发布

前　言

本标准代替 GB/T 4058—1995《硅抛光片氧化诱生缺陷的检验方法》。

本标准与 GB/T 4058—1995 相比,主要有如下变化:

——范围中增加了硅单晶氧化诱生缺陷的检验;

——增加了引用标准;

——增加了"术语和定义"章;

——将原标准中"表1　四种常用化学抛光液配方"删除,在第5章中对化学抛光液配比进行了修改,删除了乙酸配方;增加了铬酸溶液 A 的配制、Sirtl 腐蚀液及 Wright 腐蚀液的配制;增加了几种国际上常用的无铬、含铬腐蚀溶液的配方、应用及适用性的分类对比表;

——采用氧化程序替代原标准中的氧化的操作步骤;增加了(111)面缺陷的显示方法及 Wright 腐蚀液的腐蚀时间,将(111)面和(100)面缺陷显示方法区分开了;(100)面缺陷的显示增加了 Wright 腐蚀液腐蚀方法;

——在缺陷观测的测点选取中增加了"米"字型测量方法。

本标准的附录 A 为资料性附录。

本标准由全国半导体设备和材料标准化技术委员会提出。

本标准由全国半导体设备和材料标准化技术委员会材料分技术委员会归口。

本标准起草单位:峨嵋半导体材料厂。

本标准主要起草人:何兰英、王炎、张辉坚、刘阳。

本标准所代替标准的历次版本发布情况为:

——GB 4058—1983、GB/T 4058—1995;

——GB 6622—1986、GB 6623—1986。

硅抛光片氧化诱生缺陷的检验方法

1 范围

本标准规定了硅抛光片氧化诱生缺陷的检验方法。

本标准适用于硅抛光片表面区在模拟器件氧化工艺中诱生或增强的晶体缺陷的检测。

硅单晶氧化诱生缺陷的检验也可参照此方法。

2 规范性引用文件

下列文件中的条款通过本标准的引用而成为本标准的条款。凡是注日期的引用文件,其随后所有的修改单(不包括勘误的内容)或修订版均不适用于本标准,然而,鼓励根据本标准达成协议的各方研究是否可使用这些文件的最新版本。凡是不注日期的引用文件,其最新版本适用于本标准。

GB/T 1554　硅晶体完整性化学择优腐蚀检验方法

GB/T 14264　半导体材料术语

YS/T 209　硅材料原生缺陷图谱

3 术语和定义

GB/T 14264 中规定的术语和定义适用于本标准。

4 方法原理

模拟器件工艺的氧化条件,利用氧化来缀饰或扩大硅片中的缺陷,或两者兼有,然后用择优腐蚀液显示缺陷,并用显微技术观测。

5 试剂和材料

5.1 三氧化铬,优级纯。

5.2 氢氟酸,优级纯。

5.3 硝酸,优级纯。

5.4 氨水,优级纯。

5.5 盐酸,优级纯。

5.6 过氧化氢,优级纯。

5.7 纯水,电阻率大于 10 MΩ·cm(25 ℃)。

5.8 乙酸,优级纯。

5.9 硝酸铜,优级纯。

5.10 清洗液 1#:水∶氨水∶过氧化氢＝4∶1∶1(体积比)。

5.11 清洗液 2#:水∶盐酸∶过氧化氢＝4∶1∶1(体积比)。

5.12 化学抛光液配比:HF∶HNO₃＝1∶(3～5)(体积比)。

5.13 铬酸溶液 A:称取 500 g 三氧化铬于烧杯中,用水完全溶解后,移入 1 000 mL 容量瓶中,用水稀释至刻度,混匀(见 GB/T 1554)。

5.14 铬酸溶液 B:称取 75 g 三氧化铬于烧杯中,加水溶解后,移入 1 000 mL 容量瓶中,用水稀释至刻度,混匀。

5.15 Sirtl 腐蚀液:铬酸溶液 A(5.13)∶氢氟酸＝1∶1(体积比),使用前配制。

5.16 Schimmel 腐蚀液 A:铬酸溶液 B(5.14):氢氟酸=1:2(体积比),使用前配制。

5.17 Schimmel 腐蚀液 B:铬酸溶液 B(5.14):氢氟酸:水=1:2:1.5(体积比),使用前配制。

5.18 Wright 腐蚀液配方:

$$HF:HNO_3:CrO_3(5M):HAc:H_2O:Cu(NO_3)_2 \cdot 3H_2O$$

2:1:1:2:2:2 g/240 mL 总容积

5.19 腐蚀溶液:国际上几种常用的无铬、含铬腐蚀溶液的配方、应用及适用性的分类对比见附录 A。

5.20 研磨材料,采用 W20、W10 碳化硅或氧化铝金刚砂。

6 设备和仪器

6.1 金相显微镜:具有 X-Y 机械载物台及载物台测微计,放大倍数不低于 100 倍。

6.2 平行光源:照度 100 lx~150 lx,观察背景为无光泽黑色。

6.3 氧化炉:满足执行表 1 所要求的热循环能在炉管中央部位有不小于 300 mm 长的恒温区,并在恒温区保持 1 000 ℃~1 200 ℃的温度,控温误差±10 ℃。

6.4 气源:能提供足够的干氧、湿氧或水汽。

6.5 试样舟:石英舟或硅舟。

6.6 推拉棒:带有小钩的石英棒。

6.7 氟塑料花篮。

6.8 氟塑料或石英等非金属制成的硅片夹持器。

7 试样制备

7.1 对于硅单晶锭,用于检测的试样应取自接近头尾切除部分的保留晶体,或在供需双方指定的部位切取试样,厚度为 1 mm~3 mm。

7.2 切得的试样经金刚砂研磨,用化学抛光液(5.12)抛光或机械抛光,充分去除切割损伤。如果硅片已经抛光,则可按 8.2.1 对试样进行清洗。

7.3 试样待测面应成镜面,要求无浅坑、无氧化、无划痕。

8 检测程序

8.1 检测环境

试样清洗和氧化的局部环境清洁度应达到 1 000 级。

8.2 试样和氧化系统的清洗处理

8.2.1 试样清洗步骤:

8.2.1.1 把试样放入氟塑料花篮,使试样相互隔开。

8.2.1.2 在足够的清洗液 1#(5.10)中,于 80 ℃~90 ℃煮 10 min~15 min,用水冲洗至中性。

8.2.1.3 在氢氟酸中浸泡 2 min,用水冲洗至中性。

8.2.1.4 在足够的清洗液 2#(5.11)中,于 80 ℃~90 ℃煮 10 min~15 min,用水冲洗至中性。

8.2.1.5 清洗后的试样用经过干燥过滤的氮气吹干,或用适当的方法使试样干燥。

8.2.2 氧化系统和器皿的清洗处理步骤:

8.2.2.1 炉管、试样舟、气源装置等用 1 个体积氢氟酸和 10 个体积的水的混合液浸泡 2 h,并用水冲洗干净。

8.2.2.2 氧化系统在 1 000 ℃~1 200 ℃预处理 5 h~10 h。

8.3 氧化方法

8.3.1 把清洗干净并干燥的试样装入试样舟放在炉口处,按表 1 程序,把舟推至恒温区中央。

8.3.2 试样完成表 1 程序的热循环以后,把试样舟移到洁净通风柜内降至室温。

表 1 氧化程序

步　骤	功　能	条　件
1. 推(装载)	气氛	干 O_2
	温度	800 ℃
	推速	200 mm/min
2. 温度上升	气氛	干 O_2
	速率	+5 ℃/min
	最终温度	1 100 ℃
3. 氧化	气氛	蒸汽(湿 O_2)
	温度	1 100 ℃
	时间	60 min
4. 温度上升	气氛	干 O_2
	速率	-3 ℃/min
	最终温度	800 ℃
5. 拉(卸载)	气氛	干 O_2
	温度	800 ℃
	拉速	200 mm/min

8.4 缺陷的腐蚀显示

8.4.1 (111)面缺陷显示

8.4.1.1 把试样移到氟塑料花篮中。

8.4.1.2 用足够量的氢氟酸浸泡试样 2 min~3 min。氢氟酸至少高出试样顶部约 1 cm,用手轻轻晃动花篮。

8.4.1.3 用纯水清洗后,用 Sirtl 腐蚀液(5.15)浸没进行腐蚀。

8.4.1.4 使腐蚀液液面高出花篮中试样顶部 4 cm,腐蚀过程中应连续不断地晃动花篮,腐蚀时间为 3 min。

8.4.2 (100)面缺陷显示

8.4.2.1 把试样移到氟塑料花篮中。

8.4.2.2 用足够量的氢氟酸浸泡试样 2 min~3 min。氢氟酸至少高出试样顶部约 1 cm,用手轻轻晃动花篮。

8.4.2.3 用纯水清洗后,用缺陷腐蚀液进行腐蚀显示,对电阻率不小于 0.2 Ω·cm 的试样,使用 Schimmel 腐蚀液 A(5.16);对电阻率小于 0.2 Ω·cm 的试样,使用 Schimmel 腐蚀液 B(5.17);或都用 Wright 腐蚀液腐蚀(5.18)腐蚀。

8.4.2.4 使腐蚀液液面高出花篮中试样顶部 4 cm,腐蚀过程中应连续不断地晃动花篮,Schimmel 腐蚀液腐蚀时间为 2 min~5 min;Wright 腐蚀液腐蚀时间为 10 min。

8.4.3 将试样充分清洗干净并按 8.2.1.5 的方法进行干燥。

8.5 缺陷观测

8.5.1 在无光泽黑色背景平行光下,用肉眼观察试样上缺陷的宏观特征。

8.5.2 在金相显微镜下观察缺陷的微观特征。

8.5.3 测点选取:采用 9 点法或"米"字型法,具体方法由供需双方协商。

GB/T 4058—2009

8.5.3.1　9 点法:在两条与主参考面不相交的相互垂直的直径上取 9 点,选点位置见图 1,即边缘取 4 点(见表 2),R/2 处取 4 点,中心处一点,以 9 点平均值取数。

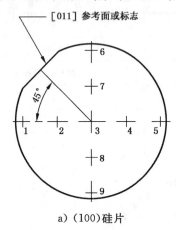
a) (100)硅片

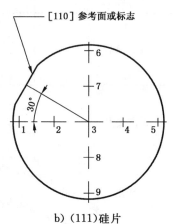
b) (111)硅片

图 1　选点位置

表 2　边缘选点位置表

单位为毫米

直　　径	距边缘(互相垂直直径上)
38	3.1
50	3.8
51	3.9
63	4.6
75	5.3
76	5.4
100	6.8
125	8.3
150	9.8

8.5.3.2　采用"米"字型法:在"9 点法"的基础上,将两条相互垂直的直径顺时针旋转 45°,增加两条直径,在边缘和 R/2 处分别增加 8 个测量点,选点位置见图 2,即此种测量方法边缘取 8 点(见表 2),R/2 处取 8 点,中心处一点,以 17 点平均值取数。

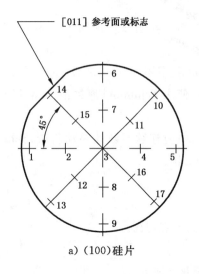
a) (100)硅片

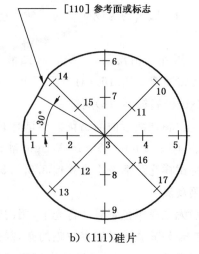
b) (111)硅片

图 2　选点位置

8.5.4 显微镜视场面积选取:当缺陷密度不大于 1×10^4 个/cm² 时,取 1 mm²;当缺陷密度大于 1×10^4 个/cm² 时,取 0.2 mm²。

8.6 缺陷的特征

8.6.1 滑移——由多个不一定相互接触的呈直线排列的位错蚀坑图形构成(见图3)。

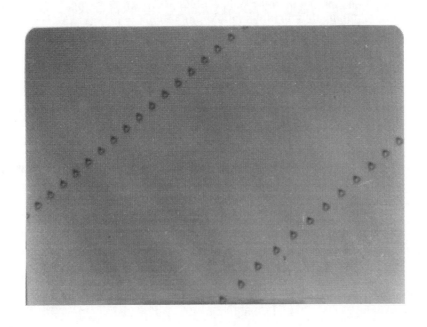

a) <111>晶面上的滑移位错

b) <100>晶面上的滑移

图 3 滑移

8.6.2 雾——硅片经热氧化和化学腐蚀后,表面上出现的一种由高密度浅蚀坑形成的云雾状外貌(见图4)。

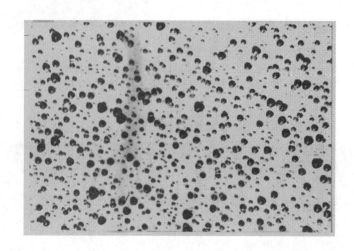

图 4 雾

8.6.3 氧化层错——宏观上可能形成同心圆、旋涡状等图形,微观上为大小不一的船形,弓形,卵形及杆状蚀坑(见图5)。

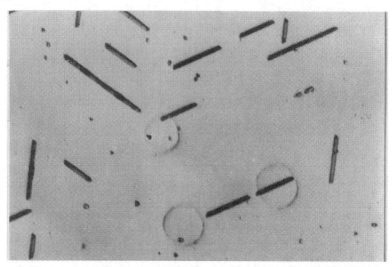

a) <111>晶面上的体氧化层错

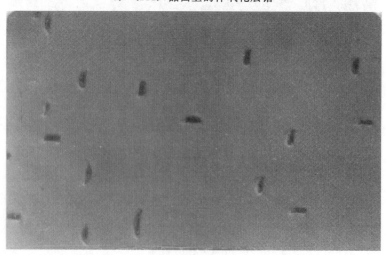

b) <100>晶面上的体氧化层错

图 5 体氧化层错

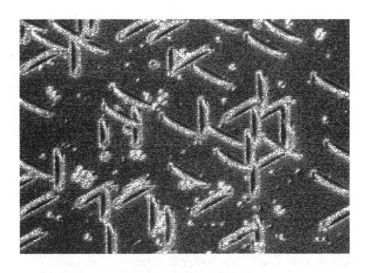

c) <111>晶面上的氧化层错

d) <100>晶面上的氧化层错

图 5（续）

8.6.4 条纹——宏观上为一系列同心环状或螺旋状的腐蚀图形（见图 6）。在 100 倍或更高放大倍数下呈连续的表面凹凸条纹。

图 6 条纹

8.6.5 旋涡——宏观上为同心圆、旋涡、波浪和弧状等图形（见图 7）。在 100 倍或更高放大倍数下呈不连续的碟形（浅）蚀坑。

图 7 旋涡

8.6.6 其他有关缺陷腐蚀特征见 YS/T 209 中相应的图片。

8.7 干扰因素

8.7.1 由机械加工带来的表面损伤引起的氧化层错其蚀坑一般为梯形或弓形,尺寸大小一致(见图 8)。

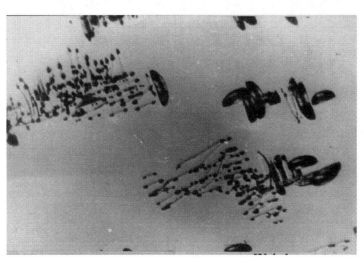

图 8 机械损伤引起的层错

8.7.2 由镊子夹伤和擦伤引起的蚀坑沿损伤处分布(见图 9)。

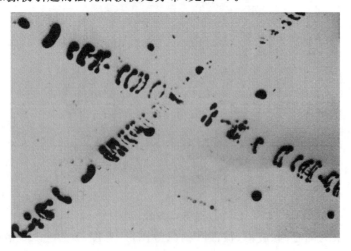

图 9 夹伤 划伤

8.7.3 由腐蚀液沉淀引起的蚀坑或丘,其晶向特征不明显(见图10)。

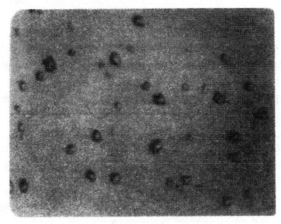

图 10　腐蚀液沉淀

9　检测结果计算

缺陷密度按公式(1)计算:

$$N = \frac{n}{S} \qquad\qquad\qquad\qquad\cdots\cdots\cdots\cdots\cdots\cdots\cdots\cdots\cdots\cdots(1)$$

式中:

N——缺陷密度,单位为个每平方厘米(个/cm²);

n——视场内缺陷蚀坑数,单位为个(个);

S——视场面积,单位为平方厘米(cm²)。

10　精密度

精密度由循环测试确定。

11　试验报告

试验报告应包括以下内容:

a)　晶体导电类型、晶向、电阻率;

b)　腐蚀液和腐蚀时间;

c)　缺陷的名称;

d)　缺陷的平均密度;

e)　本标准编号;

f)　检验单位及检测者;

g)　检验日期。

附 录 A

（资料性附录）

几种常用的无铬、含铬腐蚀溶液的配方、应用及适用性的分类对比表

表 A.1　无铬腐蚀溶液的配方、数字指标和适宜的腐蚀速率

溶液名称	见 图	配 方	大致的腐蚀速率
Copper-3	A.1～A.2 （有搅拌）	$HF：HNO_3：HAc：H_2O：Cu(NO_3)_2 \cdot 3H_2O$ $36：25：18：21：(1 g/100 mL 总容积)$	1 μm/min
Copper-3	A.3～A.8 （无搅拌）	$HF：HNO_3：HAc：H_2O：Cu(NO_3)_2 \cdot 3H_2O$ $36：25：18：21：(1 g/100 mL 总容积)$	5 μm/min
Modified Dash	A.9～A.16	$HF：HNO_3：HAc：H_2O$ $1：3：12：0.17 + AgNO_3(0.005～0.05)g/L$	1 μm/min

表 A.2　含铬腐蚀溶液的配方、数字指标和适宜的腐蚀速率

溶液名称	见 图	配 方	大致的腐蚀速率
Secco	A.17～A.22	$HF：K_2CrO_7(0.15 M)$ $2：1$	1 μm/min
Wright	A.23～A.32	$HF：HNO_3：CrO_3(5M)：HAc：H_2O：Cu(NO_3)_2 \cdot 3H_2O$ $2：1：1：2：2：(2 g/240 mL 总容积)$	0.6 μm/min

表 A.3　无铬腐蚀溶液应用和结果适用性的分类

溶液名称	应用											结果			
	100晶向	111晶向	P型	P+型	N型	N+型	诱生氧化层错	浅坑	小丘	位错	外延堆垛层错	气泡形成	搅拌需求	温度	流型
有搅拌的Copper-3	A	A	A	D	A	D	A	A	C	A	A	是	是	～25 ℃	无
无搅拌的Copper-3	A	A	A	D	A	D	A	A	C	A	A	是	无	～25 ℃	无
Modified Dash	A	A	A	C	A	D	A	A	—	A	A	是	是	～25 ℃	无

注：A=优秀，B=好，C=可以接受的，D=不可接受的。

表 A.4　含铬腐蚀溶液应用和结果适用性的分类

溶液名称	应用											结果			
	100晶向	111晶向	P型	P+型	N型	N+型	诱生氧化层错	浅坑	小丘	位错	外延堆垛层错	气泡形成	搅拌需求	温度	流型
Secco[a]	A	B	A	D	C	C	A	B	C	A	A	是	是	<30 ℃	无
Wright	A	A	A	D	A	C	A	B	B	A	A	是	是	<30 ℃	无

注：A=优秀，B=好，C=可以接受的，D=不可接受的。

[a]　当硅片在垂直位置不搅拌酸进行腐蚀时，形成"V"型流型缺陷，见图 A.19。Secco 腐蚀的其他应用需要搅拌来避免与气泡形成有关的混淆假象。

p 型,10 Ω·cm,(100)硅片,1 100 ℃蒸汽;80 min 氧化,
有搅拌的 Copper-3 腐蚀;2 μm 错位

图 A.1　氧化堆垛层错,500×

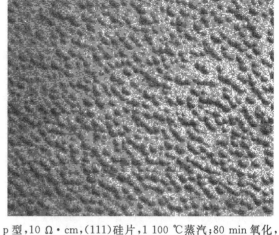

p 型,10 Ω·cm,(111)硅片,1 100 ℃蒸汽;80 min 氧化,
有搅拌的 Copper-3 腐蚀;2 μm 错位

图 A.2　浅坑(薄雾),500×

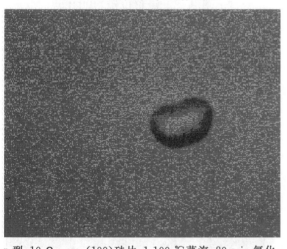

p 型,10 Ω·cm,(100)硅片,1 100 ℃蒸汽;80 min 氧化,
无搅拌的 Copper-3 腐蚀;1 μm 错位

图 A.3　氧化堆垛层错,1 000×

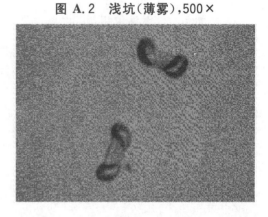

p 型,10 Ω·cm,(100)硅片,1 100 ℃蒸汽;80 min 氧化,
无搅拌的 Copper-3 腐蚀;1 μm 错位

图 A.4　氧化堆垛层错,1 000×

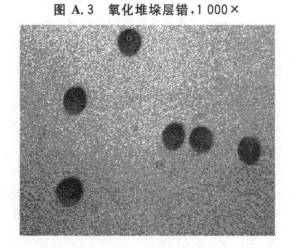

p 型,10 Ω·cm,(111)硅片,无搅拌的 Copper-3 腐蚀;
10 μm 错位

图 A.5　位错,500×

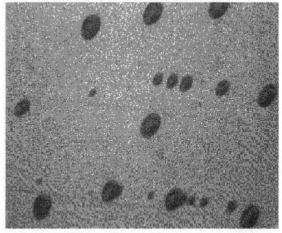

p 型,10 Ω·cm,(100)硅片,无搅拌的 Copper-3 腐蚀;
10 μm 错位

图 A.6　位错,500×

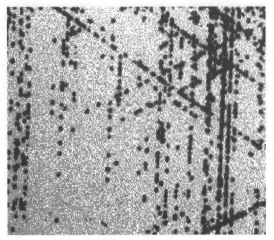

p 型,10 Ω·cm,(111)硅片,无搅拌的 Copper-3 腐蚀;
10 μm 错位

图 A.7　滑移位错,500×

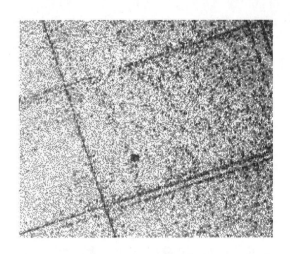

p 型,10 Ω·cm,(100)硅片,无搅拌的 Copper-3 腐蚀;
10 μm 错位

图 A.8　滑移位错,100×

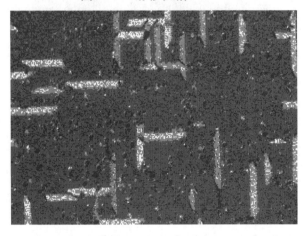

p 型,10 Ω·cm,(100)硅片,1 100 ℃,O₂,8 h 氧化,
Modified Dash 腐蚀;～4 μm 错位

图 A.9　氧化诱生堆垛层错,400×

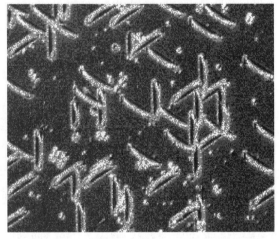

n 型,10 Ω·cm,(111)硅片,1 100 ℃,O₂,8 h 氧化,
Modified Dash 腐蚀;～4 μm 错位

图 A.10　氧化诱生堆垛层错,400×

p 型,0.007 Ω·cm,(100)硅片,1 100 ℃,O₂,8 h 氧化,
Modified Dash 腐蚀;～5 μm 错位

图 A.11　氧化诱生堆垛层错,400×

p 型,＜0.02 Ω·cm,(100)硅片,1 100 ℃,O₂,8 h 氧化,
Modified Dash 腐蚀;～5 μm 错位

图 A.12　氧化诱生堆垛层错,400×

p/p+型,(100)外延片,
Modified Dash 腐蚀;～4 μm错位

图 A.13 滑移位错,400×

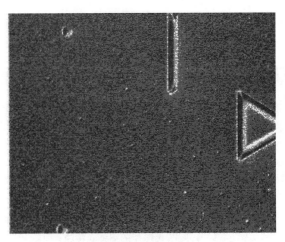

n/n+型,(111)外延片,
Modified Dash 腐蚀;～4 μm错位

图 A.14 滑移位错,外延堆垛层错和浅坑,400×

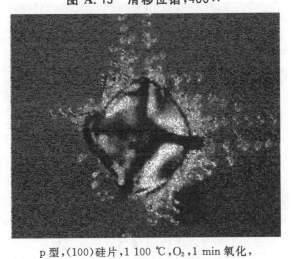

p 型,(100)硅片,1 100 ℃,O₂,1 min 氧化,
Modified Dash 腐蚀;～4 μm错位

图 A.15 损伤引起的滑移位错,400×

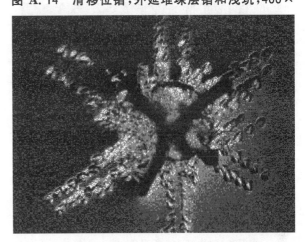

n 型,(111)硅片,1 100 ℃,O₂,1 min 氧化,
Modified Dash 腐蚀;～4 μm错位

图 A.16 损伤引起的滑移位错,400×

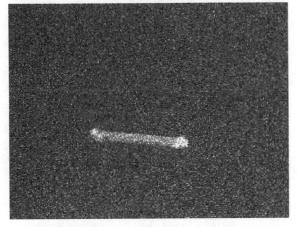

(100)硅片,1 100 ℃蒸汽,80 min 氧化,
有搅拌的 Secco 腐蚀;～4 μm错位

图 A.17 氧化堆垛层错,1 000×

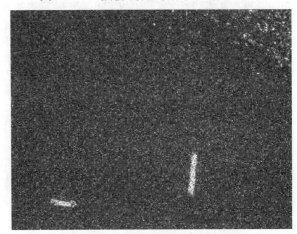

(100)硅片,1 100 ℃蒸汽,80 min 氧化,
有搅拌的 Secco 腐蚀;～4 μm错位

图 A.18 氧化堆垛层错,400×

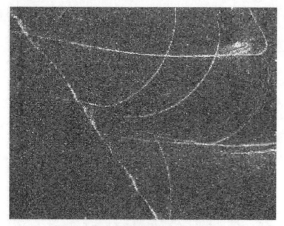

(100)硅片,无搅拌的 Secco 腐蚀;
~8 μm 错位

图 A.19　流型缺陷,200×

(100)硅片,有搅拌的 Secco 腐蚀;
~4 μm 错位

图 A.20　外延堆垛层错,150×

(100)硅片,1 100 ℃蒸汽,80 min 氧化,
有搅拌的 Secco 腐蚀;~15 μm 错位

图 A.21　本体氧化堆垛层错,200×

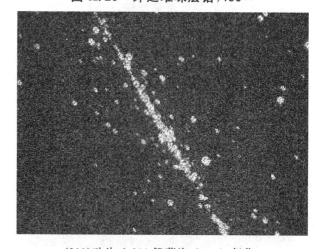

(100)硅片,1 100 ℃蒸汽,80 min 氧化,
有搅拌的 Secco 腐蚀;~415 μm 错位

图 A.22　擦伤引起的氧化堆垛层错,100×

(100)硅片,1 100 ℃蒸汽,80 min 氧化,
有搅拌的 Wright 腐蚀

图 A.23　损伤引起的氧化堆垛层错,1 000×

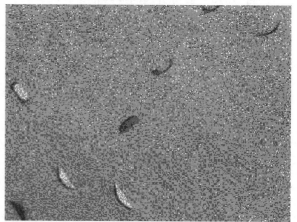

(100)硅片,1 100 ℃蒸汽,80 min 氧化,
有搅拌的 Wright 腐蚀

图 A.24　本体氧化堆垛层错,1 000×

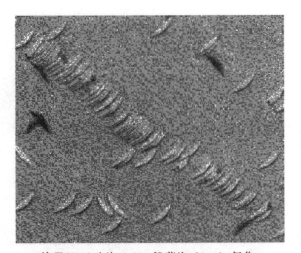

掺硼(100)硅片,1 100 ℃蒸汽,80 min 氧化,
有搅拌的 Wright 腐蚀

图 A.25　擦伤引起的氧化堆垛层错,500×

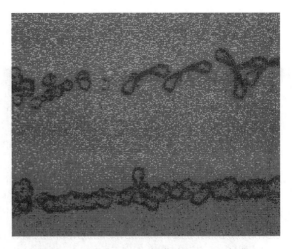

掺锑(100)硅片,1 100 ℃蒸汽,80 min 氧化,
有搅拌的 Wright 腐蚀

图 A.26　擦伤引起的氧化堆垛层错,500×

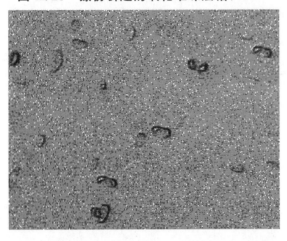

低电阻率掺硼(100)硅片,1 100 ℃蒸汽,80 min 氧化,
有搅拌的 Wright 腐蚀

图 A.27　氧化堆垛层错,500×

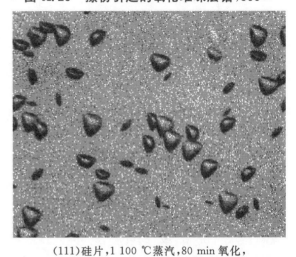

(111)硅片,1 100 ℃蒸汽,80 min 氧化,
有搅拌的 Wright 腐蚀

图 A.28　氧化诱生的堆垛层错,500×

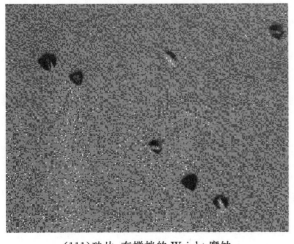

(111)硅片,有搅拌的 Wright 腐蚀

图 A.29　滑移位错,500×

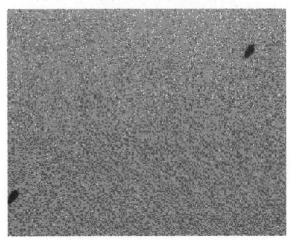

(100)硅片,有搅拌的 Wright 腐蚀

图 A.30　滑移位错,200×

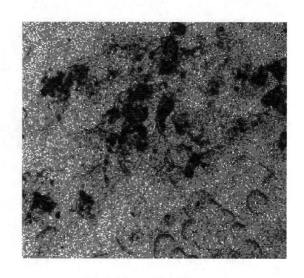

掺硼(100)硅片,1 100 ℃蒸汽,80 min氧化,
有搅拌的 Wright 腐蚀

掺硼硅片,Wright 腐蚀

图 A.31　浅坑(薄雾),500×　　　　　　　图 A.32　腐蚀时引入的沾污,200×

ICS 77.040
H 17

中华人民共和国国家标准

GB/T 4059—2018
代替 GB/T 4059—2007

硅多晶气氛区熔基磷检验方法

Test method for phosphorus content in polycrystalline silicon by zone-melting
method under controlled atmosphere

2018-12-28 发布

2019-11-01 实施

国家市场监督管理总局
中国国家标准化管理委员会 发 布

前　言

本标准按照 GB/T 1.1—2009 给出的规则起草。

本标准代替 GB/T 4059—2007《硅多晶气氛区熔基磷检验方法》,与 GB/T 4059—2007 相比,除编辑性修改外,主要技术变化如下:

——基磷含量的测定范围由"$0.002 \times 10^{-9} \sim 100 \times 10^{-9}$"修改为"$0.01 \times 10^{13}$ cm^{-3} $\sim 500 \times 10^{13}$ cm^{-3}"(见第 1 章,2007 年版的第 1 章);

——调整了规范性引用文件,删除了 GB/T 1553、GB/T 1554、GB/T 1555、GB/T 13389,增加了 GB/T 1550、GB/T 4060、GB/T 4842、GB/T 8979、GB/T 11446.1—2013、GB/T 24574、GB/T 24581、GB/T 25915.1—2010(见第 2 章,2007 年版的第 2 章);

——修改了样芯的定义,删除了"空心钻头"(见 3.3,2007 年版的 3.3);

——修改了方法 A 和方法 B 的方法原理表述(见 4.1、4.2,2007 年版的 4.1、4.2);

——干扰因素中酸洗和区熔操作的环境修改为"不低于 GB/T 25915.1—2010 规定的 6 级洁净环境"[见 5.3,2007 年版的第 5 章 c)];

——干扰因素中增加了样品处理过程、区熔速度、硅芯等 3 项对测试结果有影响的因素(见 5.4、5.6、5.7);

——删除了干扰因素中关于区熔后硅单晶棒、测试环境的要求[见 2007 年版的第 5 章 f)、第 5 章 g)];

——修改了试剂和材料中去离子水、氩气的要求(见 6.3、6.4,2007 年版的 6.3、6.5);

——试剂和材料增加了氮气的要求(见 6.5);

——修改了试剂和材料中籽晶的要求,由"n 型电阻率不低于 500 Ω·cm 的籽晶"修改为"籽晶应为无位错的 N 型〈111〉高阻硅单晶,且施主杂质含量(原子数)小于 2.5×10^{12} cm^{-3},碳含量(原子数)小于 5×10^{15} cm^{-3},晶向偏离度小于 3°"(见 6.6,2007 年版的 6.1);

——对仪器设备中的"取芯设备"增加了要求[见 7.1,2007 年版的第 7 章 a)];

——"真空内热式区熔炉"改为"内热式区熔炉"[见 7.5,2007 年版的第 7 章 d)];

——仪器设备中增加了超声清洗设备、氮气与氩气纯化装置、导电类型测试仪、两探针电阻率测试仪、低温红外光谱仪或光致发光光谱仪(见 7.3、7.6、7.7、7.8、7.9);

——删除了定性滤纸、真空吸尘器、洁净室专用的手套等实验室常用材料[见 2007 年版的第 7 章 e)、第 7 章 f)、第 7 章 g)];

——修改了取样要求(见 8.2、8.4,2007 年版的 8.2、8.4);

——删除了"选择电阻率大于 500 Ω·cm,碳含量小于 0.2×10^{-6},无位错,晶向偏离度小于 5°的 n 型〈111〉高阻硅单晶切割制备成的籽晶"(见 2007 年版的 10.1.1);

——将"籽晶必须在干燥后 36 h 内使用"修改为"籽晶应予以密封进行洁净保护"(见 10.1,2007 年版的 10.1.2);

——增加了"清洗后的样芯宜用高纯氮气吹干"(见 10.2.2);

——删除了"清洁取芯钻""用不低于 10 MΩ·cm 的去离子水清洁酸洗台"(见 2007 年版的 10.3.1、10.3.2);

——"在清洁、真空抽吸后,预热样芯"修改为"在清洁、装料、真空抽吸、充氩气后,预热样芯"(见 10.3,2007 年版的 10.3.3);

——修改了试验步骤中的晶棒生长内容(见 10.4,2007 年版的 10.4);

——增加了"导电类型的测试按 GB/T 1550 的规定进行"[见 10.5.2a)];

——修改了试验步骤中的晶棒评价内容[见 10.5.2b),2007 年版的 10.5.2.4];

——删除了晶向、晶锭结晶完整性、少数载流子寿命的测试(见 2007 年版的 10.5.2.1、10.5.2.2、10.5.2.3);

——删除了允许差,增加了精密度(见第 12 章,2007 年版的第 12 章)。

本标准由全国半导体设备和材料标准化技术委员会(SAC/TC 203)与全国半导体设备和材料标准化技术委员会材料分会(SAC/TC 203/SC 2)共同提出并归口。

本标准起草单位:江苏中能硅业科技发展有限公司、青海黄河上游水电开发有限责任公司新能源分公司、亚洲硅业(青海)有限公司、内蒙古神舟硅业有限责任公司、新特能源股份有限公司、宜昌南玻硅材料有限公司、洛阳中硅高科技有限公司、新疆大全新能源股份有限公司、鄂尔多斯多晶硅业有限公司、内蒙古盾安光伏科技有限公司、新疆协鑫新能源材料科技有限公司、乐山市产品质量监督检验所、山东大海新能源发展有限公司。

本标准起草人:胡伟、耿全荣、胡自强、鲁文锋、柳德发、薛心禄、蔡延国、尹东林、宗凤云、邱艳梅、刘国霞、高明、楚东旭、刘翠、王瑞、姚利忠、梁洪、唐珊珊、王佳。

本标准所代替标准的历次版本发布情况为:

——GB/T 4059—1983、GB/T 4059—2007。

硅多晶气氛区熔基磷检验方法

1 范围

本标准规定了多晶硅中基磷含量的检验方法。

本标准适用于在硅芯上沉积生长的多晶硅棒中基磷含量（原子数）的测定，测定范围为 0.01×10^{13} cm^{-3}～ 500×10^{13} cm^{-3}。

2 规范性引用文件

下列文件对于本文件的应用是必不可少的。凡是注日期的引用文件，仅注日期的版本适用于本文件。凡是不注日期的引用文件，其最新版本（包括所有的修改单）适用于本文件。

GB/T 1550　非本征半导体材料导电类型测试方法

GB/T 1551　硅单晶电阻率测定方法

GB/T 4060　硅多晶真空区熔基硼检验方法

GB/T 4842　氩

GB/T 8979　纯氮、高纯氮和超纯氮

GB/T 11446.1—2013　电子级水

GB/T 14264　半导体材料术语

GB/T 24574　硅单晶中Ⅲ-Ⅴ族杂质的光致发光测试方法

GB/T 24581　低温傅立叶变换红外光谱法测量硅单晶中Ⅲ、Ⅴ族杂质含量的测试方法

GB/T 25915.1—2010　洁净室及相关受控环境　第1部分：空气洁净度等级

3 术语和定义

GB/T 14264界定的以及下列术语和定义适用于本文件。

3.1

硅芯　silicon core

小直径硅棒，用作多晶硅沉积的基体。

3.2

生长层　growth layer

在硅芯上沉积生长的多晶硅层。

3.3

样芯　sample core

从多晶硅棒上取得的圆柱体样品。

3.4

控制棒　control rod

有均匀沉积生长层，且已知其基磷含量的多晶硅棒。

4 方法原理

4.1 方法 A

在氩气气氛中,将从多晶硅棒上取得的样芯经一次区熔生长为硅单晶棒后,在硅单晶棒 8 倍熔区位置取样后,用低温红外光谱法或光致发光法直接测得样品的基磷含量。

4.2 方法 B

在氩气气氛中,将从多晶硅棒上取得的样芯经一次区熔生长为硅单晶棒后,用两探针法测得硅单晶棒的纵向电阻率,按磷的分凝在纵向电阻率分布曲线的 8 倍熔区位置读取数据,得到样品的 N 型电阻率。结合 GB/T 4060 测得的样品的 P 型电阻率并计算出基硼含量,或根据低温红外光谱法或光致发光法直接测得样品的基硼含量,再根据基硼含量与 N 型电阻率,推算出样品的基磷含量。

5 干扰因素

5.1 有裂纹的、高应力的或深处有树枝状晶体生长的多晶硅棒,在取样过程中易破碎或裂开,因此不能用于取芯制样。

5.2 有裂纹的样芯在清洗或腐蚀时不能将杂质完全有效地去除,且在区熔过程中易碎,因此不能用于测试。

5.3 酸洗和区熔应在不低于 GB/T 25915.1—2010 规定的 6 级洁净环境中进行,以减少环境带来的杂质。

5.4 酸洗用的器皿、酸液和去离子水纯度、腐蚀速度、腐蚀温度、腐蚀后的干燥方式、样品暴露时间都可能带来沾污或影响腐蚀效果,应加以控制。

5.5 区熔炉壁、线圈、垫圈、夹具使用前应进行有效地清洁,避免带来沾污。

5.6 区熔炉内的真空度、氩气纯度、区熔速度会对测试结果产生影响。

5.7 硅芯品质、多晶硅棒品质以及硅芯与多晶硅棒截面积比,会对多晶硅产品质量产生影响。计算多晶硅棒基磷含量时,是否计入硅芯样芯的基磷含量,由供需双方协商确定。

6 试剂和材料

6.1 硝酸:优级纯及以上。

6.2 氢氟酸:优级纯及以上。

6.3 去离子水:纯度等于或优于 GB/T 11446.1—2013 中的 EW-II 级。

6.4 氩气:符合 GB/T 4842 中高纯氩的规定。

6.5 氮气:符合 GB/T 8979 中高纯氮的规定。

6.6 籽晶应为无位错的 N 型〈111〉高阻硅单晶,且施主杂质含量(原子数)小于 2.5×10^{12} cm^{-3},碳含量(原子数)小于 5×10^{15} cm^{-3},晶向偏离度小于 5°。

7 仪器设备

7.1 取芯设备:可取出直径为 15 mm~20 mm 且长度不小于 100 mm 的多晶硅样芯。

7.2 酸洗台,配有排酸雾设施和盛酸、去离子水的用具。

7.3 超声清洗设备。

7.4 干燥、包装样品的装置。

7.5 内热式区熔炉。

7.6 氮气与氩气纯化装置。

7.7 导电类型测试仪。

7.8 两探针电阻率测试仪。

7.9 低温红外光谱仪或光致发光光谱仪。

8 取样

8.1 样品包含的基磷含量应能代表多晶硅棒总的基磷含量。

8.2 平行于硅芯取出长度不小于 100 mm,直径为 15 mm～20 mm 的样芯作样品,如图 1 所示。计算多晶硅棒总基磷含量需硅芯样芯和生长层样芯两种不同的样芯,具体如下:

    a) 硅芯样芯,代表硅芯和硅芯上最初的生长层;

    b) 生长层样芯,在生长层上取样,代表硅芯上沉积的多晶硅。

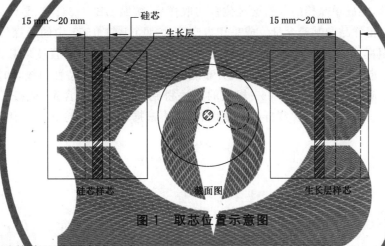

图 1 取芯位置示意图

8.3 样芯距多晶硅棒表面的距离应不小于 5 mm。

8.4 样芯距多晶硅棒底部的距离应不小于 250 mm。

9 控制棒

    从有均匀沉积生长层的、已知其基磷含量范围的多晶硅棒上取得多个圆柱体作为多晶硅控制棒,定期酸洗、区熔和分析控制棒,验证基磷含量误差控制在 15% 范围内,以监测样芯制备、酸洗和区熔过程。

10 试验步骤

10.1 准备籽晶

    将籽晶去污、酸洗、清洁、干燥。为避免表面污染,籽晶应予以密封进行洁净保护。

10.2 制备样芯

10.2.1 样芯制备过程应在洁净室内进行,操作人员应穿戴专用的洁净防护工作服。

10.2.2 制备氢氟酸、硝酸的体积比为 1:4～1:8 的腐蚀液。将样芯在腐蚀槽内抛光,除去取芯过程在样芯表面产生的约 100 μm 厚的损伤层,直至样芯表面目视光亮,并将酸洗后的样芯用去离子水清洗。清洗后的样芯宜用高纯氮气吹干,之后应尽快进行区熔拉晶,否则应将样芯密封进行洁净保护。

10.3 准备区熔炉

清洁区熔炉的内室,在清洁、装料、真空抽吸、充氩气后,预热样芯。

10.4 晶棒生长

在氩气气氛下,以 3 mm/min~5 mm/min 的区熔速度,一次成晶,区域熔炼拉制出长度不小于12 个熔区、直径为 10 mm~15 mm 的硅单晶棒。

10.5 晶棒评价

10.5.1 目测检查硅单晶棒颜色、直径的均匀性、相同生长面棱线的连续性,以确定该硅单晶棒是否为无位错单晶以及是否由于空气渗漏或其他原因生成氧化物沉积。

10.5.2 硅单晶棒导电类型、电阻率和基磷含量的检测按下列步骤进行:

    a) 导电类型的测试按 GB/T 1550 的规定进行。

    b) 采用方法 A,在硅单晶棒的 8 倍熔区位置切取样片,按照 GB/T 24581 或 GB/T 24574 规定的方法直接测得样品的基磷含量。或采用方法 B,按照 GB/T 1551 中的两探针法测试硅单晶棒的纵向电阻率,按磷的分凝在纵向电阻率分布曲线的 8 倍熔区位置读取数据,得到样品的 N 型电阻率。硅单晶棒纵向电阻率曲线分布应接近于理论电阻率特性曲线,如图 2 所示,否则应重新取样检测。按照 GB/T 4060 规定的方法得到样品的基硼含量,或按照 GB/T 24581 或 GB/T 24574 规定的方法测得样品的基硼含量,再根据基硼含量与 N 型电阻率,推算出样品的基磷含量。

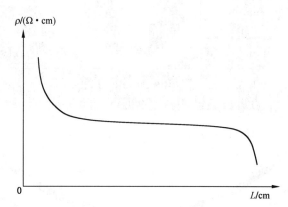

说明:

ρ ——电阻率,单位为欧厘米($\Omega \cdot cm$);

L ——硅单晶棒头部至尾部连续熔区的长度,单位为厘米(cm)。

图 2　理论电阻率特性曲线

11　试验数据处理

多晶硅棒的总基磷含量 C_p 按式(1)计算:

$$C_p = \frac{A_f \times C_f + (A_1 - A_f) \times C_d}{A_1} \quad\quad\quad\quad (1)$$

式中:

C_p ——多晶硅棒总基磷含量(原子数),单位为每立方厘米(cm^{-3});

A_f——硅芯样芯横截面积，单位为平方厘米(cm^2)；

C_f——硅芯样芯中的基磷含量(原子数)，单位为每立方厘米(cm^{-3})；

A_1——多晶硅棒横截面积，单位为平方厘米(cm^2)；

C_d——生长层样芯的基磷含量(原子数)，单位为每立方厘米(cm^{-3})。

12 精密度

12.1 重复性

从同一炉次多晶硅中制取 7 个样品，单个实验室进行清洗、区熔、检测。用方法 A 测得试样的基磷含量(原子数)平均值为 $1.32\times10^{13}\ cm^{-3}$，标准偏差为 $0.14\times10^{13}\ cm^{-3}$，相对标准偏差为 10.73%；用方法 B 测得试样 N 型电阻率平均值为 343.45 Ω·cm，标准偏差为 44.10 Ω·cm，相对标准偏差为 12.84%。

12.2 再现性

从同一炉次多晶硅中制取 10 个样品，多个实验室进行清洗、区熔，同一实验室进行检测。用方法 A 测得试样基磷含量(原子数)平均值为 $1.97\times10^{13}\ cm^{-3}$，标准偏差为 $0.36\times10^{13}\ cm^{-3}$，相对标准偏差为 18.30%；用方法 B 测得试样 N 型电阻率平均值为 248.65 Ω·cm，标准偏差为 56.61 Ω·cm，相对标准偏差为 22.77%。

13 试验报告

试验报告应包括以下内容：
a) 多晶硅棒批号、编号；
b) 样品编号；
c) 样品长度；
d) 样品导电类型；
e) 测试结果(电阻率、基磷含量等)；
f) 本标准编号；
g) 测试人员和测试日期；
h) 其他与本标准不一致的内容。

ICS 77.040
H 17

中华人民共和国国家标准

GB/T 4060—2018
代替 GB/T 4060—2007

硅多晶真空区熔基硼检验方法

Test method for boron content in polycrystalline silicon by vacuum
zone-melting method

2018-09-17 发布

2019-06-01 实施

国家市场监督管理总局
中国国家标准化管理委员会 发 布

前　言

本标准按照 GB/T 1.1—2009 给出的规则起草。

本标准代替 GB/T 4060—2007《硅多晶真空区熔基硼检验方法》，与 GB/T 4060—2007 相比，除编辑性修改外主要技术变化如下：

——增加了规范性引用文件 GB/T 620—2011、GB/T 626—2006、GB/T 11446.1—2013、GB/T 25915.1—2010（见第 2 章）；

——修改了方法提要，将"以 1.0 mm/min 的速度区熔提纯 14 次成晶后"改为"以不高于 1.0 mm/min 的速度多次区熔提纯后"（见第 4 章，2007 年版的第 4 章）；

——在干扰因素中增加了"酸洗用的器皿、酸液和去离子水纯度、腐蚀速度、腐蚀温度、样品暴露时间都可能带来沾污，应加以控制"（见 5.4）；

——删除了干扰因素中关于区熔后单晶的要求、测试环境（见 2007 年版的 5.6、5.7）；

——在试剂和材料中"p 型电阻率不低于 3 000 Ω·cm 的籽晶"修改为"籽晶应为无位错的 P 型〈111〉高阻硅单晶，且受主杂质含量（原子数）小于 $2.5×10^{12}$ cm^{-3}、碳含量（原子数）小于 $5×10^{15}$ cm^{-3}、晶向偏离度小于 5°"（见 6.4，2007 年版的 6.1）；

——在仪器设备中的"取芯设备"修改为"取芯设备，可钻出直径约为 15 mm～20 mm 且长度不小于 100 mm 的多晶硅样芯"［见 7.1，2007 年版的 7a)］；

——增加了两探针或四探针电阻率测试仪（见 7.6）；

——增加了测试环境（见第 8 章）；

——在取样中"平行于硅芯钻取长 180 mm 左右，直径为 15 mm～20 mm 左右的样芯作样品"修改为"平行于硅芯钻取长度不小于 100 mm，直径为 15 mm～20 mm 的样芯作样品"（见 9.2，2007 年版的 8.2）；

——样芯距多晶硅棒底部的距离由"不低于 50 mm"改为"不小于 250 mm"（见 9.4，2007 年版的 8.4）；

——删除了"选择电阻率大于 3 000 Ω·cm，碳含量小于 $0.2×10^{-6}$，无位错，晶向偏离度小于 5°的 p 型〈111〉高阻硅单晶切割制备成的籽晶"（见 2007 年版的 10.1.1）；

——在区熔拉晶步骤增加了"第 1 次与第 2 次提纯完成后，每次保留一个熔区长度的尾部，第 3 次开始固定区熔长度"（见 11.4）。

本标准由全国半导体设备和材料标准化技术委员会（SAC/TC 203）与全国半导体设备和材料标准化技术委员会材料分会（SAC/TC 203/SC 2）共同提出并归口。

本标准起草单位：江苏中能硅业科技发展有限公司、亚洲硅业（青海）有限公司、洛阳中硅高科技有限公司、峨嵋半导体材料研究所。

本标准主要起草人：胡伟、刘晓霞、耿全荣、鲁文锋、王桃霞、胡自强、宗冰、肖建忠、万烨、杨旭。

本标准所代替标准的历次版本发布情况为：

——GB/T 4060—1983、GB/T 4060—2007。

硅多晶真空区熔基硼检验方法

1 范围

本标准规定了多晶硅中基硼含量的测试方法。

本标准适用于在硅芯上沉积生长的多晶硅棒中基硼含量的测定。基硼含量(原子数)测定范围为 0.01×10^{13} cm^{-3}～5×10^{15} cm^{-3}。

2 规范性引用文件

下列文件对于本文件的应用是必不可少的。凡是注日期的引用文件,仅注日期的版本适用于本文件。凡是不注日期的引用文件,其最新版本(包括所有的修改单)适用于本文件。

GB/T 620—2011 化学试剂 氢氟酸

GB/T 626—2006 化学试剂 硝酸

GB/T 1551 硅单晶电阻率测定方法

GB/T 1554 硅晶体完整性化学择优腐蚀检验方法

GB/T 1555 半导体单晶晶向测定方法

GB/T 11446.1—2013 电子级水

GB/T 13389 掺硼掺磷掺砷硅单晶电阻率与掺杂剂浓度换算规程

GB/T 14264 半导体材料术语

GB/T 25915.1—2010 洁净室及相关受控环境 第1部分:空气洁净度等级

3 术语和定义

GB/T 14264 界定的以及下列术语和定义适用于本文件。

3.1

硅芯 silicon core

小直径硅棒,用作多晶硅沉积的基体。

3.2

生长层 growth layer

在硅芯上沉积生长的多晶硅层。

3.3

样芯 sample core

用空心钻头,在多晶硅棒上钻取的圆柱体样品。

3.4

控制棒 control rod

有均匀沉积生长层、且已知其硼含量范围的多晶硅棒。

4 方法提要

在真空度不低于 1.33×10^{-2} Pa 的区熔炉内,以不高于 1.0 mm/min 的速度多次区熔提纯后,拉制出硅单晶棒,测试硅单晶的纵向电阻率,按硼的分凝在纵向电阻率分布曲线适当位置读取数据,得到试样的基硼电阻率。根据 GB/T 13389 中规定的电阻率与掺杂剂之间的关系,计算出多晶硅中的基硼含量,即硼的真实浓度。

5 干扰因素

5.1 有裂纹的、高应力的或深处有树枝状晶体生长的多晶硅棒,在取样过程中易破碎或裂开,因此不能用于制样取芯。

5.2 有裂纹的样芯在清洗或腐蚀时不能将杂质完全有效地去除,且在区熔过程中易碎,因此不能用于测试。

5.3 酸洗和区熔应在不低于 GB/T 25915.1—2010 规定的 6 级洁净环境下进行,以减少环境带来的杂质。酸洗后的样芯在使用前应用去离子水洗净并避免污染。

5.4 酸洗用的器皿、酸液和去离子水纯度、腐蚀速度、腐蚀温度、样品暴露时间都可能带来沾污,应加以控制。

5.5 区熔炉壁、线圈、垫圈、夹具使用前应进行有效地清洁,避免带来沾污。

5.6 区熔炉内的真空度会对测试结果产生影响。

6 试剂和材料

6.1 硝酸:纯度等于或优于 GB/T 626—2006 中优级纯。

6.2 氢氟酸:纯度等于或优于 GB/T 620—2011 中优级纯。

6.3 去离子水:纯度等于或优于 GB/T 11446.1—2013 中的 EW-Ⅱ级。

6.4 籽晶应为无位错的 P 型⟨111⟩高阻硅单晶,且受主杂质含量(原子数)小于 2.5×10^{12} cm^{-3}、碳含量(原子数)小于 5×10^{15} cm^{-3}、晶向偏离度小于 5°。

7 仪器设备

7.1 取芯设备,可钻出直径约为 15 mm～20 mm 且长度不小于 100 mm 的多晶硅样芯。

7.2 酸洗台,配有排酸雾设施和盛酸、去离子水的用具。

7.3 超声清洗设备。

7.4 干燥、包装样品的装置。

7.5 真空内热式区熔炉。

7.6 两探针或四探针电阻率测试仪。

8 测试环境

除另有说明外,区熔拉制的硅单晶棒基硼含量的测试应在下列环境中测试:
a) 温度为 23 ℃±2 ℃;
b) 湿度≤65%;
c) 电磁屏蔽;
d) 无强光照射。

9 试样

9.1 样品包含的基硼含量应能代表多晶硅棒总的基硼含量。

9.2 平行于硅芯钻取长度不小于 100 mm，直径为 15 mm～20 mm 的样芯作样品，如图 1 所示。计算多晶硅棒总基硼含量需要硅芯样芯和生长层样芯两种不同的样芯，具体如下：

　　a) 硅芯样芯，代表硅芯和硅芯上最初的生长层；

　　b) 生长层样芯，在生长层上取样，代表硅芯上沉积的多晶硅。

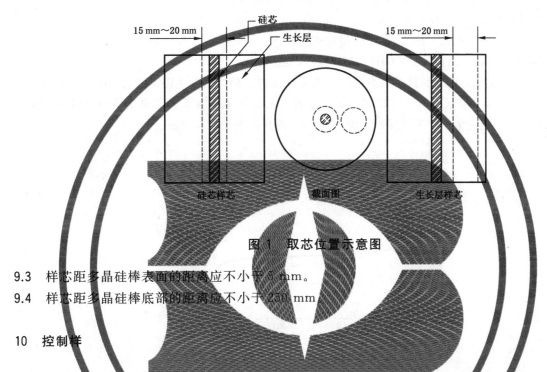

图 1　取芯位置示意图

9.3 样芯距多晶硅棒表面的距离应不小于 5 mm。

9.4 样芯距多晶硅棒底部的距离应不小于 250 mm。

10 控制棒

从有均匀沉积生长层的、已知其硼含量范围的多晶棒上钻取多个圆柱体作为多晶硅控制棒，定期酸洗、区熔和分析控制棒，验证硼含量误差控制在 15% 范围内，以监测样芯制备、酸洗和区熔过程。

11 测试步骤

11.1 准备籽晶

将籽晶去污、酸洗、清洁、干燥，为避免表面污染，籽晶应予以密封进行洁净保护。

11.2 制备样芯

11.2.1 所有操作应在洁净室内进行，操作人员应穿戴专用的洁净防护工作服。

11.2.2 制备配比为 $HF:HNO_3=1:4～1:8$（体积比）的腐蚀液。将样芯在槽内抛光，除去取芯过程在样芯表面产生的约 100 μm 厚的损伤层，直至目视样芯表面光亮，清洗后的样芯应尽快进行区熔拉晶，或将样芯密封进行洁净保护。

11.3 准备区熔炉

清洁区熔炉的内室，在清洁、装料、真空抽吸后，预热样芯。

11.4 晶棒生长

在真空度不低于 1.33×10^{-2} Pa 的区熔炉中,以 1.0 mm/min 的速度区熔提纯 14 次,第 1 次与第 2 次提纯完成后,每次保留一个熔区长度的尾部,第 3 次开始固定区熔长度,成晶拉制出长度不小于 12 个熔区长度、直径为 8 mm~12 mm 的无位错硅单晶棒。

11.5 晶棒评价

11.5.1 目测检查硅单晶棒的颜色、直径的均匀性、相同生长面棱线的连续性,以确定该晶棒是否为无位错的单晶以及是否由于空气渗漏或其他原因而生成氧化物沉积。

11.5.2 硅单晶晶体结构和电阻率的检测按下列步骤进行:

 a) 硅单晶晶向的检测按 GB/T 1555 的规定进行;

 b) 硅单晶结晶的完整性检测按 GB/T 1554 的规定进行;

 c) 按 GB/T 1551 的规定测试硅单晶纵向电阻率并读取 6 倍熔区处电阻率值,该值即为样品的基硼电阻率值,依据 GB/T 13389 可将该值换算为样芯的基硼含量。硅单晶纵向电阻率曲线分布应接近于理论电阻率特性曲线,如图 2 所示,否则应重新取样检测。

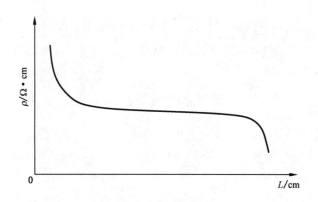

图 2 电阻率特性曲线

12 测试结果的计算

用硅芯和生长层基硼含量计算多晶硅棒的总基硼含量 C_p:

$$C_p = \frac{A_f \times C_f + (A_1 - A_f) \times C_d}{A_1} \quad \cdots\cdots\cdots\cdots\cdots\cdots (1)$$

式中:

A_f ——硅芯横截面积,单位为平方厘米(cm^2);

C_f ——硅芯中的基硼含量(原子数),单位为每立方厘米(cm^{-3});

A_1 ——多晶硅棒横截面积,单位为平方厘米(cm^2);

C_d ——生长层的基硼(原子数)含量,单位为每立方厘米(cm^{-3})。

13 允许差

本标准中规定方法的相对允许差为 70%。

14 试验报告

试验报告应包括以下内容:
a) 样品编号;
b) 样品长度;
c) 样品导电类型;
d) 样品电阻率值;
e) 样品基硼含量;
f) 本标准编号;
g) 测试人员和日期;
h) 其他。

ICS 29.045
H 80

中华人民共和国国家标准

GB/T 4061—2009
代替 GB 4061—1983

硅多晶断面夹层化学腐蚀检验方法

Polycrystalline silicon-examination method-assessment of
sandwiches on cross-section by chemical corrosion

2009-10-30 发布

2010-06-01 实施

中华人民共和国国家质量监督检验检疫总局
中国国家标准化管理委员会 发布

前　言

本标准代替 GB 4061—1983《硅多晶断面夹层化学腐蚀检验方法》。

本标准与原标准相比，主要有如下改动：

——增加了"术语"、"试剂与器材"；

——增加了"检验报告"内容；

——对试样尺寸的切取方向和试样处理内容增加了要求。

本标准由全国半导体设备和材料标准化技术委员会提出。

本标准由全国半导体设备和材料标准化技术委员会材料分技术委员会归口。

本标准起草单位：洛阳中硅高科技有限公司。

本标准主要起草人：袁金满。

本标准所代替标准的历次版本发布情况为：

——GB 4061—1983。

硅多晶断面夹层化学腐蚀检验方法

1 范围

本标准规定了以三氯氢硅和四氯化硅为原料在还原炉内用氢气还原出的硅多晶棒的断面夹层化学腐蚀检验方法。

本标准关于断面夹层的检验适用于以三氯氢硅和四氯化硅为原料,以细硅芯为发热体,在还原炉内用氢气还原沉积生长出来的硅多晶棒。

2 方法原理

本方法采用化学腐蚀法,根据氢氟酸-硝酸混合液对硅多晶断面氧化夹层及温度夹层腐蚀速率的差别进行检验。

3 术语

3.1

氧化夹层 oxide lamella

硅多晶横断面上呈同心圆状结构的氧化硅夹杂。

3.2

温度夹层 temperature lamella

由于温度起伏,在硅多晶的横断面上引起结晶致密度、晶粒大小或颜色的差异,晶粒呈现出以硅芯为中心的年轮状结构,也叫温度圈(temperature circle)。

4 试剂与器材

4.1 试剂

4.1.1 纯水:大于 2 MΩ·cm 纯水(25 ℃)。

4.1.2 氢氟酸(HF):化学纯。

4.1.3 硝酸(HNO_3):化学纯。

4.2 器材

4.2.1 器皿:采用耐氢氟酸腐蚀材料。

4.2.2 排风橱:采用耐酸气腐蚀材料。

5 试样制备

5.1 取样部位

除在桥形硅多晶棒硅芯搭接处或者直的硅多晶棒离石墨卡头 10 cm 一段外均可取样(如图1)。

5.2 试样尺寸

沿垂直于细硅芯方向切取厚度大于 3 mm 的平整硅片。

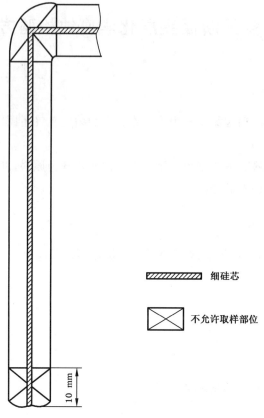

细硅芯

不允许取样部位

图 1

5.3 试样处理

5.3.1 在排风橱内,将试样置于 HF：HNO_3＝1：(3～5)(体积比)的混合酸液中沸腾腐蚀 30 s 以上。

5.3.2 腐蚀后的硅片用纯水冲净后观察表面。

6 检验方法

目视检测硅片的腐蚀圈夹层。

7 夹层评定

7.1 氧化夹层一般为腐蚀圈呈凹下去的夹层。

7.2 温度夹层为腐蚀圈平坦、带有颜色差异的夹层。

8 检验报告

检验报告应包括以下内容：

a) 炉号；

b) 多晶棒编号及直径；

c) 评定结果；

d) 夹层位置；

e) 检验者及检验日期。

ICS 77.040.01
H 17

中华人民共和国国家标准

GB/T 4326—2006
代替 GB/T 4326—1984

非本征半导体单晶霍尔迁移率和霍尔系数测量方法

Extrinsic semiconductor single crystals measurement of
Hall mobility and Hall coefficient

2006-07-18 发布

2006-11-01 实施

中华人民共和国国家质量监督检验检疫总局
中国国家标准化管理委员会 发布

前　言

本标准是对 GB/T 4326—1984《非本征半导体单晶霍尔迁移率和霍尔系数测量方法》的修订。本标准是在原标准基础上,参考 ASTM F76 标准编制的。

本标准与原标准相比主要变动如下:

——在测量范围条款列举的材料中增加了磷化镓单晶材料,扩大了本标准的适用范围;

——增加了附录 A ,在附录 A 中列出 f 因子数值表,用于电阻率计算;

——增加了原理条款,简述了测量原理;

——在样品制备条款中规定样品切片必须经过研磨,以消除机械损伤。取消了原标准中用洗涤剂或有机溶剂清洗样品的规定;

——改变了用于砷化镓样品的腐蚀液;

——增加了规定磷化镓样品腐蚀方法的条款;

——规定了配制腐蚀液的化学试剂的纯度等级;

——修改了砷化镓样品的电极制备方法,取消了腐蚀过程,改变了烧结条件;

——增加了规定磷化镓样品电极制备方法的条款;

——修改了对薄片试样接触尺寸线的要求,由线度不大于 $0.01L_p$ 改位不大于 $0.02L_p$;

——在电极制备设备条款中提出对烧结炉的要求;

——取消了原标准中电子设备条款下规定转换开关装置和晶体管图示仪的子条目;

——取消了原标准中的环境控制装置条款,保留了其中关于试样架的部分内容,改写为 5.6 条;

——取消了原标准中定位装置条款;

——改写了原标准测量程序条款中表述测量步骤的部分,修正了原标准中的文法错误和表述不确切的地方;

——改写了原标准规定测试报告的条款。

本标准的附录 A 为资料性附录。

本标准自实施之日起代替 GB/T 4326—1984 。

本标准由中国有色金属工业协会提出。

本标准由全国有色金属标准化技术委员会(SAC/TC)归口。

本标准由北京有色金属研究总院负责起草。

本标准主要起草人:王彤涵。

本标准由全国有色金属标准化技术委员会负责解释。

本标准所代替标准的历次版本发布情况为:

——GB/T 4326—1984 。

非本征半导体单晶霍尔迁移率和
霍尔系数测量方法

1 范围

本标准规定的测量方法适用于测量非本征半导体单晶材料的霍尔系数、载流子霍尔迁移率、电阻率和载流子浓度。

本标准规定的测量方法仅在有限的范围内对锗、硅、砷化镓和磷化镓单晶材料进行了实验室测量，但该方法也可适用于其他半导体单晶材料，一般情况下，适用于室温电阻率高达 10^4 $\Omega \cdot$ cm 半导体单晶材料的测试。

2 术语和定义

以下术语和定义适用于本标准。

2.1

电阻率 resistivity

电阻率是材料中平行于电流的电位梯度与电流密度之比。电阻率应在零磁通下测量。电阻率是材料参数中可直接测量的量。在具有单一类型载流子的非本征半导体材料中，电阻率与材料基本参数的关系如下：

$$\rho = (ne\mu)^{-1} \quad \cdots\cdots\cdots\cdots\cdots\cdots (1)$$

式中：
ρ——电阻率，$\Omega \cdot$ cm；
n——载流子浓度，cm^{-3}；
e——电子电荷值，C(库仑)；
μ——载流子迁移率，$cm^2/(V \cdot s)$。

必须指出，对于本征半导体和某些 p 型半导体如 p-Ge(存在两种空穴)，式(1)显然不适用，而必须采用如下关系式：

$$\rho = \sum_i (n_i e \mu_i)^{-1} \quad \cdots\cdots\cdots\cdots\cdots\cdots (2)$$

式中：
n_i、μ_i——表示第 i 种载流子相关的量。

2.2

霍尔系数 hall coefficient

在半导体单晶材料试样上同时加上互相垂直的电场和磁场，则试样中的载流子将在第 3 个互相垂直的方向上偏转，在试样两侧建立横向电场，称之为霍尔电场，见图 1。霍尔系数是霍尔电场对电流密度和磁通密度之积的比。

$$R_H = \frac{E_r}{J_x \times B_z} \quad \cdots\cdots\cdots\cdots\cdots\cdots (3)$$

式中：
R_H——霍尔系数，cm^3/C；
E_r——横向电场，V/cm；
J_x——电流密度，$A \cdot cm^2$；

B_z——磁通密度,Gs。

对于主要是电子传导的 n 型非本征半导体,霍尔系数是负的;而对于主要是空穴传导的 p 型非本征半导体,霍尔系数是正的。

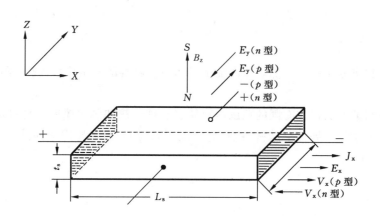

图 1　霍尔效应符号规定

2.3

霍尔迁移率　hall mobility

霍尔迁移率是霍尔系数的绝对值与电阻率之比。

$$\mu_H = \frac{|R_H|}{\rho} \qquad \cdots\cdots\cdots\cdots\cdots\cdots(4)$$

式中:

μ_H——霍尔迁移率,$cm^2 \cdot V^{-1} \cdot s^{-1}$;

R_H——霍尔系数,cm^3/C;

ρ——电阻率,$\Omega \cdot cm$。

3　方法原理

3.1　在具有单一型号载流子的非本征半导体中,霍尔系数与材料基本参数的关系如下:

$$R_H = \frac{r}{n \times q} \qquad \cdots\cdots\cdots\cdots\cdots\cdots(5)$$

式中:

R_H——霍尔系数,cm^3/C;

r——霍尔因子;

n——载流子浓度,cm^3;

q——载流子电量,C。

霍尔因子 r 是依赖于能带结构,散射机构,试样温度,磁通密度和试样晶向的比例因子,它的值通常接近于 1。在特定的情况下,为了精确地由所测量之霍尔系数确定载流子浓度,要求详细的 r 值的资料,但在许多情况下,这些资料是不知道的,只能估计 r 值。在进行比较测量时,测量者应取一致的 r 值。在缺乏其他资料时,r 通常可以取 1。

3.2　仅在一种载流子的情况下,霍尔迁移率才具有实际的物理意义。在这样的系统中,霍尔迁移率 μ_H 与电导迁移率之间存在如下的关系:

$$\mu_H = r\mu \qquad \cdots\cdots\cdots\cdots\cdots\cdots(6)$$

式中：

μ——电导迁移率，$cm^2 \cdot V^{-1} \cdot s^{-1}$。

电阻率和霍尔系数是材料中可直接测量的量。只有当已知 r 值的情况下，根据霍尔系数和电阻率的测量值能够得到载流子迁移率的精确值。

为了将习惯上使用的不同单位制的量协调一致，必须以 $V \cdot s \cdot cm^2$ 表示磁通密度，即：

$$1 \ V \cdot s \cdot cm^2 = 10^8 \ Gs$$

4 样品

4.1 取样和研磨

试样自单晶锭切下，应注意试样必须是完全的单晶。切好的试样，必须用氧化铝或碳化硅沙料水浆研磨，消除机械损伤，并使试样具有均匀、平整光洁的表面，然后用清水冲洗干净。

4.2 试样的形状

4.2.1 试样可用机械加工方法加工成所需的形状，如平行六面体、桥形或薄片等。

4.2.2 平行六面体试样的图形示于图2。试样的总长一般在 1.0 cm～1.5 cm 之间，长宽比应大于5，至少不要小于4。

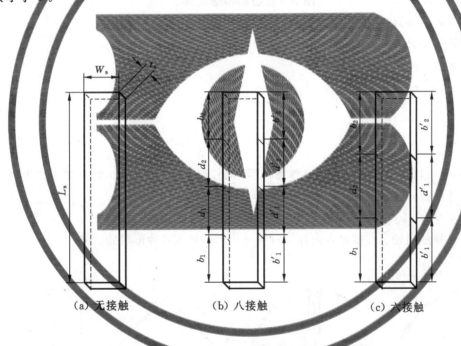

图 2 典型的平行六面体试样

4.2.3 桥形试样的图形示于图3。

4.2.4 八接触试样对几何尺寸作如下要求，见图3中(a)和(c)：

$L_s \geqslant 4W_s$；$W_s \geqslant 3a$；b_1、$b_2 \geqslant W_s$；

$t_s \leqslant 0.1$ cm；$C \geqslant 0.1$ cm；1.0 cm $\leqslant L_s \leqslant 1.5$ cm；

$b_1 = b_1' \pm 0.005$ cm；$b_2 = b_2' \pm 0.005$ cm；

$d_1 = d_1' \pm 0.005$ cm；$d_2 = d_2' \pm 0.005$ cm；

$b_1 + d_1 = L_s/2 \pm 0.005$ cm；

$b_1' + d_1' = L_s/2 \pm 0.005$ cm；

$b_1 \approx b_2$；$d_1 \approx d_2$。

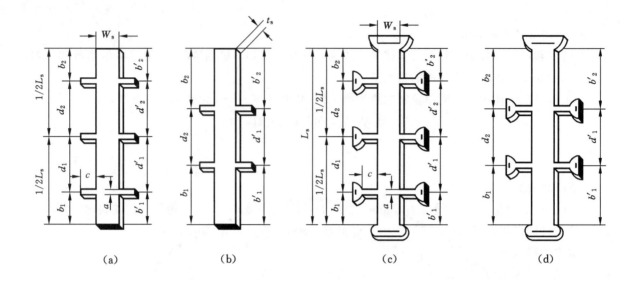

图 3 典型的桥形试样

4.2.5 六接触试样对几何尺寸作如下要求,见图 3 中(b)和(d)

$L_s \geqslant 5W_s$;$W_s \geqslant 3a$;b_1、$b_2 \geqslant 2W_s$;

$t_s \leqslant 0.1$ cm;1.0 cm$\leqslant L_s \leqslant 1.5$ cm;

$b_1 = b_1' \pm 0.005$ cm;

$b_2 = b_2' \pm 0.005$ cm;

$d_2 = d_1' \pm 0.005$ cm;

$b_1 \approx b_2$。

4.2.6 薄片试样可以是任意形状的,但推荐图 4 所示的对称图形的形状。如果把电极制备在同一面内,必须使用图 4 中(b)所示的图形。试样必须完全无孔洞。尺寸范围是:

$L_p \geqslant 1.5$ cm;$t_s \leqslant 0.1$ cm。

其中 L_p 是试样的周长。在测量各向异性材料时一般不使用这种形状的试样。

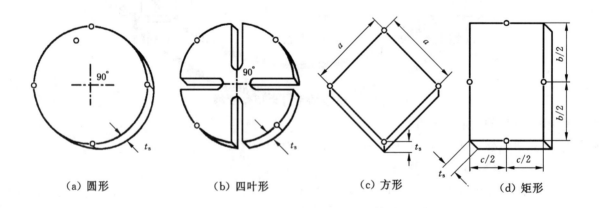

(a) 圆形   (b) 四叶形   (c) 方形   (d) 矩形

图 4 典型的对称薄片试样

4.3 腐蚀

成形的试样洗净后需经过腐蚀。

4.3.1 对锗材料试样,推荐使用将过氧化氢、氢氟酸和纯水按体积比 1∶1∶4 混合成的腐蚀液,在

25℃±5℃下腐蚀 3 min ～ 5 min 。

4.3.2 对硅材料试样,推荐使用的腐蚀液是氢氧化钾溶液,在 90℃下腐蚀 3 min～5 min。

4.3.3 对砷化镓材料试样,推荐使用将硫酸、过氧化氢和纯水按体积比 3∶1∶1 混合而成的腐蚀液,在室温下腐蚀约 30 s～50 s。

4.3.4 对磷化镓材料试样,推荐使用将铁氰化镓溶液、氢溴酸和冰醋酸按体积比 1∶1∶1 混合成的腐蚀溶液,在 40℃～60℃度水浴中腐蚀 9 min～11 min。

4.3.5 推荐的过氧化氢浓度为 30%,氢氧化钾的浓度为 82%,氢氟酸的浓度为 40%,纯度等级为分析纯。经腐蚀后的试样必须用纯水冲洗干净。

4.4 电极的制备

用下述方法制备电极。

4.4.1 对锗材料试样,用氯化锌焊剂敷锡-铟或铟焊料。

4.4.2 对硅材料试样,仅在接触的区域内用 HNO_3 和 HF 按体积比 10∶1 混和成的腐蚀液,腐蚀不超过 1 min,再用去离子水清洗。用镀、溅射或蒸发技术涂敷金属接触。对 p 型硅用金或铝,对 n 型硅用镍等。必要时可用低功率特斯拉线圈通过接触放电以制备更好的欧姆接触。

4.4.3 对砷化镓材料试样,用电烙铁涂铟,在氮或氢气氛中及 350℃～500℃下烧结 5 min～10 min。或用电镀、溅射或蒸发技术涂敷金属如金和锗,然后涂铟。

4.4.4 对磷化镓材料试样,用电烙铁涂锡,在氮或氢气氛中及 450℃～550℃下烧结 5 s～10 s。

4.4.5 对平行六面体试样,电流接触电极应完全覆盖试样两端。其他电位电极的宽度应小于0.2 mm。不论是何形状,电极位置应尽可能精确。

4.4.6 对薄片试样,接触尺寸要尽可能的小。通常电极应置于试样边缘,其线度不要大于 $0.02L_p$。如果电极必须放置在同一个平面上,应尽量靠近边缘位置。对有限尺寸的修正因子,采用范德堡方法(Van der Pauw)得出。

5 设备

5.1 使试样成形的设备

推荐使用内圆切片机或高精度的外圆切片机和超声加工机床等切割设备。使用的冲模应保持试样尺寸偏差在±1%的范围内。研磨设备适用于制备平整的金相试样。

5.2 几何尺寸测量设备

推荐使用千分尺、外径千分尺、千分表或带有读数刻度的显微镜测量样品的厚度、宽度和长度。要求试样尺寸的测量误差小于±1%。

5.3 电极制备设备

普通电烙铁或超声烙铁;适用于金、铝、镍等的电镀、溅射或蒸发设备;低功率特斯拉线圈等。可充氮或氢保护气体、达到所需温度(见 4.43 和 4.44)的烧结炉。

5.4 磁体

磁体可以是电磁体、永久磁体。磁通密度的精确度要求达到 ±1%。要求磁体能对放置其中的试样提供 ±1% 均匀度的磁场。在使用电磁体时,应保证在测量时其磁通稳定度达到 ±1%。

5.5 电子设备

5.5.1 可调电流源。电流稳定性不低于±0.5%。测量时要求电流在试样上建立的电场小于 1 V/cm。

5.5.2 标准电阻器。如使用标准电阻测量电流,标准电阻的误差小于±0.1%。

5.5.3 电流表。如使用电流表测量通过样品的电流,电流表的误差小于±0.5%。

5.5.4 电压表。电压测量推荐使用数字电压表。电压测量误差小于±1%。电压表的输入阻抗应是被测试样总阻的 1 000 倍以上。也可以使用符合这种要求的电位差计、伏特计和静电计。

GBF/T 4326—2006

5.6 试样架

试样架应置于磁场的中心,使试样平面与磁通方向垂直。试样架必须由非磁性材料构成,不会对磁场造成影响,在试样位置上磁通密度值的变化应不大于 ±1%。

需要在低温下测量时,试样架可置于杜瓦瓶之中,或将试样直接安装在低温制冷机冷头上。低温容器也必须由非磁性材料制成。

6 测量过程

6.1 电阻率测量

电阻率测量应在零磁场条件下测量。

6.1.1 平行六面体和桥形试样按图 5 连接试样。将接触选择开关先后置于 1、2 和 4 位置,测量电压 $V_1(+I)$、$V_2(+I)$ 和 $V_4(+I)$。改变电流方向,重复上述过程,测量电压 $V_1(-I)$、$V_2(-I)$ 和 $V_4(-I)$。

6.1.2 薄片试样按图 6 连接。首先测量标准电阻上的电压降 $V_s(+I)$,而后接触选择开关置于 1、2、3 和 4,测量电压 $V_1(+I)$、$V_2(+I)$、$V_3(+I)$ 和 $V_4(+I)$。电流换向,重复上述过程,测量电压 $V_1(-I)$、$V_2(-I)$、$V_3(-I)$ 和 $V_4(-I)$。

6.2 霍尔测量

6.2.1 平行六面体或桥形试样按图 5 连接。接通磁场并调节到所要求的正磁通密度值。在正向电流下,接触选择开关先后接通位置 1、3 和 5(对六接触试样),测量电压 $V_1(+I,+B)$,$V_3(+I,+B)$ 和 $V_5(+I,+B)$(对六接触试样)。电流反向,测量电压 $V_1(-I,+B)$、$V_3(-I,+B)$ 和 $V_5(-I,+B)$(对六接触试样)。磁通方向反向,并保持同一磁通密度($\pm1\%$),测量电压 $V_1(-I,-B)$、$V_3(-I,-B)$ 和 $V_5(-I,-B)$(对六接触试样)。电流再次反向,测量电压 $V_1(+I,-B)$、$V_3(+I,-B)$ 和 $V_5(+I,-B)$(对六接触试样)。

6.2.2 薄片试样按图 6 连接。接通磁场并调节到要求的正磁通密度值。在正向电流下,首先测量电压 $V_s(+I,+B)$,然后接触选择开关先后接通位置 5 和 6,测量试样上的电压降 $V_5(+I,+B)$ 和 $V_6(+I,+B)$。电流反向,测量电压 $V_s(-I,+B)$、$V_5(-I,+B)$ 和 $V_6(-I,+B)$。磁通方向反向,并保持同一磁通密度($\pm1\%$),测量电压 $V_s(-I,-B)$、$V_5(-I,-B)$ 和 $V_6(-I,-B)$。电流再次反向,测量电压 $V_s(+I,-B)$、$V_5(+I,-B)$ 和 $V_6(+I,-B)$。

6.3 上述各个测量步骤中,在每次电流反向时应检验电流的稳定性,要求变化小于 $\pm0.5\%$。在每次磁场反向时应检验磁通密度的稳定性,要求变化小于 $\pm1\%$。

如果使用永久磁体,则不需要检验磁通密度的稳定性。如果使用无剩磁的电磁体时,可通过检验电磁铁电流的稳定性来确定磁通密度的稳定性。要求电磁铁电流的变化小于 $\pm1\%$。

如在低温下测量,还应测量样品的温度和检验样品的温度稳定性。

如果电流、磁通密度或温度的变化超出规定的范围,应在稳定后重新进行测量。

6.4 如使用电流表测量通过样品的电流,则将图 5 和图 6 中的标准电阻换为电流表。

146

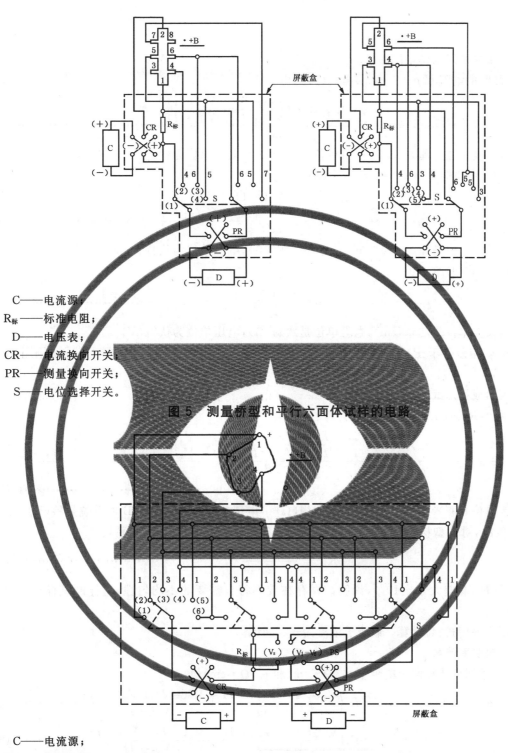

C——电流源；
R_标——标准电阻；
D——电压表；
CR——电流换向开关；
PR——测量换向开关；
S——电位选择开关。

图 5　测量桥型和平行六面体试样的电路

C——电流源；
R_标——标准电阻；
D——电压表；
CR——电流换向开关；
PR——测量换向开关；
PS——测量选择开关；
S——电位选择开关。

图 6　测量薄片试样的电路

7 计算

7.1 平行六面体或桥形试样电阻率计算

某一对电极间的电阻率 ρ_A（Ω·cm）由式（7）给出：

$$\rho_A = \frac{R_s \times W_s \times t_s \times \left[\dfrac{V_2(+I)}{V_1(+I)} + \dfrac{V_2(-I)}{V_1(-I)}\right]}{2d_1} \quad\cdots\cdots(7)$$

以上式中,长度单位是厘米(cm),电阻单位是欧姆(Ω),电压单位为伏特(V)。

另一对电极之间电阻率 ρ_B（Ω·cm）由式（8）给出：

$$\rho_B = \frac{R_s \times W_s \times t_s \times \left(\dfrac{V_4(+I)}{V_1(+I)} + \dfrac{V_4(-I)}{V_1(-I)}\right)}{2d_2} \quad\cdots\cdots(8)$$

以上式中,长度单位是厘米(cm),电阻单位是欧姆(Ω),电压单位为伏特(V)。

平均电阻率由式（9）给出：

$$\rho = \frac{\rho_A + \rho_B}{2} \quad\cdots\cdots(9)$$

以上式中,长度单位是厘米(cm),电阻单位是欧姆(Ω),电压单位为伏特(V)。

如果 ρ_A 和 ρ_B 相差大于 ±10%,说明试样存在着不符合需要的不均匀性,这样的试样原则上应该舍弃。

7.2 平行六面体或桥形试样霍尔系数计算

7.2.1 霍尔系数(R_H)(cm^3/C)按式（10）计算：

$$R_H = \frac{2.5 \times 10^7 \times R_s \times t_s \times \left(\dfrac{V_3(+I,+B)}{V_1(+I,+B)} + \dfrac{V_3(-I,+B)}{V_1(-I,+B)} - \dfrac{V_3(-I,-B)}{V_1(-I,-B)} - \dfrac{V_3(+I,-B)}{V_1(+I,-B)}\right)}{B}$$
$$\cdots\cdots(10)$$

式中:长度单位是厘米(cm);电阻单位是欧姆(Ω);电压单位为伏特(V);B 的单位是特(T)。对 n 型材料 R_H 是负的,对 p 型材料 R_H 是正的。试样可测得两个霍尔系数值,取其平均：

$$R_H = \frac{R_{H3} + R_{H5}}{2} \quad\cdots\cdots(11)$$

如果 R_{H3} 和 R_{H5} 相差大于 ±10%,说明试样存在着不符合需要的不均匀性,这样的试样原则上应舍弃。

7.2.2 霍尔迁移率用式（4）计算。载流子浓度用式（5）计算。

7.3 薄片试样电阻率计算

测量得到的数据可计算两个电阻率 ρ_A（Ω·cm）和 ρ_B（Ω·cm）值。

$$\rho_A = 1.133 \times f \times t_s \times R_s \left(\frac{V_1(+I)+V_2(+I)}{V_s(+I)} + \frac{V_1(-I)+V_2(-I)}{V_s(-I)}\right) \cdots\cdots(12)$$

$$\rho_B = 1.133 \times f \times t_s \times R_s \left(\frac{V_3(+I)+V_4(+I)}{V_s(+I)} + \frac{V_3(-I)+V_4(-I)}{V_s(-I)}\right) \cdots\cdots(13)$$

式中:长度单位是厘米(cm),电阻单位是欧姆(Ω),电压单位为伏特(V)。因子 f 是 Q_A 或 Q_B 的相关函数。

$$Q_A = \frac{\dfrac{V_1(+I)}{V_s(+I)} + \dfrac{V_1(-I)}{V_s(-I)}}{\dfrac{V_2(+I)}{V_s(+I)} + \dfrac{V_2(-I)}{V_s(-I)}} \quad\cdots\cdots(14)$$

$$Q_{\mathrm{B}} = \frac{\dfrac{V_3(+I)}{V_{\mathrm{s}}(+I)} + \dfrac{V_3(-I)}{V_{\mathrm{s}}(-I)}}{\dfrac{V_4(+I)}{V_{\mathrm{s}}(+I)} + \dfrac{V_4(-I)}{V_{\mathrm{s}}(-I)}} \qquad \cdots\cdots\cdots\cdots\cdots\cdots\cdots\cdots\cdots (15)$$

因子 f 在图(7)中表示为 Q 的函数,如果 Q 小于1,则取它的倒数。f 的数值表见附录 A 。

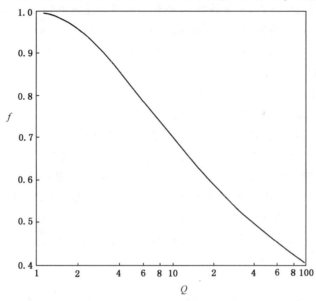

图 7　f 因子与 Q 的函数关系

如果 ρ_{A} 和 ρ_{B} 相差大于 $\pm10\%$,说明试样存在着不符合需要的不均匀性,这样的试样原则上应该舍弃。

平均电阻率由下式给出:

$$\rho = \frac{\rho_{\mathrm{A}} + \rho_{\mathrm{B}}}{2} \qquad \cdots\cdots\cdots\cdots\cdots\cdots\cdots\cdots\cdots (16)$$

7.4　薄片试样霍尔系数计算

7.4.1　霍尔系数(R_{HC},R_{HD})(cm^3/C) 按式(17)、(18)计算。

$$R_{\mathrm{HC}} = \frac{2.5 \times 10^7 \times R_{\mathrm{s}} \times t_{\mathrm{s}} \times \left[\dfrac{V_5(+I,+B)}{V_{\mathrm{s}}(+I,+B)} + \dfrac{V_5(-I,+B)}{V_{\mathrm{s}}(-I,+B)} - \dfrac{V_5(-I,-B)}{V_{\mathrm{s}}(-I,-B)} - \dfrac{V_5(+I,-B)}{V_{\mathrm{s}}(+I,-B)} \right]}{B}$$

$$\cdots\cdots\cdots\cdots\cdots\cdots\cdots\cdots\cdots (17)$$

$$R_{\mathrm{HD}} = \frac{2.5 \times 10^7 \times R_{\mathrm{s}} \times t_{\mathrm{s}} \times \left[\dfrac{V_6(+I,+B)}{V_{\mathrm{s}}(+I,+B)} + \dfrac{V_6(-I,+B)}{V_{\mathrm{s}}(-I,+B)} - \dfrac{V_6(-I,-B)}{V_{\mathrm{s}}(-I,-B)} - \dfrac{V_6(+I,-B)}{V_{\mathrm{s}}(+I,-B)} \right]}{B}$$

$$\cdots\cdots\cdots\cdots\cdots\cdots\cdots\cdots\cdots (18)$$

式中:长度单位是厘米;电阻单位是欧姆(Ω);电压单位为伏特(V);B 的单位是特(T)。如果 R_{HC} 和 R_{HD} 相差大于 $\pm10\%$,说明试样存在着不符合要求的不均匀性,这样的试样原则上应该舍弃。

7.4.2　霍尔迁移率用式(4)计算。载流子浓度用式(5)计算。

7.5　如果使用电流表测量通过样品的电流,上述各计算式要做相应的改变。取消式中的 R_{s} ,并用电流值代换标准电阻上的电压值。电压单位用伏特,电流单位用安培。

8　注意事项

8.1　高的接触电阻或有整流特性的电极接触可导致虚假的结果,因此样品电极的欧姆接触特性对测量是至关重要的。如果电流反向后,电流值有明显变化则可能需要重新制作样品电极。

8.2 光电导和光生伏特效应能影响电阻率,特别是对于接近本征的材料。所以被测试样应置于蔽光的样品架中。

8.3 在测量过程中要保证材料电阻率不随电场变化。通常选择小于 1 V/cm 的电场。由于试样中电场的作用,可出现少数载流子的注入,对于高寿命和高阻材料,这种注入导致在沿棒几厘米的距离内电阻率降低。在对试样加很低电压时,重复测量可知有无载流子注入的情况。在没有注入时,不会发现电阻率变化。因此,在测量时,尽可能选择小的样品电流。

8.4 在测量时,应使用较小的测量电流,以免试样发生电流加热。当电流加到试样后,可用电阻率读数随时间的变化来判定测量电流是否适当。

8.5 测量装置应置于良好的高频电磁屏蔽之中。

8.6 测量高阻试样时,应注意试样表面漏电的问题。

8.7 试样杂质浓度不均匀或磁通密度不均匀,将引起测量不准确,甚至可能造成很大的误差。

8.8 平行六面体和桥形试样霍尔电极必须远离电流接触端,以避免产生短路效应。

8.9 对于各向异性的材料,如 n 型硅和 n 型锗,霍尔测量受电流和磁场相对于晶轴方向的影响。

8.10 测量过程中,采用电流和磁场换向测量,可消除不包括爱廷豪森效应的其他效应的影响,但爱廷豪森效应引起的误差很小,特别当试样与它的周围有良好的热接触时,可忽略不计。

8.11 测量电路中可能产生假电动势,如热电势,特别是在低温测量时,应仔细检查并予以消除。

9 精密度

本测量方法可预期的精密度为 ±7%,这个估计适用于电阻率在 0.01 Ω·cm～10 Ω·cm 的锗、硅、砷化镓和磷化镓等材料。

10 报告

测试报告一般包括下列内容:

a) 样品的编号、形状和相应的尺寸;
b) 磁通密度,测量电流,样品温度;
c) 测量数据;
d) 计算得到的电阻率和霍尔迁移率。

附　录　A

（资料性附录）

ƒ因子数值表

表 A.1 为 ƒ 因子数值表，以下 1、3、5、7、9 列为 Q 值，2、4、6、8、10 列为对应的 ƒ 值。

表 A.1

Q	ƒ	Q	ƒ	Q	ƒ	Q	ƒ	Q	ƒ
1.02	1.000	1.04	1.000	1.06	1.000	1.08	1.000	1.10	1.000
1.12	1.000	1.14	1.000	1.16	0.998	1.18	0.998	1.20	0.997
1.22	0.997	1.24	0.996	1.26	0.995	1.28	0.995	1.30	0.994
1.32	0.993	1.34	0.993	1.36	0.992	1.38	0.991	1.40	0.990
1.42	0.989	1.44	0.989	1.46	0.988	1.48	0.987	1.50	0.986
1.52	0.985	1.54	0.984	1.56	0.983	1.58	0.982	1.60	0.981
1.62	0.980	1.64	0.979	1.66	0.978	1.68	0.977	1.70	0.976
1.72	0.975	1.74	0.974	1.76	0.973	1.78	0.972	1.80	0.971
1.82	0.970	1.84	0.969	1.86	0.968	1.88	0.967	1.90	0.966
1.92	0.965	1.94	0.964	1.96	0.962	1.98	0.961	2.00	0.960
2.02	0.959	2.04	0.958	2.06	0.957	2.08	0.956	2.10	0.955
2.12	0.954	2.14	0.953	2.16	0.951	2.18	0.950	2.20	0.949
2.22	0.948	2.24	0.947	2.26	0.946	2.28	0.945	2.30	0.944
2.32	0.943	2.34	0.942	2.36	0.940	2.38	0.939	2.40	0.938
2.42	0.937	2.44	0.936	2.46	0.935	2.48	0.934	2.50	0.933
2.52	0.932	2.54	0.931	2.56	0.930	2.58	0.929	2.60	0.928
2.62	0.926	2.64	0.925	2.66	0.924	2.68	0.923	2.70	0.922
2.72	0.921	2.74	0.920	2.76	0.919	2.78	0.918	2.80	0.917
2.82	0.916	2.84	0.915	2.86	0.914	2.88	0.913	2.90	0.912
2.92	0.911	2.94	0.910	2.96	0.909	2.98	0.908	3.00	0.907
3.02	0.906	3.04	0.905	3.06	0.904	3.08	0.903	3.10	0.902
3.12	0.901	3.14	0.900	3.16	0.899	3.18	0.898	3.20	0.897
3.22	0.896	3.24	0.895	3.26	0.894	3.28	0.893	3.30	0.892
3.32	0.891	3.34	0.890	3.36	0.889	3.38	0.888	3.40	0.887
3.42	0.886	3.44	0.885	3.46	0.884	3.48	0.883	3.50	0.882
3.52	0.882	3.54	0.881	3.56	0.880	3.58	0.879	3.60	0.878
3.62	0.877	3.64	0.876	3.66	0.875	3.68	0.874	3.70	0.873
3.72	0.872	3.74	0.872	3.76	0.871	3.78	0.870	3.80	0.869
3.82	0.868	3.84	0.867	3.86	0.866	3.88	0.865	3.90	0.865
3.92	0.864	3.94	0.863	3.96	0.862	3.98	0.861	4.00	0.860
4.02	0.859	4.04	0.859	4.06	0.858	4.08	0.857	4.10	0.856
4.12	0.855	4.14	0.854	4.16	0.854	4.18	0.853	4.20	0.852
4.22	0.851	4.24	0.850	4.26	0.850	4.28	0.849	4.30	0.848
4.32	0.847	4.34	0.846	4.36	0.846	4.38	0.845	4.40	0.844

表 A.1（续）

Q	f	Q	f	Q	f	Q	f	Q	f
4.42	0.843	4.44	0.842	4.46	0.842	4.48	0.841	4.50	0.840
4.52	0.839	4.54	0.839	4.56	0.838	4.58	0.837	4.60	0.836
4.62	0.836	4.64	0.835	4.66	0.834	4.68	0.833	4.70	0.833
4.72	0.832	4.74	0.831	4.76	0.830	4.78	0.830	4.80	0.829
4.82	0.828	4.84	0.827	4.86	0.827	4.88	0.826	4.90	0.825
4.92	0.824	4.94	0.824	4.96	0.823	4.98	0.822	5.00	0.822
5.02	0.821	5.04	0.820	5.06	0.820	5.08	0.819	5.10	0.818
5.12	0.817	5.14	0.817	5.16	0.816	5.18	0.815	5.20	0.815
5.22	0.814	5.24	0.813	5.26	0.813	5.28	0.812	5.30	0.811
5.32	0.811	5.34	0.810	5.36	0.809	5.38	0.809	5.40	0.808
5.42	0.807	5.44	0.807	5.46	0.806	5.48	0.805	5.50	0.805
5.52	0.804	5.54	0.803	5.56	0.803	5.58	0.802	5.60	0.802
5.62	0.801	5.64	0.800	5.66	0.800	5.68	0.799	5.70	0.798
5.72	0.798	5.74	0.797	5.76	0.797	5.78	0.796	5.80	0.795
5.82	0.795	5.84	0.794	5.86	0.793	5.88	0.793	5.90	0.792
5.92	0.792	5.94	0.791	5.96	0.790	5.98	0.790	6.00	0.789
6.02	0.789	6.04	0.788	6.06	0.788	6.08	0.787	6.10	0.786
6.12	0.786	6.14	0.785	6.16	0.785	6.18	0.784	6.20	0.783
6.22	0.783	6.24	0.782	6.26	0.782	6.28	0.781	6.30	0.781
6.32	0.780	6.34	0.779	6.36	0.779	6.38	0.778	6.40	0.778
6.42	0.777	6.44	0.777	6.46	0.776	6.48	0.776	6.50	0.775
6.52	0.774	6.54	0.774	6.56	0.773	6.58	0.773	6.60	0.772
6.62	0.772	6.64	0.771	6.66	0.771	6.68	0.770	6.70	0.770
6.72	0.769	6.74	0.769	6.76	0.768	6.78	0.767	6.80	0.767
6.82	0.766	6.84	0.766	6.86	0.765	6.88	0.765	6.90	0.764
6.92	0.764	6.94	0.763	6.96	0.763	6.98	0.762	7.00	0.762
7.02	0.761	7.04	0.761	7.06	0.760	7.08	0.760	7.10	0.759
7.12	0.759	7.14	0.758	7.16	0.758	7.18	0.757	7.20	0.757
7.22	0.756	7.24	0.765	7.26	0.755	7.28	0.755	7.30	0.754
7.32	0.754	7.34	0.753	7.36	0.753	7.38	0.752	7.40	0.752
7.42	0.751	7.44	0.751	7.46	0.750	7.48	0.750	7.50	0.750
7.52	0.749	7.54	0.749	7.56	0.748	7.58	0.748	7.60	0.747
7.62	0.747	7.64	0.746	7.66	0.746	7.68	0.745	7.70	0.745
7.72	0.744	7.74	0.744	7.76	0.743	7.78	0.743	7.80	0.743
7.82	0.742	7.84	0.742	7.86	0.741	7.88	0.741	7.90	0.740
7.92	0.740	7.94	0.739	7.96	0.739	7.98	0.839	8.00	0.738
8.02	0.738	8.04	0.737	8.06	0.737	8.08	0.736	8.10	0.736
8.12	0.735	8.14	0.735	8.16	0.735	8.18	0.734	8.20	0.734
8.22	0.733	8.24	0.733	8.26	0.732	8.28	0.732	8.30	0.732
8.32	0.731	8.34	0.731	8.36	0.730	8.38	0.730	8.40	0.730

表 A.1（续）

Q	f	Q	f	Q	f	Q	f	Q	f
8.42	0.729	8.44	0.729	8.46	0.728	8.48	0.728	8.50	0.727
8.52	0.727	8.54	0.727	8.56	0.726	8.58	0.726	8.60	0.725
8.62	0.725	8.64	0.725	8.66	0.724	8.68	0.724	8.70	0.723
8.72	0.723	8.74	0.723	8.76	0.722	8.78	0.722	8.80	0.721
8.82	0.721	8.84	0.721	8.86	0.720	8.88	0.720	8.90	0.719
8.92	0.719	8.94	0.719	8.96	0.718	8.98	0.718	9.00	0.717
9.02	0.717	9.04	0.717	9.06	0.716	9.08	0.716	9.10	0.716
9.12	0.715	9.14	0.715	9.16	0.714	9.18	0.714	9.20	0.714
9.22	0.713	9.24	0.713	9.26	0.713	9.28	0.712	9.30	0.712
9.32	0.711	9.34	0.711	9.36	0.711	9.38	0.710	9.40	0.710
9.42	0.710	9.44	0.709	9.46	0.709	9.48	0.708	9.50	0.708
9.52	0.708	9.54	0.707	9.56	0.707	9.58	0.707	9.60	0.706
9.62	0.706	9.64	0.706	9.66	0.705	9.68	0.705	9.70	0.704
9.72	0.704	9.74	0.704	9.76	0.703	9.78	0.703	9.80	0.703
9.82	0.702	9.84	0.702	9.86	0.702	9.88	0.701	9.90	0.701
9.92	0.701	9.94	0.700	9.96	0.700	9.98	0.700	10.0	0.699
12	0.668	14	0.643	16	0.622	18	0.604	20	0.589
22	0.575	24	0.563	26	0.552	28	0.542	30	0.533
32	0.524	34	0.517	36	0.510	38	0.503	40	0.497
42	0.491	44	0.486	46	0.481	48	0.476	50	0.472
52	0.467	54	0.463	56	0.459	58	0.456	60	0.452
62	0.449	64	0.446	66	0.443	68	0.440	70	0.437
72	0.434	74	0.431	76	0.429	78	0.426	80	0.424
82	0.422	84	0.419	86	0.417	88	0.415	90	0.413
92	0.411	94	0.409	96	0.407	98	0.406	100	0.404

ICS 77.040
H 21

中华人民共和国国家标准

GB/T 5252—2020
代替 GB/T 5252—2006

锗单晶位错密度的测试方法

Test method for dislocation density of monocrystal germanium

2020-06-02 发布

2021-04-01 实施

国家市场监督管理总局
国家标准化管理委员会 发布

前　言

本标准按照 GB/T 1.1—2009 给出的规则起草。

本标准代替 GB/T 5252—2006《锗单晶位错腐蚀坑密度测量方法》。本标准与 GB/T 5252—2006 相比,除编辑性修改外主要技术变化如下:

——修改了标准适用范围(见第 1 章,2006 年版的第 1 章);

——增加了规范性引用文件(见第 2 章);

——修改了术语和定义(见第 3 章,2006 年版的第 2 章);

——修改了方法原理的内容(见第 4 章,2006 年版的第 3 章);

——将 2006 年版标准"试样制备"中的试剂材料修改为单独章节(见第 5 章,2006 年版的第 4 章);

——修改了试样制备的要求(见第 7 章,2006 年版的第 4 章);

——增加了直径 110 mm、130 mm、150 mm 锗单晶的测试点位置(见 8.3);

——增加了位错腐蚀坑计数的注意事项(见 8.5);

——修改了试验数据处理的内容(见第 9 章,2006 年版的第 7 章);

——以位错密度 1 000 cm^{-2} 为分界值,修改了精密度(见第 10 章,2006 年版的第 9 章);

——修改了试验报告包含的内容(见第 11 章,2006 年版的第 8 章)。

本标准由全国半导体设备和材料标准化技术委员会(SAC/TC 203)与全国半导体设备和材料标准化技术委员会材料分技术委员会(SAC/TC 203/SC 2)共同提出并归口。

本标准起草单位:有研光电新材料有限责任公司、北京国晶辉红外光学科技有限公司、国合通用测试评价认证股份公司、云南临沧鑫圆锗业股份有限公司、中国电子科技集团公司第四十六研究所、广东先导稀材股份有限公司、中锗科技有限公司、义乌力迈新材料有限公司。

本标准主要起草人:张路、冯德伸、马会超、普世坤、姚康、刘新军、郭荣贵、向清华、韦圣林、黄洪伟文。

本标准所代替标准的历次版本发布情况为:

——GB/T 5252—1985、GB/T 5252—2006。

锗单晶位错密度的测试方法

1 范围

本标准规定了锗单晶位错密度的测试方法。

本标准适用于{111}、{100}和{113}面锗单晶位错密度的测试,测试范围为 $0\ cm^{-2} \sim 100\ 000\ cm^{-2}$。

2 规范性引用文件

下列文件对于本文件的应用是必不可少的。凡是注日期的引用文件,仅注日期的版本适用于本文件。凡是不注日期的引用文件,其最新版本(包括所有的修改单)适用于本文件。

GB/T 8756　锗晶体缺陷图谱

GB/T 14264　半导体材料术语

3 术语和定义

GB/T 8756 和 GB/T 14264 界定的术语和定义适用于本文件。

4 方法原理

锗单晶中位错周围的晶格会发生畸变,当用某些化学腐蚀剂腐蚀晶体表面时,在晶体表面上的位错露头处腐蚀速度较快,进而形成具有特定形状的腐蚀坑。在显微镜下观察并按一定规则统计这些具有特定形状的腐蚀坑,单位视场面积内的腐蚀坑个数即为位错密度。

5 试剂和材料

除非另有说明,测试分析中仅使用确认为分析纯及以上的试剂,所用水的电阻率不小于 $12\ M\Omega \cdot cm$。

5.1　铁氰化钾[$K_3Fe(CN)_6$],质量分数不小于 99%。

5.2　氢氧化钾(KOH),质量分数不小于 85%。

5.3　氢氟酸(HF),质量分数不小于 40%。

5.4　硝酸(HNO_3),质量分数为 65%~68%。

5.5　过氧化氢(H_2O_2),质量分数不小于 30%。

5.6　硝酸铜溶液:质量分数为 10%,用质量分数不小于 99% 的 $Cu(NO_3)_2$ 配制。

5.7　抛光液:HF、HNO_3 的混合液,体积比为 1:(1~3)。

5.8　腐蚀液 A:称取铁氰化钾 80 g、氢氧化钾 120 g 置于烧杯中,用 1 000 mL 水溶解,混匀。

5.9　腐蚀液 B:HF、HNO_3 的混合液,体积比为 1:4。

5.10　腐蚀液 C:HF、HNO_3、10%$Cu(NO_3)_2$ 溶液的混合液,体积比为 2:1:1。

5.11　腐蚀液 D:HF、H_2O_2、10%$Cu(NO_3)_2$ 溶液的混合液,体积比为 2:1:1。

5.12　碳化硅磨料(金刚砂)或白刚玉粉:粒度不大于 14 μm。

6 仪器设备

6.1 金相显微镜:放大倍数 40 倍～200 倍,能够满足 8.2 规定的视场面积要求。

6.2 游标卡尺:分度值为 0.02 mm。

6.3 切削、研磨单晶的设备。

6.4 耐氢氟酸、硝酸等化学药品腐蚀的容器。

7 试样制备

7.1 定向切取

对待测的锗单晶锭定向后,垂直于锗单晶的生长方向切取测试片试样,其晶向偏离度应不大于 2°,厚度宜不小于 5 mm。

7.2 研磨

用碳化硅磨料或白刚玉粉研磨试样,使其表面平整,自然光下无目视可见的机械划痕,然后用水清洗后干燥。

7.3 化学抛光

用加热至 50 ℃～60 ℃的抛光液将研磨后的试样抛光 30 s,至无损伤的光亮表面。

7.4 腐蚀

7.4.1 {111}晶面:将抛光后的试样置于腐蚀液 A 中煮沸 5 min～10 min 至镜面,或不经 7.3 所述的化学抛光,直接在加热至 70 ℃～80 ℃的腐蚀液 B 中浸泡至镜面。

7.4.2 {100}晶面:将抛光后的试样在冷却至 10 ℃±5 ℃的腐蚀液 C 中浸泡 5 min～10 min 至镜面。

7.4.3 {113}晶面:将抛光后的试样在冷却至 10 ℃±5 ℃的腐蚀液 D 中浸泡 5 min～10 min 至镜面。

7.5 清洁处理

用加热至 40 ℃～60 ℃流动的热水冲洗试样 5 s～10 s,将吸附在试样上的试剂充分洗净并干燥。

8 试验步骤

8.1 肉眼观察试样是否有宏观缺陷及其分布情况,并做好记录。

8.2 将试样置于金相显微镜载物台上,选择 1 mm² 左右的视场面积,扫视试样表面,估算位错密度 N_d。根据位错密度 N_d 选取视场面积,具体如下:

    a) $N_d \leqslant 5\ 000\ cm^{-2}$ 时,选用视场面积 $S = 1\ mm^2$;

    b) $5\ 000\ cm^{-2} < N_d \leqslant 10\ 000\ cm^{-2}$ 时,选用视场面积 $S = 0.5\ mm^2$;

    c) $N_d > 10\ 000\ cm^{-2}$ 时,选用视场面积 $S = 0.1\ mm^2$。

8.3 按九点法确定测试点,如图 1 所示。具体根据锗单晶(或锗单晶内切圆)直径,按表 1 确定各测试点的位置。

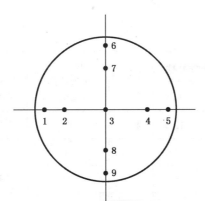

图 1 九点法测试点位置示意图

表 1 测试点位置

单位为毫米

锗单晶 (或锗单晶内 切圆)直径	测试点与边缘的距离					锗单晶 (或锗单晶内 切圆)直径	测试点与边缘的距离				
	1,6	2,7	3	4,8	5,9		1,6	2,7	3	4,8	5,9
10	1.5	2.7	5.0	5.3	8.5	32	2.8	7.3	16.0	24.7	29.2
11	1.5	2.9	5.5	8.1	9.5	33	2.8	7.5	16.5	25.5	30.2
12	1.6	3.1	6.0	8.9	10.4	34	2.9	7.8	17.0	26.2	31.1
13	1.6	3.3	6.5	9.7	11.3	35	3.0	8.0	17.5	27.0	32.0
14	1.7	3.5	7.0	10.5	12.3	36	3.0	8.2	18.0	27.8	33.0
15	1.8	3.7	7.5	11.3	13.2	37	3.1	8.4	18.5	28.6	33.9
16	1.8	4.0	8.0	12.0	14.2	38	3.1	8.6	19.0	29.4	34.0
17	1.9	4.2	8.5	12.8	15.1	39	3.2	8.8	19.5	30.2	35.8
18	1.9	4.4	9.0	13.6	16.1	40	3.2	9.0	20.0	31.0	36.8
19	2.0	4.6	9.5	14.4	17.0	41	3.3	9.2	20.5	31.8	37.7
20	2.1	4.8	10.0	15.2	17.9	42	3.4	9.5	21.0	32.5	38.6
21	2.1	5.0	10.5	16.0	18.9	43	3.4	9.7	21.5	33.3	39.6
22	2.2	5.2	11.0	16.8	19.8	44	3.5	9.9	22.0	34.1	40.5
23	2.2	5.4	11.5	17.6	20.8	45	3.5	10.1	22.5	34.9	41.5
24	2.3	5.6	12.0	18.4	21.7	46	3.6	10.3	23.0	35.7	42.4
25	2.4	5.9	12.5	19.1	22.6	47	3.7	10.5	23.5	36.5	43.3
26	2.4	6.1	13.0	19.9	23.6	48	3.7	10.7	24.0	37.3	44.3
27	2.5	6.3	13.5	20.7	24.5	49	3.8	10.9	24.5	38.1	45.2
28	2.5	6.5	14.0	21.5	25.5	50	3.8	11.1	25.0	38.9	46.2
29	2.6	6.7	14.5	22.3	26.4	51	3.9	11.4	25.5	39.6	47.1
30	2.7	6.9	15.0	23.1	27.3	52	4.0	11.6	26.0	40.4	48.0
31	2.7	7.1	15.5	23.9	28.3	53	4.0	11.8	26.5	41.2	49.0

表 1（续）

单位为毫米

锗单晶（或锗单晶内切圆）直径	测试点与边缘的距离					锗单晶（或锗单晶内切圆）直径	测试点与边缘的距离				
	1,6	2,7	3	4,8	5,9		1,6	2,7	3	4,8	5,9
54	4.1	12.0	27.0	42.0	49.9	79	5.5	17.3	39.5	61.7	73.5
55	4.1	12.2	27.5	42.8	50.9	80	5.6	17.5	40.0	62.5	74.4
56	4.2	12.4	28.0	43.6	51.8	81	5.7	17.7	40.5	63.3	75.3
57	4.2	12.6	28.5	44.4	52.8	82	5.7	17.9	41.0	64.1	76.3
58	4.3	12.8	29.0	45.2	53.7	83	5.8	18.1	41.5	64.9	77.2
59	4.4	13.0	29.5	46.0	54.6	84	5.8	18.3	42.0	65.7	78.2
60	4.4	13.3	30.0	46.7	55.6	85	5.9	18.5	42.5	66.5	79.1
61	4.5	13.5	30.5	47.5	56.5	86	6.0	18.8	43.0	67.2	80.0
62	4.5	13.7	31.0	48.3	57.5	87	6.0	19.0	43.5	68.0	81.0
63	4.6	13.9	31.5	49.1	58.4	88	6.1	19.2	44.0	68.8	81.9
64	4.7	14.1	32.0	49.9	59.3	89	6.1	19.4	44.5	69.6	82.9
65	4.7	14.3	32.5	50.7	60.3	90	6.2	19.6	45.0	70.4	83.8
66	4.8	14.5	33.0	51.5	61.2	91	6.3	19.8	45.5	71.2	84.7
67	4.8	14.7	33.5	52.3	62.2	92	6.3	20.0	46.0	72.0	85.7
68	4.9	14.9	34.0	53.1	63.1	93	6.4	20.2	46.5	72.8	86.6
69	5.0	15.2	34.5	53.8	64.0	94	6.4	20.4	47.0	73.6	87.6
70	5.0	15.4	35.0	54.6	65.0	95	6.5	20.7	47.5	74.3	88.5
71	5.1	15.6	35.5	55.4	65.9	96	6.5	20.9	48.0	75.1	89.5
72	5.1	15.8	36.0	56.2	66.9	97	6.6	21.1	48.5	75.9	90.4
73	5.2	16.0	36.5	57.0	67.8	98	6.7	21.3	49.0	76.7	91.3
74	5.3	16.2	37.0	57.8	68.7	99	6.7	21.6	49.5	77.5	92.3
75	5.3	16.4	37.5	58.6	69.7	100	6.8	21.7	50.0	78.3	93.2
76	5.4	16.6	38.0	59.4	70.6	110	7.4	23.8	55.0	81.2	102.6
77	5.4	16.8	38.5	60.2	71.6	130	8.6	28.0	65.0	102.0	121.4
78	5.5	17.1	39.0	60.9	72.5	150	9.8	32.2	75.0	117.8	140.2

8.4 用金相显微镜在选取的测试点观察，参照图 2 所示的不同晶面位错腐蚀坑的特征，读取并记录各测试点的位错腐蚀坑个数。

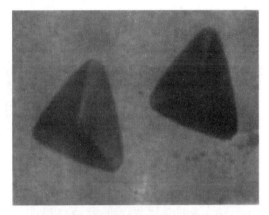

a) {111}晶面位错腐蚀坑（两步法） 400×

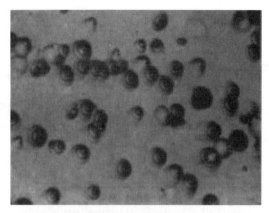

b) {111}晶面位错腐蚀坑（一步法） 160×

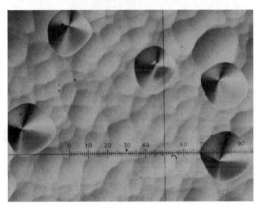

c) {100}晶面位错腐蚀坑 200×

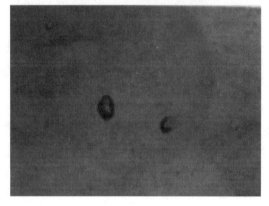

d) {113}晶面位错腐蚀坑 250×

图 2　锗单晶位错腐蚀坑

8.5　视场边界上的位错腐蚀坑，应至少有 1/2 面积在视场内才予以计数。在位错腐蚀坑较多且有重叠时，位错腐蚀坑按能看到的坑底个数计数，坑底在视场内的位错腐蚀坑计数，坑底在视场外的位错腐蚀坑不计数。不符合特征的坑、平底坑或其他形状的图形不计数。如果发现视场内污染点或其他不确定形状的图形很多，应考虑重新制样。

8.6　位错密度测试过程中如观察到小角晶界（见图 3）、位错排（见图 4），可用显微镜或游标卡尺测量其长度，并在试验报告中注明。

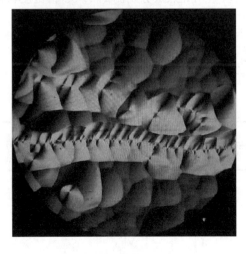

图 3　小角晶界 200×

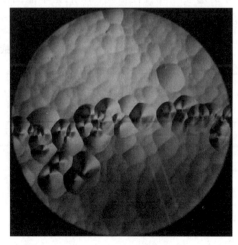

图 4　位错排 200×

9 试验数据的处理

9.1 位错密度 N_d 按式(1)计算:

$$N_d = \frac{n}{S} \quad\quad\quad\quad\quad\quad\quad\quad\quad\quad (1)$$

式中:

N_d ——位错密度,单位为每平方厘米(cm^{-2});

n ——视场面积中位错腐蚀坑的个数;

S ——视场面积,单位为平方厘米(cm^2)。

9.2 平均位错密度 $\overline{N}_d$ 按式(2)计算:

$$\overline{N}_d = \frac{C}{9} \sum_{i=1}^{9} n_i \quad\quad\quad\quad\quad\quad\quad\quad (2)$$

式中:

$\overline{N}_d$ ——平均位错密度,单位为每平方厘米(cm^{-2});

C ——预先设置的显微镜的计算系数,$C = S^{-1}$;

n_i ——第 i 个测试点的位错腐蚀坑个数,$i = 1, 2, 3, \cdots, 9$。

9.3 从 9 点读数中找出最大、最小读数,然后分别乘以 C,即得最大位错密度 N_{max}、最小位错密度 N_{min}。

10 精密度

用择优腐蚀原理测试位错密度的误差与测试点的选取方法、实际观测面积(视场面积乘以测试点数)与晶面总面积之比、位错分布的均匀性等因素有关。以九点法等偏角 3 次测试的总平均值作为测试片的位错密度真值,以随机九点法的平均位错密度作为单次测试值,以此求得位错密度单次测试值和真值的相对误差。用相对误差平均值与 3 倍的相对误差标准偏差的和作为对应位错密度范围内的测试误差。

在 $<500\ cm^{-2}$、$500\ cm^{-2} \sim 1\ 000\ cm^{-2}$、$>1\ 000\ cm^{-2}$ 的位错密度范围,分别选取 30 个直径 100 mm~120 mm 的锗单晶测试片,在单一实验室用九点法进行测试,另在 $<1\ 000\ cm^{-2}$、$\geqslant 1\ 000\ cm^{-2}$ 的位错密度范围,分别选取一片直径 100 mm 的锗单晶测试片,在 4 个实验室用九点法分别测试 20 次,精密度均符合表 2 的规定。

表 2 精密度

位错密度范围 cm^{-2}	相对误差	测试误差
$<1\ 000$	$\leqslant 30\%$	$\leqslant 70\%$
$\geqslant 1\ 000$	$\leqslant 20\%$	$\leqslant 40\%$

11 试验报告

试验报告应包括下列内容:

a) 试样信息,包括晶向、晶体编号等;

b) 视场面积；

c) 腐蚀液及腐蚀时间；

d) 测试结果，包括各点位错密度及平均位错密度；

e) 测试者和测试日期；

f) 本标准编号；

g) 其他。

ICS 29.045
H 80

中华人民共和国国家标准

GB/T 6616—2009
代替 GB/T 6616—1995

半导体硅片电阻率及硅薄膜薄层
电阻测试方法 非接触涡流法

Test methods for measuring resistivity of semiconductor wafers
or sheet resistance of semiconductor films
with a noncontact eddy-current gauge

2009-10-30 发布

2010-06-01 实施

中华人民共和国国家质量监督检验检疫总局
中国国家标准化管理委员会 发布

前　言

本标准修改采用了 SEMI MF673-1105《用非接触涡流法测定半导体硅片电阻率和薄膜薄层电阻的方法》。

本标准与 SEMI MF673-1105 相比主要变化如下：

——本标准范围中只包括硅半导体材料,去掉了范围中对于其他半导体晶片的适用对象；

——本标准未采用 SEMI MF673-1105 中局部范围测量的方法Ⅱ；

——未采用 SEMI 标准中关键词章节以适合 GB/T 1.1 的要求。

本标准代替 GB/T 6616—1995《半导体硅片电阻率及硅薄膜薄层电阻测定　非接触涡流法》。

本标准与 GB/T 6616—1995 相比,主要有如下变化：

——调整了本标准测量直径或边长范围为大于 25 mm；

——增加了引用标准；

——修改了第 3 章中的公式为 $R=\dfrac{\rho}{t}=\dfrac{1}{G}=\dfrac{1}{\delta t}$,并增加了电导率；

——修改了第 4 章中参考片电阻率的值与表 1 指定值之偏差为小于±25％；

——增加了干扰因素；

——修改了第 6 章中测试环境温度为 23 ℃±1℃；

——规定了测试环境清洁度不低于 10 000 级；仪器预热时间为 20 min；

——第 7 章中采用了 SEMI MF673-1105 标准中相关的精度和偏差。

本标准由全国半导体设备和材料标准化技术委员会提出。

本标准由全国半导体设备和材料标准化技术委员会材料分技术委员会归口。

本标准负责起草单位:万向硅峰电子股份有限公司。

本标准主要起草人:楼春兰、朱兴萍、方强、汪新平、戴文仙。

本标准所代替标准的历次版本发布情况为：

——GB/T 6616—1995。

半导体硅片电阻率及硅薄膜薄层
电阻测试方法　非接触涡流法

1　范围

本标准规定了用非接触涡流测定半导体硅片电阻率和薄膜薄层电阻的方法。

本标准适用于测量直径或边长大于 25 mm、厚度为 0.1 mm～1 mm 的硅单晶切割片、研磨片和抛光片(简称硅片)的电阻率及硅薄膜的薄层电阻。测量薄膜薄层电阻时,衬底的有效薄层电阻至少应为薄膜薄层电阻的 1 000 倍。

硅片电阻率和薄膜薄层电阻测量范围分别为 1.0×10^{-3} Ω·cm～2×10^{3} Ω·cm 和 2×10^{3} Ω/□～3×10^{3} Ω/□。

2　规范性引用文件

下列文件中的条款通过本标准的引用而成为本标准的条款。凡是注日期的引用文件,其随后所有的修改单(不包括勘误的内容)或修订版均不适用于本标准,然而,鼓励根据本标准达成协议的各方研究是否可使用这些文件的最新版本。凡是不注日期的引用文件,其最新版本适用于本标准。

GB/T 1552　硅、锗单晶电阻率测定　直排四探针法

ASTM E 691　引导多个实验室测定试验方法的惯例

3　方法提要

将硅片试样平插入一对共轴涡流探头(传感器)之间的固定间隙内,与振荡回路相连接的两个涡流探头之间的交变磁场在硅片上感应产生涡流,则激励电流值的变化是硅片电导的函数。通过测量激励电流的变化即可测得试样的电导。当试样厚度已知时,便可计算出试样的电阻率,见式(1)。

$$R = \frac{\rho}{t} = \frac{1}{G} = \frac{1}{\delta t} \quad \cdots\cdots\cdots\cdots\cdots\cdots\cdots\cdots\cdots (1)$$

式中:

ρ——试样的电阻率,单位为欧姆厘米(Ω·cm);

G——试样的薄层电导,单位为西门子(S);

R——试样的薄层电阻,单位为欧姆(Ω/□);

t——试样中心的厚度(测薄膜时厚度取 0.050 8 cm),单位为厘米(cm);

δ——电导率,单位为欧姆每厘米(Ω/cm)。

4　测量装置

4.1　电学测量装置

4.1.1　涡流传感器组件。由可供硅片插入的具有固定间隙的一对共轴线探头,放置硅片的支架(需保证硅片与探头轴线垂直),硅片对中装置及激励探头的高频震荡器等组成。选择一个能穿透 5 倍晶片或薄膜厚度能力的高频震荡器,该传感器可提供与硅片电导成正比的输出信号。涡流传感器组件的结构见图1。

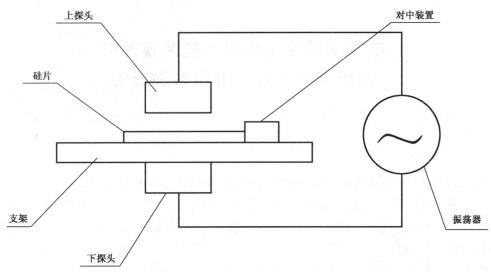

图 1 涡流传感器组件示意图

4.1.2 信号处理器。用模拟电路或数字电路进行电学转换,把薄层电导信号转换成薄层电阻值。当被测试样为硅片时,通过硅片的厚度再转换为电阻率。处理器应具有显示薄层电阻或电阻率的功能。当试样未插入时应具有电导清零的功能和具有用已知校准样片去校准仪器的功能。

4.2 标准片和参考片

4.2.1 标准片。电阻率标准片的标称值分别为 0.01 Ω·cm、0.1 Ω·cm、1 Ω·cm、10 Ω·cm、25 Ω·cm、75 Ω·cm 和 180 Ω·cm。选择合适的电阻率标准片用于校正测量设备,并需定期检定。电阻率标准片与待测片的厚度偏差应小于±25%。

4.2.2 参考片。用于检查测量仪器的线性。参考片电阻率的值与表1指定值之偏差应小于±25%。其厚度与硅片试样的厚度偏差应小于±25%。

表 1 检查仪器线性的参考片的电阻率值

测量范围/(Ω·cm)	参考片的电阻率/(Ω·cm)
0.001~0.999	0.01
	0.03
	0.10
	0.30
	0.90
0.1~99.9	0.90
	3
	10
	30
	90

4.2.3 标准片和参考片至少应各有5片,数值范围应跨越仪器的全量程。如试样的电阻率或薄层电阻范围比较狭窄时,标准片和参考片的数值范围至少应大于试样的范围。

4.3 测厚仪与温度计

4.3.1 非接触式硅片厚度测量仪或其他测厚装置。

4.3.2 温度计,准确到±0.1 ℃。

5 干扰因素

5.1 如果硅片表面被沾污或表面有损伤,会造成测试结果误差。

5.2 如果测试环境的温度、湿度和光照强度的不同会影响测试结果。

5.3 如果测试设备附近有高频电源,会产生一个加载电流引起电阻率值误差,所以必须提供屏蔽保护和电源滤波装置。

5.4 涡流法和四探针测试法不同。涡流法必须把硅片放在有效区域内(即被整个探头覆盖)。

6 测量程序

6.1 测量环境

6.1.1 环境温度保持在 23 ℃±1 ℃。

6.1.2 环境相对湿度保持在 70% 以下。

6.1.3 测量环境应有电磁屏蔽。

6.1.4 电源应有滤波,防止高频干扰。

6.1.5 环境清洁度不低于 10 000 级。

6.1.6 仪器预热 20 min 以上,待标准片、参考片及硅片试样温度与环境温度平衡后方可进行测量。

6.2 仪器的校正

6.2.1 测量环境温度 T,精确到 ±0.1 ℃。

6.2.2 输入一片电阻率标准片的厚度值。

6.2.3 按式(2)将电阻率标准片 23 ℃时的标定值 ρ_{23} 换算成温度 T 时的电阻率值 ρ_T。

$$\rho_T = \rho_{23}[1+C_T(T-23)] \quad\cdots\cdots(2)$$

式中:

T——环境温度,单位为摄氏度(℃);

C_T——硅单晶电阻率温度系数,见 GB/T 1552 中的表 9,单位为欧姆厘米每欧姆厘米摄氏度 [Ω·cm/(Ω·cm·℃)];

ρ_{23}——23 ℃时的电阻率,单位为欧姆厘米(Ω·cm);

ρ_T——环境温度 T 时的电阻率,单位为欧姆厘米(Ω·cm)。

6.2.4 将标准片正面向上放在支架上,插入上下两探头之间。硅片中心偏离探头轴线不大于 1 mm。按 ρ_T 值对仪器进行校正。

6.2.5 采用其他电阻率标准片按 6.2.2~6.2.4 步骤继续校正仪器,直至符合要求。

6.3 仪器线性检查

6.3.1 根据试样电阻率的范围选择一组(5块)电阻率参考片(见表1)。每块参考片在输入厚度后,由支架插入上下探头之间,其中心偏离探头轴线不大于 1 mm,依次测量每块参考片在环境温度下的电阻率值。

6.3.2 按式(3)将每块参考片在环境温度 T 时测的电阻率值 ρ_T 换算成 23 ℃时的电阻率值 ρ_{23}。

$$\rho_{23} = \rho_T[1-C_T(T-23)] \quad\cdots\cdots(3)$$

6.3.3 选择适当的比例,作出电阻率测量值与标定值的关系图,在图中标上 5 个参考片的数据点,见图 2。

6.3.4 分别按式(4)、式(5)计算出各参考片的电阻率允许偏差范围的最大值和最小值。在图 2 中画出 2 条直线分别对应于各参考片电阻率的最大值和最小值。

$$最大值 = 标定值+5\% 标定值+1 数字 \quad\cdots\cdots(4)$$
$$最小值 = 标定值-5\% 标定值-1 数字 \quad\cdots\cdots(5)$$

6.3.5 线性检查步骤如下:

6.3.5.1 如果5个数据点全部位于两条直线之间,那么仪器在全量程范围内达到线性要求,可进行测量。

6.3.5.2 如果5个数据点位于两条直线之间的数据不足3点,应对设备重新调整和校正,并重复6.2步骤,以满足测量的线性要求。

6.3.5.3 如果只有3个或4个数据点位于两条直线之间,则在由这些相邻的最高点和最低点所限定的量程范围内,仪器可以使用。

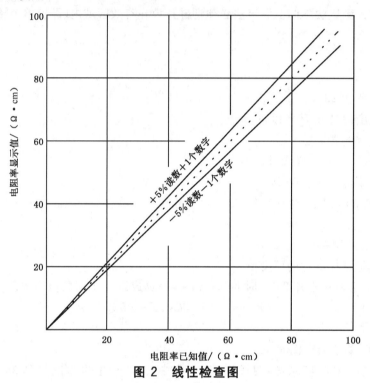

图 2 线性检查图

6.4 测量

6.4.1 输入硅片试样的厚度值,如果测量薄膜的薄层电阻,可输入薄膜加上衬底的总厚度。

6.4.2 将硅片试样正面向上放在支架上,插入上下探头之间,硅片中心离探头轴线偏差不大于1 mm,记录电阻率显示值。

6.4.3 需根据式(3)将显示值换算成 ρ_{23}。

6.4.4 为避免涡流在硅片上造成温升,测量时间应小于1 s。

7 精度

7.1 8个直径为200 mm、厚度大约690 μm～740 μm、体电阻范围(低电阻率)0.002 Ω·cm～0.020 Ω·cm 的单面抛光单晶硅片和17个接近直径200 mm、体电阻率范围(高电阻率)1.1 Ω·cm～60 Ω·cm 的样品进行循环试验。低电阻率样品中4个是p型,另4个型号未知。高电阻率样品中10个是p型,3个是n型,4个型号未知。根据样品厂商的报告,每个样品的径向电阻率变化不大于3%。

7.2 分析基于五个实验室数据。这些实验室首先依照设备生产厂商的仪器说明书校准各自的仪器,使用内部校准片,记录连续2次"合格"的中心点电阻率(等效23 ℃)和厚度测量的每一次数据值。

7.3 然后,每个实验室依据本标准测量样品中心点厚度和电阻率。每个样品连续3次成功的盒对盒通过系统并被测量。记录每次测量的中心点电阻率、厚度及环境温度。提供每一样品在3日内每日连续3次的测量数据。

7.4 尽管这次研究的实验室数量少于ASTM规定的最小6个实验室的要求,但样品的数据和测定符合 ASTM E 691 惯例的要求。

7.5 依据 ASTM E 691 分析测量结果,评价实验室内的重复性和实验室间的再现性,置信度约为 95%。综合评价实验室内重复性,低阻范围为 0.11%,高阻范围为 1.39%。

8 试验报告

试验报告应包括以下内容:

a) 试样编号;

b) 电阻率标准片及参考片代号;

c) 环境温度;

d) 厚度,cm;

e) 试样电阻率 ρ_T,$\Omega \cdot cm$;

f) 温度修正后的电阻率 ρ_{23},$\Omega \cdot cm$;

g) 本标准编号;

h) 测量者;

i) 测量日期。

ICS 29.045
H 80

中华人民共和国国家标准

GB/T 6617—2009
代替 GB/T 6617—1995

硅片电阻率测定 扩展电阻探针法

Test method for measuring resistivity of silicon wafer using spreading
resistance probe

2009-10-30 发布

2010-06-01 实施

中华人民共和国国家质量监督检验检疫总局
中国国家标准化管理委员会 发布

GB/T 6617—2009

前 言

本标准代替 GB/T 6617—1995《硅片电阻率测定 扩展电阻探针法》。

本标准与 GB/T 6617—1995 相比,主要有如下变化:

——引用标准中删去硅外延层和扩散层厚度测定磨角染色法;

——方法原理中删去单探针和三探针的原理图并增加了扩展电阻原理公式(1)及其三个假定条件;

——增加了干扰因素;

——测量仪器和环境增加了自动测量仪器的范围和精度;

——对原测量程序进行全面修改;

——删去测量结果计算。

本标准由全国半导体设备和材料标准化技术委员会提出。

本标准由全国半导体设备和材料标准化技术委员会材料分技术委员会归口。

本标准起草单位:南京国盛电子有限公司、宁波立立电子股份有限公司。

本标准主要起草人:马林宝、骆红、刘培东、谭卫东、吕立平等。

本标准代替标准的历次版本发布情况为:

——GB 6617—1986、GB/T 6617—1995。

硅片电阻率测定 扩展电阻探针法

1 范围

本标准规定了硅片电阻率的扩展电阻探针测量方法。

本标准适用于测量晶体晶向与导电类型已知的硅片的电阻率和测量衬底同型或反型的硅片外延层的电阻率,测量范围:10^{-3} Ω·cm～10^{2} Ω·cm。

2 规范性引用文件

下列文件中的条款通过本标准的引用而成为本标准的条款。凡是注日期的引用文件,其随后所有的修改单(不包括勘误的内容)或修订版均不适用于本标准,然而,鼓励根据本标准达成协议的各方研究是否可使用这些文件的最新版本。凡是不注日期的引用文件,其最新版本适用于本标准。

GB/T 1550 非本征半导体材料导电类型测试方法

GB/T 1552 硅、锗单晶电阻率测定 直排四探针法

GB/T 1555 半导体单晶晶向测定方法

GB/T 14847 重掺杂衬底上轻掺杂硅外延层厚度的红外反射测量方法

3 方法原理

扩展电阻法是一种实验比较法。该方法是先测量重复形成的点接触的扩展电阻,再用校准曲线来确定被测试样在探针接触点附近的电阻率。扩展电阻 R 是导电金属探针与硅片上一个参考点之间的电势降与流过探针的电流之比。

对于电阻率均匀一致的半导体材料来说,探针与半导体材料接触半径为 a 的扩展电阻用式(1)来表示:

$$R_s = \frac{\rho}{2a} \qquad\qquad\qquad (1)$$

式中:

ρ——电阻率,单位为欧姆厘米(Ω·cm);

a——接触半径,单位为厘米(cm);

R_s——扩展电阻,单位为欧姆(Ω)。

等式成立需符合如下三个假定条件:

a) 两个探针之间的距离必须大于 10 倍 a;

b) 样品电阻率需均匀一致;

c) 不能形成表面保护膜或接触势垒。

可采用恒压法,恒流法和对数比较器法,其电路图分别见图 1、图 2、图 3,具体计算公式分别见式(2)、式(3)和式(4)。

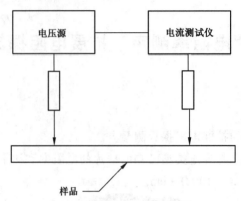

图 1　恒压法电路原理图

$$R_s = \frac{V}{I} \qquad \cdots\cdots\cdots\cdots\cdots\cdots\cdots\cdots\cdots\cdots (2)$$

式中：

V——外加电压，单位为毫伏(mV)；

I——测得的电流，单位为毫安(mA)。

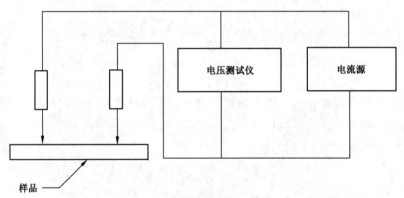

图 2　恒流法电路原理图

$$R_s = \frac{V}{I} \qquad \cdots\cdots\cdots\cdots\cdots\cdots\cdots\cdots\cdots\cdots (3)$$

式中：

V——测得电压，单位为毫伏(mV)；

I——外加的电流，单位为毫安(mA)。

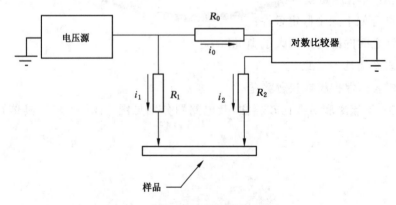

图 3　对数比较法电路原理图

$$R_s = R_0 \log\left(\frac{i_1}{i_2}\right) \quad\cdots\cdots\cdots\cdots\cdots\cdots\cdots\cdots (4)$$

式中：

R_0——精密电阻阻值,单位为欧姆(Ω);

$\log\left(\dfrac{i_1}{i_2}\right)$——对数比较器输出。

4 干扰因素

4.1 如果硅片表面被氟离子沾污或表面有损伤,会造成测试的结果误差;

4.2 如果测试环境的温度、光照强度的不同会影响测试结果;

4.3 如果测试环境有射频干扰,会影响测试结果。

5 测量仪器与环境

5.1 本标准选用自动测量仪器。

5.1.1 电流范围及精度:10 nA～10 mA,±0.1%。

5.1.2 电压范围及精度:≤20 mV,±0.1%。

5.1.3 测试精度:±5%。

5.2 机械装置

5.2.1 探针架:采用双探针结构。探针架用作支承探针,使其以重复的速度和预定的压力将探针尖下降至试样表面,并可调节探针的接触点位置。

5.2.2 探针尖采用坚硬耐磨的良好导电材料如锇、碳化钨或钨-钌合金等制成。针尖曲率半径不大于25 μm,夹角30°～60°。针距为40 μm～100 μm。

5.2.3 样品台:绝缘真空吸盘或其他能将硅片固定的装置,能在互相垂直的两个方向上实现5 μm～500 μm步距的位移。

5.2.4 绝缘性,探针之间及任一探针与机座之间的直流绝缘电阻大于(1×10^9)Ω。

5.3 测量环境

5.3.1 测量环境温度为23 ℃±3 ℃,相对温度不大于65%。

5.3.2 在漫射光或黑暗条件下进行测量。

5.3.3 必要时应进行电磁屏蔽。

5.3.4 探针架置于消震台上。

5.3.5 为保证小信号测量条件,应使探针电势不大于20 mV。

5.3.6 应避免试样表面上存在OH^-和F^-离子。如果试样在制备或清洗中使用了含水溶剂或材料,测量前可将试样在140 ℃±20 ℃条件下空气中热处理10 min～15 min。

6 样品制备

6.1 **用于测量晶片径向电阻率均匀性的样品制备**

样品应具有良好的镜状表面,制备方法包括:化学机械抛光/含水机械抛光/无水机械抛光,外延后表面可直接用于测量。

6.2 **用于测量电阻率纵向分布的样品制备**

6.2.1 除特殊需要外,尽量在被测样片中间区域割取被测样品;

6.2.2 根据样品测试深度及精度要求选取合适磨头;

6.2.3 将样品粘在磨头的斜面上,选取合适的研磨膏涂抹在样品表面进行研磨;

6.2.4 研磨后样品须处理干净。

7 测量步骤

7.1 仪器准备

7.1.1 调节探针间距到期望值,记录探针间距。

7.1.2 选择探针负荷为 0.1 N~1 N,每一探针应使用相同负荷。

7.1.3 根据探针负荷,确定探针下降到试样上的速度。当负荷等于 0.4 N 时,比较合适的探针下降速度为 1 mm/s。

7.1.4 将探针在用 5 μm 粒度研磨膏研磨过的硅片表面步进压触 500 次以上,或用 8000 号~12000 号的砂布或砂纸轻修整探针尖,使针尖老化。

7.1.5 将针尖进行清洁处理,测量 1 Ω·cm 均匀 p 型硅单晶样品扩展电阻。如果多次测量的扩展电阻值的相对标准偏差在 ±10% 以内,并且平均值是在正常的扩展电阻值范围内,可认为针尖是良好的,否则该探针应重新老化或使用新探针尖。

7.1.6 在至少放大 400 倍的显微镜下检查探针压痕的重复性。如果一给定探针得到解决的压痕不全部相似,应重修针或使用新探针尖。

7.1.7 使两探针分别以单探针结构在 1 Ω·cm 的 p 型单晶样品上测量扩展电阻,确保两根针所测的扩展电阻值是相等的(偏差在 10% 内)。如果两根针所测扩展电阻值不相同,重新检查或调整探针的负荷、下降速度以确保两针状态相同。如果两根探针的负荷和下降速度相同,但不能得到相同的扩展电阻值,重新修针或更换探针。

7.2 校准

7.2.1 在本标准电阻率测量范围内选择与被测试样相同晶向和导电类型的各种电阻率的校准样品,每一数量级至少 3 块。

7.2.2 如果校准样品的电阻率以前没有测量过,按 GB/T 1552 测量每块校准样品的电阻率,记录测量结果。

7.2.3 采用与被测样品相同的材料与工艺,制备校准样品。如果是用四探针测量电阻率后第一次制备样品,应至少除去 25 μm 厚的样品表面。将校准样品清洗干净。

7.2.4 对每一校准样品,在四探针测量过的区域至少做 20 次扩展电阻测量,测量的长度大约等于四探针的两外探针之间的距离。

7.2.5 计算每个校准样品测得的扩展电阻的平均值和标准偏差。当标准偏差小于平均值的 10% 时方可选作为校准样品。

7.2.6 利用每个合格的样品测得扩展电阻的平均值和对应的电阻率平均值拟合得到 R_s-ρ 双对数坐标校准曲线。

7.3 测量

7.3.1 按 GB/T 1550 确定样品的导电类型,按 GB/T 1555 确定样品的晶向;如样品为外延片,按 GB/T 14847 确定样品外延层的厚度。

7.3.2 按第 6 章制备好样品。

7.3.3 将粘有制备好样品的斜角磨块固定安放在测试台上,调节样品到显微镜观察位置,使探针的初始下降位置与制备好样品的斜面的斜棱重合。

7.3.4 样品的角度测定

7.3.4.1 斜角磨块角度小于或等于 1°09′ 的样品必须要进行小角度测量。

7.3.4.2 斜角磨块角度大于或等于 2°54′ 的样品,斜角磨块的角度值定为斜角值。

7.3.5 根据样品的厚度以及期望测试结果的精度选取合适步进,将样品调节到测试位置。

7.3.6 在电脑中输入样品的测试编号、结构、晶向、角度(或斜角值)、步进、测试点数,进行测试,测试过程中应保证测试台不受任何碰撞。

7.3.7　测试完成后及时将样品取下测试台。

7.3.8　根据样品的结构选择合适的校准曲线进行数据处理可得到相对应的浓度、电阻率的纵向分布。

8　试验报告

试验报告应包括以下内容：

a)　样品编号；

b)　样品的导电类型、晶体晶向,若是外延片,还应有外延层厚度及其测试方法；

c)　样品表面的制备条件；

d)　环境温度；

e)　探针间距、步距和探针负荷；

f)　测量区域的扩展电阻、浓度、电阻率的纵向分布图及数据；

g)　本标准编号；

h)　测量者；

i)　测量日期。

ICS 29.045
H 80

中华人民共和国国家标准

GB/T 6618—2009
代替 GB/T 6618—1995

硅片厚度和总厚度变化测试方法

Test method for thickness and total thickness variation of silicon slices

2009-10-30 发布

2010-06-01 实施

中华人民共和国国家质量监督检验检疫总局
中国国家标准化管理委员会 发布

前　言

本标准代替 GB/T 6618—1995《硅片厚度和总厚度变化测试方法》。

本标准与 GB/T 6618—1995 相比，主要有如下变化：

——将适用范围扩展到外延片；

——增加了第 4 章干扰因素；

——增加了 150 mm 和 200 mm 两种规格的基准环的尺寸；

——增加了 7.2 仪器校正的内容。

本标准由全国半导体设备和材料标准化技术委员会提出。

本标准由全国半导体设备和材料标准化技术委员会材料分技术委员会归口。

本标准起草单位：北京有研半导体材料股份有限公司。

本标准主要起草人：卢立延、孙燕、杜娟。

本标准所代替标准的历次版本发布情况为：

——GB 6618—1986、GB/T 6618—1995。

硅片厚度和总厚度变化测试方法

1 范围

本标准规定了硅单晶切割片、研磨片、抛光片和外延片(简称硅片)厚度和总厚度变化的分立式和扫描式测量方法。

本标准适用于符合 GB/T 12964、GB/T 12965、GB/T 14139 规定的尺寸的硅片的厚度和总厚度变化的测量。在测试仪器允许的情况下,本标准也可用于其他规格硅片的厚度和总厚度变化的测量。

2 规范性引用文件

下列文件中的条款通过本标准的引用而成为本标准的条款。凡是注日期的引用文件,其随后所有的修改单(不包括勘误的内容)或修订版均不适用于本标准,然而,鼓励根据本标准达成协议的各方研究是否可使用这些文件的最新版本。凡是不注日期的引用文件,其最新版本适用于本标准。

GB/T 2828.1 计数抽样检验程序 第 1 部分:按接收质量限(AQL)检索的逐批检验抽样计划(GB/T 2828.1—2003,ISO 2859-1:1999,IDT)

GB/T 12964 硅单晶抛光片

GB/T 12965 硅单晶切割片和研磨片

GB/T 14139 硅外延片

3 方法概述

3.1 分立点式测量

在硅片中心点和距硅片边缘 6 mm 圆周上的 4 个对称位置点测量硅片厚度。其中两点位于与硅片主参考面垂直平分线逆时针方向的夹角为 30°的直径上,另外两点位于与该直径相垂直的另一直径上(见图1)。硅片中心点厚度作为硅片的标称厚度。5 个厚度测量值中的最大厚度与最小厚度的差值称作硅片的总厚度变化。

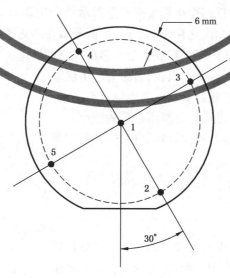

图 1 分立点测量方式时的测量点位置

3.2 扫描式测量

硅片由基准环上的3个半球状顶端支承,在硅片中心点进行厚度测量,测量值为硅片的标称厚度。然后按规定图形扫描硅片表面,进行厚度测量,自动指示仪显示出总厚度变化。扫描路径图见图2。

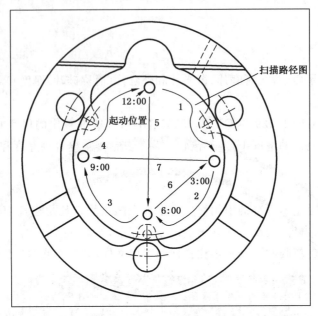

图2 测量的扫描路径图

4 干扰因素

4.1 分立点式测量

4.1.1 由于分立点式测量总厚度变化只基于5点的测量数据,硅片上其他部分的无规则几何变化不能被检测出来。

4.1.2 硅片上某一点的局部改变可能产生错误的读数。这种局部的改变可能来源于表面缺陷例如崩边,沾污,小丘,凹坑,刀痕,波纹等。

4.2 扫描式测量

4.2.1 在扫描期间,参考平面的任何变化都会使测量指示值产生误差,相当于在探头轴线上最大与最小值之差在轴线矢量值的偏差。如果这种变化出现,可能导致在不正确的位置计算极值。

4.2.2 参考平面与花岗岩基准面的不平行度也会引起测试值的误差。

4.2.3 基准环和花岗岩平台之间的外来颗粒、沾污会产生误差。

4.2.4 测试样片相对于测量探头轴的振动会产生误差。

4.2.5 扫描过程中,探头偏离测试样片会给出错误的读数。

4.2.6 本测试方法的扫描方式是按规定的路径进行扫描,采样不是整个表面,不同的扫描路径可产生不同的测试结果。

5 仪器设备

5.1 接触式测厚仪

测厚仪由带指示仪表的探头及支持硅片的夹具或平台组成。

5.1.1 测厚仪应能使硅片绕平台中心旋转,并使每次测量定位在规定位置的2 mm范围内。

5.1.2 仪表最小指示量值不大于1 μm。

5.1.3 测量时探头与硅片接触面积不应超过2 mm²。

5.1.4 厚度校正标准样片,厚度值的范围从 0.13 mm～1.3 mm,每两片间的间隔为 0.13 mm±0.025 mm。

5.2 非接触式测量仪

由一个可移动的基准环,带有指示器的固定探头装置,定位器和平板所组成,各部分如下:

5.2.1 基准环

由一个封闭的基座和 3 个半球形支承柱组成。基准环有数种(见图 3),皆由金属制造;其热膨胀系数在室温下不大于 $6×10^{-6}/℃$;环的厚度至少为 19 mm,研磨底面的平整度在 0.25 μm 之内。外径比被测硅片直径大 50 mm,见表 1。

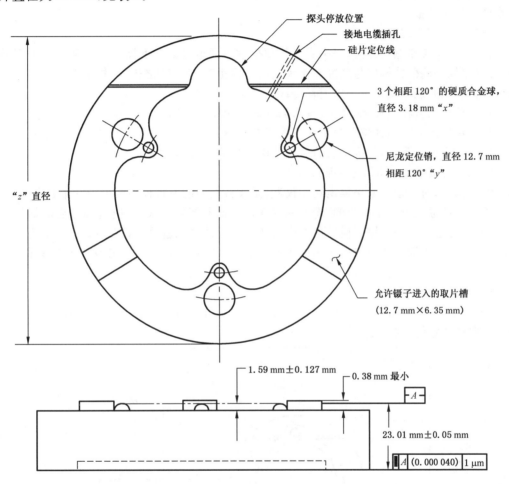

图 3 基准环

表 1   单位为毫米

硅片标称直径	x	y	z
50.8	44.45	63.88	101.6
76.2	69.85	89.54	127.0
80.0	73.65	93.20	130.8
90.0	83.65	103.20	140.8
100.0	93.65	113.20	150.8
125.0	118.65	138.20	175.8
150.0	143.65	163.20	203.2
200.0	193.65	213.20	260.4

5.2.1.1 3个半球形支承柱,用来确定基准环的平面并在圆周上等距分布,允许偏差在±0.13 mm范围内。支承柱应由碳化钨或与其类似的、有较大硬度的金属材料制成,标称直径为3.18 mm,其高度超过基准环表面1.59±0.13 mm。各支承柱的顶端应抛光,表面的最大粗糙度为0.25 μm。基准环放置于平板上,每个支承柱顶端和平板表面之间的距离相等,其误差为1.0 μm。由基准环确定的平面是与3个支承柱相切的平面。

5.2.1.2 3个圆柱形定位销对试样进行定位,其在圆周边界上间距大致相等,圆周标称直径等于销子的直径和硅片最大允许直径之和。销子比支承柱至少要高出0.38 mm。推荐用硬塑料做定位销。

5.2.1.3 探头停放位置:在基准环中硅片标称直径切口部分,为探头停放位置,以便探头装置离开试样,插入或取出精密平板。

5.2.2 带指示器的探头装置

由一对无接触位移传感的探头,探头支撑架和指示单元组成。上下探头应与硅片上下表面探测位置相对应。固定探头的公共轴应与基准环所决定的平面垂直(在±2°之内)。指示器应能够显示每个探头各自的输出信号,并能手动复位。该装置应该满足下列要求:

5.2.2.1 探头传感面直径应在1.57 mm～5.72 mm范围。

5.2.2.2 探测位置垂直方向的位移分辨率不大于0.25 μm。

5.2.2.3 在标称零位置附近,每个探头的位移范围至少为25 μm。

5.2.2.4 在满刻度读数的0.5%之内呈线性变化。

5.2.2.5 在扫描中,对自动数据采样模式的仪器,采集数据的能力每秒钟至少100个数据点。

5.2.2.6 探头传感原理可以是电容的、光学的或任何其他非接触方式的,应选用适当的探头与硅片表面间距。规定非接触是为防止探头使试样发生形变。指示器单元通常可具有:(1)计算和存储成对位移测量的和或差值以及识别这些数量最大和最小值的手段,(2)存储各探头测量值的选择显示开关等。显示可以是数字的或模拟的(刻度盘),推荐用数字读出,来消除操作者引入的读数误差。

5.2.3 定位器

限制基准环移动的装置,除停放装置外,它使探头固定轴与试样边缘的最近距离不能小于6.78 mm。基准环的定位见图4。

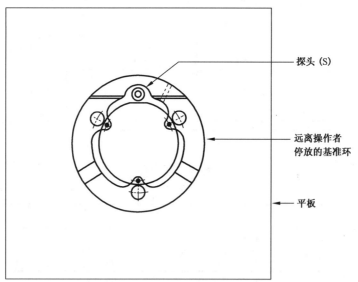

探头(S)

远离操作者
停放的基准环

平板

图4 基准环的定位

5.2.4 花岗岩平板:工作面至少为305 mm×355 mm。

5.2.5 厚度校准样片:变化范围等于待测硅片标称厚度±0.125 mm,约50 μm为一档。每个校准样片的表面粗糙度在0.25 μm之内,厚度变化小于1.25 μm。标准样片面积至少应为1.6 cm²,最小边长为13 mm。

6 取样原则与试样制备

6.1 从一批硅片中按 GB/T 2828.1 计数抽样方案或双方商定的方案抽取试样。

6.2 硅片应具有清洁、干燥的表面。

6.3 如果待测硅片不具备参考面,应在硅片背面边缘处做出测量定位标记。

7 测量程序

7.1 测量环境条件

7.1.1 温度:18 ℃～28 ℃。

7.1.2 湿度:不大于 65%。

7.1.3 洁净度:10 000 级洁净室。

7.1.4 具有电磁屏蔽,且不与高频设备共用电源。

7.1.5 工作台振动小于 $0.5g_n$。

7.2 仪器校正

7.2.1 用一组厚度校正标准片(见 5.2.5)置于厚度测量仪平台或支架上进行测量。

7.2.2 调整厚度测量仪,使所得测量值与厚度校正标准片的厚度标准值之差在 2 μm 以内。

7.2.3 以标称厚度为横坐标,测试值为纵坐标在坐标系上描点,通过两个端点画一条直线。在两个端点画出对应端点值±0.5%的两个点,通过两个+0.5%和-0.5%的点各画一条限制线(如图5所示),观察描绘的点都落在限制线之内(含线上),就认为设备满足测试的线性要求。否则应对仪器重新进行调整。

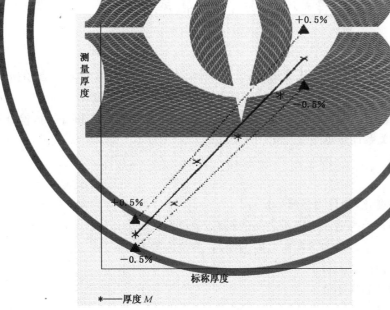

图 5 仪器的厚度线性校准

7.3 测量校准

7.3.1 用一块与被测硅片厚度相差 50 μm 之内的厚度标准片,置于厚度测量仪平台或支架上进行测量。

7.3.2 调整厚度测量仪,使所得测量值与该厚度校正标准片的厚度标准值之差在 2 μm 以内即可。

7.4 测量

7.4.1 分立点式测量包括接触式与非接触式两种。

7.4.1.1 选取待测硅片,正面朝上放入夹具中,或置于厚度测量仪的平台或支架上。

7.4.1.2 将厚度测量仪探头置于硅片中心位置(见图1)(偏差在±2 mm之内),测量厚度记为t_1,即为该片标称厚度。(采用接触式测量时,应翻转硅片,重复操作,厚度记为t_1',比较t_1与t_1',较小值为该片标称厚度值。)

7.4.1.3 移动硅片,使厚度测量仪探头依次位于硅片上位置2、3、4、5(见图1)(偏差在±2 mm之内),测量厚度分别记为t_2、t_3、t_4、t_5。

7.4.2 扫描式测量

7.4.2.1 采用非接触式测厚仪。如果还未组装,将与被测硅片尺寸相对应的基准环装配在平板上以及装上相应的定位器,限制环移动,检查探头应在远离操作者位置(见图4)。

7.4.2.2 把试样放在支承柱上,使主参考面与参考面取向线平行,被测硅片的周界应与最靠近探头停放位置的两个定位销贴紧。

7.4.2.3 将厚度测量仪探头置于硅片中心位置1(见图1)(偏差在±2 mm之内),测量厚度记为t,即为该片的标称厚度。

7.4.2.4 移动平板上的基准环,直到探头处于扫描开始位置为止。

7.4.2.5 指示器复位。

7.4.2.6 移动平台上的基准环,使探头沿曲线和直线段1~7扫描(见图2)。

7.4.2.7 沿扫描路线,以μm为单位,记录被测量点上、下表面的各自位移量。对于直接读数仪器,记录成对位移之和值的最大值与最小值之差,即为该硅片总厚度变化值。

7.4.2.8 仅对仲裁性测量要重复7.4.2.5~7.4.2.7操作达9次以上。

7.4.2.9 放置基准环使探头处于停放位置,然后取出试样。

7.4.2.10 对每个测量硅片,进行7.4.2.2~7.4.2.9的操作步骤。

8 测量结果计算

8.1 直接读数的测量仪,对分立点式测量,选出t_1、t_2、t_3、t_4、t_5中最大值和最小值,然后求其差值;对扫描式测量,由厚度最大测量值减去最小测量值,将此差值记录为总厚度变化。

8.2 倘若仪器不是直接读数的,对每个硅片要计算每对位移值a和b之和,同时,检查和值,确定最大和最小值。根据下列关系计算总厚度变化(TTV):

$$TTV = |(b+a)|_{max} - |(b+a)|_{min}$$

式中:

TTV——总厚度变化,单位为微米(μm);

a——被测硅片上表面和上探头之间的距离,单位为微米(μm);

b——被测硅片下表面和下探头之间的距离,单位为微米(μm);

max——表示和值的最大值;

min——表示和值和最小值。

9 精密度

通过对厚度范围360 μm~500 μm,直径76.2 mm±0.4 mm,研磨片30片,抛光片172片,在7个实验室进行了循环测量。

9.1 非接触式测量

9.1.1 对非接触式厚度测量,单个实验室的2σ标准偏差小于5.4 μm,多个实验室的精密度为±0.7%。

9.1.2 对非接触式总厚度变化(TTV)测量,单个实验室的2σ标准偏差扫描法小于3.8 μm,分立点式小于4.9 μm;多个实验室间的精密度扫描法为±19%,分立点式为±38%。

9.2 接触式测量

9.2.1 对于接触式厚度测量,单个实验室的 2σ 标准偏差小于 $4.3~\mu\mathrm{m}$,多个实验室间的精密度为 $\pm 0.4\%$。

9.2.2 对于接触式总厚度变化测量,单个实验室的 2σ 标准偏差小于 $3.6~\mu\mathrm{m}$,多个实验室间的精密度为 $\pm 32\%$。

10 试验报告

试验报告应包括下列内容:

a) 试样批号、编号;

b) 硅片标称直径;

c) 测量方式说明;

d) 使用厚度测量仪的种类和型号;

e) 中心点厚度;

f) 硅片的总厚度变化;

g) 本标准编号;

h) 测量单位和测量者;

i) 测量日期。

ICS 29.045
H 80

中华人民共和国国家标准

GB/T 6619—2009
代替 GB/T 6619—1995

硅片弯曲度测试方法

Test methods for bow of silicon wafers

2009-10-30 发布

2010-06-01 实施

中华人民共和国国家质量监督检验检疫总局
中国国家标准化管理委员会 发布

前　言

本标准修改采用 SEMI MF534-0706《硅片弯曲度测试方法》。

本标准与 SEMI MF534-0706 相比,主要变化如下:

——本标准接触式测量方法格式按 GB/T 1.1 格式编排;

——本标准根据我国实际生产情况增加了非接触式测量方法。

本标准代替 GB/T 6619—1995《硅片弯曲度测试方法》。

本标准与 GB/T 6619—1995 相比,主要有如下变动:

——扩大了可测量硅片范围为直径不小于 25 mm,厚度为不小于 180 μm,直径和厚度比值不大于
250 的圆形硅片;

——增加了引用文件、术语、意义用途、测量环境条件和干扰因素等章节;

——修改了仪器校正的内容。

本标准由全国半导体设备和材料标准化技术委员会(SAC/TC 203)提出。

本标准由全国半导体设备和材料标准化技术委员会材料分技术委员会归口。

本标准起草单位:洛阳单晶硅有限责任公司。

本标准主要起草人:刘玉芹、蒋建国、冯校亮、张静雯。

本标准所替代标准的历次版本发布情况为:

——GB 6619—1986、GB/T 6619—1995。

硅片弯曲度测试方法

方法 1 接触式测量方法

1 范围

本标准规定了硅单晶切割片、研磨片、抛光片（以下简称硅片）弯曲度的接触式测量方法。

本标准适用于测量直径不小于 25 mm，厚度为不小于 180 μm，直径和厚度比值不大于 250 的圆形硅片的弯曲度。本测试方法的目的是用于来料验收和过程控制。本标准也适用于测量其他半导体圆片弯曲度。

2 规范性引用文件

下列文件中的条款通过本标准的引用而成为本标准的条款。凡是注日期的引用文件，其随后所有的修改单（不包括勘误的内容）或修订版均不适用于本标准，然而，鼓励根据本标准达成协议的各方研究是否可使用这些文件的最新版本。凡是不注日期的引用文件，其最新版本适用于本标准。

GB/T 2828.1 计数抽样检验程序 第 1 部分：按接收质量限（AQL）检索的逐批检验抽样计划（GB/T 2828.1—2003，ISO 2859-1：1999，IDT）

GB/T 14264 半导体材料术语

3 术语

GB/T 14264 规定的及下列术语和定义适用于本标准。

3.1

正表面 front side

半导体硅片的前表面，在上面已经制造或将制造半导体器件的暴露表面。

3.2

弯曲度 bow

自由无夹持晶片中位面的中心点与中位面基准平面间的偏离。中位面基准平面是由指定的小于晶片标称直径的直径圆周上的三个等距离点决定的平面。

3.3

中位面 median surface

与晶片的正表面和背表面等距离点的轨迹。

4 方法提要

将硅片置于基准环的 3 个支点上，3 支点形成一个基准平面，用低压力位移指示器测量硅片中心偏离基准平面的距离，翻转硅片，重复测量。两次测量值之差的一半就表示硅片的弯曲度。

5 干扰因素

5.1 本方法测试弯曲度是基于在有限几个点上的测量，硅片其他部分的几何变化可能检测不出来。

5.2 支柱接触区域或硅片中心区域的厚度变化会导致错误的测量结果，这样的厚度变化是由碎屑、沾污和硅片表面缺陷如：小丘、坑、切割台阶、波纹等造成的。

5.3 如果中位面的弯曲不是处处朝着相同的方向，用弯曲度不能完全表示中位面的形变，本方法测定的数值也可能不代表中位面同参考平面的偏差。

5.4 设备硬件的不同或测量参数的不同设置可能会影响到测量结果。硅片弯曲度会对光刻工艺造成不利影响。

6 仪器设备与环境

6.1 基准环

基准环(如图1所示)是由基座、3个支撑球、3个定位柱组成的专用器具。

单位为毫米

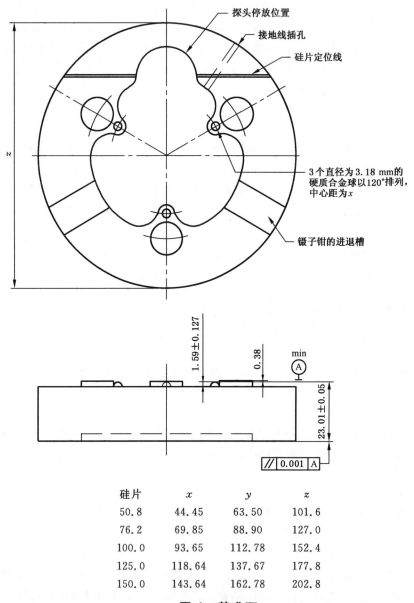

硅片	x	y	z
50.8	44.45	63.50	101.6
76.2	69.85	88.90	127.0
100.0	93.65	112.78	152.4
125.0	118.64	137.67	177.8
150.0	143.64	162.78	202.8

图 1 基准环

6.1.1 基座是由温度系数小于6×10^{-6}/℃的金属材料制成,基座外径比被测硅片直径大50.8 mm左右,基座厚度大于19 mm。基座底面应光滑,平整度应小于0.25 μm。

6.1.2 3个支撑球由碳化钨或其他硬质合金制成,等间距分别置于基座一定的圆周上,该圆周直径小于硅片标称直径6.35 mm±0.13 mm。高度误差小于1.0 μm,表面光滑,粗糙度应小于0.25 μm。

6.1.3 3个定位柱由硬质塑料制成,位于3个支撑球对应的位置上,用以保证被测硅片中心与3个支点的几何中心相重合,偏差小于1.0 mm。定位柱对硅片不能有任何作用力。

6.2 位移指示器

6.2.1 位移指示器应能上、下垂直调节,并指示出硅片中心点与基准面之间的距离。

6.2.2 指示器指针应处于基准环中心,移动方向垂直于基准平面,偏差小于1°。

6.2.3 指针头部呈半球状,球体半径在1.0 mm~2.0 mm之间。

6.2.4 指针头部对被测硅片的压力应不大于0.3 N。

6.2.5 位移指示器分辨率为1 μm。

6.3 读数仪表

读取位移数值的电动仪表,显示有效数字3位以上,单位为μm。

6.4 测量环境条件

6.4.1 温度:23 ℃±5 ℃。

6.4.2 湿度:不大于65%。

6.4.3 洁净度:100 000级或更高级别洁净室。

7 取样原则与试样制备

7.1 从一批硅片中按GB/T 2828.1计数抽样方案或商定的方案抽取试样。

7.2 试样表面应清洁、干燥。

7.3 无参考面的硅片,测量前在硅片边缘应做出标记以代替参考面进行定位。

8 测量步骤

8.1 根据硅片试样的直径大小,选用或调节基准环的3个支点距硅片边缘3 mm。

8.2 将硅片试样正表面向上放入基准环,使硅片的参考面(或标记)与基准环上的标线平行。

8.3 移动基准环,使硅片试样中心处在指示器指针之下。

8.4 调节位移指示器,使硅片试样的正反两面都在测量量程之内。

8.5 测量硅片试样中心所在位置,从读数仪表上读取数值,并记作F_1。如果使用的是中心零位显示仪,应记录每次读数的正负号。

8.6 顺时针转动硅片试样,每转90°测量一次,从读数仪表上读取数值,分别记作F_2、F_3、F_4。

8.7 翻转硅片试样,背表面朝上放入基准环中,重复8.2、8.3、8.5各测量步骤,读取测量数值,记作B_1,并记录数值的正负号。

8.8 逆时针转动硅片试样,每转动90°,对应于F_2、F_3、F_4之值,测量出B_2、B_3、B_4之值。

9 试样结果计算

9.1 按照式(1)计算硅片弯曲度D。

$$D_i = \frac{|F_i - B_i|}{2} \quad\quad\quad (1)$$

式中:

D_i——弯曲度,单位为微米(μm);

i——1、2、3、4;

F_i——硅片正面测量数值,单位为微米(μm);

B_i——硅片反面测量数值,单位为微米(μm)。

9.2 取D_1、D_2、D_3、D_4中的最大值作为该硅片的弯曲度。

10 精密度

本试验方法单个试验室标准偏差为±3.0 μm。

11 试验报告

试验报告应包括下列内容：

a) 硅片试样批号、规格；

b) 测量仪器名称和型号；

c) 测量结果；

d) 本标准编号；

e) 测量单位及测量者；

f) 测量日期。

方法 2 非接触式测试方法

12 范围

本标准规定了硅单晶切割片、研磨片、抛光片(以下简称硅片)弯曲度的非接触式测量方法。

本标准适用于测量直径不小于 50 mm，厚度为不小于 150 μm 的圆形硅片的弯曲度。本标准也适用于测量其他半导体圆片弯曲度。

13 规范性引用文件

下列文件中的条款通过本标准的引用而成为本标准的条款。凡是注日期的引用文件，其随后所有的修改单(不包括勘误的内容)或修订版均不适用于本标准，然而，鼓励根据本标准达成协议的各方研究是否可使用这些文件的最新版本。凡是不注日期的引用文件，其最新版本适用于本标准。

GB/T 2828.1 计数抽样检验程序 第 1 部分：按接收质量限(AQL)检索的逐批检验抽样计划 (GB/T 2828.1—2003，ISO 2829-1：1999，IDT)

GB/T 6618 硅片厚度和总厚度变化测试方法

GB/T 14264 半导体材料术语

14 术语

GB/T 14264 规定的及下列术语和定义适用于本标准。

14.1

正表面 front side

半导体硅片的前表面，在上面已经制造或将制造半导体器件的暴露表面。

14.2

弯曲度 bow

自由无夹持晶片中位面的中心点与中位面基准平面间的偏离。中位面基准平面是由指定的小于晶片标称直径的直径圆周上的三个等距离点决定的平面。

14.3

中位面 median surface

与晶片的正表面和背表面等距离点的轨迹。

15 方法提要

将硅片正表面朝上置于基准环的 3 个支点上，3 个支点形成一个基准平面，用一只无接触的测量探头，测量硅片中心点偏离基准平面的距离。翻转硅片，重复测量。两次测量值之差的一半就表示硅片的弯曲度。

16 干扰因素

16.1 本方法测试弯曲度是基于在有限几个点上的测量,硅片其他部分的几何变化可能检测不出来。

16.2 支柱接触区域或硅片中心区域的厚度变化会导致错误的测量结果,这样的厚度变化是由碎屑、沾污和硅片表面缺陷如:小丘、坑、切割台阶、波纹等造成的。

16.3 如果中位面的弯曲不是处处朝着相同的方向,用弯曲度不能完全表示中位面的形变,本方法测定的数值也可能不代表中位面同参考平面的偏差。

16.4 测试样品相对于探头测试轴的振动会产生误差。

16.5 在扫描过程中,探头离开测试样品会给出错误的读数。

16.6 设备硬件的不同或测量参数的不同设置可能会影响到测量结果。

17 仪器设备与环境

17.1 基准环

基准环是由基座、3个支撑球、3个定位柱组成的专用器具,如图2所示。

单位为毫米

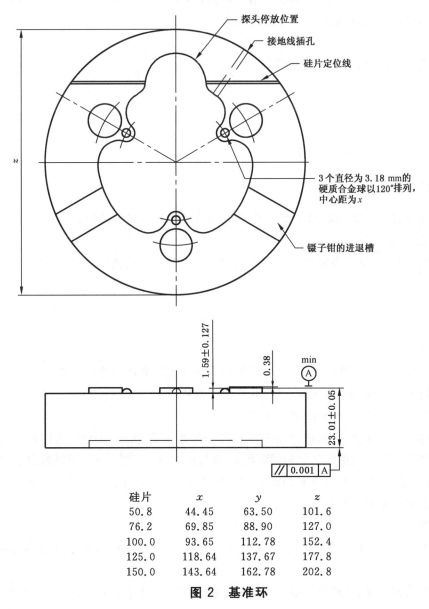

硅片	x	y	z
50.8	44.45	63.50	101.6
76.2	69.85	88.90	127.0
100.0	93.65	112.78	152.4
125.0	118.64	137.67	177.8
150.0	143.64	162.78	202.8

图 2 基准环

17.1.1 基座是由温度系数小于$6×10^{-6}/℃$的金属材料制成,基座外径比被测硅片直径大 50.8 mm 左右,基座厚度大于 19 mm。基座底面应光滑,平整度应小于 0.25 μm。

17.1.2 3 个支撑球由碳化钨或其他硬质合金制成,等间距分别置于基座一定的圆周上,该圆周直径小于硅片标称直径 6.35 mm±0.13 mm。高度误差小于 1.0 μm,表面光滑,粗糙度应小于 0.25 μm。

17.1.3 3 个定位柱由硬质塑料制成,位于 3 个支撑球对应的位置上,用以保证被测硅片中心与 3 个支点的几何中心相重合,偏差小于 1.0 mm。定位柱对硅片不能有任何作用力。

17.2 测量仪

测量仪由测量探头、显示器、花岗岩平台三部分组成。

17.2.1 测量探头是一对无接触位移传感器,上、下探头处在同一轴线上,能够上、下垂直调节,轴线与基准平面的法线之间的夹角应小于 2°,每只探头能独立地测量与硅片最近表面的距离,探头分辨率优于 0.25 μm。

17.2.2 显示器具有将测量探头输出的讯号进行数字处理、计算、存储的功能,并用数字显示出探头与硅片表面的距离。

17.2.3 花岗岩平台是一块结构细密、表面光滑的石板,面积大于 305 mm×355 mm。测量区表面平整度小于 0.25 μm,并装有限制基准环移动范围的限位器。

17.3 厚度校准片

测量仪应备有的附件,用以校正测量仪。

17.4 测量环境条件

17.4.1 温度:23 ℃±5 ℃。

17.4.2 湿度:不大于 65%。

17.4.3 洁净度:100 000 级或更高级别洁净室。

18 取样原则与试样制备

18.1 从一批硅片中按 GB/T 2828.1 计数抽样方案或商定的方案抽取试样。

18.2 试样表面应清洁、干燥。

18.3 无参考面的硅片,测量前在硅片边缘应做出标记以代替参考面进行定位。

19 测量步骤

19.1 仪器校正

19.1.1 仪器确认

19.1.1.1 根据硅片试样直径和厚度的大小,选用相应规格的基准环和厚度标准片,标准片的厚度范围等于待测硅片厚度±125 μm,约 50 μm 一档,共 6 个标准片。

19.1.1.2 按 GB/T 6618 测量每个标准片厚度。

19.1.1.3 以标称厚度为横坐标,测试值为纵坐标在坐标系上描绘出 6 个点,通过两个端点画一条直线。在两个端点画出对应端点值±0.5%的两个点,通过两个+0.5%和-0.5%的点各画一条限制线(如图 3 所示),观察描绘的点,如果所有的点都落在限制线之内(含线上),就认为设备满足测试的线性要求。否则应对仪器重新进行调整。

19.1.2 测量校准

19.1.2.1 选取厚度与待测硅片厚度相差 50 μm 之内的一片厚度标准片,置于厚度测量仪基准环上进行测量。

19.1.2.2 调整厚度测量仪,使所得测量值与该厚度标准片标称值之差在 2 μm 之内即可。

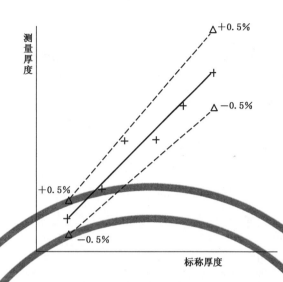

图 3 仪器的厚度线性校准

19.2 测量

19.2.1 必要时从测量仪上取出上探头,只使用下探头测量。

19.2.2 将硅片试样正表面向上放入基准环,使硅片的参考面(或标记)与基准环上的标线平行。

19.2.3 移动基准环,使下探头对准硅片试样中心位置。

19.2.4 显示器复位。

19.2.5 测量下探头至硅片下表面的距离,读取数值,记作 F_1。如果使用的是中心零位显示仪,应记录每次读数的正负号。

19.2.6 顺时针转动硅片,每转 90°测量一次,从读数仪表上读取数值,并分别记作 F_2、F_3、F_4。

19.2.7 翻转硅片试样,背表面朝上,放入基准环中,重复 19.2.3~19.2.5 各测量步骤,读取测量数值,记作 B_1,并记录数值的正负号。

19.2.8 逆时针转动硅片试样,每转 90°,对应 F_2、F_3、F_4 之值,测量出 B_2、B_3、B_4 之值。

20 试样结果计算

20.1 按照式(2)计算硅片弯曲度 D。

$$D_i = \frac{|F_i - B_i|}{2} \quad\quad\quad\quad\quad\quad\cdots\cdots\cdots\cdots\cdots\cdots\cdots\cdots(2)$$

式中:

D_i——弯曲度,单位为微米(μm);

i——1、2、3、4;

F_i——硅片正面测量数值,单位为微米(μm);

B_i——硅片反面测量数值,单位为微米(μm)。

20.2 取 D_1、D_2、D_3、D_4 中的最大值作为该硅片的弯曲度。

21 精密度

本试验方法两个试验室间 2 倍标准偏差为 ± 4 μm。

22 试验报告

试验报告应包括下列内容:

a)   硅片试样批号、规格；

b)   测量仪器名称和型号；

c)   测量结果；

d)   本标准编号；

e)   测量单位及测量者；

f)   测量日期。

ICS 29.045
H 82

中华人民共和国国家标准

GB/T 6620—2009
代替 GB/T 6620—1995

硅片翘曲度非接触式测试方法

Test method for measuring warp on silicon slices by noncontact scanning

2009-10-30 发布

2010-06-01 实施

中华人民共和国国家质量监督检验检疫总局
中国国家标准化管理委员会 发 布

GB/T 6620—2009

前　言

本标准修改采用 SEMI MF657-0705《硅片翘曲度和总厚度变化非接触式测试方法》。

本标准与 SEMI MF657-0705 相比，主要有如下变化：

——本标准没有采用 SEMI 标准中总厚度变化测试部分内容；

——本标准测试硅片厚度范围比 SEMI 标准中要窄；

——本标准编制格式按 GB/T 1.1 规定。

本标准代替 GB/T 6620—1995《硅片翘曲度非接触式测试方法》。

本标准与 GB/T 6620—1995 相比，主要有如下变动：

——修改了测试硅片厚度范围；

——增加了引用文件、术语、意义和用途、干扰因素和测量环境条件等章节；

——修改了仪器校准部分内容；

——增加了仲裁测量；

——删除了总厚度变化的计算；

——增加了对仲裁翘曲度平均值和标准偏差的计算。

本标准由全国半导体设备和材料标准化技术委员会提出。

本标准由全国半导体设备和材料标准化技术委员会材料分技术委员会归口。

本标准起草单位：洛阳单晶硅有限责任公司，万向硅峰电子股份有限公司。

本标准主要起草人：张静雯、蒋建国、田素霞、刘玉芹、楼春兰。

本标准所代替标准的历次版本发布情况为：

——GB 6620—1986、GB/T 6620—1995。

硅片翘曲度非接触式测试方法

1 范围

本标准规定了硅单晶切割片、研磨片、抛光片(以下简称硅片)翘曲度的非接触式测试方法。

本标准适用于测量直径大于 50 mm,厚度大于 180 μm 的圆形硅片。本标准也适用于测量其他半导体圆片的翘曲度。本测试方法的目的是用于来料验收或过程控制。本测试方法也适用于监视器件加工过程中硅片翘曲度的热化学效应。

2 规范性引用文件

下列文件中的条款通过本标准的引用而构成本标准的条款。凡是注日期的引用文件,其随后所有的修订单(不包括勘误的内容)或修订版均不适用于本标准,然而,鼓励根据本标准达成协议的各方研究是否可使用这些文件的最新版本。凡是不注明日期的引用文件,其最新版本适用于本标准。

GB/T 2828.1 计数抽样检验程序 第 1 部分:按接收质量限(AQL)检索的逐批检验抽样计划(GB/T 2828.1—2003,ISO 2859-1,1999,IDT)

GB/T 6618 硅片厚度和总厚度变化测试方法

GB/T 14264 半导体材料术语

3 术语和定义

由 GB/T 14264 确立的及以下半导体材料术语和定义适用于本标准。

3.1

中位面 median surface

与晶片的正表面和背表面等距离点的轨迹。

3.2

翘曲度 warp

在质量合格区内,一个自由的,无夹持的硅片中位面相对参照平面的最大和最小距离之差。

4 方法提要

硅片置于基准环的 3 个支点上,3 个支点形成一基准平面。测试仪的一对探头在硅片上、下表面沿规定的路径同步扫描。在扫描过程中,成对地给出上、下探头与硅片最近表面之间的距离,求出每对距离的差值。成对距离差值的最大与最小值之差的一半就是硅片翘曲度的测试值。扫描路径如图 1 所示。硅片典型翘曲形态的示意图如图 2 所示。

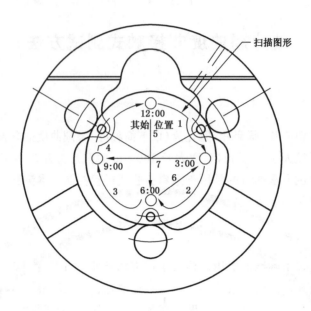

图 1　扫描图形

5　干扰因素

5.1　参考平面的变化,可能导致在不正确的位置计算极值,扫描过程中参考平面的任何变化都会使显示的测试结果产生误差。

5.2　测试值与不平行度有关,参考平面与花岗岩基准面的不平行度会产生误差。

5.3　基准环和花岗岩平台之间的外来颗粒、沾污会产生误差。

5.4　测试样品相对于探头测试轴的振动会产生误差。

5.5　在扫描过程中,探头离开测试样品会给出错误的读数。

5.6　本测试方法中,翘曲度由规定的路径进行扫描,采样不是整个表面,不同的扫描路径可产生不同的测试结果。

5.7　采集数据的频率不同,可产生不同的测试结果。

5.8　本测试方法并不能完全把厚度变化和翘曲度分开,在某些情况下,中位面是平面仍显示一个非零的翘曲度。

5.9　设备硬件的不同或测量参数的不同设置可能会影响到测量结果。

5.10　翘曲度的变化对半导体加工的成品率有较大影响。

5.11　在加工过程中,硅片的翘曲度变化对后序的处理和加工可能产生不利影响。

6　仪器设备与环境

6.1　基准环

基准环由基座、3 个支撑球、3 个定位柱组成的专用器具,如图 3 所示。

6.1.1　基座由温度系数小于 $6 \times 10^{-6}/℃$ 的金属材料制成,基座外径比被测硅片直径大 50.8 mm 左右,基座厚度大于 19 mm。基座底面应光滑,平整度应小于 0.25 μm。

6.1.2　3 个支撑球由碳化钨或其他硬质合金制成,等间距地分别置于基座一定的圆周上,标称直径 3.18 mm,其高度超出基准环 1.59 mm±0.13 mm,该圆周直径小于硅片标称直径 6.35 mm±0.13 mm。高度误差小于 1.0 μm,各支撑球的顶端应表面光滑,粗糙度应小于 0.25 μm。

单位为微米

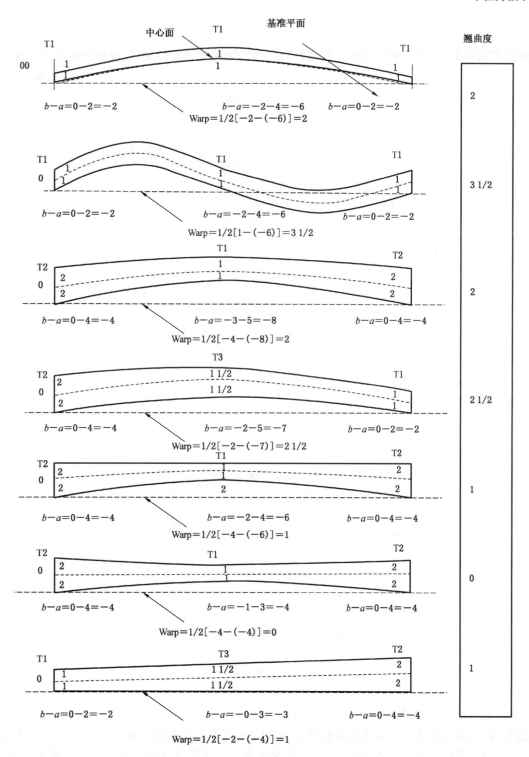

T1 代表 2 个单位，T2 代表 4 个单位，T3 代表 3 个单位；

a——被测硅片上表面与基准平面的距离，上表面在基准平面上面为正，下面为负；

b——被测硅片下表面与基准平面的距离，下表面在基准平面上面为负，下面为正；

Warp——被测硅片的翘曲度；翘曲度用公式(1)计算。

图 2　硅片典型翘曲形态示意图

GB/T 6620—2009

6.1.3　3个定位柱由硬质塑料制成,位于3个支撑球对应的位置上,用以保证被测硅片中心与3个支点的几何中心相重合,偏差小于1.0 mm。定位柱对硅片不能有任何作用力。3个定位柱所在圆周的标称直径等于柱子的直径与硅片最大允许直径之和,定位柱至少比支撑球高出0.38 mm。

6.1.4　探头停放位置:基准环中在标称硅片直径缺口部分为探头停放位置,以便探头装置离开试样。

单位为毫米

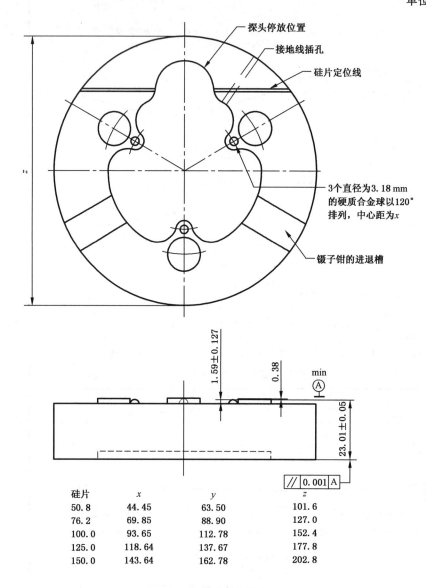

硅片	x	y	z
50.8	44.45	63.50	101.6
76.2	69.85	88.90	127.0
100.0	93.65	112.78	152.4
125.0	118.64	137.67	177.8
150.0	143.64	162.78	202.8

图 3　基准环

6.2　测量仪

测量仪由测量探头、显示器、花岗岩平台3部分组成。

6.2.1　测量探头:测量探头是一对无接触位移传感器,上、下探头处在同一轴线上,能上、下垂直调节,轴线与基准平面的法线之间的夹角应小于2°,每只探头能独立地测量与硅片最近表面的距离。探头的分辨率应小于0.25 μm。探头传感面直径应在1.5 mm～6.0 mm。每个探头在标称零位附近的位移范围至少±0.25 mm。线性变化在满刻度读数的0.5%之内。

6.2.2　显示器应能够独立显示每个探头的输出信号,并能手动复位。对能够自动数据采集模式的仪器,在扫描中显示器将测量探头输出的信号进行数字处理,计算并存贮每对距离的差值,并能判断其中的最大值和最小值,将测量数据显示出来。在测量扫描过程中,自动采集数据的能力应不小于100个/秒。

206

6.2.2.1 探头传感可以是电容的、光学的或其他非接触方式的,适于测定探头与硅片表面之间的距离。

6.2.2.2 显示器通常应包括:计算和存贮成对位移测量的差值,以及识别这些数量最大和最小值的手段;可复位调零;各探头测量值显示的选择开关,显示可以是数字的或模拟的,推荐用数字显示以消除操作者引入的读数误差。

6.2.3 花岗岩平台:花岗岩平台是一块结构细密、表面光滑的石板,面积应大于305 mm×355 mm,以适应所使用最大的环,测量区表面的平整度应小于0.25 μm,并装有限制基准环移动的限位器。并且保证下探头的固定。限位器是限制基准环移动的装置,除停放位置外,它使探头固定轴与试样边缘的最近距离不能小于6.78 mm。根据仪器的设计,每个基准环可能需要一个相配的限位器。

6.3 系统机械平行度:确保基准环上三个支撑球构成的平面与花岗岩平台的平行度小于1.0 μm。

6.4 厚度标准样片:每个标准样片的表面平整度在0.25 μm之内,总厚度变化小于1.25 μm。测量仪应备有的附件,用以校正测量仪。

6.5 测量环境条件

6.5.1 温度:23 ℃±5 ℃。

6.5.2 湿度:不大于65%。

6.5.3 洁净度:10 000级或更高级别洁净室。

7 取样原则与试样制备

7.1 从一批硅片中按GB/T 2828.1计数抽样方案或双方商定的方案抽取试样。

7.2 试样表面应清洁、干燥。

7.3 无参考面的硅片,测量前在硅片边缘应做出标记以代替参考面进行定位。

8 测量程序

8.1 仪器校准与确认

通过测试与被测样品标称直径一致的厚度标准样品,按照如下步骤校准和确认仪器:

8.1.1 根据待测硅片直径和厚度的大小,选用相应规格的基准环和厚度标准片,标准片的厚度范围等于待测硅片厚度±125 μm,约50 μm一档,共6个标准片。

8.1.2 按GB/T 6618测量每个标准片的厚度。

8.1.3 以标称厚度为横坐标,测试值为纵坐标在坐标系上描绘出6个点,通过两个端点画一条直线。在两个端点画出对应端点值±0.5%的两个点,通过两个+0.5%和−0.5%的点各画一条限制线(如图4所示),观察描绘的点,如果所有的点都落在限制线之内(含线上),就认为设备满足测试的线性要求。否则应对仪器重新进行调整。

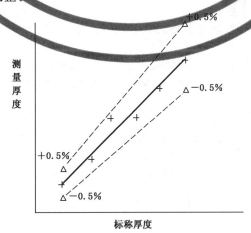

图4 仪器的厚度线性校准

8.2 测量校准

8.2.1 选取厚度与待测硅片厚度相差50 μm之内的一片厚度标准片,置于厚度测量仪基准环上进行测量。

8.2.2 调整厚度测量仪,使所得测量值与该厚度标准片标称值之差在2 μm之内即可。

8.3 测量

8.3.1 将试样放入基准环,使其主参考面(或标记)与基准环上的标线平行。

8.3.2 移动基准环,使探头处于"开始扫描"位置,见图1。

8.3.3 显示器复位。

8.3.4 沿图1的扫描路径。平稳移动基准环,使探头沿曲线和直线段1～7扫描。

8.3.5 沿扫描路线,以微米为单位,记录被测量点上下表面与各自相应测量探头之间的距离,对于直接读数仪器,显示的是成对距离差值的最大值与最小值之差,即为被测样品的翘曲度。

8.3.6 若对仲裁测量,重复8.3.2～8.3.5操作达9次以上。

8.3.7 移动基准环使探头处于停放位置,然后取出样品。

9 测量结果计算

9.1 测量仪自动测量时,直接读取翘曲度的值并记录。

9.2 如果仪器不是自动测量时,要计算被测硅片上每对距离值 a 和 b 之差,并确定最大差值和最小差值,根据公式(1),计算硅片翘曲度。

$$\text{Warp} = 1/2\left[\ |\ (b-a)_{\max} - (b-a)_{\min}\ |\ \right] \quad\cdots\cdots\cdots\cdots\cdots\cdots\cdots\cdots\cdots(1)$$

式中:

Warp——硅片翘曲度,单位为微米(μm);

　　a——被测硅片上表面与上探头的距离,单位为微米(μm);

　　b——被测硅片下表面与下探头的距离,单位为微米(μm);

max表示最大值,min表示最小值。

9.3 对于日常测试,记录计算的翘曲度。

9.4 对于仲裁测试,计算翘曲度的平均值和标准偏差,并记录。

9.5 计算硅片翘曲度的实例见图5。

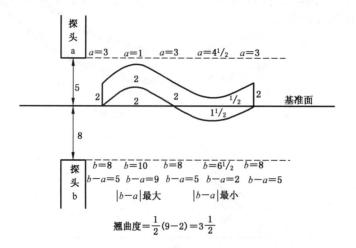

图5 利用仪器测量的几何尺寸计算翘曲度

10 精密度

本方法的精密度是经 5 个实验室巡回测试确定的,测试硅片试样共 25 片,硅片直径 100 mm、150 mm 和 200 mm 3 种规格,2 倍标准偏差的平均值为 ±4.0 μm。

11 试验报告

11.1 试验报告应包括以下内容:

    a) 硅片试样批号、规格;

    b) 测试仪器名称和型号;

    c) 翘曲度的测试值;

    d) 本标准编号;

    e) 测量单位名称及测量者;

    f) 测试日期。

11.2 对于仲裁测试,报告还应包括每个硅片翘曲度的标准偏差。

ICS 29.045
H 80

中华人民共和国国家标准

GB/T 6621—2009
代替 GB/T 6621—1995

硅片表面平整度测试方法

Testing methods for surface flatness of silicon slices

2009-10-30 发布

2010-06-01 实施

中华人民共和国国家质量监督检验检疫总局
中国国家标准化管理委员会 发布

前　言

本标准代替 GB/T 6621—1995《硅抛光片表面平整度测试方法》。

本标准与 GB/T 6621—1995 相比，主要变动如下：

——将名称修改为"硅片表面平整度测试方法"；

——去掉了目前较少采用的干涉法，只保留了目前常用的电容法；

——增加"引用标准"；

——对"方法提要"、"仪器装置"、"测量程序"、"计算"进行了全面修改；

——经实验重新确定了精密度；

——在第一章增加本标准适用的试样范围；

——在"试样"一章中说明对所测试样的要求。

本标准由全国半导体设备和材料标准化技术委员会提出。

本标准由全国半导体设备和材料标准化技术委员会材料分技术委员会归口。

本标准主要起草单位：上海合晶硅材料有限公司。

本标准主要起草人：徐新华、严世权、王珍。

本标准所替代标准的历次版本发布情况为：

——GB/T 6621—1986、GB/T 6621—1995。

硅片表面平整度测试方法

1 范围

本标准规定了用电容位移传感器测定硅抛光片平整度的方法,切割片、研磨片、腐蚀片也可参考此方法。

本标准适用于测量标准直径 76 mm、100 mm、125 mm、150 mm、200 mm,电阻率不大于 200 Ω·cm 厚度不大于 1 000 μm 的硅抛光片的表面平整度和直观描述硅片表面的轮廓形貌。

2 方法概述

2.1 将硅片平放入一对同轴对置的电容位移传感器(简称探头)之间,对探头施加一高频电压,硅片与探头之间便形成了高频电场,其间各形成了一个电容。探头中电路测量其间电流变化量,便可测得该电容值 C。如图 1 所示。C 由式(1)给出:

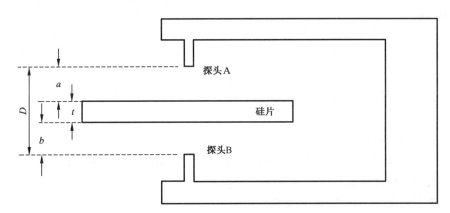

D——A,B 探头间距离;

a——A 探头与上表面距离;

b——B 探头与下表面距离;

t——硅片厚度。

图 1 电容位移传感器测量方法示意图

$$C = \frac{K \cdot A}{a+b} + C_0 \qquad\qquad\cdots\cdots\cdots\cdots\cdots\cdots\cdots(1)$$

式中:

C——在上、下探头和硅片表面之间所测得总电容值,单位为法拉(F);

K——自由空间介电常数,单位为法拉每米 F/m;

A——探头表面积,单位为平方米(m^2);

a——A 探头与上表面距离,单位为米(m);

b——B 探头与下表面距离,单位为米(m);

C_0——主要由探头结构而产生的寄生电容,单位为法拉(F)。

2.2 由于在测量时,两探头之间的距离 D 和下探头到下表面的距离 b 已经在校准时被固定,所以仪器测得电容值 C 按式(1)进行计算,就可得到 a,从而计算硅片表面平整度和其他几何参数。

2.3 选择适当的参考面和焦平面以计算所需参数。

3 仪器设备

测量设备应包括硅片支撑装置,多轴传动机构,带指示的探头,控制、运算和图形并有相关软件的计算机。仪器的数据分辨率应该为 10 nm 或更优。测量设备应包含:

3.1 硅片支撑装置,例如真空吸盘。

3.2 传送机械装置,用于移动硅片支撑装置或者探头。

3.3 探头,包含一对探头,探头支架以及指示器单元(见图 1)。

3.3.1 探头可以独立测量硅片表面与离之最近的探头表面之间的距离 a, b。

3.3.2 探头应安装在硅片的上下两边同时保证两个探头是相向的。

3.3.3 上下探头为同轴探头,且这个共同的轴为测量轴。

3.3.4 在进行校正和测量时应保持 A,B 探头间距离 D 恒定。

3.3.5 位移分辨率应该为 10 nm 或更优。

3.3.6 探头感应部位尺寸 4 mm×4 mm 或其他供需双方的商定值。

4 试样

干燥、洁净的硅片。

5 测量程序

5.1 校准

根据仪器的操作指导进行校正。

5.2 测量

5.2.1 选择合格质量区域(FQA)

硅片边缘 3 mm 不计入合格质量区域,有特殊要求可根据供需双方商定值选择。

5.2.2 按如下选择平整度参数:

5.2.2.1 选择参考表面——正面(F)或背面(B)

5.2.2.2 从以下选择一种参考平面

 a) 理想背面平面(I);

 b) 正面三点平面(3);

 c) 正面最小二乘法平面(L)。

5.2.3 选择测量参数

5.2.3.1 TIR——总指示读数。

5.2.3.2 FPD——焦平面偏差。

6 计算

6.1 参考面由如下形式描述:

$$Z_{\text{ref}} = a_R x + b_R y + c_R \qquad \cdots\cdots\cdots\cdots\cdots (2)$$

式中 a_R, b_R, c_R 可按如下选择:

6.1.1 理想背表面参考面:

$$a_R = b_R = c_R = 0 \qquad \cdots\cdots\cdots\cdots\cdots (3)$$

6.1.2 最小二乘法参考面:

选择 a_R, b_R, c_R 以满足

$$\sum_{x,y} [t(x,y) - (a_R x + b_R y + c_R)]^2 \qquad \cdots\cdots\cdots\cdots\cdots (4)$$

为最小值。

6.1.3 三点参考面：

$$t(x_1,y_1) = a_R x_1 + b_R y_1 + c_R$$
$$t(x_2,y_2) = a_R x_2 + b_R y_2 + c_R \quad \cdots\cdots\cdots\cdots\cdots\cdots (5)$$
$$t(x_3,y_3) = a_R x_3 + b_R y_3 + c_R$$

式中 $x_1,y_1;x_2,y_2;x_3,y_3$ 均匀分布于距硅片边缘 3 mm 处的圆周上。

6.2 焦平面由如下形式描述：

$$Z_{focal} = a_F x + b_F y + c_F \quad \cdots\cdots\cdots\cdots\cdots\cdots\cdots (6)$$

焦平面与参考面平行,且在计算平整度时认为焦平面与参考面相同,所以

$a_F = a_R$

$b_F = b_R$

$c_F = c_R$

6.3 试样各点的厚度与参考面或焦平面的差异由如下形式描述：

$$f(x,y) = t(x,y) - (a_i x + b_i y + c_i) \quad \cdots\cdots\cdots\cdots\cdots (7)$$

式中：

i——可以是 R 或 F；

x,y——应在 FQA 内。

6.4 TIR 按如下公式计算：

$$TIR = f(x,y)_{max} - f(x,y)_{min} \quad \cdots\cdots\cdots\cdots\cdots\cdots (8)$$

6.5 FPD 按如下方法计算

$$FPD = |f(x,y)_{max}| \qquad (|f(x,y)_{max}| > |f(x,y)_{min}|) \quad \cdots\cdots (9)$$
$$FPD = -|f(x,y)_{min}| \qquad (|f(x,y)_{min}| > |f(x,y)_{max}|) \quad \cdots\cdots (10)$$

7 精密度

7.1 本方法单实验室精密度：FPD 不大于 0.21 μm(R3S)；

TIR 不大于 0.27 μm(R3S)。

7.2 本方法多实验室精密度：FPD 不大于 0.48 μm(R3S)；

TIR 不大于 0.54 μm(R3S)。

8 试验报告

8.1 报告应包括以下内容：

  a) 试样编号；

  b) 试样表面的优质区域(FQA)；

  c) 仪器型号；

  d) 实验室洁净等级；

  e) 测试结果:最大 FPD 和 TIR；

  f) 本标准编号；

  g) 测量单位和测量者；

  h) 测量日期。

8.2 如有特殊要求,报告也应该包括三维轮廓图、二维形貌图、正投影图、剖面图等。

ICS 29.045
H 80

中华人民共和国国家标准

GB/T 6624—2009
代替 GB/T 6624—1995

硅抛光片表面质量目测检验方法

Standard method for measuring the surface quality
of polished silicon slices by visual inspection

2009-10-30 发布

2010-06-01 实施

中华人民共和国国家质量监督检验检疫总局
中国国家标准化管理委员会 发布

前　言

本标准代替 GB/T 6624—1995《硅抛光片表面质量目测检验方法》。

本标准与原标准相比主要有如下变化：

——修改了高强度汇聚光源照度要求，由不小于 16 000 lx 改为不小于 230 000 lx；

——增加了净化室级别要求；

——扩大了照度计测量范围为 0 lx～330 000 lx；

——增加了测量长度工具；

——更改检测条件中光源与硅片之间的距离要求。

本标准由全国半导体设备和材料标准化技术委员会提出。

本标准由全国半导体设备和材料标准化技术委员会材料分技术委员会归口。

本标准主要起草单位：上海合晶硅材料有限公司。

本标准主要起草人：徐新华、王珍。

本标准所替代标准的历次版本发布情况为：

——GB/T 6624—1986、GB/T 6624—1995。

硅抛光片表面质量目测检验方法

1 范围

本标准规定了在一定光照条件下,用目测检验单晶抛光片(以下简称抛光片)表面质量的方法。

本标准适用于硅抛光片表面质量检验。外延片表面质量目测检验也可参考本方法进行。

2 规范性引用文件

下列文件中的条款通过本标准的引用而成为本标准的条款。凡是注日期的引用文件,其随后所有的修改单(不包括勘误的内容)或修订版均不适用于本标准,然而,鼓励根据本标准达成协议的各方研究是否可使用这些文件的最新版本。凡是不注日期的引用文件,其最新版本适用于本标准。

GB/T 14264 半导体材料术语

3 术语

本标准涉及的术语应符合 GB/T 14264 的规定。

4 方法原理

硅抛光片表面质量缺陷在一定光照条件下可以产生光的漫反射,且能通过目测观察,据此可目测检验其表面缺陷。

5 设备和器具

5.1 高强度汇聚光源:照度不小于 230 000 lx。

5.2 大面积漫射光源:可调节光强度的荧光灯或乳白灯,使检测面上的光强度为 430 lx～650 lx。

5.3 净化室:净化室级别应该与硅片表面颗粒检测的水平相一致,不低于 100 级。

5.4 净化台:大小能容纳检测设备,净化级别优于 100 级,离净化台正面边缘 230 mm 处背景照度为 50 lx～650 lx。

5.5 真空吸笔:吸笔头可拆卸清洗,抛光片与其接触后不留下任何痕迹,不引入任何缺陷。

5.6 照度计:应可测到 0 lx～330 000 lx。

5.7 公制尺:精度不低于 1 mm。

6 试样

按照规定的抽样方案或商定的抽样方案从清洗后的抛光片中抽取试样。

7 检测程序

7.1 检测条件

7.1.1 在净化室内,用真空吸笔吸住抛光片背面,使抛光面朝上,正对光源。光源、抛光片与检测人位置如图 1 所示。光源离抛光片距离为 10 cm～20 cm。α 角建议为 45°±10°,β 角建议为 90°±10°。

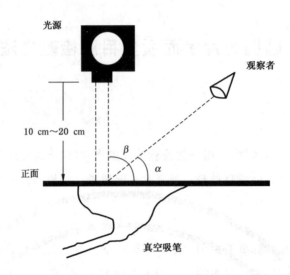

图 1　用高强度会聚光检测硅片正面的示意图

7.1.2　检测光源分别为

　　高强度汇聚光：照度≥230 000 lx；

　　大面积散射光：照度430 lx～650 lx。

7.2　检测步骤

7.2.1　用真空吸笔吸住抛光片背面，使高强度汇聚光束斑直射抛光片正面（如图1所示）。晃动抛光片，改变入射光角度，目测检查整个抛光片正面的缺陷：沾污、雾、划道、颗粒。

7.2.2　将光源换成大面积散射光源，目测检查抛光片正面的缺陷：边缘碎裂、桔皮、鸦爪、裂纹、槽、波纹、浅坑、小丘、刀痕、条纹。

7.2.3　用真空吸笔吸住抛光片背面，转动吸笔使抛光片背面向上，在大面积散射光照射下，目测检查抛光片背面的缺陷：边缘碎裂、沾污、裂纹、刀痕。

8　检测结果计算

8.1　记录观察到的颗粒情况。

8.2　记录划道根数。

8.3　记录观察到的边缘碎裂、弧坑、波纹、小丘、浅坑、鸦爪、条纹、槽和裂纹数目。

9　试验报告

　　试验报告应包括以下内容：

　　a)　硅抛光片的批号；

　　b)　硅抛光片的生产单位；

　　c)　检测条件；

　　d)　检测结果；

　　e)　本标准编号；

　　f)　检验者签章；

　　g)　检测日期。

ICS 77.040.01
H 17

中华人民共和国国家标准

GB/T 8757—2006
代替 GB/T 8757—1988

砷化镓中载流子浓度等离子共振
测 量 方 法

Determination of carrier concentration in gallium arsenide
by the plasma resonance minimum

2006-07-18 发布
2006-11-01 实施

中华人民共和国国家质量监督检验检疫总局
中国国家标准化管理委员会 发布

前　言

本标准是对 GB/T 8757—1988《砷化镓中载流子浓度等离子共振测量方法》的修订。

本标准与 GB/T 8757—1988 相比主要有以下变动：

——原标准表述仪器要求使用了波数表示法，为了和其他条款的表述一致，改为波长表示法；

——原标准规定，为测定仪器的波长精度和重复性，要测量聚苯乙烯膜的吸收带 10 次。但未规定是按固定周期还是在每次测量前做这项工作，也没有规定如果在这 10 次测量结果中出现一次或几次不符合要求时应如何处理，不便于实际操作。修改后规定为每次打开仪器按仪器说明书的要求预热一定时间后，在正式测量前进行一次测量聚苯乙烯膜的吸收带的校准；

——原标准 5.1 式中的常数 c 对于砷化镓材料总是为零，故在表达式中取消。

本标准自实施之日起代替 GB/T 8757—1988。

本标准由中国有色金属工业协会提出。

本标准由全国有色金属标准化技术委员会归口。

本标准起草单位：北京有色金属研究总院。

本标准主要起草人：王彤涵。

本标准由全国有色金属标准化技术委员会负责解释。

本标准所代替标准的历次版本发布情况为：

——GB/T 8757—1988。

砷化镓中载流子浓度等离子共振测量方法

1 范围

本标准适用于掺杂砷化镓单晶中载流子浓度的测量。测量范围：

n-GaAs 1.0×10^{17} cm^{-3} ~ 1.0×10^{19} cm^{-3}

p-GaAs 2.0×10^{18} cm^{-3} ~ 1.0×10^{20} cm^{-3}

2 原理

在红外光谱区域，重掺杂半导体材料的反射率为波长的函数，材料的载流子浓度和反射光谱的等离子体共振极小值波长具有对应关系，测量此波长，根据公式可计算出载流子浓度。

3 仪器

3.1 双光束红外分光光度计或傅立叶红外光谱仪，波长范围为 2.5 μm ~ 50 μm，或波数范围为 4 000 cm^{-1} ~ 200 cm^{-1}。如果波长范围较窄，则测量范围相应减小。

3.2 仪器的波长和波长重复性误差不大于 0.05 μm，在 10 μm 处光谱分辨率为 0.02 μm 或更好。

3.3 仪器应配有反射附件，入射角不大于 30°，仪器应配有黑体材料制成的多种孔径的光阑。

4 样品

4.1 作为样品的单晶片，表面必须研磨后进行机械或化学抛光，使样品表面在良好的光线下看上去平整光洁。

4.2 样品的导电类型应是已知的。

5 测量

5.1 仪器校准

5.1.1 打开仪器，按说明书的要求进行预热。测量厚度为 300 μm ~ 500 μm 的聚苯乙烯膜的吸收光谱，核对 3.303 μm 吸收带，其结果应满足条款 3.2 的要求。

5.1.2 安装反射附件后测量 100% 线，其峰谷值差应小于 8%。

5.2 测量

5.2.1 选择适当的扫描速度，以满足条款 3.2 的要求。测量并记录样品的反射光谱。如果反射谱线的极小值与任一边的最大值之差小于 10%，则应提高仪器的放大倍数并重新记录反射光谱。

5.2.2 在反射谱线的极小值两侧约 0.5 μm ~ 1 μm 处分别作两条与谱线相切的直线，两直线的交点处即为反射极小值的位置。

6 计算

载流子浓度按以下公式计算：

$$N = (A \cdot \lambda_{\min})^B \qquad \cdots\cdots\cdots\cdots\cdots\cdots\cdots\cdots\cdots(1)$$

式中：

N——载流子浓度，单位 cm^{-3}；

λ_{min}——反射率极小值波长,单位 μm;

A、B——常数,列于表1。

表 1 A、B常数表

导电型号	应用波长/μm	A	B
n	9.4～18.5	5.803×10^{-11}	-2.051
n	＞18.5～30.4	2.405×10^{-3}	-2.898
n	＞30.4～33.9	1.188×10^{-3}	-12.308
n[a]	＞33.9～100	2.592×10^{-9}	-2.5017
p	3.7～30	5.566×10^{-12}	-1.884
[a] 应用波长应为第二反射极小值波长。			

7 精密度

本测试方法的精密度对 n 型砷化镓材料为 4.85%,对 p 型砷化镓材料为 4.68%。

8 测试报告

测试报告应包括以下内容:

a) 使用的仪器;

b) 样品名称及其导电类型;

c) 反射率极小值的波长或波数;

d) 载流子浓度;

e) 图示样品的测量部位。

ICS 77.040.01
H 17

中华人民共和国国家标准

GB/T 8758—2006
代替 GB/T 8758—1988

砷化镓外延层厚度红外干涉测量方法

Measuring thickness of epitaxial layers of
gallium arsenide by infrared interference

2006-07-18 发布

2006-11-01 实施

中华人民共和国国家质量监督检验检疫总局
中国国家标准化管理委员会   发布

前　言

本标准是对 GB/T 8758—1988《砷化镓外延层厚度红外干涉测量方法》的修订。

本标准自实施之日起代替 GB/T 8758—1988。

本标准与 GB/T 8758—1988 相比主要变动如下：

——原标准表述仪器要求的 3.1.3 条使用了波数表示法，为了和其他条款的表述一致，改为波长表示法。

——原标准规定，为测定仪器的波长精度和重复性，要测量聚苯乙烯膜的吸收带十次。但未规定是按固定周期还是在每次测量前做这项工作，也没有规定如果在这十次测量结果中出现一次或几次不符合要求时应如何处理，不便于实际操作。修改后规定为每次打开仪器按仪器说明书的要求预热一定时间后，在正式测量前进行一次测量聚苯乙烯膜的吸收带的校准。

本标准的附录 A 为资料性附录。

本标准由中国有色金属工业协会提出。

本标准由全国有色金属标准化技术委员会归口。

本标准起草单位：北京有色金属研究总院。

本标准主要起草人：王彤涵。

本标准由全国有色金属标准化技术委员会负责解释。

本标准所代替标准的历次版本发布情况为：

——GB/T 8758—1988。

砷化镓外延层厚度红外干涉测量方法

1 范围

本标准适用于砷化镓外延片外延层厚度的测量,测量厚度大于 2 μm。要求衬底材料的电阻率小于 0.02 Ω·cm,外延层的电阻率大于 0.1 Ω·cm。

2 原理

衬底材料与外延层的光学常数差别较大,当红外光入射到外延片表面时,在反射光谱中产生干涉条纹。根据干涉条纹的极大值或极小值的波长位置、衬底材料和外延层的光学常数以及光束的入射角,可计算出外延层的厚度。

3 仪器

3.1 双光束红外分光光度计或傅立叶红外光谱仪,波长范围为 2.5 μm～50 μm,或波数范围为 4 000 cm^{-1}～200 cm^{-1}。

3.2 仪器的波长和波长重复性误差不大于 0.05 μm。在 10 μm 处光谱分辨率为 0.02 μm 或更好。

3.3 仪器应配有反射附件,入射角不大于 30°。仪器应配有黑体材料制成的多种孔径的光阑。

4 样品

4.1 用于测量的样品应具有良好的光学表面,不应有大面积的钝化层。

4.2 衬底和外延层的导电类型及衬底的电阻率应是已知的。

5 测量过程

5.1 仪器校准

5.1.1 打开仪器,按说明书的要求进行预热。测量厚度为 300 μm～500 μm 的聚苯乙烯膜的吸收光谱,核对 3.303 μm 吸收带,其结果应满足 3.2 的要求。

5.1.2 安装反射附件后测量 100%线,其峰谷值差应小于 8%。

5.2 选择扫描速度

安装反射附件。选择衬底和外延层电阻率分别为 0.008 Ω·cm 和 0.12 Ω·cm 并且在波长大于 25 μm 处仍能观察到极值的外延片,使用最慢的扫描速度记录大于 25 μm 处的极小值的波长位置。逐步提高扫描速度,观察极小值波长位置的变化,允许使用的最快扫描速度与最慢扫描速度得到的相应极小值波长之差应小于±0.1 μm。

5.3 测量

5.3.1 把待测样品放置于反射附件的窗口上,测量点对准窗口,记录反射光谱。扫描速度满足 5.2 的要求。

5.3.2 在低于极大值或高于极小值满刻度的约 3%处作水平线,该线与反射光谱线两焦点的中点位置即为极值的波长位置。

5.3.3 如反射光谱线的峰值幅度与噪声幅度之比小于 5,则不能用于计算外延层厚度。

6 计算

6.1 由公式(1)确定各个极大值和极小值的级数。若 λ_n 为极大值,则 P_n 计算值取整数,若 λ_n 为极小值,则 P_n 计算值取半整数。其余极值的级数是随波长增大而逐次减少。

$$P_n = \frac{m\lambda_1}{\lambda_1 - \lambda_n} + \frac{1}{2} - \frac{\phi_1\lambda_1 - \phi_n\lambda_n}{2\pi(\lambda_1 - \lambda_n)} \qquad \cdots\cdots\cdots\cdots\cdots(1)$$

式中:

P_n——λ_n 处极值的级数;

λ_1、λ_n——极值波长($\lambda_1 > \lambda_n$);

m——从 λ_1 到 λ_n 之间极值的级数差;

ϕ_1、ϕ_n——分别为 λ_1 和 λ_n 所对应的相移,见表1。

表 1　GaAs 材料相移($\phi_n/2\pi$)

波长/μm	衬底电阻率($\times 10^{-3}$ Ω·cm)											
	0.1	0.2	0.3	0.4	0.5	0.6	0.7	0.8	0.9	1.0	5.0	10
2	0.02	0.01	0.007	0.006	0.005	0.005	0.004	0.004	0.004	0.003	0	0
4	0.019	0.022	0.015	0.013	0.011	0.01	0.009	0.009	0.008	0.008	0	0
6	0.31	0.06	0.024	0.02	0.016	0.012	0.014	0.013	0.013	0.012	0	0
8	0.36	0.208	0.044	0.028	0.022	0.017	0.018	0.017	0.017	0.016	0.009	0.009
10	0.389	0.278	0.14	0.047	0.03	0.026	0.022	0.022	0.021	0.019	0.013	0.011
12	0.407	0.319	0.223	0.122	0.046	0.034	0.029	0.027	0.026	0.023	0.015	0.014
14	0.42	0.347	0.27	0.2	0.1	0.051	0.037	0.033	0.03	0.027	0.017	0.016
16	0.43	0.36	0.303	0.247	0.174	0.101	0.055	0.043	0.037	0.033	0.019	0.018
18	0.438	0.382	0.326	0.28	0.223	0.167	0.101	0.065	0.05	0.04	0.021	0.02
20	0.444	0.394	0.345	0.305	0.257	0.212	0.16	0.116	0.077	0.053	0.023	0.021
22	0.449	0.403	0.359	0.324	0.282	0.245	0.203	0.168	0.127	0.08	0.024	0.023
24	0.453	0.411	0.327	0.34	0.303	0.27	0.235	0.206	0.173	0.127	0.026	0.024
26	0.456	0.418	0.382	0.353	0.319	0.29	0.26	0.235	0.208	0.17	0.027	0.025
28	0.459	0.424	0.39	0.364	0.333	0.307	0.28	0.258	0.234	0.202	0.029	0.027
30	0.461	0.429	0.398	0.373	0.345	0.321	0.296	0.277	0.256	0.228	0.03	0.028
32	0.464	0.433	0.404	0.381	0.355	0.333	0.31	0.293	0.274	0.249	0.032	0.029
34	0.466	0.437	0.41	0.388	0.364	0.344	0.323	0.306	0.289	0.267	0.034	0.03
36	0.467	0.44	0.415	0.394	0.372	0.353	0.333	0.318	0.302	0.282	0.036	0.031
38	0.469	0.443	0.419	0.4	0.379	0.361	0.342	0.328	0.314	0.295	0.038	0.033
40	0.47	0.446	0.423	0.405	0.385	0.368	0.35	0.337	0.324	0.306	0.04	0.034

6.2 由公式(2)计算外延层的厚度:

$$T_n = \frac{\lambda_n \left(P_n - \frac{1}{2} + \frac{\phi_n}{2\pi}\right)}{2(n^2 - \sin^2\theta)^{\frac{1}{2}}} \qquad \cdots\cdots\cdots\cdots\cdots(2)$$

式中:

T_n——外延层的厚度,单位 μm;

n——外延层的折射率;

θ——入射角,单位度;

其他符号与公式(1)中的相同。

7 精密度

根据多个实验室的结果,对于厚度大于 2 μm 的砷化镓外延层,本测量方法的测量精密度为 0.018 $T\pm0.25$ μm ,T 为外延层的平均厚度,单位 μm。

8 测量报告

测量报告应包括以下内容:

a) 所使用的仪器;

b) 样品的材料、编号;

c) 衬底和外延层的导电类型及衬底的电阻率;

d) 各个极值所对应的计算厚度 T_n;

e) 平均厚度 T;

f) 图示样品的测量部位。

附 录 A
（资料性附录）
计 算 实 例

A.1 计算步骤

按图 A.1 所示的 GaAs 外延片样品反射光谱图计算外延层厚度。GaAs 材料的折射率 $n=3.34$，样品的衬底电阻率为 $0.001\ \Omega\cdot cm$。反射附件的入射角 $\theta=10°$。

A.1.1 确定第一个和最后一个极值波长：$\lambda_1=14.85\ \mu m$，$\lambda_6=8.08\ \mu m$；

由表 1 得出相移：$\phi_1/2\pi=0.03$，$\phi_6/2\pi=0.016$；

从图 A.1 可看出极值级数差：$m=5$；

将以上数据代入公式(1)得：$P_6=11.43$，取 $P_6=11.5$；

将 P_6 代入公式(2)得：$T_6=13.32$。

A.2 计算结果

样品厚度计算结果如表 A.1：

表 A.1

n	$\lambda_n/\mu m$	$\phi_1/2\pi$	P_n	$T_n/\mu m$
1	14.85	0.03	6.5	13.41
2	12.76	0.025	7.5	13.42
3	11.11	0.021	8.5	13.34
4	9.87	0.019	9.5	13.33
5	8.89	0.017	10.5	13.33
6	8.08	0.016	11.5	13.32
平均	—	—	—	13.36

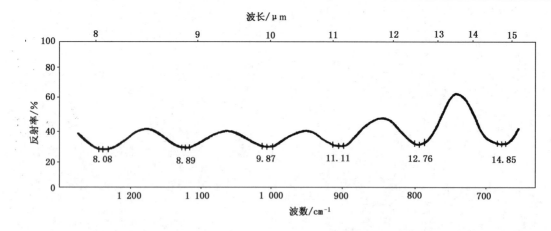

图 A.1 GaAs 外延片样品反射光谱图

ICS 77.040
H 21

中华人民共和国国家标准

GB/T 8760—2020
代替 GB/T 8760—2006

砷化镓单晶位错密度的测试方法

Test method for dislocation density of monocrystal gallium arsenide

2020-09-29 发布　　　　　　　　　　　　2021-08-01 实施

国家市场监督管理总局
国家标准化管理委员会　　发布

前　言

本标准按照 GB/T 1.1—2009 给出的规则起草。

本标准代替 GB/T 8760—2006《砷化镓单晶位错密度的测量方法》。本标准与 GB/T 8760—2006 相比,除编辑性修改外主要技术变化如下:

——修改了标准范围中的规定内容和适用范围(见第 1 章,2006 年版的第 1 章);

——增加了规范性引用文件(见第 2 章);

——删除了位错、位错密度的术语和定义,增加了引导语"GB/T 14264 界定的术语和定义适用于本文件"(见第 3 章,2006 年版的 2.1、2.2);

——删除了方法原理中"采用择优化学腐蚀技术显示位错"的内容(见第 4 章,2006 年版的第 3 章);

——增加了"除非另有说明,测试分析仅使用确认为分析纯及以上的试剂,所用水的电阻率不小于 12 MΩ·cm"(见第 5 章);

——修改了氢氧化钾、硫酸、过氧化氢的要求(见第 5 章,2006 年版的第 4 章);

——修改了抛光液的要求(见 5.4,2006 年版的 5.3);

——仪器设备中增加"铂坩埚或银坩埚"(见 6.3);

——修改了试样制备的要求(见第 7 章,2006 年版的第 5 章);

——增加了使用带数码成像的金相显微镜测试时的视场面积和测试点选取的要求(见 8.2.2、8.3.1);

——增加了位错腐蚀坑较多且有重叠时的计数方法以及形貌图(见 8.4.2);

——试验数据处理中的计算公式用 S^{-1} 代替 C(见第 9 章,2006 年版的第 8 章);

——修改了章标题,并增加精密度的技术要求(见第 10 章,2006 年版的第 9 章)。

本标准由全国半导体设备和材料标准化技术委员会(SAC/TC 203)与全国半导体设备和材料标准化技术委员会材料分技术委员会(SAC/TC 203/SC 2)共同提出并归口。

本标准起草单位:有研光电新材料有限责任公司、云南临沧鑫圆锗业股份有限公司、国合通用测试评价认证股份公司、中国电子科技集团第四十六研究所、广东先导稀材股份有限公司、雅波拓(福建)新材料有限公司。

本标准主要起草人:赵敬平、林泉、于洪国、惠峰、刘淑凤、姚康、许所成、许兴、马英俊、王彤涵、赵素晓、韦圣林、陈晶晶、付萍。

本标准所代替标准的历次版本发布情况为:

——GB/T 8760—1988、GB/T 8760—2006。

砷化镓单晶位错密度的测试方法

1 范围

本标准规定了砷化镓单晶位错密度的测试方法。

本标准适用于{100}、{111}面砷化镓单晶位错密度的测试,测试范围为 $0\ \mathrm{cm}^{-2} \sim 100\ 000\ \mathrm{cm}^{-2}$。

2 规范性引用文件

下列文件对于本文件的应用是必不可少的。凡是注日期的引用文件,仅注日期的版本适用于本文件。凡是不注日期的引用文件,其最新版本(包括所有的修改单)适用于本文件。

GB/T 14264 半导体材料术语

3 术语和定义

GB/T 14264 界定的术语和定义适用于本文件。

4 方法原理

砷化镓单晶中位错周围的晶格会发生畸变,当用某些化学腐蚀剂腐蚀晶体表面时,在晶体表面上的位错露头处腐蚀速度较快,进而形成具有特定形状的腐蚀坑。在显微镜下观察并按一定规则统计这些具有特定形状的腐蚀坑,单位视场面积内的腐蚀坑个数即为位错密度。

5 试剂

除非另有说明,测试分析中仅使用确认为分析纯及以上的试剂,所用水的电阻率不小于 $12\ \mathrm{M\Omega \cdot cm}$。

5.1 氢氧化钾(KOH),质量分数不小于85%。

5.2 硫酸(H_2SO_4),质量分数为95%~98%。

5.3 过氧化氢(H_2O_2),质量分数不小于30%。

5.4 抛光液:硫酸、过氧化氢、水的混合液,体积比为(2~3):1:1,现用现配。

6 仪器设备

6.1 金相显微镜,放大倍数为100倍~500倍,能满足8.2规定的视场面积要求。

6.2 加热器,能将氢氧化钾加热至熔融澄清状态。

6.3 铂坩埚或银坩埚。

7 试样制备

7.1 定向切取

对待测的砷化镓单晶定向后,垂直于砷化镓单晶生长方向切取厚度不小于0.5 mm的测试片试样,其晶向偏离度应不大于1°。

7.2 研磨

7.2.1 手工研磨试样时,用粒度为 30 μm 的金刚砂(或相当粒度的氧化铝粉)水浆研磨,使其表面平整。用水清洗干净后,再用粒度为 6.5 μm 的金刚砂(或相当粒度的氧化铝粉)水浆研磨,使其表面光洁,无目视可见的机械划痕,然后用水清洗、吹干。

7.2.2 研磨机研磨试样时,将试样放在研磨机上,用粒度为 6.5 μm 的金刚砂(或相当粒度的氧化铝粉)水浆研磨,使其表面平整光洁,无目视可见的机械划痕,然后用水清洗、吹干。

7.3 化学抛光

用抛光液将研磨后的试样抛光至无损伤的光亮表面。

7.4 腐蚀

将氢氧化钾放在铂坩埚或银坩埚内加热至 400 ℃±15 ℃,待氢氧化钾熔融并澄清后,将抛光后的试样放入熔融氢氧化钾中,直至镜面。不同晶面的腐蚀时间如下:
- a) {100}面晶片,腐蚀时间为 10 min～17 min;
- b) {111}Ga 面晶片,腐蚀时间为 10 min～15 min;
- c) {111}As 面晶片,腐蚀时间为 10 min～15 min。

7.5 清洁处理

将腐蚀完成的试样取出,自然冷却至室温。然后用水冲洗,将吸附在试样上的化学药品充分洗净,吹干。

8 试验步骤

8.1 观察试样

肉眼观察试样是否有宏观缺陷及其分布情况,并做好记录。

8.2 选择视场面积

8.2.1 将试样置于金相显微镜载物台上,选择放大倍数为 100 倍或 1 mm² 左右的视场面积,扫视试样表面,估算位错密度 N_d。根据位错密度 N_d,选取视场面积,具体如下:
- a) $N_d \leqslant 5\ 000\ cm^{-2}$,选用视场面积 $S \geqslant 1\ mm^2$;
- b) $5\ 000\ cm^{-2} < N_d \leqslant 10\ 000\ cm^{-2}$,选用视场面积 $S \geqslant 0.5\ mm^2$;
- c) $N_d > 10\ 000\ cm^{-2}$,选用视场面积 $S \geqslant 0.1\ mm^2$。

8.2.2 若使用带数码成像的金相显微镜,允许视场面积适当减小,但应不小于上述视场面积的 70%。

8.3 选取测试点

8.3.1 对于 D 形砷化镓单晶片,测试点选取位置见图 1。试样宽度与测试点间距的关系见表 1。

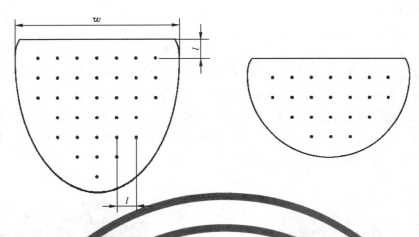

说明：

w —— 试样宽度；

l —— 测试点间距（或测试点距晶片边缘的距离）。

注："·"表示测试点。

图 1 D 形砷化镓单晶片测试点示意图

表 1 D 形砷化镓单晶片试样宽度与测试点间距的关系   单位为毫米

试样宽度 w	测试点间距 l	
	方案 1	方案 2
<30	5	2
≥30	5	3
注：使用带数码成像的金相显微镜观察时，若视场面积减小，可按方案 2 的测试点间距在试样表面取点。		

8.3.2 对于圆形{100}砷化镓单晶片，在[010]和[0$\bar{1}$1]两个晶向的直径上，以试样直径 D 的 1/10 为间距选取测试点（除去 D/10 边界区域），具体位置见图 2。

8.3.3 对于圆形{111}砷化镓单晶片，在[$\bar{1}$12]和[$\bar{1}$10]两个晶向的直径上，以试样直径 D 的 1/10 为间距选取测试点（除去 D/10 边界区域），具体位置见图 3。

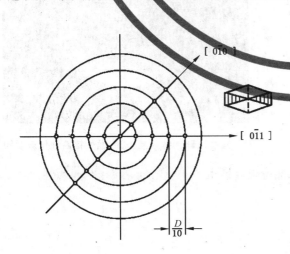

注："○"表示测试点。

图 2 圆形{100}砷化镓单晶片测试点

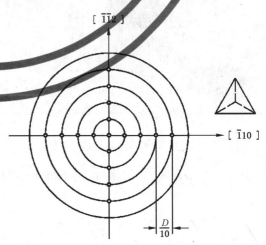

注："○"表示测试点。

图 3 圆形{111}砷化镓单晶片测试点

8.4 记录

8.4.1 用金相显微镜在选取的测试点观察,参照图4所示的不同晶面位错腐蚀坑的特征,读取并记录各测试点的位错腐蚀坑个数。

8.4.2 视场边界上的位错腐蚀坑,应至少有1/2面积在视场内才予以计数;在位错腐蚀坑较多且有重叠时,位错腐蚀坑按能看到的坑底个数计数,坑底在视场内的位错腐蚀坑计数,坑底在视场外的位错腐蚀坑不计数,见图5。不符合特征的坑、平底坑或其他形状的图形不计数,见图6。如果发现视场内污染点或其他不确定形状的图形很多,应考虑重新制样。

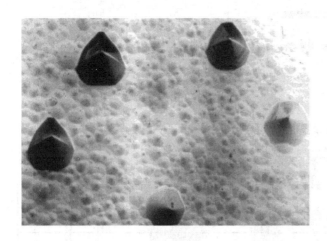

a) 〈111〉Ga 面位错腐蚀坑 ×400

b) 〈111〉As 面位错腐蚀坑 ×400

c) 〈100〉面位错腐蚀坑 ×400

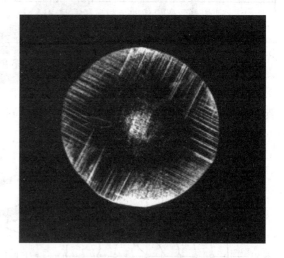

d) 直拉法砷化镓单晶〈100〉面位错腐蚀坑宏观图

图 4 砷化镓单晶位错腐蚀坑

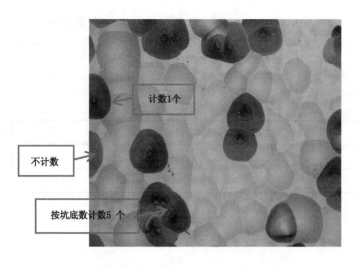 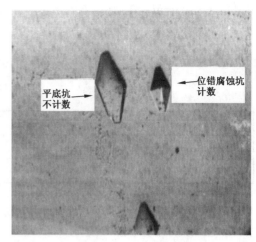

图 5　位错腐蚀坑在边缘、较多且重叠的情况　×200　　图 6　{100}面平底坑和位错腐蚀坑　×400

9　试验数据处理

9.1　D形砷化镓单晶片的平均位错密度 N_d 按式(1)计算：

$$N_d = \frac{1}{nS} \sum_{i=1}^{n} N_i \qquad\qquad\qquad (1)$$

式中：

S ——视场面积，单位为平方厘米(cm^2)；

N_i ——第 i 个测试点的位错腐蚀坑个数，$i=1,2,3,\cdots,n$。

9.2　圆形{100}砷化镓单晶片的平均位错密度 $\overline{N}_d$ 按式(2)计算：

$$\overline{N}_d = \frac{2\sum_{i=1}^{n} N_i + N_0}{S \times (2n+1)} \qquad\qquad\qquad (2)$$

式中：

N_i ——第 i 个测试点的位错腐蚀坑个数，$i=1,2,3,\cdots,n$；

N_0 ——中心测试点的位错腐蚀坑个数；

S ——视场面积，单位为平方厘米(cm^2)。

9.3　圆形{111}砷化镓单晶片的平均位错密度 $\overline{N}_d$ 按式(3)计算：

$$\overline{N}_d = \frac{3\sum_{i=1}^{n} N_i + N_0}{S \times (3n+1)} \qquad\qquad\qquad (3)$$

式中：

N_i ——第 i 个测试点的位错腐蚀坑个数，$i=1,2,3,\cdots,n$；

N_0 ——中心测试点的位错腐蚀坑个数；

S ——视场面积，单位为平方厘米(cm^2)。

10　精密度

用择优腐蚀原理测试位错密度的误差与测试点的选取方法、实际观测面积(视场面积乘以测试点数)与晶面总面积之比、位错分布的均匀性等因素有关。分别选取两片 D 形和圆形砷化镓单晶测试片,在 3～4 个实验室按照本方法进行测试,以各家测试的所有位错密度的平均值作为真值,进行相对误差的计算。测试结果的相对误差见表 2。

表 2　相对误差

砷化镓单晶片形状	相对误差
D 形	≤35％
圆形	≤25％

11　试验报告

试验报告应包括下列内容:

a)　样品信息,包括晶向、编号等;

b)　视场面积;

c)　腐蚀液及腐蚀时间;

d)　测试结果,包括各点腐蚀坑个数及平均位错密度;

e)　测试者和测试日期;

f)　本标准编号;

g)　其他,如样品图形(标示出高位错密度处)。

ICS 77.040.01
H 17

中华人民共和国国家标准

GB/T 11068—2006
代替 GB/T 11068—1989

砷化镓外延层载流子浓度
电容-电压测量方法

Gallium arsenide epitaxial layer—Determination of carrier
concentration voltage-capacitance method

2006-07-18 发布

2006-11-01 实施

中华人民共和国国家质量监督检验检疫总局
中国国家标准化管理委员会 发布

前　言

本标准是对 GB/T 11068—1989《砷化镓外延层载流子浓度电容-电压测量方法》的修订。本标准在原标准基础上,参考 DIN 50439《电容-电压法和汞探针测定半导体单晶材料掺杂剂的浓度剖面分布》编制的。

本标准与原标准相比主要变动如下:

——原标准规定,在制作高阻衬底样品的欧姆电极时,要在氮气保护及 400℃下合金化 5 min,而经验表明,在 350℃～450℃的温度下合金化,都可得到好的欧姆接触电极,故将此项要求改为在 350℃～400℃及氮气保护下,合金化 5 min～10 min;

——取消了原标准对环境的要求,因为在通常的实验室条件下,所用仪器和测试方法本身对环境温度和湿度并不十分敏感,特别是成套仪器。但由于载流子浓度与温度有关,故应在测量报告中标明测量时的环境温度;

——简化了原标准关于电容仪校准的文字表述。

本标准自实施之日起代替 GB/T 11068—1989。

本标准由中国有色金属工业协会提出。

本标准由全国有色金属标准化技术委员会归口。

本标准起草单位:北京有色金属研究总院。

本标准主要起草人:王彤涵。

本标准由全国有色金属标准化技术委员会负责解释。

本标准所代替标准的历次版本发布情况为:

——GB/T 11068—1989。

砷化镓外延层载流子浓度
电容-电压测量方法

1 范围

本标准规定了砷化镓外延层载流子浓度电容-电压测量方法,适用于砷化镓外延层基体材料中载流子浓度的测量。测量范围:1×10^{14} cm^{-3}～5×10^{17} cm^{-3}。

2 术语和定义

下列术语和定义适用于本标准。

2.1

击穿电压 breakdown voltage

当反向偏压增加到某一值时,肖特基结就失去阻挡作用,反向电流迅速增大时的电压值。

2.2

接触面积 contact area

汞探针与试样表面的有效接触面积。

2.3

势垒电容 barrier capacitance

半导体内垂直于接触面的空间电荷区的电容。

2.4

势垒宽度 barrier width

起势垒作用的空间电荷区的线性宽度。

2.5

载流子浓度纵向分布 longitudinal distribution of carrier concentration

自半导体表面向体内垂直方向上载流子浓度与深度的对应关系。

3 原理

汞探针与砷化镓表面接触形成肖特基势垒,当反向偏压增大时,势垒区向砷化镓内部扩展。用高频小讯号测量某一反向偏压下的势垒电容 $C(F)$ 及由反向偏压增量 $\Delta V(V)$ 引起的势垒电容增量 $\Delta C(F)$,根据公式(1)和公式(2)可计算出势垒扩展深度(X)和其相应的载流子浓度 $N(X)$。

$$X = \frac{\varepsilon_0\varepsilon A}{C} \qquad\qquad\qquad\qquad\qquad (1)$$

$$N(X) = \frac{C^3 \times \left(-\dfrac{\Delta V}{\Delta C}\right)}{e\varepsilon_0\varepsilon A^2} \qquad\qquad\qquad\qquad\qquad (2)$$

式中:

X——势垒扩展宽度,单位 μm;

C——势垒电容,单位 F;

ΔV——反向偏压增量,单位 V;

ΔC——势垒电容增量,单位 F;

$N(X)$——载流子浓度,单位 cm^3;

A——汞-砷化镓接触面积,单位 cm^2;

ε_0——真空介电常数,其值为 8.859×10^{12},单位 F/m;

ε——砷化镓相对介电常数,其值为 13.18;

e——单位电荷,其值为 1.602×10^{19},单位 C。

4 试剂

4.1 硫酸($\rho 1.84$ g/mL),浓度 95%~98%,优级纯;

4.2 过氧化氢($\rho 1.00$ g/mL),浓度 30%,优级纯。

5 仪器

5.1 电容仪或电容电桥:

量程为 1 pF~1 000 pF,误差不大于满刻度的 1%,测量频率为 0.1 MHz~1 MHz,测试讯号小于 25 mV。

5.2 数字电压表

灵敏度不低于 1 mV,误差不大于满刻度的 0.5%,输入阻抗不小于 10 MΩ。

5.3 直流电源

电压 0 V~100 V,连续可调,波纹系数不大于 0.03% 或波纹电压小于 3 mV。

5.4 晶体管特性图示仪

灵敏度不低于 10 μA/cm。

5.5 标准电容 A 和 B

电容 A 和 B 分别为 10 pF 和 100 pF,在测量频率下误差不大于 0.25%。

5.6 汞探针样品台

应能屏蔽光和电磁干扰,汞探针能上下调节。

5.7 测量显微镜

标尺误差不大于满刻度的 0.5%。

6 样品和电极

6.1 砷化镓单晶片

样品经机械抛光后,在硫酸、过氧化氢和去离子水以 3:1:1 为体积比的溶液中腐蚀 20 s~30 s,使表面光亮即可,再用去离子水冲洗干净。然后在温度 150℃~200℃氮气流里烘干 5 min~10 min。

6.2 砷化镓外延片

使用清洁光亮的原生长表面。

6.3 欧姆电极

6.3.1 对低电阻率衬底样品,在其背面涂水,紧贴在金属样品台上。由于背面-水-样品台引起的容抗,远较势垒电容的容抗小,测得的电容可认为是势垒电容。

6.3.2 对高电阻率衬底样品,欧姆电极应做在低电阻率外延层上。电极材料用铟或镓-铟合金,在 350℃~400℃及氮气保护下,合金化 5 min~10 min。

6.4 外延层厚度范围

可测量外延层的最小厚度受起始测量偏压下势垒宽度的限制,最大厚度受肖特基结击穿电压限制,两者与载流子浓度的依赖关系如图 1 所示。若外延层厚度大于可测最大厚度,外延层载流子浓度需逐层腐蚀测量。

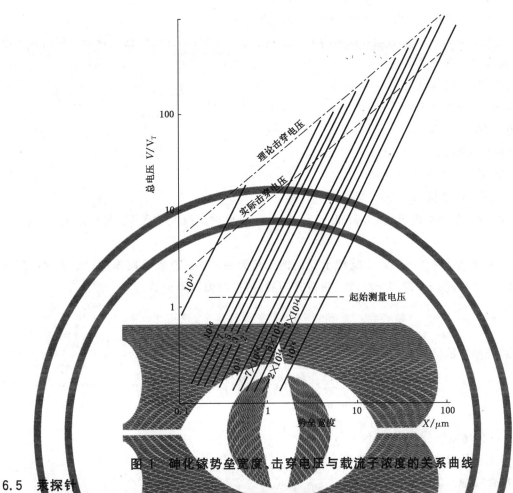

图 1 砷化镓势垒宽度、击穿电压与载流子浓度的关系曲线

6.5 汞探针

取直径为 1 mm,长 4 cm 的银丝,一端连接外引线,另一端用环氧树脂封入约 5 mm 长的玻璃毛细管内,银丝露出端面,磨平,用去离子水清洗干净,沾上一滴汞,即成汞探针。汞表面应清洁。须特别注意汞及其蒸气是有毒物质,应有相应的防护措施。操作应在通风条件下进行。

7 测量步骤

7.1 电容仪的校准

7.1.1 把长度适当的屏蔽电缆接到电容仪上(此时电缆应不与标准电容连接),调节电容仪零点。

7.1.2 分别将电缆与标准电容 A 和 B 连接,测量并记录电容值(pF),如果电容仪低于 5.1 条款的要求,应按说明书调整。电容仪校准完后,断开标准电容。

7.2 测量样品击穿电压

7.2.1 对低电阻率衬底样品,在其背面涂水,紧贴在金属样品台上;对高电阻率衬底试样,应使欧姆电极与金属样品台形成良好接触。然后使汞探针与试样表面接触,借助显微镜调节接触面积。

7.2.2 用屏蔽电缆将试样欧姆电极和汞探针分别与晶体管特性图示仪的晶体管插座 e 和 c 连接(在 PNP 型晶体管测量状态下),观测试样反向特性,测量并记录击穿电压 V_B 的值。根据反向特性及击穿电压的观测结果检验肖特基势垒是否形成。

7.3 测量势垒电容

7.3.1 将样品台与电容仪连接。电容仪的低端与试样欧姆电极连接,高端与汞探针连接。电容仪置于大量程,施加 0.5 V 反向偏压,根据电容仪的读数,选择合适的量程。

7.3.2 提升汞探针,使其与试样表面正好断开,调节该量程零点。

7.3.3 降下汞探针并与试样表面接触,精确调节接触面积。

7.3.4 在反向偏压 $V_1 = 0.5$ V 下测量势垒电容值 C_{M1} 并记录对于数据,完成数据记录表。反向偏压值记为正数,各数据取 3 位有效数字。

数据记录表应包括下列内容:

a) 反向偏压,V(单位 V);

b) 势垒电容测量值,C_M(单位 pF);

c) 势垒电容修正值,C(单位 pF);

d) 势垒扩展深度,X(单位 μm);

e) 载流子浓度,N(单位 cm^{-3})。

7.3.5 调节反向偏压,使势垒电容比 C_{M1} 降低 4%～6%,记录此时的反向偏压 V_2 与势垒电容 C_{M2},记入数据记录表。

7.3.6 逐次降低势垒电容 4%～6%,重复记录反向偏压与势垒电容。直到反向偏压接近击穿电压或反向电流密度大于 30 μA/mm² 即停止测量。测量完毕后,将反向偏压降至零。

8 计算

8.1 测量出的势垒电容值(C_{Mi})按式(3)进行修正,修正值 C_i 记入数据记录表。

$$C_{Mi} = C_i \times \left(1 + \frac{0.575D}{C_{Mi}}\right) \quad \cdots\cdots\cdots\cdots\cdots\cdots\cdots (3)$$

式中:

C_{Mi}——第 i 次势垒电容测量值,单位 pF;

C_i——经修正后的势垒电容值,单位 pF;

D——汞探针接触面的直径,单位 mm。

8.2 势垒扩展深度 $X(\mu m)$ 及载流子浓度 $N(X)(cm^{-3})$ 按式(4)、式(5)计算。计算结果记入数据记录表。

$$X_i = 1.83 \times 10^2 \times \frac{D^2}{C_i + C_{i+1}} \quad \cdots\cdots\cdots\cdots\cdots\cdots\cdots (4)$$

$$N(X_i) = 1.08 \times 10^{10} \times \frac{(C_i + C_{i+1})^3 \times (V_{i+1} - V_i)}{D^4 \times (C_i - C_{i+1})} \quad \cdots\cdots\cdots\cdots (5)$$

式中:

X_i——第 i 次测量时势垒扩展深度,单位 μm;

$N(X_i)$——对应于势垒扩展深度 X_i 处的载流子浓度,单位 cm^{-3};

C_i——C_{Mi} 经式(3)修正后的势垒电容值,单位 pF;

C_{i+1}——C_{Mi+1} 经式(3)修正后的势垒电容值,单位 pF;

V_i——第 i 次外加反向偏压值,单位伏特;

V_{i+1}——第 $i+1$ 次外加反向偏压值,单位伏特。

当各个 $N(X_i)$ 值在其平均值上下相对涨落小于 10% 时,载流子浓度 N 取平均值。否则,以 $\lg N(X_i)$ 对 X_i 作图,画出载流子浓度分布曲线。

9 精密度

本测量方法单一实验室及多实验室测量精密度不大于 ±10%。

10 测试报告

测试报告应包括下列内容：

a) 样品名称和类型；

b) 图示样品测量点的位置；

c) 平均载流子浓度或载流子浓度分布曲线；

d) 其他（需要时可附加说明）。

ICS 77.040.01
H 17

中华人民共和国国家标准

GB/T 11073—2007
代替 GB/T 11073—1989

硅片径向电阻率变化的测量方法

Standard method for measuring radial resistivity variation on silicon slices

2007-09-11 发布

2008-02-01 实施

中华人民共和国国家质量监督检验检疫总局
中国国家标准化管理委员会 发布

前　言

本标准是对 GB/T 11073—1989《硅片径向电阻率变化的测量方法》的修订。本标准修改采用了 ASTM F 81-01《硅片径向电阻率变化的测量方法》。

本标准与 ASTM F 81-01 的一致性程度为修改采用,主要差异如下:

——删去了 ASTM F 81-01 第 4 章"意义和用途"。

本标准与 GB/T 11073—1989 相比主要变化如下:

——因 GB/T 6615 已并入 GB/T 1552,本标准在修订时将硅片电阻率测试方法标准改为 GB/T 1552,并将第 2 章"规范性引用文件"中的"GB/T 6615"改为"GB/T 1552";

——采用 ASTM F 81-01 第 8 章"计算"中的计算方法替代原 GB 11073—1989 中径向电阻率变化 的计算方法;

——依据 GB/T 1552 将电阻率的测量上限由 1×10^3 Ω·cm 改为 3×10^3 Ω·cm;

——将原 GB/T 11073—1989 中第 7 章"测量误差"改为第 4 章"干扰因素",并对其后各章章号作 了相应调整;

——删去了原 GB/T 11073—1989 中的表 1,采用 GB/T 12965 规定的直径偏差范围;

——将原 GB/T 11073—1989 中的表 2 改为表 1,并依据 GB/T 12965 中的规定,在本标准中删去 80.0 mm 标称直径规格,增加了 150.0 mm 和 200.0 mm 标称直径规格。

本标准的附录 A 是规范性附录。

本标准自实施之日起,同时代替 GB/T 11073—1989。

本标准由中国有色金属工业协会提出。

本标准由全国半导体设备和材料标准化技术委员会材料分技术委员会归口。

本标准起草单位:峨嵋半导体材料厂。

本标准主要起草人:梁洪、覃锐兵、王炎。

本标准所代替标准的历次版本发布情况为:

——GB/T 11073—1989。

硅片径向电阻率变化的测量方法

1 范围

本标准规定了用直排四探针法测量硅单晶片径向电阻率变化的方法。

本标准适用于厚度小于探针平均间距、直径大于 15 mm、电阻率为 $1×10^{-3}$ Ω·cm～$3×10^{3}$ Ω·cm 硅单晶圆片径向电阻率变化的测量。

2 规范性引用文件

下列文件中的条款通过本标准的引用而成为本标准的条款。凡是注日期的引用文件,其随后所有的修改单(不包括勘误的内容)或修订版均不适用于本标准,然而,鼓励根据本标准达成协议的各方研究是否可使用这些文件的最新版本。凡是不注日期的引用文件,其最新版本适用于本标准。

GB/T 1552 硅、锗单晶电阻率测定直排四探针法

GB/T 2828(所有部分) 计数抽样检验程序

GB/T 6618—1995 硅片厚度和总厚度变化测试方法

GB/T 12965 硅单晶切割片和研磨片

3 方法提要

根据要求选择四种选点方案中的一种,按 GB/T 1552 的方法进行测量,并利用几何修正因子计算出硅片电阻率及径向电阻率变化。

本标准提供四种测量选点方案。采用不同的选点方案能测得不同的径向电阻率变化值。

4 干扰因素

4.1 四探针间距小于本标准规定的探针间距或测量高寿命样品时,应找出适当的电流范围用作电阻率测量。

4.2 掺杂浓度的局部变化也会引起沿晶体生长方向上的电阻率变化,而四探针测量的是局部电阻率平均值,这个值受样品纵向电阻率变化的影响;所以在硅片正面和背面测量电阻率变化的结果可能不同。这种影响程度也与探针间距相关。

4.3 当探针位置靠近硅片边缘时,对测出的电压与电流比有明显的影响。根据电压与电流比和几何修正因子来计算局部电阻率。附录 A 中第 A.2 章提供了探针间距为 1.59 mm、测量点向硅片边缘移动 0.15 mm 时的局部电阻率误差量。对不同尺寸的硅片和测量点来说,这些误差量随着探针间距的减小而减小。

4.4 与硅片的几何形状有关的误差。

4.4.1 在靠近硅片参考面位置上测量或在硅片背面及其周围导电的情况下测量均会产生误差。

4.4.2 没有按硅片实际直径计算修正因子,则会增加几何修正因子的误差。当测量时探针距边缘 6 mm 以上,采用标称直径引起的误差可以忽略不计。

4.4.3 硅片厚度直接影响所测的电阻率。当硅片的局部厚度偏差为 GB/T 12965 允许的最大值或 13 μm 时,附录 A 中第 A.2 章给出了局部电阻率的误差量。如果要精确地测量局部电阻率,则应测量每个测量位置的厚度并计算该位置的电阻率,或使用厚度变化较小的硅片,或采用较厚的硅片。

4.4.4 在抛光面上测量,一般也能得到符合要求的结果。由于抛光面导电或表面复合速率低,可能造成误差,仲裁时必须在研磨面上测量。

5 仪器设备

5.1 GB/T 1552 规定的仪器设备装置。探针间距为 1.00 mm 或 1.59 mm。

5.2 样品架应具有平移和旋转360°功能。平移精度为±0.15 mm,旋转精度为±5°。

6 试验样品

6.1 按 GB/T 2828 的计数抽样方案或商定的方案抽取样品。

6.2 按 GB/T 1552 中的规定制备样品。

6.3 如果硅片没有参考面,则应在硅片背面圆周上作一参考标记,在测量时用该标记代替硅片的主参考面对硅片进行定位。

6.4 找出任意三条相交45°且不与硅片参考面相交的直径,测量并记下该样品直径。如果这三条直径长度都在 GB/T 12965 规定的直径偏差范围以内,则以标称直径为直径值;否则以三个测量的平均值为直径值。

6.5 根据器件用途、晶体生长工艺、掺杂剂种类以及所需的电阻率范围,从四种选点方案中确定一种方案来测量硅片径向电阻率变化(见图1)。

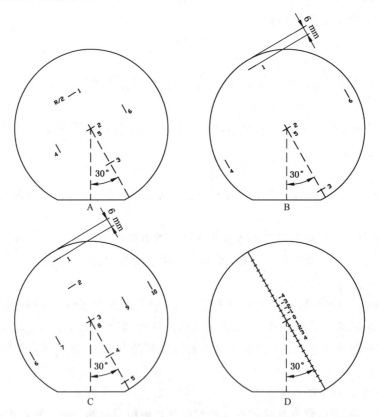

注1:各图的底部平面表示主参考面(见7.1条);

注2:每条短线段表示直排四探针测量点位置,垂直于硅片直径;数字表示四探针测量顺序。

a 对于厚度大于本标准规定的硅片,建议按 GB/T 1552 的方法测量各测量点的电阻率并用本方法计算硅片径向电阻率变化。

图 1 四探针测量径向电阻率变化的选点方案

6.5.1 选点方案 A

小面积十字型,测量六点:在硅片中心点测两次,在两条垂直直径的半径中点(R/2)处各测量一点。

6.5.2 选点方案 B

大面积十字型,测量六点:在硅片中心点测两次,在两条垂直直径距硅片边缘 6 mm 处各测量一点。

6.5.3 选点方案 C

小面积及大面积十字型,测量十点:在硅片中心点测两次,在两条垂直直径的半径中点(R/2)处各测量一点,距硅片边缘 6 mm 处各测量一点。

6.5.4 选点方案 D

一条直径上的高分辨型:在硅片中心点以及中心与直径两端的距离之间,以 2 mm 间隔在尽可能多的位置上进行测量。

6.6 用 GB/T 6618 中规定的厚度仪,在选点方案 C(见图 1 中 C)的九个点测量并记录各点厚度。

7 测量步骤

7.1 调整样品,使第一条测量的直径位于垂直于主参考面的直径或通过参考标记的直径沿逆时针方向旋转 30°的位置(见 6.3 条和图 1)。仲裁测量时,要记下相对于参考面或参考标记的各测量点位置。

7.2 选定一种选点方案(见 6.5 条和图 1)。

7.3 如果需要电阻率的绝对值,则应测量并记录样品的温度。

7.4 按选定的选点方案进行测量。

7.4.1 将四探针置于被测样品表面,使四探针的排列直线垂直于经过测量点的半径,四探针直线的中点在测量点±0.15 mm 范围以内。

7.4.2 按 GB/T 1552 的要求,测量正向和反向电阻率。

7.4.3 如果硅片是非标称直径,则须记录样品中心到四探针直线中点的距离 Δ。

8 测量结果的计算

8.1 对每一个测量位置进行以下计算。

8.1.1 按 GB/T 1552 中的计算方法计算并记下电阻率的平均值。

8.1.2 对标称直径硅片(见 6.4 条),则根据表 1 确定修正因子 F_2 的值。

8.1.3 非标称直径的硅片及探针间距不为 1.00 mm 或 1.59 mm 时,按附录 A 中第 A.3 章进行修正。

8.1.4 如果需要电阻率的绝对值,则可按 GB/T 1552 中 6.3.4 条的规定计算该温度下的样品电阻率。如果需要随位置变化的电阻率,则温度的修正可以忽略不计。在测量过程中,如果样品温度变化不大于 2℃,引起计算电阻率变化的误差不大于 2%。

8.2 对选点方案 A、B 或 C,按式(1)、式(2)计算径向电阻率平均百分变化(%)和最大百分变化(%)。

$$平均百分变化 = \frac{\rho_a - \rho_c}{\rho_c} \times 100 \quad \cdots\cdots\cdots\cdots\cdots\cdots(1)$$

式中:

ρ_c——硅片中心点测得的两次电阻率平均值,Ω·cm;

ρ_a——硅片半径中点或距边缘 6 mm 测得四个电阻率平均值,Ω·cm。

$$最大百分变化 = \frac{\rho_e - \rho_c}{\rho_e} \times 100 \qquad \cdots\cdots\cdots\cdots\cdots\cdots\cdots\cdots(2)$$

式中：

ρ_c——同式(1)；

ρ_e——与中心点测试值相差最大的非中心点测试值，$\Omega \cdot cm$。

8.3 对选点方案 D，按式(3)计算径向电阻率最大百分变化(%)。

$$最大百分变化 = \frac{\rho_M - \rho_m}{\rho_m} \times 100 \qquad \cdots\cdots\cdots\cdots\cdots\cdots\cdots\cdots(3)$$

式中：

ρ_M——测得的最大电阻率值，$\Omega \cdot cm$；

ρ_m——测得的最小电阻率值，$\Omega \cdot cm$。

9 精密度

9.1 径向电阻率变化测量的精密度，直接取决于电阻率测量的精密度。如果认为探针的位置和硅片的直径都是合适的，而单个电阻率测量的精密度是误差的原因，那么，径向电阻率变化的精密度由附录 A 中表 A.1 给出。

9.2 电阻率值计算的误差，是由修正因子 F_2 的误差引起，F_2 的误差是由探针的位置误差、硅片直径误差或硅片厚度误差引起。当探针间距不大于 1.59 mm 时，以上因素引起的误差都不会超出附录 A 中 A.2 章给出的数值。

10 试验报告

10.1 试验报告应包括以下内容：

——样品编号；

——操作者；

——日期；

——选择的选点方案；

——测量电流值，mA；

——探针间距，mm；

——硅片直径，mm；

——采用选点方案 A、B 或 C，要报告径向电阻率的平均百分变化和最大百分变化(见8.2条)；

——采用选点方案 D，要报告径向电阻率的最大百分变化(见8.3条)。

10.2 如有特殊要求，报告还包括：

——硅片每个测量点的电阻率，$\Omega \cdot cm$；

——测量时该硅片温度、测量点顺序(见图1)。

10.3 如进行仲裁测量，应画出测量点位置图，标明测量直径和参考标记。

表 1　几何修正因子 F_2　　　　　　　　　　　　　　　　单位为毫米

对标称直径圆片和探针间距为 1.00 mm 的修正因子 F_2						
硅片标称直径	50.8	76.2	100.0	125.0	150.0	200.0
测量点	选点方案 A、B、C					
中心	4.517	4.526	4.528	4.530	4.531	4.531
$R/2$	4.506	4.520	4.525	4.528	4.529	4.531
离边缘 6 mm 处	4.448	4.455	4.458	4.460	4.461	4.462
测量点与片子中心之间距离	选点方案 D					
0	4.517	4.526	4.528	4.530	4.531	4.531
2	4.517	4.526	4.528	4.530	4.531	4.531
4	4.516	4.525	4.528	4.530	4.531	4.531
6	4.515	4.525	4.528	4.530	4.531	4.531
8	4.514	4.525	4.528	4.530	4.531	4.531
10	4.511	4.524	4.528	4.530	4.531	4.531
12	4.507	4.524	4.528	4.530	4.531	4.531
14	4.501	4.523	4.528	4.530	4.530	4.531
16	4.491	4.522	4.527	4.529	4.530	4.531
18	<u>4.472</u>	4.521	4.527	4.529	4.530	4.531
20	4.401	4.520	4.527	4.529	4.530	4.531
22	4.311	4.517	4.526	4.529	4.530	4.531
24	3.696	4.514	4.526	4.529	4.530	4.531
26	—	4.504	4.525	4.529	4.530	4.531
28	—	4.501	4.524	4.528	4.530	4.531
30	—	4.486	4.523	4.528	4.530	4.531
32	—	<u>4.457</u>	4.521	4.528	4.530	4.531
34	—	4.280	4.519	4.528	4.530	4.531
36	—	4.066	4.515	4.527	4.529	4.531
38	—	2.283	4.510	4.526	4.529	4.531
40	—	—	4.502	4.525	4.529	4.531
42	—	—	<u>4.488</u>	4.524	4.529	4.531
44	—	—	4.458	4.522	4.528	4.531
46	—	—	4.377	4.520	4.528	4.531
48	—	—	4.037	4.517	4.527	4.531
50	—	—	—	4.513	4.527	4.531
52	—	—	—	4.506	4.526	4.531
54	—	—	—	4.494	4.525	4.530
56	—	—	—	<u>4.469</u>	4.523	4.530
58	—	—	—	4.409	4.522	4.530
60	—	—	—	4.188	4.519	4.530
62	—	—	—	—	4.515	4.530
64	—	—	—	—	4.505	4.530
66	—	—	—	—	4.499	4.529
68	—	—	—	—	4.478	4.529
70	—	—	—	—	<u>4.432</u>	4.529
72	—	—	—	—	4.281	4.528
74	—	—	—	—	3.368	4.528
76	—	—	—	—	—	4.527
78	—	—	—	—	—	4.526
80	—	—	—	—	—	4.525
82	—	—	—	—	—	4.523
84	—	—	—	—	—	4.521
86	—	—	—	—	—	4.518
88	—	—	—	—	—	4.513
90	—	—	—	—	—	4.506
92	—	—	—	—	—	4.492
94	—	—	—	—	—	<u>4.462</u>
96	—	—	—	—	—	4.384
98	—	—	—	—	—	4.047

表 1（续）

单位为毫米

对标称直径圆片和探针间距为 1.59 mm 的修正因子 F_2						
硅片标称直径	50.8	76.2	100.0	125.0	150.0	200.0
测量点	选点方案 A、B、C					
中心	4.494	4.515	4.522	4.526	4.528	4.530
$R/2$	4.466	4.502	4.515	4.521	4.525	4.828
离边缘 6 mm 处	4.428	4.345	4.353	4.357	4.530	4.363
测量点与片子中心之间距离	选点方案 D					
0	4.494	4.515	4.522	4.526	4.528	4.530
2	4.494	4.515	4.522	4.526	4.528	4.530
4	4.492	4.515	4.522	4.526	4.528	4.530
6	4.490	4.514	4.522	4.526	4.528	4.530
8	4.486	4.513	4.522	4.526	4.528	4.530
10	4.479	4.513	4.522	4.526	4.528	4.530
12	4.470	4.512	4.521	4.526	4.528	4.530
14	4.455	4.510	4.521	4.525	4.528	4.530
16	4.430	4.507	4.520	4.525	4.528	4.530
18	4.386	4.504	4.519	4.525	4.527	4.530
20	4.291	4.500	4.518	4.524	4.527	4.530
22	4.041	4.494	4.517	4.524	4.527	4.530
24	3.169	4.486	4.516	4.524	4.527	4.530
26	—	4.474	4.514	4.523	4.527	4.530
28	—	4.454	4.511	4.522	4.526	4.529
30	—	4.420	4.508	4.522	4.526	4.529
32	—	4.350	4.504	4.521	4.526	4.529
34	—	4.182	4.498	4.520	4.525	4.529
36	—	3.635	4.490	4.518	4.525	4.529
38	—	—	4.478	4.516	4.524	4.529
40	—	—	4.458	4.514	4.524	4.529
42	—	—	4.423	4.512	4.523	4.529
44	—	—	4.353	4.508	4.522	4.529
46	—	—	4.178	4.503	4.521	4.528
48	—	—	3.596	4.495	4.520	4.528
50	—	—	—	4.484	4.518	4.528
52	—	—	—	4.467	4.516	4.528
54	—	—	—	4.437	4.513	4.527
56	—	—	—	4.380	4.510	4.527
58	—	—	—	4.245	4.505	4.527
60	—	—	—	3.828	4.499	4.526
62	—	—	—	—	4.489	4.526
64	—	—	—	—	4.474	4.525
66	—	—	—	—	4.449	4.525
68	—	—	—	—	4.401	4.524
70	—	—	—	—	4.295	4.523
72	—	—	—	—	3.990	4.522
74	—	—	—	—	2.888	4.520
76	—	—	—	—	—	4.519
78	—	—	—	—	—	4.516
80	—	—	—	—	—	4.513
82	—	—	—	—	—	4.509
84	—	—	—	—	—	4.504
88	—	—	—	—	—	4.496
86	—	—	—	—	—	4.485
90	—	—	—	—	—	4.466
92	—	—	—	—	—	4.432
94	—	—	—	—	—	4.363
96	—	—	—	—	—	4.191
98	—	—	—	—	—	3.614

注：各栏中标有直线的值是相对于 6 mm 或近边缘的修正值。

附　录　A
（规范性附录）
硅片径向电阻率变化偏差的计算

A.1　根据各次电阻率测量值的偏差来计算径向电阻率变化的偏差

A.1.1　本计算方法用于估计 8.2 条或 8.3 条中计算径向电阻率变化测量预期的精密度，径向电阻率的变化是由各个不同的测量位置测得的电阻率的变化率引起的。表 A.1 给出了一些典型测试情况的计算结果。

A.1.1.1　此处不考虑由于探针位置、硅片直径及硅片厚度的误差所造成的各次电阻率测量的误差。在不同的实验室或在同一实验室进行重复测量时，由于这些误差，会得到电阻率显著不同的径向变化估计值 Y。假如考虑这些误差，使用式（A.5）的结果就没有意义。

A.1.1.2　附录 A.2 列出了极端情况下，探针位置、硅片直径和硅片厚度的误差对各次电阻率测量的影响。

A.1.2　变化关系的推导，电阻率的相对径向变化为一个分数，它可以用式（A.1）来表示：

$$Y = \frac{\rho_2 - \rho_1}{\rho_1} = \left(\frac{\rho_2}{\rho_1}\right) - 1 \quad\cdots\cdots\cdots\cdots\cdots\cdots\cdots（A.1）$$

式中：

Y——电阻率相对径向偏差；

ρ_2——式（1）中的 ρ_a、式（2）中的 ρ_e 或式（3）中的 ρ_M，$\Omega \cdot cm$；

ρ_1——式（1）或式（2）中的 ρ_c 或式（3）中的 ρ_m，$\Omega \cdot cm$。

公式（A.1）可以写成下面的形式：

$$Y = \left(k\sum_{i=1}^{j}\rho_i \Big/ j\sum_{i=i+l}^{j+k}\rho_i\right) - 1 \quad\cdots\cdots\cdots\cdots\cdots\cdots（A.2）$$

式中：

j——在符号 ρ_2 位置上进行的测量次数；

k——在符号 ρ_1 位置上进行的测量次数；

ρ_i——在位置 i 上测量的电阻率数值，$\Omega \cdot cm$。

然后可得：

$$\sigma^2(Y) = \sum_{i=1}^{j+k}\left(\frac{\delta Y}{\delta \rho_i}\right)^2 \cdot \sigma^2(\rho_i) \quad\cdots\cdots\cdots\cdots\cdots（A.3）$$

式中：

$\sigma^2(Y)$——由式（1）、式（2）或式（3）得到的径向电阻率变化测量的偏差；

$\sigma^2(\rho_i)$——ρ_i 的测量偏差。

把 ρ_2/ρ_1 写作 r，代入公式（A.2），在进行公式（A.2）的累加就得到：

$$\sigma^2(Y) = \left[\frac{\sigma^2(\rho)}{\rho_i^2}\right] \cdot \left(\frac{1}{j} + \frac{r^2}{k}\right) \quad\cdots\cdots\cdots\cdots\cdots（A.4）$$

此处，已经假设所有的 $\sigma^2(\rho_i)$ 值都等于 $\sigma^2(\rho)$。

用 $\sum(\rho)$ 表示各次电阻率测量值的相对标准偏差(百分率),则各次电阻率测量值的绝对标准偏差 $\sigma(\rho)$ 表示为:

$$\sigma(\rho) = \frac{\sum(\rho) \cdot \rho}{100} \approx \frac{\sum(\rho) \cdot \rho_i}{100} \qquad \cdots\cdots\cdots\cdots\cdots\cdots \text{(A.5)}$$

为了消去样品本身电阻率的影响,式(A.4)可以改写为式(A.6):

$$\sigma^2(Y) = \left[\left(\frac{\sum(\rho)}{100}\right)^2\right] \cdot \left(\frac{1}{j} + \frac{r^2}{k}\right) \qquad \cdots\cdots\cdots\cdots\cdots\cdots \text{(A.6)}$$

A.1.3 径向电阻率变化测量的结果的完整表达式,由所计算的径向电阻率变化结合它在 95% 置信度及 2σ 值表示为式(A.7),单位为%:

$$[Y \pm 2\sigma(Y)] \times 100 \qquad \cdots\cdots\cdots\cdots\cdots\cdots \text{(A.7)}$$

A.1.4 硅片径向电阻率变化偏差的计算示例

示例1:

设在同一实验室内,在一硅片上用 A 或 B 方案选点,测得 ρ_1 和 ρ_2 间的电阻率差值为 25%;各次电阻率测量的相对偏差 $\sum(\rho)$ 为 0.5%,即:

$Y = 0.25$;

$r = 1.25$;

$\sum(\rho) = \pm 0.5\%$;

$j = 4$;

$k = 2$。

将这些数值代入式(A.6),得到:

$$\sigma^2(Y) = [(0.5/100)^2] \cdot \{(1/4) + [(1.25)^2/2]\}$$
$$\sigma(Y) = \pm 0.005\ 08$$
$$2\sigma(Y) = \pm 0.010\ 2$$

式中:

$\sigma(Y)$——径向电阻率变化测量的标准偏差估计值。

于是,标明了不确定性的电阻率变化最终表示为:

$$\{[Y \pm 2\sigma(Y)] \times 100\}\% = (25 \pm 1.02)\%$$

示例2:

设样品的相对径向电阻率变化为 $Y = 0.01$,而 $\sum(\rho)$、j、k 值都与例1相同,由公式(A.6)得:

$$\sigma^2(Y) = [(0.5/100)^2] \cdot \{(1/4) + [(1.0)^2/2]\}$$
$$\sigma(Y) = \pm 0.004\ 36$$
$$2\sigma(Y) = \pm 0.008\ 72$$

于是,径向电阻率变化的最终表达式为:

$$\{[Y \pm 2\sigma(Y)] \times 100\}\% = (1 \pm 0.87)\%$$

A.1.5 在各次电阻率测量中,作为独立参数标出被测量值的不确定性或标准偏差与百分数来表示其不确定性是等效的,但从表 A.1 中可以看出:在相对电阻率变化 Y 值小时,对电阻率测量的某一标准偏差,其径向变化的绝对标准偏差近似为一与电阻率径向变化量无关的常数。但是,用径向变化百分数来表示的相对标准偏差却表明测试的质量在降低。这种情况下,把径向电阻率变化的不确定性表示为径向变化的百分数是不恰当的。

表 A.1 径向电阻率变化的精密度

$\sum(\rho)/\%$	用两倍标准偏差表示的精密度 $2\sigma(Y)$									
	$j=4,k=2^{a}$					$j=8,k=4$				
	$Y=0.01$	$Y=0.05$	$Y=0.10$	$Y=0.25$	$Y=0.50$	$Y=0.01$	$Y=0.05$	$Y=0.10$	$Y=0.25$	$Y=0.50$
0.5	0.008 7	0.009 0	0.009 2	0.010 2	0.011 7	0.006 2	0.006 3	0.006 5	0.007 2	0.008 3
1.0	0.017 4	0.017 9	0.018 5	0.020 3	0.023 5	0.012 3	0.012 7	0.013 1	0.014 4	0.016 6
1.5	0.026 2	0.026 9	0.027 7	0.030 5	0.035 2	0.018 5	0.019 0	0.019 6	0.021 5	0.024 9
2.0	0.034 9	0.035 8	0.037 0	0.040 6	0.046 9	0.024 7	0.025 3	0.026 2	0.028 7	0.033 2
2.5	0.043 6	0.044 8	0.046 2	0.050 8	0.058 6	0.030 8	0.031 6	0.032 7	0.035 9	0.041 5

$\sum(\rho)/\%$	用两倍相对标准偏差表示的精密度 $[2\sigma(Y)/Y\times100]/\%$									
	$j=4,k=2^{a}$					$j=8,k=4$				
	$Y=0.01$	$Y=0.05$	$Y=0.10$	$Y=0.25$	$Y=0.50$	$Y=0.01$	$Y=0.05$	$Y=0.10$	$Y=0.25$	$Y=0.50$
0.5	87	18	9.3	4.1	2.3	62	13	6.5	2.9	1.7
1.0	174	36	19	8	5	124	26	13	6	3.4
1.5	261	54	28	12	7	186	39	20	9	5.1
2.0	348	72	37	16	9	248	52	26	12	6.8
2.5	435	90	46	20	12	310	65	33	15	8.5

> ^{a} $j=4$ 和 $k=2$ 是对应一组选点方案 A 或 B 的数据。对于一个实验室测量,应用选点方案 A 或 B 的两组数据,或者两个实验室测量。应用方案 A 或 B,且每个实验室提供一组数据时,要选用 $j=8,k=4$。对于其他一些选点方案,根据电阻率的最大值和最小值来计算径向变化,应按照公式(A.2)根据 j、k 的定义来确定 j 和 k 的值。假如取几组重复数据或采用多个实验室的结果,就要把 Y 作为若干测得的相对径向变化 Y_i 的全部平均值,并按所用的测量组数以扩大 j 和 k 的数值。

A.2 由于探针位置误差与硅片几何尺寸误差引起的测量偏差表

A.2.1 表 A.2 给出了探针位置和直径偏差导致计算电阻率最大误差的例子。表 A.3 给出了局部厚度偏离标称值时,所计算的电阻率中最大误差例子。

A.3 修正因子 F_2 的计算

F_2 的计算公式:

$$F_2 = \frac{\pi}{\ln2}\cdot\frac{1}{1+\eta_2} \quad\cdots\cdots\cdots\cdots\cdots\cdots\cdots\text{(A.8)}$$

式中:

η_2 —— $\dfrac{1}{2\ln2}\cdot\ln\dfrac{\alpha_1\cdot\alpha_2}{4\alpha_3\cdot\alpha_4}$;

α_1 —— $(V_2-V_1)^2+(u_1+u_2)^2$;

α_2 —— $(V_2+V_1)^2+(u_1+u_2)^2$;

α_3 —— $(V_2-V_1)^2+(u_1-u_2)^2$;

α_4 —— $(V_2+V_1)^2+(u_1-u_2)^2$;

u_1 —— $3\times\dfrac{S}{D_1R}$;

u_2 —— $\dfrac{S}{D_2R}$;

$$V_1 \frac{1-\left(\frac{\Delta}{R}\right)^2-\left(\frac{9}{4}\right)\cdot\left(\frac{S}{R}\right)^2}{D_1};$$

$$V_2 \frac{1-\left(\frac{\Delta}{R}\right)^2-\left(\frac{1}{4}\right)\cdot\left(\frac{S}{R}\right)^2}{D_2};$$

$$D_1 \left(1+\frac{\Delta}{R}\right)^2+\left(\frac{9}{4}\right)\left(\frac{S}{R}\right)^2;$$

$$D_2 \left(1+\frac{\Delta}{R}\right)^2+\left(\frac{1}{4}\right)\left(\frac{S}{R}\right)^2.$$

S、R、Δ 的表示如图 A.1 所示。

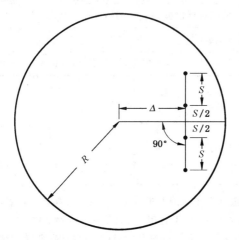

S——探针间距；

R——硅片半径；

Δ——探针至硅片中心距离。

图 A.1 S、R、Δ 的表示

表 A.2   由探针位置和直径的公差导致的电阻率最大误差

标称直径/mm	探针位置	选点方案	E_1 A/%[a]	E_2 B/%[b]	E_3 C/%[c]
50.8	硅片中心	A、B、C、D	0.0	0.0	0.0
50.8	$R/2$	A、C	0.0	0.1	0.1
50.8	离边缘 6 mm	B、C	0.2	0.3	0.5
50.8	离中心 20 mm	D	0.3	0.4	0.7
50.8	离中心 22 mm	D	0.9	1.1	2.0
50.8	离中心 24 mm	D	3.8	4.9	8.8
76.2	硅片中心	A、B、C、D	0.0	0.0	0.0
76.2	$R/2$	A、C	0.0	0.0	0.0
76.2	离边缘 6 mm	B、C	0.2	0.4	0.7
76.2	离中心 32 mm	D	0.2	0.4	0.7
76.2	离中心 34 mm	D	0.5	1.2	1.8
76.2	离中心 36 mm	D	2.2	4.9	7.5
100.0	硅片中心	A、B、C、D	0.0	0.0	0.0

表 A.2(续)

标称直径/mm	探针位置	选点方案	E₁A/%ᵃ	E₂B/%ᵇ	E₃C/%ᶜ
100.0	R/2	A、C	0.0	0.0	0.0
100.0	离边缘 6 mm	B、C	0.2	0.3	0.5
100.0	离中心 46 mm	D	0.6	1.0	1.6
100.0	离中心 48 mm	D	2.5	4.4	6.9
125.0	硅片中心	A、B、C、D	0.0	0.0	0.0
125.0	R/2	A、C	0.0	0.0	0.0
125.0	离边缘 6 mm	B、C	0.2	0.3	0.5
125.0	离中心 58 mm	D	0.3	0.7	1.1
125.0	离中心 60 mm	D	1.5	2.9	4.4
150.0	硅片中心	A、B、C、D	0.0	0.0	0.0
150.0	R/2	A、C	0.0	0.0	0.0
150.0	离边缘 6 mm	B、C	0.2	0.2	0.4
150.0	离中心 70 mm	D	0.3	0.3	0.6
150.0	离中心 72 mm	D	1.3	0.6	1.9
150.0	离中心 74 mm	D	4.4	2.2	6.6
200.0	硅片中心	A、B、C、D	0.0	0.0	0.0
200.0	R/2	A、C	0.0	0.0	0.0
200.0	离边缘 6 mm	B、C、D	0.2	0.1	0.2
200.0	离中心 98 mm	D	0.9	0.5	0.9
200.0	离中心 98 mm	D	3.7	1.9	3.7

ᵃ 如探针向硅片边缘位移 0.15 mm,利用表 1 中的修正因子计算得到的局部电阻率误差值。

ᵇ 如硅片的直径为 GB/T 12965 中偏差允许的最小值,利用表 1 中的修正因子计算得到的局部电阻率误差值。

ᶜ 如探针向硅片边缘位移 0.15 mm,并且硅片的直径为 GB/T 12965 中偏差允许的最小值,利用表 1 中的修正因子计算得到的局部电阻率误差值。

表 A.3 硅片局部厚度变化引起的计算电阻率误差

硅片标称直径/mm	厚度变化/μm	误差/%
50.8	13	5.1
76.2	13	3.7
100.0	13	2.2
125.0	13	2.2
150.0	13	2.0
200.0	13	1.8

ICS 29.045
H 80

中华人民共和国国家标准

GB/T 13387—2009
代替 GB/T 13387—1992

硅及其他电子材料晶片
参考面长度测量方法

Test method for measuring flat length wafers of
silicon and other electronic materials

2009-10-30 发布

2010-06-01 实施

中华人民共和国国家质量监督检验检疫总局
中国国家标准化管理委员会 发布

前　言

本标准修改采用 SEMI MF 671-0705《硅及其他电子材料晶片参考面长度测试方法》。

本标准与 SEMI MF 671-0705 相比主要有如下变化：

——标准编写格式按 GB/T 1.1 要求进行编写；

——增加了前言内容。

本标准代替 GB/T 13387—1992《电子材料晶片参考面长度测试方法》。

本标准与 GB/T 13387—1992 相比主要有如下变化：

——细化了测量范围的内容，如该方法中涉及的公英制单位等；

——增加了该方法的局限性内容；

——增加了部分术语，定义了测量中用到的偏移；

——增加了引用标准；

——将原标准中的试样改为抽样章节；

——将校准和测量分为两章分别叙述；

——精密度采用了 SEMI MF 671-0705 中多个实验室间的评价，并附有较详细的说明。

本标准由全国半导体设备和材料标准化技术委员会提出。

本标准由全国半导体设备和材料标准化技术委员会材料分技术委员会归口。

本标准起草单位：有研半导体材料股份有限公司。

本标准主要起草人：杜娟、孙燕、卢立延。

本标准所代替标准的历次版本发布情况为：

——GB/T 13387—1992。

硅及其他电子材料晶片
参考面长度测量方法

1 目的

1.1 基准面长度对于半导体加工过程中使用材料的适应性是一项重要的参数。

1.2 晶片自动操作设备被广泛应用于半导体制造业中,它们是通过晶片主参考面识别和定位获得正确的对准。

2 范围

2.1 本标准涵盖了对晶片边缘平直部分长度的确认方法。

2.2 本标准用于标称圆形晶片边缘平直部分长度小于等于 65 mm 的电学材料。本标准仅对硅片精度进行确认,预期精度不因材料而改变。

2.3 本标准适用于仲裁测量,当规定的限度要求高于用尺子和肉眼检测能够获得的精度时,本标准也可用于常规验收测量。

2.4 本标准与表面光洁度无关。

2.5 任何直径的晶片,包括 76.2 mm 和更小直径的晶片,参考面长度单位应该使用公制为计量单位,而英制单位的数值仅供参考。

2.6 本标准不涉及安全问题,即使有也与标准的使用相联系。标准使用前,建立合适的安全和保障措施以及确定规章制度的应用范围是标准使用者的责任。

3 局限性

3.1 切片后的一些工序如倒角和化学腐蚀都有可能降低参考面区域边缘部分的清晰度。

3.2 测微计测量时旋转螺杆的倒退可能导致错误的读数。

3.3 测量期间样品在投影仪显示屏上图像聚焦不清晰可能引入误差。

3.4 投影仪的光学系统有时可能存在图像反转功能,导致呈现的图像与本标准所述状态相反。

4 规范性引用文件

下列文件中的条款通过本标准的引用而成为本标准的条款。凡是注日期的引用文件,其随后所有的修改单(不包括勘误的内容)或修订版均不适用于本标准,然而,鼓励根据本标准达成协议的各方研究是否可使用这些文件的最新版本。凡是不注日期的引用文件,其最新版本适用于本标准。

GB/T 2828.1 计数抽样检验程序 第 1 部分:按接收质量限(AQL)检索的逐批检验抽样计划

GB/T 14264 半导体材料术语

5 术语

GB/T 14264 定义的以及下列术语适用于本标准。

5.1

偏移 offset

硅片参考面的边缘区域,从水平基准线到参考面的任意一端边缘区域的垂直偏差,用来定义参考面的边界。

6 方法提要

样品放在载物台上。参考面投影图像的一端定位在参考点上。记下测微计读数。移动载物台,使样品参考面的另一端与参考点重合,记下此时测微计读数。主参考面长度就是两次读数之差。

7 设备

7.1 投影仪

7.1.1 光学系统

放大倍数为 20 倍。

7.1.2 显示屏

最小直径为 254 mm(10 英寸)。

7.1.3 载物台

7.1.3.1 能使测微计在 X 方向最小移动 50 mm (2 英寸)且测角器在 x-y 平面内旋转。

7.1.3.2 载物台在 X 方向移动应使投影图像在显示屏上水平的移动,在 Y 方向的移动应使投影图像在显示屏上垂直移动。

7.1.3.3 载物台 X 方向测微计刻度应为 25 μm 或更小。

7.1.3.4 载物台 Y 方向量程必须足够大以显示被测量最大硅片的参考面区域的测量,或者约为最大被测硅片标称直径的五分之三。

7.1.4 轮廓板

由半透明材料制成,板上有两条相互垂直的基准线相交于中央,在垂直基准线的中心上下,有 10 个经过校准的刻度,每一刻度相当于在样品位置上 50 μm 的长度,见图 1。对于 20 倍的轮廓板,至少长 1 mm。

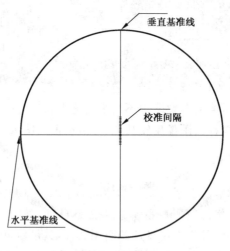

图 1 轮廓板

7.2 显微镜载物台测微尺

由清洁的透明玻璃或塑料材料制成,至少长 1.3 mm,并带有经校准过的 25 μm 的分刻度。

7.3 钢板尺

最小长度 150 mm,分刻度为 0.5 mm 或 0.25 mm。

8 抽样

除非有其他要求外,按照 GB/T 2828.1 取样。如果有特殊要求,应需供需双方协商确定。检查水平应由供需双方协商。

9 校准

9.1 光学投影仪放大倍数

9.1.1 把显微镜载物台测微尺放在光学投影仪的样品台上,使其投影图像位于显示屏中心。

9.1.2 将钢板尺放在显示屏上,数出投影到显示屏上距离为 25 mm 对应的刻度间隔为 25 μm 测微尺的格数,用 1 000 除以该格数得到实际的放大倍数。

9.1.3 本标准使用的放大倍数必须在 19.8～20.2 之间。

9.2 投影仪测微计 X 方向行程。

9.2.1 将测微计 X 方向行程调到零。

9.2.2 调节载物台测微计的投影图像,使刻度间隔线水平排列,且所有的线全部在显示屏的垂直基准线的一侧,见图 2。

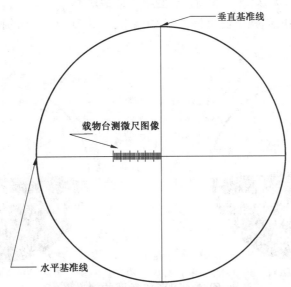

图 2 载物台 X 轴测微计的校准

9.2.3 使用 X 行程测微计,扫描显微镜载物台测微尺的图像,以类似的方式直到将全部的刻度线移到垂直基准线的另一侧。

9.2.4 读出 X 行程测微计的刻度。这个值应该与显微镜测微尺的满刻度值相符,误差在 25 μm (0.001 英寸)之内。如果这两个值不相一致,调节或修理测微计。

10 程序

10.1 在显示屏上放好轮廓板(见图 1),使水平基准线大致与地面平行。

10.2 在水平基准线附近选择载物台上某一点为参照点,如一个缺陷或一颗灰尘,其投影图像应不大于轮廓刻板上刻度格的二分之一。

10.3 沿 X 方向反复扫描 10.2 确定的点,利用轮廓板和样品载物台的 x-y 操作,当扫描从显示屏的一端移动到另一端时,该点都落在水平基准线上,便完成了水平校准。

10.4 把晶片放在载物台上,使参考面投影图像的中心部分对准显示屏中心,并与水平基准线重合。

10.5 调节参考面的投影图像,使其与水平基准线重合。

10.5.1 使用 X 轴测微计,对参考面从一端到另一端进行扫描。

10.5.2 如果参考面呈现凸形,调节测角仪和测微计,重复 10.5.1 的操作,使高点与基准线相切,而两端的低点与基准线等距离。见图 3。

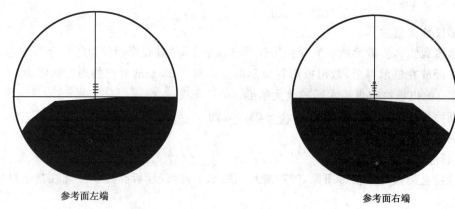

图 3 凸型参考面的对准

10.5.3 如果参考面呈现凹形,调节测角仪和 X 轴测微计,重复 10.5.1 的操作,使两端的高点与基准线相切。见图 4。

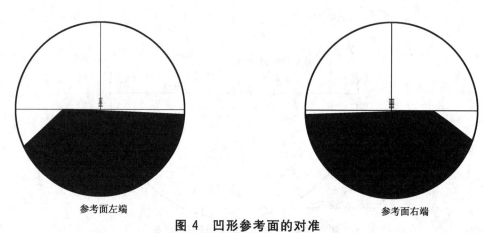

图 4 凹形参考面的对准

10.6 使用 X 轴测微计,调节参考面的投影图像直至其左端与垂直和水平基准线的交点重合。

10.7 利用光学投影仪上晶片图像与水平基准线相距一个刻度的点来确定参考面区域终端位置。在晶片上对应于 50 μm 的偏移量。(见图 5)

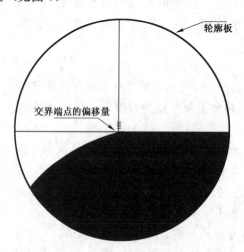

图 5 参考面边缘使用偏移的图例

10.8 将测微计的读数记为 E_1(左)记录在数据表中,数据表格式见表 1,精确到 25 μm。

10.9 使用 X 轴测微计,调节参考面的投影图像直至其右端与垂直和水平基准线交点重合。

10.10 使用 10.7 描述的偏移量,确定参考面平坦区域的右端位置。

10.11 将测微计的读数记为 E_r(右)记录在数据表中,精确到 25 μm。

表 1 建议标准数据表

参考面长度的测定

实验室＿＿＿＿＿＿＿＿＿＿＿＿＿＿＿

测量人员＿＿＿＿＿＿＿＿＿＿＿＿＿

投影仪规格型号＿＿＿＿＿＿＿＿＿＿

显示屏直径＿＿＿＿＿＿＿＿＿＿＿＿＿

测量日期	硅片身份	硅片直径 E_1	E_r	参考面长度($E_1 - E_r$)

11 计算

11.1 按照以下方法计算每一样品的参考面长度 l。见图5。

$$l = E_1 - E_r$$

11.2 在数据表中记录测量获得的值。

12 报告

报告中应包括以下信息:

    a) 测量日期;

    b) 操作者和实验室名称;

    c) 投影仪型号和显示屏标称直径;

    d) 晶片规格;

    e) 晶片标称直径;

    f) 测量的参考面长度;

    g) 本标准编号。

13 精密度

13.1 本标准的多个实验室间的评价是在 7 个实验室对 18 个硅片进行测量获得的。其中 10 个倒角片的边缘是机械研磨得到的。包括标称直径 50.8 mm、76.2 mm、100 mm 和 125 mm 的硅片。每个硅片均有符合 SEMI M1 的副参考面。标称参考面长度的范围从 6 mm(0.2 英寸)至 40 mm(1.6 英寸)。

13.2 要求每个参与的实验室报告三组重复的数据,但总计只有 17 组数据,因此,不能对内部实验室的重复性作出可靠的评价。

13.3 10.7 中偏移要求是规定在测试时对 100 μm (0.004 英寸)进行,没有始终使用,它的校验不能用于验证报告的结果。

13.4 由于上述的局限,所有的数据被汇集来评价实验室间重复性。测量得到的参考面长度的变化率与标称长度以及硅片是否倒角无关。对这种情况,样品的标准偏差是测量变化率的一个有效度量。

13.4.1 所有晶片 2σ 的标准偏差为±1.5 mm 或更小。

13.4.2 90% 的硅片,2σ 的标准偏差为±1.2 mm 或更小。

ICS 29.045
H 80

中华人民共和国国家标准

GB/T 13388—2009
代替 GB/T 13388—1992

硅片参考面结晶学取向 X 射线测试方法

Method for measuring crystallographic orientation of flats on single-crystal
silicon slices and wafers by X-ray techniques

2009-10-30 发布

2010-06-01 实施

中华人民共和国国家质量监督检验检疫总局
中国国家标准化管理委员会   发布

前　言

本标准修改采用 SEMI MF847-0705《硅片参考面晶向 X 射线测试方法》。

本标准与 SEMI MF847-0705 相比,有以下不同:

——将 SEMI 标准中引用的部分国际标准,采用直接引用对应的我国标准;

——主要格式内容按 GB/T 1.1 的要求编排。

本标准代替 GB/T 13388—1992《硅片参考面结晶学取向 X 射线测试方法》。

本标准与 GB/T 13388—1992 相比,主要有如下变化:

——增加了方法 2——劳厄背反射 X 射线法;

——取消了硅片的直径和参考面长度的具体规定;

——修订前的国标中规定"该方法不适用于硅片规定取向在与参考面和硅片表面相垂直的平面内
的投影与硅片表面法线之间夹角不小于 3°的硅片的测量";而 SEMI MF847-0705,仅适用于角
度偏离从—5°到+5°的硅片;

——规范性引用文件有所增加;

——修改了精密度采用了 SEMIMF847-0705 中通过对一个硅片进行 50 次(每面 25 次)的测量,得
到对这一测试方面的单个仪器、单个操作者的再现性评价:α 计算值的 $1-\alpha$ 分布为 $1.94'$;

——增加了相关安全条款。

本标准由全国半导体设备和材料标准化技术委员会(SAC/TC 203)提出。

本标准由全国半导体设备和材料标准化技术委员会材料分技术委员会归口。

本标准起草单位:有研半导体材料股份有限公司。

本标准主要起草人:孙燕、卢立延、杜娟、翟富义、高玉锈。

本标准所代替标准的历次版本发布情况为:

——GB/T 13388—1992。

硅片参考面结晶学取向 X 射线测试方法

1 目的

1.1 硅片的参考面结晶学取向（晶向）是一个重要的材料验收参数。在半导体器件工艺中，一般利用参考面来校准半导体器件的几何图形阵列与结晶学晶面及晶向的一致性。

1.2 硅片的参考面（位于片子边缘）晶向是参考面表面的结晶学取向，参考面通常用规定为一个相关的低指数晶面，如(110)晶面，在这种情况下，参考面的晶向可以用其偏离低指数晶面的角度来描述。

1.3 本标准包括两个测定方法。

1.4 两个测试方法都能用于工艺开发和质量保证方面。但在该方法的多个实验室间精度（再现性限）确定之前，如双方未圆满完成两个方法的相关性研究，不推荐在供需双方使用该方法。

2 范围

2.1 本标准规定了 α 角的测量方法，α 角为垂直于圆型硅片基准参考平面的晶向与硅片表面参考面间角。

2.2 本标准适用于硅片的参考面长度范围应符合 GB/T 12964 和 GB/T 12965 中的规定，且硅片角度偏离应在−5°到+5°范围之内。

2.3 由本标准测定的晶向精度直接依赖于参考表面与基准挡板的匹配精度和挡板与相对于的 X 射线的取向精度。

2.4 本标准包含如下两种测试方法：

测试方法 1——X 射线边缘衍射法

测试方法 2——劳厄背反射 X 射线法

2.4.1 测试方法 1 是非破坏性的，为了使硅片唯一的相对于 X 射线测角器定位，除了使用特殊的硅片夹具外，与 GB/T 1555 测试方法 1 类似。与劳厄背反射法相比，该技术测量参考面的晶向能得到更高的精度。

2.4.2 方法 2 也是非破坏性的，为了使参考面相对于 X 射线束定位，除了使用"瞬时"底片和特殊夹具外，与 ASTM E82 和 DIN50433 测试方法第 3 部分类似。虽然方法 2 更简单快速，但不具有方法 1 的精度，因为其使用的仪器和夹具装置精确度较低且成本较低。方法 2 提供了一个测量的永久性底片的记录。

注：解释 Laue 照片可以获得硅片取向误差的信息。然而这超出了测试方法的范围。愿意进行这种解释的用户，可以参阅 ASTM E82 和 DIN50433 测试方法第 3 部分或标准的 X 射线教科书。由于可以使用不同的夹具，方法 2 也适用于硅片表面取向的测定。

2.5 本标准中的数值均以公制为单位，英制单位的数值放在括号内仅作为信息提供。

注：本标准不涉及安全问题，即使有也与标准的使用相联系。标准使用前，建立合适的安全和保障措施以及确定规章制度的应用范围是标准使用者的责任。

3 局限性

3.1 参考面的平直度可能影响参考面与基准挡板的对准精度。在参考面的剖面为凸起（不大常见的情况）时，参考面晶向可能不唯一。更常见的是，参考面表面沿着垂直于硅片表面两条直线与基准挡板相交于两点。在这种情况下，所测定的晶向为通过垂直于硅片表面上两点平面晶向。在后一种情况下，当参考面与基准挡板之间对准时，所测定的晶向是硅片后续工艺中得到的晶向。

3.2 各种夹具的不对准都将降低两种方法的多个实验室间再现性和绝对精度。倘若夹具是刚性的,则单个仪器的重复性不会降低。

4 规范性引用文件

下列文件中的条款通过本标准的引用而成为本标准的条款。凡是注日期的引用文件,其随后所有的修改单(不包括勘误的内容)或修订版均不适用于本标准,然而,鼓励根据本标准达成协议的各方研究是否可使用这些文件的最新版本。凡是不注日期的引用文件,其最新版本适用于本标准。

GB/T 1555 半导体单晶晶向测定方法

GB/T 2828.1 计数抽样检验程序 第1部分:按接收质量限(AQL)检索的逐批检验抽样计划(GB/T 2828.1—2003,ISO 2859-1:1999,IDT)

GB/T 12964 硅单晶抛光片

GB/T 12965 硅单晶切割片和研磨片

GB/T 14264 半导体材料术语

ASTM E82 金属晶体晶向测试方法

DIN 50433.3 用劳厄反向散射方法确定单晶晶向

5 术语

GB/T 14264 定义的术语适用于本标准。

6 危害

本标准使用时需使用 X 射线,应确保操作人员不暴露在 X 射线中。

6.1 保护手或手指不被 X 光直接照射,并保护眼睛免受二次散射的辐照。

6.2 推荐使用底片式射线剂量器或放射量测定仪,以及标准核源校准过的 GeigerMuller 计数器,定期检查手和身体部位的辐射剂量。

> 注:对于全身不定期暴露于外部 X 射线不超过 3MeV 量子辐照能量的个人,现行最大允许剂量为每季度 1.25R (3.22×10⁻⁴ C/kg),(相当于 0.6 mR/h (1.5×10⁻⁷ C/kg·h)),这是在联邦条例 10 章 20 部分中所规定的。在同样条件下,手和前臂暴露的最大允许剂量为每季度 18.75 R (4.85×10⁻³ C/kg)(相当于 9.3 mR/h (2.4× 10⁻⁶ C/kg·h))。除上述规定外,其他各个政府及管理部门也有相应的安全要求。

6.3 确保所有的设备和条件满足这些规定是使用者的责任。

7 抽样

7.1 本标准中抽样采用 GB/T 2828.1 的规程。

7.2 依照 GB/T 2828.1 从每批中选择适当的抽样比例。

7.3 检查水平由供需双方协商确定。

测试方法 1——X 射线边缘衍射法

8 测试方法概述

8.1 定向夹具——本方法中,采用了一个能准确对被测硅片进行定向的夹具,以保证被测硅片几何特征在测量中与 X 射线测角器能准确定位。

8.2 旋转测角器,测定来自硅片边缘一个晶面簇的 X 射线衍射、且与几何学特征有关的布喇格角,首先测量时使硅片正表面向上,然后再使正表面向下。

8.3 由测角器的读数计算平均角度偏差。

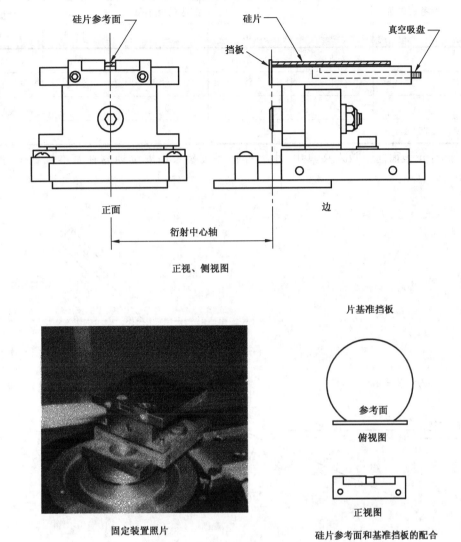

图 1　X射线边缘衍射法的硅片夹具

9　设备

9.1　X射线和测角器——除使用垂直的狭缝外，与GB/T 1555中相同。

9.2　硅片夹具——相对于X射线测角器样片准确定位的装置（见图1），夹具必须包括一个具有平坦表面的保持向下的真空吸盘和一个垂直于该平面的基准挡板。这些部件构建了一个相对于测角器和X射线束固定的 X-Y 轴。夹具的精度取决于X射线仪的配置。关键特征包括：

9.2.1　水平面必须与X射线束平面平行，使衍射光束照射到探测器上。

9.2.2　被固定的硅片参考面靠着基准挡板的面，与基准挡板密切配合，夹具及基准挡板的表面必须平坦达到1/10 000。

10　程序

10.1　定位探测器，以使X射线延长线与探测器及样品旋转轴连线之间的夹角等于（接近到分）二倍的布喇格角（见图2）。对应普通的硅片参考面位置，推荐反射晶面簇的 Cu-Kα 辐射角，该角度（2倍的布喇格角）列于表1中。

表 1 布喇格角；硅晶体中的 Cu-Kα 辐射 X 射线衍射的布喇格角 α

参考面位置			推荐的反射面			检测器位置 2×布喇格角
h	k	l	h	k	l	
1	1	0	2	2	0	47°20′
2	1	1	4	2	2	88°08′
1	0	0	4	0	0	69°12′
注：波长 λ＝0.154 17 nm。						

10.2 将待测硅片正表面向上放入夹具中，小心操作保证参考面安全地靠在基准挡板上，然后用真空吸住。

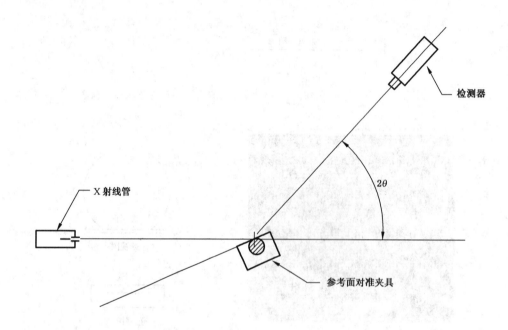

图 2 X射线边缘衍射法衍射几何学示意图

10.3 利用测角器的移动装置，调节垂直于入射和反射束的旋转轴附近的夹具，直到衍射强度达到最大。

10.4 记录测角器上的显示的角度，作为 Ψ_1，精确到 1′。

10.5 从夹具中移出硅片，翻转使其正表面向下，重新将其放入夹具，小心操作保证参考面安全地靠在基准挡板上，然后用真空吸住。

10.6 利用测角器的移动装置，调节垂直于入射和反射束的旋转轴附近的夹具，直到衍射强度达到最大。

10.7 记录测角器上的显示的角度，作为 Ψ_3，精确到 1′。

11 计算

按照式(1)计算并记录平均角度偏离：

$$\alpha = \frac{\Psi_1 - \Psi_3}{2} \qquad \cdots\cdots\cdots\cdots\cdots\cdots\cdots\cdots\cdots(1)$$

式中：

α——平均角度偏离，单位为度(°)；

Ψ_1——测角器中第一次的角度读数,单位为度(°);

Ψ_3——测角器中第二次的角度读数,单位为度(°)。

12 报告

报告包括如下信息:

a) 被测样品的编号,包括供方和供方的批号。

b) 测试日期和测量操作者。

c) 参考面及表面的规定取向。

d) 每片 Ψ_1 和 Ψ_3 的测量值及计算值 α。

13 精密度及偏差

通过对一个硅片进行 50 次(每面 25 次)的测量,得到对这一测试方面的单个仪器、单个操作者的重复性评价:α 计算值的 $1-\alpha$ 分布为 1.94′。

测试方法 2——劳厄背反射 X 射线法

14 测试方法概述

14.1 本方法中,硅片被放置在劳厄背反射 X 射线相机内。仪器中,白色(连续的或韧致辐射)的校准光束直接辐射到硅片参考面上。

14.2 对应于每一晶面簇,满足布拉格方程的任一波长的入射辐射将在底片上呈现一个斑点。

14.3 底片上的图形可由工程制图仪读出。

14.4 当参考面晶向与规定的低指数晶面的偏离在 3° 以内时,可由图形中心的劳厄斑点最近区域和零基准线的夹角直接测出角度偏离。

15 设备

15.1 X 射线衍射仪(商用可用)——利用银或钨管作为 X 射线源,包括一个快门以控制 X 射线的曝光。

15.2 劳厄背反射 X 射线相机具有以下特点(见图 3):

15.2.1 固定轨道——其上表面与一侧倒角的精密平面相互垂直,同来自光源的 X 射线束对准。

15.2.2 硅片夹具——夹具的两个平面被抛光,当其固定在导轨上时,一个面垂直,而另一个面平行于导轨的水平上表面精度达 1 分弧(100 mm 轨迹偏差 29 μm)(见图 4)。在垂直面上有一孔,通过夹具背面真空接头与真空管相连。使用时,将参考面对准水平基准面,通过真空使硅片靠在夹具的垂直平面上。

15.2.3 相机——相机带有一底片夹和一个精确地确定水平基准线的装置。可方便地在接近底片敏感区的边缘安装一个带有两个光管的光源,并在底片较短尺寸一边的中心点安装直径为 75 μm(0.003 in)的瞄准器。为了将 X 射线束校准在底片夹的中心,需要一个准直仪(见图 3)。

注:与底片"湿法处理"相比,使用高速瞬时底片及荧光屏。

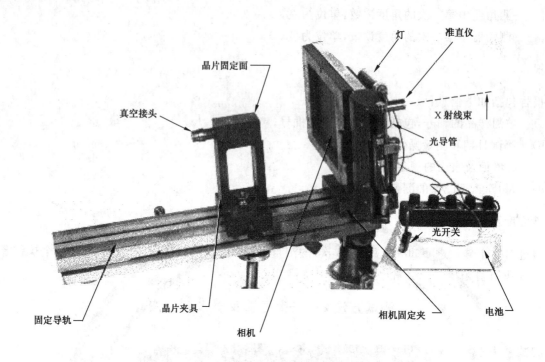

图 3　晶片夹具和固定导轨

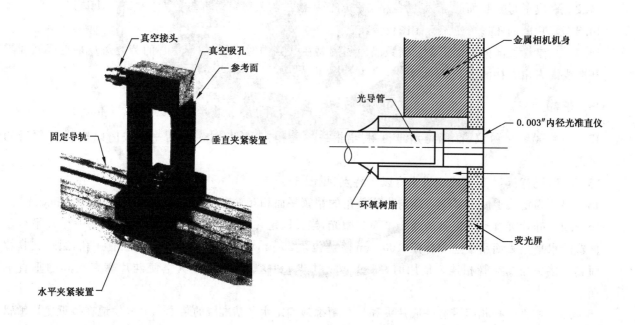

图 4　晶片夹具和固定导轨　　　　　**图 5　光导管和准直管的劳厄相机台板断面图**

15.2.4　相机固定夹具——将相机固定在导轨上,使瞄准器对准 X 射线束,由光点确定的水平基准线与固定导轨的上表面平行达 1 分弧(100 mm 轨迹偏离 29 μm),见图 5。

15.3　制图装置量角器——用于读出劳厄照片,其具有一个洁净、透明的塑料片和一个最精细的 6 分弧或更小的游标刻度,在塑料片的底部,标刻一条约 125 mm(5 in)长的直线,该直线与量角器的中心点一致。

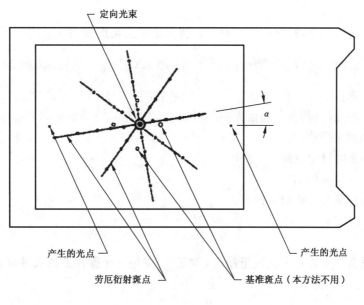

示意图

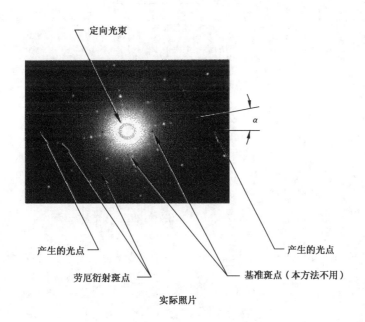

实际照片

图 6 劳厄图形

16 程序

16.1 将待测硅片放在底片夹具上,使参考面安全地靠在夹具的基准平面上,通过真空使硅片牢固地靠在夹具上。

16.2 接通 X 射线电源,调整电压与电流,在相机内装上底片。打开 X 射线快门,使底片在适宜的时间曝光时,脉冲光产生确定水平基准线的光斑并使底片显影。对钨 X 射线管的典型电压及电流分别为 50 kV～60 kV 和 20 mA～30 mA。使用高速、瞬时底片(ASA 300)及荧光屏,典型的曝光时间为 1 min～2 min。

16.3 读底片上的劳厄图形。

16.3.1 将制图装置下边的刻线与确定水平基准线的两个光点对准,使分度仪设定为 0°。

16.3.2 旋转制图装置量角器,使刻度线与劳厄斑点区域对准,劳厄斑点区域经过图形中心且最接近水平基准线(见图 6)。

16.3.3 在量角器上读出角度,精度到 0.1°(6′)。将该值记为角度偏离,α。

17 报告

报告包括如下信息:

a) 被测样品的编号,包括供方和供方的批号。

b) 测试日期和测量操作者。

c) 参考面及表面的规定取向。

d) 每片所测量的角度偏离。

e) 每片的劳厄图形照片或照片拷贝。

18 精密度及偏差

本方法的单个设备多个操作者的测量精度(重复性)采用三个操作者的大量试验来进行评价。本方法获得 $1-S$ 值的分布为 7 分弧。

ICS 29.045
H 82

中华人民共和国国家标准

GB/T 14140—2009
代替 GB/T 14140.1—1993,GB/T 14140.2—1993

硅片直径测量方法

Test method for measuring diameter of semiconductor wafer

2009-10-30 发布　　　　　　　　　　　　2010-06-01 实施

中华人民共和国国家质量监督检验检疫总局
中国国家标准化管理委员会　发布

前　言

本标准代替 GB/T 14140.1《硅片直径测量法　光学投影法》和 GB/T 14140.2《硅片直径测量法千分尺法》。

本标准与 GB/T 14140.1 和 GB/T 14140.2 相比,主要有如下变化:

——可测量最大直径的范围增加到 300 mm;

——删除了引用标准 GB 12962《硅单晶》;

——增加了引用标准 GB/T 12964《硅单晶抛光片》;

——增加了引用标准 GB/T 6093《几何量技术规范(GPS)长度标准　量块》;

——增加了术语、意义用途、干扰因素;

——修改了直径模型的部分内容;

——光学投影法参照 ASTM F613-93《半导体晶片直径的标准测试方法》进行了修订。

本标准由全国半导体设备和材料标准化技术委员会(SAC/TC 203)提出。

本标准由全国半导体设备和材料标准化技术委员会材料分技术委员会归口。

本标准起草单位:洛阳单晶硅有限责任公司。

本标准主要起草人:刘玉芹、蒋建国、张静雯、冯校亮。

本标准所代替标准的历次版本发布情况为:

——GB/T 14140.1—1993、GB/T 14140.2—1993。

硅片直径测量方法

方法 1　光学投影法

1　范围

本标准规定了用光学投影仪测量硅片直径的方法。

本标准适用于测量圆形硅片的直径,可测最大直径为 ϕ300 mm。本标准不适用于测量硅片的不圆度。

2　规范性引用文件

下列文件中的条款通过本标准的引用而成为本标准的条款。凡是注日期的引用文件,其随后所有的修改单(不包括勘误的内容)或修订版均不适用于本标准,然而,鼓励根据本标准达成协议的各方研究是否可使用这些文件的最新版本。凡是不注日期的引用文件,其最新版本适用于本标准。

GB/T 2828.1　计数抽样检验程序　第 1 部分:按接收质量限(AQL)检索的逐批检验抽样计划 (GB/T 2828.1—2003,ISO 2859-1:1999,IDT)

GB/T 6093　几何量技术规范(GPS)　长度标准量块

GB/T 12964　硅单晶抛光片

3　术语和定义

下列术语和定义适用于本标准。

直径　diameter

横穿圆片表面,通过晶片中心点且不与参考面或圆周上其他基准区相交的直线长度。

4　方法提要

利用光学投影仪,将硅片投影到显示屏上,使用螺旋测微计和标准长度块进行测量。以硅片投影的两端边缘分别与显示屏上的垂直坐标轴左右两边相切,由其位置差求出硅片直径。按硅片参考面不同测量硅片的三条直径(如图 1)。计算出平均直径和直径偏差。

5　意义和用途

5.1　在微电子制造过程中,特别是对于需要固定硅片的工序,半导体硅片直径是一个重要的参数。

5.2　硅片晶向偏离会使硅片呈椭圆形。本测试方法报告要求测试硅片的直径偏差。

6　干扰因素

6.1　硅片边缘沾污、波纹或参差不齐等会造成直径测量误差。

6.2　载物台与螺旋测微计主轴的接触表面和螺旋测微计主轴端部的沾污或损坏会造成测量误差。

6.3　显示屏不能清晰地显示会影响测量的准确度。

6.4　标准长度量块的测量表面沾污或损坏会造成测量误差。

6.5　如果用多个标准长度量块研合形成一个参考长度,量块研合方法和程度不正确会造成测量误差。

7 仪器设备与环境

7.1 光学投影仪

图像放大倍数为 20 倍～40 倍。

7.1.1 载物台

可自由平移,移动范围为:水平方向≥300 mm,垂直方向≥100 mm。

7.1.2 螺旋测微计

分度值优于 5 μm,螺旋测微计主轴的移动推动载物台的移动,主轴伸长度越大读数越精确。螺旋测微计有容纳标准长度量块的轨道,以增大测量范围。

7.2 样品夹

用于支撑投影仪载物台上的样片,能够在载物台上滑动。样品夹配置有旋转和固定的工具,使样片能旋转 360°(精确到±5°),能将样品夹固定到载物台上。

7.3 标准长度量块

标准长度量块应符合 GB/T 6093 规格。

7.4 刻度板

用玻璃或透明材料制成,覆盖到投影仪屏幕上,两条相互垂直的刻线提供水平和垂直参考。

7.5 测试环境

测量在 23 ℃±5 ℃下进行。测试样本、标准长度量块应在测量室温下放置 15 min 以上方可进行测量。

8 取样原则与试样制备

8.1 从一批硅片中按 GB/T 2828.1 计数抽样方案或商定的方案抽取试样。

8.2 按图 1 确定要测量的三条直径的位置,硅片参考面位置应符合 GB/T 12964 的规定。

8.2.1 对于 P〈111〉和主、副参考面成 180°角的 N〈100〉硅片,要测量的三条直径是平行于主参考面的直径和与该直径成 45°角的另两条直径。见图 1a)、图 1b)。

8.2.2 对于 P〈100〉硅片,第一条直径位于主、副参考面的中间,第二条直径垂直于第一条直径,第三条直径与第二条直径逆时针成 30°角。见图 1c)。

8.2.3 对于 N〈111〉硅片,第一条直径平行于主参考面,第二条直径与第一条直径顺时针成 30°角,第三条直径与第二条直径也顺时针成 30°角。见图 1d)。

8.2.4 对于主、副参考面成 135°角的 N〈100〉硅片,第一条直径平行于主参考面,第二条直径与第一条直径逆时针成 30°角,第三条直径与第二条直径也逆时针成 30°角。见图 1e)。

8.2.5 无参考面的硅片需在硅片背面圆周上作一参考标记代替主参考面进行定位,切口硅片以切口位置代替主参考面进行定位,要测量的三条直径是平行于标记或切口的直径和与该直径成 45°角的另两条直径。见图 1f)。

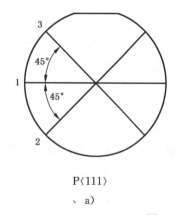

P〈111〉

、a)

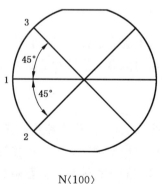

N〈100〉

b)

图 1 各类试样直径的测量位置

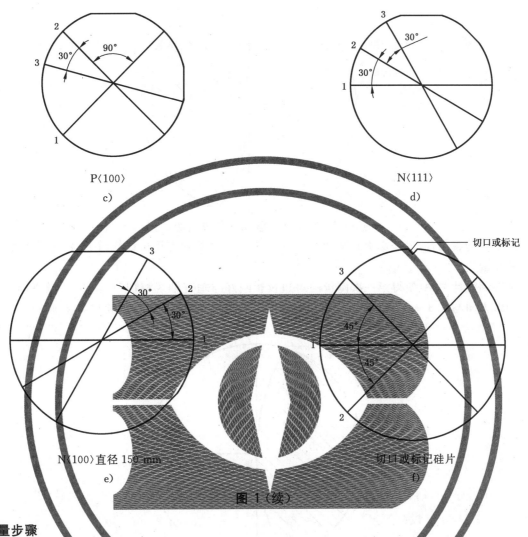

P⟨100⟩
c)

N⟨111⟩
d)

N⟨100⟩直径 150 mm
e)

切口或标记

切口或标记硅片
f)

图 1（续）

9 测量步骤

9.1 清洁样品夹、螺旋测微计主轴端部和载物台的接触表面。

9.2 调节投影仪放大器，使得放大倍数处于 20 倍～40 倍范围内，把刻度板镶嵌到屏幕上，把样品夹固定在载物台上。

9.3 按 8.2 确定要测量的三条直径的位置。

9.4 把待测硅片固定到样品夹上，使被测直径处于测量位置。调节投影仪的焦点，使硅片边缘轮廓清晰地显示在显示屏上。

9.5 调节载物台的垂直位置，以便硅片被测直径的试样图像与显示屏上水平坐标轴一致。样片显示在屏幕的右边（如图 2）。

9.6 调节螺旋测微计，以便主轴在标准量程中心±30%移动。

9.7 松开并移动样品夹，使硅片边缘的投影靠近刻度板垂直轴线。

9.8 重新紧固样品夹，旋转测微计主轴进行微小平移调节，以便硅片边缘投影刚好和垂直轴线相切（如图 2）。注意主轴旋转方向，作最后调节。记下此时螺旋测微计读数 F（精确到 5 μm 以上）。

9.9 选择和硅片直径尺寸相当的标准长度量块，记录基准长度 L，单位为毫米。清洁量块，如果多个长度量块形成一个参考长度，按照量块使用要求把它们研合在一起。

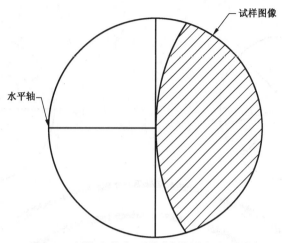

图 2 试样边缘与垂直轴左边相切位置

9.10 小心移动载物台,远离螺旋测微计主轴,把标准长度量块放在测微计轨道上,移动载物台,轻轻靠向标准长度量块。

9.11 旋转测微计主轴,使得第一次测量的对边投影刚好与垂直轴线相切(如图3)。最终调节时测微计主轴旋转方向与9.8一致,以消除主轴向后靠的影响。记录第二个测微计读数 S,精确到 5 μm 以上。

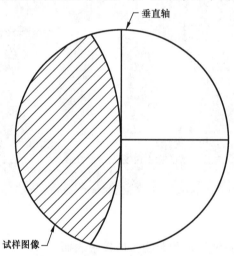

图 3 试样边缘与垂直轴右边相切位置

9.12 旋转硅片,使另一条被测直径处于测量位置。重复9.5~9.11测量步骤,直至测完三条直径。

10 测量结果计算

10.1 硅片直径值按公式(1)计算,其中当硅片直径大于基准长度时,$(S-F)$为正值;硅片直径小于基准长度时,$(S-F)$为负值:

$$D_i = L + (S-F) \qquad \cdots\cdots\cdots\cdots\cdots\cdots(1)$$

式中:
D_i——硅片直径测量值,单位为毫米(mm),$i=1、2、3$;
L——9.2.9中记录的标准量块基准长度值,单位为毫米(mm);
F——第一次记录的读数,单位为毫米(mm);
S——第二次记录的读数,单位为毫米(mm)。

10.2 硅片直径的平均值 $\overline{D}$ 按公式(2)计算:

$$\overline{D} = \frac{1}{3}\sum_{i=1}^{3} D_i \qquad \cdots\cdots\cdots\cdots\cdots\cdots(2)$$

式中：

D_i——硅片直径测量值，单位为毫米(mm)。

10.3 直径偏差的计算：

对每一片硅片，其最大直径减去最小直径即为该硅片的直径偏差。

11 精密度

本测试方法三个实验室平均直径的二倍标准偏差为±66 μm。

12 试验报告

试验报告应包括以下内容：

a) 硅片编号；

b) 硅片批量及检测试样数量；

c) 硅片直径测量值、直径平均值和直径偏差；

d) 测试室温度；

e) 本标准编号；

f) 检测者及检测日期。

方法 2 千分尺法

13 范围

本标准规定了用千分尺测量硅片直径的方法。

本标准适用于测量圆形硅片的直径，可测最大直径为 φ300 mm。本标准不适用于测量硅片的不圆度。

14 规范性引用文件

下列文件中的条款通过本标准的引用而成为本标准的条款。凡是注日期的引用文件，其随后所有的修改单（不包括勘误的内容）或修订版均不适用于本标准，然而，鼓励根据本标准达成协议的各方研究是否可使用这些文件的最新版本。凡是不注日期的引用文件，其最新版本适用于本标准。

GB/T 2828.1 计数抽样检验程序 第1部分：按接收质量限（AQL）检索的逐批检验抽样计划（GB/T 2828.1—2003，ISO 2859-1:1999，IDT）

GB/T 12964 硅单晶抛光片

15 术语

下列术语和定义适用于本标准。

直径 diameter

横穿圆片表面，通过晶片中心点且不与参考面或圆周上其他基准区相交的直线长度。

16 方法提要

按硅片参考面不同用千分尺直接测量硅片的三条直径，计算出平均直径和直径偏差。见图1。

17 意义和用途

在微电子制造过程中，特别是对于需要固定硅片的工序，半导体硅片直径是一个重要的参数。硅片晶向偏离会使硅片呈椭圆形。本测试方法报告要求测试硅片的直径偏差。

18 干扰因素

18.1 硅片边缘沾污、波纹或参差不齐等会造成直径测量误差。

18.2 千分尺两侧砧接触硅片的程度会造成硅片形变而产生测量误差。

18.3 测量时硅片实际直径与千分尺两侧砧中心位置不在同一平面会造成测量误差。

18.4 千分尺两侧砧表面沾污、损伤或校准失败均会造成测量误差。

19 仪器设备与环境

19.1 千分尺

测量范围为 0 mm~300 mm,分度值为 0.01 mm。

19.2 测量环境

测量在 23 ℃±5 ℃下进行。测试样本、标准长度量块应在测量室温下放置 15 min 以上方可进行测量。

20 取样原则与试样制备

20.1 从一批硅片中按 GB/T 2828.1 计数抽样方案或商定的方案抽取试样。

20.2 按图 1 确定要测量的三条直径的位置,硅片参考面位置应符合 GB/T 12964 的规定。

20.2.1 对于 P〈111〉和主、副参考面成 180°角的 N〈100〉硅片,要测量的三条直径是平行于主参考面的直径和与该直径成 45°角的另两条直径。见图 1a)、图 1b)。

20.2.2 对于 P〈100〉硅片,第一条直径位于主、副参考面的中间,第二条直径垂直于第一条直径,第三条直径与第二条直径逆时针成 30°角。见图 1c)。

20.2.3 对于 N〈111〉硅片,第一条直径平行于主参考面,第二条直径与第一条直径顺时针成 30°角,第三条直径与第二条直径也顺时针成 30°角。见图 1d)。

20.2.4 对于主、副参考面成 135°角的 N〈100〉硅片,第一条直径平行于主参考面,第二条直径与第一条直径逆时针成 30°角,第三条直径与第二条直径也逆时针成 30°角。见图 1e)。

20.2.5 无参考面的硅片需在硅片背面圆周上作一参考标记代替主参考面进行定位,切口硅片以切口位置代替主参考面进行定位,要测量的三条直径是平行于标记或切口的直径和与该直径成 45°角的另两条直径。见图 1f)。

21 测量步骤

21.1 清洁千分尺测量杆两侧砧并校正千分尺零点。

21.2 按 20.2 确定要测量的三条直径的位置。

21.3 旋出千分尺测量杆,放入被测硅片,使待测直径处于测量位置。

21.4 旋进测量杆到终止位置(转动千分尺测力装置的滚花外轮,听到咯咯的响声即表示千分尺与硅片已接触好)。

21.5 记录千分尺的读数,取下硅片。

21.6 重复 21.3~21.5 测量步骤,直至测完三条直径。

22 试样结果计算

22.1 硅片直径的平均值

硅片直径的平均值 $\overline{D}$ 按公式(3)计算:

$$\overline{D} = \frac{1}{3}\sum_{i=1}^{3}D_i \quad\cdots\cdots\cdots\cdots\cdots\cdots\cdots\cdots(3)$$

式中：

D_i——硅片直径测量值，单位为毫米(mm)。

22.2 直径偏差的计算

对每一片硅片，其最大直径减去最小直径即为该硅片的直径偏差。

23 精密度

本方法三个实验室测量平均直径的二倍标准偏差为±50 μm。

24 报告

试验报告应包括以下内容：

a) 硅片编号；

b) 硅片批量及检测试样数量；

c) 硅片直径测量值、直径平均值和直径偏差；

d) 测试室温度；

e) 本标准编号；

f) 检测者及检测日期。

ICS 29.045
H 80

中华人民共和国国家标准

GB/T 14141—2009
代替 GB/T 14141—1993

硅外延层、扩散层和离子注入层
薄层电阻的测定　直排四探针法

Test method for sheet resistance of silicon epitaxial,
diffused and ion-implanted layers using a collinear four-probe array

2009-10-30 发布
2010-06-01 实施

中华人民共和国国家质量监督检验检疫总局
中国国家标准化管理委员会　发布

前　言

本标准代替 GB/T 14141—1993《硅外延层、扩散层和离子注入层薄层电阻的测定　直排四探针法》。

本标准与 GB/T 14141—1993 相比,主要有如下改动:

——修改了被测薄层电阻的最小直径(由 10.0 mm 改为 15.9 mm)、薄层电阻阻值的测量范围及精度;

——增加了规范性引用文件;

——增加了引入与试样几何形状有关的修正因子计算薄层电阻;

——增加了干扰因素;

——删除了三氯乙烯试剂;

——修改了薄层电阻范围,增加了"直流输入阻抗不小于 10^9 Ω";

——删除了三氯乙烯漂洗;

——修改仲裁测量探针间距,由 1 mm 改为 1.59 mm;

——增加了修正因子和温度修正系数表格。

本标准由全国半导体设备和材料标准化技术委员会(SAC/TC 203)提出。

本标准由全国半导体设备和材料标准化技术委员会材料分技术委员会归口。

本标准起草单位:宁波立立电子股份有限公司、南京国盛电子有限公司、信息产业部专用材料质量监督检验中心。

本标准主要起草人:李慎重、许峰、刘培东、谌攀、马林宝、何秀坤。

本标准所代替标准的历次版本发布情况为:

——GB/T 14141—1993。

硅外延层、扩散层和离子注入层薄层电阻的测定 直排四探针法

1 范围

本标准规定了用直排四探针测量硅外延层、扩散层和离子注入层薄层电阻的方法。

本标准适用于测量直径大于 15.9 mm 的由外延、扩散、离子注入到硅片表面上或表面下形成的薄层的平均薄层电阻。硅片基体导电类型与被测薄层相反。适用于测量厚度不小于 0.2 μm 的薄层,方块电阻的测量范围为 10 Ω～5 000 Ω。该方法也可适用于更高或更低阻值方块电阻的测量,但其测量精确度尚未评估。

2 规范性引用文件

下列文件中的条款通过本标准的引用而成为本标准的条款。凡是注日期的引用文件,其随后所有的修改单(不包括勘误的内容)或修订版均不适用于本标准,然而,鼓励根据本标准达成协议的各方研究是否可使用这些文件的最新版本。凡是不注日期的引用文件,其最新版本适用于本标准。

GB/T 1552 硅、锗单晶电阻率测定 直排四探针法

GB/T 11073 硅片径向电阻率变化的测量方法

3 方法提要

使用直排四探针测量装置,使直流电流通过试样上两外探针,测量两内探针之间的电位差,引入与试样几何形状有关的修正因子,计算出薄层电阻。

4 干扰因素

4.1 探针材料和形状及其和硅片表面接触是否满足点电流源注入条件会影响测试精度。

4.2 电压表输入阻抗会引入测试误差。

4.3 硅片几何形状、表面沾污等会影响测试结果。

4.4 光照、高频、震动、强电磁场及温湿度等测试环境会影响测试结果。

5 试剂

5.1 氢氟酸,优级纯。

5.2 纯水,25 ℃时电阻率大于 2 MΩ·cm。

5.3 甲醇,99.5%。

5.4 干燥氮气。

6 测量仪器

6.1 探针系统

6.1.1 探针为具有 45°～150°角的圆锥形碳化钨探针,针尖半径分别为 35 μm～100 μm、100 μm～250 μm 的半球形或半径为 50 μm～125 μm 的平的圆截面。

6.1.2 探针与试样压力分为小于 0.3 N 及 0.3 N～0.8 N 两种。

6.1.3 探针(带有弹簧及外引线)之间或探针系统其他部分之间的绝缘电阻至少为 10^9 Ω。

6.1.4 探针排列和间距:四探针应以等距离直线排列。探针间距及针尖状况应符合 GB/T 1552 中的规定。

6.2 样品台和探针架

6.2.1 样品台和探针架应符合 GB/T 1552 中的规定。

6.2.2 样品台上应具有旋转 360°的装置。其误差不大于±5°。

6.3 测量装置

测量装置的典型电路见图1。

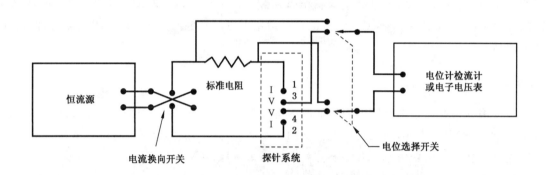

图 1 典型的电路示意图

6.3.1 恒流源:按表1的推荐值提供试样所需的电流,精度为±0.5%。

表 1 测量薄层电阻所要求的电流值

薄层电阻/Ω	测试电流
2.0~25	10 mA
20~250	1 mA
200~2 500	100 μA
2 000~25 000	10 μA
>20 000	1 μA

6.3.2 电流换向开关

6.3.3 标准电阻:按表2的薄层电阻范围选取所需的标准电阻。精度0.05级。

表 2 不同薄层电阻范围所用标准电阻

薄层电阻/Ω	标准电阻/Ω
2.0~25	10
20~250	100
200~2 500	1 000
2 000~25 000	10 000
>20 000	100 000

6.3.4 双刀双掷电位选择开关。

6.3.5 电位差计和电流计或数字电压表,量程为 1 mV~100 mV,分辨率为0.1%,直流输入阻抗不小

于 $10^9\ \Omega$。

6.3.6 电子测量装置适用性应符合 GB/T 1552 的规定。

6.4 欧姆表,能指示阻值高达 $10^9\ \Omega$ 的漏电阻。

6.5 温度针 0 ℃~40 ℃,最小刻度为 0.1 ℃。

6.6 化学实验室器具,如:塑料烧杯、量杯和适用于酸和溶剂的涂塑镊子等。

7 试样制备

如试样表面洁净,符合测试条件可直接测试,否则,按下列步骤清洗试样后测试:

7.1 试样在甲醇中漂洗 1 min。如必要,在甲醇中多次漂洗,直到被干燥的试样无污迹为止。

7.2 将试样干燥。

7.3 放入氢氟酸中清洗 1 min。

7.4 用纯水洗净。

7.5 用甲醇漂洗干净。

7.6 用氮气吹干。

8 测量条件和步骤

8.1 整个测试过程应在无光照,无高频和无振动下进行。

8.2 用干净涂塑镊子或吸笔将试样置于样品台上,试样放置的时间应足够长,达到热平衡时,试样温度为 23 ℃±1 ℃。

8.3 对于薄层厚度小于 3 μm 的试样,选用针尖半径为 100 μm~250 μm 的半球形探针或针尖半径为 50 μm~125 μm 平头探针,针尖与试样间压力为 0.3 N~0.8 N;对于薄层厚度不小于 3 μm 的试样,选用针尖半径为 35 μm~100 μm 半球形探针,针尖与试样间压力不大于 0.3 N。

8.4 将探针下降到试样表面测试,使四探针针尖端阵列的中心落在试样中心 1.00 mm 范围内。

8.5 接通电流,令其任一方向为正向,调节电流大小见表 1 所给出的某一合适值,测量并记录所得数据。所有测试数据至少应取三位有效数字。

8.6 改变电流方向,测量、记录数据。

8.7 关断电流,抬起探针装置。

8.8 对仲裁测量,探针间距为 1.59 mm,将样品分别旋转 30°±5°,重复 8.4~8.7 的测量步骤,测 5 组数据。

9 测量结果计算

9.1 对于每一测量位置,计算正、反向电流时试样的电阻值,见式(1)、式(2)。

$$R_f = V_f R_s / V_{sf} = V_f / I_f \quad \cdots\cdots(1)$$
$$R_r = V_r R_s / V_{sr} = V_r / I_r \quad \cdots\cdots(2)$$

式中:

R_f——通过正向电流时试样电阻,单位为欧姆(Ω);

R_s——通过反向电流时试样电阻,单位为欧姆(Ω);

I_f——通过试样的正向电流,单位为毫安(mA);

I_r——通过试样的反向电流,单位为毫安(mA);

V_f——通过正向电流时试样两端的电位差,单位为毫伏(mV);

V_r——通过反向电流时试样两端的电位差,单位为毫伏(mV);

V_{sf}——通过正向电流时标准电阻两端的电位差,单位为毫伏(mV);

V_{sr}——通过反向电流时标准电阻两端的电位差,单位为毫伏(mV);

R_s——标准电阻阻值,单位为欧姆(Ω)。

当直接测量电流时,采用式(1)、式(2)最右边的形式。对于仲裁测量,R_f 与 R_r 之差的绝对值必须小于较大值的 5%。

9.2 计算每一测量位置的平均电阻 R_m,见式(3)。

$$R_m = \frac{1}{2}(R_f + R_r) \qquad\qquad\cdots\cdots\cdots\cdots\cdots\cdots\cdots\cdots\cdots\cdots(3)$$

9.3 计算试样平均直径 $\overline{D}$ 与平均探针间距 $\overline{S}$ 之比,由表3中查出修正因子 F_2,也可以见 GB/T 11073 中规定的几何修正因子。

9.4 计算几何修正因子 F,见式(4)。

$$F = F_2 \times F_{sp} \qquad\qquad\cdots\cdots\cdots\cdots\cdots\cdots\cdots\cdots\cdots\cdots(4)$$

式中:

F_{sp}——探针修正因子;

F_2——限定直径试样修正因子。

9.5 计算每一测量位置在所测温度时的薄层电阻(可根据薄层电阻计算出对应的电阻率并修正到 23 ℃,具体见表4),见式(5)。

$$R_{si}(T) = R_{mi} \times F \qquad\qquad\cdots\cdots\cdots\cdots\cdots\cdots\cdots\cdots\cdots\cdots(5)$$

式中:

R_{mi}——某位置第 i 次测量的平均电阻,$i=1,2,3,4,5$。

9.6 计算总平均薄层电阻,见式(6)。

$$\overline{R_s}(T) = \frac{1}{5}\sum_{i=1}^{5} R_{si}(T) \qquad\qquad\cdots\cdots\cdots\cdots\cdots\cdots\cdots\cdots\cdots\cdots(6)$$

9.7 计算标准偏差,见式(7)。

$$S = \frac{1}{2}\left\{ \sum_{i=1}^{5}\left[R_{si}(T) - \overline{R_s}(T) \right]^2 \right\}^{\frac{1}{2}} \qquad\qquad\cdots\cdots\cdots\cdots\cdots\cdots\cdots\cdots(7)$$

10 精密度

本方法对于薄层厚度不小于 3 μm 的试样,多实验室测量精密度为±12%(R2S);对于薄层厚度小于 3 μm 的试样,多实验室测量精密度为±10%(R2S)。

11 试验报告

11.1 试验报告应包括以下内容:

    a) 试样编号;

    b) 试样种类;

    c) 试样薄层厚度;

    d) 测试电流;

    e) 测试温度;

    f) 试样薄层电阻;

    g) 本标准编号;

    h) 测量、测量者和测量日期。

11.2 对仲裁测量,报告还应包括对探针状况、电测装置的精度、所测原始数据及处理结果。

表 3　试样几何形状修正因子 F_2

对标称直径圆片和探针间距为 1.00 mm 的修正因子 F_2					
硅片标称直径/mm	50.8	76.2	80.0	100.0	125.0
测量点	选点方案 A,B,C(见 GB/T 11703)				
中心	4.517	4.526	4.526	4.528	4.530
$R/2$	4.506	4.520	4.521	4.525	4.528
离边缘 6 mm	4.448	4.455	4.455	4.458	4.460
测量点与片子中心之间距	选点方案 D(见 GB/T 11703)				
0	4.517	4.526	4.526	4.528	4.530
2	4.517	4.526	4.526	4.528	4.530
4	4.516	4.525	4.526	4.528	4.530
6	4.515	4.525	4.526	4.528	4.530
8	4.514	4.525	4.526	4.528	4.530
10	4.511	4.524	4.525	4.528	4.530
12	4.507	4.524	4.525	4.528	4.530
14	4.501	4.523	4.524	4.528	4.530
16	4.491	4.522	4.524	4.527	4.529
18	4.472	4.521	4.523	4.527	4.529
20	4.401	4.520	4.521	4.527	4.529
22	4.311	4.517	4.519	4.526	4.529
24	3.696	4.514	4.517	4.526	4.529
26	—	4.504	4.514	4.525	4.529
28	—	4.501	4.509	4.524	4.528
30	—	4.486	4.501	4.523	4.528
32	—	4.457	4.486	4.521	4.528
34	—	4.380	4.455	4.519	4.528
36	—	4.066	4.374	4.515	4.527
38	—	2.283	4.032	4.510	4.526
40	—	—	—	4.502	4.525
42	—	—	—	4.488	4.524
44	—	—	—	4.458	4.522
46	—	—	—	4.377	4.520
48	—	—	—	4.037	4.517
50	—	—	—	—	4.513
52	—	—	—	—	4.506
54	—	—	—	—	4.494
56	—	—	—	—	4.469
58	—	—	—	—	4.409
60	—	—	—	—	4.188

表 3（续）

对标称直径圆片和探针间距为 1.59 mm 的修正因子 F_2					
硅片标称直径/mm	50.8	76.2	80.0	100.0	125.0
测量点	选点方案 A,B,C(见 GB/T 11703)				
中心	4.494	4.515	4.517	4.522	4.526
$R/2$	4.466	4.502	4.505	4.515	4.521
离边缘 6 mm	4.328	4.345	4.347	4.353	4.357
测量点与片子中心之间距	选点方案 D(见 GB/T 11703)				
0	4.494	4.515	4.517	4.522	4.526
2	4.494	4.515	4.517	4.522	4.526
4	4.492	4.515	4.517	4.522	4.526
6	4.490	4.514	4.516	4.522	4.526
8	4.486	4.513	4.516	4.522	4.526
10	4.479	4.513	4.515	4.522	4.526
12	4.470	4.512	4.514	4.521	4.526
14	4.455	4.510	4.512	4.521	4.525
16	4.430	4.507	4.511	4.520	4.525
18	<u>4.386</u>	4.504	4.508	4.519	4.525
20	4.291	4.500	4.505	4.518	4.524
22	4.041	4.494	4.501	4.517	4.524
24	3.169	4.486	4.495	4.516	4.524
26	—	4.474	4.487	4.514	4.523
28	—	4.454	4.474	4.511	4.522
30	—	4.420	4.454	4.508	4.522
32	—	<u>4.350</u>	<u>4.418</u>	4.504	4.521
34	—	4.182	4.347	4.498	4.520
36	—	3.635	4.170	4.490	4.518
38	—	—	3.586	4.478	4.516
40	—	—	—	4.458	4.514
42	—	—	—	<u>4.423</u>	4.512
44	—	—	—	4.353	4.508
46	—	—	—	4.178	4.503
48	—	—	—	3.596	4.495
50	—	—	—	—	4.484
52	—	—	—	—	4.467
54	—	—	—	—	4.437
56	—	—	—	—	<u>4.380</u>
58	—	—	—	—	4.245
60	—	—	—	—	3.828

注：各栏中标有下划线的值是相对于 6 mm 或近边缘的修正值。

表 4 温度修正系数表(18 ℃~28 ℃皆适用此修正系数表)

电阻率/ (Ω·cm)	温度修正系数		电阻率/ (Ω·cm)	温度修正系数	
	N type	P type		N type	P type
0.000 6	0.002	0.001 60	1.0	0.007 36	0.007 07
0.000 8	0.002	0.001 60	1.2	0.007 47	0.007 22
0.001	0.002	0.001 58	1.4	0.007 55	0.007 34
0.001 2	0.001 84	0.001 51	1.6	0.007 61	0.007 44
0.001 4	0.001 69	0.001 49	2.0	0.007 68	0.007 59
0.001 6	0.001 61	0.001 48	2.5	0.007 74	0.007 73
0.002	0.001 58	0.001 48	3.0	0.007 78	0.007 83
0.002 5	0.001 59	0.001 45	3.5	0.007 82	0.007 91
0.003	0.001 56	0.001 37	4.0	0.007 85	0.007 97
0.003 5	0.001 46	0.001 27	5.0	0.007 91	0.008 05
0.004	0.001 31	0.001 16	6.0	0.007 97	0.008 11
0.005	0.000 96	0.000 94	8.0	0.008 06	0.008 19
0.006	0.000 6	0.000 74	10	0.008 13	0.008 25
0.008	0.000 06	0.000 46	12	0.008 18	0.008 29
0.01	−0.000 22	0.000 31	14	0.008 22	0.008 32
0.012	−0.000 31	0.000 25	16	0.008 24	0.008 35
0.014	−0.000 26	0.000 25	20	0.008 26	0.008 40
0.016	−0.000 13	0.000 29	25	0.008 27	0.008 45
0.02	0.000 25	0.000 45	30	0.008 28	0.008 49
0.025	0.000 83	0.000 73	35	0.008 29	0.008 53
0.03	0.001 39	0.001 02	40	0.008 30	0.008 57
0.035	0.001 90	0.001 31	50	0.008 30	0.008 62
0.04	0.002 35	0.001 58	60	0.008 30	0.008 67
0.05	0.003 09	0.002 08	80	0.008 30	0.008 72
0.06	0.003 64	0.002 51	100	0.008 30	0.008 76
0.08	0.004 39	0.003 20	120	0.008 30	0.008 78
0.1	0.004 86	0.003 72	140	0.008 30	0.008 79
0.12	0.005 17	0.004 12	160	0.008 30	0.008 80
0.14	0.005 40	0.004 44	200	0.008 30	0.008 82
0.16	0.005 58	0.004 71	250	0.008 30	0.008 84
0.2	0.005 85	0.005 12	300	0.008 30	0.008 86
0.25	0.006 09	0.005 48	350	0.008 30	0.008 88
0.3	0.006 27	0.005 75	400	0.008 30	0.008 91
0.35	0.006 43	0.005 96	500	0.008 30	0.008 97
0.4	0.006 56	0.006 13	600	0.008 30	0.009 00
0.5	0.006 78	0.006 39	800	0.008 30	0.009 00
0.6	0.006 96	0.006 59	1 000	0.008 30	0.009 00
0.8	0.007 20	0.006 87			

注：温度修正公式为 $\rho_{23}=F_T \times \rho_T=[1-\alpha_T \times T+\alpha_T \times 23] \times \rho_T=[1+\alpha_T(23-T)] \times \rho_T$

式中：

F_T——温度修正值；

ρ_{23}——修正到 23 ℃时的电阻率；

ρ_T——测量温度下电阻率；

α_T——温度修正系数,单位为欧姆厘米每欧姆厘米摄氏度$[\Omega \cdot cm/(\Omega \cdot cm \cdot ℃)]$。

ICS 77.040
H 25

中华人民共和国国家标准

GB/T 14142—2017
代替 GB/T 14142—1993

硅外延层晶体完整性检验方法 腐蚀法

Test method for crystallographic perfection of epitaxial layers in silicon—
Etching technique

2017-09-29 发布

2018-04-01 实施

中华人民共和国国家质量监督检验检疫总局
中国国家标准化管理委员会 发 布

前　言

本标准按照 GB/T 1.1—2009 给出的规则起草。

本标准代替 GB/T 14142—1993《硅外延层晶体完整性检验方法　腐蚀法》。

本标准与 GB/T 14142—1993 相比,主要技术变化如下:

——修订了方法提要(见第 4 章,1993 年版第 2 章);

——增加了干扰因素(见第 5 章);

——增加了无铬溶液及其腐蚀方法(见 5.2、6.13、9.2.2)。

本标准由全国半导体设备和材料标准化技术委员会(SAC/TC 203)与全国半导体设备和材料标准化技术委员会材料分技术委员会(SAC/TC 203/SC 2)共同提出并归口。

本标准起草单位:南京国盛电子有限公司、有研半导体材料有限公司、浙江金瑞泓科技股份有限公司。

本标准主要起草人:马林宝、骆红、杨帆、刘小青、陈赫、张海英。

本标准所代替标准的历次版本发布情况为:

——GB/T 14142—1993。

硅外延层晶体完整性检验方法　腐蚀法

1　范围

本标准规定了用化学腐蚀显示,并用金相显微镜检验硅外延层晶体完整性的方法。

本标准适用于硅外延层中堆垛层错和位错密度的检验,硅外延层厚度大于 2 μm,缺陷密度的测试范围 0～10 000 cm^{-2}。

2　规范性引用文件

下列文件对于本文件的应用是必不可少的。凡是注日期的引用文件,仅注日期的版本适用于本文件。凡是不注日期的引用文件,其最新版本(包括所有的修改单)适用于本文件。

GB/T 14264　半导体材料术语

GB/T 30453　硅材料原生缺陷图谱

3　术语和定义

GB/T 14264 和 GB/T 30453 界定的术语和定义适用于本文件。

4　方法提要

用铬酸、氢氟酸混合液或氢氟酸、硝酸、乙酸、硝酸银的混合溶液腐蚀试样,硅外延层晶体缺陷被优先腐蚀。用显微镜观察试样腐蚀表面,可观察到缺陷特征并对缺陷计数。

5　干扰因素

5.1　腐蚀液放置时间过长,有挥发、沉淀物现象出现,影响腐蚀效果。

5.2　不同腐蚀液(有铬、无铬)的选择,可能会造成部分硅外延片的腐蚀效果不同。

5.3　腐蚀时间过短,如果缺陷特征不明显,或未出现蚀坑,则腐蚀时间应加长,同时监控硅外延层厚度。

5.4　腐蚀时间过长,腐蚀坑放大,同时表面粗糙,会造成显微镜下背景不清晰,缺陷特征也不明显。

5.5　一次性腐蚀 2 片以上外延片,易造成腐蚀温度升高,腐蚀速率快,反应物易吸附在试样表面影响缺陷观察,应注意需一次性腐蚀外延片的腐蚀液比例。

5.6　腐蚀操作间温度高低、腐蚀溶液配比量等均会影响腐蚀温度、腐蚀速率,从而影响对腐蚀效果的观察。

5.7　检测硅外延层厚度不大于 2 μm 的层错或位错缺陷时,可以参考本标准,需要仔细操作,严格控制腐蚀速率。

5.8　硅外延片清洗或淀积过程未能去除的污染,在优先腐蚀后可能会显现出来。

5.9　择优腐蚀时,如腐蚀液配液时搅拌不充分,可能出现析出物,易与晶体缺陷混淆。

5.10　显微镜视野区域的校准会直接影响缺陷密度计量的精确度。

5.11　这种建立在假定硅片表面缺陷随机分布基础上的检验方法,可以根据缺陷的尺寸和位置而采用不同的缺陷密度测试方法。

5.12 由于多个扫描模式相交在硅外延片的中心,应注意避免同一缺陷在多个点上被重复计数,否则将影响计数的准确性。

6 试剂与材料

6.1 三氧化铬,分析纯。

6.2 氢氟酸,分析纯。

6.3 纯水,电阻率不小于 5 MΩ·cm(25 ℃)。

6.4 硝酸,分析纯。

6.5 乙酸,分析纯。

6.6 硝酸银,分析纯。

6.7 铬酸溶液 A:称取 50 g 三氧化铬溶于水中,稀释到 100 mL。

6.8 铬酸溶液 B:称取 75 g 三氧化铬溶于水中,稀释到 1 000 mL。

6.9 硝酸银溶液:称取 1 g 硝酸银溶于水中,稀释到 1 250 mL

6.10 Sirtl 腐蚀液:氢氟酸:铬酸溶液 A=1:1(体积比)混合液。

6.11 Schimmel 腐蚀液:氢氟酸:铬酸溶液 B=2:1(体积比)混合液。

6.12 薄层腐蚀液:氢氟酸:铬酸溶液 B:纯水=4:2:3(体积比)混合液。

6.13 无铬腐蚀液:氢氟酸:硝酸:乙酸:硝酸银溶液:纯水=1:4:4:1:1(体积比)混合液。

7 仪器与设备

7.1 金相显微镜:带有刻度的 x-y 载物台,读数分辨率 0.1 mm。物镜 5×～100×,目镜 10×～12.5×。

7.2 耐氢氟酸的氟塑料、聚乙烯或聚丙烯烧杯、量杯、天平、滴管和镊子等。

7.3 通风柜、防护服、面具、眼镜、口罩、手套等。

8 试样

硅外延片表面应干净,无污物。

9 检验步骤

9.1 显微镜视场面积的选择

9.1.1 检验层错密度时选用显微镜视场面积 1 mm²～2.5 mm²,放大倍数大于 80×,标尺的最小刻度 0.01 mm。

9.1.2 检验位错密度时选用显微镜视场面积 0.1 mm²～0.2 mm²,放大倍数大于 200×,标尺的最小刻度 0.01 mm。

9.2 腐蚀液的选择

9.2.1 有铬腐蚀液

9.2.1.1 (111)晶面缺陷腐蚀显示用 Sirtl 腐蚀液(6.10)或 Schimmel 腐蚀液(6.11)。

9.2.1.2 (100)晶面缺陷腐蚀显示用 Schimmel 腐蚀液(6.11)。

9.2.1.3 外延层厚度小于 10 μm 的薄层外延片也可使用薄层腐蚀液(6.12)。

9.2.2 无铬腐蚀液

(111)晶面、(100)晶面缺陷均可采用无铬腐蚀液(6.13)。

9.3 样品制备

9.3.1 把试样的外延面朝上放置于耐氢氟酸烧杯内,加入腐蚀液,使腐蚀液高出试样表面约 2.5 cm。腐蚀层厚度不应超过外延层厚度的 2/3。

9.3.2 将腐蚀后的腐蚀液倒入废酸槽内,并迅速用水将试样冲洗干净。

9.3.3 用干燥过滤空气或无有机物的氮气将试样吹干,或用甩干机甩干。

9.3.4 使用有铬腐蚀液时,检验层错密度腐蚀 30 s~60 s,检验位错密度腐蚀 1 min~5 min;使用无铬腐蚀液时,腐蚀 15 s~30 s。根据外延层厚度情况,为充分显示缺陷特征、准确计数,可适当增加或减少腐蚀时间。

9.4 扫描图形

9.4.1 用显微镜按设定的扫描图形,在相应的位置观察试样表面。难以区分而又重叠的层错或位错蚀坑按一个计数。

9.4.2 九点法:用显微镜载物台的移位标尺测量硅外延片直径 D,按照图 1 所示位置,即中心一个视场,1/2 半径处 4 个视场,距离边缘 l(扫描端点)处 4 个视场(硅片直径大于 50.8 mm,l 取直径的 7%,硅片直径小于 50.8 mm,l 取直径的 5%+1 mm)共 9 个视场位置测试缺陷密度。

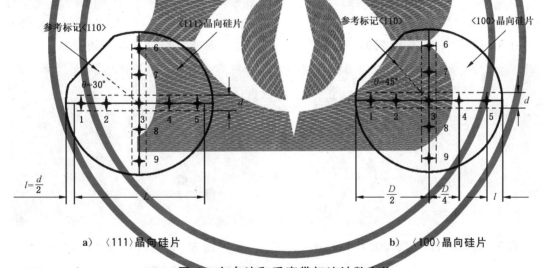

a) 〈111〉晶向硅片   b) 〈100〉晶向硅片

图 1 九点法和垂直带扫法计数方位

9.4.3 垂直带扫法:层错密度小于 10 cm⁻²,位错密度小于 100 cm⁻² 的外延层用垂直带扫法,按图 1 中虚线所示位置测试缺陷密度,扫描带长度 L,扫描带宽度即视场直径 d,带两端距离硅外延片边缘尺寸为 $l=d/2$。

9.4.4 米字连续扫描法:样片放置到显微镜检测载物台上,按照图 2 所示位置,使样片在沿着图中线段从 A 经过中心点向 B 直线移动时,计算对应视野内的缺陷。点 A 和 B 都在样片距边缘 3 mm 处且直线 AB 与主参考面或槽口形成 45°夹角。接着按照图 2 所示位置,将样片在显微镜载物台上逆时针旋转 45°再次扫描,即 1→2→3→4 连续扫描 4 组。

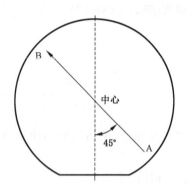
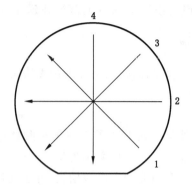

图 2　米字连续扫描法计数方位

9.5　典型缺陷特征照片

硅外延层典型晶体缺陷特征照片见图 3～图 8。

图 3　层错（111）晶面,200×

图 4　层错（100）晶面,200×

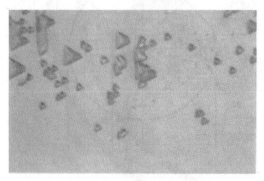

图 5　位错（111）晶面,200×

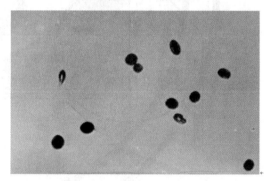

图 6　位错（100）晶面,200×

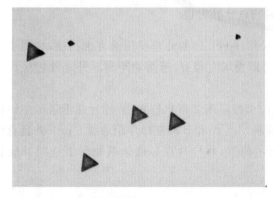

图 7　层错和位错（111）晶面,200×

图 8　层错和位错（100）晶面,200×

10　测试结果的计算

10.1　九点法的平均缺陷密度按式（1）计算：

$$\overline{N} = \frac{\sum\limits_{i=1}^{9} n_i}{9S}$$

$\cdots\cdots\cdots\cdots\cdots\cdots\cdots\cdots$（1）

式中：

$\overline{N}$ ——平均缺陷密度，单位为个每平方厘米（个/cm²）；

S ——视场面积，单位为平方厘米（cm²）；

n_i ——第 i 个视场内的缺陷个数，单位为个。

10.2　垂直带扫法的平均缺陷密度按式（2）计算：

$$\overline{N} = \frac{n_1 + n_2}{2dL - d^2}$$

$\cdots\cdots\cdots\cdots\cdots\cdots\cdots\cdots$（2）

式中：

$\overline{N}$ ——平均缺陷密度，单位为个每平方厘米（个/cm²）；

n_1 ——一条扫描带中缺陷总数，单位为个；

n_2 ——另一条扫描带中缺陷总数，单位为个；

d ——视场直径，单位为厘米（cm）；

L ——扫描带长度，单位为厘米（cm）。

10.3　米字连续扫描法的平均缺陷密度按式（3）计算：

$$\overline{N} = \frac{n}{S}$$

$\cdots\cdots\cdots\cdots\cdots\cdots\cdots\cdots$（3）

式中：

$\overline{N}$ ——平均缺陷密度，单位为个每平方厘米（个/cm²）；

n ——视场内的缺陷总数，单位为个；

S ——视场总面积，单位为平方厘米（cm²）。

11　精密度

本方法的精密度指单个实验室两次以上统计同一片硅外延片的同一种腐蚀缺陷数量的相对标准偏差。由于本方法的计量不能使用物理仪器，人为因素较大，相对标准偏差为±20％。

12　试验报告

试验报告应包括以下内容：

a)　样品编号；

b)　样品的导电类型、晶向、外延层电阻率、外延层厚度；

c)　腐蚀剂和腐蚀时间；

d)　缺陷的名称；

e)　缺陷平均密度；

f)　本标准编号；

g)　测试单位、测试者和测试日期。

ICS 29.045
H 80

中华人民共和国国家标准

GB/T 14144—2009
代替 GB/T 14144—1993

硅晶体中间隙氧含量径向变化测量方法

Testing method for determination of radial interstitial oxygen
variation in silicon

2009-10-30 发布

2010-06-01 实施

中华人民共和国国家质量监督检验检疫总局
中国国家标准化管理委员会 发布

前　言

本标准修改采用 SEMI MF 1188-1105《用红外吸收法测量硅中间隙氧原子含量的标准方法》。

本标准与 SEMI MF 1188-1105 相比,主要有如下不同:

——增加了测量点选取方案;

——标准编写按 GB/T 1.1 格式,部分 SEMI 标准中的章节进行了合并和整理。

本标准代替 GB/T 14144—1993《硅晶体中间隙氧含量径向变化测量方法》。

本标准与原标准相比,主要有如下变化:

——氧含量测量范围进行了修订;

——增加了"测量仪器"、"术语"和"干扰因素"章节;

——增加了采用经认证的硅中氧含量标准物质对光谱仪进行校准的内容;

——将原标准中"本标准适用于室温电阻率大于 0.1 Ω·cm 的硅晶体"改为"本标准适用于室温电阻率大于 0.1 Ω·cm 的 n 型硅单晶和室温电阻率大于 0.5 Ω·cm 的 p 型硅单晶";

——样品厚度范围修改为"0.04 cm～0.4 cm"。

本标准由全国半导体设备和材料标准化技术委员会提出。

本标准由全国半导体设备和材料标准化技术委员会材料分技术委员会归口。

本标准起草单位:峨嵋半导体材料厂。

本标准主要起草人:杨旭、江莉。

本标准所代替标准的历次版本发布情况为:

——GB/T 14144—1993。

硅晶体中间隙氧含量径向变化测量方法

1 范围

本标准采用红外光谱法测定硅晶体中间隙氧含量径向的变化。本标准需要用到无氧参比样品和一套经过认证的用于校准设备的标准样品。

本标准适用于室温电阻率大于 0.1 Ω·cm 的 n 型硅单晶和室温电阻率大于 0.5 Ω·cm 的 p 型硅单晶中间隙氧含量的测量。

本标准测量氧含量的有效范围从 1×10^{16} at·cm^{-3} 至硅晶体中间隙氧的最大固溶度。

2 规范性引用文件

下列文件中的条款通过本标准的引用而成为本标准的条款。凡是注日期的引用文件,其随后所有的修改单(不包括勘误的内容)或修订版均不适用于本标准,然而,鼓励根据本标准达成协议的各方研究是否可使用这些文件的最新版本。凡是不注日期的引用文件,其最新版本适用于本标准。

GB/T 1557　硅晶体中间隙氧含量的红外吸收测量方法

GB/T 14264　半导体材料术语

3 术语

GB/T 14264 规定的及以下术语和定义适用于本标准:

3.1

色散型红外光谱仪　depressive infrared spectrophotometer

一种使用棱镜或光栅作为色散元件的红外光谱仪。它通过振幅-波数(或波长)光谱图获取数据。

3.2

傅立叶变换红外光谱仪　Fourier transform infrared spectrophotometer

一种通过傅立叶变换将由干涉仪得到的干涉谱图转换为振幅-波数(或波长)光谱图来获取数据的红外光谱仪。

3.3

参比光谱　reference spectrum

参比样品的光谱。当用双光束光谱仪测量时,它可以通过直接将参比样品放入样品光路,让参比光路空着获得;在用单光束光谱仪测量时,它可以通过由红外光路中获得的参比样品的光谱计算扣除背景光谱后获得。

3.4

样品光谱　sample spectrum

测试样品的光谱。当用双光束光谱仪测量时,它可以通过直接将测试样品放入样品光路,让参比光路空着获得;在用单光束光谱仪测量时,它是由测试样品放入红外光路获得的光谱扣除背景光谱后算出的。

4 方法原理

使用经过校准的红外光谱仪和适当的参比材料,通过参比法获得双面抛光含氧硅片的红外透射谱图。无氧参比样品的厚度应尽可能与测试样品的厚度一致,以便消除由硅晶格振动引起的吸收的影响。利用 1 107 cm⁻¹ 处硅-氧吸收谱带的吸收系数来计算硅片间隙氧浓度。通过选点方案来计算硅中间隙氧径向梯度变化。

5 干扰因素

5.1 在氧吸收谱带位置有一个硅晶格吸收振动谱带,无氧参比样品的厚度与测试样品的厚度差应小于 ±0.5%,以避免硅晶格吸收的影响。

5.2 由于氧吸收谱带和硅晶格吸收谱带都会随样品温度的改变而改变,因此测试期间光谱仪样品室的温度必须恒定在 27 ℃±5 ℃。

5.3 电阻率低于 1 Ω·cm 的 n 型硅单晶和电阻率低于 3.0 Ω·cm 的 p 型硅单晶中的自由载流子吸收较为严重,因此在测试这些电阻率的样品时,参比样品电阻率应尽量与其一致,以保证扣除参比光谱后样品的透射光谱在 1 600 cm⁻¹ 处的透过率为 100±5%。

5.4 电阻率低于 0.1 Ω·cm 的 n 型硅单晶和电阻率低于 0.5 Ω·cm 的 p 型硅单晶中的自由载流子吸收会使大多数光谱仪难以获得满意的能量。

5.5 沉淀氧浓度较高时,其在 1 230 cm⁻¹ 或 1 073 cm⁻¹ 处的吸收谱带可能会导致间隙氧浓度的测量误差。

5.6 300 K 时,硅中间隙氧吸收谱带的半高宽(FWHM)应为 32 cm⁻¹。在光谱计算时,较大的半高宽将导致测试误差。

6 测量仪器

6.1 红外光谱仪,傅立叶变换红外光谱仪的分辨率应达到 4 cm⁻¹ 或更好,色散型光谱仪的分辨率应达到 5 cm⁻¹ 或更好。

6.2 样品架,如果测试样品较小,则应将它安放在一个有小孔的架子上以阻止任何红外光先从样品的旁路通过。样品应垂直或基本垂直于红外光束的轴线方向。

6.3 千分尺,或其他适用于样品厚度测量的设备,误差小于±0.2%。

6.4 热电偶-毫伏计,或其他适用于测试期间对样品温度进行测量的测量系统。

7 样品制备

7.1 本方法可以测试厚度为 0.04 cm~0.4 cm 范围的样品。

7.2 切取硅单晶样片,样片经双面研磨、抛光后用千分尺或其他设备测量其厚度。加工后样片的两个平面应尽可能在平行与 5′ 之间,其厚度差应小于等于 0.5%,表面平整度应小于所测杂质谱带最大吸收处波长的 1/4。样品表面应尽可能没有任何沾污。

7.3 因为本测试方法包含了不同生产工艺的样品,应准备与测试样品相同材质的无氧单晶作为参比样品。参比样品必须按与测试样品相同的精度进行加工,与测试样品的厚度差不超过±0.5%。

从 5 到 10 个不同的被认为是无氧的硅单晶片中选取硅单晶片,将这些硅片相互作为参比进行比较,选择吸收系数最低的作为参比样品。

8 测量点选取方案

8.1 方案 A

8.1.1 测量点位置见图 1。

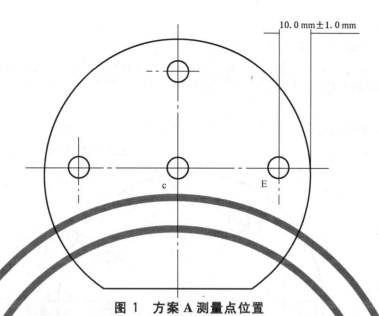

图 1　方案 A 测量点位置

8.1.2 试样上选两个测量点(一个中心点和一个边缘点)。

8.1.3 中心点的位置,选在任意两条至少成 45°相交的直径的交点上,偏离试样中心不大于 1.0 mm。

8.1.4 边缘点的位置,应避开主参考面,选在与主参考面垂直或平行的直径上,距边缘 10.0 mm ± 1.0 mm。

8.1.5 边缘点处存在副参考面时,同边缘未被副参考面截掉一样确定距边缘位置。

8.2 方案 B

该方案有两种方法可供选择,测量点位置见图 2。

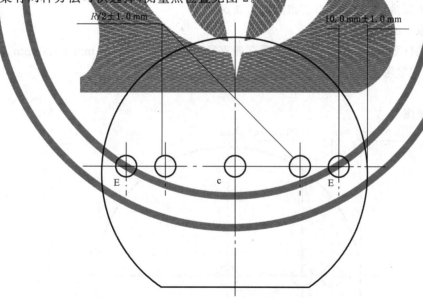

图 2　方案 B 测量点位置

8.2.1 方案 B-1

8.2.1.1 试样上选三个测量点(一个中心点和两个边缘点)。

8.2.1.2 中心点的选定方法同 8.1.3。

8.2.1.3 两个边缘点的中心位置,选在与主参考面平行的直径上,距边缘 10.0 mm ± 1.0 mm。

8.2.1.4 边缘点处存在副参考面时,选取方法同 8.1.5。

8.2.2 方案 B-2

8.2.2.1 试样上选五个测量点(一个中心点,两个边缘点和两个二分之一半径处测量点)。

8.2.2.2 中心点的选取方法同 8.1.3。

8.2.2.3 两个边缘点的选取方法同 8.1.4～8.1.5。

8.2.2.4 两个二分之一半径处测量点的位置,选在与主参考面平行的直径上且与中心点对称的 $R/2\pm$ 1.0 mm 处(R 为试样的半径)。

8.3 方案 C

8.3.1 测量点位置见图 3。

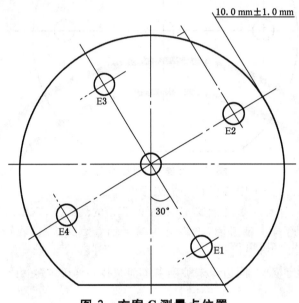

图 3 方案 C 测量点位置

8.3.2 试样上选五个测量点(一个中心点和四个边缘点)。

8.3.3 中心点的选取方法同 8.1.3。

8.3.4 四个边缘点的位置,分别选在两条相互垂直的直径上,距各边缘 10.0 mm±1.0 mm。其中边缘点 1 和 3 所在直径与主参考面垂直平分线的夹角为 30°。

8.4 方案 D

8.4.1 测量点位置见图 4。

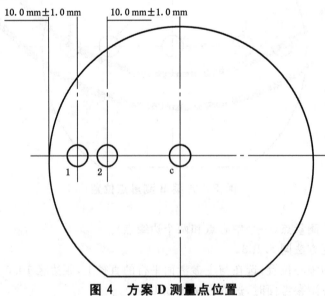

图 4 方案 D 测量点位置

8.4.2 根据试样直径大小选取不同数目的测量点(一个中心点和多个等间距点)。

8.4.3 中心点的选取方法同 8.1.3。

8.4.4 各等间距点的位置,选在与主参考面平行无副参考面一侧的半径上,从距边缘 10.0 mm±1.0 mm 的第一点起,以 10 mm 的间距,依次到距试样中心小于 10 mm 不能再选取为止。

9 测量步骤

9.1 光谱仪的校准
9.1.1 获得一套经过认定的硅中氧含量的标准物质。
9.1.2 依照设备说明书,用这些标准物质对光谱仪进行校准。

9.2 设备检查
9.2.1 通过测量确定 100% 基线的噪声水平。测量时,双光束光谱仪是在样品和参比光路都是空着的情况下记录透射光谱的;单光束光谱仪是用在样品光路空着的情况下先后两次记录的光谱之比获得透射光谱的。画出透射光谱从 900 cm^{-1}～1 300 cm^{-1} 波数范围的 100% 基线,如果在这个范围内基线没有达到 100±5%,则要增加测量时间直到达到为止。如果仍有问题则需要对设备进行维修。

9.2.2 确定 0% 线,仅适用于色散型(DIR)设备。将样品光路遮挡,记录 900 cm^{-1}～1 300 cm^{-1} 波数范围内设备的零点。如果在此范围有较大的非零信号,则要检查设备是否有杂散光投射到探测器上。如果仍有问题则需要对设备进行维修。

9.2.3 记录光谱仪光通量特性曲线,仅适用于傅立叶变换红外光谱(FT-IR)设备。让样品光路空着,绘制从 450 cm^{-1}～4 000 cm^{-1} 波数范围的该单光束光谱图。依照设备说明书对设备进行适当的调整后记录下该光谱图,作为今后对设备性能进行评定的参考图谱。每当获得的光谱与设备的参考图谱有较大的差异时,就要重新调整设备。

9.2.4 用空气参考法测量电阻率大于 5 Ω·cm 的双面抛光硅单晶薄片从 450 cm^{-1}～4 000 cm^{-1} 波数范围的光谱图,用来检验设备中刻度的线性度。如果这个波束范围内的透过率值不是 53.8%±2%,则需要将样品的放置方向在垂直于入射光的轴线方向到不超过 10° 的倾斜角之间进行调整。

9.3 按选取方案确定试样测量点的位置。在不妨碍测量的情况下可在表面做上记号,以便重复测量。

9.4 把试样放入样品架,将测量点位置调整到光栏中心。

9.5 按 GB/T 1557 规定测定间隙氧含量。

9.6 在测量过程中,测量条件和仪器参数应保持不变。

9.7 作为仲裁测量,需重复测量三次。

10 测量结果计算

10.1 根据选取方案,按下列公式计算间隙氧含量径向百分变化(ROV)。
10.1.1 方案 A 计算方法,见式(1):
$$ROV = [N(O)_c - N(O)_E]/N(O)_c \times 100\% \qquad \cdots\cdots(1)$$
式中:
$N(O)_c$——中心点间隙氧含量,单位为原子数每立方厘米(at·cm^{-3});
$N(O)_E$——边缘点间隙氧含量的平均值,单位为原子数每立方厘米(at·cm^{-3})。

10.1.2 方案 B-1 计算方法,见式(2):
$$ROV = [N(O)_c - \overline{N}(O)_E]/N(O)_c \times 100\% \qquad \cdots\cdots(2)$$
式中:
$\overline{N}(O)_E$——两边缘点间隙氧含量的平均值,单位为原子数每立方厘米(at·cm^{-3})。
方案 B-2 计算方法,见式(3):
ROV 按式(2)和式(3)计算,取其中的大值。
$$ROV = [N(O)_c - \overline{N}(O)_{R/2}]/N(O)_c \times 100\% \qquad \cdots\cdots(3)$$

式中：

$\overline{N}(O)_{R/2}$——两个二分之一半径处间隙氧含量的平均值,单位为原子数每立方厘米(at·cm^{-3})。

10.1.3 方案 C 计算方法

ROV 按式(2)计算,其中 $\overline{N}(O)_E$ 为四个边缘点间隙氧含量的平均值。

10.1.4 方案 D 计算方法,见式(4)：

$$ROV = [N(O)_{max} - N(O)_{min}]/N(O)_c \times 100\% \quad\cdots\cdots\cdots\cdots\cdots\cdots(4)$$

式中：

$N(O)_{max}$——各点间隙氧含量的最大值,单位为原子数每立方厘米(at·cm^{-3})；

$N(O)_{min}$——各点间隙氧含量的最小值,单位为原子数每立方厘米(at·cm^{-3})。

仲裁测量时,取三次重复测量的间隙氧含量径向变化平均值。

$$\overline{ROV} = \frac{1}{3}\sum_{i=1}^{3} ROV_i \quad\cdots\cdots\cdots\cdots\cdots\cdots(5)$$

11 精密度

本方法单个实验室测量精密度：当 ROV 小于 6 时为 ±15%(RIS),当 ROV 大于 6 时为 ±3%(RIS)。多个实验室测量精密度：当 ROV 小于 6 时为 ±20%(RIS),当 ROV 大于 6 时为 ±5%(RIS)。

12 试验报告

试验报告应包括如下内容：

a) 间隙氧含量径向百分变化；

b) 各测量点间隙氧含量；

c) 测量点选取方案；

d) 测量方法；

e) 试样数量,编号和来源；

f) 试样状况(厚度、直径、型号、晶向和表面状态)；

g) 测试仪器型号、选用参数和样品架的光栏孔径；

h) 本标准编号；

i) 测试单位、测试者和测试日期。

ICS 77.040
CCS H 21

中华人民共和国国家标准

GB/T 14146—2021
代替 GB/T 14146—2009

硅外延层载流子浓度的测试
电容-电压法

Test method for carrier concentration of silicon epitaxial layers—
Capacitance-voltage method

2021-05-21 发布

2021-12-01 实施

国家市场监督管理总局
国家标准化管理委员会 发 布

前　言

本文件按照 GB/T 1.1—2020《标准化工作导则　第 1 部分:标准化文件的结构和起草规则》的规定起草。

本文件代替 GB/T 14146—2009《硅外延层载流子浓度测定汞探针电容—电压法》,与 GB/T 14146—2009 相比,除结构调整和编辑性改动外,主要技术变化如下:

a) 更改了本文件的范围,包括规定的内容和适用范围(见第 1 章,2009 年版的第 1 章);

b) 删除了规范性引用文件中的 GB/T 1552,增加了 GB/T 1551、GB/T 6624、GB/T 14264(见第 2 章,2009 年版的第 2 章);

c) 增加了术语和定义(见第 3 章);

d) 更改了试验条件的要求(见第 4 章,2009 年版的 6.2);

e) 删除了汞探针电容-电压法原理中的公式,更改了原理的表述(见 5.1,2009 年版的第 3 章);

f) 增加了样品制备、测试仪器操作、测试机台维护后的汞探针调试对测试结果影响的干扰因素(见 5.2.1);

g) 更改了样品表面、汞、装汞毛细管对测试结果的影响(见 5.2.2、5.2.3、5.2.4,2009 年版的 4.1);

h) 增加了确定补偿电容用标准样片厚度对测试结果的影响(见 5.2.7);

i) 增加了补偿电容归零调整或数值确定、电容测量电路串联电阻、校准仪器用质量监控片对测试结果的影响(见 5.2.8、5.2.9、5.2.10);

j) 更改了"试剂"中去离子水、氮气的要求(见 5.3.4、5.3.5,2009 年版的 5.3、5.5);

k) 增加了"试剂"中压缩空气的要求(见 5.3.6);

l) 更改了电容仪的要求[见 5.4.1 c),2009 年版的 6.1.2、6.1.3];

m) 更改了汞探针电容-电压测试仪器中数字伏特计的要求[见 5.4.1d),2009 年版的 6.1.3];

n) 增加了甩干设备、烘干设备、密闭烘烤腔的要求(见 5.4.2、5.4.3、5.4.4);

o) 增加了样品处理后表面目检应光亮洁净的要求(见 5.5.1),更改了样品的化学试剂处理步骤(见 5.5.2,2009 年版的 7.1~7.4),增加了采用非破坏性方法对样品进行钝化处理的步骤(见 5.5.3);

p) 删除了"仪器校准"中低电阻电极的制备(见 2009 年版的 8.4),"试验步骤"中增加了对应内容(见 5.7.2);

q) 增加了"试验数据处理"(见 5.8);

r) 更改了"精密度"(见 5.9);

s) 增加了无接触电容-电压法测试载流子浓度的方法(见第 6 章);

t) 更改了试验报告的内容(见第 7 章,2009 年版的第 11 章)。

请注意本文件的某些内容可能涉及专利。本文件的发布机构不承担识别专利的责任。

本文件由全国半导体设备和材料标准化技术委员会(SAC/TC 203)与全国半导体设备和材料标准化技术委员会材料分技术委员会(SAC/TC 203/SC 2)共同提出并归口。

本文件起草单位:南京国盛电子有限公司、有色金属技术经济研究院有限责任公司、中电晶华(天津)半导体材料有限公司、有研半导体材料有限公司、河北普兴电子科技股份有限公司、浙江金瑞泓科技股份有限公司、瑟米莱伯贸易(上海)有限公司、无锡华润上华科技有限公司、义乌力迈新材料有限公司。

本文件主要起草人:骆红、潘文宾、杨素心、赵扬、赵而敬、张佳磊、李慎重、黄黎、严琴、黄宇程、皮坤林。

本文件于1993年首次发布,2009年第一次修订,本次为第二次修订。

硅外延层载流子浓度的测试
电容-电压法

1 范围

本文件规定了电容-电压法测试硅外延层载流子浓度的方法,包括汞探针电容-电压法和无接触电容-电压法。

本文件适用于同质硅外延层载流子浓度的测试,测试范围为 $4×10^{13}$ cm^{-3}～$8×10^{16}$ cm^{-3},其中硅外延层的厚度大于测试偏压下耗尽层深度的两倍。硅单晶抛光片和同质碳化硅外延片载流子浓度的测试也可以参照本文件进行,其中无接触电容-电压法不适用于同质碳化硅外延片载流子浓度的测试。

2 规范性引用文件

下列文件中的内容通过文中的规范性引用而构成本文件必不可少的条款。其中,注日期的引用文件,仅该日期对应的版本适用于本文件;不注日期的引用文件,其最新版本(包括所有的修改单)适用于本文件。

GB/T 1550 非本征半导体材料导电类型测试方法
GB/T 1551 硅单晶电阻率的测定 直排四探针法和直流两探针法
GB/T 6624 硅抛光片表面质量目测检验方法
GB/T 14264 半导体材料术语
GB/T 14847 重掺杂衬底上轻掺杂硅外延层厚度的红外反射测量方法

3 术语和定义

GB/T 14264 界定的术语和定义适用于本文件。

4 试验条件

4.1 环境温度:22 ℃±3 ℃,温度波动小于±2 ℃。
4.2 环境湿度:30%～50%。
4.3 测试环境应有电磁屏蔽、去静电装置、良好接地的测试机台、工频电源滤波装置,周围无腐蚀性气氛及震动。

5 汞探针电容-电压法

5.1 原理

汞探针与样品表面接触,形成一个肖特基结。在汞探针与样品之间加可调偏置电压,使得肖特基结的势垒宽度向外延层中扩展,势垒扩展宽度处的样品载流子浓度可由肖特基结的势垒电容、电容与电压的变化率以及汞探针与样品的有效接触面积计算得到。

5.2 干扰因素

5.2.1 样品制备、测试仪器操作、测试机台维护后的汞探针调试,均对测试结果的准确性与稳定性有很大影响,相关的测试人员应经过严格的培训。

5.2.2 样品表面的玷污、样品表面处理方法的不当选择以及样品表面处理的不当操作,都会影响样品表面的状态,造成测试误差。

5.2.3 汞探针中汞的洁净度、装汞毛细管的洁净度和完好与否,都会导致测试结果不稳定或肖特基接触不良。

5.2.4 与样品接触的汞,由于经常会暴露在空气中,容易被氧化影响测试,应定期更换以确保接触样品表面的汞是洁净的。

5.2.5 汞探针电容-电压法测试中的肖特基接触不良,常表现为漏电流大,虽然可得到载流子浓度,但会产生较大的测试误差。

5.2.6 在电容测试中,测试的交流信号大于 $0.05~V_{rms}$(V_{rms} 为交流电压的有效值)可能会导致测试误差。

5.2.7 确定补偿电容的标准样片在电压应用范围内的载流子浓度一致性不好,会导致补偿电容值错误,进而影响测试结果的准确性,如果该标准样片的厚度不够均匀,可能会影响标定的 N_{ref}(N_{ref} 为标准样片的载流子浓度标称值),从而导致汞探针的有效接触面积错误。

5.2.8 补偿电容的归零调整或数值确定不当会导致电容测试中出现误差。

5.2.9 电容测量电路串联电阻大于 $1~k\Omega$ 会导致电容测试中出现误差。

5.2.10 用于校准仪器的质量监控片应定期校准。

5.3 试剂

5.3.1 氢氟酸,分析纯。

5.3.2 双氧水,分析纯。

5.3.3 汞,纯度(质量分数)大于 99.99%。

5.3.4 去离子水,25 ℃时的电阻率大于 $18~M\Omega\cdot cm$。

5.3.5 氮气,纯度(体积分数)大于 99.999 9%。

5.3.6 压缩空气,直径大于 $0.1~\mu m$ 颗粒物的过滤率不小于 99.999 9%。

5.4 仪器设备

5.4.1 汞探针电容-电压法采用自动测试仪器进行,主要由以下几部分组成。

    a) 精密电压源:提供 $-200~V\sim0~V$ 或更小、$0~V\sim200~V$ 或更大的连续变化输出电压,精密度优于 0.1%,各级电压峰值变化不大于 25 mV。

    b) 精密电容器:电容器数量不少于 2 个,电容器间额定标准电容值的最小倍数不小于 10(其值满足样品的测试范围)。在 1 MHz 的测试频率下,电容器的测试精密度优于 0.25%。

    c) 电容仪:测试范围 10 pF~10 000 pF,每级间的倍数小于 10,测试频率 0.9 MHz~1.1 MHz,测试时交流信号不大于 $0.05V_{rms}$,电容仪的精密度优于 3%。测试时电容仪应连接屏蔽电缆。

    d) 数字伏特计:读值至少具有 4 位有效数字,n 型样品的测试电压范围为 $-200V\sim0V$ 或更小、p 型样品的测试电压范围为 $0~V\sim200~V$ 或更大,每级电压变化为 10 V 或更小,灵敏度高于 1 mV/级,满量程时精密度优于 0.5%,满量程时额定再现性优于 0.25%,输入阻抗大于 $100~M\Omega$。

    e) 正反向电流-电压特性装置:能提供反向 0.1 mA 时 200 V 和正向 1 mA 时 1.1 V 的电流、电压,灵敏度高于 $10~\mu A$/级,用于监控汞探针接触。

5.4.2 甩干设备:用于干燥化学处理后的样品。

5.4.3 烘干设备:用于热处理 p 型样品。

5.4.4 密闭烘烤腔:工作温度可达 400 ℃～550 ℃,用于非破坏性方法处理样品。

5.5 样品

5.5.1 通常对样品进行直接测试,若不能进行正常测试,可对样品表面进行处理,处理后的样品表面按 GB/T 6624 规定的方法目检应光亮洁净。

5.5.2 采用化学试剂对样品进行表面处理的步骤如下:

a) 样品在氢氟酸与去离子水的混合液(氢氟酸与去离子水的体积比为 1:0～1:10)中浸泡不少于 30 s,确保去除样品表面的自然氧化层;

b) 用去离子水冲洗 10 min 以上确保样品洁净;

c) 对于 p 型样品,直接甩干或用氮气吹干,如测试不稳定,还可在 120 ℃±10 ℃ 的空气中热处理 30 min 后,冷却;

d) 对于 n 型样品,在 70℃～90℃ 的双氧水与去离子水的混合液(双氧水与去离子水的体积比为 1:1～1:5)中煮 10 min,再用去离子水冲洗 10 min 以上确保样品洁净,之后甩干或用氮气 吹干。

5.5.3 采用非破坏性方法对样品进行钝化处理的步骤如下:

a) 将样品放置在密闭烘烤腔内;

b) 用鼓泡法通入一定量的压缩空气;

c) 通过密闭烘烤腔内的紫外光照射,产生臭氧;

d) 将密闭烘烤腔升温至 400 ℃～550 ℃,恒温 5 min～10 min,消除样品表面悬挂键,冷却至室温 后取出。

5.6 仪器校准

5.6.1 电容仪校准

电容仪的校准程序按下列步骤进行:

a) 将连接了屏蔽电缆的电容仪调零;

b) 将一个电容器通过屏蔽电缆连接电容仪,测试频率设为 1 MHz,测试得到电容值;

c) 依次测试所有电容器的电容值;

d) 电容的测试值与标称值的偏差不大于 1%,同时,测试同一位置至少 10 次的相对标准偏差不 大于 0.25%,则电容仪合格,如超出范围,按要求调整设备,重新进行电容仪校准。

5.6.2 补偿电容校准

5.6.2.1 测试补偿电容用标准样片的载流子浓度应小于 1×10^{14} cm^{-3},电压应用范围内纵向载流子浓 度分布的相对标准偏差不大于 2%。

5.6.2.2 将 5.6.2.1 的标准样片置于测试台上,并形成可靠的测试接触。

5.6.2.3 设定一个补偿电容值(如未知,则设为 0),开始测试载流子浓度,并观察测试曲线的斜率。如 斜率为正,按 0.1 pF 的步进逐步增大补偿电容值,直至斜率第一次为负后再按 0.02 pF 的步进逐步减小 补偿电容值,直至斜率刚好有改变。如斜率为负值,按 0.02 pF 的步进减小补偿电容值,直至斜率第一 次为正后再按 0.1 pF 的步进逐步增大补偿电容值,直至斜率刚好有改变。此时得到系统的补偿电容。

5.6.3 汞探针有效接触面积的确定

5.6.3.1 已知汞探针的直径,汞探针的标称接触面积按公式(1)计算:

$$A = \frac{\pi d^2}{400} \qquad\qquad \cdots\cdots\cdots\cdots\cdots\cdots(1)$$

式中：

A ——汞探针的标称接触面积，单位为平方厘米（cm²）；

d ——汞探针的标称直径，单位为毫米（mm）。

5.6.3.2 用测试系统测量多个已知标称浓度的标准样片的平均载流子浓度，通过公式（2）计算每个标准样片测试时的汞探针有效接触面积：

$$(A_{\mathrm{eff}})_k = A \sqrt{\frac{(N_{\mathrm{avg}})_k}{(N_{\mathrm{ref}})_k}} \qquad\qquad \cdots\cdots\cdots\cdots\cdots(2)$$

式中：

$(A_{\mathrm{eff}})_k$ ——由第 k 个标准样片的载流子浓度测试值计算得到的汞探针有效接触面积，单位为平方厘米（cm²）；

A ——汞探针的标称接触面积，单位为平方厘米（cm²）；

$(N_{\mathrm{avg}})_k$ ——第 k 个标准样片的载流子浓度测试值，单位为每立方厘米（cm⁻³）；

$(N_{\mathrm{ref}})_k$ ——第 k 个标准样片的载流子浓度标称值，单位为每立方厘米（cm⁻³）。

5.6.3.3 对测试的各标准样片的$(A_{\mathrm{eff}})_k$取平均值得到汞探针有效接触面积 A_{eff}。

5.6.3.4 将 5.6.3.3 的 A_{eff} 录入测试程序测试各标准样片的载流子浓度，其平均载流子浓度相对标准偏差应不大于 2%。如大于 2%，则对标准样片重新进行表面处理，重新确定汞探针有效接触面积 A_{eff}。

5.7 试验步骤

5.7.1 按 GB/T 1550 规定的方法测试样品的导电类型，按 GB/T 14847 规定的方法测试样品的外延层厚度，按 GB/T 1551 规定的方法测试样品的电阻率。

5.7.2 将待测样品置于金属测试台上，汞探针接触样品正面形成肖特基接触，样品背面与金属测试台通过真空吸力紧密接触形成低电阻电极。

5.7.3 在测试程序中设定供需双方确认的测试点位置，录入补偿电容、汞探针有效接触面积、测试电压，其中测试电压按下列要求进行选择：

 a) 样品表面施加偏置电压形成表面耗尽区域；

 b) 测试电压应小于最大的平区电压和击穿电压；

 c) 测试电压的范围应至少包含 5 个测量的 C-V 对值，以计算得到至少 5 组不同外延层深度下对应的样品载流子浓度值，形成载流子浓度分布曲线。

5.7.4 开始测试，得到样品表面载流子浓度分布曲线和平均载流子浓度。

5.7.5 测试过程中应确保样品肖特基接触良好，符合附录 A 的规定。

5.8 试验数据处理

5.8.1 势垒扩展宽度 x 按公式（3）计算：

$$x = \varepsilon \cdot \varepsilon_0 \cdot A/C \qquad\qquad \cdots\cdots\cdots\cdots\cdots(3)$$

式中：

x ——势垒扩展宽度，单位为厘米（cm）；

ε ——硅材料的相对介电常数，其值为 11.75；

ε_0 ——真空介电常数，其值为 8.859×10^{-14}，单位为法每厘米（F/cm）；

A ——汞-硅接触面积，单位为平方厘米（cm²）；

C ——势垒电容，单位为法（F）。

5.8.2 势垒扩展宽度 x 处的载流子浓度按公式（4）计算：

$$N(x) = \frac{C^3}{\varepsilon \varepsilon_0 e A^2} \times \frac{1}{\left(-\dfrac{\mathrm{d}C}{\mathrm{d}V}\right)} \qquad\cdots\cdots\cdots\cdots\cdots\cdots\cdots (4)$$

式中：

$N(x)$——势垒扩展宽度 x 处的载流子浓度，单位为每立方厘米（cm^{-3}）；

C ——势垒电容，单位为法（F）；

ε ——硅材料的相对介电常数，其值为 11.75；

ε_0 ——真空介电常数，其值为 8.859×10^{-14}，单位为法每厘米（F/cm）；

e ——电子电荷，1.602×10^{-19}，单位为库仑（C）；

A ——汞-硅接触面积，单位为平方厘米（cm^2）；

V ——施加在探头和样品间的可调节电压，单位为伏特（V）。

5.9 精密度

无接触电容-电压法的精密度使用 6 片外延层载流子浓度 1×10^{14} cm^{-3}～1×10^{16} cm^{-3} 的直径 150 mm、n 型硅外延片，在 4 个实验室巡回测试得到。每个实验室连续 3 d 在每片硅外延片中心点测试不少于 10 次，且每天测试前对样品进行表面处理。

单个实验室重复性测试的相对标准偏差不大于 0.5%；4 个实验室再现性测试的相对标准偏差不大于 1%。采用常规 MSA 测量系统分析工具计算的多实验室重复性与再现性（GR&R）小于 10%。

6 无接触电容-电压法

6.1 原理

当测试探头在特定装置的驱动下逐渐接近样品表面，但不和样品表面接触，由于测试探头和样品表面距离很近，可以在样品表面形成一个肖特基结。当在测试探头和样品之间加可调偏置电压，使得肖特基结的势垒宽度向外延层扩展。样品的载流子浓度可由肖特基结的势垒电容、测试探头测试的电荷随时间的变化量以及随电压的变化率、测试探头的几何面积计算得出。

6.2 试剂

6.2.1 去离子水，25 ℃时的电阻率大于 18 MΩ·cm。

6.2.2 氮气，纯度（体积分数）大于 99.999 9%。

6.2.3 压缩空气，直径大于 0.1 μm 颗粒物的过滤率不小于 99.999 9%。

6.3 干扰因素

6.3.1 样品表面和测试探头上的颗粒玷污会影响测试的电容值，同时可能导致测试探头被击穿。测试前应确认样品表面无直径大于 0.5 μm 的大颗粒玷污。

6.3.2 样品表面的悬挂键以及自然氧化层不均匀，导致测试结果偏差较大。

6.3.3 测试探头与样品之间的平行度以及间隙应固定，以保证测试的稳定性。

6.3.4 样品台需要定期维护，避免大颗粒落在样品台上，否则样品在真空吸附后，易导致探头和样品表面不平行。

6.3.5 测试探头和样品间的空气间隙易引起气隙的边缘效应，设备调试时应注意规避。

6.4 仪器设备

6.4.1 电容仪或电容电桥：量程 0 pF～25 pF，精密度应达到 0.001 pF 或更好，测试频率为 1 MHz。

6.4.2 直流电源:输出电压为±150 V,连续可调,电压输出精密度应达到 0.1 V 或更好。

6.4.3 样品台:样品台应用金属材质制备,表面平整,加工有一定数量的真空吸附沟槽,样品台表面涂覆一层导电橡胶。通过真空吸附,样品能够和样品台形成良好的欧姆接触。通过丝杠和伺服电机的连接,样品台能够前后、左右高精密度移动。

6.4.4 颗粒检测器:测试前扫描待测样品表面颗粒情况,以确定样品是否符合测试要求。

6.4.5 样品定位探头:通过对样品边缘扫描,确定样品边缘的轮廓和参考面。

6.4.6 测试探头装置:测试探头安装在一个升降速率可控的装置上,配有可充放气体的密封波纹管、有极佳平整表面的多孔陶瓷、带有补偿功能的复合电极。

6.4.7 气控装置:能够精确调控气体压力的电子调压阀,控压精密度达到或优于 0.689 kPa(即 0.1 psi)。

6.4.8 激发光源:镶嵌在测试探头上的 LED 光源,用于测试空气电容。

6.4.9 机械传递样品装置:用于传递样品,确保样品洁净传递。

6.4.10 PTC 处理腔:无接触电容-电压法测试设备的模块,工作温度可达 400 ℃~550 ℃,用于非破坏性方法处理样品。

6.5 样品

通常对样品进行直接测试,但是采用 PTC 处理腔对样品表面处理后的测试结果会更加稳定。样品的处理方式见 5.5。

6.6 仪器校准

6.6.1 电容仪校准按下列步骤进行:
    a) 把屏蔽电缆接到电容仪上(此时电缆应不与标准电容连接),调节电容仪零点;
    b) 将电缆与标准电容 A 连接,测量并记录电容值;
    c) 将电缆与标准电容 B 连接,测量并记录电容值;
    d) 如果电容仪读数低于 6.4.1 的要求,电容仪应进行调整。

6.6.2 颗粒仪校准:常规无接触电容-电压测试设备内置有颗粒检测器,应与常规晶片颗粒仪测试机台进行比对,确保直径大于 2 μm 的颗粒测试能力。

6.6.3 PTC 处理腔温度校准:设置温度与探测温度偏差应小于 15 ℃,实际处理温度能够大于 420 ℃。

6.6.4 补偿电容校准:以平坦区域为准调整补偿电容指标,平坦区波动率应小于 0.05 pF。

6.6.5 空间电荷区有效面积确定:调整修正因子可以修改有效面积大小,当测试值与已知值一致时,修正因子越接近 1 越好。

6.7 试验步骤

6.7.1 测试点设置确认

在测试程序中设定供需双方确认的测试点位置。

6.7.2 样品表面颗粒测试

将样品放置在样品台上,扫描待测样品表面,确认表面颗粒符合测试要求。

6.7.3 欧姆电极的制备

选择具有导电橡胶覆盖的样品台,通过真空吸附使得样品和样品台充分接触形成欧姆接触。

6.7.4 电容-电压曲线的测试

6.7.4.1 打开激发光源,激发样品表面产生电子-空穴对,使得样品达到平带状态,此时得到的电容为空气电容。

6.7.4.2 将测试探头逐步下降和样品接近,同时施加固定电压后测试探头和样品间的电容变化,电容值随着探头和样品的距离变化,达到一个固定距离后,电容值也会固定。

6.7.4.3 在测试探头和样品之间施加直流电压,同时电容仪上输出 1 MHz 的电压,使得样品处于耗尽状态。记录不同电压下输出的电容值,以及电压变化导致经流测试探头的电流值变化。在测试过程中,当施加电压达到一定值后,停止增加电压,然后逐渐降低电压,让电容放电导致样品内从耗尽态恢复到平带状态。反复测量数次后,计算出平均的电容-电压曲线,同时记录测试探头中电流随着时间的变化曲线。

6.7.5 载流子浓度的获得

记录电容-电压曲线,获得不同时间对应的电容 C_{sc} 值。由于测试探头的结构为固定结构,测试探头的面积为固定值,进而由电容 C_{sc} 值计算得到载流子浓度。

6.8 试验数据处理

6.8.1 测试探头测试的电荷随时间变化量 $dQ(t)$ 按公式(5)计算:

$$dQ(t) = I\,dt \quad\quad\quad\quad\quad\quad\quad\quad (5)$$

式中:

$Q(t)$——探头随着时间变化测量到的电荷,单位为库伦(C);

I　——电流,单位为毫安(mA);

t　——时间,单位为秒(s)。

6.8.2 载流子浓度 $N_{sc}(W)$ 按公式(6)计算:

$$N_{sc}(W) = \frac{C_{sc}\left[dV - \dfrac{dQ(t)}{C_{air}}\right]}{q \times A \times dW} \quad\quad\quad\quad (6)$$

式中:

$N_{sc}(W)$——耗尽层内载流子浓度,单位为每立方厘米(cm^{-3});

C_{sc}　——通过不同电压输出计算出来的空间电荷区的电容值,单位为皮法(pF);

V　——施加在探头和样品间的电压,单位为伏特(V);

$Q(t)$　——探头随着时间变化测量到的电荷,单位为库伦(C);

C_{air}　——在外加电压下样品表层多数载流子呈积累态时,测试探头和样品间的空气电容,单位为皮法(pF);

q　——电子电荷,单位为库伦(C);

A　——测试探头的面积,单位为平方厘米(cm^2);

W　——耗尽层宽度,单位为微米(μm)。

注:C_{air} 由测试探头和样品间的空气间隙的距离决定,为保证测试的稳定性,测试时探头距离样品的间隙是固定的,因此 C_{air} 为固定值。

6.9 精密度

无接触电容-电压法的精密度使用 3 片外延层载流子浓度 3×10^{14} cm^{-3} 的直径 150 mm、n 型硅外延片,在 3 个实验室巡回测试得到。每个实验室连续 3 天在每片硅外延片中心点测试不少于 10 次。

单个实验室重复性测试的相对标准偏差不大于 0.5%;4 个实验室再现性测试的相对标准偏差不大于 1%。采用常规 MSA 测量系统分析工具计算的多实验室重复性与再现性(GR&R)小于 10%。

7 试验报告

试验报告应至少包括以下内容：
a) 样品信息：送样单位名称、样品编号、样品尺寸、样品导电类型；
b) 样品载流子浓度测试点位置或测试图；
c) 样品对应于测试点位置的载流子浓度；
d) 本文件编号以及选取的测试方法；
e) 对于汞探针电容-电压法，需提供装汞的毛细管面积和汞探针有效接触面积；
f) 对于无接触电容-电压法，需提供测试探头面积和空间电荷区有效面积；
g) 测试单位信息：测试单位名称、测试仪器型号、测试者、测试时间。

附 录 A
（规范性）
样品肖特基接触良好测试

A.1 总则

测试载流子浓度的过程中,测试系统与样品肖特基接触是否良好可用串联电阻、相角、反向漏电流密度 3 个指标评价,符合 3 个指标要求的测试为有效测试。

A.2 串联电阻

A.2.1 测试时,系统与样品接触形成的二极管回路串联电阻,应小于 1 kΩ。

A.2.2 串联电阻按下列方法确定:

    a) 将电容仪调零;

    b) 将样品置于样品台上,求探针接触样品表面,使其肖特基接触可靠;

    c) 如电容仪能测量相角 θ、电容 C,则系统串联电阻按公式(A.1)计算:

$$R_s = \frac{10^3}{\tan\theta \times (2\pi f C)} \quad\quad\quad\quad\quad (\text{A.1})$$

式中:

R_s —— 系统串联电阻,单位为欧姆(Ω);

θ —— 测试时的相角,单位为度(°);

f —— 测试时的频率,单位为兆赫(MHz);

C —— 测试时的电容,单位为皮法(pF)。

    d) 如电容仪能测量电容 C、电导 G_m,则系统串联电阻按公式(A.2)计算:

$$R_s = \frac{G_m}{G_m^2 + (2 \times 10^{-3} \pi f C)^2} \quad\quad\quad\quad\quad (\text{A.2})$$

式中:

R_s —— 系统串联电阻,单位为欧姆(Ω);

G_m —— 测试时的电导,单位为西门子(S);

f —— 测试时的频率,单位为兆赫(MHz);

C —— 测试时的电容,单位为皮法(pF)。

A.3 相角

相角 θ 应在 87°～90°,按公式(A.3)计算:

$$\theta = \tan^{-1}\left[-\frac{10^3}{2\pi f R_s C}\right] \quad\quad\quad\quad\quad (\text{A.3})$$

式中:

θ —— 测试时的相角,单位为度(°);

f —— 测试时的频率,单位为兆赫(MHz);

R_s —— 系统串联电阻,单位为欧姆(Ω);

C —— 测试时的电容,单位为皮法(pF)。

A.4 反向漏电流密度

A.4.1 测试时，系统与样品接触形成二极管回路的反向漏电流。各应用电压下均应满足反向漏电流密度 J_r 小于 3 mA·cm^{-2}，反向漏电流的上升速率 $\Delta J_r / \Delta V$ 小于 0.3 mA·V^{-1}·cm^{-2}。

A.4.2 反向漏电流密度和反向漏电流的上升速率按下列方法确定：

  a) 系统连接监控汞探针接触的正反向电流-电压特性装置；

  b) 将样品置于样品台上，汞探针接触样品表面，接触可靠；

  c) 从 1V 开始施加电压，逐步增加电压至希望的值，按公式（A.4）计算反向漏电流密度，按公式（A.5）计算反向漏电流随反向电压上升的速率：

$$J_{r1} = \frac{I_{r1}}{A_{eff}} \qquad\qquad\qquad (A.4)$$

式中：

J_{r1} ——电压 V_1 下的反向漏电流密度，单位为毫安每平方厘米（mA/cm^2）；

I_{r1} ——反向偏压 V_1 下的电流，单位为毫安（mA）；

A_{eff} ——汞探针的有效接触面积，单位为平方厘米（cm^2）。

$$\frac{\Delta J_r}{\Delta V} = \frac{J_{r(i+1)} - J_{ri}}{V_{(i+1)} - V_i} \qquad\qquad\qquad (A.5)$$

$\dfrac{\Delta J_r}{\Delta V}$ ——反向漏电流密度随反向电压上升的速率；

$J_{r(i+1)}$ ——电压 $V_{(i+1)}$ 下的反向漏电流密度，单位为毫安每平方厘米（mA/cm^2）。

J_{ri} ——电压 V_i 下的反向漏电流密度，单位为毫安每平方厘米（mA/cm^2）；

$V_{(i+1)}$ ——加载在晶片上的第 $i+1$ 次测试电压，单位为伏特（V）；

V_i ——加载在晶片上的第 i 次测试电压，单位为伏特（V）。

ICS 29.045
H 80

中华人民共和国国家标准

GB/T 14847—2010
代替 GB/T 14847—1993

重掺杂衬底上轻掺杂硅外延层厚度的
红外反射测量方法

Test method for thickness of lightly doped silicon epitaxial layers on
heavily doped silicon substrates by infrared reflectance

2011-01-10 发布　　　　　　　　　　　　　2011-10-01 实施

中华人民共和国国家质量监督检验检疫总局
中国国家标准化管理委员会　发布

前　言

本标准代替 GB/T 14847—1993《重掺杂衬底上轻掺杂硅外延层厚度的红外反射测量方法》。

本标准与 GB/T 14847—1993 相比,主要技术内容变化如下:

——修改原标准"1 主题内容与适用范围"中衬底和外延层室温电阻率明确为在 23 ℃下电阻率,增加在降低精度情况下,该方法原则上也适用于测试 0.5 μm~2 μm 之间的 N 型和 P 型外延层厚度;

——修改原标准"2 引用标准"为"规范性引用文件",增加有关的引用标准;

——增加"3 术语和定义"部分;

——补充和完善"4 测试方法原理内容";

——增加"5 干扰因素部分";

——原标准 5 改为 7,删除"5.1 衬底和外延层导电类型及衬底电阻率应是已知的"内容,增加防止试样表面大面积晶格不完整以及要求测试前表面进行清洁处理的内容;

——原标准 6 改为 8,对选取试样的外延厚度的要求改为对衬底电阻率和谱图波数位置的要求,并增加 8.3.5 采用 GB/T 1552 中规定的方法在对应的反面位置测试衬底电阻率;

——原标准 7 改为 9,增加极值波数和波长的转换公式。删除原 7.2 经验计算法内容;

——原标准 8 改为 10,增加多个实验室更广范围的测试数据分析结果;

——原标准 9 改为 11,试验报告中要求增加红外仪器的波数范围、掩模孔径、波数扫描速度、波长和极值级数等内容。

本标准由全国半导体设备和材料标准化技术委员会材料分技术委员会(SAC/TC 203/SC 2)归口。

本标准起草单位:宁波立立电子股份有限公司、信息产业部专用材料质量监督检验中心。

本标准主要起草人:李慎重、何良恩、许峰、刘培东、何秀坤。

本部分所代替的历次版本标准发布情况为:

——GB/T 14847—1993。

重掺杂衬底上轻掺杂硅外延层厚度的
红外反射测量方法

1 范围

本标准规定重掺杂衬底上轻掺杂硅外延层厚度的红外反射测量方法。

本标准适用于衬底在 23 ℃电阻率小于 0.02 Ω·cm 和外延层在 23 ℃电阻率大于 0.1 Ω·cm 且外延层厚度大于 2 μm 的 n 型和 p 型硅外延层厚度的测量;在降低精度情况下,该方法原则上也适用于测试 0.5 μm～2 μm 之间的 n 型和 p 型外延层厚度。

2 规范性引用文件

下列文件对于本文件的应用是必不可少的。凡是注日期的引用文件,仅注日期的版本适用于本文件。凡是不注日期的引用文件,其最新版本(包括所有的修改单)适用于本文件。

GB/T 1552 硅外延层、扩散层和离子注入层薄层电阻的测定 直排四探针法

GB/T 6379.2 测量方法与结果的准确度(正确度与精密度) 第2部分:确定标准测量方法重复性与再现性的基本方法

GB/T 14264 半导体材料术语

3 术语和定义

GB/T 14264 界定的以及下列术语和定义适用于本文件。

3.1

折射率 index of refraction

入射角的正弦相对折射角的正弦的比率。这里的入射角和折射角是指表面法线和红外光束的夹角。对电阻率大于 0.1 Ω·cm 硅材料,当波长范围为 6 μm～40 μm 时,相对空气的该比值为 3.42,该值可由斯涅尔(Snell)定律求出。

4 方法提要

4.1 衬底和外延层光学常数的差异导致试样反射光谱出现连续极大极小特征谱的光学干涉现象,根据反射光谱中极值波数、外延层与衬底光学常数和红外光束在试样上的入射角计算外延沉积层厚度。

4.2 假设外延层的反射率 n_1 相对波长是独立的。

4.3 当外延层表面反射的光束和衬底界面反射的光束的光程差是半波长的整数倍时,反射光谱中可以观察到极大极小值。参见图 1,从 C 和 D 点出射的光束的相位差 δ 为式(1):

$$\delta = \left[\frac{2\pi(AB+BC)}{\lambda}\right]_{n_1} - \left(\frac{2\pi AD}{\lambda}\right) + \phi_1 - \phi_2 \cdots\cdots\cdots\cdots\cdots (1)$$

式中:

λ——真空波长;

n_1——外延层反射率,其可将外延层中的光程长转换成等价的真空光程长;

ϕ_1——A 点相位移;

ϕ_2——B 点相位移。

AB,BC 和 AD 是如图 1 所示的间距,它们和 λ 单位相同。

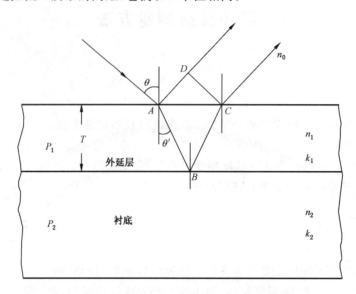

图 1　平面示意图

4.4 根据图 1,很明显有式(2):

$$AB + BC = \frac{2T}{\cos\theta'} \text{ 和 } AD = 2T\tan\theta'\sin\theta \quad\cdots\cdots\cdots\cdots(2)$$

4.5 由斯涅尔(Snell)定律得式(3):

$$\sin\theta = n_1\sin\theta' \quad\cdots\cdots\cdots\cdots\cdots\cdots(3)$$

4.6 级数 P 定义为式(4):

$$P = \frac{\delta}{2\pi} \quad\cdots\cdots\cdots\cdots\cdots\cdots(4)$$

4.7 若观察到干涉振幅的两个极值,由式(1)、式(2)、式(3)、式(4)得到相应的级数 P_1 和 P_2 如式(5):

$$P_1 = \left[\frac{2T\sqrt{n_1^2 - \sin^2\theta}}{\lambda_1}\right] + \frac{\phi_{11} - \phi_{21}}{2\pi} \text{ 和 } P_2 = \left[\frac{2T\sqrt{n_1^2 - \sin^2\theta}}{\lambda_2}\right] + \frac{\phi_{12} - \phi_{22}}{2\pi} \cdots\cdots(5)$$

式中,习惯上,$\lambda_1 > \lambda_2$ 且 $P_1 = P_2 + m$,其中 $m = \frac{1}{2}, 1, \frac{3}{2}, 2, \cdots$,级数差是整数或半整数。

4.8 根据 P_1 解出 P_2 可得式(6):

$$P_2 = \frac{m\lambda_1}{(\lambda_1 - \lambda_2)} + \frac{\phi_{11}\lambda_1 - \phi_{12}\lambda_2}{2\pi(\lambda_1 - \lambda_2)} - \frac{\phi_{21}\lambda_1 - \phi_{22}\lambda_2}{2\pi(\lambda_1 - \lambda_2)} \quad\cdots\cdots\cdots\cdots(6)$$

4.9 考虑到光束从空气绝缘界面反射情况,如图 1,$\phi_{1n} = \pi$,代入式(6),结果为 9.1 中式(8)。

4.10 厚度表达式可通过 π 代入 ϕ_{1n} 及式(1)、式(2)、式(3)、式(4)推导出来,结果为 9.2 中式(9)。

5　干扰因素

5.1 试样表面大面积晶格不完整、钝化层等导致反射率较低时,可影响测试结果。

5.2 掩模孔材料、孔径大小以及探测器探测到的杂散光可影响测试结果。

5.3 静电、噪音、振动及温湿度稳定性等测试环境可影响测试结果。

6 测量仪器

6.1 红外光谱仪

6.1.1 傅里叶变换红外光谱仪或双光束红外分光光度计。

6.1.2 波长范围 2 μm～50 μm,本法常用的波长范围为 6 μm～25 μm。

6.1.3 波长重复性不大于 0.05 μm。

6.1.4 波长精度为 +/−0.05 μm。

6.2 仪器附件

6.2.1 和仪器相匹配的反射条件,入射角不大于 30°。

6.2.2 掩模由非反射材料制成,如非光泽表面的石墨,用于限制试样表面受照射区域,其孔径尺寸足够小以消除厚度波动的影响,同时又不至于影响到反射光束的探测。透光孔径不大于 8 mm。

6.2.3 样品台构造须确保其不会对试样外延层造成损伤。

7 试样要求

试样表面应是高度反射的,防止大面积的晶格不完整缺陷,以及除自然氧化层外不应该有钝化层。测量前试样表面应进行清洁处理,此处理方法不能影响到试样外延层厚度。

8 测量程序

8.1 光谱仪校准

8.1.1 用厚度为 300 μm～500 μm 的聚苯乙烯膜做标样,以标样的 1 601.6 cm^{-1} 或 648.9 cm^{-1} 峰为测量参考峰,按 GB/T 6379.2 所确定的仪器波长重复性和精度对应分别满足 6.1.3 条和 6.1.4 条的要求。

8.1.2 将反射附件置于光路中,测量 100% 线,其峰谷值应小于 8%。

8.2 测量条件选择

8.2.1 对光栅式红外分光光度计,参照下列步骤选取最佳扫描速度。

8.2.1.1 选取一试样,其衬底电阻率在 0.008 Ω·cm～0.02 Ω·cm 之间,且外延层的厚度在波数小于 400 cm^{-1} 的位置可产生明显的极小值。

8.2.1.2 选择一适当的掩模孔。

8.2.1.3 放置试样到测量设备上,用可用的最慢扫描速度记录波数小于 400 cm^{-1} 的极小值的谱图。

8.2.1.4 记录极小值的位置。

8.2.1.5 分步增加扫描速度并记录每一扫描速度下极小值的位置。

8.2.1.6 所有容许的扫描速度相对最慢扫描速度所对应的极小值位置有不超过 ±1 cm^{-1} 的极小值位移变化。

8.2.2 对傅里叶变换红外光谱仪所使用的分辨率应不低于 4 cm^{-1}。

8.3 测量

8.3.1 小心处理试样,防止对薄外延层的表面损伤。

8.3.2 将试样置于孔眼掩模光路上以使目标测量位置对准光束。

8.3.3 获得类似于图2的反射光谱。若峰值振幅与噪音振幅比小于5,则不能用于计算外延层厚度。

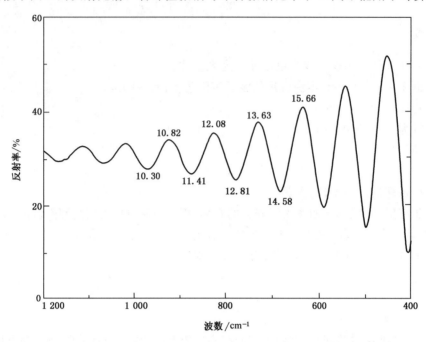

图 2　n 型试样的典型反射谱图

8.3.4 通过计算极大值下面或极小值上面满刻度3%处的水平线与反射光谱相交的截距平均值,确定反射光谱中每个极值的波数,该方法减少了极值较宽时难以确定的情况。

8.3.5 采用GB/T 1552中规定的方法在外延层厚度测试位置相对应的反面位置点测量衬底电阻率。

9　计算

9.1　用式(7)将极值波数转换为波长:

$$\lambda_i = \frac{10\ 000}{\nu_i} \qquad\qquad\cdots\cdots\cdots\cdots\cdots\cdots(7)$$

式中:

λ_i——第 i 个极值波长,单位为微米(μm);

ν_i——第 i 个极值波数,单位每厘米(cm^{-1})。

用式(8)计算观测到的极大值和极小值的级数:

$$P_2 = \frac{m\lambda_1}{\lambda_1 - \lambda_2} + \frac{1}{2} - \frac{\phi_{21}\lambda_1 - \phi_{22}\lambda_2}{2\pi(\lambda_1 - \lambda_2)} \qquad\qquad\cdots\cdots\cdots\cdots\cdots\cdots(8)$$

式中:

P_2　　——λ_2 对应的极值级数;

$\lambda_1 = 10\ 000/\nu_1$;

$\lambda_2 = 10\ 000/\nu_2$;

m　　——涉及相关极值的级数差;

ϕ_{21} 和 ϕ_{22}——分别为波长为 λ_1 和 λ_2 的光在界面反射后发生的相位移。

从表1和表2中查得相位移 ϕ_{21} 和 ϕ_{22}。对计算出的级数 P_2 进行舍入处理,极大值取整数,极小值取半整数。计算出一个级数后,按图1所示的波长递增级数递减的顺序求得其余的极值级数。

表 1　n 型 Si 相位移（$\phi/2\pi$）

波长/μm	衬底电阻率/(Ω·cm)														
	0.001	0.002	0.003	0.004	0.005	0.006	0.007	0.008	0.009	0.010	0.012	0.014	0.016	0.018	0.020
2	0.033	0.029	0.028	0.027	0.027	0.026	0.025	0.024	0.023	0.022	0.020	0.019	0.017	0.016	0.021
4	0.061	0.050	0.047	0.046	0.045	0.043	0.041	0.039	0.038	0.036	0.034	0.031	0.029	0.027	0.025
6	0.105	0.072	0.064	0.062	0.060	0.057	0.055	0.052	0.050	0.048	0.044	0.042	0.039	0.036	0.033
8	0.182	0.099	0.083	0.078	0.075	0.071	0.067	0.064	0.061	0.059	0.054	0.051	0.047	0.043	0.040
10	0.247	0.137	0.105	0.095	0.090	0.084	0.079	0.075	0.071	0.069	0.063	0.059	0.055	0.051	0.047
12	0.289	0.183	0.132	0.115	0.106	0.098	0.091	0.084	0.081	0.078	0.072	0.067	0.062	0.057	0.053
14	0.318	0.225	0.164	0.137	0.124	0.113	0.104	0.097	0.092	0.087	0.080	0.074	0.069	0.064	0.059
16	0.339	0.258	0.197	0.163	0.144	0.129	0.117	0.109	0.102	0.097	0.088	0.082	0.075	0.070	0.065
18	0.355	0.283	0.226	0.189	0.166	0.146	0.131	0.121	0.113	0.107	0.096	0.089	0.082	0.076	0.070
20	0.368	0.303	0.251	0.214	0.188	0.165	0.147	0.134	0.124	0.117	0.105	0.096	0.088	0.081	0.075
22	0.378	0.319	0.272	0.236	0.209	0.183	0.163	0.148	0.136	0.127	0.113	0.104	0.095	0.087	0.081
24	0.387	0.333	0.289	0.255	0.229	0.202	0.179	0.162	0.148	0.138	0.122	0.111	0.101	0.093	0.086
26	0.394	0.344	0.303	0.272	0.246	0.219	0.196	0.177	0.161	0.150	0.131	0.119	0.108	0.099	0.091
28	0.401	0.353	0.316	0.286	0.261	0.235	0.211	0.191	0.175	0.161	0.141	0.127	0.115	0.104	0.096
30	0.406	0.362	0.326	0.298	0.275	0.250	0.226	0.206	0.188	0.173	0.150	0.135	0.121	0.110	0.101
32	0.411	0.369	0.336	0.309	0.287	0.263	0.240	0.219	0.210	0.185	0.160	0.143	0.128	0.116	0.106
34	0.415	0.375	0.344	0.319	0.297	0.274	0.252	0.232	0.213	0.197	0.170	0.151	0.135	0.122	0.112
36	0.419	0.381	0.351	0.327	0.307	0.285	0.263	0.243	0.225	0.209	0.180	0.160	0.143	0.129	0.117
38	0.422	0.386	0.357	0.335	0.315	0.294	0.273	0.254	0.236	0.220	0.191	0.167	0.150	0.135	0.123
40	0.425	0.391	0.363	0.341	0.323	0.302	0.283	0.264	0.246	0.230	0.200	0.178	0.158	0.141	0.128

9.2 用式（9）计算外延层厚度：

$$T_n = \left[P_n - \frac{1}{2} + \frac{\phi_{2n}}{2\pi}\right] \cdot \frac{\lambda_n}{2\sqrt{n_1^2 - \sin^2\theta}} \quad \cdots\cdots\cdots\cdots\cdots（9）$$

式中：

T_n——外延层厚度，单位微米（μm）；

n_1——外延层折射率（硅材料 $n_1 = 3.42$）；

θ——外延层上光束入射角。

其他符号意义与公式（8）相同。波长和厚度用相同的单位。对所有观测到的极大值和极小值计算 T_n，并计算厚度平均值 T。

表 2　p 型 Si 相位移（φ/2π）

波长/μm	衬底电阻率/(Ω·cm)															
	0.001	0.001 5	0.002	0.003	0.004	0.005	0.006	0.007	0.008	0.009	0.010	0.012	0.014	0.016	0.018	0.020
2	0.036	0.034	0.033	0.033	0.033	0.034	0.034	0.033	0.032	0.031	0.030	0.028	0.027	0.025	0.024	0.024
4	0.067	0.060	0.057	0.055	0.055	0.055	0.055	0.054	0.052	0.050	0.049	0.045	0.043	0.040	0.038	0.037
6	0.119	0.091	0.082	0.076	0.074	0.073	0.072	0.071	0.068	0.066	0.064	0.059	0.056	0.053	0.050	0.049
8	0.200	0.140	0.114	0.099	0.094	0.091	0.089	0.086	0.083	0.080	0.077	0.072	0.067	0.064	0.060	0.059
10	0.261	0.199	0.158	0.127	0.115	0.110	0.105	0.102	0.097	0.093	0.089	0.083	0.078	0.073	0.070	0.068
12	0.300	0.247	0.205	0.160	0.140	0.130	0.123	0.117	0.111	0.106	0.101	0.094	0.088	0.083	0.078	0.076
14	0.327	0.282	0.244	0.194	0.167	0.152	0.141	0.133	0.126	0.119	0.113	0.104	0.097	0.091	0.087	0.084
16	0.346	0.307	0.274	0.226	0.195	0.175	0.161	0.151	0.141	0.132	0.126	0.115	0.106	0.100	0.094	0.091
18	0.361	0.327	0.297	0.253	0.221	0.198	0.182	0.168	0.157	0.146	0.138	0.125	0.116	0.108	0.102	0.099
20	0.373	0.342	0.315	0.274	0.243	0.220	0.202	0.186	0.173	0.160	0.151	0.136	0.125	0.117	0.100	0.106
22	0.383	0.354	0.330	0.292	0.263	0.240	0.220	0.204	0.188	0.175	0.164	0.147	0.134	0.125	0.117	0.113
24	0.391	0.365	0.342	0.307	0.279	0.257	0.238	0.220	0.204	0.189	0.177	0.158	0.144	0.133	0.125	0.120
26	0.398	0.374	0.352	0.320	0.294	0.272	0.253	0.236	0.219	0.203	0.190	0.169	0.153	0.142	0.132	0.127
28	0.404	0.381	0.361	0.331	0.306	0.285	0.267	0.250	0.233	0.217	0.203	0.180	0.163	0.150	0.140	0.134
30	0.409	0.387	0.369	0.340	0.316	0.297	0.279	0.262	0.245	0.229	0.215	0.191	0.173	0.159	0.148	0.141
32	0.414	0.393	0.376	0.348	0.326	0.307	0.290	0.273	0.257	0.241	0.227	0.202	0.182	0.167	0.155	0.148
34	0.418	0.398	0.381	0.355	0.334	0.316	0.299	0.284	0.268	0.252	0.238	0.213	0.192	0.176	0.163	0.155
36	0.421	0.403	0.387	0.362	0.341	0.324	0.308	0.293	0.277	0.262	0.248	0.223	0.201	0.185	0.171	0.162
38	0.425	0.407	0.391	0.368	0.348	0.331	0.316	0.301	0.286	0.271	0.258	0.232	0.211	0.193	0.178	0.169
40	0.428	0.410	0.396	0.373	0.354	0.338	0.323	0.309	0.294	0.280	0.266	0.241	0.219	0.201	0.186	0.176

9.3　对图 2 所示典型 n/n$^+$-Si 试样反射光谱数据计算如下：

9.3.1　取 λ_1 和 λ_2 分别为 15.66 μm 和 10.30 μm，$m=3.5$，衬底电阻率 $\rho_s=0.005$ Ω·cm，$\theta=30°$。

9.3.2　由 λ_1 和 λ_2 及 ρ_s 和表 1 知 $\phi_{21}/2\pi=0.141$，$\phi_{22}/2\pi=0.092$，算得 $P_2=10.5$，$T_2=15.36$ μm。

9.3.3　同理可得其他极值所对应的有关数据，如表 3 所示。

表 3　典型 n/n$^+$-Si 试样外延层厚度计算结果

计 算 参 数				
极值序号	$\lambda_n/\mu m$	$\phi_{2n}/2\pi$	P_n	$T_n/\mu m$
1	15.66	0.141	7.0	15.37
2	14.58	0.130	7.5	15.36
3	13.63	0.121	8.0	15.35
4	12.81	0.113	8.5	15.36
5	12.08	0.107	9.0	15.37
6	11.41	0.101	9.5	15.34
7	10.82	0.097	10.0	15.34
8	10.30	0.092	10.5	15.36
平均厚度/μm				15.36

10 测量精度和偏差

10.1 本方法进行了多个实验室间重复性和再现性分析,通过 3 个实验室 4 台设备的循环测量,单台设备的重复性有 91% 的测试结果好于 1%(R2S%),所有的测试结果好于 2%。多设备测量再现性的估计范围为 0.27%~15.44%(R2S%),最差的相对再现性 15.44%(R2S%)是根据最薄的(2.63 μm)外延层得到的,而最好的 0.27%(R2S%)是根据最厚的(118.36 μm)外延层(试样 H-120)得到的。具体分析结果参见附录 A。

10.2 本方法对 P 型衬底上 N 型外延层进行了单个实验室测量分析,选取标称厚度为 0.9 μm 和 1.6 μm,2 个试样每片测量 3 天,每天测 3 次,2 台设备共收集 36 个测量值,其中单设备重复性好于 2.5%(R2S%),最差的相对再现性 9.26%(R2S%)是根据薄的(0.94 μm)外延层得到的。

11 试验报告

试验报告应包括以下内容:

a) 实验室和操作人员名称;

b) 测试日期;

c) 测试硅片编号;

d) 衬底导电类型;

e) 衬底电阻率;

f) 外延层导电类型;

g) 外延层电阻率;

h) 红外仪器的波数范围;

i) 掩模孔径;

j) 波数扫描速度;

k) 试样图示测量位置;

l) 所用的波长 λ_n;

m) 所用的极大值和极小值级数 P_n;

n) 计算出的厚度 T_n;

o) 平均厚度值 T。

附 录 A

（资料性附录）

FTIR 设备的多实验室测试重复性和再现性

A.1 制备的外延试样具有的标称厚度有 2.5 μm,5 μm,10 μm,15 μm,20 μm,25 μm,50 μm 和 120 μm。n 型外延层沉积在 p 型抛光衬底上,p 型衬底选用 0.01 ohm-cm 左右,以控制外延到衬底的界面过渡区。

选取硅片的中心位置作为测量点,以减少位置的变化对测试结果的影响。

试验要求 8 个试样中每片测量 3 天,每天 3 次。完成后的数据库包含来自 4 台设备的总共 288 个测量值。

A.2 重复性(单设备):9 次重复测量得到的以 2 倍标准差表示的重复性数据列于表 A.1(R2S%),可以发现数值和外延层厚度和设备相关,单台设备的重复性有 91% 的测试结果好于 1%(R2S%),所有的测试结果好于 2%。

A.3 再现性(多设备):基于 4 台设备和 3 天中每天每台设备测量 8 个试样的分析,多设备测量重复性的估计范围为 0.27%～15.44%(R2S%)。再现性数据列于表 A.2。该表表明最差的相对再现性 15.44%(R2S%)是根据最薄的(2.63 μm)外延层得到的,而最好的 0.27%(R2S%)是根据最厚的 (118.36 μm)外延层(试样 H-120)得到的。

表 A.1 重复测 9 次的单设备重复性

设备编号	试 样							
	A-2.5	B-5	C-10	D-15	E-20	F-25	G-50	H-120
1	0.55%	0.95%	0.47%	0.93%	0.32%	0.74%	1.30%	1.92%
2	0.40%	0.49%	0.36%	0.56%	0.49%	0.24%	0.52%	1.25%
3	0.48%	0.39%	0.33%	0.30%	0.41%	0.56%	0.51%	0.71%
4	0.89%	0.57%	0.34%	0.38%	0.19%	0.30%	0.38%	0.57%

表 A.2 实验室间平均再现性

试样	A-2.5	B-5	C-10	D-15	E-20	F-25	G-50	H-120
均值	2.63	4.94	9.50	13.92	18.37	26.83	49.35	118.36
2S	0.41	0.18	0.25	0.30	0.25	0.35	0.22	0.32
R2S%	15.44	3.67	2.67	2.17	1.34	1.31	0.45	0.27

ICS 77.040
H 17

中华人民共和国国家标准

GB/T 17170—2015
代替 GB/T 17170—1997

半绝缘砷化镓单晶深施主 EL2
浓度红外吸收测试方法

Test method for the EL2 deep donor concentration in semi-insulating
gallium arsenide single crystals by infrared absorption spectroscopy

2015-12-10 发布

2016-07-01 实施

中华人民共和国国家质量监督检验检疫总局
中国国家标准化管理委员会 发布

前　言

本标准按照 GB/T 1.1—2009 给出的规则起草。

本标准代替 GB/T 17170—1997《非掺杂半绝缘砷化镓单晶深能级 EL2 浓度红外吸收测试方法》。

本标准与 GB/T 17170—1997 相比,主要有以下变化:

——修改了标准名称;

——增加了"规范性引用文件""术语和定义""干扰因素"和"测试环境"等章;

——扩展了半绝缘砷化镓单晶电阻率范围,将电阻率大于 10^7 Ω·cm 修改为大于 10^6 Ω·cm;

——将范围由"非掺杂半绝缘砷化镓单晶"修改为"非掺杂和碳掺杂半绝缘砷化镓单晶";

——删除了 0.4 mm~2 mm 厚度测试样品的解理制样方法。

本标准由全国半导体设备和材料标准化技术委员会(SAC/TC 203)与全国半导体设备和材料标准化技术委员会材料分会(SAC/TC 203/SC 2)共同提出并归口。

本标准起草单位:信息产业专用材料质量监督检验中心、天津市环欧半导体材料技术有限公司、中国电子材料行业协会。

本标准主要起草人:何秀坤、李静、张雪囡。

本标准所代替标准的历次版本发布情况为:

——GB/T 17170—1997。

半绝缘砷化镓单晶深施主 EL2
浓度红外吸收测试方法

1 范围

本标准规定了半绝缘砷化镓单晶深施主 EL2 浓度的红外吸收测试方法。

本标准适用于电阻率大于 10^6 $\Omega \cdot cm$ 的非掺杂和碳掺杂半绝缘砷化镓单晶深施主 EL2 浓度的测定。

本标准不适用于掺铬半绝缘砷化镓单晶深施主 EL2 浓度的测定。

2 规范性引用文件

下列文件对于本文件的应用是必不可少的。凡是注日期的引用文件,仅注日期的版本适用于本文件。凡是不注日期的引用文件,其最新版本(包括所有的修改单)适用于本文件。

GB/T 14264 半导体材料术语

3 术语和定义

GB/T 14264 界定的以及下列术语和定义适用于本文件。

3.1

EL2 浓度 **EL2 concentration**

EL2(砷化镓单晶中的一种本征缺陷)在砷化镓单晶体内的浓度。

4 方法提要

半绝缘砷化镓单晶中深施主 EL2 的红外吸收系数 α 与 EL2 浓度具有对应关系,测量 $1.097\ 2\ \mu m$ 处的红外吸收系数并由经验校准公式可计算 EL2 浓度。红外吸收系数 α 与 EL2 浓度的关系参见附录A。

5 干扰因素

5.1 杂散光到达检测器,将导致 EL2 浓度测试结果出现偏差。

5.2 测试样品的测试面积应大于光阑孔径,否则可能导致错误的测试结果。

6 仪器

6.1 分光光度计:能在 $0.8\ \mu m \sim 2.5\ \mu m$ 范围扫描且零线吸光度波动不应超过 $-0.002 \sim +0.002$。

6.2 千分尺:精度为 $10\ \mu m$。

7 测试环境

除另有规定外,应在下列环境中进行测试:

a) 环境温度为 24 ℃±1 ℃;

b) 相对湿度小于 70%;

c) 测试室应无机械冲击、振动和电磁干扰。

8 测试样品

测试样品厚度为 0.200 0 cm～0.400 0 cm,双面研磨、抛光,使其两表面呈光学镜面。

9 测试步骤

9.1 用千分尺测量测试样品的厚度,测量 3～5 个点,取平均值,结果保留 4 位有效数字。

9.2 将光阑孔径为 φ10 mm 的空样品架置于光路上。

9.3 以吸收方式进行扫描,做零线校准,仔细调整仪器,使得在 0.8 μm～2.5 μm 范围零线吸光度波动不大于±0.002。

9.4 将测试样品置于光路,使光束对准测试位置。

9.5 在 0.8 μm～2.5 μm 范围内扫描,获得测试样品的吸收光谱,得到吸光度 A-波长 λ 曲线,如图 1 所示。

9.6 重复测试 3 次,计算吸光度的平均值。

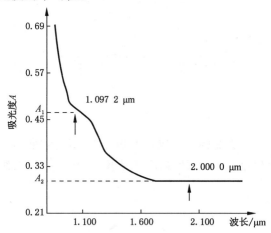

注:样品厚度 0.386 cm。

图 1 典型半绝缘砷化镓单晶测试样品的吸收光谱

10 测试结果的计算

根据分光光度计记录的测试样品的吸收光谱图,由式(1)计算 EL2 吸收系数 α:

$$\alpha = \frac{\ln 10 \times [(A_1 - A_2)]}{D} \qquad\qquad\cdots\cdots\cdots\cdots\cdots\cdots (1)$$

式中：

α ——EL2 吸收系数，单位为每厘米（cm^{-1}）；

A_1 ——光谱图中 1.097 2 μm 处对应的吸光度值；

A_2 ——光谱图中 2.000 0 μm 处对应的吸光度值；

D ——测试样品厚度，单位为厘米（cm）。

EL2 浓度由式（2）计算：

$$N_{EL2} = 1.25 \times 10^{16} \alpha \quad \cdots\cdots\cdots\cdots\cdots\cdots\cdots (2)$$

式中：

N_{EL2} ——EL2 浓度，单位为原子数每立方厘米（atoms/cm^3）；

1.25×10^{16} ——标定因子，单位为每平方厘米（cm^{-2}）。

11 精密度

11.1 重复性

单一实验室同一试验人员，对同一测试样品同一位置重复测试 10 次，EL2 浓度的平均值为 1.43×10^{16} atoms/cm^3，标准偏差为 4.70×10^{13} atoms/cm^3，相对标准偏差为 0.33%。

11.2 再现性

同一测试样品，3 个实验室测试 EL2 浓度的平均值为 1.43×10^{16} atoms/cm^3，标准偏差为 3.27×10^{14} atoms/cm^3，相对标准偏差为 2.29%。

12 试验报告

试验报告应包括以下内容：

a) 测试样品来源；

b) 测试样品编号；

c) 测试仪器名称，型号；

d) 光阑孔径；

e) 吸收系数和 EL2 浓度；

f) 本标准编号；

g) 测试者姓名，测试单位；

h) 测试日期。

附　录　A
（资料性附录）
半绝缘砷化镓单晶红外吸收系数与 EL2 浓度的关系

A.1　研究表明,砷化镓近红外吸收带完全由 EL2 光电离引起,因此波长为 λ 的红外吸收系数 α 可如式(A.1)表示为:

$$\alpha(\lambda)=N_{EL2}\left[f_n\delta_n(\lambda)+(1-f_n)\delta_p(\lambda)\right] \quad\cdots\cdots\cdots\cdots\cdots\cdots(A.1)$$

式中:

α　　——EL2 吸收系数,单位为每厘米(cm^{-1});

N_{EL2}　——EL2 浓度,单位为原子数每立方厘米($atoms/cm^3$);

f_n　　——电子占据率;

$\delta_n(\lambda)$——波长 λ 处 EL2 的电子光电离截面;

$\delta_p(\lambda)$——波长 λ 处 EL2 的空穴光电离截面。

对于 n 型砷化镓,费米能级位于 EL2 能级之上,绝大部分 EL2 被电子占据,即 $f_n\approx1$,故上式可简化为式(A.2):

$$\alpha(\lambda)=N_{EL2}\delta_n(\lambda) \quad\cdots\cdots\cdots\cdots\cdots\cdots(A.2)$$

因此测出 $\alpha(\lambda)$ 和 N_{EL2} 可获得 N_{EL2} 和 $\alpha(\lambda)$ 间转换的标定因子 $\delta_n(\lambda)$。

A.2　本标准采用了 Martin 的 $\delta_n(1.097\ 2\lambda)=(1.25\times10^{16}cm^{-2})^{-1}$,使用该标定因子的前提是:

a)　$f_n=1$;

b)　$\alpha(\lambda)$完全由 EL2 光电离引起。根据分析结果,大部分 n 型半绝缘砷化镓的 f_n 在 0.78~0.98 范围内。在 1.097 2 μm 处 EL2 电子和空穴光电离截面不同,$\delta_n(1.097\ 2\ \mu m)=3\delta_p(1.097\ 2\ \mu m)$,因此 f_n 较小,式(A.1)到式(A.2)的简化不能成立。随着电子占据率的减少,该方法可靠性降低。

ICS 77.040.01
H 24

中华人民共和国国家标准

GB/T 18032—2000

砷化镓单晶 AB 微缺陷检验方法

The inspecting method of AB microscopic defect in
gallium arsenide single crystal

2000-04-03 发布
2000-09-01 实施

国家质量技术监督局 发布

前　　言

　　砷化镓晶片是光电、微波及高速集成电路等器件的重要衬底材料。近年来,普遍认为衬底材料中的AB 微缺陷对器件的性能有明显的影响。例如对砷化镓 FET 器件性能进行测试之后,用 AB 腐蚀液显示FET 芯片上的 AB 微缺陷,发现芯片上的 AB 微缺陷密度高时,FET 器件的低频跨导很低;当 AB 微缺陷密度低时,FET 的低频跨导较高。由此可见 AB 液显示的 AB 微缺陷密度对了解衬底质量和提高器件性能是一个不可忽略的参数。

　　目前国内外都在对砷化镓单晶 AB 微缺陷进行研究。但是在检验方法上还没有形成一个统一的规范。在此时制定《砷化镓单晶 AB 微缺陷检验方法》的国家标准是适时的、非常必要的。

　　本标准可为砷化镓材料和器件的生产、科研单位对 AB 微缺陷的检验提供依据。

　　本标准由国家有色金属工业局提出。

　　本标准由中国有色金属工业标准计量质量研究所归口。

　　本标准由北京有色金属研究总院起草。

　　本标准主要起草人:王海涛、钱嘉裕、王彤涵、宋　斌、樊成才。

砷化镓单晶 AB 微缺陷检验方法

GB/T 18032—2000

The inspecting method of AB microscopic defect in
gallium arsenide single crystal

1 适用范围

本标准规定了砷化镓单晶 AB 微缺陷的检验方法。

本标准适用于砷化镓单晶 AB 微缺陷密度(AB-EPD)的检验。检验面为(100)面。测量范围小于 $5 \times 10^5 \, cm^{-2}$。

2 定义

2.1 AB 腐蚀液 AB etchant

AB 腐蚀液用于显示砷化镓单晶 AB 微缺陷及位错线的一种化学腐蚀剂。

2.2 AB 微缺陷 AB microdefect

砷化镓单晶片经 AB 腐蚀液腐蚀后,在(100)面上显示出的椭圆状腐蚀坑所表征的微缺陷。

2.3 AB 微缺陷密度(AB-EPD) AB microdefect density

用 AB 腐蚀液显示出砷化镓单晶片(100)面上在单位表面积内 AB 微缺陷腐蚀坑的个数(个/cm²)。

3 方法原理

采用择优化学腐蚀技术显示缺陷。由于单晶中缺陷附近的原子排序被破坏,晶格畸变,应变比较大,在某些化学腐蚀剂中晶体缺陷处与非缺陷处腐蚀速度不同,利用这种异常的物理化学效应,在表面处产生选择性的浸蚀,从而形成特定的腐蚀图形。

4 化学试剂

4.1 硫酸(H_2SO_4),分析纯。

4.2 过氧化氢(H_2O_2),分析纯。

4.3 氢氟酸(HF),分析纯。

4.4 三氧化铬(CrO_3),分析纯。

4.5 硝酸银($AgNO_3$),分析纯。

4.6 去离子水,电阻率大于 5 MΩ·cm。

5 试样制备

5.1 定向切割

从砷化镓单晶锭的待测部分经定向切取厚度 0.5～0.8 mm 单晶片,晶面为(100)。晶向偏离小于 1 度。

5.2 研磨与抛光

5.2.1 机械研磨与抛光

先用金刚砂机械研磨试样,再将试样化学机械抛光至镜面。要求在良好照明条件下目视观察,表面平整,无任何机械损伤。

5.2.2 化学抛光和清洗

使用 H_2SO_4:H_2O_2:H_2O=5:1:1(单位体积比)抛光液,在40℃,腐蚀5 min,将试样表面抛光成镜面,用去离子水清洗干净,取出。

5.3 AB微缺陷腐蚀

5.3.1 配制AB腐蚀液

AB腐蚀液由20 mL H_2O,80 mg $AgNO_3$,10 g CrO_3 和10 mL HF组成,配制AB腐蚀液时,将$AgNO_3$溶化后再加CrO_3,按以上顺序加入塑料烧杯中。

5.3.2 试样腐蚀温度与时间

将试样置于AB腐蚀液中,腐蚀液高出试样1 cm,恒温25℃±2℃,腐蚀5 min至10 min。

5.3.3 试样清洗

用去离子水冲净试样表面腐蚀液,取出试样,吹干表面。

5.4 AB微缺陷腐蚀坑特征

经AB腐蚀液腐蚀后的试样,其(100)晶面的表面呈现AB微缺陷腐蚀坑,特征如图1所示。

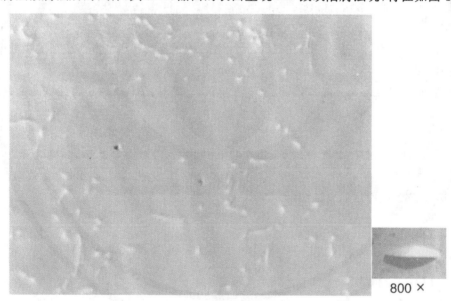

800×

图1 试样AB微缺陷腐蚀坑图形100×

6 仪器设备

6.1 相衬金相显微镜,放大倍数为100~800倍。

6.2 分析天平(1/10 000)。

6.3 塑料烧杯、镊子和量筒。

7 平均AB微缺陷密度($\overline{\text{AB-EPD}}$)的测量

7.1 将试样置于相衬显微镜载物台上,放大100倍,扫描整个试样表面,根据AB微缺陷密度(AB-EPD)选取视场面积。

当AB-EPD≤5×10³ cm⁻²选用视场面积 $s \simeq 0.01$ cm²;

当5×10³ cm⁻²<AB-EPD≤1×10⁴ cm⁻²选用视场面积 $s \simeq 0.005$ cm²;

当 AB-EPD$>1\times10^4$ cm^{-2}选用视场面积 $s\simeq0.001$ cm^2。

7.2 测量点的选取方式：

7.2.1 直拉法生长的单晶片,测量点的选取如图 2 所示,在[0$\bar{1}$0]和[$\bar{1}$10]两个晶向的直径上,去除 5 mm 的边缘环形区域,以 5 mm 间距取点测量。

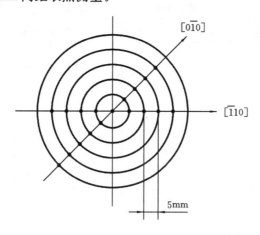

·—为测量点位置

图 2 LEC GaAs 试样 AB 微缺陷测量点位置示意图

7.2.2 水平法生长的单晶片,测量点的选取如图 3 所示。

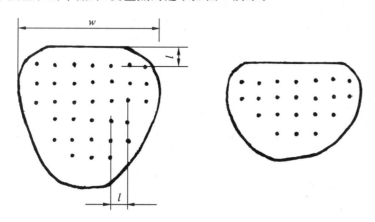

·—为测量点位置

图 3 HB GaAs 试样测量点位置示意图

图 3 中,w 为试样宽度,L 为测量点之间的间距。$w\geq35$ mm 时,取 $L=5$ mm;$w<35$ mm 时,取 $L=3$ mm,在整个试样表面上取点。

7.3 对于视场边界上的 AB 微缺陷腐蚀坑,其面积的一半以上在视场内,才予以计数。

7.4 砷化镓单晶平均 AB 微缺陷密度$\overline{\text{AB-EPD}}$按下式计算：

$$\overline{\text{AB-EPD}} = \frac{1}{s\cdot n}\sum_{i=1}^{n}N_i = \frac{c}{n}\sum_{i=1}^{n}N_i \quad\cdots\cdots\cdots\cdots\cdots\cdots(1)$$

式中：$i=1,2,3\cdots\cdots n$,为测量点的数目；

N_i——第 i 个测量点的 AB 微缺陷腐蚀坑数目；

c——显微镜的计算系数；

s——视场面积,cm^2。

8 检验报告

按表 1 格式填写检验报告单。

表 1 砷化镓单晶 AB 微缺陷密度(AB-EPD)检验报告单

年　　月　　日

样品编号		晶　　面		视场面积	
腐蚀剂		腐蚀温度		腐蚀时间	
样品图形		测量点及 AB 微缺陷腐蚀坑数							
		1	2	3	4	5	6	7	8
		9	10	11	12	13	14	15	16
		17	18	19	20	21	22	23	24
平均 AB-EPD(个/cm²)									
检　验　者									
注 1 在样品图形中表示出测量点的位置及其序号。 2 在样品图形中表示出 AB 微缺陷密度或其他晶体不完整性的位置和分布。									

9　测量误差

本标准测量误差±35%。

ICS 77.040
H 17

中华人民共和国国家标准

GB/T 19199—2015
代替 GB/T 19199—2003

半绝缘砷化镓单晶中碳浓度的
红外吸收测试方法

Test methods for carbon acceptor concentration in semi-insulating gallium
arsenide single crystals by infrared absorption spectroscopy

2015-12-10 发布

2016-07-01 实施

中华人民共和国国家质量监督检验检疫总局
中国国家标准化管理委员会 发布

前　言

本标准按照 GB/T 1.1—2009 给出的规则起草。

本标准代替 GB/T 19199—2003《半绝缘砷化镓单晶中碳浓度的红外吸收测试方法》。

本标准与 GB/T 19199—2003 相比,主要有以下变化:

——增加了"规范性引用文件""术语和定义""干扰因素"和"测试环境"4 章;

——扩展了半绝缘砷化镓单晶电阻率范围,将电阻率大于 $10^7\Omega\cdot cm$ 修改为大于 $10^6\Omega\cdot cm$;

——将范围由"非掺杂半绝缘砷化镓单晶"修改为"非掺杂和碳掺杂半绝缘砷化镓单晶";

——去除了 0.4 mm～2 mm 厚度测试样品的解理制样方法;

——室温差示法测量时,将"仪器分辨率为 0.5 cm^{-1} 或 1 cm^{-1}",修改为"仪器分辨率 1 cm^{-1}"。

本标准由全国半导体设备和材料标准化技术委员会(SAC/TC 203)与全国半导体设备和材料标准化技术委员会材料分会(SAC/TC 203/SC 2)共同提出并归口。

本标准起草单位:信息产业专用材料质量监督检验中心、天津市环欧半导体材料技术有限公司、中国电子材料行业协会。

本标准起草人:何秀坤、李静、张雪囡。

本标准所代替标准的历次版本发布情况为:

——GB/T 19199—2003。

半绝缘砷化镓单晶中碳浓度的
红外吸收测试方法

1 范围

本标准规定了半绝缘砷化镓单晶中碳浓度的红外吸收测试方法。

本标准适用于电阻率大于 $10^6\Omega\cdot cm$ 的非掺杂和碳掺杂半绝缘砷化镓单晶中碳浓度的测定。测量范围:室温下从 1.0×10^{15} atoms/cm³ 到代位碳原子的最大溶解度,77 K 时检测下限为 4.0×10^{14} atoms/cm³。

2 规范性引用文件

下列文件对于本文件的应用是必不可少的。凡是注日期的引用文件,仅注日期的版本适用于本文件。凡是不注日期的引用文件,其最新版本(包括所有的修改单)适用于本文件。

GB/T 14264 半导体材料术语

3 术语和定义

GB/T 14264 界定的术语和定义适用于本文件。

4 方法提要

碳为半绝缘砷化镓中主要浅受主杂质,其局域模振动谱带(室温谱带峰位为 580 cm⁻¹,77 K 谱带峰位为 582 cm⁻¹)吸收系数与代位碳浓度具有对应关系,由测得的吸收系数根据经验公式即可计算出碳浓度。

5 干扰因素

5.1 杂散光到达检测器,将导致碳浓度测试结果出现偏差。

5.2 测试样品的测试面积应大于光阑孔径,否则可能导致错误的测试结果。

5.3 室温测试时,砷化镓中碳带半高宽可接受的数值应小于 2 cm⁻¹。在光谱计算时,较大的半高宽将导致测试误差,半高宽的确定方法见9.2.7。

6 仪器设备

6.1 傅里叶变换红外光谱仪,仪器的最低分辨率应优于 0.5 cm⁻¹。

6.2 77 K 低温样品测试装置。

6.3 千分尺:精度为 10 μm。

7 测试环境

除另有规定外,应在下列环境中进行测试:

a) 环境温度为 24 ℃±2 ℃;

b) 相对湿度小于 70%;

c) 测试室应无机械冲击、振动和电磁干扰。

8 测试样品

测试样品厚度为 0.200 0 cm~0.600 0 cm,双面研磨、抛光,使其两表面呈光学镜面。参比样品从水平法生长的非掺杂砷化镓单晶中选取,要求碳浓度小于 3.0×10^{14} atoms/cm³。

9 测试步骤

9.1 方法选择

当测试样品碳浓度大于或等于 1.0×10^{15} atoms/cm³ 时,可采用室温差示法测试,当测试样品碳浓度小于 1.0×10^{15} atoms/cm³ 时,采用 77 K 低温空气参比法测试。

9.2 室温差示法

9.2.1 用千分尺测量参比样品/测试样品厚度,测量 3 个~5 个点,取平均值,结果保留 4 位有效数字。

9.2.2 设置仪器参数,使光谱仪分辨率为 1 cm⁻¹。

9.2.3 由于信噪比与测试时间成正比,为提高信噪比可以通过增加扫描次数。建议扫描次数为 300 次。

9.2.4 放入光阑孔径为 13 mm 的样品架,将参比样品/测试样品放入样品架。

9.2.5 在 9.2.1~9.2.4 的条件下,分别测得参比样品、测试样品在波长 574 cm⁻¹~590 cm⁻¹ 范围的吸收光谱。

9.2.6 按式(1)和式(2)分别计算差减因子和差示光谱:

$$FCR = T_S / T_R \qquad \cdots\cdots\cdots\cdots\cdots (1)$$

式中:

FCR ——差减因子;

T_S ——试样厚度,单位为厘米(cm);

T_R ——参比样品厚度,单位为厘米(cm)。

$$D = S - FCR \times R \qquad \cdots\cdots\cdots\cdots\cdots (2)$$

式中:

D ——差示光谱;

S ——测试样品吸收光谱;

R ——参比样品吸收光谱。

9.2.7 典型半绝缘砷化镓样品的差示光谱见图1。室温下碳吸收峰位于 580 cm⁻¹,其半高宽为 1.2 cm⁻¹。半高宽的确定方法见图1。确定基线吸光度 A_0 和峰位吸光度 A,令 $A' = (A_0 + A) \div 2$,过 A' 点作基线的平行线,与吸收带的两侧交于 M、N,过 M、N 作横轴的垂线,与横坐标相交于 ν_1、ν_2,$\Delta\nu = \nu_1 - \nu_2$(cm⁻¹),即为半高宽。

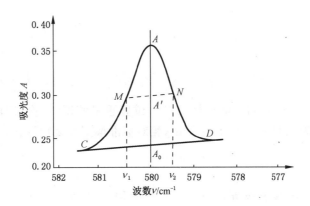

图 1 典型半绝缘砷化镓测试样品的差示光谱

9.2.8 重复测试 3 次,计算吸收系数的平均值。

9.3 77 K 低温空气参比法

9.3.1 设置仪器参数,使光谱仪分辨率为 0.5 cm⁻¹。

9.3.2 把测试样品放入 77 K 低温样品测试装置的样品室中,降温至 77 K 后,稳定 10 min。

9.3.3 采用多次扫描,建议扫描次数为 300 次。

9.3.4 在 9.3.1~9.3.3 的条件下,测得测试样品 574 cm⁻¹~590 cm⁻¹ 范围的吸收光谱。

9.3.5 重复测试 3 次,计算吸收系数的平均值。

10 测试结果的计算

10.1 吸收系数

吸收系数 α 由式(3)计算:

$$\alpha = \frac{\ln 10 \times [(A - A_0)]}{T_s} \quad\quad\quad\quad\quad\quad\quad\quad\quad\quad (3)$$

式中:

α ——吸收系数,单位为每厘米(cm⁻¹);

A ——吸收峰顶点处所对应的吸光度值;

A_0 ——吸收峰基线处对应的吸光度值;

T_s ——试样厚度,单位为厘米(cm)。

10.2 碳浓度

碳浓度 N_C 由式(4)计算:

$$N_C = F \times \alpha \quad\quad\quad\quad\quad\quad\quad\quad\quad\quad (4)$$

式中:

N_C ——碳浓度,单位为原子数每立方厘米(atoms/cm³);

F ——标定因子,单位为每平方厘米(cm⁻²)。室温,取温度为 300 K 时的标定因子,$F = 2.34 \times 10^{16}$ cm⁻²;温度为 77 K 时,$F = 0.803 \times 10^{16}$ cm⁻²。

11 精密度

11.1 重复性

单一实验室同一试验人员,对同一测试样品同一位置重复测试 10 次,碳浓度的平均值为 6.59×10^{15} atoms/cm³,标准偏差为 1.41×10^{14} atoms/cm³,相对标准偏差为 2.14%。

11.2 再现性

同一测试样品,3 个实验室测量碳浓度的平均值为 6.57×10^{15} atoms/cm³,标准偏差为 2.66×10^{14} atoms/cm³,相对标准偏差为 4.05%。

12 试验报告

试验报告应包括以下内容:

a) 样品来源;

b) 样品编号;

c) 选择的测试方法;

d) 光阑孔径;

e) 测试仪器名称,型号

f) 本标准编号;

g) 吸收系数和碳浓度;

h) 测试者姓名,测量单位;

i) 测试日期。

ICS 29.040.01
H 26

中华人民共和国国家标准

GB/T 19444—2004

硅片氧沉淀特性的测定
—间隙氧含量减少法

Oxygen precipitation characterization of silicon wafers by
measurement of interstitial oxygen reduction

2004-02-05 发布   2004-07-01 实施

中华人民共和国国家质量监督检验检疫总局
中国国家标准化管理委员会 发布

前　言

本标准等同采用 ASTMF1239:1994《用间隙氧含量减少法测定硅片氧沉淀特性》。

本标准由中国有色金属工业协会提出。

本标准由全国有色金属标准化技术委员会负责归口。

本标准由洛阳单晶硅有限责任公司和中国有色金属工业标准计量质量研究所起草。

本标准主要起草人:蒋建国、屠姝英、贺东江、章云杰。

本标准由全国半导体设备和材料标准化技术委员会材料分会负责解释。

引　言

　　氧原子含量是表征直拉硅单晶性能的重要技术参数,其含量大小影响半导体器件的性能和成品率。这一事实,早已引起了材料和器件研究者的极大关注,并进行了深入的研究。结果表明:器件工艺的热循环过程使间隙氧发生沉淀现象。沉淀的氧有吸附体内金属杂质的能力,在硅片表面形成洁净层,从而提高器件的性能和成品率。而氧的沉淀特性与原始氧含量的大小相关。因此,通过热循环的模拟试验,获得硅片的氧沉淀特性,对硅单晶生产和硅器件的生产具有指导性作用。

硅片氧沉淀特性的测定
—间隙氧含量减少法

1 范围

本标准规定了由测量硅片间隙氧含量的减少量来检验硅片氧沉淀特性的方法原理、取样规则、热处理程序、试验步骤、数据计算等内容。

本标准用于定性比较两批或多批集成电路用硅片间隙氧沉淀特性。

2 规范性引用文件

下列文件中的条款通过本标准的引用而成为本标准的条款。凡是注日期的引用文件,其随后所有的修改单(不包括勘误的内容)或修订版均不适用于本标准,然而,鼓励根据本标准达成协议的各方研究是否可使用这些文件的最新版本。凡是不注日期的引用文件,其最新版本适用于本标准。

GB/T 1557 硅晶体中间隙氧含量的红外吸收测量方法。

GB/T 14143 300～900 μm 硅片间隙氧含量红外吸收测量方法。

GB/T 14144 硅晶体中间隙氧含量径向变化测量方法。

3 方法原理

按照制作集成电路的热循环过程,对硅片作模拟热处理。用红外吸收的方法,测量硅片热处理前和热处理后的间隙氧含量,其差值视为间隙氧发生沉淀的量。沉淀量的大小变化与硅片原始氧及其他杂质含量、缺陷、热处理过程有关,并称为硅片间隙氧的沉淀特性。

4 仪器与设备

4.1 红外分光光度计或傅里叶红外光谱仪、仪器在 1 107 cm^{-1} 处的分辨率小于 5 cm^{-1}。

4.2 热处理炉:炉温 750/1 050℃±5℃,有足够放置试验硅片的恒温区长度,并满足以下条件:

4.2.1 气体进气管路:允许干氧和氮气按要求的比率和流量混合。

4.2.2 石英管或硅管,其直径适合被测硅片。

4.2.3 石英舟或硅舟,确保硅片表面充分暴露在气氛中。

4.3 厚度测量仪:精度优于 2 μm。

5 试剂与气体

5.1 超纯去离子水:电阻率≥10 MΩ·cm

5.2 化学试剂

5.2.1 氨水:优级纯;

5.2.2 盐酸:优级纯;

5.2.3 双氧水:优级纯;

5.2.4 氢氟酸:电子级纯度;

5.3 氧气、氮气:高纯级(99.99%)。

6 取样和制样要求

6.1 从每批需试验的产品中取得的试验片,其氧含量应覆盖该批产品氧含量的整个范围。氧含量每

0.5×10⁻⁶ Pa 间隔范围,至少选 2 片。

6.2　试验用硅片必须具有满足测试要求的厚度、电阻率以及表面状态。

6.3　用适当的标识区分每片试验硅片。

6.4　按 GB/T 1557 或 GB/T 14144 的要求制备硅片样品。

7　试验步骤

7.1　制记录表格。记录内容有硅片规格、编号、热处理前氧含量、热处理后氧含量、差值、差值的平均值以及热处理条件、工艺等。

7.2　按照 GB/T 14143 或 GB/T 1557 测量未经热处理的硅片样品间隙氧含量,称为原始氧含量。

7.3　硅片样品热处理

7.3.1　热处理前硅片样品用清洗液、高纯水进行清洗。

7.3.2　本标准规定两种热处理工艺流程,A 种工艺和 B 种工艺。工艺技术参数见表 1。

表 1　硅片氧沉淀热处理试验工艺

工　艺　参　数		技　术　指　标
温度及时间	A 工艺	1 050℃,16 h
	B 工艺	750℃,4 h;+1 050℃,16 h
炉中气氛		$N_2+5\%O_2$(干氧)
气体流量		(4.2±0.2) L/min(管径 ϕ155 mm)①
推入/拉出温度		750℃
推拉速度		25 cm/min
升温速度		10℃
降温速度		5℃
① 对其他直径的管子,气体流量大小正比于管子截面积。		

7.3.3　选择 A 种工艺或 B 种工艺,对测量过原始氧含量的硅片样品进行热处理。

7.3.4　硅片样品热处理后,用 HF 酸腐蚀掉表面氧化层并用高纯水清洗。

7.4　按照 7.2 条再测硅片间隙氧含量,称最终氧含量。测试硅片原始氧含量与最终氧含量的位置及所使用设备必须相同。

8　测试结果的计算

8.1　计算氧减少量,原始氧含量减去热处理后的最终氧含量。

8.2　硅片样品原始氧含量水平相近时。

8.2.1　计算原始氧含量的平均值及每个样品间隙氧含量的减少值。

8.2.2　计算氧含量减少值的平均值。

8.2.3　如果各组数据的平均减少量都处于所要求的范围内,可以认为各组数据为等同值。

8.3　各组硅片样品原始氧含量范围较宽时

8.3.1　计算每个样品的间隙氧含量减少值。

8.3.2　在坐标纸上,绘出原始氧含量与氧含量减少值的对应关系曲线。

8.3.3　比较所得的各组曲线,若各组数据在适当的宽度带中,可以认为各组数据为等效值。

8.4　用 Δ[O]A 或 Δ[O]B 分别表示 A/B 热处理工艺下硅片间隙氧含量减少值。

9　报告

9.1　硅片样品类别、规格、批号、测试点位置(中心或边缘)、生产厂家。

9.2 红外光谱仪型号。

9.3 热处理工艺:A 种或 B 种工艺。

9.4 硅片样品原始氧含量平均值及减少值的平均值,或原始氧含量与氧含量减少值的关系曲线。

9.5 热处理及测量的操作者。

9.6 报告日期。

10 精密度

采用 4 组 20 个样品,在两个实验室用 A、B 两种工艺热处理后测定其氧沉淀量,精密度优于 $\pm 0.5 \times 10^{-6}$ Pa。

ICS 77.040
H 21

中华人民共和国国家标准

GB/T 19921—2018
代替 GB/T 19921—2005

硅抛光片表面颗粒测试方法

Test method for particles on polished silicon wafer surfaces

2018-12-28 发布

2019-07-01 实施

国家市场监督管理总局
中国国家标准化管理委员会   发 布

GB/T 19921—2018

前　言

本标准按照 GB/T 1.1—2009 给出的规则起草。

本标准代替 GB/T 19921—2005《硅抛光片表面颗粒测试方法》,与 GB/T 19921—2005 相比,除编辑性修改外主要技术变化如下:

——修改了适用范围(见第 1 章,2005 年版第 1 章)。

——规范性引用文件中删除了 ASTM F1620-1996、ASTM F1621-1996 和 SEMI M1-0302,增加了 GB/T 6624、GB/T 12964、GB/T 12965、GB/T 14264、GB/T 25915.1、GB/T 29506、SEMI M35、SEMI M52、SEMI M53 及 SEMI M58(见第 2 章,2005 年版第 2 章)。

——术语和定义中删除了分布图、亮点缺陷、漏报的计数、微粗糙度、重复性、再现性、划痕,增加了晶体原生凹坑、虚假计数率、累计虚假计数率、变化率水平、静态方法、动态方法、匹配公差、标准机械接口系统的定义,并根据 GB/T 14264 修改了部分已有术语的定义(见第 3 章,2005 年版第 3 章)。

——方法提要中增加了关于局部光散射体、延伸光散射体及晶体原生凹坑、雾的测试原理(见 4.1、4.3、4.4、4.5)。

——根据测试方法使用情况,增加了影响测试结果的干扰因素(见 5.2、5.4、5.10、5.12、5.13、5.14、5.16、5.19、5.20、5.21、5.23)。

——修改了测试设备,明确分为晶片夹持装载系统、激光扫描及信号收集系统、数据分析、处理、传输系统、操作系统和机械系统(见第 6 章,2005 年版第 6 章)。

——增加了"测试环境",将原标准方法概述中对环境的描述列为第 7 章条款(见第 7 章,2005 年版第 4 章)。

——参考样片中增加了关于"凹坑"和"划伤"参考样片的内容(见 8.10、8.11)。

——将"除上述沉积聚苯乙烯乳胶球的参考样片外,有条件的用户可选择对扫描表面检查系统的定位准确性能力进行测定的参考样片。详见 ASTM F121-96 中第 8 章参考样片"修改为"应选择具有有效证书的样片作为参考样片,参考样片应符合 SEMI M53 中的规定"(见 8.1,2005 年版 7.9)。

——细化了使用参考样片校准扫描表面检查系统的程序(9.2),增加了 9.3 中通过重复校准来确认系统的稳定性的要求;增加了 9.4 中的"在静态或动态方法条件下,测试确定扫描表面检查系统的 XY 坐标不确定性"的要求;增加了 9.5"对扫描表面检查系统的虚假计数进行评估,获得测试系统的俘获率、乳胶球尺寸的标准偏差、虚假计数率和累计虚假计数率"的要求;在 9.6 中进行设备校准前后测试结果的比对,增加了"有条件的可进行多台扫描表面检查系统的比对,并进行匹配公差计算";增加了 9.7"推荐使用 8.10、8.11 中的凹坑或划伤尺寸的参考样片来规范晶片表面的凹坑及划伤。也可将相关的标准模型保存在扫描表面检查系统的软件中"的内容(见第 9 章,2005 年版第 8 章)。

——根据试验结果修改了精密度的内容(第 11 章,2005 年版第 11 章)。

——增加了规范性附录 A、规范性附录 B、规范性附录 C(见附录 A、附录 B、附录 C)。

本标准由全国半导体设备和材料标准化技术委员会(SAC/TC 203)与全国半导体设备和材料标准化技术委员会材料分技术委员会(SAC/TC 203/SC 2)共同提出并归口。

本标准起草单位：有研半导体材料有限公司、上海合晶硅材料有限公司、浙江金瑞泓科技股份有限公司、南京国盛电子有限公司、有色金属技术经济研究院、天津市环欧半导体材料技术有限公司。

本标准主要起草人：孙燕、刘卓、冯泉林、徐新华、张海英、骆红、刘义、杨素心、张雪囡。

本标准所代替标准的历次版本发布情况为：

——GB/T 19921—2005。

硅抛光片表面颗粒测试方法

1 范围

本标准规定了应用扫描表面检查系统对抛光片、外延片等镜面晶片表面的局部光散射体进行测试，对局部光散射体与延伸光散射体、散射光与反射光进行区分、识别和测试的方法。针对130 nm～11 nm线宽工艺用硅片，本标准提供了扫描表面检查系统的设置。

本标准适用于使用扫描表面检查系统对硅抛光片和外延片的表面局部光散射体进行检测、计数及分类，也适用于对硅抛光片和外延片表面的划伤、晶体原生凹坑进行检测、计数及分类，对硅抛光片和外延片表面的桔皮、波纹、雾以及外延片的棱锥、乳突等缺陷进行观测和识别。本标准同样适用于锗抛光片、化合物抛光片等镜面晶片表面局部光散射体的测试。

注：本标准中将硅、锗、砷化镓材料的抛光片和外延片及其他材料的镜面抛光片、外延片等统称为晶片。

2 规范性引用文件

下列文件对于本文件的应用是必不可少的。凡是注日期的引用文件，仅注日期的版本适用于本文件。凡是不注日期的引用文件，其最新版本（包括所有的修改单）适用于本文件。

GB/T 6624 硅抛光片表面质量目测检验方法

GB/T 12964 硅单晶抛光片

GB/T 12965 硅单晶切割片和研磨片

GB/T 14139 硅外延片

GB/T 14264 半导体材料术语

GB/T 25915.1 洁净室及相关受控环境 第1部分：空气洁净度等级

GB/T 29506 300 mm硅单晶抛光片

SEMI M35 自动检测硅片表面特征的发展规范指南（Guide for developing specifications for silicon wafer surface features detected by automated inspection）

SEMI M52 关于130 nm～11 nm线宽工艺用硅片的扫描表面检查系统指南（Guide for scanning surface inspection systems for silicon wafer for the 130 nm to 11 nm technology generations）

SEMI M53 采用在无图形的半导体晶片表面沉积已认证的单个分散聚苯乙烯乳胶球的方法校准扫描表面检查系统的规程（Practice for calibrating scanning surface inspection systems using certified depositions of monodispere reference spheres on unpatterned semiconductor wafer surfaces）

SEMI M58 粒子沉积系统及工艺的评价测试方法（Test method for evaluating DMA based particle deposition syetems and processes）

3 术语和定义

GB/T 14264和SEMI M35界定的以及下列术语和定义适用于本文件。为了便于使用，以下重复列出了GB/T 14264中的某些术语和定义。

3.1

扫描表面检查系统 **scanning surface inspection system；SSIS**

用于晶片整个质量区域的快速检查设备。可检测局部光散射体、雾等，常记为SSIS。也称为颗粒计数器(particle counter)或激光表面扫描仪(laser surface scanner)。

［GB/T 14264—2009,定义3.28.1］

3.2

局部光散射体　localized light-scatterer；LLS

一种孤立的特性,例如晶片表面上的颗粒或蚀坑相对于晶片表面的光散射强度,导致散射强度增加。有时称光点缺陷。尺寸足够大的局部光散射体(LLS)在高强度光照射下呈现为光点,这些光点可目视观察到。但这种观察是定性的。观测局部光散射体(LLS)用自动检测技术,如激光散射作用,在能够区分不同散射强度的散射物这一意义上,自动检测技术是定量的。LLS的存在也未必降低晶片的实用性。

> 注：习惯上将晶片表面的局部光散射体称为颗粒,但实际上局部光散射体是比颗粒更准确、更广泛的定义,局部光散射体不仅包含了外来尘埃颗粒,也包含了凹坑、凸起物、小划痕等。

［GB/T 14264—2009,定义3.28.3］

3.3

延伸光散射体　extended light scatterer；XLS

一种大于检查设备空间分辨率的特征。在晶片表面上或内部,导致相对于周围晶片来说增加了光散射强度,有时称为面缺陷。

［GB/T 14264—2009,定义3.28.6］

3.4

晶体原生凹坑　crystal originated pit；COP

在晶体生长中引入的一个凹坑或一些小凹坑。当它们与硅片表面相交时,类似局部光散射体。因为在使用扫描表面检查系统(SSIS)观察时,在一些情况下它们的作用与颗粒类似,因此最初这种缺陷被称为晶体原生颗粒(crystal originated particulate)。总之,现代的扫描表面检查系统(SSIS)一般能够从颗粒中区分出晶体原生凹坑。当晶体原生凹坑存在时,表面清洗或亮腐蚀常常会增大其被观察的尺寸和数量。

［GB/T 14264—2009,定义3.42］

3.5

雾　haze

由表面形貌(微粗糙度)及表面或近表面高浓度的不完整性引起的非定向光散射现象。由于一群不完整性的存在,雾是一个群体效应;引起雾的个别的这种类型的不完整性不能用眼睛或其他没有放大的光学检测系统很容易的辨别。对于一个颗粒计数器(SSIS),雾可引起本底信号及激光光散射现象,它和来自硅片表面的光散射,两者共同组成信号。它是由一个光学系统收集的,由入射光通量归一化的总散射光通量。

［GB/T 14264—2009,定义3.114］

3.6

阈值　threshold

为了辨别不同大小的信号,扫描表面检查系统中设置的最小检测信号的起始水平。

3.7

激光光散射现象　laser light-scattering event

一个超出预置阈值的信号脉冲,该信号是由探测器接收到的激光束与晶片表面局部光散射体(LLS)相互作用产生的,也可称为激光光散射事件。

［GB/T 14264—2009,定义3.28.2］

3.8

聚苯乙烯乳胶球　polystyrene latex sphere；PLS

校准扫描表面检查系统(SSIS)所用的参考样片上沉积的单个分散的聚苯乙烯材料乳胶球,常记为 PLS。

3.9

乳胶球的标称尺寸分布　nominal sphere size distribution

用于校准扫描表面检查系统(SSIS)的一种特定的、标准尺寸的聚苯乙烯乳胶球(PLS)直径在悬浮液中的分布状况。

3.10

等效尺寸准确度　equivalent sizing accuracy

在抛光片上沉积具有特定标称尺寸的、单个分散的聚苯乙烯乳胶球(PLS),测量乳胶球直径尺寸的分布变化系数与由乳胶球状悬浮体供应商所提供的乳胶球的标称尺寸分布的变化系数之比。

3.11

乳胶球当量　latex sphere equivalence；LSE

用一个乳胶球的直径来表示一个局部光散射体(LLS)的尺寸单位,该乳胶球与局部光散射体(LLS)具有相同光散射量。用"LSE"加上使用的长度单位来表示,例如 $0.2\ \mu m$ LSE。

[GB/T 14264—2009,定义 3.28.5]

3.12

虚假计数　false count；FC

由设备原因引起的,而不是来自晶片表面或近表面的激光光散射现象的发生。也称为正向虚假计数或正向误报计数。

3.13

虚假计数率　false count rate；FCR

每个晶片上的总虚假计数的平均值,是在扫描表面检查系统(SSIS)设置运行时由扫描表面检查系统(SSIS)报告的。

3.14

累计虚假计数率　cumulative false count rate；CFCR

乳胶球当量直径尺寸等于或大于局部光散射体尺寸(S_i)的虚假计数在 Z 次扫描中的总数平均值,是在扫描表面检查系统设置运行时由扫描表面检查系统报告的。

3.15

俘获率　capture rate；CR

扫描表面检查系统(SSIS)在一确定的设置下运行时,其检测到的局部光散射体(LLS)的乳胶球当量(LSE)信号的概率。

3.16

变化率水平　level variability

根据供应商提供程序对测试系统进行校准和调节的性能水平用不同等级的变化率来描述,具体如下：

a) 1 级变化率:也称为可重复性,在 n 次测试期间,测试晶片不被从测试系统上取下,其对应的标准偏差为 σ_1;

b) 2 级变化率:校准一次后,在同样的测试条件下,在尽可能短的时间内对晶片重复测试 n 次,且每次都需要装载和取出晶片,其对应的标准偏差为 σ_2;

c) 3 级变化率:在 1 级和 2 级变化率规定的条件下,每天进行 n 次测量,共进行 5 天,其对应的标准偏差为 σ_3。

3.17

静态方法　static method

在 1 级变化率的条件下进行测试[扫描期间,被测晶片不被从扫描表面检查系统(SSIS)的样品台上移出]。

3.18

动态方法　dynamic method

在 2 级变化率的条件下进行测试(连续扫描期间,被测晶片每次都需要重新装载到扫描表面检查系统样品台,扫描后移出)。

3.19

动态范围　dynamic range

随着一种测试条件的设定,扫描表面检查系统可收集信号的覆盖范围。

3.20

匹配公差　matching tolerance

Δm

应用测量系统分析(MSA),在 3 级变化率确定的条件下,分别确定两个同一种类测试系统的偏倚。如果对每个系统给出一个稳定、确定的偏倚,并且如果每个系统有可接受的线性,则两个偏倚相减可获得设备的匹配公差。

3.21

定位准确度　positional accuracy

由扫描表面检查系统(SSIS)报告的,来自于晶片上的局部光散射体(LLS)与其在晶片表面上真实位置的偏差。

3.22

标准机械接口系统　standard mechanical interface;SMIF

自动化机械装置,是自动物料搬运系统的三个组成部分(存储系统、搬运系统和整体系统控制软件)中的一部分。

4　方法提要

4.1　局部光散射体是作为激光光散射事件的结果被自动检测技术检测到的。因为不同表面缺陷(颗粒、晶体原生凹坑、划伤、桔皮)的局部光散射体的散射特性有很大差异,所以不同的散射强度可以被自动检测技术以乳胶球当量的大小被定量的识别、分离。即从一个未知的局部光散射体收到的信号相当于从一个已知尺寸的聚苯乙烯乳胶球获得的信号。

4.2　利用扫描表面检查系统产生的激光束在待测晶片表面进行扫描,并收集和确定来自晶片表面的局部散射光的强度和位置,与事先设置的一组已知尺寸的聚苯乙烯乳胶球的散射光强度进行比较,得到晶片表面的一系列不同直径尺寸的局部光散射体的总数和分布,将其作为晶片表面的颗粒尺寸和数量。

4.3　除了局部光散射体之外,自动检测技术也适用于延伸光散射体,例如划伤或较大的凸起、凹陷。在亮场条件下,可以观察到延伸光散射体信号,表现为镜面反射光束的强度降低,有时也被称为亮通道缺陷。测试设备通过对散射光与反射光的区分收集和处理,可以检测晶片表面的划伤、桔皮、抛光液残留,以及外延片表面划伤、棱锥、乳突等大面积缺陷等。

4.4　早期的扫描表面检查系统仅能辨别局部光散射体和延伸光散射体,现在还可以鉴别局部光散射体的不同类型,例如坑和颗粒。因此通过对晶片表面小的凸起和凹陷的辨别及其在晶片上的位置分布特征,可以分辨出晶体原生凹坑。

4.5　雾是由表面形貌(微粗糙度)及表面或近表面高浓度的不完整性引起的非定向光散射现象。扫描表面检查系统提供被测晶片的雾值来反映晶体表面的微粗糙度水平。雾的结果是背景信号和激光光散射事件一起构成的晶片表面的光散射信号。雾的数值是测得的散射光功率相对于表面的入射光功率的比，以 10^{-6}（ppm）数量级表示。

5 干扰因素

5.1 采用与沉积在抛光片上乳胶球的光散射强度等效的方法来描述、判别待测晶片表面的颗粒，是建立在假设颗粒是球形对称、均匀一致、各向同性的基础上。而实际上，由于晶片上颗粒的物质不同、尺寸不一，形状各异，也并不一定球形对称，所以用一系列乳胶球的直径尺寸来描述、划分颗粒大小的方法，本身就有一定的局限性。严格的说，采用扫描表面检查系统测试得到的是晶片表面颗粒状物质的光散射体的分布和数量，并非实际颗粒的物理尺寸。但这一方法的使用将同一晶片在不同厂家、不同设备上的颗粒测试结果尽可能趋于一致，并具有了可比性。

5.2 局部光散射体的实际几何尺寸可以和报告的乳胶球当量有很大的不同，因为局部光散射体的光散射截面强烈依赖于乳胶球当量的特性。

5.3 沉积有一定标称直径尺寸乳胶球的参考样片，被用于扫描表面检查系统局部光散射体尺寸的校准，参考样片上沉积的乳胶球直径尺寸的绝对误差过大，或同一尺寸乳胶球的标称尺寸分布曲线过于分散，或呈不对称状等都将造成局部光散射体尺寸及定位的误差。同时，参考样片在使用时不可避免带来沾污、损伤，也会影响局部光散射体的尺寸和定位。因此，要求参考样片持有有效证书，保证其等效尺寸准确度，并保持清晰的分布曲线。

5.4 成批销售的聚苯乙烯乳胶球会呈现特定参数的差异性（主要包括平均直径的不确定性、直径分布、直径均值和众数直径的差异），因为沉积方法和乳胶球当量的确定会影响测试结果。因此实际使用中，需要谨慎选择乳胶球的沉积过程，对乳胶球的沉积系统以及对沉积有聚苯乙烯乳胶球参考样片的评价见 SEMI M58。

5.5 使用参考样片进行校准时，如果校准点处于接近发生共振的地方，将造成局部光散射体尺寸的校准误差。为避免这一误差，应保证每一标称尺寸校准曲线的单值性。

5.6 在整个可测试范围，由于局部光散射体的等效尺寸与散射强度间并非完全线性关系，若选择的校准用参考样片上乳胶球的直径尺寸规格较少或不合适，将影响局部光散射体尺寸的定位以及测试数据的准确性，尤其影响设备间的比对结果。能够使用的最大乳胶球的直径取决于扫描表面检查系统本身的特性，其极限值为 10 倍激光波长对应的直径。

5.7 扫描表面检查系统对散射光的收集单元在设计上的差异，也将带来局部光散射体测试数据的不一致，特别是给不同级别的设备比对带来较大的影响。因此，不能期待各种不同级别、不同设计、不同型号的设备在全部测试范围内相互比对的相关性达到要求，而只能通过各方有条件的、经常化的比对，尽可能的减少差异。

5.8 由于不同的扫描表面检查系统对颗粒的计数可能采用不同的处理方法，将导致不同设计的扫描表面检查系统测试同一晶片时得到不同的结果，如颗粒尺寸分类和颗粒总数的差异。

5.9 扫描表面检查系统对晶片表面局部光散射体位置准确确定的能力将可能导致其实际分布与测试结果间的差异。

5.10 所有扫描表面检查系统的灵敏度与其对本底噪声和识别最小局部光散射体的能力有关。如系统的电气噪声、光学干扰、瑞利散射、晶片表面粗糙度和系统光学引入的非粒子的光散射信号都将使扫描表面检查系统的识别能力受到限制，从而影响在接近本底噪声附近的测试。

5.11 晶片表面的微粗糙度过大会给扫描表面检查系统对最小局部光散射体的尺寸测试带来影响，或因测试时的信噪比不能满足设备的要求，造成局部光散射体测试结果的错误显示。通常，信噪比 $S/N \geqslant 3$ 时可不考虑本底散射带来的误差。

5.12 雾是通过测试超过一个或多个固定角度散射光功率,然后由入射在表面上的散射光功率进行量化确定的。由一个已知的源(入射角度、偏振、光斑大小、波段)和接收器(或探测器)组合(固定角度和位置),在指定方向测定的表面光的漫反射。如果晶片表面改变,或任何测试参数变化,测得的雾值也将改变。当设定了一种测试模式对应的雾值范围时,不同晶片的雾值差异过大可能导致虚假计数。所有相关的测试条件应与雾值一起给出。

5.13 晶片表面局部光散射体信号的类型可能被错误的识别,如划伤、线形的颗粒和坑、堆垛层错、滑移和干的抛光液痕迹以及虚假计数,或是任何较小尺寸的延伸光散射体。

5.14 因为扫描点的尺寸一般远大于特征直径,间隔很近的特征可以被算作一个单一的散射。

5.15 晶片表面存在诸如凹坑、小划伤等能够引起局部光散射的缺陷,会给局部光散射体的计数带来误差。非散射或不充分散射的表面缺陷及延伸光散射体也会影响局部光散射体的计数。

5.16 在晶片边缘附近的测试往往导致大量的虚假计数,被称为边缘损害。这些计数是少量入射到相对粗糙的晶片边缘附近的光束散射回到光学探测器造成的。在设备灵敏度和晶片边缘去除双重影响下,能导致在晶片合格质量区内局部光散射体的错误计数。

5.17 通常扫描表面检查系统对划伤的判定是通过软件对一串相连的局部光散射体信号的辨别实现的。划伤的定义为其长度至少为宽度的5倍,但供需双方也许不认可该划伤的纵横比定义,扫描表面检查系统软件通常可以设置一个供需双方认可的纵横比,以及最低的总长度作为扫描表面检查系统的划伤缺陷或缺陷的分类准则。

5.18 划伤方向通常影响扫描响应。因此,最小可检测的划伤横截面可能和划伤的方向有关。

5.19 外延堆垛层错或生长小丘可能影响堆垛层错的三维局部生长速率,因此可以改变用扫描表面检查系统观察时的光散射截面。更为复杂的重叠堆垛层错,其散射甚至超过一个单一的相同大小的堆垛层错。其他类型的缺陷可能是复合材料的堆垛层错和多晶的增长。也可能出现较大的、比一个单一的堆垛层错的横向尺寸更大的混合体,通过形态进行识别,探测特征为长度、深度及方向,其长度正比于外延层厚度($1~\mu m \sim 10~\mu m$),其方向平行于<110>方向。堆垛层错可能聚集,更多的是分散的单个的堆垛层错。它可能影响器件的漏电和栅极氧化层的完整性。目前还缺少对外延堆垛层错类型的清晰识别。

注:由扫描表面检查系统报告的散射物的尺寸是仪器依赖于物体自然尺寸的差异得到的,虽然有这方面的示例和图示,但目前不使用这方法去确认这一关系。

5.20 小丘可能影响器件的临界特征尺寸、光刻设备的焦点以及栅极氧化层的完整性。小丘的检测在50%高度处的直径是其检测特性。凸起$0~nm \sim 100~nm$或约为外延层厚度的20%、直径$0.1~\mu m \sim 6~\mu m$及圆型对称是小丘的识别特征。目前,对晶片上小丘的数量、高度、直径还没有有效的方法量化。

5.21 晶片表面的划伤、桔皮、抛光液残留,外延片表面划伤、棱锥、乳突等这些大面积缺陷可能同时存在散射和反射,因此这些缺陷的辨别需要依赖操作员的经验及其他工具,如显微镜等。

5.22 由于晶片在测试过程中暴露于空间,环境中的尘埃粒子或由于静电作用吸附于晶片表面的颗粒都将随机地引入外来颗粒沾污,影响晶片表面颗粒计数。因此扫描表面检查系统应置于合适的洁净环境中,同时应防止操作过程带来的沾污。针对$130~nm \sim 11~nm$线宽工艺用硅片的扫描表面检查系统对相应环境的更详细的要求见附录A。

5.23 在所有抛光片、外延片等产品中,所指的晶片表面的目视检查,是指在GB/T 6624规定的条件下主要依靠人的目视对晶片表面进行检查。但与先进的技术相比,晶片表面许多重要的表面特征的尺寸太小,仅仅目视是无法观察到的。而扫描表面检查系统的使用在很大程度上是与其设置、校准等条件密切相关。因此目视检查和其他类型的表面检查已共同成为抛光片、外延片等镜面晶片表面检查的必要手段。

5.24 由于各种原因可能引起虚假计数,进而影响测试结果。

6 设备

6.1 总则

扫描表面检查系统一般由晶片夹持装载系统、激光扫描及信号收集系统、数据分析、处理、传输系统、操作系统和机械系统组成。

6.2 晶片夹持装载系统

6.2.1 晶片夹持装载系统包括机械手及晶片传输、装载等装置,具体如下:

a) 机械手、背面接触或者边缘接触的晶片夹持装置。

b) 激光扫描时放置晶片的样品台。

c) 发送或接收晶片盒装载台,用于对不同测试结果的晶片进行分类。

d) 片盒及晶片装载装置:包括前端或上部打开的片盒、洁净密封的运输装载片盒等。晶片装卸方式可以是手动或载具操作,也包括皮带传送;以及片盒探测、自动片盒 ID 识别、晶片定位面在片盒中方向的识别。

6.2.2 在装载-扫描-取片这一过程至少循环 500 次之后,测试晶片正表面的局部光散射体,保证测试系统与晶片的接触应不带来对晶片正表面的颗粒沾污,不同线宽技术用硅片,应参照不同线宽对硅片的要求;同时,每次循环之后,晶片正表面和背表面上每个金属的沾污应不大于 5×10^8 atoms/cm^2,见附录 A。

6.3 激光扫描及信号收集系统

激光扫描及信号收集系统应能对不同直径的晶片表面按照要求进行激光光束扫描,并探测到晶片表面的局部光散射体、延伸光散射体以及反射光等信号,并进行区分、收集、计数。

6.4 数据分析、处理、传输系统

数据分析、处理、传输系统包括数据处理、数据分析、数据接口、物料追踪系统支持、数据文件的生成和传输、网络通信支持、打印机等,最终能产生一系列局部光散射体相对乳胶球当量(LSE)的数据组文件以及相应的分布图。通过对收集到的信号分析处理、识别,得到晶片表面的颗粒、晶体原生凹坑、划伤的尺寸和数量以及桔皮、波纹、抛光液残留等缺陷、雾的分布和数值。

6.5 操作系统

操作系统包括菜单控制、操作程序、操作定位装置等,送片-扫描测试-取片一系列连续操作,并可实现边缘去除、剔除周边窗口、在发送盒和接收盒中选择、定位等各种组合的操作。

6.6 机械系统

机械系统应能实现晶片的装载、传输、定位、扫描、收集等功能。

7 测试环境

7.1 扫描表面检查系统应置于符合要求的洁净环境中。应根据扫描表面检查系统的要求及被测颗粒的尺寸,依据 GB/T 25915.1 确定洁净环境的级别。安装标准机械接口系统(SMIF)的可以适当降低环境要求。

7.2 推荐按照附录 A 中不同线宽对硅片的要求使用相应级别的洁净间及相应的 SMIF 系统。

8 参考样片

8.1 应选择具有有效证书的样片作为参考样片,参考样片应符合 SEMI M53 中的规定。

8.2 选择一组沉积在参考样片上的聚苯乙烯乳胶球的直径。聚苯乙烯乳胶球的直径应不超过待校准的扫描表面检查系统的动态范围,且不在扫描表面检查系统中引起散射共振点。具体分以下两种情况:

    a) 选择单个点校准时,聚苯乙烯乳胶球的直径应尽可能接近晶片表面可能遇到的单个光散射体的最小尺寸;

    b) 选择多点校准时,聚苯乙烯乳胶球的直径范围应覆盖设备的全部测试区间。

8.3 沉积在参考样片表面的聚苯乙烯乳胶球的密度范围应在 5 个/cm²～40 个/cm²。注意并记录沉积的乳胶球分布的标准偏差或相对标准偏差。

8.4 在每个参考样片上仅沉积一种或几种标称直径的聚苯乙烯乳胶球。每种被沉积的乳胶球的直径分布应是接近高斯分布的单一峰。

8.5 参考样片仅可使用抛光片或外延片,不包括带有涂层或薄膜(自然氧化膜除外)的晶片。

8.6 参考样片的直径应符合 GB/T 12964 或 GB/T 29506 对硅片标称直径的要求,或其他材料相应标准的要求。

8.7 参考样片的表面微粗糙度应不超过 1 nm,空间波长应不大于 10 μm。

8.8 参考样片的表面形貌在空间波长范围内应是各向同性的。

8.9 参考样片上的颗粒沾污应低到足以避免给测试带来不确定性。

8.10 可以制作一个标准的"凹坑"晶片,得到来自凹坑的确定的局部光散射体信号。凹坑(无论是制造或自然的)的尺寸可以用原子力显微镜(AFM)测量。这样就制造了一个散射相当于凹坑尺寸的测量可用的参考样片,或者将这个标准模型直接保存在扫描表面检查系统软件中。

8.11 目前划伤信号是用乳胶球当量进行校准的,为了更好的校准划伤信号可以通过制造已知尺寸的划伤,或使用原子力显微镜测量的方法。

9 校准

9.1 检查设备的激光光源、光路、晶片传输系统及设备的定位系统等,确定设备处于正常工作状态。

9.2 使用有资质的沉积聚苯乙烯乳胶球的参考样片进行局部光散射体的直径和数量校准,包括单点、多点校准。本标准推荐使用多点校准。确保使用的聚苯乙烯乳胶球的直径范围已覆盖设备的全部测试区间。按照 SEMI M53 使用沉积聚苯乙烯乳胶球的参考样片对扫描表面检查系统进行校准,具体如下:

    a) 用激光束在晶片表面的合格质量区内扫描。

    b) 探测作为激光散射事件的局部光散射体。

    c) 用一个灵敏的阈值用于区分真实的局部光散射体和背景噪声。

    d) 每种聚苯乙烯乳胶球的直径分布应符合高斯分布。与已知参考样片的数据进行比较,确定各个直径分布的峰值、数量及相应的标准偏差。

    e) 建立一个晶片上给定区域的扫描表面检查系统信号的柱状图(激光散射事件的数量作为原始扫描表面检查系统的函数),建立扫描表面检查系统全部测试区间的局部光散射体相对等效乳胶球直径分布的数据组文件。评价柱状峰并输出数据组文件。数据组文件在计算机里导入电子数据表或用于能产生柱状峰的其他应用程序。

9.3 确定扫描表面检查系统的测试重复性符合要求,且通过重复校准来确认系统的稳定性,并获得一个合适的时间周期。

9.4 对扫描表面检查系统的定位准确度进行测定,在静态方法或动态方法条件下,测试确定扫描表面检查系统的 XY 坐标不确定性,具体按附录 B 的规定进行。

9.5 对扫描表面检查系统的虚假计数进行评估,获得测试系统的俘获率、乳胶球尺寸的标准偏差、虚假计数率和累计虚假计数率,具体按附录 C 的规定进行。

9.6 进行设备校准前后测试结果的比对,评价校准结果,并进一步调整设备的工作状态。有条件的可进行多台扫描表面检查系统的比对,并进行匹配公差计算,见 A.5.2。

9.7 推荐使用 8.10、8.11 中的凹坑或划伤的参考样片来规范晶片表面的凹坑及划伤。也可将相关的标准模型保存在扫描表面检查系统的软件中。

9.8 保存所有校准数据及文件。

10 测试步骤

10.1 确认扫描表面检查系统处于正常工作状态。

10.2 根据测试要求设定相应的测试程序,包括局部光散射体的测试范围及分类、阈值、边缘去除量的设置等。

10.3 将待测晶片放置在指定位置,由机械手将晶片移到激光扫描区域。

10.4 激光束对晶片进行扫描。

10.5 设备自动产生一系列局部光散射体分布,并与等效的乳胶球尺寸分布进行比较,得到晶片上一系列颗粒、小划伤、晶体原生凹坑等尺寸及位置的分布数据。

11 精密度

11.1 选择 6 片符合第 8 章要求、沉积了聚苯乙烯乳胶球的参考样片,乳胶球直径为 0.102 μm、0.126 μm、0.155 μm、0.204 μm、0.302 μm、0.496 μm,总数量分别在 16 000 个左右。在单个实验室使用 4 台扫描表面检查系统分别对 5 个参考样片进行测试 1 次,得到一系列不同直径聚苯乙烯乳胶球的实际数量,测试结果与参考样片标识的乳胶球数值之差小于 10%。

11.2 选择 3 片 150 mm 硅单晶抛光片,在单个实验室使用 3 台不同型号的扫描表面检查系统,分别对直径≥0.12 μm、≥0.16 μm、≥0.20 μm、≥0.30 μm 的局部光散射体(颗粒)进行测试分析。每台设备对每个硅单晶抛光片上 4 个直径的局部光散射体(颗粒)分别进行 3 次重复测试,重复性和再现性(GR&R)小于 10%。

11.3 选择直径≥0.16 μm 局部光散射体(颗粒)总数约在 20 个～250 个的 6 片直径 150 mm 硅单晶抛光片,在 4 个实验室进行巡回测试,对每片上直径≥0.16 μm、≥0.20 μm 和≥0.30 μm 的局部光散射体(颗粒)分别进行 3 次重复测试。各个实验室自身的重复性测试结果相对标准偏差为 4%～24%。4 个实验室间对直径≥0.16 μm 的局部光散射体(颗粒)的测试结果相对标准偏差小于 13%,对直径≥0.20 μm 和≥0.30 μm 的局部光散射体(颗粒)的测试结果相对标准偏差小于 50%。

12 试验报告

试验报告应包括下列内容:

a) 使用的设备名称、型号、生产厂家;

b) 测试的日期、环境级别、环境温度和湿度;

c) 测试的设置条件,必要时给出包括局部光散射体的尺寸分档设置、阈值、边缘去除、划伤、其他
缺陷及合格判定的设置;

d) 校准使用的聚苯乙烯乳胶球的直径(必要时);

e) 测试人;

f) 测试数据及测试报告;

g) 本标准编号;

h) 其他。

附　录　A
（规范性附录）
针对 130 nm～11 nm 线宽技术用硅片的扫描表面检查系统的要求指南

A.1　目的

A.1.1　本附录针对 130 nm、90 nm、65 nm、45 nm、32 nm、22 nm、16 nm 和 11 nm 技术用硅片,提供了扫描表面检查系统的设置要求。

A.1.2　局部光散射体的数量和大小的要求是由硅片需方指定的,通常应在合格证书中注明。硅片的供需双方可以使用测量系统测量这些参数。

A.1.3　由不同的供方提供的测量系统或使用同一供应商的不同型号的测量系统会影响测试结果,因此测量系统的标准化有利于测试结果的可比性。

A.2　总则

A.2.1　本附录规定了推荐扫描表面检查系统设备用于 130 nm、90 nm、65 nm、45 nm、32 nm、22 nm、16 nm 和 11 nm 线宽技术用硅片的基本要求。

A.2.2　本附录涵盖了测试所用的材料要求(见表 A.1)、扫描表面检查系统的设备特性(见表 A.2)。局部光散射体在规模生产的抛光裸片或外延片上以每片计数。硅片的背面可能是被抛光或酸腐蚀了的,或是裸露,或是被无图案的同质材料覆盖,或是多晶硅层或低温氧化物均匀层(LTO)。对校准测试系统而言,参考材料不同,可能有不同的特性。

表 A.1　针对 130 nm～11 nm 线宽技术用硅片的扫描表面检查系统测试用材料

项目	规格	参考标准
1.1　硅片种类	无图形硅单晶片、外延片或表 A.1 中 1.4.1 所示的表面有"层"的晶片	GB/T 12964、GB/T 29506、GB/T 14139
1.2　硅片特征-外形尺寸		
1.2.1　硅片直径	200 mm 或 300 mm 或 450 mm	GB/T 12964、GB/T 29506
1.2.2　硅片厚度[a]	200 mm 硅片:600 μm～850 μm 300 mm 硅片:600 μm～850 μm 450 mm 硅片:800 μm～1 000 μm	GB/T 12964、GB/T 29506、GB/T 14139
1.2.3　硅片边缘形状[a]	符合 GB/T 12965 的规定	
1.2.4　硅片外形	200 mm 硅片:弯曲度≤100 μm 300 mm～400 mm 硅片:弯曲度≤200 μm	
1.2.5　基准	参考面或切口	
1.2.6　标识	200 mm 硅片:按需方要求 300 mm～400 mm 硅片:背表面	
1.3　硅片电学性能		
1.3.1　导电类型、电阻率	P 型或 N 型,0.5 mΩ·cm～本征	
1.3.2　热施主	退火或不退火	
1.3.3　硅片电荷	对测试没有影响	

表 A.1（续）

项目	规格	参考标准
1.4 硅片表面		
1.4.1 层（背封、多晶、外延）	低温氧化物均匀层（LTO）：厚度 150 nm～900 nm，不均匀性≤10%； 多晶层：厚度≤2 μm，均匀性<20%； 外延层：需方要求	
1.4.2 硅片表面状态	正面：抛光或退火裸片或外延片；背面：抛光或腐蚀或符合表 C.1 中 1.4.1 的低温氧化物均匀层（LTO）或多晶层	
注：其他硅片（例如多重回收、工艺开发、特殊应用）的要求可由供需双方商定确定。		

a 本表中指定的厚度和形状范围旨在指定设备可完整操作的范围。这个范围比正常的硅片及回收片更宽，表 A.2 中规定的硅片的参数值已经被证实。当硅片具有其他厚度和轮廓形状值时，测试系统的性能可能降低。

表 A.2　针对 130 nm～11 nm 线宽技术用硅片的扫描表面检查系统设备特性

项目	要求			注释和参考
线宽尺寸特征	130 nm、90 nm、65 nm、45 nm、32 nm、22 nm、16 nm、11 nm			
1 不同直径硅片的标称厚度/μm	200 mm 硅片	300 mm 硅片	450 mm 硅片	
	725	775	925	
2 测试功能				
2.1 可检测的缺陷类型				
2.1.1 聚苯乙烯乳胶球（PLS）				SEMI M35、SEMI M53、SEMI M58
2.1.2 颗粒				GB/T 14264
2.1.3 晶体原生凹坑（COP）				GB/T 14264
2.1.4 小丘				GB/T 14264
2.1.5 钉（外延）				GB/T 14264
2.1.6 堆积层错				GB/T 14264
2.1.7 划伤				GB/T 14264
2.1.8 滑移线				GB/T 14264
2.1.9 凹坑				GB/T 14264
2.1.10 雾（haze）				GB/T 14264
2.1.11 残留抛光液				GB/T 14264
2.1.12 色斑				GB/T 14264
2.1.13 其他缺陷a				
3 对聚苯乙烯乳胶球（PLS）的操作				

表 A.2（续）

项目	要求	注释和参考
3.1 俘获率（CR）	对于≥65 nmLSE、≥60 nmLSE、≥50 nmLSE、≥40 nmLSE、≥32 nmLSE、≥22 nmLSE、≥16 nmLSE、≥11 nmLSE 的局部光散射体，俘获率均要求≥95%	
3.2 尺寸		
3.2.1 尺寸的动态范围	65 nm～2 000 nm、60 nm～2 000 nm、50 nm～2 000 nm、40 nm～2 000 nm、32 nm～2 000 nm、22 nm～2 000 nm、16 nm～2 000 nm、11 nm～2 000 nm	
3.2.2 来自于插补的误差[b]	≤平均直径的2%	测试≤200 nm LSE 的 LLS
3.2.3 3 级变化率标准偏差 σ_3	$1\sigma<2.3\%$	测试≤200 nm LSE 的 LLS
3.2.4 匹配公差 Δm	$<2.3\%$	测试≤200 nm LSE 的 LLS
3.3 局部光散射体总数		
3.3.1 3 级变化率标准偏差 σ_3	$1\sigma\le2.3\%$	在动态范围内，每片在50 LLS 和 150 LLS 之间计数
3.3.2 匹配公差 Δm	$<2.6\%$	在动态范围内，每片在50 LLS 和 150 LLS 之间计数
3.4 缺陷分类［晶体原生凹坑（COP）、颗粒、划伤、外延缺陷］		

	晶体原生凹坑（COP）	颗粒	划伤	外延缺陷	
3.4.1 准确性	≥90%	≥90%	≥90%	≥90%	
3.4.2 数量（密度）	≥95%	≥90%	≥90%	≥85%	

项目	要求	注释和参考
3.5 雾		
3.5.1 3 级变化率标准偏差 σ_3	$1\sigma<2\%$	对抛光片和外延片
3.5.2 匹配公差 Δm	$<2.6\%$	对抛光片和外延片
3.6 相对标识了的参考样片的缺陷分类		
3.6.1 偏倚	$\pm20\ \mu m$	最小缺陷
3.6.2 3 级变化率标准偏差 σ_3	$1\sigma_3$ 为 10 μm	在最小缺陷
3.6.3 匹配公差 Δm	13 μm	在最小缺陷

表 A.2（续）

项目	要求						注释和参考
3.7　表面检查的选择							
3.7.1　正表面	用户规定或自行选择						
3.7.2　背表面	用户规定或自行选择						
3.7.3　边缘轮廓	用户规定或自行选择						
4　参数设定							
4.1　标称边缘去除，EE，FQA 直径^c	200 mm 和 300 mm 的硅片，$EE=$ 1 mm			300 mm 和 450 mm 的硅片，$EE=$ 1 mm			已核实的执行参数为 $EE=1.8$ mm
4.2　分类项的数量	由供需双方协商或由设备的使用者根据已有的定义或随机、或累计的给出的各种各样的分类						
4.2.1　局部光散射体	10/通道						
4.2.2　亮通道缺陷	10/通道						
4.2.3　Haze	10/通道						
4.2.4　划伤	4/通道						
4.2.5　区域缺陷	4/通道						
4.3　分类准则	所有参数、所有项目、独立的、混合的						
4.4　剔除窗口							
4.4.1　曲线/直线边界	5 个，在全部晶片表面上任意位置						例如激光标记的排除
4.4.2　周边剔除窗口	在径向半径$(R-2)$mm 到 R 范围内，N 个剔除区域的覆盖面积小于等于硅片总面积的 0.1%；总圆周去除在$(R-1)$mm，且小于等于硅片总圆周的 4%。单个剔除窗口的长度小于 5 mm						例如边缘夹持的排除
5　执行							
5.1　测试能力（每小时流片量）：俘获率≥95%							

5.1.1　对 200 mm 硅片

用于 130 nm 线宽，LLS≥65 nm LSE，140 wph	用于 90 nm 线宽，LLS≥60 nm LSE，110 wph	用于 65 nm 线宽，LLS≥50 nm LSE，80 wph	用于 45 nm 线宽，LLS≥40 nm LSE，65 wph

5.1.2　对 300 mm 硅片

用于 130 nm 线宽，LLS≥65 nm LSE，100 wph	用于 90 nm 线宽，LLS≥60 nm LSE，80 wph	用于 65 nm 线宽，LLS≥50 nm LSE，60 wph	用于 45 nm 线宽，LLS≥40 nm LSE，50 wph	用于 32 nm 线宽，LLS≥32 nm LSE，50 wph	用于 22 nm 线宽，LLS≥22 nm LSE，≥50wph	用于 16 nm 线宽，LLS≥16nm LSE，≥50wph	用于 11 nm 线宽，LLS≥11 nm LSE，≥50wph

表 A.2（续）

项目	要求				注释和参考
5.1.3　对 450 mm 硅片	用于 32 nm 线宽,LLS≥ 32 nmLSE, ≥ 30 wph	用于 22 nm 线宽,LLS≥ 22 nmLSE, ≥ 30 wph	用于 16 nm 线宽,LLS≥ 16 nmLSE, ≥ 25 wph	用于 11 nm 线宽,LLS≥ 11 nmLSE, ≥25 wph	
5.2　可向下兼容的线宽节点	一代(每一个线宽节点为一代)				通过改变几何形状和探测器的数量,选择使用的限制规则
5.3　校准[d]	自动,校准<120 nm 的点的数量限制为 4。校准点将使用计算及在系统预存的特别的响应曲线插补				

注:本标准限制了在校准晶片上沉积聚苯乙烯乳胶球的直径分布宽度。这个沉积系统的传递函数(通常由三个方面构成)提交给系统定义沉积物宽度的真实聚苯乙烯乳胶球直径分布形态。因此,晶片上沉积物的宽度不大于传递函数的宽度。一个狭窄的宽度从三方面减少了校准的不确定性。首先,在背景噪声的存在下,它使得分布的峰值信号更容易定位。其次,窄的传递函数使得沉积分布峰更容易确定。再者,如果输入的聚苯乙烯乳胶球(PSL)分布不是峰值对称,狭窄的传递函数约束了沉积物分布的对称。

[a]　这些缺陷包括碎片、吸盘印、镊子印、边缘碎、失配、栾晶、缺口、裂边、冠状凸起、小丘、掺杂条纹、色斑、生长环、粗糙度、桔皮、抛光线、线痕。

[b]　在校准点,如果假定聚苯乙烯乳胶球的大小由扫描表面检查系统确定是完全正确的,那么尺寸的错误是由预存的响应校准曲线和扫描表面检查系统远离校准点的实际相应之间的差异引起的(见 SEMI M53)。

[c]　标称边缘去除意味着对于标称直径为 200 mm 和 300 mm 硅片的合格质量区域直径分别≤198 mm 和 ≤298 mm。

[d]　为了减少在 65 nm～200 nm 范围内聚苯乙烯乳胶球或者二氧化硅球的尺寸不确定性,直径分布应满足在一半最大值下的完整宽度(FWHM)≤5%。另外,聚苯乙烯乳胶球(PSL)直径的峰值在硅片上的沉积在一个 95% 的可接受水平下,相对扩展不确定度应至少不大于 3%。

A.2.3　本附录也适用于只提供一个子集功能的测量系统。

A.2.4　本附录不适用于在硅片制造中间过程步骤的控制。但是可以被完全或部分用于这些过程的测量,为制造过程提供相应的约束和进行适当的识别。

A.2.5　本附录不适用于测试 SOI 片(绝缘体上硅)或有图案的晶片。

A.3　扫描表面检查系统测试用材料及设备特性

A.3.1　表 A.1 明确提出了扫描表面检查系统能够测试的硅片的类别和参数。

A.3.2　表 A.2 指定了扫描表面检查系统的测试功能、对系统的设置参数和扫描表面检查系统的性能。除另有说明外,表 A.2 的规格适用于硅片正表面的检验。

A.3.3　扫描表面检查系统可检测的表面缺陷见表 A.2 中的 2.1.1～2.1.13,也报告局部光散射体和延伸光散射体。该系统的测试性能被沉积在硅片上的聚苯乙烯乳胶球验证,也满足了相应的线宽技术对晶体原生凹坑和雾的测试要求。

A.3.4　沉积的聚苯乙烯乳胶球作为参考材料需要经过认定,需要追溯到国家标准实验室。沉积系统的特点和沉积工艺应符合 SEMI M58 的规定。

A.3.5 测试晶体原生凹坑和颗粒时,设备应能给出其分类精度和密度的详细说明。

A.3.6 根据供应商提供程序对测试系统进行校准和调节的性能水平用不同等级的变化率描述,分别为 1 级变化率、2 级变化率、3 级变化率,其变异性和匹配性在表 A.2 中明确规定。

> 注:在缺乏认证或标准的参考材料的情况下,建议使用一组参数涵盖所测试范围的样品进行测试匹配,该组样品符合 130 nm、90 nm、65 nm、45 nm、32 nm、22 nm、16 nm、11 nm 线宽技术用的规格。

A.3.7 扫描表面检查系统向下的兼容性受几何参数的变化和检测器的数量所限制。

> 注:可以通过一个测量模式,对另一较老的测试系统的过滤器、空间分辨率等进行模拟。

A.4 重复性测试的限定

A.4.1 总则

A.4.1.1 选择一个与被测硅片类型相同的测试晶片,由测试系统进行测试分析。选择测试数量 $n(n \geqslant 30)$, 在同一晶片上进行 n 次扫描。一个 σ 的置信区间 uci 的估计由式(A.1)给出:

$$\text{uci} = \hat{\sigma}_r \sqrt{\frac{n-1}{x_{n-1,\alpha}^2}} \qquad \cdots\cdots\cdots\cdots\cdots\cdots\cdots\cdots (\text{A.1})$$

式中

$\hat{\sigma}_r$ ——n 次测试的重复性评价值;

n ——测试次数;

$x_{n-1,\alpha}^2$ ——在 $(1-\sigma)\%$ 置信区间下,自由度为 $n-1$ 时,由 t 值表中查出的值。例如,如果 $n=15$, 置信区间的上限是 $1.46\hat{\sigma}_r$。$n=30$,置信区间的上限为 $1.28\hat{\sigma}_r$。由此可见重复性的不确定度约减少 12.5%。假定对相同的尺寸,测试次数 n 不同(例如,不同的晶片),不确定性因素增加了 $[(N-1)/(N-g)]^{1/2}$,g 是组数。

> 注:测试约 30 次,一般可以提供足够低的不确定度。如果使用较少次的测试,不确定度增加。通过假设测试误差服从正态分布,可以估算出样品尺寸对测定不确定度的影响。

A.4.1.2 选择恰当的测试程序,应由在生产或研究中的操作人员设定。

A.4.1.3 如果测试系统需要被校准,应遵照设备供应商提供的程序进行,在正常操作试验期间,除非需要,不用再进行校准。

A.4.2 变化率水平的确定

A.4.2.1 1 级变化率(可重复性),在测试系统测试晶片特性时,重复条件下的 n 次测试期间硅片不需从仪器上取下。

A.4.2.2 2 级变化率时,具体操作如下进行:

    a) 装载测试硅片进入测试系统,每次测试后,从仪器上取下硅片;

    b) 重新装硅片进入测试系统,在尽可能短的时间测试一次,然后从设备上取下硅片;

    c) 在尽可能短的时间间隔内,重复 A.4.2.2 b)进行 $n-2$ 次,直到测试数量达到 n 次,每次硅片都要被装载和取下,但是在同样的测试条件下只需要校准一次。

A.4.2.3 3 级变化率时,在 A.4.2.1～A.4.2.2 规定的条件下,每天进行 n 次测试,共进行 5 天。

A.4.3 测试结果的计算

A.4.3.1 测试结果的样本标准偏差按式(A.2)计算:

$$s = \frac{1}{(n-1)}\left[\sum_{k=1}^{n}(x_k - \overline{x})^2\right] \qquad \cdots\cdots\cdots\cdots\cdots\cdots\cdots (\text{A.2})$$

式中：

s ——测试结果的样本标准偏差；

n ——测试次数；

x_k ——第 k 次测试结果；

$\overline{x}$ ——n 次测试结果的平均值。

A.4.3.2 样本标准偏差是总体标准偏差的无偏估计 σ。因此，依照 A.4.2 测量样本标准偏差作为测量变异的估计，σ_r 为选择级别。

A.5 测试允许偏差

A.5.1 在 3 级变化率确定的条件下，分别确定两个同一种类型测量系统的偏倚。

A.5.2 如果结果对每一个系统给出了一个稳定的确定的偏倚，并且如果每个系统有可接受的线性，则两个偏倚相减获得设备的匹配公差，见式（A.3）：

$$\Delta m = bias_1 - bias_2 \qquad\qquad\cdots\cdots\cdots\cdots\cdots\cdots\cdots\cdots\cdots（A.3）$$

式中：

$bias_1$——第一个测量系统的偏倚；

$bias_2$——第二个测量系统的偏倚。

附　录　B

（规范性附录）

测定扫描表面检查系统 *XY* 坐标不确定性的方法

B.1　适用范围

B.1.1　本附录规定了扫描表面检查系统中对局部光散射体在晶片上位置的 *XY* 坐标定位的评价方法，即在 1 级和 2 级变化率条件下确定扫描表面检查系统能否准确检测局部光散射体在被测晶片上位置的方法。

B.1.2　如果颗粒被作为局部光散射体的参照物，应同时避免颗粒沾污和丢失带来的干扰。

B.2　方法概述

B.2.1　由扫描表面检查系统对抛光表面上具有至少 10 个可辨别和稳定的局部光散射体（相对大的、孤立的颗粒或坑）的被测晶片进行 10 次扫描测试，确定其位置，测试条件应符合静态 1 级变化率或动态 2 级变化率。

B.2.2　每次扫描，可获得并记录在被测晶片表面指定的局部光散射体发生激光光散射事件的位置图以及坐标。

B.2.3　筛选相关的数据组，去除与选定的局部光散射体不相关的数据。

B.2.4　样品标准偏差被用于评估定位（*X*,*Y*）的重复性，扫描仪的 *XY* 不确定度是通过对 *X* 坐标和 *Y* 坐标的标准偏差相加得到的。

B.3　参考样片

B.3.1　参考样片应满足 GB/T 12964 或 GB/T 29506 的基本要求，硅片直径应能允许其在扫描表面检查系统上进行测试。

B.3.2　参考样片表面应保持最少 10 个大于乳胶球当量尺寸阈值的局部光散射体（颗粒或坑），因此俘获率约为 100%。

B.3.3　这 10 个或更多的局部光散射体应分布在整个参考样片表面上。

B.4　测试步骤

B.4.1　将样片装载在扫描表面检查系统，记录基准（切口或平边）的位置，以实验室的操作程序条件进行测试。

B.4.2　扫描样片并创建一数据组，包括选择的 10 个或更多的局部光散射体的相应 *X*、*Y* 坐标。

B.4.3　重复扫描 10 次或更多次，创造 10 个或更多的相应数据组，包括选择的 10 个或更多的局部光散射体，报告每个局部光散射体相应的 *X*、*Y* 坐标。

B.5　计算

B.5.1　检查每个数据组（包括被测片的局部光散射体位置图和数值），确定并分析 10 个或更多的局部光散射体在 10 次扫描中出现的每个位置的坐标。

B.5.2 删除在所有 10 个数据组中没有出现的坐标的数据。

B.5.3 确定每个 X、Y 坐标的平均值和标准偏差,分别按式(B.1)～式(B.4)计算:

$$\overline{X}_i = \frac{1}{10} \sum_{k=1}^{10} X_{ik} \qquad\qquad \text{（B.1）}$$

$$\overline{Y}_i = \frac{1}{10} \sum_{1}^{10} Y_i \qquad\qquad \text{（B.2）}$$

$$s_{X_i} = \frac{1}{3} \sqrt{\sum_{k=1}^{10} (X_{ik} - \overline{X}_i)^2} \qquad\qquad \text{（B.3）}$$

$$s_{Y_i} = \frac{1}{3} \sqrt{\sum_{k=1}^{10} (Y_{ik} - \overline{Y}_i)^2} \qquad\qquad \text{（B.4）}$$

式中:

$\overline{X}_i$ ——第 i 个局部光散射体的 10 次 X 坐标的平均值;

$\overline{Y}_i$ ——第 i 个局部光散射体的 10 次 Y 坐标的平均值;

s_{X_i} ——第 i 个局部光散射体的 10 次 X 坐标的标准偏差;

s_{Y_i} ——第 i 个局部光散射体的 10 次 Y 坐标的标准偏差;

k ——扫描次数,从 1 到 10。

B.5.4 每个局部光散射体的 X 和 Y 坐标位置的样本标准偏差按式(B.5)、式(B.6)计算:

$$S_X = \sqrt{\left(\frac{1}{N}\right) \sum_{i=1}^{N} {s_{X_i}}^2} \qquad\qquad \text{（B.5）}$$

$$S_Y = \sqrt{\left(\frac{1}{N}\right) \sum_{i=1}^{N} {s_{Y_i}}^2} \qquad\qquad \text{（B.6）}$$

式中:

S_X ——N 个局部光散射体报告的 X 坐标的总样品标准偏差;

S_Y ——N 个局部光散射体报告的 Y 坐标的总样品标准偏差;

N ——出现在所有 10 次扫描期间的坐标对的数目。

B.5.5 扫描仪 XY 坐标的不确定度 s 按式(B.7)计算:

$$S = \sqrt{{S_X}^2 + S_Y^2} \qquad\qquad \text{（B.7）}$$

B.5.6 报告中应同时给出扫描仪不确定度偏差获得的条件,如 1 级(静态)或 2 级(动态)。

附　录　C
（规范性附录）
采用覆盖法确定扫描表面检查系统俘获率和虚假计数率的测试方法

C.1　范围

本附录规定了扫描表面检查系统的俘获率、虚假计数率以及累计虚假计数率的确定方法。它是作为检测局部光散射体尺寸的乳胶球当量的函数计算得到的。

本附录适用于经过校准的扫描表面检查系统在无图形的晶片表面进行确定。对于130 nm～11 nm线宽用硅片，扫描表面检查系统的俘获率要求见本附录。

注：本附录中的"尺寸"指局部光散射体的乳胶球当量直径。

C.2　方法提要

C.2.1　通过对参考样片上沉积的聚苯乙烯乳胶球或晶片上以乳胶球当量为单位的局部光散射体进行测试，计算和报告扫描表面检查系统的俘获率。不同的晶片表面（如晶片、薄膜或抛光的类型）可能影响扫描表面检查系统的俘获率和虚假计数率，因此晶片的表面状态应由供需双方协商确定。

C.2.2　选择静态方法或动态方法，按附录B测试扫描表面检查系统的XY坐标不确定性，或由供应商提供。

C.2.3　选择被测试的样片，使用静态或动态测试条件，首先在扫描表面检查系统上对选择的被测样片进行2次扫描，证明被测片是合格的，然后进行余下的$Z-2$次扫描。

注：对于静态方法和动态方法，Z的典型值都为30次～1 000次。

C.2.4　分析扫描表面检查系统，确定和记录在Z次扫描期间每个位置（在扫描仪XY不确定度近似6倍的距离内）每个局部光散射体出现的次数。根据这些数据组确定俘获率、乳胶球尺寸的标准偏差、虚假计数率和累计虚假计数率。

C.3　设备

C.3.1　扫描表面检查系统应安装在制造商推荐的具有洁净等级的场所。

C.3.2　离线分析软件程序，用于追踪每个观察到的计数和测定俘获率、每个局部光散射体的乳胶球当量直径尺寸标准偏差、虚假计数、虚假计数率以及累计虚假计数率。

C.4　测试样品

C.4.1　测试样品表面应有小于10 个/cm² 标称密度的局部光散射体，且该晶片的粗糙度能代表生产过程。

C.4.2　在任何一次扫描期间及使用设定的数据组进行分析时，任意两个局部光散射体之间的最小距离应大于6倍的设备XY的不确定度，若接近6倍XY不确定度，应在分析过程中去除聚集的局部光散射体和划伤。

C.4.3 推荐使用有资质的参考样片作为测试样片,能更准确的评估特定尺寸局部光散射体的俘获率,同样,也可获得局部光散射体密度、局部光散射体间隔、缺陷簇。

C.5 测试步骤

C.5.1 选择测试模式

选择合适的测试模式,包括与测试局部光散射体范围一致的菜单设定。

注:如果扫描表面检查系统在不同的操作条件下或在敏感的静态和动态操作模式下,生产中使用的测试模式是最合适的。如果操作条件和扫描表面检查系统的敏感性两者是相同的,XY 不确定度更小的测试模式或许是更适宜的。

C.5.2 静态方法

C.5.2.1 选择符合 C.4 要求的为测试样片。

C.5.2.2 扫描一次被测晶片并确定每一个局部光散射体事件的位置 P_m、尺寸 S_m、数量 M_1,$m=[1,2,3,\cdots,M_1]$。

C.5.2.3 为了确定局部光散射体事件有足够的重复性可以去做有意义的俘获率计算,第 2 次扫描时被测晶片不从样品架上移出,与第 1 次扫描检测到的局部光散射体的位置比较,定义在扫描仪的 6 倍 XY 不确定度范围内,与第 1 次扫描中的局部光散射体事件位置重复出现的总数为 M_2。如果局部光散射体在这晶片上的位置重复分布,且 M_2 大于 $0.75M_1$,则认为被测晶片是合格的。

C.5.2.4 样品不被从扫描样品台上移出,被测晶片总共被扫描 Z 次,获得俘获率、虚假计数率和累计虚假计数率数据。记录每个局部光散射体事件在 Z 次扫描期间相应的位置 P 和尺寸 S。如果在某次扫描中,出现新的局部光散射体事件,对应新的局部光散射体事件数量记录数值为 O_i。

C.5.2.5 C.5.2.2 和 C.5.2.3 获得的 2 次扫描能被使用作为这个数据组的一部分,但是在 Z 次扫描期间晶片应保持在样品台上,并在 1 级变化率的条件下测试。

C.5.3 动态方法

C.5.3.1 选择符合 C.4.1 的局部光散射体密度及局部光散射体间距的晶片作为测试样片,也可直接选择有资质的参考样片作为测试样片。

C.5.3.2 扫描一次被测晶片并确定每一个局部光散射体事件的位置 P_m、尺寸 S_m、数量 M_1,$m=[1,2,3,\cdots,M_1]$。

C.5.3.3 为了确定局部光散射体事件有足够的重复性可以去做有意义的俘获率计算,第 2 次扫描时,从样品台移出被测晶片,然后在相同的位置重新装载晶片。与第 1 次扫描检测到的局部光散射体事件的位置比较,定义在扫描仪的 6 倍 XY 不确定度范围内,与第 1 次扫描中的局部光散射体事件位置重复出现的总数为 M_2。如果局部光散射体在这晶片上的位置重复分布,且 M_2 大于 $0.75M_1$,则认为被测晶片是合格的。

C.5.3.4 从扫描样品台移出并重新装载被测片,晶片总共被扫描 Z 次获得俘获率、虚假计数率和累计虚假计数率数据。记录每个局部光散射体事件在 Z 次扫描期间相应的位置 P 和尺寸 S。如果在某次扫描中,出现新的局部光散射体事件,对应新的局部光散射体事件数量记录数值为 O_i。

C.5.3.5 C.5.3.2 和 C.5.3.3 获得的 2 次扫描能被使用作为这个数据组的一部分,但是在 Z 次扫描期间晶片应每次被从样品台上移出和重新装载,并在 2 级变化率的条件下测试。

C.6 测试结果的分析与计算

C.6.1 初步分析

C.6.1.1 确定由扫描表面检查系统已检测到的局部光散射体事件在晶片上的位置与多次扫描中全部记录的位置至少比较一次(在扫描仪的 6σ XY 不确定度范围内)。用这些局部光散射体事件位置 $L_i(i=1,2,\cdots,N)$ 组成一组完整的数据组进行分析。每个位置的扫描真实计数用 H_i 描述,而这些局部光散射体事件的位置是已经被确定了的,局部光散射体的尺寸是 S_{ih},这里 $h=[1,2,\cdots,H_i]$。对在扫描期间第一次出现的局部光散射体事件被认为是虚假计数,用 Q_i 表示。

C.6.1.2 考虑 N 个散射事件中虚假计数 $Q_i=1$(例如一次只看到一个事件),以逐渐减小的顺序排列散射尺寸 S_i,表示为 $f=[1,2,\cdots,F]$,$f=1$ 对应最大尺寸,$f=F$ 对应最小尺寸。在多次扫描检查期间,虚假计数应不会在晶片表面的同样位置出现,因此它们被看作"噪声",由重复扫描的检查结果识别。

C.6.1.3 考虑在 Z 次扫描期间($H_i \geqslant 2$),两次都出现的事件为真实的事件计数。

> 注:如果缺陷密度比从检测相同的局部光散射体事件报告的计数结果低很多,且这事件可重复也不是扫描表面检查系统的噪声,除了局部光散射体的绝对位置,另外的匹配条件可能是局部光散射体的乳胶球当量(LSE)信号。

C.6.2 真实计数的分析

C.6.2.1 按式(C.1)确定每一个真实计数($H_i \geqslant 2$)的平均尺寸$<S_i>$:

$$<S_i>=\frac{1}{H_i}\sum_{h=1}^{H_i}S_{ih} \qquad\cdots\cdots\cdots\cdots\cdots\cdots\cdots（\text{C.1}）$$

C.6.2.2 对每一个真实计数,按式(C.2)计算尺寸与俘获率的关系 $CR(<S_i>)$ 如下:

$$CR(<S_i>)=\frac{H_i}{Z-o_i+1} \qquad\cdots\cdots\cdots\cdots\cdots\cdots\cdots(\text{C.2})$$

C.6.2.3 绘制 $CR(<S_i>)$ 相对$<S_i>$的曲线,见图 C.1,并用内插法或拟合法将这些数据的偏离点进行辨别。CR 和 $CR(<S_i>)$ 的拟合值 C_s(以百分数表示)按式(C.3)计算:

$$C_s=100\left(1-\mathrm{e}^{\frac{S_0-S}{C_0}}\right) \qquad\cdots\cdots\cdots\cdots\cdots\cdots\cdots（\text{C.3}）$$

式中:

C_s——CR 和 $CR(<S_i>)$ 的拟合值;

S ——$<S_i>$的尺寸;

S_0——俘获率为零概率的尺寸;

C_0——测定的俘获率接近 100% 处的曲率因子。

当 C_s 和 S_0 构成一个充分的参数组来完整的描述 $CR(<S_i>)$ 时,可以用它们与拟合测试结果的 χ^2 优度一起做正式报告。

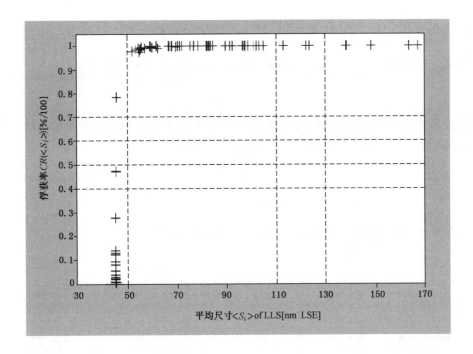

图 C.1　$CR(<S_i>)$ 相对 $<S_i>$ 的曲线

C.6.2.4　所有计数尺寸 S_i 的标准偏差 $\sigma(S_i)$ 按式(C.4)计算：

$$\sigma(S_i)=\sqrt{\frac{1}{H_i-1}\sum_{h=1}^{H_i}(S_{ih}-<S_i>)^2}\qquad\qquad(\text{C.4})$$

尺寸的标准偏差 $\sigma(S_i)$ 对平均尺寸 $<S_i>$ 的曲线,见图 C.2。

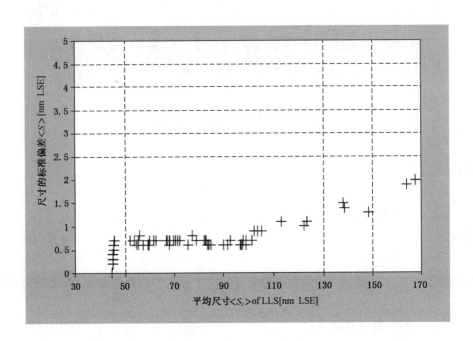

图 C.2　尺寸的标准偏差 $\sigma(S_i)$ 对平均尺寸 $<S_i>$ 的曲线

C.6.3 虚假计数的分析

C.6.3.1 总的虚假计数数量 F 除以扫描次数 Z，得到虚假计数率 FCR，按式（C.5）计算：

$$FCR = \frac{F}{Z} \qquad\qquad\qquad (\,C.5\,)$$

C.6.3.2 对作为尺寸函数的虚假计数进行分析，用尺寸等于或大于 S_i 的虚假计数的总数 F_i 除以扫描次数 Z，确定对 S_i 的累计虚假计数率 $CFCR(S_i)$，按式（C.6）计算：

$$CFCR = \frac{F_i}{Z} \qquad\qquad\qquad (\,C.6\,)$$

式中：

F_i——与尺寸 S_i 的计数（或多次计数）相结合的指数的最大值。

C.6.3.3 做 $CFCR(S_i)$ 对 S_i 的曲线，见图 C.3。

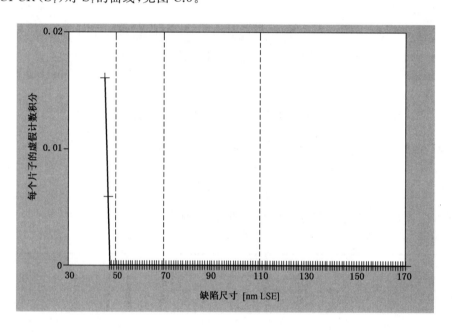

图 C.3 $CFCR(S_i)$ 对 S_i 的曲线

C.7 试验报告

试验报告应包含以下内容：

a) 操作者；

b) 测试日期；

c) 设备生产商、型号、序列号、扫描表面检查系统用于测试的软件版本号、最近的校准日期和校准结果；

d) 选择的测试模式（静态或动态）；

e) 测试使用的参考样片的描述；

f) 绘制 $CR(<S_i>)$ 对平均尺寸 $<S_i>$ 的俘获速率点；

g) 绘制标准偏差 $\sigma(S_i)$ 对平均尺寸 $<S_i>$ 的点；

h) 计算虚假计数率；

i) 绘制累计虚假计数率 $CFCR(S_i)$ 的点；

j) 临界尺寸的俘获率（CR）；

k) 确定和报告每个临界尺寸 $S_{critical}$ 的俘获率 CR，且确保每个测试样品的 $CFCR$ 小于1，其中临界尺寸的要求见 SEMI M52，或由用户给出。

ICS 77.040.01
H 17

中华人民共和国国家标准

GB/T 19922—2005

硅片局部平整度非接触式标准测试方法

Standard test methods for measuring site flatness on silicon wafers by noncontact scanning

2005-09-19 发布

2006-04-01 实施

中华人民共和国国家质量监督检验检疫总局
中国国家标准化管理委员会 发布

前　言

　　本标准修改采用 ASTM F 1530—94《自动无接触扫描测试硅片厚度、平整度及厚度变化的标准检测方法》。

　　本标准与 ASTMF 1530—94 相比,仅提供了其有关局部平整度测量的内容,并在硅片尺寸及厚度上与其有所差异。相关术语及测试方法的精密度采用国家标准的规定。

　　本标准的附录 A 为资料性附录。

　　本标准由中国有色金属工业协会提出。

　　本标准由全国有色金属标准化技术委员会归口。

　　本标准起草单位:洛阳单晶硅有限责任公司、中国有色金属工业标准计量质量研究所。

　　本标准试验验证单位:北京有色金属研究总院。

　　本标准主要起草人:史舸、蒋建国、陈兴邦、贺东江、王文、邓德翼。

　　本标准由全国有色金属标准化技术委员会负责解释。

　　本标准为首次发布。

引　言

　　硅片的局部平整度是直接影响到集成电路光刻等工艺线宽的质量、成品率和可靠性的重要参数之一。为满足我国硅材料的生产使用的实际需求,同时考虑到与国际的接轨,我们在对相关国外标准的充分理解、吸收的基础上,综合我国硅材料的生产使用情况及国际上硅材料的生产和微电子产业的发展和现状编制了本标准。

　　本标准是进行硅片表面局部平整度测量的指导文件,目的是为硅片的供应方与使用方提供一种通用的方法来更确切地了解硅片是否满足规定的几何要求。但在双方进行相关性测试比较之前不建议将此测试方法作为仲裁标准。

硅片局部平整度非接触式标准测试方法

1 范围

本标准规定了用电容位移传感法测定硅片表面局部平整度的方法。

本标准适用于无接触、非破坏性地测量干燥、洁净的半导体硅片表面的局部平整度。适用于直径100 mm 及以上、厚度 250 μm 及以上的腐蚀、抛光及外延硅片。

2 规范性引用文件

下列文件中的条款通过本标准的引用而构成为本标准的条款。凡是注年代的引用文件,其随后所有的修订单(不包括勘误的内容)或修订版均不适用于本标准。然而,鼓励根据本标准达成协议的各方研究是否可使用这些文件的最新版本。凡是不注明年代的引用文件,其最新版本适用于本标准。

GB/T 14264 半导体材料术语

ASTMF 1530—94 自动无接触扫描测试硅片厚度、平整度及厚度变化的标准检测方法

3 术语和定义

由 GB/T 14264 确立的及以下半导体术语和定义适用于本标准。

3.1

局部平整度 site flatness

当硅片的背面为理想平面时,在硅片表面的局部定域内,相对于特定参照平面的最大偏差,通常报告硅片上所有局部定域的最大值。如图1所示。根据所选参照平面的不同,可分别用 SF3R、SFLR、SFQR、SBIR 或 SF3D、SFLD、SFQD、SBID 来表述。各术语的具体解释详见表1。

表 1

术 语	SF3R	SFLR	SFQR	SBIR	SF3D	SFLD	SFQD	SBID
测量方式	局部(S)	局部(S)	局部(S)	局部(S)	局部(S)	局部(S)	局部(S)	局部(S)
参照表面	正面(F)	正面(F)	正面(F)	背面(B)	正面(F)	正面(F)	正面(F)	背面(B)
参照平面	三点(3)	总最佳(L)	局部最佳(Q)	理想(B)	三点(3)	总最佳(L)	局部最佳(Q)	理想(B)
测量参数	总指示读数(R)	总指示读数(R)	总指示读数(R)	总指示读数(R)	焦平面偏差(D)	焦平面偏差(D)	焦平面偏差(D)	焦平面偏差(D)

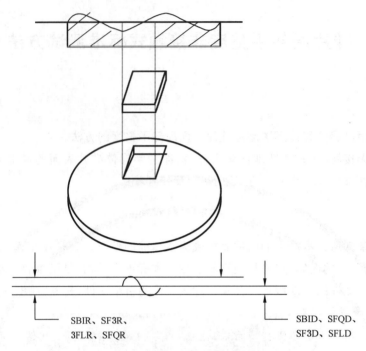

SBIR、SF3R、
3FLR、SFQR

SBID、SFQD、
SF3D、SFLD

图 1　局部平整度示意图

4　方法原理

4.1　局部平整度的测量是基于对硅片上许多点厚度的测量

将硅片平放入一对同轴对置的电容传感器（简称探头）之间,对探头施加一高频电压,硅片和探头间便产生了高频电场,其间各形成一个电容。探头中电路测量其间电流变化量,便可测得该电容值。如图 2 所示,C 由公式(1)给出。

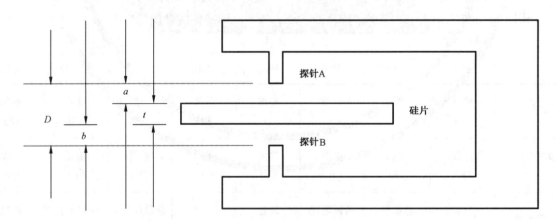

图 2　非接触法硅片厚度测量示意图

$$C = (KA + C_0)/d \qquad \cdots\cdots\cdots\cdots\cdots\cdots\cdots(1)$$

式中:

C——在探头和硅片相应表面之间所测得的总电容值,F;

K——自由空间介电常数,F/m;

A——探头表面积,m^2;

C_0——主要由探头结构的特征而产生的寄生电容,F;

d——探头到硅片相应表面的位移,m;分为 a 及 b。

4.2 下列等式由图 2 导出，被用于以后的计算。

$$t = D - (a + b) \quad \cdots\cdots\cdots\cdots\cdots\cdots\cdots\cdots\cdots\cdots\cdots (2)$$

其中：

t——硅片厚度；

D——上下探头间距离；

a——上探头和硅片上表面距离；

b——下探头和硅片下表面距离。

4.3 结果计算

在测量时，两探头之间距离 D 已在校准时被固定，仪器测得电容值 C 按公式(1)进行计算，可得 a 和 b。通过多点的测量，可由计算机计算出参照平面及各点形状，从而计算出局部平整度。

5 干扰因素

5.1 在扫描测量的过程中，任何探头间或沿探头测量轴之间的相对运动均会引起测量数据的读数错误。

5.2 绝大多数可进行局部平整度测试的设备均有一定的厚度测量范围。如果样品在校准或测量过程中超出测量范围，结果可能是错误的。设备应提供相关的过量程报警信息以提醒测量人员。

5.3 数据测量点的数量及其分布可能会影响到测量结果。

5.4 设备硬件的不同或关于局部平整度测量参数的不同设置可能会影响到测量结果。

6 仪器设备及环境

6.1 测量设备

包括硅片夹持机构、传送机构、探头机构、系统控制器/计算机、含数据处理器及合适的软件。

6.1.1 硅片夹持装置

例如与测量轴垂直的真空吸盘，硅片置于其上进行扫描测量。硅片夹持机构的直径应能满足不同硅片直径和测试精度的要求，如为 22 mm、33 mm 或其他经测试供需方许可的数值。

6.1.2 传输装置

提供硅片夹持装置或探头装置运动的方法。可提供与测量轴垂直的几个方向可控的运动。该运动必须允许在整个合格质量区(FQA)内以特定的扫描形式收集数据，数据点间距应为 2 mm 或更小，或其他测试供需方许可的间距。

6.1.3 探头装置

含一对无接触位移传感器探头，探头支架及显示装置。两探头分别位于硅片的两边并且探头间的距离在校准和测量时保持恒定(见图 2)。位移显示精度应为 10 nm 或更小。探头传感器尺寸的选定应能满足不同硅片直径和测试精度的要求。

6.2 环境

环境温、湿度及环境的洁净度应满足设备规定的要求。

7 取样原则

该测量方法是非破坏性的，可以进行整批 100% 检测或者按测试供需双方商定的抽样方式抽取试样。

8 测试步骤

8.1 环境测量

检查测量环境的温、湿度及洁净度是否满足设备规定的要求。

8.2 设备准备

准备测量硅片的设备,包括数据显示/输出功能的选择及合格质量区(FQA)的设定等其他设备规定的操作。

8.3 局部平整度测量参数细节的设定

8.3.1 局部区域尺寸

与主参考面平行及垂直的定域的边长。

8.3.2 局部区域相对 FQA 中心的位置

使局部测量图形整体水平或垂直移动以产生更多定域的设定。

8.3.3 局部区域互相之间的位置,直线型或错层型

使单行水平移动以产生更多定域的设定。

8.3.4 部分局部区域是否测量

该项可选择是否进行部分不在 FQA 内的定域的测量,但定域的中心应仍在 FQA 内。

8.3.5 参照平面

对局部平整度的测量,参照平面应选择以下四种中的一种:

a) 正面三点参照平面

通过局部定域的中心且与三点正面总参照平面平行的平面

b) 正面最佳参照平面

通过局部定域的中心且与正面最小二乘法总参照平面平行的平面

c) 局部最佳参照平面

在局部定域内使用最小二乘法计算出的参照平面

d) 背面理想参照平面

通过局部定域的中心且与背部理想平面平行的平面

8.4 测量内容的选择

8.4.1 测量参数可根椐需方需求任选 SF3R、SFLR、SFQR、SBIR 或 SF3D、SFLD、SFQD、SBID 的一种或多种。

8.4.2 对任一参数,可测量硅片上每一个局部的值或所有局部的最大值或两者或这些值的分布。

8.4.3 局部小块小于规定局部平整度值的比率。

8.5 进行设备的校准过程。

8.5.1 测量前的校准过程是必须的。

8.5.2 根椐生产厂家提供的校准程序进行设备校准。

8.6 进行局部平整度的测试。

8.7 设备具备自动进行局部平整度参考面构建及结果计算的能力。详细的过程参见附录 A。

9 报告

报告应包括以下内容:

9.1 日期,时间,测试温、湿度或环境级别。

9.2 测量单位和测量者。

9.3 测量设备情况,含设备型号、硅片夹持装置直径、数据点分布、传感器尺寸以及测量方法等。

9.4 样片标称直径、标称厚度及局部平整度要求等。

9.5 测试结果可包括下述的一到几项:

a) 对所有局部定域测得的数据的最大值;

b) 局部定域小于规定局部平整度值的比率;

c) 所有硅片上所有局部定域测量值的分布。

10 精密度

10.1 本精密度数据是参照 ASTM F1530—94 由 8 个试验室对 10 个水平的试样所做的试验中确定的。

10.2 重复性条款

在重复性条件下获得的两次独立测试结果的测定值,在以下给出的平均值范围内,这两个测试结果的绝对差值不超过重复性限(r),超过重复性限(r)的情况不超过 5%,重复性限(r)按表 2 的规定。

表 2

SBIR (μm)	0.418	0.431	0.521	0.565	0.586	0.668	0.874	0.997	1.026	1.070
R (μm)	0.034	0.026	0.027	0.039	0.038	0.022	0.044	0.052	0.029	0.037

10.3 再现性条款

在再现性条件下获得的两次独立测试结果的绝对差值不超过再现性限(R),超过再现性限(R)的情况不超过 5%,再现性限(R)按表 3 的规定。

表 3

SBIR (μm)	0.418	0.431	0.521	0.565	0.586	0.668	0.874	0.997	1.026	1.070
R (μm)	0.058	0.083	0.138	0.067	0.133	0.076	0.077	0.058	0.092	0.122

10.4 对此种非接触测量方法,尚无标准的偏倚测量。

11 质量保证和控制

应用具有计量部门认可的标准样品,每周或每两周校准一次本测量系统的有效性。当过程失控时,应找出原因,纠正错误后,重新进行校核。

附　录　A

（资料性附录）

非接触测量硅片局部平整度参照平面构建方法

设备应具有自动进行以下计算及处理的能力。

A.1 按公式（1）计算出探头到硅片表面各点的位移值。之后按公式（2）计算出各测量点的厚度 $t(x,y)$。

$$C = (KA + C_0)/d \quad \cdots\cdots\cdots\cdots\cdots\cdots\cdots\quad (A.1)$$

$$t = D - (a + b) \quad \cdots\cdots\cdots\cdots\cdots\cdots\cdots\quad (A.2)$$

A.2 根据测得的厚度数据组按定义自动构建参照平面如下所示：

$$Z_{Ref} = a_R x + b_R y + c_R \quad \cdots\cdots\cdots\cdots\cdots\cdots\cdots\quad (A.3)$$

Z_{Ref} 为构建的参照平面模型

其中 a_R、b_R 及 c_R 由下列方式产生：

A.2.1 对理想背面平面类型：

$$a_R = b_R = c_R$$

A.2.2 对 3 点正面平面类型，参照平面由下面三点构建：

$$t(x_1, y_1) = a_R x_1 + b_R y_1 + c_R$$
$$t(x_2, y_2) = a_R x_2 + b_R y_2 + c_R$$
$$t(x_3, y_3) = a_R x_3 + b_R y_3 + c_R$$

其中 x_1, y_1；x_2, y_2；及 x_3, y_3 为规定的等距离分布的、圆周距边缘 3 毫米的硅片表面的三点。

A.2.3 对最小二乘法参照平面类型（Least-Squares Frontside Plane），应选择 a_R、b_R、c_R 使：

$$\Sigma [t(x,y) - (a_R x + b_R y + c_R)]^2$$

对总最佳参照平面来说，应在整个 FQA 内最小；对局部参照平面来说，应在整个局部内最小。

A.3 如需进行焦平面偏差的测量，焦平面由以下公式构建：

$$Z_F = a_F x + b_F y + c_F \quad \cdots\cdots\cdots\cdots\cdots\cdots\quad (A.4)$$

Z_F 为构建的焦平面模型

其中 a_F、b_F 及 c_F 由下列方式产生：

$a_F = a_R$ 　　　　　且
$b_F = b_R$ 　　　　　且
$c_F = t(x,y) - (a_F x + b_F y)$

其中，x, y 位于局部定域的中心

A.4 按照定义可计算在点 x, y 处的函数 $f(x,y)$，并由此可得局部平整度的数值。

$$f(x,y) = t(x,y) - (a_F x + b_F y + c_F) \quad \cdots\cdots\cdots\cdots\quad (A.5)$$

其中，x, y 的范围在局部小块内

$$SF3R, SFLR, SFQR, SBIR = f(x,y)\max - f(x,y)\min \quad \cdots\cdots\cdots\cdots\quad (A.6)$$

$$SF3D, SFLD, SFQD, SBID = |f(x,y)\max| \text{ 或 } |f(x,y)\min| \text{ 中的较大者} \quad \cdots\cdots\cdots\cdots\quad (A.7)$$

ICS 77.120.99
H 66

中华人民共和国国家标准

GB/T 23513.1—2009

锗精矿化学分析方法
第1部分：锗量的测定　碘酸钾滴定法

Chemical analysis methods for germanium concentrate—
Part 1: Determination of germanium content—Potassium iodate titration

2009-04-08 发布

2010-02-01 实施

中华人民共和国国家质量监督检验检疫总局
中国国家标准化管理委员会　发布

前　言

GB/T 23513《锗精矿化学分析方法》分为五部分：
——第1部分：锗量的测定　碘酸钾滴定法；
——第2部分：砷量的测定　硫酸亚铁铵滴定法；
——第3部分：硫量的测定　硫酸钡重量法；
——第4部分：氟量的测定　离子选择电极法；
——第5部分：二氧化硅量的测定　重量法。
本部分为第1部分。
本部分由中国有色金属工业协会提出。
本部分由全国有色金属标准化技术委员会归口。
本部分负责起草单位：云南临沧鑫圆锗业股份有限公司。
本部分参加起草单位：中金岭南韶关冶炼厂、湖南怀化市洪江恒昌锗业有限公司、南京锗厂有限责任公司、北京国晶辉红外光学科技有限公司。
本部分主要起草人：包文东、李贺成、普世坤、郑洪、高孟朝、王坚、孙燕。

锗精矿化学分析方法
第1部分:锗量的测定 碘酸钾滴定法

1 范围

GB/T 23513 的本部分规定了锗精矿中锗含量的测定方法。

本部分适用于锗精矿中锗含量的测定。测定范围:1.0%～70%。

2 方法原理

试料以氢氧化钠熔融,用磷酸及高锰酸钾抑制砷、锑、锡等的蒸馏逸出,在 3 mol/L 磷酸及 4.5 mol/L 盐酸中,以次亚磷酸钠还原四价锗为二价,以淀粉为指示剂,在 20 ℃以下,用碘酸钾标准溶液滴定。

3 试剂

除另有说明,在分析中仅使用确认为分析纯的试剂和蒸馏水或相当纯度的水。

3.1 碘化钾(KI)。

3.2 无水碳酸钠(Na_2CO_3)。

3.3 氢氧化钠(NaOH)。

3.4 次亚磷酸钠($NaH_2PO_2 \cdot H_2O$)。

3.5 高锰酸钾($KMnO_4$)。

3.6 氟化铵(NH_4F)。

3.7 盐酸($\rho 1.19$ g/mL)。

3.8 磷酸($\rho 1.69$ g/mL)。

3.9 硫酸($\rho 1.83$ g/mL)。

3.10 盐酸(1+1)。

3.11 盐酸(1+2)。

3.12 硫酸(2+1)。

3.13 磷酸(3+1)。

3.14 碳酸氢钠饱和溶液。

3.15 淀粉溶液(1 g/L)。

3.16 碘酸钾标准溶液Ⅰ

称取 1.000 0 g 预先在 130 ℃下烘干至恒重的基准 KIO_3 于 500 mL 烧杯中,加入 20 g 碘化钾 (3.1),0.5 g 无水碳酸钠(3.2),200 mL 水,搅拌至完全溶解后,移入 1 000 mL 容量瓶中,用水定容,混匀,放置 24 h,浓度 $c(1/6KIO_3)$ 为 0.028 04 mol/L。

3.17 碘酸钾标准溶液Ⅱ

称取 3.566 7 g 预先在 130 ℃下烘干至恒重的基准 KIO_3 于 400 mL 烧杯中,加入 40 g 碘化钾 (3.1)、无水碳酸钠 1.0 g(3.2),200 mL 水,搅拌至完全溶解后,移入 1 000 mL 容量瓶中,用水定容,混匀,放置 24 h,浓度 $c(1/6KIO_3)$ 为 0.100 0 mol/L。

4 分析步骤

4.1 试料

4.1.1 样品经 105 ℃烘干至恒重,测定水分,并过 0.125 mm(120 目)分样筛。

4.1.2 按表1称取试料,精确至0.000 1 g。

4.2 测量次数

独立地进行2次测定,取其平均值。

4.3 空白试验

随同试料做空白试验。

表 1 试料量

锗含量/%	称样量/g
>50	0.20~0.25
>10~50	0.25~0.3
>5~10	0.3~0.4
1~5	>0.5

5 测定

5.1 总锗的测定

5.1.1 方法Ⅰ(仲裁法)

5.1.1.1 先加入3 g~4 g氢氧化钠(3.3)于镍坩埚中,放入马弗炉中650 ℃熔好后冷却,然后按表1称取试料(4.1)于坩埚内,加入3 g~4 g氢氧化钠(3.3)和无水碳酸钠(3.2)的混合熔剂(1+1)覆盖试料,置于马弗炉中经800 ℃熔融20 min后,取出冷却至20 ℃左右。

5.1.1.2 将坩埚放于250 mL烧杯中,加入少量热水浸取,用水洗净坩埚,取出。滴加硫酸(3.12),小心中和至酸性(以酚酞指示)。

5.1.1.3 移至300 mL锥形瓶中,低温加热或补加水使体积为60 mL左右,加入10 mL磷酸(3.8),0.1 g高锰酸钾(3.5)摇匀,冷却。加入50 mL盐酸(3.7)摇匀。

5.1.1.4 取500 mL锥形瓶,加入40 mL磷酸(3.13),10 mL盐酸(3.11),7 g~10 g次亚磷酸钠(3.4)。

5.1.1.5 接好冷凝装置(冷凝液出口)插入500 mL锥形瓶(5.1.1.4)中,加热蒸馏,以3 mL/min的速度蒸至黄色褪去(残留20 mL左右停止蒸馏),取下,用10 mL盐酸(3.11)洗涤两次蒸馏管。

5.1.1.6 取出500 mL锥形瓶,摇匀后,盖上盖氏漏斗,往漏斗中加入碳酸氢钠饱和溶液(3.14),加热至沸,保持15 min取下,冷却至20 ℃左右。揭去盖氏漏斗,立即加入5 mL淀粉溶液(3.15),用碘酸钾标准溶液(3.16或3.17)滴定至蓝色15 s不褪为终点。

5.1.2 方法Ⅱ

按表1称取试料(4.1)于300 mL锥形瓶中,加10 mL水,摇匀,加10 mL磷酸(3.8),2 g高锰酸钾(3.5),0.2 g氟化铵(3.6),低温加热分解,保持紫色,如紫色褪去,补加少许高锰酸钾(3.5),直至完全分解出现细微磷酸分解的白烟为止,取下冷却。加入120 mL盐酸(3.10)于锥形瓶内,以下操作同5.1.1.4~5.1.1.6。

5.1.3 方法Ⅲ

适用于粗二氧化锗等杂质含量较低的试料中锗的测定。

按表1称取试料(4.1)于300 mL锥形瓶中,加10 mL水,摇匀,再加1 g氢氧化钠(3.3)加热溶解完全后,取下,加入80 mL水,35 mL磷酸(3.8),7 g次亚磷酸钠(3.4)摇匀溶解后,盖上盖氏漏斗,以下同5.1.1.6。

5.2 盐酸可溶锗测定

按表1称取试料(4.1)于300 mL锥形瓶中,加入0.1 g高锰酸钾(3.5),盐酸(1+1)80 mL,以下操作同5.1.1.5~5.1.1.6。

6 分析结果的计算

6.1 锗的质量分数

按式(1)计算锗的质量分数:

$$w(\text{Ge}) = \frac{36.295c(V - V_0)}{10m} \times 100 \quad \cdots\cdots\cdots\cdots\cdots\cdots\cdots (1)$$

式中:

$w(\text{Ge})$——锗的质量分数,%;

c——(1/6KIO_3)标准溶液的浓度,单位为摩尔每升(mol/L);

V——碘酸钾标准溶液之用量,单位为毫升(mL);

V_0——空白试验时碘酸钾标准溶液之用量,单位为毫升(mL);

m——分析试料的质量,单位为克(g)。

计算结果取小数点后3位,按数字修约到小数点后2位,结果以干基报出。

6.2 盐酸不溶锗

盐酸不溶锗(%)为总锗量($w(\text{Ge})$)减去盐酸可溶锗(%)。

7 精密度

7.1 重复性限

在重复性条件下获得的两次独立测试结果的测定值,在以下给出的平均值范围内,这两个测试结果的绝对差值不超过重复性限(r),超过重复性限(r)的情况应不超过5%,重复性限(r)按表2数据采用线性内标法求得。

表 2 重复性限

锗的质量分数/%	1.51	9.87	50.56
重复性限(r)/%	0.124	0.143	0.28

7.2 允许差

实验室之间分析结果的差值应不大于表3所列的允许差。

表 3 允许差

锗的质量分数/%	允许差/%
>50	0.35
>25~50	0.30
>10~25	0.25
>5~10	0.20
1~5	0.15

8 质量保证和控制

应用国家级标准样品或行业级标准样品(当前两者没有时,也可用控制样替代),每周或每两周校核一次本分析方法标准的有效性。当过程失控时,应找出原因,纠正错误后,重新进行校核。

ICS 77.120.99
H 66

GB/T 23513.2—2009

中华人民共和国国家标准

锗精矿化学分析方法
第2部分：砷量的测定
——硫酸亚铁铵滴定法

Chemical analysis methods for germanium concentrate—
Part 2:Determination of arsenic content—Ferrous ammonium sulfate titration

2009-04-08 发布

2010-02-01 实施

中华人民共和国国家质量监督检验检疫总局
中国国家标准化管理委员会　发布

前　言

GB/T 23513《锗精矿化学分析方法》分为五部分：
——第1部分:锗量的测定　碘酸钾滴定法;
——第2部分:砷量的测定　硫酸亚铁铵滴定法;
——第3部分:硫量的测定　硫酸钡重量法;
——第4部分:氟量的测定　离子选择电极法;
——第5部分:二氧化硅量的测定　重量法。
本部分为第2部分。
本部分由中国有色金属工业协会提出。
本部分由全国有色金属标准化技术委员会归口。
本部分负责起草单位:云南临沧鑫圆锗业股份有限公司。
本部分参加起草单位:湖南怀化市洪江恒昌锗业有限公司、中金岭南韶关冶炼厂、南京锗厂有限责任公司、北京国晶辉红外光学科技有限公司。
本部分主要起草人:包文东、李贺成、普世坤、郑洪、高孟朝、王坚。

锗精矿化学分析方法
第2部分：砷量的测定
硫酸亚铁铵滴定法

1 范围

GB/T 23513 的本部分规定了锗精矿中砷含量的测定方法。

本部分适用于锗精矿中砷含量的测定。测定范围：0.2%～20%。

2 方法原理

试料以硝酸、氟化铵、溴水分解，再用硫酸分解并驱赶硝酸后，在盐酸介质中以硫酸铜为催化剂，用次亚磷酸钠把砷还原为单质砷，过滤分离。以重铬酸钾标准溶液溶解并氧化为五价砷；用硫酸亚铁铵标准溶液滴定过量的重铬酸钾溶液，间接测定砷。

3 试剂

除另有说明，在分析中仅使用确认为分析纯的试剂和蒸馏水或相当纯度的水。

3.1 次亚磷酸钠（$NaH_2PO_2 \cdot H_2O$）。

3.2 硫酸（$\rho 1.83$ g/mL）。

3.3 硝酸（$\rho 1.42$ g/mL）。

3.4 盐酸（$\rho 1.19$ g/mL）。

3.5 磷酸（$\rho 1.68$ g/mL）。

3.6 硫酸（1＋1）。

3.7 盐酸（1＋1）。

3.8 溴水（3%）。

3.9 氯化铵溶液（50 g/mL）。

3.10 硫酸铜溶液（5%）。

3.11 盐酸（1＋3＋0.5%$NaPO_2 \cdot H_2O$）。

3.12 氟化铵溶液（10%）。

3.13 硫-磷混酸：于 1 000 mL 烧杯中，先加入 700 mL 水，然后徐徐加入 150 mL 硫酸（3.2）和 150 mL 磷酸（3.5），混匀。

3.14 二苯胺磺酸钠指示剂（10 g/L）。

3.15 重铬酸钾标准溶液：称取预先在 150 ℃ 烘干至恒重的基准重铬酸钾 1.636 1 g 于 500 mL 烧杯中，加 100 mL 水，搅拌完全溶解后移入 1 000 mL 容量瓶中，以水定容，混匀。$c(1/6K_2Cr_2O_3)$ 为 0.033 37 mol/L。

3.16 硫酸亚铁铵标准溶液。

3.16.1 配制

称取预先在干燥器内干燥了的 6.229 4 g 硫酸亚铁铵于 1 000 mL 烧杯中，加 500 mL 水，徐徐加入 100 mL 硫酸（3.2），搅拌完全溶解冷却后，移入 1 000 mL 容量瓶中，以水定容，混匀。

3.16.2 标定

用移液管向 300 mL 锥形瓶中加入 25 mL 硫酸亚铁铵标准溶液（3.16.1）(V_3)，再加入 20 mL 硫-磷混酸(3.13),25 mL 水,4 滴二苯胺磺酸钠(3.14),用重铬酸钾标准溶液滴定至紫色不褪为终点(V_4），$k=V_4/V_3$，每次使用前均需标定。

4 分析步骤

4.1 试料

样品经磨细过 0.125 mm(120 目)分样筛后，称取 0.50 g～1.00 g 试样，精确至 0.000 1 g。

4.2 测定次数

独立的进行 2 次测定，取其平均值。

4.3 空白试验

随同试料做空白试验。

4.4

称取试料(4.1)于 300 mL 锥形瓶中，加入 15 mL～20 mL 硝酸(3.3)，5 mL 溴水(3.8)，2 mL 氟化铵溶液(3.12)，加热溶解，蒸发至 3 mL 左右时，取下稍冷，加 15 mL～20 mL 硫酸(3.6)，加热冒白烟至 5 mL 左右，取下冷却。用约 10 mL 水清洗瓶壁，再加热冒白烟至 3 mL，再稍冷后加 40 mL 水，加热溶解，趁热过滤于 200 mL 锥形瓶中，并用 40 mL 盐酸(3.4)洗涤。

4.5

称取 1.000 g 特级锗精矿试料于 300 mL 锥形瓶中，加 80 mL 盐酸(1+1)(3.7)。

4.6

往 4.4 或 4.5 所得溶液中加入 2 mL 硫酸铜溶液(3.10)，5 g 次亚磷酸钠(3.1)，混匀后缓慢加热至微沸，保持 40 min 后取下冷却。

4.7

用慢速定量滤纸过滤，并先用 20 mL 盐酸(3.11)，20 mL 氯化铵溶液(3.9)洗涤。每种洗液分两次，即每次 10 mL，先洗涤原锥形瓶，然后用滴管沿滤纸上缘流下，保证把 Fe、Cu 和次亚磷酸钠充分洗去。

4.8

将滤纸移入原锥形瓶中，加入适当过量的重铬酸钾标准溶液(3.15)(V_1)和 20 mL 硫-磷混酸(3.13)。用玻璃棒搅烂滤纸，并观察砷颜色完全消失，溶液呈淡黄色，加 25 mL 水，4 滴二苯胺磺酸钠指示剂(3.14)，用硫酸亚铁铵标准溶液(3.16)滴定至绿色为终点(V_2)。

5 分析结果的计算

按式(1)计算砷的质量分数：

$$w(\text{As}) = \frac{14.984c(V_1 - kV_2) - m_0}{10m} \times 100 \quad\cdots\cdots\cdots\cdots\cdots(1)$$

式中：

$w(\text{As})$——砷的质量分数，%；

c——重铬酸钾($1/6K_2Cr_2O_3$)标准溶液的浓度，单位为摩尔每升(mol/L)；

V_1——重铬酸钾标准溶液的体积，单位为毫升(mL)；

V_2——硫酸亚铁铵标准溶液的体积，单位为毫升(mL)；

k——重铬酸钾标准溶液与硫酸亚铁铵标准溶液的体积比；

m_0——空白砷量，单位为毫克(mg)；

m——试料量，单位为克(g)。

6 精密度

6.1 重复性限

在重复性条件下获得的两次独立测试结果的测定值，在以下给出的平均值范围内，这两个测试结果的绝对差值不超过重复性限(r)，超过重复性限(r)的情况应不超过 5%，重复性限(r)按表 1 数据采用线性内标法求得。

表 1 重复性限

砷的质量分数/%	0.23	4.50	14.56
重复性限(r)/%	0.082	0.183	0.414

6.2 允许差

实验室之间分析结果的差值应不大于表 2 所列的允许差。

表 2 允许差

砷量/%	允许差/%
>0.2~1.0	0.10
>1.0~5.0	0.20
>5.0~10.0	0.30
>10.0~20.0	0.50

7 质量保证和控制

应用国家级标准样品或行业级标准样品(当前两者没有时,也可用控制样替代),每周或每两周校核一次本分析方法标准的有效性。当过程失控时,应找出原因,纠正错误后,重新进行校核。

ICS 77.120.99
H 66

中华人民共和国国家标准

GB/T 23513.3—2009

锗精矿化学分析方法
第3部分：硫量的测定 硫酸钡重量法

Chemical analysis methods for germanium concentrate—
Part 3：Determination of sulfur content—Barium sulfate gravimetry

2009-04-08 发布

2010-02-01 实施

中华人民共和国国家质量监督检验检疫总局
中国国家标准化管理委员会 发布

前　言

GB/T 23513《锗精矿化学分析方法》分为五部分：
——第 1 部分:锗量的测定　碘酸钾滴定法;
——第 2 部分:砷量的测定　硫酸亚铁铵滴定法;
——第 3 部分:硫量的测定　硫酸钡重量法;
——第 4 部分:氟量的测定　离子选择电极法;
——第 5 部分:二氧化硅量的测定　重量法。
本部分为第 3 部分。
本部分由中国有色金属工业协会提出。
本部分由全国有色金属标准化技术委员会归口。
本部分负责起草单位:云南临沧鑫圆锗业股份有限公司。
本部分参加起草单位:中金岭南韶关冶炼厂、湖南怀化市洪江恒昌锗业有限公司、南京锗厂有限责任公司、北京国晶辉红外光学科技有限公司。
本部分主要起草人:包文东、李贺成、普世坤、郑洪、高孟朝。

锗精矿化学分析方法
第3部分:硫量的测定 硫酸钡重量法

1 范围

GB/T 23513 的本部分规定了锗精矿中硫含量的测定方法。

本部分适用于锗精矿中硫含量的测定。测定范围:0.5%~10%。

2 方法原理

试料以氯酸钾,硝酸分解,用氨水和碳酸铵将铁、铝等杂质沉淀分离,在盐酸溶液中与氯化钡形成硫酸钡沉淀,过滤,灰化后,称其质量,为总硫量;于另一等同试料中,经盐酸处理,挥发除去可溶性硫生成的硫化氢,试料中硫酸根用氯化钠浸出,以氨水,碳酸铵,分离铁,铅、单体硫,硫离子等杂质后再用氯化钡沉淀硫酸根。从总硫中减去硫酸根中硫量,为测定硫含量。

3 试剂

除另有说明,在分析中仅使用确认为分析纯的试剂和蒸馏水或相当纯度的水。

3.1 氯酸钾($KClO_3$)。

3.2 碳酸铵($(NH_4)_2CO_3$)。

3.3 硝酸($\rho 1.42$ g/mL)。

3.4 盐酸($\rho 1.19$ g/mL)。

3.5 氨水($\rho 1.09$ g/mL)。

3.6 盐酸(1+1)。

3.7 盐酸(5+95)。

3.8 氯化钡(100 g/L)。

3.9 甲基橙指示剂(0.2%)。

3.10 氯化钠(200 g/L)。

3.11 三氯化铁溶液(1%):称取 10 g 三氯化铁,加盐酸(3.4)溶解后,移入 1 000 mL 容量瓶中,用水稀释至刻度,摇匀。

4 分析步骤

4.1 试料

样品经磨细过 0.125 mm(120 目)分样筛后,称取 1.0 g 试料,精确至 0.000 1 g。

4.2 测定次数

独立地进行 2 次测定,取其平均值。

4.3 空白试验

随同试料做空白试验。

4.4 总硫测定

4.4.1 将试料(4.1)置于 300 mL 烧杯中,加入 5 g 氯酸钾(3.1)及少量水,摇荡使呈泥状,加入 20 mL 硝酸(3.3)覆盖表皿,在室温放置分解 2 h,加热蒸至近干,移入低温处蒸干,加入 20 mL 盐酸(3.4),然后加热溶解并蒸至近干,重复加 10 mL 盐酸(3.4)蒸至近干,移于低温处蒸干,再加 10 mL 盐酸(3.4)低温加热溶解可溶性盐类,取下[如试料中含铁小于 10 mg,应加入 2 mL 三氯化铁溶液(3.11)]。

4.4.2 试液(4.4.1)加水至体积约 100 mL,加热至近沸,取下,在搅拌下用氨水(3.5)生成氢氧化铁沉淀,过量 5 mL,加 1 g 碳酸铵(3.2),加热煮沸,待沉淀凝聚,用快速滤纸过滤,用热水洗涤 7 次～8 次,洗涤液用 400 mL 烧杯盛接。

4.4.3 滤液(4.4.2)加入 4 滴甲基橙指示剂(3.9),用盐酸(3.7)中和并过量 8 mL,摇动 10 min(至无小气泡发生),稀释体积至 250 mL,在搅拌下慢慢加入 10 mL 氯化钡溶液(3.8),加热 5 min,在近沸保温 1 h,用慢速滤纸过滤,用热水洗涤 7 次～8 次。

4.4.4 沉淀连同滤纸移入 30 mL 瓷坩埚中,于电炉上灰化滤纸,置于马弗炉中 750 ℃～800 ℃ 焙烧 30 min,取出,置于干燥器中冷却,称其质量。重复此操作至恒量。

4.5 硫酸根测定

称取试料(4.1),于 300 mL 烧杯中,加入少量水分散试料,加入 40 mL 盐酸(3.4)加热蒸至近干,加 10 mL 盐酸(3.4)重复蒸至近干,加 10 mL 盐酸(3.6),加热,搅拌起杯底附着物,然后加入 30 mL 氯化钠(3.10)溶液,加热至沸,保持 15 min,取下,以下操作同 4.4.2～4.4.4。

5 分析结果的计算

按式(1)计算硫的质量分数:

$$w(\text{S}) = \frac{(m_1 - m_2) \times 0.137\,4}{m} \times 100 \quad\cdots\cdots\cdots\cdots\cdots\cdots\cdots\cdots\cdots(1)$$

式中:

$w(\text{S})$——硫的质量分数,%;

m_1——测定总硫称取的硫酸钡质量,单位为克(g);

m_2——测定硫酸根称取的硫酸钡质量,单位为克(g);

m——测定总硫及硫酸根所称取的相等的试料量,单位为克(g);

0.137 4——硫酸钡对硫的换算系数。

6 精密度

6.1 重复性限

在重复性条件下获得的两次独立测试结果的测定值,在以下给出的平均值范围内,这两个测试结果的绝对差值不超过重复性限(r),超过重复性限(r)的情况应不超过 5%,重复性限(r)按表 1 数据采用线性内标法求得。

表 1 重复性限

硫的质量分数/%	0.61	2.13	9.92
重复性限(r)/%	0.108	0.147	0.231

6.2 允许差

实验室之间分析结果的差值应不大于表 2 所列的允许差。

表 2 允许差

硫含量/%	允许差/%
>0.50～1.00	0.15
>1.00～2.00	0.20
>2.00～10.00	0.30

7 质量保证和控制

应用国家级标准样品或行业级标准样品(当前两者没有时,也可用控制样替代),每周或每两周校核一次本分析方法标准的有效性。当过程失控时,应找出原因,纠正错误后,重新进行校核。

ICS 77.120.99
H 66

中华人民共和国国家标准

GB/T 23513.4—2009

锗精矿化学分析方法
第4部分：氟量的测定
离子选择电极法

Chemical analysis methods for germanium concentrate—
Part 4：Determination of fluoride content—ISE

2009-04-08 发布

2010-02-01 实施

中华人民共和国国家质量监督检验检疫总局
中国国家标准化管理委员会   发 布

前　言

GB/T 23513《锗精矿化学分析方法》分为五部分：
——第1部分：锗量的测定　碘酸钾滴定法；
——第2部分：砷量的测定　硫酸亚铁铵滴定法；
——第3部分：硫量的测定　硫酸钡重量法；
——第4部分：氟量的测定　离子选择电极法；
——第5部分：二氧化硅量的测定　重量法。
本部分为第4部分。
本部分由中国有色金属工业协会提出。
本部分由全国有色金属标准化技术委员会归口。
本部分负责起草单位：云南临沧鑫圆锗业股份有限公司。
本部分参加起草单位：中金岭南韶关冶炼厂、湖南怀化市洪江恒昌锗业有限公司、南京锗厂有限责任公司、北京国晶辉红外光学科技有限公司。
本部分主要起草人：包文东、李贺成、普世坤、郑洪、高孟明、孙燕。

锗精矿化学分析方法
第4部分：氟量的测定
离子选择电极法

1 范围

GB/T 23513 的本部分规定了锗精矿中氟含量的测定方法。

本部分适用于锗精矿中氟含量的测定。测定范围：0.01%~1.0%。

2 方法原理

试料用氢氧化钠熔融，水提取分离大部分金属离子，在 pH 值为 6.5 左右的柠檬酸钠缓冲介质中，以氟离子选择电极为指示电极，饱和甘汞电极为参比电极，在离子计上测量溶液的电位差测定氟。

3 试剂

除另有说明，在分析中仅使用确认为分析纯的试剂和蒸馏水或相当纯度的水。

3.1 过氧化钠(Na_2O_2)。

3.2 氢氧化钠(NaOH)。

3.3 硝酸($\rho1.42$ g/mL)。

3.4 无水乙醇(CH_3CH_2OH)。

3.5 硝酸(1+1)。

3.6 柠檬酸钠缓冲溶液[$c(Na_3C_6H_5O_7 \cdot 2H_2O)=1$ mol/L]：294 g 柠檬酸钠溶解在 900 mL 水中，加 10 mL 硝酸(3.3)，加水至 1 000 mL，pH 约为 6.5。

3.7 氟标准贮存溶液：称取 2.210 0 g 预先在 105 ℃干燥 2 h 时的优级纯氟化钠，置于塑料杯中，加水溶解，移入 1 000 mL 容量瓶中，立即以水定容，混匀。迅速转移入干的塑料瓶中保存，此溶液含氟 1 mg/mL。

3.8 氟标准溶液 A：移取 20.00 mL 氟标准贮存溶液于 200 mL 容量瓶中，以水定容，混匀。转入干的塑料瓶中，此溶液含氟 100 μg/mL。

3.9 氟标准溶液 B：移取 10.00 mL 氟标准溶液于 100 mL 容量瓶中，以水定容，混匀。转入干的塑料瓶内，此溶液含氟 10.00 μg/mL。

4 仪器

4.1 镍坩埚，带盖，30 mL。

4.2 离子计或 pH 值计，毫伏读数可至 1/10 mV。

4.3 氟离子选择电极。

4.4 饱和甘汞电极。

4.5 聚乙烯烧杯：200 mL、50 mL。

4.6 塑料容量瓶：200 mL、100 mL、50 mL。

4.7 磁力搅拌器：附包有聚乙烯的搅拌棒。

4.8 塑料漏斗。

5 分析步骤

5.1 试料

样品经磨细过 0.125 mm(120 目)分样筛后,称取 0.20 g~1.00 g 试料,精确至 0.000 1 g。

5.2 测定次数

同一试料,在同一实验室,应由同一操作者在不同的时间内进行 3 次~4 次测定。

5.3 空白试验

随同试料做空白试验,所用试剂须取自同一试剂瓶。

5.4 校正试验

随同试料分析同类型(分析步骤相一致)的标准试料。

5.5 测定

5.5.1 将试料(5.1)置于预先加入 2 g 过氧化钠(3.1)的镍坩埚中,混匀。加 3 g 氢氧化钠(3.2),盖上坩埚盖,放入已升温至 650 ℃的高温炉中熔融 10 min,取出冷却。放入 200 mL 烧杯中,用 50 mL 热水浸取,作用完后,洗出坩埚与坩埚盖,加几滴乙醇(3.4),加热煮沸 3 min~5 min,取下冷却,移入 100 mL 容量瓶中,以水定容。

5.5.2 分取 10.00 mL 经过过滤或澄清的溶液于 50 mL 的容量瓶中,加 5.00 mL 柠檬酸钠缓冲溶液,混匀,加 2 滴 5 g/L 的酚红指示剂,用硝酸(3.5)中和至溶液由红变黄,补加 10.00 mL 柠檬酸钠缓冲溶液(3.6),以水定容。将溶液倒入 50 mL 烧杯中,插入指示电极与参比电极,接好离子计,开动搅拌器,4 min 后读取电位值。从工作曲线上查得试料溶液中氟的质量浓度。

注1:氟离子选择电极使用前使之处于最低的氟离子浓度的溶液中,直至电位稳定。

注2:在每一次测量之后,要用水仔细洗涤电极,并用薄纸吸干。

注3:测完读数时,必须消除所有异常变化,并尽量精确的读取电位值。

5.6 工作曲线的绘制

取 0 mL、0.10 mL、0.50 mL、1.00 mL、5.00 mL、10.00 mL 氟标准溶液 A(3.8)和 5.00 mL、7.00 mL、10.00 mL 氟标准溶液 B(3.9),分别置于一组 50 mL 塑料容量瓶中,加入与分取试料溶液相同体积的空白溶液,以下同 5.5.2。在半对数坐标纸上,以氟的质量浓度为横坐标,电位值(mV)为纵坐标,绘制工作曲线。

6 分析结果的计算

6.1 计算

按式(1)计算氟的质量分数:

$$w(F) = \frac{(\rho - \rho_0) \times 5}{100 \times m} \times 100 \quad \text{.................................(1)}$$

式中:

$w(F)$——氟的质量分数,%;

ρ——从工作曲线上查得的试料溶液的氟浓度,单位为微克每毫升($\mu g/mL$);

ρ_0——从工作曲线上查得的随同试料空白溶液的氟浓度,单位为微克每毫升($\mu g/mL$);

m——试料量,单位为克(g)。

6.2 分析值的验收

6.2.1 当平行分析同类型标准试料所得的分析值与标准之差不大于表 2 所列的允许差时,则试料分析值有效,否则无效,应重新分析。分析值是否有效首先取决于平行分析的标准试料的分析值是否与标准值一致。

6.2.2 当所得试料的两个有效分析值之差,不大于表 2 所列允许差时,则可以平均,计算为最终分析结果。如二者之差大于允许差时,则应追加分析和数据处理。

6.3 最终分析结果的计算

试料有效分析值的算术平均值为最终分析结果。平均值计算至小数点第四位,并按数字修约规则的规定修约至小数第三位或第二位。

7 精密度

7.1 重复性限

在重复性条件下获得的两次独立测试结果的测定值,在以下给出的平均值范围内,这两个测试结果的绝对差值不超过重复性限(r),超过重复性限(r)的情况应不超过 5%,重复性限(r)按表 1 数据采用线性内标法求得。

表 1 重复性限

氟的质量分数 w/%	0.11	0.64	1.10
重复性限(r)/%	0.010	0.038	0.056

7.2 允许差

实验室之间分析结果的差值应不大于表 2 所列的允许差。

表 2 允许差

氟的质量分数/%	标样允许差/%	试料允许差/%
0.010～0.050	±0.006	0.009
>0.050～0.100	±0.009	0.012
>0.100～0.500	±0.025	0.035
>0.500～1.000	±0.045	0.065

8 质量保证和控制

应用国家级标准样品或行业级标准样品(当前两者没有时,也可用控制样替代),每周或每两周校核一次本分析方法标准的有效性。当过程失控时,应找出原因,纠正错误后,重新进行校核。

ICS 77.120.99
H 66

中华人民共和国国家标准

GB/T 23513.5—2009

锗精矿化学分析方法
第 5 部分：二氧化硅量的测定 重量法

Chemical analysis methods for germanium concentrate—
Part 5: Determination of silica content—Gravimetry

2009-04-08 发布

2010-02-01 实施

中华人民共和国国家质量监督检验检疫总局
中国国家标准化管理委员会 发布

前　言

GB/T 23513《锗精矿化学分析方法》分为五部分：
——第1部分：锗量的测定　碘酸钾滴定法；
——第2部分：砷量的测定　硫酸亚铁铵滴定法；
——第3部分：硫量的测定　硫酸钡重量法；
——第4部分：氟量的测定　离子选择电极法；
——第5部分：二氧化硅量的测定　重量法。
本部分为第5部分。
本部分由中国有色金属工业协会提出。
本部分由全国有色金属标准化技术委员会归口。
本部分负责起草单位：云南临沧鑫圆锗业股份有限公司。
本部分参加起草单位：中金岭南韶关冶炼厂、湖南怀化市洪江恒昌锗业有限公司、南京锗厂有限责任公司、北京国晶辉红外光学科技有限公司。
本部分主要起草人：包文东、李贺成、普世坤、郑洪、张丽萍。

锗精矿化学分析方法
第5部分:二氧化硅量的测定 重量法

1 范围

GB/T 23513 的本部分规定了锗精矿中二氧化硅含量的测定方法。

本部分适用于锗精矿中二氧化硅含量的测定。测定范围:0.5%~60%。

2 方法原理

试料以氢氧化钠,过氧化钠熔融,用水浸取,加盐酸脱水成硅酸析出,挥发除去锗,加动物胶凝聚沉淀过滤分离硅酸,灰化,灼烧,称其质量。

3 试剂

除另有说明,在分析中仅使用确认为分析纯的试剂和蒸馏水或相当纯度的水。

3.1 氢氧化钠(NaOH)。

3.2 过氧化钠(Na_2O_2)。

3.3 盐酸(ρ 1.19 g·mL^{-1})。

3.4 盐酸(1+3)。

3.5 盐酸(5+95)。

3.6 动物胶溶液(1%),用时现配。

4 分析步骤

4.1 试料量

按表1称取试料,精确至 0.000 1 g。

表 1 试料量

二氧化硅的质量分数/%	试料量/g	加入氢氧化钠(3.1)/g
≤1.00	2.0	6
>1.00~8.00	1.0	4
>8.00	0.50	4

4.2 测定次数

独立地进行 2 次测定,取其平均值。

4.3 空白试验

随同试料做空白试验。

4.4 测定

4.4.1 预先按表1加入氢氧化钠(3.1)于马弗炉中 650 ℃熔好冷却,加入 1 g 过氧化钠(3.2)覆盖试料,将试料(4.1)置于镍坩埚中,将镍坩埚置于马弗炉内经 700 ℃熔融 20 min,取出冷却。

4.4.2 将坩埚放入 300 mL 烧杯中,加入少量热水浸取,用水洗净坩埚,取出。

4.4.3 小心加入 60 mL 盐酸(3.4),加热蒸至 10 mL 左右,用玻璃棒搅成粒状,低温蒸干,再分别加入 20 mL、10 mL、10 mL 盐酸(3.4)重复蒸干三次,取下。

4.4.4 加入 20 mL 盐酸(3.4),搅拌,用 20 mL 水吹洗杯壁,加热至 60 ℃~70 ℃,加入 5 mL 动物胶溶液(3.6),搅拌 5 min,加入 60 mL~70 mL 沸水,近沸保温 5 min。

4.4.5 趁热用慢速定量滤纸过滤,用热盐酸(3.5)洗烧杯及沉淀,用滤纸擦洗烧杯,用热盐酸(3.5)洗涤 3 次~4 次,再用热水洗涤沉淀 5 次~6 次。

4.4.6 将沉淀连同滤纸移入 30 mL 瓷坩埚中,置于马弗炉中低温灰化后,然后升温至 950 ℃,灼烧 1 h。取出稍冷,移入干燥器中,冷至室温,扫出,称其质量。

> 注:灼烧后二氧化硅应呈现白色粉状。若颜色不正常,可移至恒重铂坩埚中,加氢氟酸,硫酸挥发处理后,再灼烧,质量减少量为二氧化硅量。

5 分析结果的计算

按式(1)计算二氧化硅的质量分数:

$$w(\mathrm{SiO_2}) = \frac{(m_1 - m_2)}{m_0} \times 100 \quad\cdots\cdots\cdots\cdots\cdots\cdots\cdots(1)$$

式中:

$w(\mathrm{SiO_2})$——二氧化硅的质量分数,%;

m_1——试料中二氧化硅的质量,单位为克(g);

m_2——空白试料中二氧化硅的质量,单位为克(g);

m_0——试料量,单位为克(g)。

6 精密度

6.1 重复性限

在重复性条件下获得的两次独立测试结果的测定值,在以下给出的平均值范围内,这两个测试结果的绝对差值不超过重复性限(r),超过重复性限(r)的情况应不超过 5%,重复性限(r)按表 2 数据采用线性内标法求得。

表 2 重复性限

二氧化硅的质量分数 w/%	0.51	14.52	46.72
重复性限(r)/%	0.096	0.299	0.4

6.2 允许差

实验室之间分析结果的差值应不大于表 3 所列的允许差。

表 3 允许差

二氧化硅的质量分数/%	允许差/%
≤1.00	0.10
>1.00~5.00	0.20
>5.00~8.00	0.30
>8.00~10.00	0.40
>10.00~50	0.50

7 质量保证和控制

应用国家级标准样品或行业级标准样品(当前两者没有时,也可用控制样替代),每周或每两周校核一次本分析方法标准的有效性。当过程失控时,应找出原因,纠正错误后,重新进行校核。

ICS 29.045
H 80

中华人民共和国国家标准

GB/T 24574—2009

硅单晶中Ⅲ-Ⅴ族杂质的
光致发光测试方法

Test methods for photoluminescence analysis of
single crystal silicon for Ⅲ-Ⅴ impurities

2009-10-30 发布

2010-06-01 实施

中华人民共和国国家质量监督检验检疫总局
中国国家标准化管理委员会   发布

GB/T 24574—2009

前　言

　　本标准修改采用 SEMI MF 1389-0704《Ⅲ-Ⅴ号混杂物中对单晶体硅的光致发光分析的测试方法》。本标准对 SEMI MF 1389-0704 格式进行了相应调整。为了方便比较,在资料性附录 B 中列出了本标准章条和 SEMI MF 1389-0704 章条对照一览表。并对 SEMI MF 1389-0704 条款的修改处用垂直单线标识在它们所涉及的条款的页边空白处。

　　本标准与 SEMI MF 1389-0704 相比,主要技术差异如下:

　　——删除了"目的"、"术语和定义"中的讨论部分、"偏差"和"关键词"等章节的内容;

　　——删除了 SEMI MF 1389-0704 中对砷铝含量测定的内容;

　　——将实际测试得到的单一试验室的精密度结果代替原标准 SEMI MF 1389-0704 中的精度和偏差部分,并将原标准中的精度和偏差部分作为资料性附录 A 。

　　本标准的附录 A 和附录 B 为资料性附录。

　　本标准由全国半导体设备和材料标准化技术委员会提出。

　　本标准由全国半导体设备和材料标准化技术委员会材料分技术委员会归口。

　　本标准起草单位:信息产业部专用材料质量监督检验中心、中国电子科技集团公司第四十六研究所。

　　本标准主要起草人:李静、何秀坤、蔺娴。

硅单晶中Ⅲ-Ⅴ族杂质的
光致发光测试方法

1 范围

本标准规定了硅单晶中Ⅲ-Ⅴ族杂质的光致发光测试方法。

本标准适用于低位错单晶硅中导电性杂质硼和磷含量的同时测定。

本标准用于检测单晶硅中含量为 $1×10^{11}$ at·cm^{-3}～$5×10^{15}$ at·cm^{-3} 的各种电活性杂质元素。

2 规范性引用文件

下列文件中的条款通过本标准的引用而成为本标准的条款。凡是注日期的引用文件,其随后所有的修改单(不包括勘误的内容)或修订版均不适用于本标准,然而,鼓励根据本标准达成协议的各方研究是否可使用这些文件的最新版本。凡是不注日期的引用文件,其最新版本适用于本标准。

GB/T 13389 掺硼掺磷硅单晶电阻率与掺杂物浓度换算规程

GB/T 24581 低温傅立叶变换红外光谱法测量硅单晶中Ⅲ、Ⅴ族杂质含量的标准方法

3 术语和定义

下列术语和定义适应于本标准。

3.1

缺陷光荧光谱 defect luminescence lines

由硅中缺陷产生的那些特征吸收。

3.2

电子空位液滴(EHD) electron hole droplet(EHD)

由光激发产生的激子气体的冷凝相(液体)。

3.3

激子 excitons

是由一个空位晶格(自由激子)或杂质原子点(束缚激子)结合在一起的能发光的电子空穴对。

3.4

非本征谱(X_{TO}(BE)或 X_{NP}(BE)) extrinsic line (X_{TO}(BE)或 X_{NP}(BE))

由晶格中的杂质原子点(束缚激子)捕获激子而产生的光荧光谱。

在 4.2 K 温度下非本征激子的结合能,它的能量比本征发射低得多。X 是杂质元素符号,BE 表示束缚激子荧光谱。非本征荧光同样包括特征吸收,是因为束缚的多个激子复合(b1,b2,b3 分别表示第一、第二和第三束缚的多个激子复合)。在施主荧光谱中,这些复合在 TO 区域出现了两个系列的谱线,叫做 α 系列和 β 系列。在符号后面加撇号来表示弱的 β 系列特征吸收。(即 P_{TO}(b1'))(见表 1 和表 2)。

3.5

本征谱(I_{TO}(FE)) intrinsic line (I_{TO}(FE))

无掺杂的纯净硅中激子复合而产生的光荧光谱。

3.6

声子 phonon

晶格振动中简谐振子的能量量子。

表 1 光致发光谱的发光峰位(真空波长)

硅本征发射光谱			
I_{TO}(FE)在 8 848 cm^{-1};I_{LO}(FE)在 8 860 cm^{-1};I_{TA}(FE)在 9 166 cm^{-1}			
主要的轻掺束缚激子(BE)发射光谱			
元　素	TO 区/cm^{-1}	NP 区/cm^{-1}	NP/TO 区 BE 发射强度比值
硼	8 812.6	9 281.3	0.017
锑	8 810.5	9 280.0	0.010
磷	8 806.8	9 275.4	1.4
铝	8 803.4	9 271.8	0.7
砷	8 801.0	9 269.4	2.0

表 2 硼和磷光致发光谱的发光峰位(真空波长)

硼的特征发光峰位/cm^{-1}	磷的特征发光峰位/cm^{-1}
B_{NP}(BE)= 9 281.3	P_{NP}(BE)= 9 275.4
B_{NP}(b1)= 9 263.6	P_{NP}(b1)= 9 246.4
B_{NP}(b2)= 9 245.9	P_{NP}(b2)= 9 223.9
	P_{NP}(b3)= 9 208.4
	P_{NP}(b4)= 9 197.8
B_{TA}(BE)= 9 130.1	P_{TA}(BE)= 9 124.4
B_{TA}(b1)= 9 112.4	P_{NP}(BE−2e)= 8 992.8[a]
B_{TA}(b2)= 9 095.2	
B_{TO}(BE)= 8 812.6	P_{TO}(b1')= 8 812.7[b]
B_{TO}(b1)= 8 795.0	P_{TO}(BE)= 8 806.8[c]
B_{TO}(b2)= 8 777.5	P_{TO}(b2')= 8 790.4[b]
B_{TO}(b3)= 8 763.2	P_{TO}(b1)= 8 778.0[c]
B_{TO}(b4)= 8 752.1	P_{TO}(b3')= 8 771.3[b]
B_{TO}(b5)= 8 742.6	P_{TO}(b2)= 8 756.0[c]
	P_{TO}(b4')= 8 756.2[b]
	P_{TO}(b5')= 8 745.4[b]
	P_{TO}(b3)= 8 740.2[c]
[a] 两个电子转换用 2e 表示;	
[b] β 系列转换;	
[c] α 系列转换。	

4　方法原理

本方法利用低温下样品的非辐射复合会减小,发光带的热展宽也相应地减少,可以观察到激子发光精细结构的原理,将单晶硅样品冷却到 4.2 K,用高于硅带隙能量的激光器激发它,测量本征硅发射强度和非本征杂质发射强度的比值,做出强度比与杂质浓度之间的校正曲线,从而获得杂质浓度。

5 干扰因素

5.1 激发强度的变化——在相同的激发强度下,非本征束缚激子(BE)和本征自由激子(FE)的荧光特征吸收强度值不改变。随着激发强度的增强 FE 特征吸收会适当增强,同时 BE 特征吸收也会增强。但当激发强度较高时,达到了电子空穴液滴(EHD)的起始点以上时会很缓慢增强。因为计算杂质浓度由非本征特征吸收与本征特征吸收的比值得出,这一比值将随着激发强度的增强而减小。因此,如果一个样品在超过仪器校准水平的高激发强度下检测时,将会带来人为的测试误差,致使计算浓度偏低。

5.2 样品表面的损坏及缺陷等因素会造成样品辐射复合的减少,影响样品光荧光谱的强度,这是由于这些缺陷能级会俘获电子和空穴,形成不发光的非辐射复合中心,减弱样品的荧光强度。例如那些在 $6\,501\;cm^{-1}$ 和 $7\,050\;cm^{-1}$ 处的荧光都是典型的受热力学压力造成的,这些特征吸收可以用来定性分析缺陷。

5.3 硅的荧光特征值和线性宽度随温度的改变而剧烈变化,因此一定要避免测试过程中样品温度的改变,本测试方法在 6.1 对使用的降温系统进行了阐述。

5.4 光谱特征吸收的重迭

5.4.1 硼的 $B_{TO}(BE)$ 特征吸收在 $8\,812.6\;cm^{-1}$ 与磷的 $P_{TO}(b1')$ 特征吸收 $8\,812.7\;cm^{-1}$ 发生重迭,直接导致计算硼浓度时出现错误。一种方法是利用在 $8\,806.6\;cm^{-1}$ 处 β 系列磷荧光谱 $P_{TO}(B1')$ 的强度是 α 系列磷荧光谱 $P_{TO}(BE)$ 强度的十分之一,测硼的特征吸收时要减掉磷的量。另外一种方法是利用硼谱的 $B_{TO}(b1)$,用仪器对此特征吸收进行校准,从而消除磷谱线的影响。

5.4.2 在硼和磷的横向光学特征吸收之间,锑的荧光谱线 $Sb_{TO}(BE)$ 会下降。因为相对于硼和磷的特征荧光谱的位置,锑的荧光谱很宽会影响硼和磷的横向光学(TO)的特征吸收强度。这些元素的零声子(NP)的特征吸收,可以用来校准仪器。

5.4.3 当样品含有许多不同含量的杂质时,宽的横向光学声子(TO)区域特征吸收会干扰测量。例如,当硼的含量远远超过磷的含量时,必须用磷的零声子 $P_{NP}(BE)$ 特征吸收谱线测量。而当磷的含量远远超过硼的含量时,必须采用 5.4.1 所述的两种测量方法中的一种进行测量。

5.5 样品中的应力会引起零声子(NP)区域特征吸收发生分裂,影响杂质的 TO/NP 荧光谱的比值,造成计算结果偏低。利用峰面积的计算方法,可以减小谱线分裂的影响。

5.6 本测试方法中的校准曲线源于两种方法,第一种为"电阻系数的测定"(见 GB/T 18389),第二种为"低温下红外吸收光谱(FT-IR)的测定"(见 GB/T 24581)。如果这两种测试方法中任一测试方法测量不精确,都会影响校准曲线的精确度,从而造成光荧光谱测量结果的不准确。

6 测量仪器和材料

6.1 低温恒温器:能保持样品测试温度在 4.2 K。可以选用三种方式:开式循环液氦浸没、交换气体低温恒温器、闭合制冷系统。浸入型低温恒温器可以精确地稳定温度,而交换气体和闭式循环系统要特别注意热浸和精确测量样品温度。

6.2 样品架:用有良好热传导性的金属制成,在不引起样品应力的过度变化基础上,通过适当方法固定样品以避免谱线分裂。

6.3 激发光源:可以激发硅单晶产生发射光谱,为保证精确的测量激光强度必须可控并且稳定。

6.4 红外光谱仪:配有检测器,并且光响应范围在 $8\,750\;cm^{-1} \sim 9\,300\;cm^{-1}$ 之间,在 $9\,300\;cm^{-1}$ 处的分辨率至少为 $0.5\;cm^{-1}$。

7 试剂及试样制备

7.1 试剂

7.1.1 纯水温度 25 ℃时,电阻率大于 18 MΩ 的电子级水。

GB/T 24574—2009

7.1.2 硝酸(ρ1.42 g/mL),MOS级。

7.1.3 氢氟酸(ρ1.14 g/mL),MOS级。

7.1.4 过氧化氢(ρ1.10 g/mL),MOS级。

7.1.5 混合酸(HNO₃：HF：H₂O₂：H₂O=1：1：1：25)按体积比配制。

7.2 试样制备

7.2.1 按7.2.1.1或7.2.1.2的程序操作以去除样品上所有工艺过程带来的损伤及表面污染物,经过化学-机械抛光的薄片,不需要做进一步的制备。

7.2.1.1 使用一种合适的腐蚀剂腐蚀样品(例如7.1.5中的混酸)。

7.2.1.2 或者使用一种合适抛光液,对样品表面进行化学-机械抛光。

7.2.2 腐蚀以后会造成样品的荧光效率下降,使用适当的化学-机械抛光会相应减少样品腐蚀造成的荧光效率下降,因此推荐在腐蚀后2 h之内将样品放入低温恒温器中。

8 操作步骤

8.1 仪器校准

8.1.1 如果仪器性能没有漂移或硬件没有改变,只需测量一次硅标样。第二种标样为仪器的校准检验所用的校准样品,可以通过测量该标样提供仪器长期的性能统计。对每一条杂质校准曲线的校正都至少需要四种标样。

8.1.2 测量已知杂质含量的样品,按8.2.1中涉及的合适激发强度下测量光荧光谱,选择8.2.2.2中列出的分辨率类型。

8.1.3 按照8.3所述确定峰强度,并按9.1所述选择合适谱线的比值。

8.1.4 通过平移曲线使交叉点与已知样品的光荧光谱数据相符,从而调整图1或图2中的校准数据,使之与测试方法A或测试方法B相符。不要改变曲线的斜率,因为斜率仅仅是激子复合动力学的一个函数,而与给定仪器的光学响应无关。

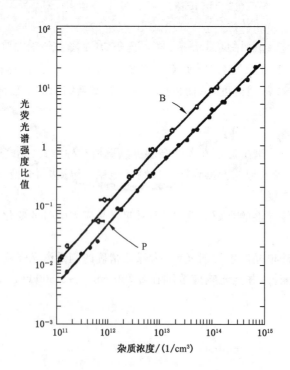

注:斜率为1.0。

图1 高激发强度条件下硼、磷校准曲线

432

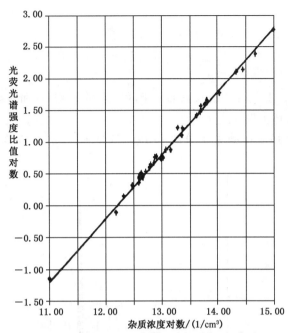

图 2 低激发强度条件下杂质校准曲线

8.1.5 在固定的仪器上,这些曲线可以做为测量计算的依据。

8.1.6 仪器性能有漂移或硬件有所改变时,要测定仪器短期的 1σ 标准偏差。

8.1.6.1 用分析典型样品的常规测试条件,重复测试样品杂质浓度 9 次。

8.1.6.2 按照 8.3 所述确定峰强度和杂质浓度。

8.1.6.3 计算杂质浓度的 1σ 标准偏差。

8.2 测量步骤

8.2.1 激发条件

8.2.1.1 测试方法 A 高激发强度条件:调节激光器的输出为 300 mW,使光束通过红外滤波器。在样品和激光器之间光束可以被 2～3 个镜子反射,使未聚焦光束通过低温恒温器窗口,设置光束直径为 2.5 mm。

8.2.1.2 测试方法 B 低激发强度条件:考虑到信噪比要调节激光强度,使得荧光最大程度地接近 EHD 起始点。从上面提到的激光强度到低于 EHD 起始点信噪比允许的强度范围内,测量硅标样在不同激光强度下的光荧光谱。在线性坐标 8 720 cm⁻¹处画出相对于激光器强度的 EHD 荧光强度,EHD 起始能量可以由外延直线从非零 EHD 点到零强度来确定。

8.2.2 光谱仪参数

8.2.2.1 光谱范围

　　TO 区域:8 757 cm⁻¹～8 889 cm⁻¹(1 142 nm～1 125 nm)

　　NP 区域:9 242 cm⁻¹～9 294 cm⁻¹(1 082 nm～1 076 nm)

8.2.2.2 分辨率

　　在不需要或不必要计算铝或砷浓度时使用标准分辨率,否则使用高分辨率。

　　标准分辨率＝2 cm⁻¹

　　高分辨率＝0.5 cm⁻¹

8.2.3 保留一组典型样品的测试数据作为备用标准,复测该样品用来阶段性检测仪器性能。通过重复测试两次同一样品,对比数据来确认测试仪器的重复性。

　　在检测未知样品前,先测试标准样品的光荧光谱,如果测试标样的结果超过了仪器允许误差范围以外,应调节激光器能量来补偿。如果光源的损失不能靠这一简单的过程来解决,就需要彻底检查并修复,必要时对仪器进行重新校准。

8.2.4 按 8.2.2 光谱仪参数测量未知样品的光荧光谱,按 8.3 所述确定峰强度。

8.3 峰强度的确定

8.3.1 采用基线作图法,在图3中作图。对于 $I_{TO}(FE)$ 谱,在(a)8 880 cm^{-1}到(b)8 840 cm^{-1}附近的最小值之间画基线。对于 TO 区含杂质的基线,从(b)点到(c)点或(d)点:8 785 cm^{-1}或8 768 cm^{-1}附近的最小值点之间画线。

8.3.2 测量峰高及峰面积。使用 TO 线来测 B 和 P,用 NP 线来测 Al 和 As。如果 $P_{TO}(BE)$ 不适用,同样可以用 NP 线来测 P。具体见图4。

8.3.3 通过从 $B_{TO}(BE)$ 线强度中减去十分之一 $P_{TO}(BE)$ 线强度,可以修正 $P_{TO}(b1')$ 线优先于 $B_{TO}(BE)$ 线的情况。

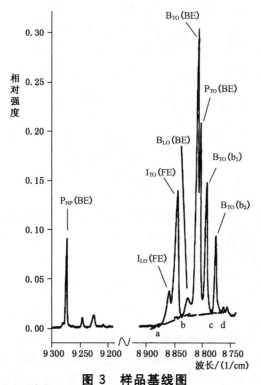

图 3　样品基线图

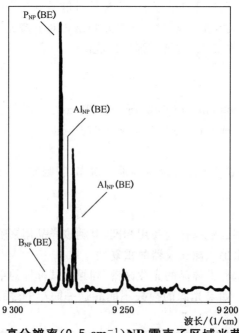

图 4　高分辨率(0.5 cm^{-1})NP 零声子区域光荧光谱

9 结果计算

9.1 计算杂质的非本征杂质发射强度和本征硅发射强度的比值。

9.2 利用8.1.4中获得的经校正的校准曲线,采用图像或计算方法确定校准曲线上与9.1得到的比值(或比值的对数)一致的点。

9.3 记录杂质浓度,单位为 $at \cdot cm^{-3}$。

10 精密度

该方法单个实验室10次测试结果列于表3,磷的平均值为79.9 pg/g,标准偏差为2.08 pg/g,相对标准偏差为2.6%。硼的平均值为121 pg/g,标准偏差为5.59 pg/g,相对标准偏差为4.6%。

注:该精密度数值是选取一片φ3英寸非掺、低位错N型硅单晶抛光片,在其中心位置划取一合适尺寸的测量样品由同一试验人员在同一实验室重复测量十次该样品的磷含量和硼含量得到的。

表 3 单个实验室的测试结果

杂质元素	测量次数	PL强度比	杂质浓度/(pg/g)	平均值/(pg/g)	标准偏差/(pg/g)	相对标准偏差/%
B	1	0.63	126	121	5.59	4.6
	2	0.60	120			
	3	0.55	110			
	4	0.60	120			
	5	0.64	128			
	6	0.60	120			
	7	0.60	120			
	8	0.62	124			
	9	0.58	116			
	10	0.64	128			
P	1	0.180	80	79.9	2.08	2.6
	2	0.180	80			
	3	0.176	78			
	4	0.191	85			
	5	0.176	78			
	6	0.178	79			
	7	0.182	81			
	8	0.180	80			
	9	0.176	78			
	10	0.180	80			

11 报告

测量报告应包括如下内容:

a) 测量样品杂质浓度结果;

b) 样品批号;

c) 样品数量;

d) 操作者姓名;

e) 使用的测试方法(A 或 B)。

附 录 A
（资料性附录）
SEMI MF 1389-0704 中的精密度和偏差

单个实验室用光致发光法测量磷、硼的结果，一天分析两个样品，经过几个星期（每个样品进行45 次测量），第一个样品包含 70 pg/g 的磷和 30 pg/g 的硼,第二个样品包含 20 pg/g 磷和 15 pg/g 硼。经过几天,两个操作者,两个样品的测量,得到单一实验室标准偏差值及基于平均测量值的相对标准偏差值,列于表 A.1 中。

表 A.1　单个实验室研究光致发光法测量磷和硼的标准偏差值变化

样品编号	杂　质	标准偏差/ (pg/g)	相对标准偏差/ %
1	P	2.43	3.4
1	B	1.69	6.2
2	P	1.13	5.6
2	B	1.00	7.0

附 录 B
（资料性附录）
本标准章条编号与 SEMI MF 1389-0704 章条编号对照表

表 B.1 本标准章条编号与 SEMI MF 1389-0704 章条编号对照

本标准章条编号	对应的 SEMI MF 1389-0704 章条编号对照
1	2
2	4
3	5
4	6
5	3
6	7
7.1	8
7.2	9
8.1	10
8.2	11
8.3	12
9	13
11	14
10	15
—	16
—	17

ICS 29.045
H 80

中华人民共和国国家标准

GB/T 24575—2009

硅和外延片表面 Na、Al、K 和 Fe 的二次离子质谱检测方法

Test method for measuring surface sodium, aluminum, potassium, and iron on silicon and epi substrates by secondary ion mass spectrometry

2009-10-30 发布　　　　　　　　　　　　　2010-06-01 实施

中华人民共和国国家质量监督检验检疫总局
中国国家标准化管理委员会　发布

前　言

　　本标准修改采用 SEMI MF 1617-0304《二次离子质谱法测定硅和硅外延衬底表面上钠、铝和钾》。本标准对 SEMI MF 1617-0304 格式进行了相应调整。为了方便比较,在资料性附录 B 中列出了本标准章条和 SEMI MF 1617-0304 章条对照一览表。并对 SEMI 1617-0304 条款的修改处用垂直单线标识在它们所涉及的条款的页边空白处。

　　本标准与 SEMI MF 1617-0304 相比,主要技术差异如下:

　　——去掉了"目的"、"关键词"。

　　——将实际测试得到的单一试验室的精密度结果代替原标准中的精度和偏差部分,并将原标准中的精度和偏差部分作为资料性附录 A。

　　本标准的附录 A 和附录 B 为资料性附录。

　　本标准由全国半导体设备和材料标准化技术委员会提出。

　　本标准由全国半导体设备和材料标准化技术委员会材料分技术委员会归口。

　　本标准起草单位:信息产业部专用材料质量监督检验中心、中国电子科技集团公司第四十六研究所。

　　本标准主要起草人:何友琴、马农农、丁丽。

硅和外延片表面 Na、Al、K 和 Fe 的
二次离子质谱检测方法

1 范围

1.1 本标准规定了硅和外延片表面 Na、Al、K 和 Fe 的二次离子质谱检测方法。本标准适用于用二次离子质谱法(SIMS)检测镜面抛光单晶硅片和外延片表面的 Na、Al、K 和 Fe 每种金属总量。本标准测试的是每种金属的总量,因此该方法与各金属的化学和电学特性无关。

1.2 本标准适用于所有掺杂种类和掺杂浓度的硅片。

1.3 本标准特别适用于位于晶片表面约 5 nm 深度内的表面金属沾污的测试。

1.4 本标准适用于面密度范围在 $(10^9 \sim 10^{14})$ atoms/cm^2 的 Na、Al、K 和 Fe 的测试。本方法的检测限取决于空白值或计数率极限,因仪器的不同而不同。

1.5 本测试方法是对以下测试方法的补充:

1.5.1 全反射 X 射线荧光光谱仪(TXRF),其能够检测表面的原子序数 Z 较高的金属,如 Fe,但对 Na、Al、K 没有足够低的检测限($<10^{11}$ atoms/cm^2)。

1.5.2 对表面的金属进行气相分解(VPD),然后用原子吸收光谱仪(AAS)或电感耦合等离子体质谱仪(ICP-MS)测试分解后的产物,金属的检测限为 $(10^8 \sim 10^{10})$ atoms/cm^2。但是该方法不能提供空间分布信息,并且金属的气相分解预先浓缩与每种金属的化学特性有关。

2 规范性引用文件

下列文件中的条款通过本标准的引用而成为本标准的条款。凡是注日期的引用文件,其随后所有的修改单(不包括勘误的内容)或修订版均不适用于本标准,然而,鼓励根据本标准达成协议的各方研究是否可使用这些文件的最新版本。凡是不注日期的引用文件,其最新版本适用于本标准。

ASTM E122 评价一批产品或一个工艺过程质量的样品大小的选择规程

ASTM E673 表面分析的相关术语

3 术语和定义

ASTM E673 确立的术语和定义适用于本标准。

4 试验方法概要

4.1 将镜面抛光硅单晶片样品装入样品架,并将样品架送入 SIMS 仪器的分析室。

4.2 用一次氧离子束,通常是 O_2^+,以小于 0.015 nm/s(0.9 nm/min)的溅射速率轰击每个样品表面。

4.3 分析面积因仪器的不同而不同,范围从 100 $\mu m \times 100 \mu m$ 到 1 mm$\times$1 mm。

4.4 因仪器的不同,将氧气分子喷射或泄漏使其集中在分析区域内。

4.5 正的二次离子 ^{23}Na,^{27}Al,^{39}K,^{54}Fe 经过质谱仪质量分析,被电子倍增器(EM)或者同样高灵敏度的离子探测器检测,二次离子计数强度是时间的函数,测试一直持续到计数强度降低到背景水平或者到各元素开始强度的 1% 时为止。仪器必须能够将元素离子信号从分子干扰中分离出来。

4.6 检测空白硅样品以确定检测限,分子离子干扰、仪器背景、计数率极限都可能造成检测限升高。分析过程中或测试结束时,Si 的基体元素(^{28}Si,^{29}Si 或者 ^{30}Si)的正二次离子计数率由法拉第杯(FC)或其

他合适的探测器检测。如果测试过程中,使用多个检测器,必须通过测试标准离子信号(同一种正二次离子的计数率,或已知相对强度的两种正离子的计数率,例如通常的$^{28}Si/^{30}Si$)来确定检测器的相对灵敏度。

4.7 根据检测器的相对效率比(如果使用多个检测器)和测试参考样品中得到的RSF将^{23}Na,^{27}Al,^{39}K,^{54}Fe的净余信号积分转换成定量的面密度。

5 干扰因素

5.1 样品处理或测试过程中所引入的Na、Al、K和Fe表面金属污染会引起测试结果的偏差。(根据SIMS测试的剖析图形,可以容易地将含有这些金属成分的室内微粒的污染与样品本身的表面金属沾污区别开来,表面沾污的金属信号强度的对数会随着溅射时间线性降低,而微粒引起的污染在做剖析时不符合此规律)。

5.1.1 将元素离子与分子离子分开是十分重要的,对于$^{27}Al^+$来说,在其浓度低于$10^{11} \sim 10^{12}$ atoms/cm^{2}时,普遍存在于清洗室内空气或塑料盒制容器中的$C_2H_3^+$分子离子就会对测试产生显著的干扰,相对来说,有机物的干扰主要来自于测试晶片表面的有机物。

5.1.2 当Al离子的浓度在$(10^9 \sim 10^{10})$ atoms/cm^{2}范围时,另一个重要的干扰来自于普遍存在的BO^+离子,因为对于所有的晶片,不管是n型还是p型,表面B浓度范围通常都在10^{12} atoms/cm^2。

5.1.3 如果表面存在高浓度的Na,那么NaO^+分子离子可能对$^{39}K^+$离子形成干扰。理论上,$^{11}B^{12}C^+$和$^{11}B^{28}Si^+$分子离子分别会干扰$^{23}Na^+$和$^{39}K^+$离子。

5.1.4 $^{54}Fe^{+1}$的信号也会受到$^{27}Al_2^{+1}$或者$^{54}Cr^{+1}$的干扰。

5.1.5 通过使用调节至高质量分辨状态的磁质谱仪,或者在某些情况下使用启用了能量过滤器的四极质谱仪,可以消除分子离子干扰。

5.2 从参考样品推导出的相对灵敏度因子(RSF)的偏差能引起SIMS测试的面密度的偏差。

5.3 如果仪器质量分析能力或检测方案不足以消除干扰,那么质量的干扰也会引入偏差。

5.4 Na、Al、K和Fe的SIMS测试仪器背景会限制这些表面金属的最低检出水平。

5.5 各个样品的表面与二次离子质谱仪的离子收集光学系统之间倾斜度的不同,会导致测试的准确度和精度大大降低。样品架的设计构造和维护必须满足:在样品装入样品架后,各个样品表面的倾斜度是固定的。

5.6 测试准确度和精度随着样品表面粗糙度的增大而显著降低,可以通过对样品表面进行化学机械抛光予以消除。

5.7 如果测试时不使用氧泄漏,由于化学自然氧化层厚度的不同会影响离子产额,可能导致测试结果有偏差,目前还没有人研究过这种影响效果。

6 测量仪器

6.1 SIMS仪器:配备一次离子束(优先采用O_2^+),质谱仪(具备将目标元素离子从分子干扰中分离出来的能力),电子倍增器、法拉第杯检测器,或者具备类似的二次离子计数能力的探测系统或者以上检测器的组合;具有小于0.015 nm/s速率的样品表面溅射能力;可以使用氧气泄漏,以得到稳定的表面离子产额;流到样品表面的氧气流量必须足够稳定,以保证分析过程中的二次离子产额不会改变。氧气流量稳定性的检查可以通过在剖析过程中监控主元素硅的一个同位素的信号强度来实现,如果剖析时没有监控主元素,也可以通过监控真空室中的氧气压的波动来实现。为了提供尽可能低的仪器背景,SIMS仪器必须经过充分的维护和保养。

6.2 样品架:适用于SIMS测试。有些仪器的样品架能放置多个5 mm×5 mm的样品,样品测试面朝向金属(Ta)窗口;有些仪器的样品架能放置一个或更多的15 mm×15 mm的样品,通过弹簧片压住样品边缘或用银膏粘住样品的背面来固定;有些仪器样品架能放置整个的硅晶片。无论是何种样品架,都要经过充分的维护和保养,以尽可能减小因样品架问题造成的仪器背景的升高。

6.3 探针轮廓仪:或者功能相当的仪器(例如,原子力显微镜)用于测试样品上 SIMS 溅射坑的深度,以便标定标准样品浓度分布曲线的深度值。测试片深度值标定的常规要求:仪器必须能测试到 10 nm 的深度,并保证 10%的准确度和精度。如果没有这种仪器,必须准备间接深度标定标准样品(例如已知杂质浓度深度分布的硅片),以确定 SIMS 测试过程中的溅射速率。

> 注:对于深度在 10 nm 或以下溅射坑的准确测量仍然是一个值得研究的领域,因为在将样品从 SIMS 分析室转移到坑深测试装置时,溅射后的硅很容易与氧气发生反应。例如,溅射后硅表面的这种快速的氧化生长,使期望深度值大概只有 1 nm 的坑比最初的自然氧化层还厚,也就是说,样品被刻蚀的地方,观察者看到的是一个凸起,而不是坑。如果参考样品与待测的未知样品同型,也就是说参考样品是表面预先沾污样品而不是浅离子注入样品,就不必对每个样品的浅坑深度直接测试。

7 试样制备

7.1 取样

因为 SIMS 分析实际上是破坏性的试验,所以必须进行取样,且被抽取样品能够评价该组硅片的性质。本标准不包含统一的抽样方法这部分,因为大多数合适的取样计划根据每批样品的情况不同而有区别。为了仲裁目的,检测的取样计划必须在测试之前得到一致的认可。见 ASTM E122。

7.2 样品要求

7.2.1 样品的分析面必须平坦光滑。(见 5.5 和 5.6)

7.2.2 样品必须切割成小块,以适合放入样品架内。样品不要求都是同样的大小,但是典型尺寸的样品是边长 5 mm～15 mm 的近似正方形。

7.2.3 准备一块空白样品,其金属面密度要低于本方法的期望检测限,且其表面有机物与待测的未知样品具有相同的水平和类型。

> 注:如果样品是在经过清洗工艺后不久就进行测试,那么从清洗室空气或容器中携带的有机物就很少,可以忽略不计,但是如果样品被放置一天或更长的时间后,有机物的量就会明显增高,测试时会引起分子离子的干扰,这种干扰在设计测试方案的时候一定要考虑排除掉。

7.3 参考样品是以下任何一种样品

7.3.1 旋转涂膜沾污样品:用气相分解/原子吸收光谱法(VPD/AAS)或者气相分解/电感耦合等离子体质谱(VPD/ICP-MS)法进行标定,并对其空间均匀性做 SIMS 定性测试,因为浓度空间分布不均匀,会引起 SIMS 定量测试的波动或偏差。使用旋转涂膜的参考样品,可以免去对溅射坑的深度测试并消除由此引起的偏差/波动。对于这种参考样品,因为 SIMS 测试的 SI_i 是指同位素,所以式(1)中(见 9.1)使用的的面密度 D 指的是用 VPD/AAS 或者 VPD/MS 测定再经过同位素丰度比例修正后的值。

7.3.2 浸泡硅晶片样品:硅片经过浸没在预先配制好含有所要测试沾污金属的 SC-1(NH_4OH：H_2O_2：H_2O)溶液中,(处理后),用 VPD/AAS 或者 VPD/MS 法对其表面沾污金属分解并测试。因为空间浓度的不均匀会导致 SIMS 定量测试时的波动或偏差,所以要对该样品空间均匀性做 SIMS 定性测试,也可以用 TXRF 对 Fe 进行空间均匀性测定。使用 SC-1 溶液浸泡的参考样品,可以免去对溅射坑深度的测试,进而消除其引起的波动和偏差。对于这种参考样品,因为 SIMS 测试的 SI_i 是指同位素,所以式(1)中(见 12.1)使用的面密度 D 指的是用 VPD/AAS 或者 VPD/MS 测定再经过同位素丰度比例修正后的值。

7.3.3 离子注入样品:向硅晶片中注入 ^{23}Na,^{27}Al,^{39}K,^{56}Fe(或者^{54}Fe),因为空间浓度的不均匀会导致 SIMS 定量测试时的波动或偏差,所以要对该样品空间均匀性做 SIMS 定性测试,也可以用 TXRF 对 Fe 进行空间均匀性测定。有必要阐明:依据此种参考样品,使用上述仪器,按照该操作步骤所得到 RSF 值与从旋转喷涂参考样品中得到的 RSF 值是一致的。对于这种参考样品,式(1)(见 9.1)中用到的面密度 D 指的是注入同位素的剂量。

8 操作步骤

8.1 样品装载和 SIMS 仪器设置

8.1.1 将每个样品(未知样品,参考样品,空白样品)切割成小块以适合放入样品架。参考样品中必须含有 ^{23}Na, ^{27}Al, ^{39}K, ^{56}Fe(或者 ^{54}Fe)元素,或者有多个参考样品,每个参考样品含有这些元素中的一个或多个。做这些准备时应尽量减少样品表面的金属污染。

8.1.2 将样品装入 SIMS 样品架。

8.1.3 将样品架送入 SIMS 仪器的样品室。

8.1.4 按仪器的说明书开启仪器。

8.1.5 设定合适的分析条件,其中应当含有消除分子离子的质量干扰的方法。

8.1.5.1 选择一次离子束流,一次束的扫描面积和二次离子质谱仪的传输方式,以获得合适的溅射速率(小于 0.015 nm/s)。

8.1.5.2 选择合适的质谱仪条件,以保证最大的二次离子计数率时,使死时间损失低于 10%。

8.1.6 确保分析条件合适,能够同时满足已知浓度的参考样品和空白样品的测试要求。

8.1.6.1 确保分析溅射速率满足:在剖析过程中,在每溅射 0.2 nm 深度的时间内,对每个被监控的元素计数大于等于一次。

8.1.6.2 在使用氧喷射时,为了确定氧气泄漏压力是否合适,需对某一样品做深度剖析,监测主元素的二次离子产额在前 10 nm 的稳定性(变化应在 20% 内)。在一个典型的样品上进行这种确认实验时,采用的溅射速率与表面金属杂质测试时使用的溅射速率相同。如果离子产额有显著变化,每次 2 倍地增加氧泄漏的压力,直到能确保其稳定。

8.1.6.3 根据使用的仪器和实际测试的要求,确定在测试过程中用到的各个检测器之间的效率比(例如,电子倍增器和法拉第杯检测器),这可以通过对适当强度常用二次离子信号做比对测量(将死时间损耗降到最低)来实现。这里使用的二次离子计数率可以与做分析时所用的计数率不同,此时的溅射速率与分析时可能不同。

8.2 样品分析

8.2.1 对中一次离子束,运行 SIMS 仪器控制软件,开始 SIMS 剖析。样品表面不管有没有自然氧化层,在溅射的过程中,由沾污产生的 ^{23}Na, ^{27}Al, ^{39}K, ^{56}Fe 离子信号强度在深度剖析的第一个纳米内达到最大值,然后单调递减。如果得不到这种通常的深度剖析形状,在样品的另一个新位置重新测试。

8.2.2 当杂质的信号达到如下任一种情况时:(1)杂质信号至少降到最大信号的 1% 以下,(2)达到恒定的背景计数率,就转而测量并记录主元素 Si 在合适探测器上的计数率。

8.2.3 测量分析条件下的溅射速率。使用探针轮廓仪或类似设备来测量 SIMS 分析溅射坑的深度,然后结合已记录的消耗时间得到溅射速率。如果分析坑太浅,无法用现有设备测量,则对先前标定过深度的参考样品进行重新测试以测定溅射速率。

8.2.4 用与测试未知样品相同的条件测试空白样品。

9 结果计算

9.1 基体中某个目标杂质元素的 RSF,可以通过 SIMS 剖析一个已知该杂质面浓度的参考样品得到,采用式(1)计算:

$$RSF = \frac{D \cdot N \cdot I_m \cdot t}{d \cdot (SI_i - I_b \cdot N)} \quad \cdots\cdots\cdots\cdots\cdots(1)$$

式中:

RSF——相对灵敏度因子,单位为原子数每立方厘米(atoms/cm^3);

D——杂质的面密度,单位为原子数每平方厘米(atoms/cm^2);

N——深度剖析的数据周期数;

I_m——主元素同位素的二次离子强度,单位为计数率每秒(counts/s);

d——溅射深度,单位为厘米(cm);

SI_i——杂质同位素二次离子计数率在整个剖析深度内的总和;

I_b——杂质同位素背景强度值,单位为计数率每秒(counts/s);

t——目标元素的分析时间,单位为秒每周期(s/周期)。

9.2 SIMS 剖析中浓度用式(2)计算:

$$C_i = \frac{I_i}{I_m} \cdot \text{RSF} \cdot \left(\frac{\text{FC}}{\text{EM}}\right) \quad\quad\quad\quad\quad\quad\quad (2)$$

式中:

C_i——杂质的原子浓度,单位为原子数每立方厘米(atoms/cm³);

I_i——杂质同位素二次离子强度,单位为计数率每秒(counts/s);

I_m——主元素同位素二次离子强度,单位为计数率每秒(counts/s);

RSF——相对灵敏度因子,单位为原子数每立方厘米(atoms/cm³);

FC/EM——如果法拉第杯(FC)和电子倍增器(EM)这两种检测器都使用,主元素浓度在这两个检测器上的比率。

9.3 根据测得的坑深和形成该坑的总溅射时间(或数据周期),将溅射时间(或数据周期)转换成深度。

9.4 从式(1)和式(2)计算 RSF 和对应任一深度的杂质浓度。

9.5 将杂质浓度值扣除背景浓度值,然后对深度求积分,即可出得出该杂质面密度。

10 精密度

该方法单一实验室 Na、Al、K、Fe 的测量精密度分别为 11%(RSD)、7%(RSD)、6%(RSD)、9%(RSD)。

注:该精密度是由同一个试验人员在同一次试验中对从同一单晶片上取下的 13 个样品依次测试得到的。

11 报告

报告包含以下信息:

　　a) 使用的仪器、操作者、测试日期;

　　b) 测试样品、空白样品和参考样品的编号;

　　c) 使用的定标方法;

　　d) 消除分子离子干扰的方法;

　　e) 杂质的面密度;

　　f) 空白样品中杂质的面密度。

附　录　A
（资料性附录）
SEMI MF 1617-0304 中的精度和偏差

A.1　精度

表 A.1、表 A.2、表 A.3 汇总了来自 10 个实验室，4 个样品的交叉循环检测的统计数据。每个实验室所用的都是一块表面含有 ^{23}Na，^{27}Al，^{39}K 的旋转涂膜沾污参考样品。测试结果在其各自的标准偏差 S_r，S_R 的 2.8 倍范围内的重复率 r 和再现率 R 均是 95%。

A.1.1　为了确定表面 Fe 的测量精度，对取自同一 Fe 沾污硅片的一组样品进行了 SIMS 测试。用到两台测试仪器：CAMECA IMS 3f 和 CAMECA IMS 4f。所有的测试均采用 3 keV 的氧离子束，并开启氧淹没，整个测试历经一年。在 CAMECA IMS 3f 仪器上进行了 23 次测试，得到的 Fe 平均测量值为 1.51×10^{11} atoms/cm^2，标准偏差为 0.148×10^{11} atoms/cm^2。在 CAMECA IMS 4f 仪器上进行了 20 次测试，得到的 Fe 平均测量值为 1.71×10^{11} atoms/cm^2，标准偏差为 0.188×10^{11} atoms/cm^2。

A.2　偏差

因为没有被认可的绝对标准浓度值，所以不能估算出绝对标准偏差。只是作为比较，VPD/AAS 法对样品中 Na，Al，K，Fe 的测试结果也列入表 A.1、表 A.2、表 A.3 中。

表 A.1　对 Na 测试结果的总结统计

样品编号	VPD/AAS 10^{10} atoms/cm^2	X-Bar 10^{10} atoms/cm^2	S_r	S_R	r	R
A	10～15	10.68	2.240	2.791	6.273	7.816
B	29～32	33.64	3.339	4.931	9.348	13.81
C	115～121	112.1	16.19	19.79	45.32	55.41
E	0.6～4	0.665	0.359	0.861	1.005	2.410

表 A.2　对 Al 测试结果的总结统计

样品编号	VPD/AAS 10^{10} atoms/cm^2	X-Bar 10^{10} atoms/cm^2	S_r	S_R	r	R
A	3	3.504	0.686 5	1.107	1.922	3.100
B	7～8	9.425	0.768 4	2.239	2.152	6.269
C	22～25	28.80	2.298	6.107	6.634	17.10
E	未测	0.795	0.390	0.760	1.093	2.218

表 A.3　对 K 测试结果的总结统计

样品编号	VPD/AAS 10^{10} atoms/cm^2	X-Bar 10^{10} atoms/cm^2	S_r	S_R	r	R
A	7～8	7.829	1.642	2.761	4.596	7.731
B	22～23	24.11	3.607	5.943	10.10	16.64
C	92	82.37	12.77	19.63	35.74	54.97
E	0.1～2	0.407	0.162	0.344	0.454	0.965

附　录　B

（资料性附录）

本标准章条编号与 SEMI MF 1617-0304 章条编号对照表

表 B.1　本标准章条编号与 SEMI MF 1617-0304 章条编号对照

本标准章条条号	对应的 SEMI MF 1617-0304 标准章条编号
1	2
2	4
3	5
4	6
5	3
6	7
7.1	8
7.2	9
7.3	10
8	11
9	12
10	
11	13

ICS 29.045
H 80

中华人民共和国国家标准

GB/T 24576—2009

高分辨率 X 射线衍射测量 GaAs 衬底生长的 AlGaAs 中 Al 成分的试验方法

Test method for measuring the Al fraction in AlGaAs on GaAs substrates by
high resolution X-ray diffraction

2009-10-30 发布

2010-06-01 实施

中华人民共和国国家质量监督检验检疫总局
中国国家标准化管理委员会　发 布

前　言

本标准技术内容等同采用 SMEI M63-0306《准则：采用高分辨率 X 光衍射法测量砷化镓衬底上 AlGaAs 中 Al 百分含量的测试方法》。本标准对 SMEI M63-0306 进行了编辑性修改。

本标准的附录 A 为资料性附录。

本标准由全国半导体设备和材料标准化技术委员会提出。

本标准由全国半导体设备和材料标准化技术委员会材料分技术委员会归口。

本标准起草单位：信息产业部专用材料质量监督检验中心、中国电子科技集团公司第四十六研究所。

本标准主要起草人：章安辉、黄庆涛、何秀坤。

高分辨率 X 射线衍射测量 GaAs 衬底
生长的 AlGaAs 中 Al 成分的试验方法

1 范围

本标准规定了用高分辨 X 射线衍射测量 GaAs 衬底上 AlGaAs 外延层中 Al 含量的试验方法。

本方法适用于在未掺杂 GaAs 衬底<001>方向上生长的 AlGaAs 外延层中 Al 含量的测定,使用本方法测量 Al 元素含量时,AlGaAs 外延层厚度应大于 300 nm。

2 术语、定义和符号

2.1 术语和定义

下列术语和定义适用于本标准。

2.1.1

布拉格角 Bragg angle

X 光从一组结晶学平面衍射的角度,在布拉格定律中定义为:

$$\lambda = 2d\sin\theta$$

其中,λ 是 X 光的波长,d 是相邻结晶学平面之间的距离,θ 是 X 光衍射时光线与反射面之间的角度。

2.1.2

摇摆曲线 rocking curve

扫描通过一个衍射峰时,衍射强度与 ω 的关系曲线,这个衍射峰在 HRXRD 测量中也许只有几个弧秒的宽度。

2.1.3

散射面 scattering plane

包含入射光和衍射光的平面。

2.1.4

维加德定律 Vegard's Law

描述三元合金 $A_xB_{1-x}C$ 晶格参数随着 x 成线性变化的定律,以 AB 或 AC 为基元,x 的变化范围是 $0 \leqslant x \leqslant 1$。

2.2 符号和缩略语

2.2.1

FWHM

峰高一半处的峰宽。

2.2.2

HRXRD

高分辨率 X 射线衍射。

2.2.3

2θ

探测器与入射光角度。

2.2.4

$\omega - 2\theta$

探测器以两倍于样品的速度扫描。

2.2.5

x

倾斜样品的轴,由样品表面和衍射平面相交而成。

2.2.6

ω

入射光和样品表面之间角度。

2.2.7

ϕ 轴

垂直样品表面旋转样品的轴。

3 方法原理

利用 AlGaAs 晶格参数与 Al 含量的相关性(Vegard's Law),通过测量 AlGaAs 外延层衍射峰与衬底 GaAs 衍射峰的角度差来计算 Al 含量。

4 测量仪器

高分辨率 X 射线衍射仪

入射光束的发散角应该和在平面波下的 GaAs 衬底的本征 FWHM 是可比的。对于 Cu 靶辐射和 <001>方向样品的(004)反射,应该是~12 s。一个双晶系统有较大的光束发散角,但是为了测量样品的本征 FWHM,Cu 靶辐射的发散角应该小于 12 s。

5 试样

样品是在 GaAs 上生长的 $Al_x Ga_{1-x} As$ 外延层,即在未掺杂<001>GaAs 衬底上生长的未松弛 AlGaAs 外延层。

6 仪器准备

6.1 探测器应与入射光成一直线,且在距样品轴旋转中心 1 mm 范围内。

6.2 ω 轴的步长应能够达到 2 s 或更小。

6.3 2θ 轴不一定要可以转动,但需要使探测器在整个扫描范围内始终位于衍射布拉格角的 2 倍处来收集衍射光。

7 测量步骤

7.1 样品应该垂直散射面固定。

7.2 如果样品是偏晶向的,依据标称偏晶角度调整 x 使得衍射晶面与散射面垂直。

7.3 如果样品是正<001>晶向,使得主定位面或缺口位于入射光方向顺时针 90°位置,晶片相对于入射光的方向,样品没有一定的取向,如图 1 所指示。

7.4 探测器应与入射光成一直线,且在距样品轴旋转中心 1 mm 范围内。

7.5 调整探测器的位置到 $2\theta = 66.046°$,调整样品位置到 $\omega = 33.023°$。

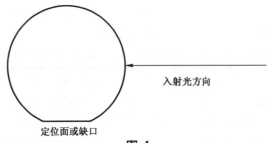

定位面或缺口

图 1

7.6 固定样品。可通过测量衬底摇摆曲线的 FWHM 来评估,见 7.10,在最优化之后,FWHM 应该小于 30 弧秒。

7.7 对于 FWHM 很大的情况:

7.7.1 由于固定样品引入应力,应重新固定样品。

7.7.2 由于样品弯曲,应减小入射光光斑。

7.7.3 由于晶向偏离,应将样品沿着表面法线旋转 45°。

7.8 上述因素排除以后,如果 FWHM 依然很大,则样品可能有较严重的质量问题。

7.9 定位衬底的布拉格衍射峰,在布拉格角所在位置小范围改变 ω,直到获得很强的衍射。

7.10 使 x 和 ω 最优化,直到获得最强的衬底衍射。以小于 0.1° 的步长改变 x 轴,和小于 3 弧秒步长改变 ω 轴。这个过程可以通过手动或是软件自动完成。对于每个 x 轴的角度,要检查相应的 ω 的角度是否有最大峰强。适合本标准的样品,衬底峰应在外延层峰的高角度一侧。

7.11 通过改变 ω 或扫描 ω-2θ,进行一次摇摆曲线测量:

7.11.1 相对衬底衍射峰,扫描从 -750 s 直到 $+100$ s。如果外延层较薄或是质量很差,需要从更低的初始角度开始扫描,以便清楚地分辨外延层衍射峰。为了确定衍射峰位,要求扫描覆盖整个衍射峰。对于 Al 含量低的样品,较窄的扫描范围就可以了。

7.11.2 步长应该不大于 FWHM 的五分之一,典型的 ω 轴的步长是 2 s~3 s,但也可以提高到 8 s。

7.11.3 计数时间取决于观察到衍射峰的强度,在扫描中强度的动态范围至少要覆盖 3 个数量级,计数时间通常为 0.1 s~0.2 s。

7.11.4 初次扫描可称为"$\varphi=0$ 扫描"。

7.12 将样品沿着表面法线旋转 180°。

7.13 重复 7.9 到 7.11。

第二次扫描可称为"$\varphi=180°$ 扫描"。

8 结果计算

8.1 通过以上采集的 2 次扫描,可获得衬底衍射峰与外延层衍射峰距离值。拟合应至少覆盖每个峰的上半部分,以获得精确的测量。为了得到可复现的结果,峰拟合范围应该一致。

8.2 设从"$\varphi=0$ 扫描"得到的峰距离值是 $\Delta\omega_0$。从"$\varphi=180°$ 扫描"得到的峰距离值是 $\Delta\omega_{180}$。

8.3 得到平均的峰距离值,$\Delta\bar{\omega}$ 由式(1)计算:

$$\Delta\bar{\omega} = (\Delta\omega_0 + \Delta\omega_{180})/2 \quad\quad\quad\quad\quad (1)$$

8.4 利用 $\Delta\bar{\omega}$,AlGaAs 层中的 Al 含量 $W(Al)$ 由式(2)计算;当采用不同的晶格参数的时候记录微小的差别,见附录 A:

$$W(Al) = -1.994 \times 10^{-7}(\Delta\omega)^2 - 0.002\,740(\Delta\omega) \quad\quad\quad\quad (2)$$

式中:

$\Delta\omega$——峰距离值,弧秒。

注 1:使用 Cu 靶 Kα_1(波长 1.540 56 Å)射线,(004)反射;

注 2:$a_0^{GaAs}=5.653\,61$ Å,$a_0^{AlAs}=5.661\,7$ Å,$\nu(GaAs)=0.311$,$\nu(AlAs)=0.325$。1 Å=0.1 nm。

8.5 表1是一个具体峰距离值的"速查手册",清晰显示了用不同的晶格参数计算而产生的影响,同时比较了维加德定律与晶格参数随成分的非线性变化之间的差异。

表 1 HRXRD 在 004 面衍射峰距离测量的 Al 含量,Cu 靶 K_1 线

平均峰距离值 $\Delta\omega$/(弧秒)	Al 成分(维加德定律,$a_0^{GaAs}=5.653\ 61\ \text{Å}$,$a_0^{AlAs}=5.661\ 71\ \text{Å}$)	Al 成分(维加德定律,$a_0^{GaAs}=5.653\ 38\ \text{Å}$,$a_0^{AlAs}=5.661\ 4\ \text{Å}$)	Al 成分(非线性[17.3],$a_0^{GaAs}=5.653\ 59\ \text{Å}$,$a_0^{AlAs}=5.661\ 71\ \text{Å}$)
−375	0.999	1.008	1.000
−350	0.934	0.942	0.925
−325	0.869	0.876	0.852
−300	0.804	0.810	0.781
−275	0.738	0.744	0.710
−250	0.672	0.678	0.641
−225	0.606	0.611	0.573
−200	0.540	0.544	0.506
−175	0.473	0.477	0.440
−150	0.406	0.410	0.374
−125	0.339	0.342	0.310
−100	0.272	0.274	0.246
−75	0.204	0.206	0.184
−50	0.136	0.138	0.122
−25	0.068	0.069	0.061
0	0	0	0

注:中间的两列用维加德定律(Al 含量和晶格参数之间是线型关系)。外延层的泊松比是用 AlAs 和 GaAs 之间的线性关系的假设计算所得,反复计算直到得到一致的结果。对于所有的情况都是 $\nu(GaAs)=0.311$,$\nu(AlAs)=0.325$。

9 干扰因素

9.1 计数时间的选择要确保足够动态范围,以使峰形更清晰。

9.2 上述推荐的扫描步长能提供足够的扫描点数来确定峰的位置。步长影响测量精度。

9.3 拟合曲线给出的峰中心位置比步长测试定位的更精确。

9.4 GaAs 和 AlAs 的晶格参数的选择决定了计算结果。

9.5 不同方法生长的 SI GaAs 晶片的实际的晶格参数将有所差别。在一些参考文献中,a_0^{GaAs} 在 5.652 4 Å 和 5.653 8 Å 之间变化,相差接近 250×10^{-7}。不同厂商的分析软件之间的差别小于 50×10^{-7}。

9.6 AlAs 的晶格常数一般不如 GaAs 的精度高。报道的 a_0^{AlAs} 值从 5.660 5 Å 到 5.662 91 Å,相差 426 ppm。不同厂商的分析软件之间的差别小于 75×10^{-7}。

9.7 如果在计算中一直使用相同的晶格常数,就可得到一致的分析结果。

9.8 本标准给出的一些分析是建立在维加德定律成立这个假设上的,即 $Al_xGa_{1-x}As$ 的晶格参数随着 x 线性变化。一些工作者指出了实际并不严格呈线性,见图 2,用表 1 的数据做出的 Al 成分图,也可以见表 1。

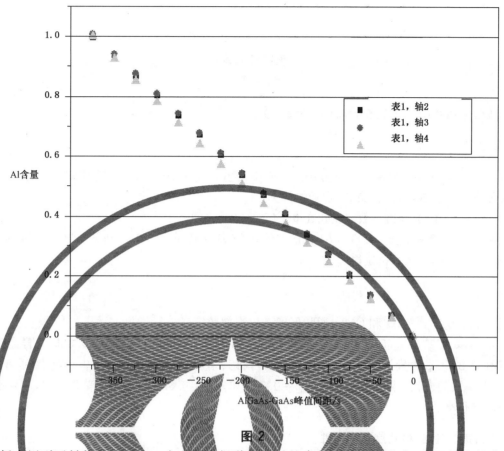

图 2

9.9 分析中用到了材料的泊松比。在文献中报道了材料的参数有很少的变化,这里给出的值,并且基本与分析软件的提供者给出的值相同。其他值可查阅相关文献。

9.10 分析中还做了这样的普遍性假设,即泊松比随 x 线性变化,且任何偏差都是可以忽略的。实际上,这也不是严格线性的,但是差别跟晶格参数与 x 关系曲线相似。

9.11 虽然参数不确定性将影响计算结果,但是它们不影响测量结果的可重复性。

10 精密度

该方法单一实验室测量精密度为 ±4%。

11 报告

报告应包括下列内容:

a) 标准编号;

b) 样品名称、标识等信息;

c) 使用的仪器;

d) 试验环境(温度、湿度等);

e) 试验结果;

f) 所使用的参数(晶格参数、泊松比等)。

附　录　A
（资料性附录）
不确定度来源

注：本附录所提供的信息与试验计算和样品制备有关。

A.1　晶格参数

A.1.1　GaAs 的晶格参数取决于生长方法。文献中的值在 $0\sim250\times10^{-7}$ 之间变动。在衬底或是层中掺杂也会影响晶格参数，继而影响 Al 含量的计算。

A.1.2　文献中 AlAs 的晶格参数的变化在 $0\sim450\times10^{-7}$ 之间。

A.1.3　例如，对于峰距离值为 100 s，Al 含量在约 0.27 的样品，a_0^{GaAs} 或 a_0^{AlAs} 的 ±50 ppm 差异，给结果引入的变化为 ±0.016（维加德定律）。

A.2　泊松比

A.2.1　泊松比 ν，对于 AlAs 和 GaAs 通常保留 3 位有效数字。

A.2.2　例如，取 $a_0^{GaAs}=5.653\ 61$ Å，$a_0^{AlAs}=5.661\ 71$ Å，$\nu^{GaAs}=0.311$ 和 $\nu^{AlAs}=0.325$，某样品 100 弧秒的峰距离值给出了 Al 含量为 0.272（维加德定律）；将其中一个泊松比改变 ±0.005，得到 Al 含量在 0.269 和 0.274 之间变化。然而，泊松比 $\nu^{GaAs}=0.311$ 和 $\nu^{AlAs}=0.325$ 被广泛接受并使用，而且不同数值对结果的影响很小。

A.3　设备测角准确度，精确度和重复性

HRXRD 技术依赖于为小角度差的测量。以 100 s 的峰距离值测量 Al 含量时，±2 s 偏差给结果的影响接近 ±0.005。

A.4　样品均匀性

HRXRD 测量的是样品上入射 X 射线经过部分的体积平均。入射光通常可以穿透外延层到达衬底，因此整个外延层就全检测到了。光照射面积取决于试验设备。

A.5　温度

半导体的晶格参数随温度改变，大约 1×10^{-7}/℃。对于 Al 含量 0.270 样品，a_0^{GaAs} 和 a_0^{AlAs} 同时扩大 5 ppm 不会改变 99.4 s 峰距离值结果；然而，若差动热膨胀仅使 GaAs 晶格参数变化 $+5\times10^{-7}$，将使峰距离值改为 98.8 s，使 Al 含量的视值改变 0.002。

ICS 29.045
H 80

中华人民共和国国家标准

GB/T 24577—2009

热解吸气相色谱法测定
硅片表面的有机污染物

Test methods for analyzing organic contaminants on silicon
wafer surfaces by thermal desorption gas chromatography

2009-10-30 发布

2010-06-01 实施

中华人民共和国国家质量监督检验检疫总局
中国国家标准化管理委员会　发布

前　言

本标准修改采用 SEMI MF 1982-1103《热解吸附气相色谱法评估硅片表面有机污染物的方法》。本标准对 SEMI MF 1982-1103 格式进行了相应调整。为了方便比较,在资料性附录 B 中列出了本标准章条和 SEMI MF 1982-1103 章条对照一览表。并对 SEMI MF 1982-1103 条款的修改处用垂直单线标识在它们所涉及的条款的页边空白处。

本标准与 SEMI MF 1389-0704 相比,主要技术差异如下:

——去掉了"目的"、"关键词";

——将实际测试得到的单一试验室的精密度结果代替原标准中的精度和偏差部分,并将原标准中的精度和偏差部分作为资料性附录 A。

本标准的附录 A、附录 B 为资料性附录。

本标准由全国半导体设备和材料标准化技术委员会提出。

本标准由全国半导体设备和材料标准化技术委员会材料分技术委员会归口。

本标准起草单位:信息产业部专用材料质量监督检验中心、中国电子科技集团公司第四十六研究所。

本标准主要起草人:王奕、褚连青、李静。

热解吸气相色谱法测定
硅片表面的有机污染物

1 范围

1.1 本标准规定了硅片表面的有机污染物的定性和定量方法,采用气质联用仪或磷选择检测器或者两者同时采用。

1.2 本标准描述了热解吸气相色谱仪(TD-GC)以及有关样品制备和分析的相关程序。

1.3 本标准的检测限范围取决于被检测的有机化合物,比如碳氢化合物($C_8 \sim C_{28}$)的检测范围就是 10^{-12} g/cm² $\sim 10^{-9}$ g/cm²。

1.4 本标准适用于硅抛光片和有氧化层的硅片。

1.5 本标准中包含了两种方法。方法 A 适用于切割后的硅片,方法 B 则适用于完整的硅片。两种方法的不同点在第 7 部分中有详细描述。

2 规范性引用文件

下列文件中的条款通过本标准的引用而成为本标准的条款。凡是注日期的引用文件,其随后所有的修改单(不包括勘误的内容)或修订版均不适用于本标准,然而,鼓励根据本标准达成协议的各方研究是否可使用这些文件的最新版本。凡是不注日期的引用文件,其最新版本适用于本标准。

ASTM D6196 吸附剂的选择和取样/热解吸分析程序检测空气中的挥发性有机物

3 术语、定义和缩略语

下列术语和定义及缩略语适用于本标准。

3.1 术语和定义

3.1.1

空白晶片 blank wafer
一片经过热处理但未吸收任何有机污染物的硅片。

3.2 缩略语

AED——atomic emission detector 原子发射检测器

C16——n-hexadecane,n-$C_{16}H_{34}$ 正十六烷

FID——flame ionization detector 火焰离子化检测器

FPD——flame photometric detector 火焰光度检测器

GC——gas chromatography 气相色谱

MS——mass spectrometer 质谱

NPD——nitrogen/phosphorus thermionic ionization detector 氮磷检测器

TBP——tributy phosphate,$(C_4H_9O)_3PO$ 磷酸三丁酯

TCEP——tris(2-chloroethyl)phosphate,$(ClCH_2CH_2O)_3PO$ 磷酸三(2-氯乙基)酯

TD——thermal desorption 热解吸

4 方法概要

4.1 方法 1

4.1.1 解吸和气相色谱检测方法

在硅片解吸炉中,硅片表面易挥发的有机污染物被释放出来,然后被吹扫到一个热解吸试样管中。加热热解吸试样管,有机污染物被释放出来后用氦气吹扫到冷阱。富集结束时,迅速加热冷阱,使经过富集的有机物样品进入色谱柱。样品经过色谱柱被分离和洗提。然后一部分进入磷选择检测器,另一部分进入质谱。空白晶片在快速退火装置或是马弗炉中用氦气吹扫至不含任何有机污染物。

4.1.2 污染物的定性检测方法

对于个别未知化合物的定性采用与已知化合物保留时间比较是否相符合的方法。但是在一根色谱柱上保留时间相同不足以证明它们就是同一种物质。更精确的方法是采用质谱法,通过比较已知化合物碎片的质谱谱库来定性。

4.1.3 污染物的定量检测方法

有机物总量是通过所有峰的积分面积的总和和加入的标准物质-正十六烷的峰面积之比计算而得的。样品中有机磷总量是通过比较样品和标准物质 TCEP 或 TBP 的磷离子选择检测器的信号积分计算而得的。标准的指定范围是周期性测量的,报告中应该同时包括空白晶片的数据。

4.2 方法 2

4.2.1 解吸和气相色谱检测方法

在石英加热室中,硅片表面易挥发的有机污染物被释放出来,然后被吹扫到一个玻璃的热解吸试样管中。加热热解吸试样管,有机污染物被释放出来后用氦气吹扫到冷阱。富集结束时,迅速加热冷阱,使经过富集的有机物样品进入色谱柱。样品经过色谱柱被分离和洗提。然后一部分进入磷选择检测器,另一部分进入质谱。空白晶片在快速退火装置或是马弗炉中用氦气吹扫至不含任何有机污染物。

4.2.2 污染物的定性检测方法

对于个别未知化合物的定性采用与已知化合物保留时间比较是否相符合的方法。在一根色谱柱上保留时间相同不足以证明它们就是同一种物质。更精确地方法是采用质谱法,通过比较已知化合物碎片的质谱谱库来定性。

4.2.3 污染物的定量检测方法

有机物总量是通过所有峰的积分面积的总和和加入的标准物质-正十六烷的峰面积之比计算而得的。样品中有机磷总量是通过比较样品和标准物质 TCEP 或 TBP 的磷离子选择检测器的信号积分计算而得的。标准的指定范围是周期性测量的,报告中应该同时包括空白晶片的数据。

5 干扰因素

5.1 氮磷检测器能同时用于含磷和氮化合物的检测。采用该设备时,有机磷总量的数据中应该扣除含氮化合物的含量。采用质谱法可以确定化合物中是否含有磷或者氮。

5.2 热解吸试样管应采用惰性的不锈钢、玻璃或者石英。吸收介质可以采用活性碳、石墨和聚2,6-二苯基-对氧化亚苯等。

5.3 在做定性分析时,对未知化合物的定性采用与已知化合物保留时间比较是否相符合的方法。但是在一根色谱柱上保留时间相同不足以证明它们就是同一种物质。更精确的方法是采用质谱法,通过比较已知化合物碎片的质谱谱库来定性。

6 测量仪器

6.1 方法1

6.1.1 气相色谱仪

配有能适用于较大范围有机物分离的毛细管分离柱,与质谱或者磷离子选择测试仪联用,或者两者兼而有之的气相色谱仪。例如磷离子选择检测器是火焰光度检测器和原子发射检测器。氮磷热电离子检测器对含氮化合物同样有效。

6.1.2 热解吸试样管

具有吸收介质的不锈钢管,用来吸收试样并且将其释放到热解吸池中。

6.1.3 热解吸池

用来吸收热解吸试样管释放出来的有机物。热解吸池通过加热的传输线与气相色谱相连,传输线温度为225 ℃或以上。

6.1.4 热退火装置

马弗炉,用来制备空白晶片(见7.1.1.2)。

6.1.5 可控温晶片解吸炉

用来存放和加热晶片解吸管。

6.1.6 晶片解吸管

规格为外径12.7 mm、内径9.53 mm、长254 mm的不锈钢管,用来从切割后的晶片上释放有机物。更大的管子用于更大的晶片或是提高检测的灵敏度,如图1所示。

6.1.7 分析天平

6.1.8 石英盘和碳化物划线器

用来划开晶片。

6.1.9 快速接口

用来连接氮气和晶片解吸管。

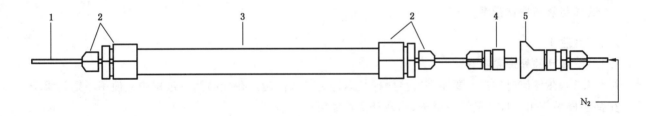

1——热解吸试样管;
2——接口;
3——晶片解吸炉;
4——快速接口内丝端;
5——快速接口外丝端。

图 1 晶片解吸装置示意图

6.2 方法2

6.2.1 气相色谱仪

同6.1.1。

6.2.2 石英室单元

用来释放晶片表面的有机物,并将有机物传送到一个玻璃的热解吸管中,也可用于空白晶片的吹扫,如图2所示。

6.2.3 玻璃热解吸管

装有吸收介质的玻璃管,用于吸收有机物并将有机物传输到冷阱。有一些吸收介质可以被用来吸收硅片表面释放的有机物,比如,活性碳、石墨和聚2,6-二苯基-对氧化亚苯。

6.2.4 冷阱

用来富集从热解吸管中释放的有机物,并通过快速升温将有机物释放到气相色谱中。

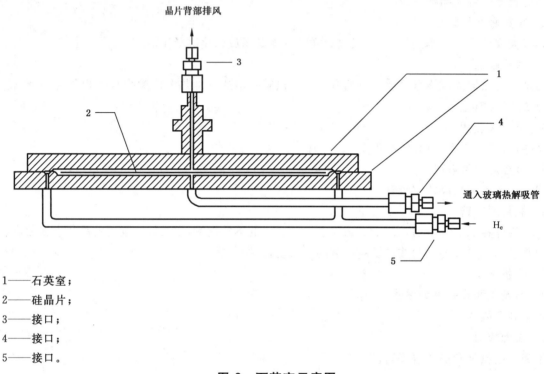

1——石英室;
2——硅晶片;
3——接口;
4——接口;
5——接口。

图 2 石英室示意图

7 试样制备和操作步骤

7.1 方法1

7.1.1 样品的处理和制备

7.1.1.1 在任何时候都不要用手去接触样品以避免二次沾污。在样品制备过程中应使用不锈钢镊子。在接触样品前用丙烷火焰灼烧镊子、称样舟及其他附件。

7.1.1.2 在快速退火装置或是马弗炉中热解吸空白晶片上的所有有机物,快速退火装置的温度应为900 ℃,保持15 s,马弗炉温度为700 ℃,保持30 min。在空气或氧气氛围中加热晶片表面会形成一层不含有机物的致密二氧化硅层。将热解吸处理的空白晶片直接放在陪氏培养皿中并用不含有机物的铝箔包裹好。

7.1.2 晶片的解吸

7.1.2.1 将清洁的符合 ASTM D6196 要求的热解吸试样管放在晶片解吸管中。

7.1.2.2 打开晶片热解吸炉的温控器开关,等待炉温到达275 ℃。

7.1.2.3 将样品晶片沿着事先划好的切割线制成宽度为5 mm~7 mm的条。分析所需试样晶片的大小和原晶片的尺寸有关。对于100 mm的晶片,需要总面积的一半。更大的晶片(更大的表面积)能用来提高测试的灵敏度。

7.1.2.4 将准备好的晶片条放到晶片解吸管中。晶片解吸管的一端连接热解吸试样管,另一端通入氮气,流速为15 mL/min~100 mL/min。

7.1.2.5 将晶片解吸管放入烘箱 275 ℃,加热 30 min。该过程使挥发性的有机物从晶片上解吸下来并收集在热解吸试样管中。

7.1.2.6 将热解吸试样管的两头密封,放入热解吸池中。如果热解吸-气相色谱系统是自动的,则可以用盖子盖严。试样管禁止打开暴露在实验室的大气中。试样管的盖子应该由气密性好的惰性材料制成,比如聚四氟乙烯(PTFE),或者不锈钢。

7.1.2.7 每天最后分析空白晶片。采用与样品晶片同样的程序处理空白晶片。检测报告中同时出具空白晶片和样品晶片的检测数据。

7.1.3 气相色谱分析

7.1.3.1 将装有已解吸出有机物的热解吸试样管放入热解吸池中。将有关样品信息输入电脑,并且启动气相色谱仪。

7.1.3.2 在解吸的开始阶段,往热解吸试样管通入氦气,然后加热,将目标有机物解吸并吹扫到冷阱中进行富集。以下两条是加热热解吸试样管的具体条件。当吸收介质是石墨时,加热到 400 ℃并保持 15 min。当吸收介质是聚 2,6-二苯基-对氧化亚苯时,加热到 270 ℃并保持 15 min。冷阱的参数,如吸附剂,标称温度,等应该选择适当条件以保证各目标组分的可靠定量,比如,冷阱温度为 -30 ℃。ASTM D6196 规定了测试解吸效率和分析物恢复的方法。最后将冷阱快速升温至 300 ℃以释放出目标有机物到气相色谱仪中。使用更大尺寸的样品能够提高测试的灵敏度,但是必须加水封。因此,可以使用一种装有吸收介质的低温冷阱,并且保持温度在 0 ℃以上,防止水封结冰。

7.1.3.3 分离从热解吸试样管中获得的挥发性有机物需要合适的程序升温。如以下所示:对于精确分析,采用涂有聚二甲基硅氧烷的分离柱(长 60 m,直径 0.25 mm,涂层厚度 0.25 μm),柱温从 40 ℃到 280 ℃,升温速率为 10 ℃/min 并在 280 ℃保持 16 min。对于快速分析,采用涂有聚二甲基硅氧烷的分离柱(长 25 m,直径 0.32 mm,涂层厚度 0.52 μm),柱温从 30 ℃到 265 ℃,升温速率为 12.5 ℃/min 并在 265 ℃保持 16 min。

7.1.3.4 采用正十六烷作为有机物总量分析的标准物。采用磷酸三(2-氯乙基)酯(TCEP)或者磷酸三丁酯(TBP)作为有机磷分析的标准物(见 6.1.1)。这些标准物都通过干净的热解吸试样管进入气相色谱。两点计算法可以检验仪器状态,采用两种不同浓度的正十六烷或者两种不同浓度的 TCEP 或 TBP。这种测试至少一周一次。

7.1.4 定量分析

7.1.4.1 以下所有的峰面积都用来测定有机物总量。样品晶片(As)包含的所有有机污染物是从 GC-AED,FID,或者质谱仪上得到的所有峰积分面积的总和。空白晶片(Ab)及标准物(Ac)的计算方法也相同。

7.1.4.2 以下所有的峰面积都用来测定有机磷总量(TP)。样品晶片(As)包含的有机磷总量是从 GC-磷离子选择检测其上得到的所有峰积分面积的总和。空白晶片(Ab)及标准物(Ac)的计算方法也相同。

7.1.4.3 在分析之前,称量每个待测样品的总质量以及不做测试部分的质量。这些数据用来计算有机污染物总量和有机磷总量(TP)。

7.2 方法 2

7.2.1 样品的处理和制备

7.2.1.1 在任何时候都不要用手去接触样品以避免二次沾污。在样品制备过程中应使用不锈钢镊子。在接触样品前用丙烷火焰灼烧镊子、称样舟及其他附件。

7.2.1.2 在石英室中热解吸空白晶片上的所有有机物,700 ℃加热 30 min。通常,采用氦气为吹扫气。在空气或氧气氛围中加热晶片表面会形成一层不含有机物的致密二氧化硅层。

7.2.2 晶片的解吸

7.2.2.1 将分析信息输入石英室,冷阱和气相色谱。等待系统稳定后,将样品晶片放入石英室中,开始分析。通入氦气,将石英室从初始的温度(40 ℃或更低)加热到400 ℃,升温速率为10 ℃/min～30 ℃/min,并保持15 min。将样品含有的挥发物吹扫并吸收在玻璃热解吸管中。

7.2.2.2 每天至少测量一片空白晶片,数据和样品数据一起出具。

7.2.3 气相色谱分析

7.2.3.1 加热玻璃热解吸管将目标有机物吹扫到冷阱中。具体条件如下:当吸收介质是石墨时,加热到400 ℃并保持15 min。当吸收介质是聚2,6-二苯基-对氧化亚苯时,加热到270 ℃并保持15 min。

7.2.3.2 冷阱的参数,如吸附剂,标称温度等应该选择适当条件以保证各目标组分的可靠定量,比如,冷阱温度为−130 ℃。ASTM D6196指出了测试解吸效率和分析物恢复的方法。最后将冷阱快速升温至300 ℃以释放出目标有机物到气相色谱仪中。

7.2.3.3 分离从玻璃热解吸管中获得的挥发性有机物需要合适的程序升温。如以下所示:对于精确分析,采用涂有聚二甲基硅氧烷的分离柱(长60 m,直径0.25 mm,涂层厚度0.25 μm),柱温从40 ℃到280 ℃,升温速率为10 ℃/min并在280 ℃保持16 min。对于快速分析,采用涂有聚二甲基硅氧烷的分离柱(长25 m,直径0.32 mm,涂层厚度0.52 μm),柱温从30 ℃到265 ℃,升温速率为12.5 ℃/min并在265 ℃保持16 min。

7.2.3.4 采用正十六烷作为有机物总量分析的标准物。采用磷酸三(2-氯乙基)酯(TCEP)或者磷酸三丁酯(TBP)作为有机磷分析的标准物(见6.1.1)。这些标准物都通过干净的热解吸试样管进入气相色谱。两点计算法可以检验仪器状态,采用两种不同浓度的正十六烷或者两种不同浓度的TCEP或TBP。这种测试至少一周一次。

7.2.4 定量分析

7.2.4.1 以下所有的峰面积都用来测定有机物总量。样品晶片(As)包含的所有有机污染物是从GC-AED,FID,或者质谱仪上得到的所有峰积分面积的总和。空白晶片(Ab)及标准物(Ac)的计算方法也相同。

7.2.4.2 以下所有的峰面积都用来测定有机磷总量(TP)。样品晶片(As)包含的有机磷总量是从气相色谱-磷离子选择检测器上得到的所有峰积分面积的总和。空白晶片(Ab)及标准物(Ac)的计算方法也相同。

7.2.4.3 在分析之前,称量每个待测样品的总质量以及不做测试部分的质量。这些数据用来计算有机污染物总量和有机磷总量(TP)。

8 结果计算

8.1 方法1

8.1.1 有机污染物总量的计算

8.1.1.1 当使用AED或者FID时,按式(1)计算:

$$TC = \frac{A_s - A_b}{A_c} \cdot \frac{W_c \times 10^{-9}}{MW_c} \times 6.02 \times 10^{23} \times \frac{1}{S_w \cdot F} \times 16 \quad \cdots\cdots (1)$$

式中:

TC——有机碳总数,C原子数/cm²;

A_s——从GC-AED或GC-FID谱图得到的样品晶片含碳化合物峰面积积分总和;

A_b——从GC-AED或GC-FID谱图得到的空白晶片含碳化合物峰面积积分总和,在计算中是否扣除空白值(Ab)是可以选择的;

A_c——从GC-AED或GC-FID谱图得到的标准物含碳化合物峰面积积分总和;

W_c——标准C₁₆的进样量,单位为纳克(ng);

MW_c——正十六烷的分子量,226.45;

S_w——样品晶片的总面积(双面),单位为平方厘米(cm²);

F——转换因子$=(W_T-W_U)/W_T$；

W_T——晶片的总质量，单位为克(g)；

W_U——未用于检测的晶片质量，单位为克(g)。

8.1.1.2 当使用 MS 时，按式(2)计算：

$$TO = \frac{A_s - A_b}{A_c} \cdot W_c \times \frac{1}{S_w \cdot F} \quad\cdots\cdots\cdots\cdots\cdots\cdots\cdots\cdots(2)$$

式中：

$TO(C_{16})$——有机污染物总量，单位为纳克每平方厘米(ng/cm²)；

A_s——从 GC-MS 谱图得到的样品晶片含碳化合物峰面积积分总和；

A_b——从 GC-MS 谱图得到的空白晶片含碳化合物峰面积积分总和；

A_c——从 GC-MS 谱图得到的标准物含碳化合物峰面积积分总和；

W_c——标准 C_{16} 的进样量，单位为纳克(ng)；

S_w——样品晶片的总面积(双面)，单位为平方厘米(cm²)；

F——转换因子$=(W_T-W_U)/W_T$；

W_T——晶片的总质量，单位为克(g)；

W_U——未用于检测的晶片质量，单位为克(g)。

注：质谱扫描范围从 33 到 700 质荷比。

8.1.2 有机磷总量的计算(TP)，按式(3)计算：

$$TP = \frac{A_s - A_b}{A_p} \cdot \frac{W_p \times 10^{-9}}{MW_p} \times 6.02 \times 10^{23} \times \frac{1}{S_w \cdot F} \quad\cdots\cdots\cdots\cdots\cdots(3)$$

式中：

TP——磷总数，P 原子数/cm²；

A_s——从 GC-磷选择性检测器谱图得到的样品晶片含磷化合物峰面积积分总和；

A_b——从 GC-磷选择性检测器谱图得到的空白晶片含磷化合物峰面积积分总和；

A_p——从 GC-磷选择性检测器谱图得到的标准物含磷化合物峰面积积分总和；

W_p——标准物(TCEP 或 TBP)的进样量，单位为纳克(ng)；

MW_p——标准物的分子量，TCEP=285.49 或 TBP=266.3；

S_w——样品晶片的总面积(双面)，单位为平方厘米(cm²)；

F——转换因子$=(W_T-W_U)/W_T$；

W_T——晶片的总质量，单位为克(g)；

W_U——未用于检测的晶片质量，单位为克(g)。

8.2 方法 B

8.2.1 有机污染物总量的计算

8.2.1.1 当使用 AED 或者 FID 时，按式(4)计算：

$$TC = \frac{A_s - A_b}{A_c} \cdot \frac{W_c \times 10^{-9}}{MW_c} \times 6.02 \times 10^{23} \times \frac{1}{S_w} \times 16 \quad\cdots\cdots\cdots\cdots\cdots(4)$$

式中：

TC——有机碳总数，C 原子数/cm²；

A_s——从 GC-AED 或 GC-FID 谱图得到的样品晶片含碳化合物峰面积积分总和；

A_b——从 GC-AED 或 GC-FID 谱图得到的空白晶片含碳化合物峰面积积分总和；

A_c——从 GC-AED 或 GC-FID 谱图得到的标准物含碳化合物峰面积积分总和；

W_c——标准 C_{16} 的进样量，单位为纳克(ng)；

MW_c——正十六烷的分子量=226.45；

S_w——样品晶片的单面面积，单位为平方厘米(cm²)。

8.2.1.2 当使用 MS 时,按式(5)计算:

$$TO = \frac{A_s - A_b}{A_c} \cdot W_c \times \frac{1}{S_w} \quad\quad\quad\quad\quad\quad\quad\quad (5)$$

式中:

$TO(C_{16})$——有机污染物总量,单位为纳克每平方厘米(ng/cm²);

$\quad A_s$——从 GC-MS 谱图得到的样品晶片含碳化合物峰面积积分总和;

$\quad A_b$——从 GC-MS 谱图得到的空白晶片含碳化合物峰面积积分总和;

$\quad A_c$——从 GC-MS 谱图得到的标准物含碳化合物峰面积积分总和;

$\quad W_c$——标准 C_{16} 的进样量,单位为纳克(ng);

$\quad S_w$——样品晶片的单面面积,单位为平方厘米(cm²)。

8.2.2 有机磷总量的计算(TP),按式(6)计算:

$$TP = \frac{A_s - A_b}{A_p} \cdot \frac{W_p \times 10^{-9}}{MW_p} \times 6.02 \times 10^{23} \times \frac{1}{S_w} \quad\quad\quad\quad (6)$$

式中:

TP——有机磷总数,P 原子数/cm²;

$\quad A_s$——从 GC-磷选择性检测器谱图得到的样品晶片含磷化合物峰面积积分总和;

$\quad A_b$——从 GC-磷选择性检测器谱图得到的空白晶片含磷化合物峰面积积分总和;

$\quad A_p$——从 GC-磷选择性检测器谱图得到的标准物含磷化合物峰面积积分总和;

$\quad W_p$——标准物(TCEP 或 TBP)的进样量,单位为纳克(ng);

MW_p——标准物的分子量,TCEP=285.49 或 TBP=266.3;

$\quad S_w$——样品晶片的单面面积,单位为平方厘米(cm²)。

9 精密度

该方法单一实验室测量精密度为 6%(RSD)。

10 报告

测量报告应包括如下内容:

a) 样品的名称、尺寸、历史(包括样品的接收、包装是否完好)、晶片的解吸面(前、后或是双面)。(运输过程经常会增加或减少有机物。)如果是鉴定晶片,则需要写明制备方法和存放环境,定位是否水平或垂直,时间,流量等。

b) 分析的数据、分析方法、晶片的解吸时间和温度,吹扫气体。

c) 使用的仪器。

d) 操作者。

e) 分析结果。

f) 有机污染物总量,C 原子数/cm²(当使用 AED 或者 FID 时),或者相当于 ng C_{16}(正十六烷)/cm²(当使用 MS 时)。

g) 有机磷总数,P 原子数/cm²。

h) 空白晶片数据。空白晶片应该是经过与样品晶片同样的处理过程。

附　录　A
（资料性附录）
SEMI MF 1982-1103 中的精密度和偏差

A.1 精密度：测试方法的精密度用标准物的测量重复性来表征。方法的准确度用标准物的回收率来表征。

A.2 偏差：未证实。

附 录 B

（资料性附录）

本标准章条编号与 SEMI MF 1982-1103 章条编号对照表

表 B.1 本标准章条编号与 SEMI MF 1982-1103 章条编号对照

本标准章条条号	对应的 SEMI MF 1982-1103 标准章条编号
1	2
2	3
3	4
4	5
5	—
6	6
7	7
8	8
9	10
10	9

ICS 77.040
H 17

中华人民共和国国家标准

GB/T 24578—2015
代替 GB/T 24578—2009

硅片表面金属沾污的全反射
X 光荧光光谱测试方法

Test method for measuring surface metal contamination on silicon wafers
by total reflection X-Ray fluorescence spectroscopy

2015-12-10 发布

2017-01-01 实施

中华人民共和国国家质量监督检验检疫总局
中国国家标准化管理委员会   发布

前　言

本标准按照 GB/T 1.1—2009 给出的规则起草。

本标准代替 GB/T 24578—2009《硅片表面金属沾污的全反射 X 光荧光光谱测试方法》。

本标准与 GB/T 24578—2009 相比,主要变化如下:

——扩大了标准适用范围,除适用于硅抛光片、外延片外,同样适用于测定砷化镓、碳化硅、SOI 等
材料镜面抛光晶片表面的金属沾污(见第 1 章);

——干扰因素中增加了晶片表面对测试结果的影响(见第 6 章)。

本标准由全国半导体设备和材料标准化技术委员会(SAC/TC 203)与全国半导体设备和材料标准
化技术委员会材料分会(SAC/TC 203/SC 2)共同提出并归口。

本标准起草单位:有研新材料股份有限公司、万向硅峰电子股份有限公司、浙江省硅材料质量检验
中心。

本标准主要起草人:孙燕、李俊峰、楼春兰、潘紫龙、朱兴萍。

本标准所代替标准的历次版本发布情况为:

——GB/T 24578—2009。

硅片表面金属沾污的全反射
X 光荧光光谱测试方法

1 范围

1.1 本标准规定了使用全反射 X 光荧光光谱,定量测定硅抛光衬底表面层的元素面密度的方法。本标准适用于硅单晶抛光片、外延片(以下称硅片),尤其适用于硅片清洗后自然氧化层,或经化学方法生长的氧化层中沾污元素面密度的测定,测定范围为 10^9 atoms/cm^2~10^{15} atoms/cm^2。本标准同样适用于其他半导体材料,如砷化镓、碳化硅、SOI 等镜面抛光晶片表面金属沾污的测定。

1.2 对良好的镜面抛光表面,可探测深度约 5nm,分析深度随表面粗糙度的改善而增大。

1.3 本方法可检测元素周期表中原子序数 16(S)~92(U)的元素,尤其适用于测定以下元素:钾、钙、钛、钒、铬、锰、铁、钴、镍、铜、锌、砷、钼、钯、银、锡、钽、钨、铂、金、汞和铅。

1.4 本方法的检测限取决于原子序数、激励能、激励 X 射线的光通量、设备的本底积分时间以及空白值。对恒定的设备参数,无干扰检测限是元素原子序数的函数,其变化超过两个数量级。重复性和检测限的关系见附录 A。

1.5 本方法是非破坏性的,是对其他测试方法的补充,与不同表面金属测试方法的比较及校准样品的标定参见附录 B。

2 规范性引用文件

下列文件对于本文件的应用是必不可少的。凡是注日期的引用文件,仅注日期的版本适用于本文件。凡是不注日期的引用文件,其最新版本(包括所有的修改单)适用于本文件。

GB/T 14264 半导体材料术语
GB 50073—2013 洁净厂房设计规范

3 术语和定义

GB/T 14264 界定的以及下列术语和定义适用于本文件。

3.1
掠射角 glancing angle
全反射 X 光荧光光谱测试方法中 X 射线的入射角度。

3.2
角扫描 angle scan
作为掠射角函数,对发射的荧光信号的测量。

3.3
临界角 critical angle
能产生全反射的最大角度。当掠射角低于这一角度时,被测表面发生对入射 X 射线的全反射。

4 缩略语

下列缩略语适用于本文件。

TXRF　全反射 X 光荧光光谱(total reflection X-ray fluorescence spectroscopy)

RSF　相对灵敏度因子(relative sensitivity factors)

5　方法原理

5.1　本方法的原理如图 1 所示。来自 X 射线源的单色 X 光以一个低于临界角的倾斜角度掠射到晶片的镜面抛光表面时,发生入射 X 射线的全反射。X 射线的损耗波穿过晶片表面呈指数衰减,衰减强度依赖于自然氧化层和晶片表面的总电子密度。本方法对晶片表面的探测深度取决于衰减强度,对所有电阻率范围的晶片,其指数衰减长度约为 5 nm。

5.2　损耗波将硅片表面的原子能级激发至荧光能级,发射对应其原子序数的特征 X 射线荧光谱,这一能量色散谱被锂漂移硅探测器或其他固态探测器探测接收。参照附录 B,用标定校准样品的方法获得一个校准样品上含量高于 10^{11} atoms/cm² 特定元素的面密度,荧光峰值下的积分计数率与标定的特定元素面密度呈线性关系。

5.3　使用由全反射 X 光荧光光谱仪(TXRF 仪)制造商提供的或其他公司研发的校准样品可快速完成分析。标准样品在测试区域内至少有一个已知元素的面密度。TXRF 仪对这一校准样品进行分析,提供相应已知元素面密度的荧光积分计数率,然后在相同的设备条件下测试一个或更多的样品,使用与每个已知的经过标定元素面密度的计数率相关的相对灵敏度因子(RSF),可确定被测样品中元素的荧光积分计数率。RSF 由仪器制造商开发并存储在仪器计算机程序中。本方法的精密度取决于正确的定标标准。

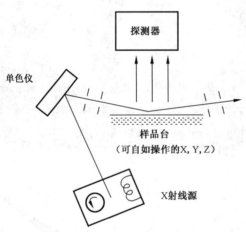

图 1　TXRF 方法原理示意图

6　干扰因素

6.1　设备

X 射线荧光光谱学中已知的干扰因素适用于本方法,它们包括但不限于:荧光线的重叠、逃逸峰与和峰的重叠、能量增益的校准漂移、X 射线源的稳定性、仪器的本底峰,但不要求 TXRF 仪对 X 射线的二次荧光或基体吸收进行修正。软件程序和计算的共同干扰可通过比较数据系统进行估算,参见附录A 中 A.1。

6.2　TXRF 方法

6.2.1　掠射角的校准不应重复,否则测试时会引入变异性。

6.2.2 掠射角校准的不正确,测试中会引入偏差。

6.2.3 机械振动会降低探测器的能量分辨率,还可能影响检测限。

6.2.4 荧光线的 RSF 偏差会引入测试的偏差。

6.2.5 与杂质面密度对应的荧光探测信号的非线性,可在高-总信号计数速率条件下产生探测器的死时间。

6.2.6 荧光曲线的平滑程度会影响测试数值的精确性。

6.2.7 如果 X 射线束在被测晶体上发生衍射,该衍射光束进入探测器,会激发在探测器窗口或探测器内的金属产生仪器的峰值,影响测试结果。通过适当的试验可检测到这一影响。

6.3 晶片表面

6.3.1 校准样品表面已知元素与测试样品表面元素的角扫描不同,例如,在测试样品上测试到颗粒的金属沾污,而在使用的校准样品上被校准的金属位于自然氧化层中,这时会引入一个量值的偏差。

6.3.2 如果样品不是化学机械抛光表面,会导致探测能力的下降、量值的偏移和测试变异性的增加。同样,由于不同清洗工艺造成的表面粗糙度和波纹的差异也可造成干扰。表面粗糙度对 TXRF 法测试的半定量影响尚未确定。

6.3.3 在校准样品中元素面密度的量值偏差会引入 TXRF 法测试面密度的偏差。

6.3.4 若在处理测试样品或测试过程中引入表面沾污,且沾污的元素属于本方法的探测元素,会带来测试的偏差。

6.3.5 测试样品表面沾污的不均匀可带来不同位置测试结果的不同,特别是在与其他测试方法作比较时,可能对结果的判断造成影响。

7 仪器及材料

7.1 全反射 X 光荧光光谱仪(TXRF 仪),由单色 X 射线源、测试样品操作装置、能量-色散光度计的 X 射线探测器和用于本底扣除、峰积分、RSF 计算和分析的软件,以及一个无氩的分析环境(如 1.33 Pa 的真空或氦气)组成。目前,每台 TXRF 仪测试都提供了掠射角校准方法。TXRF 仪制造商也提供了扣除逃逸峰的衰减程序,可去除逃逸峰信号。

7.2 校准样品的数据系统应与附录 A 中 A.2 的程序一致,或利用统计基础工具进行仪器重复性研究得到,以确认在仪器的重复性限内仪器是否具有可操作性。

8 试样

试样表面应平整、洁净,分析面应是经过化学机械抛光的镜面状态,或在镜面状态上带有氧化层。

9 测试环境

9.1 样品传递及设备样品台的区域洁净度应达到或优于 GB 50073—2013 中 3 级。

9.2 仪器应置于无明显振动的环境。

10 校准元素的标定

10.1 校准元素的标定及其制定方法应由供需双方达成一致。

10.2 确定标定元素的角扫描是与图 2 中曲线 a(残留物)还是与曲线 b(薄膜中)相似。

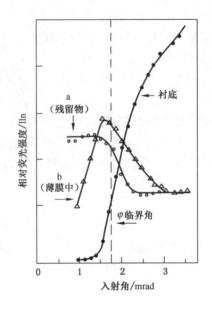

说明：
△——电镀或溅射镍亚原子层；
○——蒸发镍盐溶液；
·——硅衬底。

图 2　入射角度依赖于相对荧光强度的试验曲线

10.3　为了标定校准元素的面密度值，应使用供需双方协议认可的其他标定测试方法。几种适宜的标定校准元素面密度值的方法见附录 B 的 B.2。

10.4　TXRF 仪检测的其他元素的标定测试应使用由设备供应商开发并存储于设备计算机程序中的相对灵敏度因子 RSF 完成。RSF 是 X 射线源能量、产生荧光元素的原子序数以及荧光能量水平的函数，因此，如果 X 射线源能量改变，RSF 应使用不同的设置。

11　校准

11.1　将校准样品放入 TXRF 仪。

11.2　选择与测试样品相同的 X 射线源电压、电流和掠射角的条件下，测试标定元素的 TXRF 谱，校准样品和测试样品的测试时间、分析室的环境（真空、气体、氮或氦等）可不同。如果校准过程中角扫描与图 2 中的曲线（b）相似，使用临界角的 70%～80% 作为掠射角，如果校准过程中角扫描与图 2 中曲线（a）相似，使用的掠射角低于临界角的 85% 即可。

11.3　没有测到元素沾污的晶片作为一个空白样品，每一个没有测到特别关注元素的晶片组成一系列特定元素的空白样品。对所有关注的元素，在测试样品的试验条件下，用 TXRF 法做三次测试，验证没有设备的本底信号则形成它们的共同空白。图 3 为所有元素的空白（除硫外）示例。

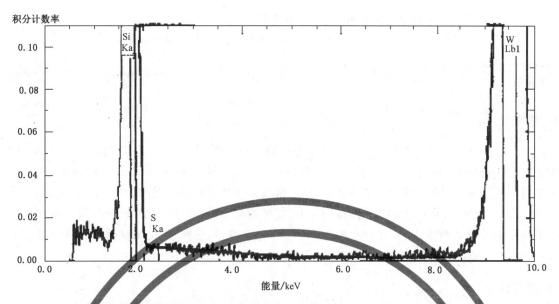

硅片的空白（除硫以外）光谱，用TREX610，在30 kV，200 mA，0.11°，1 000 s 旋转靶的条件下操作，LiF（200）单色仪，W L-beta线（9.67 keV）

图 3　空白（除硫外）示例

11.4　TXRF 仪器对标定元素的荧光信号求积分并减去本底,获得净积分计数率,得到相应元素的面密度值。本底可由一个常规去卷积程序或一个适宜的线性程序扣除。

12　测试步骤

12.1　开启设备。

12.2　选择并记录测试样品的分析条件:
    a)　X 射线源的电压;
    b)　X 射线源的电流;
    c)　X 射线源能量;
    d)　掠射角;
    e)　积分时间;
    f)　分析室的环境;
    g)　样品上的测试位置,可由供需双方协商确定。

12.3　装载测试样品。

12.4　测试样品的 TXRF 光谱。

12.5　对检测到的元素峰值计算净积分计数率。

12.6　使用特定校准元素的校准样品数据和其他元素的 RSF,根据式(1)计算测试样品上检测到的每种元素的面密度。

$$D_{u,m} = (\frac{1}{F_{s,m}}) \times (CPS_{u,m}) \times (CPS_s)^{-1} \times (A_s) \quad\cdots\cdots(1)$$

式中:

$D_{u,m}$　——测试样品 u 表面元素"m"的面密度,单位为原子数每平方厘米(atoms/cm²);

$F_{s,m}$　——校准元素"s"相对于元素"m"的 RSF;

$CPS_{u,m}$——在测试样品 u 表面探测到的元素"m"的积分计数率;

CPS_s ——校准样品表面校准元素"s"的积分计数率；

A_s ——校准元素"s"的面密度，单位为原子数每平方厘米（atoms/cm²）。

13 精密度

13.1 重复性

重复性是在同一实验室内对 2 个校准样品进行测试得到的，其中一个是空白，另一个表面沾污镍，面密度为 10^{12} atoms/cm²，样品分别进行了 3 次测试，时间间隔为 23 d～47 d；同时给出了 2003 年到 2007 年每年检定该样品镍含量和空白的测试值。测试条件是钨钯的 X 射线固定正电极，单色仪（选择 9.67 keV 线）40 kV，40 mA，0.05°掠射角，10 mm 直径的分析区域，300 s 的积分时间。每次重复测试 4 次，报告每遍测试的数据读数，分别计算其平均值和标准偏差，根据 16 次测试数据计算得到 95％包含概率下实验室内的平均值及包含区间为 $(280.55±0.75)×10^{10}$ atoms/cm²。

13.2 再现性

再现性测试在两个实验室间进行，任意选择 4 片硅抛光片，分别对每个样品进行 3 次测试，时间间隔为 12 d。测试条件是钨钯的 X 射线固定正电极，单色仪（选择 9.67 keV 线）40 kV，40 mA，0.05°掠射角，测试硅片中心点 10 mm 直径的分析区域，300 s 的积分时间。每次重复测试 4 次，报告每遍测试的数据读数。得到平均 $5.0×10^{10}$ atoms/cm² 下，两个实验室间测试的最大差异小于 $±0.1×10^{10}$ atoms/cm²。附录 B 的 B.3 提供了 ASTM F1526 标准中的实验室内和实验室间的精密度评估，供参考。

14 试验报告

试验报告应包括以下内容：
a) 测试样品信息；
b) 校准样品信息；
c) 设备类型，包括型号和生产厂家；
d) 软件版本（类型）；
e) 阳极材料；
f) 单色仪；
g) 晶体晶向，即入射 X 射线束对应的测试样品的晶向；
h) 测试结果；
i) 操作人及分析时间；
j) 本标准编号；
k) 其他。

附　录　A
（规范性附录）
重复性和检测限

A.1　重复性和检测限的关系

A.1.1　在没有设备峰值的时候,光子光谱仪中检测限 C_L 由式(A.1)给出:

$$C_L = 3s_b/S \quad\quad\quad\quad\quad (A.1)$$

式中:

s_b——空白测试的标准偏差;

S——灵敏度,单位为信号每平方厘米。

对一个严格单边的高斯分布取 99.6% 的置信水平,式(A.1)中的数字选择 3。但是验证表明低浓度时,更多的时候可能不是高斯分布。

A.1.2　对短期测试,通常假定空白测试的标准偏差是由泊松光子统计学给出,并导出了在文献中通常报道的检测限的式(A.2)。

$$C_L = 3(参考面密度 \times 本底计数)^{1/2}/(净信号) \quad\quad\quad (A.2)$$

这一检测限包括下述关键假定:空白测量的标准偏差仅由 X 射线泊松光子统计给出,没有其他的可变性贡献对该项有意义。这一假定仅对于检测限的短期估计是正确的。

A.1.3　对于检测限的长期估计,空白测量的标准偏差被认为有来自于其他的可变性,而不仅仅是泊松统计学的贡献,因此长期的检测限的估计比短期的检测限大,在空白测量中对可变性的其他贡献可包括但不限于:掠射角校准和 X 射线束发散。

A.2　比较数据系统

A.2.1　引言

A.2.1.1　在一个有资质的测量系统中进行操作,将比较值归为人造品的做法是可用的。像测试期间因设备上人为生成物而得到的与参照样品形成对照的东西,这种附加物略述了一种途径,可利用多个元素的测量数据来监控可能来自于设备软件和计算的干扰。

A.2.1.2　TXRF 用于计算表面元素沾污使用的数据组。

A.2.1.3　一个具有仲裁数据系统(RDS)的仲裁片(人造物品),其每一个数据点都是重复测量数据的均值。在设备上测量人造物,并对照测量抽样数据组的结果比较其 RDS。在这数据组里差是计算得到的。

A.2.1.4　使用人造物与系统间测量一致的参数,一致的可接受水平由供需双方协商。

A.2.2　测试方法概述

A.2.2.1　选择一合适标准的仲裁片,该片已具有一仲裁数据系统。

A.2.2.2　在设备上测量参考片获得样品数据系统 SDS。

A.2.2.3　两数相减获得两个不同的数据系统的数值差 DDS,如式(A.3)所示。

$$RDS - SDS = DDS \quad\quad\quad\quad (A.3)$$

式中：

DDS——在测量数据和仲裁数据间的测量差值。

DDS 包含了很多值，用于确定可接受的简单的度量标准是最大差值，即在 DDS 中最大的绝对值。它是在使用设备完成测试数据和仲裁数据之间最坏情况的不一致描述。

A.2.2.4 如果测试的最大差值小于供需双方都可接受的值，该设备的测量可接受。

A.2.2.5 也可使用更复杂的计算，例如，可比较 DDS 的元素值连同统计量（平均值 σ 等）的各个元素的柱状图。这些量可描述应用特定的极限或用于提供差值的来源和种类。

附　录　B

（资料性附录）

TXRF 与不同表面金属测试方法的比较及校准样品的标定

B.1　方法补充

TXRF 是对以下测试方法的补充：

a) 化学分析电子能谱，其测试元素的表面面密度检测限为 10^{13} atoms/cm²；

b) 俄歇电子能谱，其测试表面元素面密度测定限为 10^{2} atoms/cm²；

c) 氮束-卢瑟福背散射谱，对某些元素的检测限为 10^{10} atoms/cm²，但不能给出原子序数排列邻近的重元素；

d) 二次离子质谱，可检测原子序数较小的元素，其检测范围为 10^{8} atoms/cm² ～ 10^{12} atoms/cm²，但对原子序数在 22～30 的钛和锌之间的过渡元素不能提供足够的检测限，且该方法是破坏性的；

e) 气相分解（VPD）原子吸收光谱（AAS），其对表面金属检测范围为 10^{8} atoms/cm² ～ 10^{11} atoms/cm²，但是没有有效空间信息，并且分析时间比 TXRF 长，该方法也是破坏性的。

B.2　校准样品的标定

B.2.1　提供目前工艺水平的化学机械抛光硅片衬底，其表面金属面密度为 10^{12} atoms/cm² ～ 10^{14} atoms/cm²。从标定标准得到的 K-α 荧光信号是没有干扰的，即没有逃逸峰、和峰和其他沾污的荧光峰；无外部沾污源；首选元素不应该是容易增加沾污的元素（如铁），或随时间扩散到深处的元素（如金和铜）。因此首选元素是镍或钒。定标是选用一组带有已知不同种类特定元素面密度的硅片制作的。

B.2.2　校准片的标定应有一适当的可分析的方法确定标定金属的面密度。可提供标准值的几种适宜的标准标定方法包括：

a) 氮束-卢瑟福背散射光谱（N-RBS）——使用这一方法，在±5 原子质量单位范围内任何其他金属不能超过标定金属面密度的 1%。N-RBS 的测量是绝对测量，并且应在 TXRF 区域内进行。其他的背散射方法也可用标定元素面密度，它包括前向散射卢瑟福背散射（F-RBS）和重离子背散射光谱（HIBS）；

b) 气相分解——采用气相分解-原子吸收光谱测定法（VPD/AAS）可对一个旋转涂敷制成的沾污进行标定。VPD/AAS 测试方法是破坏性的。由 TXRF 或 SIMS 图的方法显示的沾污均匀分布于整个硅片表面。VPD/AAS 标定的值依据原子吸收光谱的标准，本方法的精度主要源于 VPD 元素回收率；

c) 注入-离子注入将参比元素注入到一个预先存在的无定型硅的表面，用固态外延生长方法使无定型硅变为单晶硅。如果参比元素在无定型硅中比单晶硅中溶解的多，这一过程可将离子注入的参比元素扫到样品表面，应用离子注入流确定的离子剂量可完成面密度的量化定标；

d) 稀释的原子吸收标准溶液——在抛光硅衬底上沉积一些稀释的金属原子吸收标准溶液，形成局部斑点，其尺寸应小于 TXRF 的分析区域。这个方法假定在溶液干燥期间，标定金属绝对没有丢失。为了分析全部沉积的干了的溶液，TXRF 应很容易找到沉积的斑点，根据 AAS 确定定标数值。沉积的溶液应产生下述两种 TXRF 角扫描中的一种：

　　1) 金属荧光计数率作为角度的函数，该角度在低于临界角 80% 时，与掠射角无关，见图 2 中曲线 a；

2) 金属荧光计数率作为角度的函数,表示位于表面 3 nm 内金属沾污的特性,见图 2 中曲线 b。

B.3 ASTM 标准中的精密度及偏差

B.3.1 精密度

B.3.1.1 精密度使用单色 TXRF 设备通过两次循环测试得到评估。

B.3.1.2 实验室内精度是对 2 个参考样品和 6 个未知的表面沾污铁、镍、铜、锌在 10^{11} atoms/cm² ～ 10^{12} atoms/cm² 的样品上巡回评估,13 个实验室参与评估。在每个实验室里,每天测试 1 次样品,做 4 天测试。测试条件是钨钯的 X 射线旋转正电极。LiF200 单色仪(选择 9.67 keV 线)30 kV,200 mA,0.05°掠射角,1.33 Pa 真空环境,10 mm 直径的分析区域,1 000 s 的积分时间。由每个实验室报告 4 个数据读数的平均值和 4 次读数的标准偏差,95％置信度下实验室内相对精度 28％,是实验室内一个相对标准偏差 10％的 2.8 倍。

B.3.1.3 实验室间精度的评估是使用 1 套参考样品和 3 个未知样品循环测试得到的。其中 1 个是空白,参考样品和未知的表面的镍沾污在 10^{11} atoms/cm² ～ 10^{12} atoms/cm²。17 个机构参与了评估。每个实验室测试样品若干天。测试条件是钨钯的 X 射线旋转正电极。LiF200 单色仪(选择 9.67 keV 或更高线)30 kV,200 mA 或更高,0.1°的掠射角,10 mm 直径的分析区域,1 000 s 的积分时间。95％置信度,在平均 15×10^{10} atoms/cm² 下,实验室间精度±8×10^{10} atoms/cm²,在平均 45×10^{10} atoms/cm² 下,实验室间精度±20×10^{10} atoms/cm²。

B.3.1.4 除了在 B.3.1.2,B.3.1.3 列出的巡回测试条件外也可使用其他分析方法,但没有对其他分析条件的精度进行评估。

B.3.2 偏差

本方法的偏差无法评估,因为本方法没有绝对标准。

B.4 安全

本方法使用 X 射线,对于暴露在 X 射线的个人应提供防护。特别重要的是保护手或手指不被 X 光直接照射,并保护眼睛免受二次散射的辐照。推荐使用底片式射线剂量器或放射量测定仪,以及标准核源校准过的 GeigerMuller 计数器定期检查手和身体部位的辐射剂量。对于全身不定期暴露于外部 X 射线不超过 3MeV 量子辐照能量的个人,现行最大允许剂量为每季度 1.25R(3.22×10^{-4} C/kg),相当于 0.6 mR/h[1.5×10^{-7} C/(kg·h)]。在同样条件下,手和前臂暴露的最大允许剂量为每季度 18.75 R(4.85×10^{-3} C/kg)(相当于 9.3 mR/h[2.4×10^{-6} C/(kg·h)])。除上述规定外,其他各个政府及管理部门也有相应的安全要求。

本标准不涉及安全问题,即使有也与标准的使用相联系。标准使用前,建立合适的安全和保障措施以及确定规章制度的应用范围是标准使用者的责任。

ICS 29.045
H 80

中华人民共和国国家标准

GB/T 24579—2009

酸浸取 原子吸收光谱法测定
多晶硅表面金属污染物

Test method for measuring surface metal contamination of polycrystalline
silicon by acid extraction-atomic absorption spectroscopy

2009-10-30 发布   2010-06-01 实施

中华人民共和国国家质量监督检验检疫总局
中国国家标准化管理委员会   发 布

前　言

  本标准修改采用 SEMI MF 1724-1104《采用酸萃取-原子吸收光谱法测量多晶硅表面金属沾污》。
本标准对 SEMI MF 1724-1104 格式进行了相应调整。为了方便比较,在资料性附录 C 中列出了本标准
章条和 SEMI MF 1724-1104 章条对照一览表。并对 SEMI MF 1724-1104 条款的修改处用垂直单线标
识在它们所涉及的条款的页边空白处。

  本标准与 SEMI MF 1724-1104 相比,主要技术差异如下:

  ——去掉了"目的"、"关键词"。

  ——将实际测试得到的单一试验室的精密度结果代替原标准中的精度和偏差部分,并将原标准中
   的精度和偏差部分作为资料性附录 B。

  本标准的附录 A、附录 B 和附录 C 为资料性附录。

  本标准由全国半导体设备和材料标准化技术委员会提出。

  本标准由全国半导体设备和材料标准化技术委员会材料分技术委员会归口。

  本标准起草单位:信息产业部专用材料质量监督检验中心、中国电子科技集团公司第四十六研
究所。

  本标准主要起草人:褚连青、王奕、魏利洁。

酸浸取 原子吸收光谱法测定
多晶硅表面金属污染物

1 范围

1.1 本标准规定了用酸从多晶硅块表面浸取金属杂质,并用石墨炉原子吸收定量检测多晶硅块表面上的痕量金属杂质分析方法。

1.2 本标准适用于碱金属、碱土金属和第一系列过渡元素如钠、铝、铁、铬、镍、锌的检测。

1.3 本标准适用于各种棒、块、粒、片形多晶或单晶硅表面金属污染物的检测。由于块、片或粒形状不规则,面积很难准确测定,根据样品重量计算结果。使用的样品重量为 50 g~300 g,检测限为 0.01 ng/g。

1.4 酸的强度、组成、温度和浸取时间决定着表面腐蚀深度和表面污染物的浸取效率。在这个试验方法中腐蚀掉的样品重量小于样品重量的 1%。

1.5 该试验方法提出了一种特定的样品尺寸、酸组成、腐蚀周期、试验环境和仪器方案,这些参数可以调整,但可能影响金属的回收效率及滞留量。该方法适用于重量为 25 g~5 000 g 的样品的测定,为达到仲裁的目的,该试验方法规定样品重量为 300 g。该试验方法在干扰和结果的偏差方面做了详细说明。

1.6 该试验方法详细说明了用于分析酸提取痕量金属含量的石墨炉原子吸收光谱法的使用。也可使用灵敏度相当的其他仪器如电感耦合等离子体/质谱仪。

1.7 方法的检测限和偏差取决于酸提取过程的效率、样品尺寸、方法干扰、每个元素的吸收谱及仪器灵敏度、背景和空白值。

1.8 该方法是用热酸来腐蚀掉硅表面,腐蚀剂是有害的,操作必须在通风橱中进行,整个过程中必须非常小心。氢氟酸溶液非常危险,不熟悉专门防护措施的人不能使用。

2 规范性引用文件

下列文件中的条款通过本标准的引用而成为本标准的条款。凡是注日期的引用文件,其随后所有的修改单(不包括勘误的内容)或修订版均不适用于本标准,然而,鼓励根据本标准达成协议的各方研究是否可使用这些文件的最新版本。凡是不注日期的引用文件,其最新版本适用于本标准。

GB/T 11446.1 电子级水(GB/T 11446.1—1997,neq ASTM D5127:1990)

ISO 14644-1 洁净室和相关受控环境 第 1 部分:空气洁净度等级划分

3 术语、定义和缩略语

3.1 术语和定义

下列术语和定义适用于本标准。

3.1.1

酸空白 acid blank

一个所使用的酸的样品,用于监控背景光谱及操作过程中使用的浸取酸的痕量金属沾污。

3.1.2

浸取空白 digested blank

不加入被分析元素,经过浸取和分析过程的一个酸样品,用于监控分析过程,包括酸的纯度、浸取瓶的清洁度、交叉沾污和环境纯度。

3.1.3

控制标准样品 digested control standard

制备的已知浓度的被分析元素的样品,以对仪器和浸取过程校准检查。

3.1.4

浸取 digested

在一定温度条件下将多晶硅块浸入酸混合物中,直到表面金属污染物溶解在溶液中。

3.1.5

聚四氟乙烯 polytetrafluoroethylene

一种耐氢氟酸材料,用于制作样品瓶、盖和夹子。

3.1.6

标准溶液 standard solution

制备的已知浓度的被分析元素样品,典型的浓度为 5 μg/L、10 μg/L 和 20 μg/L,为石墨炉原子吸收提供校准标准和吸收值。

3.2 缩略语

本标准采用以下缩略语:

GFAAS——graphite furnace atomic absorption spectrophotometer 石墨炉原子吸收光谱仪。

PTFE——polytetrafluoroethylene 聚四氟乙烯。

4 方法概要

4.1 为保证分析一致性及实验室间分析数值对比,对于块状样品选择一个标准重量和体积,为达到仲裁的目的,要求取六块样品,每块尺寸约为 3 cm×3 cm×3 cm,重量为 50 g,样品总重量为 300 g,六块样品中最起码三块应该有外表面,外表面即多晶硅棒的表皮,在棒的切割和剥落工艺过程中被认为是最易受沾污的,选择至少一半具有外表面的块状样品假设代表该批样品特征。

4.2 为了避免交叉沾污,将样品块放入清洁的聚四氟乙烯瓶中,使其没入酸腐蚀剂中,在通风橱中加热,样品块表面被腐蚀,将样品块从腐蚀剂中取出,在电热板上将腐蚀剂加热至干。

4.3 加入 2 mL 5% HNO_3 和 8 mL H_2O 溶解干燥的腐蚀剂残渣,使总体积为 10 mL,用石墨炉原子吸收分析痕量金属。

4.4 将一系列空白、校准标准、监测标准及酸浸取样品装入 GFAAS 的样品旋转盘上。对于每个元素,优化石墨炉温度程序以获得最大灵敏度并且选择吸收谱线以达到最大的灵敏度和最小的干扰。

4.5 收集来自 GFAAS 的数据,计算该批样品中每个被分析元素的数值。对于每个被分析元素,取浸取空白的平均值作为零参考,从抽检样品数值中减去空白平均值,乘于稀释因子即为报告的结果。稀释因子为酸浸取最后体积(10 mL)除以多晶硅样品的开始重量。

4.6 一个腐蚀过程后,测得的通常以化学结合形式结合在多晶硅表面上的铁、铬、镍、钠、锌和铝的酸混合物回收率大于或等于 95%,通过对第二个腐蚀过程后的被分析元素测量来确定第一个腐蚀过程的回收率,要求回收率大于 90% 以证实分析的准确度。用中子活化分析确定回收率。为了确保化学反应或蒸发过程中没有被分析元素损失,浸取制备的参考标准并监控每一次分析。

4.7 通过统计浸取空白和浸取参考标准的吸收值监控来自室内环境、仪器、试剂、取样技术和操作技术的沾污。

4.8 检出限是由稀释因子、仪器灵敏度、被分析元素光谱响应、酸回收率、空白值和方法偏差决定。

5 干扰因素

5.1 在该试验方法中通常存在吸收光谱的干扰包括吸收峰重叠、吸收峰非线性、基体效应、背景噪声、元素间的干扰、交叉沾污和仪器漂移。

5.2 来自取样及操作过程中试剂纯度、设备的清洁度、室内的清洁度和操作技术造成的沾污的影响必须严格考虑。该标准描述了一系列空白和控制标准,以监控和量化这些干扰。

5.3 为了监控干扰的来源必须测量酸混合物和浸取工艺的回收率。通过各种处理以化学作用结合到多晶硅表面或内部的金属污染物不能用酸混合物取得。用中子活化分析或通过其他试验方法确定回收率。

5.4 该试验方法要求样品尺寸具有一批样品的代表性,由于表面污染物不能均匀分布在表面,选择的样品尺寸和量必须能代表一批样品,如果样品尺寸相当小,样品可能不能代表该批样品,导致平行样品偏差过大。

6 试剂

6.1 水 GB/T 11446.1 中 EW-I 级电子级水。

6.2 硝酸(ρ1.42 g/mL)MOS级。

6.3 氢氟酸(ρ1.14 g/mL)MOS级。

6.4 过氧化氢(ρ1.10 g/mL)MOS级。

6.5 酸清洗混合物($HNO_3+HF+H_2O_2+H_2O=1+1+1+25$)。

6.6 酸腐蚀混合物($HNO_3+HF+H_2O_2+H_2O=1+1+1+50$)。

7 仪器

7.1 GFAAS 仪器:石墨炉原子吸收光谱仪,对于亚 μg/L 量级元素的分析具有很强的解决能力。具有选择取样功能的自动进样器和仪器组成一整体,用微机数据处理系统计算峰吸收值、提供仪器校准曲线和样品分析结果。见附录 A 中的表 A.1 和表 A.2。

7.2 空气环境:用于样品采集、酸浸取和 GFAAS 分析的区域必须封闭在洁净室内,洁净室最小标准为 ISO 14644-1 中定义的 6 级。

7.3 洁净室服装:分析者必须着洁净室服装包括帽子、面具、靴子和手套。

7.4 排酸通风橱:装备排酸通风橱,并配备一个用于进行酸浸取和浸取浓缩步骤的电热板。

7.5 样品瓶和夹子:样品瓶(体积为 500 mL)、盖和夹子由聚四氟乙烯(PTFE)或类似不被氢氟酸腐蚀并能被清洗的聚合物材料制成,避免沾污影响。

7.6 分析天平:天平能称重 300 g,感量为 0.1 mg。

8 试样制备

8.1 该试验方法规定了多晶硅批料的取样方法,一般从一批样品中选出一袋 5 kg 样用于取样,将其放在清洁室内以备取样,并且假设分析出的表面金属含量代表该批样品。如果必须在当地取样,而不是在分析实验室,将样品封在双层袋中并送到实验室。取样过程中的沾污必须严格考虑并且必须避免。

8.2 为保证分析一致性及实验室间分析数值对比,对于块状样品选择一个标准重量和体积,为达到仲裁的目的,要求取六块样品,每块尺寸约为 3 cm×3 cm×3 cm,重量约为 50 g,样品总重量约为 300 g,六块样品中最起码三块应该有外表面,外表面即多晶硅棒的表皮。

8.3 控制标准样品:向清洁的多晶硅块样品中加入 10 mL 10 μg/L 校准标准制备两个 10 μg/L 控制标准样品,随同待测样品浸取这些标准样品。

9 操作步骤

9.1 试验用器皿清洗

分析前清洗瓶子、盖和夹子。当使用新瓶子、当发现空白值被沾污、当进行仲裁分析时进行追加清洗和空白分析。按下列程序准备清洁的瓶子和盖子:

9.1.1 用去离子水淋洗三次。

9.1.2 将 500 mL 酸清洗混合物装入瓶子(盖上盖子,不要拧紧),在 100 ℃ 电热板上加热 6 h;用酸清洗混合物重新装满瓶子,不盖盖子,在 100 ℃ 电热板上加热 6 h。

9.1.3 用去离子水淋洗瓶子和盖子三次。

9.1.4 将 250 mL 酸腐蚀混合物装入瓶子,不盖盖子,在 130 ℃～150 ℃ 的电热板上加热至干,约需 10 h。

9.1.5 加入 2 mL 5% HNO₃ 和 8 mL 去离子水溶解残留物,用石墨炉原子吸收分析。

9.1.6 如果石墨炉原子吸收分析表明样品瓶中存在沾污,重复整个步骤。

9.1.7 将瓶子和盖子淋洗三次。

9.1.8 用酸清洗混合物装满瓶子并在 100 ℃ 电热板上加热 6 h。

9.2 多晶硅块表面金属杂质浸取

9.2.1 在实验室中按照标准清洁室操作规程打开双层袋,将样品块转到一个清洁的、编号的 PTFE 瓶中并称重,重量精确至小数点后第二位,向每个瓶中加入 250 mL 酸腐蚀混合物没过样品块,并用 PTFE 盖子密封。

9.2.2 将密封瓶放在通风橱中的电热板上并在 70 ℃ 左右加热 60 min,取下瓶子并冷却,然后用 PTFE 夹子取出每块样品,用去离子水淋洗表面,淋洗液收集至瓶。将腐蚀剂倒入一个敞口瓶中,并在 110 ℃～150 ℃ 的电热板上加热至干。

> 注:可使用微波炉代替电热板以降低所需要的浸取至干燥的时间。

9.2.3 从电热板上取下瓶子,盖上盖子并冷却。加入 2 mL 5% HNO₃ 溶解干燥的腐蚀剂残渣,放置 20 min 溶解所有的盐类,加入 8 mL 去离子水,盖上盖子,摇匀,溶液中应观察不到固体。该溶液用于金属污染物的检测。随同试样做两个空白。

9.2.4 使用石墨炉原子吸收光谱仪,于相应波长处与标准系列同时,以水调零测量试液的吸光度。所测吸光度减去试料空白溶液的吸光度,从工作曲线上查出相应的待测元素的浓度。

9.3 工作曲线的绘制

9.3.1 用 1 000 μg/mL 元素的标准溶液稀释成为 1 μg/mL 标准(取 0.1 mL 置于 100 mL 酸腐蚀混合物中),移取 0 mL、0.5 mL、1 mL 和 2 mL 1 μg/mL 标准溶液于 100 mL 容量瓶中,加入 20 mL 5% HNO₃,用电子级水(DI)稀释至刻度,混匀,配制成 0 μg/L、5 μg/L、10 μg/L 和 20 μg/L 标准溶液。制备的标准的范围应接近于估计的待分析元素的浓度。

9.3.2 在与样品溶液测定相同的条件下,测量标准溶液系列的吸光度,减去标准溶液系列中"零"浓度溶液的吸光度,以待测元素浓度为横坐标,吸光度为纵坐标,绘制工作曲线。

10 结果计算

按式(1)计算结果:

$$M = (I - B) \times DF \quad\quad\quad\quad\quad\quad\quad\quad (1)$$

式中:

M——被分析元素浓度,单位为纳克每克(ng/g);

I——在工作曲线上查得试液中被测元素浓度,单位为纳克每毫升(ng/mL);

B——在工作曲线上查得两个空白中被测元素浓度的平均值,单位为纳克每毫升(ng/mL);

DF——稀释因子,酸浸取最后体积除以多晶硅样品重量乘以10,单位为毫升每克(mL/g)。

11 精密度

采用该方法在单一实验室中对样品进行十次平行测定,测得的 Na、Al、Fe、Ni、Cr、Zn 的相对标准偏差分别为 8%、7%、7%、9%、9% 和 5%。

12 允许差

实验室之间分析结果的差值应不大于表1所列允许差。

表 1

含量范围/%	允许差/%
$1\times10^{-9}\sim6\times10^{-9}$	2×10^{-9}
$6\times10^{-9}\sim2\times10^{-8}$	5×10^{-9}
$2\times10^{-8}\sim8\times10^{-8}$	1×10^{-8}
$8\times10^{-8}\sim2\times10^{-7}$	5×10^{-8}
$2\times10^{-7}\sim8\times10^{-7}$	8×10^{-8}

13 报告

报告应包括以下内容:

a) 多晶硅批样标识;

b) 日期;

c) 仪器生产商、类型和仪器型号;

d) 实验室位置和分析者;

e) 分析元素数值,ng/g;

f) 空白值,ng/g;

g) 多晶硅样品重量,g;

h) 确认校准标准可控。

附　录　A

（资料性附录）

仪器工作条件

表 A.1 给出了使用 PE3030B 原子吸收光谱仪工作条件；表 A.2 给出了使用 HGA-600 型电热原子化器工作条件。

表 A.1　使用 PE3030B 原子吸收光谱仪工作条件

元素	波长/ nm	灯电流/ mA	光谱通带宽度/ nm
钠	589.0	8	0.2
铝	309.3	25	0.7
铁	248.3	15	0.2
铬	357.9	25	0.7
镍	232.0	25	0.2
锌	213.9	15	0.7

表 A.2　HGA-600 型电热原子化器工作条件

元素	干燥阶段 温度/℃	干燥阶段 时间/s 斜坡升温	干燥阶段 时间/s 保持	灰化阶段 温度/℃	灰化阶段 时间/s 斜坡升温	灰化阶段 时间/s 保持	原子化阶段 温度/℃	原子化阶段 时间/s 斜坡升温	原子化阶段 时间/s 保持	净化 温度/℃	净化 时间/s 斜坡升温	净化 时间/s 保持	冷却 温度/℃	冷却 时间/s 斜坡升温	冷却 时间/s 保持
钠	110	20	10	1 000	1	5	2 000	1	4	2 700	1	3	30	1	2
铝	110	20	10	1 700	1	5	2 500	1	4	2 700	1	3	30	1	2
铁	110	20	10	1 400	1	5	2 400	1	4	2 700	1	3	30	1	2
铬	110	20	10	1 650	1	5	2 500	1	4	2 700	1	3	30	1	2
镍	110	20	10	1 400	1	5	2 500	1	4	2 700	1	3	30	1	2
锌	110	20	10	700	1	5	1 800	1	4	2 700	1	3	30	1	2

注：原子化阶段氩气流量为 0 mL/min，其他阶段氩气流量为 300 mL/min。

附 录 B
（资料性附录）
SEMI MF 1724-1104 中的精密度和偏差

B.1 实验室内偏差

B.1.1 通过对浓度为 2 μg/L 的每个测量元素的标准进行 15 次分析来确定所使用的 GFAA 仪器偏差,仪器读数乘以稀释因子 10/300。这一套分析几个月重复一次,这一套分析的标准偏差代表由于仪器漂移、分析工作者技术和室内环境造成的偏差。

B.1.2 通过对被浸提的 10 μg/L 控制标准样品进行分析来确定方法偏差,检验周期为一年以上。仪器读出的浓度值约为 10 μg/L,这一组数值的标准偏差代表由于金属滞留效应、试剂纯度、仪器纯度、环境纯度和分析工作者技术造成的偏差。

B.1.3 通过对多晶硅样品在超过一年期的分析来定样品分析偏差。这一组分析的标准偏差代表由于取样技术、在样品的取样和处理过程中的沾污和整个分析方法偏差造成的偏差。

B.1.4 这些研究中标准偏差归纳在表 B.1 中。

表 B.1 在一年内一个偏差研究实验室得出的标准偏差(ng/g)值

分析元素	仪器偏差	方法偏差	样品分析偏差
Na	0.01	0.08	0.15
Al	<0.01	0.10	0.28
Fe	<0.01	0.01	0.13
Cr	<0.01	0.05	<0.01
Ni	<0.01	0.03	<0.01
Zn	<0.01	0.08	0.13

B.2 实验室间偏差:进行实验室间对比研究以检验分析多晶硅样品中 ng/g 以下量级的表面污染物的方法能力。每个实验室使用不同的多晶硅样品重量、酸混合物和稀释因子,但所有的分析都在清洁室内进行并使用高纯试剂和校准控制。所有多晶硅样品由实验室 A 提供,所选择的抽检样品仅代表具有亚 ng/g 量级痕量表面污染物的多晶硅。没有提供加入污染物的样品;这个对比研究用于确定来自取样、不同分析程序和不同的实验室环境所造成的这些量级的偏差。实验室 A 采用该试验方法,而实验室 B、C、D 和 E 使用变化了的试验方法,并且这些实验室没有报导酸混合物和稀释因子。从封在双层聚乙烯袋中的多晶硅批样中取所需重量样品,并送到实验室用于分析。

B.2.1 实验室 A 和实验室 B 使用样品重量为 300 g,对五个多晶硅抽检样进行分析。对于实验室 A 检测限以表 1 中方法偏差的 3σ 为依据。

B.2.2 实验室 C 使用 200 g 样品重量。对五个多晶硅抽检样进行分析。

B.2.3 实验室 D 使用 200 g 样品重量。对七个多晶硅抽检样进行分析。

B.2.4 实验室 E 使用 80 g 样品重量。对三个多晶硅抽检样进行分析。

B.2.5 在每种情况中,报告每个被分析元素的平均值和标准偏差,小于检测限的数值报成<"检测限",并且不报告标准偏差。结果列于表 B.2 中。

表 B.2 五个实验室对比研究的表面金属分析比较 单位为纳克每克

实验室	测量值	Na	Al	Fe	Cr	Ni	Zn
实验室 A	平均值	<0.24	<0.30	<0.30	<0.15	<0.09	<0.24
	标准偏差						
实验室 B	平均值	0.23	0.27	0.03	<0.01	<0.06	0.09
	标准偏差	0.03	0.04	0.02			0.03
实验室 C	平均值	0.04	0.02	0.11	0.02	0.02	0.04
	标准偏差	0.01	<0.01	0.07	<0.01	0.01	0.01
实验室 D	平均值	0.18		0.12	0.02	0.02	0.20
	标准偏差	0.07		0.07	0.02	0.02	0.05
实验室 E	平均值	<0.20	<0.25	<0.10	<0.13	<0.20	0.12
	标准偏差						0.06

附　录　C

（资料性附录）

本标准章条编号与 SEMI MF 1724-1104 章条编号对照表

表 C.1　本标准章条编号与 SEMI MF 1724-1104 章条编号对照

本标准章条编号	对应的 SEMI MF 1724-1104 标准章条编号
1	2
2	4
3	5
4	6
5	3
6	8
7	
8	9.1、6.1、10.2.3
9	11
10	12
11	14
12	
13	

ICS 29.045
H 80

中华人民共和国国家标准

GB/T 24580—2009

重掺 n 型硅衬底中硼沾污的
二次离子质谱检测方法

Test method for measuring Boron contamination in heavily doped n-type
silicon substrates by secondary ion mass spectrometry

2009-10-30 发布
2010-06-01 实施

中华人民共和国国家质量监督检验检疫总局
中国国家标准化管理委员会 发布

前　言

本标准修改采用 SEMI MF 1528-1104《用二次离子质谱法测量重掺杂 N 型硅衬底中的硼污染的方法》。本标准对 SEMI MF 1528-1104 格式进行了相应调整。为了方便比较,在资料性附录 B 中列出了本标准章条和 SEMI MF 1528-1104 章条对照一览表。并对 SEMI MF 1528-1104 条款的修改处用垂直单线标识在它们所涉及的条款的页边空白处。

本标准与 SEMI MF 1528-1104 相比,主要技术差异如下:

——去掉了"目的"、"关键词";

——将实际测试得到的单一试验室的精密度结果代替原标准中的精度和偏差部分,并将原标准中的精度和偏差部分作为资料性附录 A 。

本标准附录 A 和附录 B 为资料性附录。

本标准由全国半导体设备和材料标准化技术委员会提出。

本标准由全国半导体设备和材料标准化技术委员会材料分技术委员会归口。

本标准起草单位:信息产业部专用材料质量监督检验中心、中国电子科技集团公司第四十六研究所。

本标准主要起草人:马农农、何友琴、丁丽。

重掺 n 型硅衬底中硼沾污的
二次离子质谱检测方法

1 范围

1.1 本标准规定了重掺 n 型硅衬底中硼沾污的二次离子质谱测试方法。本标准适用于二次离子质谱法（SIMS）对重掺 n 型硅衬底单晶体材料中痕量硼沾污（总量）的测试。

1.2 本标准适用于对锑、砷、磷的掺杂浓度 $<0.2\%（1\times10^{20}$ atoms/cm^3）的硅材料中硼浓度的检测。特别适用于硼为非故意掺杂的 p 型杂质，且其浓度为痕量水平（$<5\times10^{14}$ atoms/cm^3）的硅材料的测试。

1.3 本标准适用于检测硼沾污浓度大于 SIMS 仪器检测限（根据仪器的型号不同，检测限大约在 5×10^{12} atoms/cm^3~5×10^{13} atoms/cm^3）两倍的硅材料。

1.4 原则上，本标准对于不同表面情况的样品都适用，但是本标准中的精度估算值是从表面抛光样品的测试数据中得到的。

2 规范性引用文件

下列文件中的条款通过本标准的引用而成为本标准的条款。凡是注日期的引用文件，其随后所有的修改单（不包括勘误的内容）或修订版均不适用于本标准，然而，鼓励根据本标准达成协议的各方研究是否可使用这些文件的最新版本。凡是不注日期的引用文件，其最新版本适用于本标准。

ASTM E122 评价一批产品或一个工艺过程质量的样品大小的选择规范

3 术语和定义

下列术语和定义适用于本标准。

3.1

离子质谱 ion mass

根据质荷比的不同将离子分开并计数。

3.2

一次离子 primary ion

由离子枪产生的离子，聚焦到样品表面，溅射并离化样品表面原子。

3.3

二次离子质谱 secondary ion mass spectrometry

对样品表面溅射出来的二次离子进行质谱分析。

3.4

二次离子 secondary ion

在一次离子束的溅射下，样品表面原子离化并脱离样品表面形成的离子。

4 试验方法概要

二次离子质谱法用于重掺 n 型硅衬底单晶体材料中硼沾污的测试。

4.1 将单晶硅样品（一个硼浓度低的样品作为仪器空白测试样品，如高阻 n 型区熔硅片；一个体掺杂硼硅片作为标准样品和待测样品）装入样品架。

4.2 用一次氧离子束轰击每个样品。

4.3 用质谱分析正的二次离子。

4.4 测试空白硅样品，以确定仪器的背景。

4.5 连续测试样品架上的每个样品，检测其中的硼和硅。

4.6 计算每个样品的硼和硅(B^+/Si^+)的二次离子强度比。

4.7 样品中硼的浓度与 B^+/Si^+ 强度比成线性关系，据此及已知硼浓度的标准样品的(B^+/Si^+)强度比，可将测试样品的 B^+/Si^+ 强度比转换成硼的浓度。

4.8 测试时要求无坑沿效应。

5 干扰因素

5.1 表面吸附的硼干扰硼的测试。

5.2 从 SIMS 仪器样品室吸附到样品表面的硼干扰硼的测试。

5.3 在样品架窗口范围内的样品表面必须平坦，以保证每个样品移动到分析位置时，其表面与离子收集光学系统的倾斜度不变，否则测试的准确度和精度都有所降低。

5.4 测试的准确度和精度随着样品表面粗糙度的增大而显著降低，可以通过对样品表面腐蚀抛光予以消除。

5.5 参考样品中硼的不均匀性会限制测试精度。

5.6 参考样品中硼标称浓度的偏差会导致 SIMS 测试结果的偏差。

6 测量仪器

6.1 扇形磁场 SIMS 仪器

仪器需要装备氧一次离子源，能检测正二次离子的电子倍增器和法拉第杯检测器。SIMS 仪器必须状态良好（例如经过烘烤），以便尽可能降低仪器背景。

6.2 液氮或者液氦冷却低温板

如果分析室的真空度不小于 $1.3×10^{-6}$ Pa，用液氮或者液氦冷却的低温板环绕分析室中样品架。如果分析室的真空度低于 $1.3×10^{-6}$ Pa，则不需要上述冷却。

6.3 测试样品架

要保证样品架上各样品的分析表面处于同一平面并垂直于引出电场（约几千伏，根据仪器型号的不同而不同）。

7 试样制备

7.1 取样

7.1.1 因为 SIMS 分析实际上是破坏性的试验，所以必须进行取样，且被取样品能够评价该组硅片的性质。

7.1.2 本标准不包含统一的抽样方法这部分，因为大多数合适的取样计划根据每个样品情况不同而有区别。见 ASTM E122。

7.1.3 为了仲裁目的，取样计划必须在测试之前得到测试双方的认可。

7.2 样品要求

7.2.1 样品的分析面必须平坦光滑。样品表面要进行腐蚀抛光或者效果更好的化学机械抛光。

7.2.2 样品必须切割成小块，以适合放入样品架内。

7.2.3 需要一个体掺杂的硅中硼标样。

7.2.4 需要一个硼浓度低于($5×10^{12}$)atoms/cm³ 的空白硅样品。

7.3 定标

7.3.1 必须有一个标准样品,其硼的体浓度经过各方都认同的其他某种测试方法测定,而且在$(1\sim10)\times10^{14}$ atoms/cm³ 浓度范围内。

7.3.2 每个标准样品必须与待测样品同样的尺寸和抛光面。

7.3.3 每个空白样品必须与待测样品同样的尺寸和抛光面。

8 操作步骤

8.1 样品装载

将样品装入 SIMS 样品架,并检查确认样品是否平坦地放在窗口背面,并尽可能地多覆盖窗口。一次装入的样品包括:一个空白硅样品,一个标准样品和待测样品。

8.2 仪器调试

8.2.1 按照仪器说明书开启仪器。

8.2.2 根据 6.2 描述,如果需要使用冷却装置,将液氮或者液氦装入冷阱。

8.2.3 分析条件

8.2.3.1 使用聚焦良好的氧一次离子束,调节衬度光栏和视场光栏,得到最大的^{30}Si$^+$离子计数率。在不扫描的情况下,法拉第杯上得到的离子计数率必须$>1\times10^8$ counts/s。

8.2.3.2 开始时,根据束斑大小,使用几百微米×几百微米的第一扫描测试条件(典型的条件是$250~\mu m\times250~\mu m$),这样可以除去表面自然氧化层中的 B。实际测试时,使用第二扫描测试条件,扫描区域要比第一扫描测试条件减少几倍(典型的第二扫描条件是 $50~\mu m\times50~\mu m$)。采用的计数时间是 1 s。

8.3 样品分析

8.3.1 移动样品架,使样品上的溅射坑形成在窗口的中心位置附近。

8.3.2 对中一次束,开始 SIMS 剖析。

8.3.2.1 首先用第一扫描条件溅射样品 50～100 个磁场周期,直到硼的信号强度稳定,以除去晶片表面自然氧化层中典型存在的残留的表面沾污。

8.3.2.2 减小扫描面积到第二扫描条件,继续溅射样品,直到硼信号稳定。

8.3.3 剖析结束后,测试并记录电子倍增器上的^{11}B$^+$的计数率和法拉第杯上的主元素^{30}Si$^+$的计数率,对最后十五个周期的结果进行平均。

8.3.4 重复以上步骤,对样品架上所有的样品进行测试。

8.3.5 每次剖析结束后,由记录的二次离子强度,计算出硼计数率和硅计数率之比(^{11}B$^+$/^{30}Si$^+$),记为S_u。

8.3.6 如果空白样品中所测的^{11}B$^+$/^{30}Si$^+$比值超过其他样品的 20%～50%,则停止分析,寻找造成仪器背景较高的原因。

8.3.7 对所有样品,包括空白样品,标准样品和测试样品,在表格中记录样品编号和^{11}B$^+$/^{30}Si$^+$比值。

9 结果计算

9.1 相对灵敏度因子(RSF)法定标

9.1.1 按式(1)计算灵敏度因子:

$$RSF = \frac{[B]}{(^{11}B^+/Si^+)} \quad\quad\quad\quad\cdots\cdots(1)$$

式中:

[B]——标准样品中硼的标定浓度;

^{11}B$^+$——^{11}B 离子在电子倍增器上的计数;

Si⁺——在法拉第杯或其他能检测正二次离子强度在 10^8 counts/s 以上的检测器上的 Si⁺ 离子计数。

9.1.2 对每个测试样品,用 S_u 乘以从标准样品中得到的相对灵敏度因子 RSF,将 SIMS 离子 $^{11}B^+/^{30}Si^+$ 计数比转换成硼的浓度 $[B]_u$,如式(2)。

$$[B]_u = S_u \times RSF \qquad \cdots\cdots\cdots\cdots\cdots\cdots\cdots\cdots\cdots (2)$$

10 精密度

该方法单一实验室 B 的测量精密度分别为 5%(RSD)。

注:该精密度是由同一个试验人员在同一次试验中对从同一单晶片上取下的 13 个样品依次测试得到的。具体见附录 A。

11 报告

报告包括以下内容:

a) 使用的仪器,操作者,测试日期,以及硼的相对灵敏度因子;

b) 标样和测试样品的编号以及测试样品在单晶上的取样位置;

c) 测试样品和空白硅样品中的硼的浓度。

附 录 A

（资料性附录）

SEMI MF 1528-1104 中的精密度和偏差

A.1 精密度

本测试的精度是 10 个分析者在大约 5 年内,对 900 个样品分别在两台仪器上测试总结得到的。这些抛光腐蚀样品是从同一颗单晶上切下来的一组相邻的晶片。测试条件与本方法规定的相同。测试仪器是 CAMECA IMS-3f 和 CAMECA IMS-4f。平均值是 2.0×10^{14} atoms/cm³,相对于平均值的标准偏差是 2.4×10^{13} atoms/cm³,相对标准偏差是 12%。从同一颗晶体上切下来的相邻的 900 个样品在历时 5 年内(1987.11~1992.9)测试的硼浓度的频率分布测试结果分布如图 A.1 所示。样品的测试时间顺序和历时 5 年内(1987.11~1992.9),对于空白样品[B]<5×10^{12} atoms/cm³ 的背景对测试时间的分布分别如图 A.2 和图 A.3 所示。

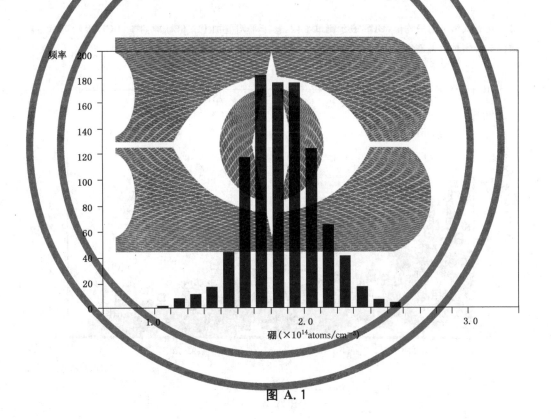

图 A.1

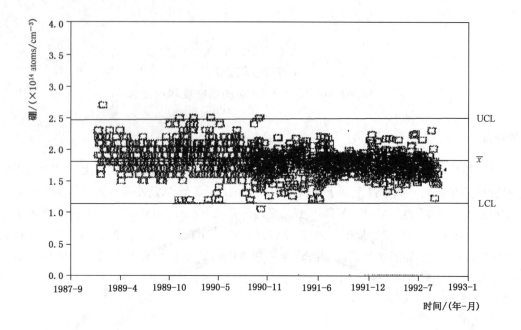

注：X 线代表测试结果的平均值,UCL 表示测试上限,等于平均值加上三倍标准偏差,LCL 表示测试下线,等于平均值减去三倍标准偏差。

图 A.2

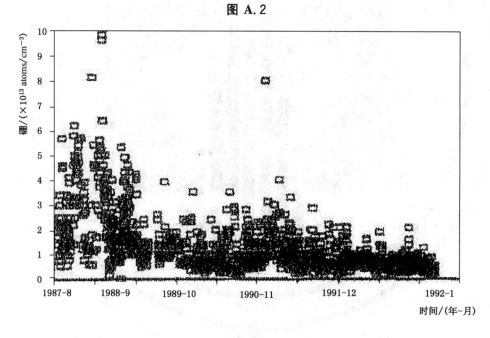

图 A.3

A.2 偏差

因为没有绝对的标准值,所以不能估算出本测试方法的绝对偏差。

附　录　B

（资料性附录）

本标准章条编号与 SEMI MF 1528-1104 章条编号对照表

表 B.1　本标准章条编号与 SEMI MF 1528-1104 章条编号对照

本标准章条编号	对应的 SEMI MF 1528-1104 标准章条编号
1	2
2	4
3	5
4	6
5	3
6	7
7.1	8
7.2	9
7.3	10
8	11
9	12
10	—
11	13

ICS 77.040
CCS H 17

中华人民共和国国家标准

GB/T 24581—2022
代替 GB/T 24581—2009

硅单晶中Ⅲ、Ⅴ族杂质含量的测定
低温傅立叶变换红外光谱法

Test method for Ⅲ and Ⅴ impurities content in single crystal silicon—
Low temperature FT-IR analysis method

2022-03-09 发布

2022-10-01 实施

国家市场监督管理总局
国家标准化管理委员会 发布

前　言

本文件按照 GB/T 1.1—2020《标准化工作导则　第 1 部分:标准化文件的结构和起草规则》的规定起草。

本文件代替 GB/T 24581—2009《低温傅立叶变换红外光谱法测量硅单晶中Ⅲ、V族杂质含量的测试方法》,与 GB/T 24581—2009 相比,除结构调整和编辑性改动外,主要技术变化如下:

a) 删除了"目的"(见 2009 年版的第 1 章);

b) 更改了硼(B)、磷(P)、砷(As)、铝(Al)、锑(Sb)、镓(Ga)的测定范围,并增加了铟(In)含量的测定(见第 1 章,2009 年版的第 2 章);

c) 更改了术语和定义(见第 3 章,2009 年版的第 5 章);

d) 增加了杂质含量小于 5.0×10^{11} cm^{-3} 的样品的测量条件(见 5.6);

e) 增加了用次强吸收谱带 P(275 cm^{-1})来计算磷(P)元素的含量(见 5.8);

f) 增加了掺杂硅单晶对测量的影响(见 5.9);

g) 更改了多晶转变为单晶的方法(见 5.12,2009 年版的 8.1);

h) 更改了傅立叶变换红外光谱仪的要求(见 7.4,2009 年版的 7.4);

i) 增加了千分尺及其精度要求(见 7.5);

j) 更改了非零响应值谱线范围(见 9.2,2009 年版的 10.2);

k) 更改了背景光谱的扫描次数(见 9.7,2009 年版的 11.5);

l) 更改了样品的扫描次数(见 9.10,2009 年版的 11.8);

m) 表 1 中增加了 P(275 cm^{-1})对应的峰位置、基线和积分范围及校准因子(见 10.1);

n) 更改了杂质含量的单位,并对计算公式进行了相应的修约(见 10.4,2009 年版的 13.1、13.2);

o) 更改了测量结果的精密度(见第 11 章,2009 年版的第 15 章);

p) 更改了试验报告的内容(见第 12 章,2009 年版的第 14 章);

q) 删除了偏差、关键词(见 2009 年版的第 16 章、17 章)。

请注意本文件的某些内容可能涉及专利。本文件的发布机构不承担识别专利的责任。

本文件由全国半导体设备和材料标准化技术委员会(SAC/TC 203)与全国半导体设备与材料标准化技术委员会材料分技术委员会(SAC/TC 203/SC 2)共同提出并归口。

本文件起草单位:乐山市产品质量监督检验所、青海芯测科技有限公司、江苏中能硅业科技发展有限公司、亚洲硅业(青海)股份有限公司、新特能源股份有限公司、有研半导体硅材料股份公司、四川永祥股份有限公司、陕西有色天宏瑞科硅材料有限责任公司、江苏鑫华半导体材料科技有限公司、洛阳中硅高科技有限公司、新疆协鑫新能源材料科技有限公司、国标(北京)检验认证有限公司、有色金属技术经济研究院有限责任公司、宜昌南玻硅材料有限公司、江苏秦烯新材料有限公司、义乌力迈新材料有限公司。

本文件主要起草人:梁洪、赵晓斌、万涛、薛心禄、魏东亮、王彬、邱艳梅、杨素心、李素青、李朋飞、赵培芝、王永涛、魏强、楚东旭、周延江、刘文明、刘红、何建军、皮坤林。

本文件于 2009 年首次发布,本次为第一次修订。

硅单晶中Ⅲ、Ⅴ族杂质含量的测定
低温傅立叶变换红外光谱法

1 范围

本文件描述了用低温傅立叶变换红外光谱法测定硅单晶中Ⅲ、Ⅴ族杂质含量的方法。

本文件适用于硅单晶中的Ⅲ、Ⅴ族杂质铝（Al）、锑（Sb）、砷（As）、硼（B）、镓（Ga）、铟（In）和 磷（P）含量的测定，各元素的测定范围（以原子数计）为 1.0×10^{10} cm^{-3}～4.1×10^{14} cm^{-3}。

2 规范性引用文件

下列文件中的内容通过文中的规范性引用而构成本文件必不可少的条款。其中，注日期的引用文件，仅该日期对应的版本适用于本文件；不注日期的引用文件，其最新版本（包括所有的修改单）适用于本文件。

GB/T 8322 分子吸收光谱法 术语
GB/T 14264 半导体材料术语
GB/T 29057 用区熔拉晶法和光谱分析法评价多晶硅棒的规程

3 术语和定义

GB/T 8322、GB/T 14264 界定的术语和定义适用于本文件。

4 方法原理

将硅单晶样品冷却至 15 K 以下，此时红外光谱主要是由杂质元素引起的一系列吸收谱带。用一个连续白光光源照射样品，使其光线能量大于补偿杂质的能带。将红外光束直接透射样品，采集透射光谱，该光谱扣除背景光谱后转化为吸收光谱。在杂质元素特征吸收谱带上建立基线并计算其吸收谱带面积。根据通用吸收定律及本文件给出的Ⅲ、Ⅴ族杂质元素校准因子计算出Ⅲ、Ⅴ族杂质元素的含量。

5 干扰因素

5.1 为消除自由载流子的影响，样品应冷却至 15 K 以下测量Ⅲ、Ⅴ族杂质元素。将样品固定在冷头上时，样品和冷头之间应保持良好的接触，以获得较高的热传导效率。氧在 1 136 cm^{-1} 和 1 128 cm^{-1} 的吸收谱带对温度十分灵敏，可用于判断样品温度。当样品温度高于 15 K 时，氧在 1 136 cm^{-1} 的吸收强度是 1 128 cm^{-1} 吸收强度的 3 倍；而低于 15 K 时，其比率将大于 3。

5.2 如果没有足量连续的白光，补偿的施主和受主将不产生吸收，故应有足够强度的白光以完全抵消所有施主和受主的补偿。可通过逐步增加仪器白光强度来确定Ⅲ、Ⅴ族杂质吸收峰的面积或高度不再受光强增加影响的最佳白光强度。

5.3 水蒸气吸收谱会干扰数个吸收谱的测量,应除去光路中(含样品室)的水汽,更换样品时,应保证样品室和光路中的其他部分不受水汽的影响,并且在测量时应先采集背景光谱。

5.4 直拉硅单晶中氧含量较高时,将产生热施主吸收谱线。这些谱线在 $400\ cm^{-1}\sim500\ cm^{-1}$ 之间,影响 $Al(473\ cm^{-1})$、$Ga(548\ cm^{-1})$ 和 $As(382\ cm^{-1})$ 的测量。氧的热施主影响可以通过退火的方法消除。

5.5 多级内部反射会产生次级干涉和基线偏离。通过改变样品厚度、表面处理方式或分辨率可以消除次级干涉和基线偏离。

5.6 测量含量小于 $5.0\times10^{11}\ cm^{-3}$ 的杂质时,建议采用厚度 5 mm～20 mm 的样品及恒定低温检测器(低于 15 K,波动小于 1 K)进行检测,以消除干扰,提高测量的准确性。

5.7 较高的锑(Sb)含量会影响 $B(319.6\ cm^{-1})$ 的吸收谱带,Sb 的最强吸收谱带在 $293.6\ cm^{-1}$,次强吸收谱带则位于 $320\ cm^{-1}$。

5.8 磷(P)含量较高时,$P(316\ cm^{-1})$ 的吸收谱带会出现削峰的现象,此时不能用该吸收谱带来计算磷(P)元素的含量。可采用磷(P)的次强吸收谱带 $P(275\ cm^{-1})$ 来计算磷(P)元素的含量。

5.9 对于掺杂硅单晶,其掺杂元素较高的吸收峰会干扰其他元素的测量,因此不建议将本方法作为掺杂硅单晶中Ⅲ、Ⅴ族杂质元素的测量方法,并且本方法不能作为测定掺杂硅单晶中Ⅲ、Ⅴ族杂质元素的仲裁方法。

5.10 本方法采集的吸收谱带通常很尖锐,尤其是Ⅴ族元素,峰高值在不同仪器上难以重现,采用计算峰面积可最大限度地减少这种影响。

5.11 采用计算机计算吸收峰面积时,由于积分仪的限制,不能自由调整零点和基线,因而可能带来误差。

5.12 本方法是多晶硅质量的重要评价方法,但由于多晶的晶界严重影响样品的红外吸收,因此,本方法测试时应按照 GB/T 29057 规定的方法,将多晶硅转变成单晶硅后才可应用。

6 试剂和材料

氟化钙(CaF₂)晶片,厚度 5 mm。

7 仪器设备

7.1 低温恒温箱,保证样品温度低于 15 K,可采用液氦(He)浸液式、交换式或封闭循环等方式冷却。

7.2 样品架,由高热传导系数的金属材料制成,开有小孔并可阻挡通过样品以外的任何红外光线,如图 1 所示。

7.3 白光光源,如图 1 所示。

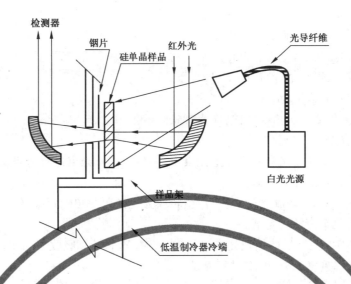

图 1 样品架和采用光纤的白光光学系统示意图

7.4 傅立叶变换红外光谱仪,至少具有 1 cm^{-1} 的分辨率,具有优于 1 250 cm^{-1}～270 cm^{-1} 范围的光学部件和检测器,检测器应具有足够灵敏度,在要求的光谱范围提供合适的信噪比。

7.5 千分尺,精度不低于 0.01 mm。

8 样品

8.1 准备 1 个或多个硅单晶样品,其杂质含量在本方法的检测范围内,作为标准样品。按本方法对其进行重复及周期性测量,对照前后结果,以保证仪器测量的重复性和稳定性。

8.2 根据样品架尺寸切割、抛光样品。样品表面可采用机械或化学抛光,样品的厚度误差应不超过 1%。

8.3 测量不同硅单晶中Ⅲ、Ⅴ族杂质含量时,按以下厚度准备样品:
 a) 电阻率大于 2 000 Ω·cm 的高纯度样品,厚度宜为 3 mm～5 mm,以达到较低的检测限;
 b) 电阻率小于 10 Ω·cm 的非重掺样品,厚度宜为 1 mm～2 mm,以获得更大的红外光透射率;
 c) 杂质含量小于 5.0×10^{11} cm^{-3} 的样品,厚度宜为 5 mm～20 mm。

9 试验步骤

9.1 按以下步骤对傅立叶变换红外光谱仪的稳定性进行检查:
 a) 通过开启的低温样品架光通道,连续收集存储两张背景光谱;
 b) 将两张光谱相扣后得到透射光谱;
 c) 检查从 1 200 cm^{-1}～270 cm^{-1} 的谱线,谱线透过率应在 $(100\pm0.5)\%T$ 之间,否则,应校正仪器。

9.2 按以下步骤对检测器线性度进行检查:
 a) 用 9.1a)中得到的两张单光束(未相扣的)图谱之一来检查检测器已知零响应波数位置处的非零响应值(对具有 CsI 窗口的 Ge:Zn 检测器为小于 200 cm^{-1})。在此区间所观察到的非零响应值应不超过 1 200 cm^{-1}～270 cm^{-1} 谱线范围内最大响应值的 1%。否则,应进行校正;
 b) 备用方法,将 CaF$_2$ 晶片放在红外光路中,扫描一张光谱,扣除 9.1 中得到的两张背景光谱之一,得到透射光谱。CaF$_2$ 晶片在 800 cm^{-1} 以下完全不透光,800 cm^{-1}～270 cm^{-1} 的光谱应满足$(0.0\pm0.5)\%T$。否则,应进行校正。

9.3 用千分尺测量样品厚度,精确到±0.02 mm。

9.4 将待测样品装至样品架上,至少应保留一个空的光孔,用来采集背景光谱。

9.5 将样品固定至低温恒温箱中,冷却至15 K以下。

9.6 设置仪器参数,使其分辨率为1.0 cm^{-1}或更高。

9.7 对空的光孔至少采集200次扫描图谱,作为背景光谱。

9.8 将样品移至测量位置。

9.9 打开连续白光光源,使样品完全处于照射光束中,并参照红外光束进行适当调整(见图1)。

9.10 对样品至少采集200次扫描图谱。

9.11 对扫描图谱进行零填充、切趾,然后将干涉图转换为光谱图并扣除背景光谱。

9.12 转换为吸收光谱并作为样品光谱。

9.13 存储样品光谱(9.12)及随后的其他光谱以待进一步处理和计算吸收峰面积。

9.14 对每个待测样品都重复9.6~9.12进行测试。

10 试验数据处理

10.1 在测量杂质元素吸收峰面积前,首先确定各吸收谱带的基线,处于基线以上的部分用于测量峰面积。为得到理想的基线并修正吸收谱带面积,建议采用以下方法。

a) 从计算机存储信息中读出样品的谱带,将吸收谱带放大,在需要的地方进行局部放大,直至该区域仅略微超过表1所列的基线范围。

表1 峰位置、基线和积分范围及校准因子

元素	峰位置 cm^{-1}	基线范围 cm^{-1}		积分范围 cm^{-1}		校准因子(f) mm·cm
		上限	下限	上限	下限	
铝(Al)	473.2	479	467	475.2	471.2	32.7
锑(Sb)	293.6	296	289	295.1	292.1	10.6
砷(As)	382	385	379	383.5	380.5	8.96
硼(B)	319.6	323	313	321.5	318	9.02
镓(Ga)	548	552	544	549.5	546.5	42.4
铟(In)	1 175.9	1 181	1 169	1 177.4	1 174.4	244
磷(P)	316	323	313	317.5	314.5	4.93
磷(P)	275	295	252	292.3	265.6	15.31
注:这里给出的校准因子并非都具有相同的确定度。除硼、磷及砷外的其他因子可作为近似值,仅用于估算。						

b) 运用交互式基线校正程序使谱图基线与0.0吸收谱线相交。参照表1中上下波数区域调整基线。放大吸收区观测杂峰和特征吸收谱带,以便于确定最优化的基线位置。对连接吸收峰两侧的直线进行适当的线性校正。由于B和P的峰十分接近,因此只能用同一条基线。图2和图3分别列出了B、P吸收谱带的吸收特征区基线校正前后的谱图。

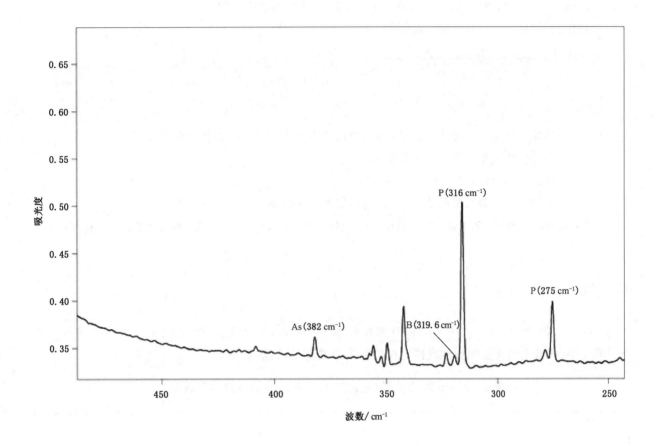

图2 砷、硼和磷在＜15 K 时特征区的典型红外谱图

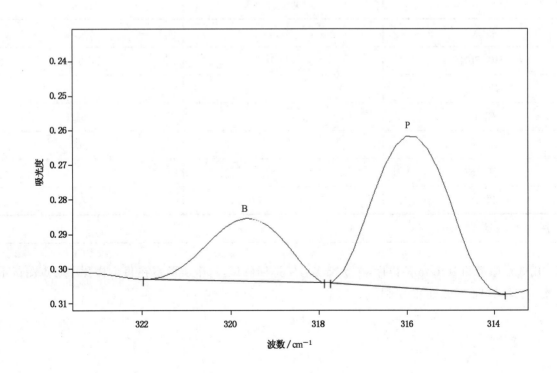

图3 局部放大和基线校正后的硼和磷红外谱图

10.2 根据表 1 提供的积分范围,计算位于上下波数区域的吸收峰面积。

10.3 对待测样品中每个待测杂质元素重复 10.1 和 10.2 的操作。

10.4 待测样品中Ⅲ、Ⅴ族杂质的含量按公式(1)计算:

$$C_{ij} = 5.0 \times 10^{13} \times \frac{I_{ij}}{t_j} f_i \qquad \qquad \cdots\cdots\cdots\cdots\cdots\cdots\cdots(1)$$

式中:

C_{ij}——样品 j 中杂质元素 i 的含量,单位为每立方厘米(cm^{-3})(以原子数计);

I_{ij}——样品 j 中杂质元素 i 的积分面积;

t_j——样品 j 的厚度,单位为毫米(mm);

f_i——杂质元素 i 的校准因子,单位为毫米厘米(mm-cm)。

注:样品中Ⅲ、Ⅴ族杂质的含量单位由(以原子数计)每立方厘米(cm^{-3})换算为原子数的十亿分之一(ppba)时,除以 5.0×10^{13}。

11 精密度

11.1 用 5 个厚度约 2 mm 的样片,在 10 家实验室巡回测试,每个实验室在每个样片中心点测试不少于 10 次,测试结果的重复性和再现性用相对标准偏差表示,具体见表 2。

表 2　2 mm 厚样片Ⅲ、Ⅴ族杂质含量测试的重复性和再现性

元素	相对标准偏差 %	
	重复性	再现性
铝(Al)	≤12.80	≤6.93
锑(Sb)	≤44.16	≤43.28
砷(As)	≤30.47	≤10.40
硼(B)	≤8.71	≤6.24
镓(Ga)	—	—
铟(In)	—	—
磷(P)	≤4.05	≤7.20
注:"—"表示该元素未检出。		

11.2 用 3 个厚度约 10 mm 的样片,在 5 家实验室巡回测试,每个实验室在每个样片中心点测试不少于 5 次,测试结果的重复性和再现性见表 3。

表 3　10 mm 厚样片Ⅲ、Ⅴ族杂质含量测试的重复性和再现性

元素	相对标准偏差 %	
	重复性	再现性
铝（Al）	—	—
锑（Sb）	≤45.89	≤45.10
砷（As）	≤30.37	≤42.25
硼（B）	≤15.59	≤22.84
镓（Ga）	≤15.44	≤46.28
铟（In）	—	—
磷（P）	≤9.72	≤35.67

注："—"表示该元素未检出。

12　试验报告

试验报告应至少包括以下内容：

a)　样品信息：送样单位、送样日期、样品名称、规格、编号；

b)　仪器型号、品牌；

c)　低温恒温箱温度；

d)　样品厚度；

e)　切趾函数、填零因子和峰位置；

f)　测试结果：各杂质/掺杂剂的含量，如果没有检测到吸收峰，则报其检测限；

g)　测试日期、测试者、审核者；

h)　本文件编号。

ICS 29.045
H 80

中华人民共和国国家标准

GB/T 24582—2009

酸浸取-电感耦合等离子质谱仪测定
多晶硅表面金属杂质

Test method for measuring surface metal contamination of polycrystalline silicon
by acid extraction-inductively coupled plasma mass spectrometry

2009-10-30 发布

2010-06-01 实施

中华人民共和国国家质量监督检验检疫总局
中国国家标准化管理委员会 发布

前　言

本标准由全国半导体设备和材料标准化技术委员会(SAC/TC 203)提出并归口。
本标准负责起草单位：新光硅业科技责任有限公司。
本标准主要起草人：王波、过惠芬、吴道荣、梁洪、敖细平。

酸浸取-电感耦合等离子质谱仪测定
多晶硅表面金属杂质

1 范围

1.1 本标准规定了用酸从多晶硅块表面浸取金属杂质,并用电感耦合等离子质谱仪定量检测多晶硅表面上的金属杂质痕量分析方法。

1.2 本标准适用于碱金属、碱土金属和第一系列过渡元素如钠、钾、钙、铁、镍、铜、锌以及其他元素如铝的检测。

1.3 本标准适用于各种棒、块、粒、片状多晶表面金属污染物的检测。由于块、片或粒形状不规则,面积很难准确测定,故根据样品重量计算结果,使用的样品重量为 50 g~300 g,检测限为 0.01 ng/mL。

1.4 酸的浓度、组成、温度和浸取时间决定着表面腐蚀深度和表面污染物的浸取效率。在这个实验方法中腐蚀掉的样品重量小于样品重量的 1%。

1.5 本标准适用于重量为 25 g~5 000 g 的样品的测定,为了达到仲裁的目的,该实验方法规定样品的重量为约 300 g。

2 规范性引用文件

下列文件中的条款通过本标准的引用而成为本标准的条款。凡是注日期的引用文件,其随后所有的修改单(不包括勘误的内容)或修订版均不适用于本标准,然而,鼓励根据本标准达成协议的各方研究是否可使用这些文件的最新版本。凡是不注日期的引用文件,其最新版本适用于本标准。

ISO 14644-1 洁净室和相应的受控环境 第 1 部分:空气中的悬浮粒子的分类

SEMI C28 氢氟酸的详细说明和指导

SEMI C30 过氧化氢的详细说明和指导

SEMI C35 硝酸的详细说明和指导

ASTM D5127 电子和半导体工业中用超纯水指南

3 术语、定义和缩略语

3.1 术语和定义

下列术语和定义适用于本标准。

3.1.1
酸空白 acid blank

用来做空白的酸以及操作中含有微量金属杂质的浸取酸。

3.1.2
浸取空白 digested blank

不加样品,经过浸取和分析过程的一个酸样品,用于监控分析过程,包括酸的纯度、浸取瓶的洁净度、交叉污染和环境洁净度。

3.1.3
浸取控制标准 digested control standard

制备的已知浓度的被分析元素的样品,以对仪器和浸取过程校准检查。

3.1.4

浸取   digestion

在一定温度下将多晶硅块浸入酸混合物中,直到表面金属污染物溶解在溶液中。

3.1.5

标准样品   standard samples

制备的已知浓度的被分析物样品,其浓度分别为 0.5 ng/g、1.0 ng/g 和 2.0 ng/g,为 ICP/MS 提供校准标准和离子计数。

3.2   缩略语

下列缩略语适用于本标准。

3.2.1

ICP/MS   (inductively coupled plasma mass spectrometry)

电感耦合等离子质谱仪。

3.2.2

PTFE   (polytetrafluoroethylene)

聚四氟乙烯,一种耐氢氟酸材料,用于制作样品瓶、盖和夹子。

4   方法原理

试样用硝酸、氢氟酸、过氧化氢和水的混合物(1∶1∶1∶50)浸取,在硝酸介质中,使用 ICP/MS 不同的分析模式测定各个金属杂质的离子计数 cps,从而检测其含量。

5   干扰因素

5.1   在该试验方法中通常存在双原子离子、多原子离子、基体效应、背景噪声、元素间的干扰、交叉沾污和仪器漂移。

5.2   来自取样及操作过程中试剂纯度、设备的洁净度、室内的洁净度和操作技术造成的沾污的影响应严格考虑。该标准描述了一系列空白和控制标准,以监控和量化这些干扰。

5.3   本试验方法要求样品应具有代表性,由于表面污染物不能均匀分布在表面,因此选择的样品尺寸和量必须能代表一批样品,如果样品尺寸太小,样品可能不能代表该批样品,导致平行样品偏差过大。

6   试剂

6.1   去离子水:所有的水应为 ASTM D5127 中描述的 E-1 型或其他品质相当的去离子水。

6.2   硝酸(HNO_3):65%,相当于 SEMI C35 中的 2 级。

6.3   氢氟酸(HF):48%,相当于 SEMI C28 中的 2 级。

6.4   过氧化氢(H_2O_2):30%,相当于 SEMI C30 中的 2 级。

6.5   酸清洗混合物:(1∶1∶1∶25)HNO_3∶HF∶H_2O_2∶H_2O。

6.6   浸取酸混合物:(1∶1∶1∶50)HNO_3∶HF∶H_2O_2∶H_2O。

7   仪器和设备

7.1   ICP/MS:带动态反应池的电感耦合等离子质谱仪。

7.2   空气环境:用于样品采集、酸浸提和 ICP/MS 分析的区域必须封闭在洁净室内,洁净室最低标准为 ISO 14644-1 中定义的 6 级。

7.3   洁净室服装:分析者应穿着洁净室服装包括帽子、口罩、靴子和手套。

7.4   排酸通风橱:装备排酸通风橱以提供清洁空气环境。

7.5   样品瓶和夹子:样品瓶(体积为 500 mL)、盖和夹子为聚四氟乙烯(PTFE)材料或类似不被氢氟酸腐蚀并能清洗的聚合物材料制成。

7.6 分析天平:天平能称重 300 g,感量为 0.01 g。

7.7 耐酸腐蚀的电热板:表面有聚四氟乙烯涂层。

8 试样制备

8.1 从一批样品中选出一袋不少于 5 kg 产品用于取样,将其放在洁净室内以备取样,并且假设分析出的表面金属含量代表该批样品。如果必须在异地取样,而不是在分析实验室,则必须将样品封在双层袋中并送到实验室。取样过程中的沾污必须严格考虑并且必须避免。

8.2 为保证分析一致性及实验室间分析数值对比,对于块状样品选择一个标准重量和体积,为达到仲裁的目的,要求取六块样品,每块尺寸约为 3 cm×3 cm×3 cm,重量为约 50 g,样品总重量约为 300 g,六块样品中至少三块应该有生长外表面,生长外表面即多晶硅棒的表皮。

8.3 控制标准样品:在清洁的多晶硅样品中加入 1.0 mL 10 μg/L 校准标准制备两个 1.0 μg/L 控制标准样品,随同待测样品浸取这些标准样品。

9 操作步骤

9.1 实验用器皿清洗

分析时要清洗瓶子和夹子。在使用新瓶子、空白值表明受到污染以及做标准分析时,都应该清洗并做空白分析。清洗瓶子、盖子和夹子可以按以下步骤操作:

9.1.1 用去离子水淋洗三次。

9.1.2 将 500 mL 酸清洗混合物装入瓶子(盖上盖子,不要拧紧),在 100 ℃电热板上加热 6 h;将酸清洗混合物弃去;再用酸清洗混合物重新装满瓶子,不盖盖子,在 100 ℃电热板上加热 6 h。

9.1.3 用去离子水淋洗瓶子和盖子 3 次。

9.1.4 将 250 mL 酸浸取混合物装入瓶子,不盖盖子,在 130 ℃~150 ℃的电热板上加热至干,约需 10 h。

9.1.5 加入 2 mL HNO_3(1+19)和 8 mL 去离子水,用 ICP/MS 分析。

9.1.6 如果用 ICP/MS 分析表明样品瓶中存在沾污,重复 9.1.1~9.1.5 步骤。

9.1.7 将瓶子和盖子用去离子水淋洗 3 次。备用。

9.2 多晶硅块表面金属杂质浸取

9.2.1 在实验室中按照标准洁净室操作规程打开双层袋,将样品块转到 PTFE 瓶中并称重,重量精确到小数点后第二位,向每个瓶中加入 250 mL 浸取酸混合物没过样品块,并用 PTFE 盖子密封。

9.2.2 将密封瓶放在通风橱中的电热板上并在 70 ℃左右加热 60 min,取下瓶子并冷却,然后用 PTFE 夹子取出每块样品,用去离子水淋洗表面,淋洗液收集至瓶中。将浸取液倒入一个敞口瓶中,并在 110 ℃~150 ℃的电热板上加热至干。

9.2.3 从电热板上取下瓶子,并冷。加入 2 mL 5% HNO_3 溶解浸取残渣,放置 20 min 溶解所有的盐类,加入 8 mL 去离子水,盖上盖子,摇匀。该溶液用于金属污染物的检测。随同试样做两个浸取空白。

9.2.4 使用 ICP/MS 依次检测浸取空白、样品的离子计数值 cps,从工作曲线上查出相应的待测元素的浓度。

9.3 工作曲线的绘制

9.3.1 用 1 000 μg/mL 元素的标准溶液稀释至 1 μg/mL 标准(取 0.1 mL 置于 100 mL 浸取酸混合物中),移取 0 mL、0.05 mL、0.1 mL 和 0.2 mL 1 μg/mL 标准溶液于 100 mL 容量瓶中,加入 20 mL 1+19 的 HNO_3,用去离子水稀释至刻度,混匀,配制成 0 ng/mL、0.5 ng/mL、1.0 ng/mL 和 2.0 ng/mL 标准溶液。制备的标准的范围应接近于估计的待分析元素的浓度。

9.3.2 在与样品溶液测定相同的条件下,测量标准溶液系列的离子计数值 cps,以待测元素浓度为横坐标,离子计数值 cps 为纵坐标,绘制工作曲线。

10 分析结果计算

按式(1)计算结果:

$$M = (I - B) \cdot DF \quad \cdots\cdots\cdots\cdots\cdots\cdots(1)$$

式中:

M——待测分析元素质量浓度,单位为纳克每克(ng/g);

I——待测分析元素质量浓度,单位为纳克每毫升(ng/mL);

B——两个空白平均值的质量浓度,单位为纳克每毫升(ng/mL);

DF——稀释因子,酸浸取最后体积除以多晶硅样品重量乘以10,单位为毫升每克(mL/g)。

11 精密度

实验室内的 RSD 精密度值不大于表1。

表 1   %

元素	K	Na	Ca	Ni	Cu	Zn	Al	Fe	Cr
RSD	11	14	13	48	13	9.6	11	4.7	15

12 报告

报告应包括以下内容:

a) 多晶硅批样标识;

b) 日期;

c) 仪器生产商、仪器型号;

d) 实验室名称和分析者;

e) 分析元素数值,ng/g;

f) 空白值,ng/mL;

g) 多晶硅样品重量,g;

h) 确认校准标准可控。

ICS 29.045
H 80

中华人民共和国国家标准

GB/T 26066—2010

硅晶片上浅腐蚀坑检测的测试方法

Practice for shallow etch pit detection on silicon

2011-01-10 发布

2011-10-01 实施

中华人民共和国国家质量监督检验检疫总局
中国国家标准化管理委员会 发布

前　言

本标准由全国半导体设备和材料标准化技术委员会材料分技术委员会(SAC/TC 203/SC 2)归口。

本标准起草单位:洛阳单晶硅有限责任公司。

本标准主要起草人:田素霞、张静雯、王文卫、周涛。

硅晶片上浅腐蚀坑检测的测试方法

1 范围

本标准规定了用热氧化和化学择优腐蚀技术检验抛光片或外延片表面因沾污造成的浅腐蚀坑的检测方法。

本标准适用于检测〈111〉或〈100〉晶向的 p 型或 n 型抛光片或外延片,电阻率大于 0.001 Ω·cm。

2 规范性引用文件

下列文件对于本文件的应用是必不可少的。凡是注日期的引用文件,仅注日期的版本适用于本文件。凡是不注日期的引用文件,其最新版本(包括所有的修改单)适用于本文件。

GB/T 14264 半导体材料术语

3 术语和定义

GB/T 14264 界定的术语和定义适用于本文件。

4 方法提要

抛光片或外延片的某些缺陷经过热氧化和择优腐蚀后通过显微镜观察显示出浅腐蚀坑,并用图表确定和记录腐蚀坑的程度。

5 意义和用途

5.1 高密度腐蚀坑($>10^4$ 个/cm²)表明硅晶片上有金属沾污,其对半导体器件加工过程是有害的。

5.2 本测试方法的目的是用于来料验收和过程控制。

6 干扰因素

6.1 腐蚀过程中产生的气泡和腐蚀前不适当的清洗表面会影响观测结果。

6.2 腐蚀液使用量不够会影响观测效果。

6.3 择优腐蚀过程中严重的硅片沾污可阻止 p 型硅($<0.2Ω·cm$)浅腐蚀坑的形成或使其模糊。

6.4 氧化环境沾污严重会增加浅腐蚀坑的密度。

7 仪器设备

7.1 高强度窄束光源:照度大于 16 klx(1 500 fc)的钨灯丝,距光源 100 mm 位置光束直径 20 mm～40 mm。

7.2 氢氟酸防护装备:氟塑料、聚乙烯或聚丙烯烧杯、量筒、镊子、眼罩、围裙、手套和防护套袖。

7.3 硅片托架:可固定硅片的防氢氟酸托架。腐蚀多片硅片的时候用。

7.4 光学显微镜:目镜和物镜组合使用可放大200倍~1 000倍。
　　载物台测微器:0.002 mm的刻度或更细,用于估量腐蚀坑的深度。

7.5 酸橱:通风橱,用于处理酸和酸气。

7.6 干燥机:用于干燥硅片。

8 试剂和材料

8.1 试剂纯度

8.1.1 氢氟酸:浓度49%±0.25%,优级纯。

8.1.2 高纯氮:纯度不低于99.99%。

8.1.3 高纯氧:纯度不低于99.99%。

8.1.4 三氧化铬:纯度不低于98.0%。

8.1.5 纯水:电阻率10 MΩ·cm(25 ℃)以上 。

8.2 腐蚀液配制

8.2.1 铬酸腐蚀液:将75 g三氧化铬置于1 L玻璃瓶中加水稀释至1 L,制成0.075 g/mL溶液。该溶液在干净的玻璃瓶、氟塑料瓶、聚乙烯瓶或聚丙烯瓶中贮存最长6个月。

8.2.2 对于电阻率高于0.2 Ω·cm的n型或p型试样:腐蚀液为2体积氢氟酸(8.1.1)、1体积铬酸腐蚀液的(8.2.1)混合液。

8.2.3 对于电阻率低于0.2 Ω·cm的n型或p型试样:腐蚀液为2体积氢氟酸(8.1.1)、1体积铬酸腐蚀液(8.2.1)和1.5体积纯水的混合液。

9 取样原则

9.1 选取的硅片代表供需双方商定的待检批次。

9.2 必要时供需双方在腐蚀前应建立相互接受的硅片清洗程序。

10 试样制备

10.1 用干净的非金属传送工具或自动传送器运输硅片,避免划伤或沾污表面。

10.2 根据表1列出的程序氧化硅抛光片,外延片是否要做氧化由供需双方商定,若不做氧化直接进行10.9以后的操作。

10.3 预热炉子至进炉温度。

10.4 将样片放入硅舟,要小心避免卡伤、划伤或沾污硅片。

10.5 按照表1的步骤1将石英舟推进恒温区,石英舟应在恒温区的中心。

10.6 按照表1的工艺条件和标准氧化、拉出。

10.7 硅片和石英附件从氧化炉里取出时温度非常高,在拿取前要充分冷却。

10.8 用传送工具或自动传送器将冷却到室温的硅片从石英舟传送到硅片托架上。

10.9 用氢氟酸浸泡2 min去掉氧化层,然后用纯水冲洗并干燥,最好用旋转干燥机甩干。

10.10 根据硅片的电阻率(见8.2.2和8.2.3)选择适当的腐蚀液,腐蚀液至少要全部浸没硅片,腐蚀2 min。如果缺陷腐蚀坑太小难以识别,延长腐蚀时间但不超过5 min。

表 1 浅腐蚀坑氧化程序

步骤		工艺条件	标准
1	推进	环境	1%O₂,99%N₂
		温度	950 ℃
		推速	60 cm/min
2	氧化	环境	1%O₂,99%N₂
		温度	950 ℃
		时间	7 min
3	拉出	环境	1%O₂,99%N₂
		温度	950 ℃
		拉速	60 cm/min

10.11 将腐蚀后的硅片连同托架快速传送至水浴器中冲洗。

10.12 干燥硅片,最好用旋转干燥机甩干。

11 浅腐蚀坑观测及测量

11.1 在高强度窄束光源(7.1)下观察硅片,如果观察到雾时,在至少放大 200 倍下观测,确定雾是否由于浅腐蚀坑形成的。若观察不到浅腐蚀坑,记录硅片没有浅腐蚀坑。

11.2 按照表 2 确定硅片表面的雾水平。

表 2 雾水平分级

水平	占硅片面积/%
A	0~5
B	>5~25
C	>25~75
D	>75~100

11.3 评估浅腐蚀坑的密度

11.3.1 放大 200 倍~1 000 倍观察硅片,区分腐蚀衍生物和浅腐蚀坑。

11.3.2 将硅片放在显微镜载物台上。

11.3.3 定位硅片观察腐蚀区域,选择的观察区域包括高密度的雾。

11.3.4 调节放大倍数,在视野内可看到≤100 个浅腐蚀坑,记录浅腐蚀坑的个数,如果在最大放大倍数下在视野内看到多于 100 个浅腐蚀坑,记录浅腐蚀坑密度太高无法计数。

11.3.5 用载物台测微器测量视场直径到大约 1 mm,计算视场面积,单位为平方厘米(cm²)。

11.3.6 数并记录视场内浅腐蚀坑的数目,能确定并能单个区分的腐蚀坑作为一个缺陷计数,聚集或重叠的缺陷不计。

11.3.7 用腐蚀坑数目除以视野面积,计算浅腐蚀坑密度,单位为(个/cm²)。

11.3.8 如果在多个位置计数,用浅腐蚀坑密度的和除以计数位置的数目,计算硅片的平均浅腐蚀坑密度,单位为(个/cm²)。

12 精度和偏差

12.1 精度:本方法只用于由浅腐蚀坑产生的雾覆盖区域和浅腐蚀坑密度的定性评估,方法的实验室间数据不能用于得出方法的重复性和再现性。

12.2 偏差:没有评价这种非强制性方法偏差的标准。

13 报告

13.1 报告包括以下信息:
  a) 测试日期,操作者;
  b) 硅片批号;
  c) 测试硅片的标志(包括硅片名称、型号、晶向、直径、生长方法和背表面条件);
  d) 每片测试硅片的雾的水平;
  e) 用图表表示高密度浅腐蚀坑的位置和分布。若评估浅腐蚀坑密度,表示计数位置。

13.2 如果在一片或多片硅片上评估浅腐蚀坑的密度,也要报告每片测试硅片的信息:
  a) 测试中使用的放大倍数;
  b) 浅腐蚀坑的平均密度;
  c) 如果在多个位置计数,浅腐蚀坑的最大和最小密度。

_____

ICS 29.045
H 17

中华人民共和国国家标准

GB/T 26067—2010

硅片切口尺寸测试方法

Standard test method for dimensions of notches on silicon wafers

2011-01-10 发布

2011-10-01 实施

中华人民共和国国家质量监督检验检疫总局
中国国家标准化管理委员会 发布

前　言

本标准由全国半导体设备和材料标准化技术委员会材料分技术委员会(SAC/TC 203/SC 2)归口。

本标准起草单位:有研半导体材料股份有限公司、万向硅峰电子股份有限公司。

本标准主要起草人:杜娟、孙燕、卢立延、楼春兰。

硅片切口尺寸测试方法

1 范围

1.1 本标准定性的提供了判定硅片基准切口是否满足标准限度要求的非破坏性测试方法。本方法的测试原理同样适用于其他切口尺寸的测量。

1.2 本标准中物体平面尺寸为0.1 mm时，通过20倍的放大后会在投影屏上形成2.0 mm的影像，通过50倍放大后会产生5.0 mm的投影。本方法可以发现切口轮廓上的最小尺寸细节。

1.3 本标准不提供切口顶端的曲率半径的测试。

2 规范性引用文件

下列文件对于本文件的应用是必不可少的。凡是注日期的引用文件，仅注日期的版本适用于本文件。凡是不注日期的引用文件，其最新版本（包括所有的修改单）适用于本文件。

GB/T 2828.1 计数抽样检验程序 第1部分：按接收质量限（AQL）检索的逐批检验抽样计划

GB/T 14264 半导体材料术语

3 术语和定义

GB/T 14264界定的术语和定义适用于本文件。

4 方法概述

4.1 本方法是利用一系列轮廓模板在显示屏上的投影与载物台上的待测硅片的切口投影相比较，从而得到待测硅片的切口是否满足规定要求。

4.2 使硅片切口边缘的投影与定位硅片位置的定位销投影相切。此时，切口底部的投影应位于或者低于切口和深度模板的一条已设定基准线，并且硅片边缘的投影位于或高于轮廓板上的另外一条基准线。

4.3 重新定位硅片，使硅片的边缘和轮廓模板中"硅片外围线"重合，此时切口底部的投影应在轮廓模板上切口最深线和切口最浅线之间。

4.4 切口边缘的投影与切口角度轮廓模板上一系列切口角度相比较，其中选择轮廓模板中与切口边缘吻合最好的那个角的角度值作为切口的角度。

4.5 还可以使用边缘轮廓仪对于切口形状进行精确测量，具体参见附录A。

5 干扰因素

5.1 切口边缘处任何其他材料的沾污或者粗糙通过光路会产生扭曲的投影图像，导致检测出错误的切口尺寸。

5.2 切口位置相对于硅片中心点的校准是得到准确切口参数的重要环节。

5.3 磨削工具的磨损以及过程变差可能导致切口边缘不直，使切口顶点的半径不唯一。在这种情况下，要特别关注定位切口投影图像在轮廓模板上的正确位置。

5.4 按照特定晶向滚磨硅片边缘形成的切口是对硅片正确定位的方法。因此切口临界尺寸的精度直接影响定位精度。

6 设备

6.1 光学投影仪:放大倍数20倍和50倍,可以显示5 mm×5 mm区域放大20倍或者2 mm×2 mm区域放大50倍投影图像的显示屏。

6.2 支架:用于固定待测试的硅片。支架确保硅片的表面与投影屏垂直,并且硅片可以以中心点为轴旋转。沿硅片直径的水平或垂直运动必须通过切口所在区域。

6.3 轮廓模板:测试硅片时需要两个模板。

6.3.1 对于切口的定义包括切口形状和切口深度两部分,模板标有切口定义尺寸限度的线段:

    1) 切口底部和硅片边缘相对于定位点中心的位置;

    2) 切口底部相对于硅片边缘的位置。

不同直径的待测试片需要两个单独的模板。切口形状和深度模板例子见图1。

单位为毫米

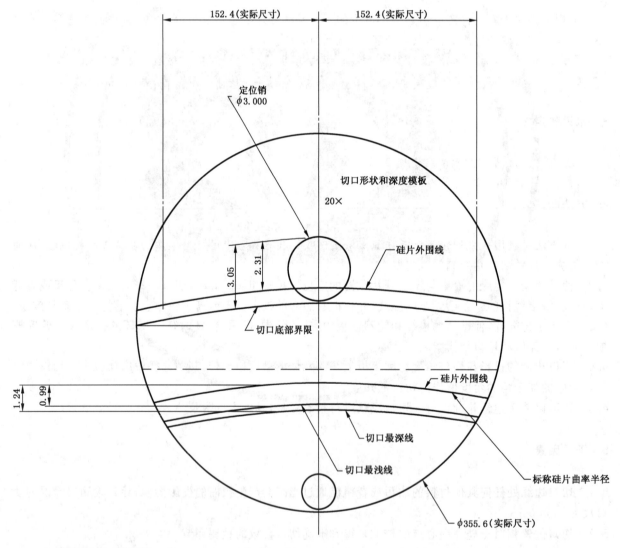

注:使用时逆时针转动90°。

图 1 切口形状和深度模版

6.3.2 测量切口角度的模板的角度范围从 88°～96°,分刻度为 1°。

6.3.3 建立模板的方法见第 8 章。

6.4 校准板或精度棒:带有刻度,尺寸与切口的深度大致相同。用于精确建立设备的放大倍数。

6.5 尺子:长度为 150 mm,分刻度小于等于 0.5 mm。

7 放大倍数的确定

调整光学投影仪至理想的放大倍数。使用已知精确尺寸的校准板或精度棒,按照生产厂商的说明书确定物像放大倍数,用三位有效数字表示。

8 轮廓模板准备

8.1 用放大倍数与每一个选定的轮廓模板尺寸相乘。

8.2 准备一个透明材料的模板,其尺寸与 8.1 要求的尺寸相同。投影图像的精度应高于±0.5 mm。

8.3 如图 1,在切口形状和深度模板上标注水平和垂直轴。

9 抽样

按照 GB/T 2828.1 的规定进行,检查水平由供需双方协商确定。需方对抽样有特殊要求时由供需双方协商解决。

10 测量步骤

10.1 将放大倍数设定为 20 倍。

10.2 将支架固定在载物台上,确保切口在 9 点的位置。支架在载物台上垂直和水平方向的运动分别平行和垂直于通过切口的直径。

10.3 将切口形状和深度模板放在投影仪屏幕上。调整水平线和垂直线,使固定销的轮廓在 9 点位置。

10.4 将第一个待测样品放在支架上,正面向上。

10.5 通过平面横向移动(水平)及定位旋转来调整支架,使模板上固定销的边缘与切口边缘的投影相切。

10.6 确保切口底部的投影图像重合或者低于"切口底部界限"。如果切口底部的投影图像落在该界限的上面,该硅片的切口不合格。

10.7 确保硅片边缘的投影与"硅片外围线"重合或在其下面。如果硅片边缘的投影图像落在硅片外围线的上面,该硅片的切口不合格。

10.8 将支架向右延平面横向移动,直至硅片边缘的投影图像与标记为"硅片外围线"重合。

10.9 确保切口底部落在"切口最深线"和"切口最浅线"之间。若切口底部的投影图像落在两条线之外,该硅片的切口不合格。

10.10 重复 10.4～10.9,测量余下所有样品。

10.11 移开切口形状和深度模板,使用切口角度模板。

10.12 将放大倍数调到 50 倍。

10.13 将第一个待测样品放在支架上,正表面向上。

10.14 将支架平面横向移动并旋转,使得硅片切口边缘投影图像与切口角度轮廓模板中的每一个角度比较。轮廓模板中与切口投影图像角度吻合最好的那个角的角度,定义为切口的角度。如果切口的角度小于 89°或大于 95°,硅片的切口不合格。

10.15　重复 10.4 对其余样品进行测试。

11　报告

报告应包含以下信息:

a)　测试日期;

b)　操作人姓名;

c)　批号或者材料的其他标识;

d)　每批的硅片数量;

e)　已测试的硅片数量;

f)　不合格的硅片数量。

12　精密度和偏差

12.1　本方法没有进行多个实验室评估。因此不推荐用于商业谈判,也不推荐用于仲裁。

12.2　物体平面尺寸为 0.1 mm 的物体通过 20 倍的放大后会在投影屏上形成 2.0 mm 的影像,通过 50 倍放大后会产生 5.0 mm 的投影。

附　录　A
（资料性附录）
硅片切口形状的精确测量

A.1 除上述方法外,还可以使用边缘轮廓仪对于切口形状进行精确测量。其方法原理是使用激光投影的方法对于硅片边缘的投影进行测量,得到边缘的形状和几何尺寸。这种方法不仅可以测量硅片的切口形状、尺寸,还可对硅片参考面形状、尺寸及硅片的直径进行测量。

A.2 图 A.1 为标准切口图,图 A.2 为边缘轮廓仪对于切口的测量。

单位为毫米

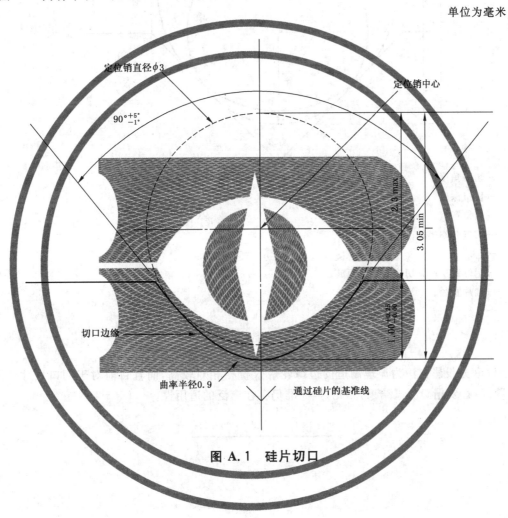

图 A.1　硅片切口

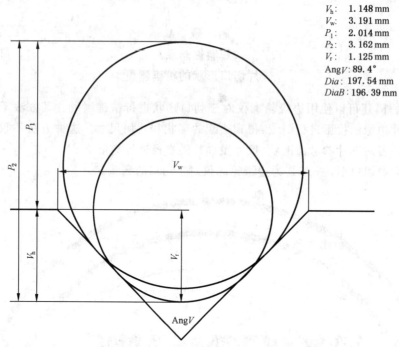

V_h:　1.148 mm
V_w:　3.191 mm
P_1:　2.014 mm
P_2:　3.162 mm
V_r:　1.125 mm
Ang$V$: 89.4°
Dia: 197.54 mm
$DiaB$: 196.39 mm

Ang$V$——切口角度；

V_h——切口深度；

V_w——切口宽度；

V_r——切口曲率半径；

$P_1 = P_2 - V_h$；

P_2——定位销顶端到切口底端的距离；

Dia——硅片直径；

$DiaB$——直径。

图 A.2　切口轮廓图

A.3　由于以激光投影方法为原理制造的边缘轮廓仪价格相对较高，而且目前对于切口尺寸的测试多为定性测量，不必要精确测试结果，因此，本标准仍存在广泛的适用性。

ICS 77.040
H 21

中华人民共和国国家标准

GB/T 26068—2018
代替 GB/T 26068—2010

硅片和硅锭载流子复合寿命的测试 非接触微波反射光电导衰减法

Test method for carrier recombination lifetime in silicon wafers and silicon ingots—Non-contact measurement of photoconductivity decay by microwave reflectance method

2018-12-28 发布

2019-11-01 实施

国家市场监督管理总局
中国国家标准化管理委员会 发 布

前　言

本标准按照 GB/T 1.1—2009 给出的规则起草。

本标准代替 GB/T 26068—2010《硅片载流子复合寿命的无接触微波反射光电导衰减测试方法》。

本标准与 GB/T 26068—2010 相比,除编辑性修改外,主要技术变化如下:

——将标准名称《硅片载流子复合寿命的无接触微波反射光电导衰减测试方法》改为《硅片和硅锭载流子复合寿命的测试　非接触微波反射光电导衰减法》;

——增加了使用微波反射光电导衰减法测试单晶硅锭和铸造多晶硅片、硅锭载流子复合寿命的内容(见第 1 章、9.2);

——将范围中测试样品的室温电阻率下限由"0.05 Ω·cm～1 Ω·cm"改为"0.05 Ω·cm～10 Ω·cm",载流子复合寿命的测试范围由"0.25 μs 到＞1 ms"改为"＞0.1 μs",删除了 2010 年版的1.3(见第 1 章,2010 年版的 1.2、1.3);

——规范性引用文件中增加了 GB/T 1551,删除了 GB/T 1552、SEMI MF1388、SEMI MF1530,删除了 GB/T 1553—2009、YS/T 679—2008 中的年代号,增加了 GB/T 11446.1 的年代号 2013(见第 2 章,2010 年版的第 2 章);

——修改了术语注入水平、复合寿命、表面复合速率、体复合寿命和 1/e 寿命的定义(见第 3 章,2010 年版的第 3 章);

——将 2010 年版 1/e 寿命定义的部分内容调整到干扰因素 5.16,1/e 寿命定义的注调整为干扰因素 5.13(见 5.10、5.17,2010 年版的 3.6);

——增加了"载流子的扩散长度小于硅片厚度的 0.1 倍时,可以考虑不处理样品表面,直接检测",表面处理方法增加了"表面持续电晕充电"(见 5.1);

——增加了推荐的测试温度以及湿度、小信号条件、载流子陷阱或耗尽区、测试点距边缘距离对测试结果的影响(见 5.5、5.6、5.9、5.18、5.20);

——将 2010 年版的 7.1 部分调整到 5.19(见 5.19,2010 年版的 7.1);

——增加了"薄膜、薄层、薄硅片或者其他材料的波长段的使用需经相关部门或组织测试认定"(见 6.2);

——增加了"如果硅片厚度小于 150 μm,宜使用非金属硅片支架托"(见 6.5);

——修改水的要求为"满足 GB/T 11446.1—2013 中 EW-Ⅲ级或更优级别要求(见 7.1,2010 年版的7.2);

——明确了碘、无水乙醇、氢氟酸、硝酸的纯度级别(见 7.2、7.3、7.4、7.5);

——删除了关于取样的内容(见 2010 年版的 8.1);

——样品制备增加了"需要通过机械研磨和化学机械抛光或只通过化学抛光去除样品表面的残留损伤后"(见 8.2);

——明确了硅片氧化处理的具体操作方式[见 8.2a),2010 年版 8.4.1];

——样品制备中增加了"硅片表面持续电晕充电"的表面处理方法[见 8.2c)];

——删除了关于钝化之前用氢氟酸腐蚀掉样品表面氧化物的腐蚀时间的内容(见 2010 年版的8.4.2.1);

——硅片测试步骤中增加了"如果需要,记录并使用 9.1.1 中正、背面的状态"和"使用合适的波长,记录所使用的激光波长和脉冲光斑大小"(见 9.1.3、9.1.5);

——根据试验情况修订了精密度(见第 10 章,2010 年版第 11 章);

——增加了资料性附录 E,并将 2010 年版 8.3 部分调整为附录 E 的 E.3(见附录 E,2010 年版的 8.3)。

本标准由全国半导体设备和材料标准化技术委员会(SAC/TC 203)与全国半导体设备和材料标准化技术委员会材料分会(SAC/TC 203/SC 2)共同提出并归口。

本标准起草单位:有研半导体材料有限公司、瑟米莱伯贸易(上海)有限公司、中国计量科学研究院、浙江省硅材料质量检验中心、广州市昆德科技有限公司、江苏协鑫硅材料科技发展有限公司、天津市环欧半导体材料技术有限公司、北京合能阳光新能源技术有限公司。

本标准主要起草人:曹孜、孙燕、黄黎、赵而敬、徐红骞、高英、石宇、楼春兰、王昕、张雪囡、林清香、刘卓、肖宗杰。

本标准所代替标准的历次版本发布情况为:

——GB/T 26068—2010。

硅片和硅锭载流子复合寿命的测试
非接触微波反射光电导衰减法

1 范围

本标准规定了单晶和铸造多晶的硅片及硅锭的载流子复合寿命的非接触微波反射光电导衰减测试方法。

本标准适用于硅锭和经过抛光处理的 n 型或 p 型硅片（当硅片厚度大于 1 mm 时，通常称为硅块）载流子复合寿命的测试。在电导率检测系统灵敏度足够的条件下，本标准也可用于测试切割或经过研磨、腐蚀的硅片的载流子复合寿命。通常，被测样品的室温电阻率下限在 $0.05\ \Omega \cdot cm \sim 10\ \Omega \cdot cm$ 之间，由检测系统灵敏度的极限确定。载流子复合寿命的测试范围为大于 $0.1\ \mu s$，可测的最短寿命值取决于光源的关断特性及衰减信号测定器的采样频率，最长可测值取决于样品的几何条件及其表面的钝化程度。

2 规范性引用文件

下列文件对于本文件的应用是必不可少的。凡是注日期的引用文件，仅注日期的版本适用于本文件。凡是不注日期的引用文件，其最新版本（包括所有的修改单）适用于本文件。

GB/T 1550 非本征半导体材料导电类型测试方法

GB/T 1551 硅单晶电阻率测定方法

GB/T 1553 硅和锗体内少数载流子寿命测定 光电导衰减法

GB/T 6616 半导体硅片电阻率及硅薄膜薄层电阻测试方法 非接触涡流法

GB/T 6618 硅片厚度和总厚度变化测试方法

GB/T 11446.1—2013 电子级水

GB/T 13389 掺硼掺磷掺砷硅单晶电阻率与掺杂剂浓度换算规程

GB/T 14264 半导体材料术语

YS/T 679 非本征半导体中少数载流子扩散长度的稳态表面光电压测试方法

SEMI MF978 半导体深能级的瞬态电容测试方法（Test method for characterizing semiconductor deep levels by transient capacitance techniques）

3 术语和定义

GB/T 14264 界定的以及下列术语和定义适用于本文件。

3.1

注入水平 injection level

η

在非本征半导体晶体或晶片内，由光子或其他手段产生的过剩载流子浓度与多数载流子的平衡浓度之比。

注：注入水平与激发脉冲停止后立即产生的初始过剩载流子浓度有关。

3.2

复合寿命 recombination lifetime

在均匀半导体内空穴-电子对的产生和复合的平均时间间隔。

3.3

表面复合速率 surface recombination velocity

过剩少数载流子在半导体晶体或晶片表面处的复合量度。由流向表面的空穴(电子)电流与空穴(电子)电荷和表面处空穴(电子)浓度乘积之比得出。

3.4

体复合寿命 bulk recombination lifetime

τ_b

在空穴-电子对表面复合可以忽略不计的情况下,只是通过晶体内杂质和缺陷的复合作用所决定的复合寿命。

3.5

基本模式寿命 primary mode lifetime

τ_1

衰减曲线上满足指数衰减部分的时间常数。

注1:基本模式寿命受材料基体和表面性质的影响。

注2:基本模式寿命开始的起点是由计算机系统确认衰减曲线满足指数衰减后计算出的。

3.6

1/e寿命 1/e lifetime

τ_e

从激光脉冲注入的结束到微波衰减信号降到初始信号的1/e时的持续时间。

4 方法原理

4.1 本方法通过微波反射信号监测由于光脉冲激发样品产生过剩载流子引起的电导率的衰减,从而测试过剩载流子的复合情况。即用特定功率密度(注入水平)且能量略大于禁带宽度的短脉冲光使样品瞬间局部产生过剩的空穴-电子对。光脉冲终止后,通过微波反射方法监控电导率的衰减,进而获得体复合寿命、基本模式寿命和1/e寿命。

4.2 使用窄束光源在样品表面不同区域进行重复测试,以获得载流子复合寿命的分布图。

4.3 为了获得复合中心更详细的信息,可以在特定参数如注入水平或温度的不同数值下,进行重复测试。

4.4 本方法是非破坏性、非接触的。在测试后,如果样品的清洁度保持良好,可对其进行后续的工艺操作。

5 干扰因素

5.1 样品的表面状况以及如何处理样品会影响测试结果。当载流子的扩散长度不大于硅片厚度的0.1倍时,可以考虑不处理硅片表面,直接检测。当载流子的扩散长度大于硅片厚度的0.1倍时,为了获得体复合寿命,应通过钝化、热氧化或者表面持续电晕充电的方法来消除硅片表面复合所产生的影响。使用钝化液的处理方法,应确保获得稳定的表面以保证测试结果的可靠性。采用热氧化的方法,特别是高氧含量的硅片,氧化时可能在硅片体内形成氧化物沉淀。这类沉淀物的存在会改变硅片的复合特性,使得该硅片不再适合采用本方法来测试。另外,在热氧化过程需要特别注意外来的沾污可能会造成测试寿命的大幅下降。在某些情况下,如外吸杂硅片,使用本方法测试可能得出错误的载流子复合寿命值。对这类硅片的测试结果是否有效,需要进行研究和论证。

5.2 在测试载流子复合寿命时,理想情况下,若能消除表面复合的影响,得到的将是体复合寿命 τ_b,但通常完全抑制表面复合是很困难的。在大多数情况下,寿命测试都是在未做过表面钝化或表面钝化是否完善未被证实的情况下进行的。因此,1/e 寿命 τ_e 和基本模式寿命 τ_1 两个不依赖表面钝化状态影响的参数将被本标准采纳。

5.3 本方法不适于检测非常薄的硅薄膜的载流子复合特性。如果样品的厚度接近或小于入射辐射的吸收系数的倒数时,衰减曲线可能会由于额外载流子产生过程的空间相关性而扭曲。

5.4 在硅片表面垂直方向上载流子复合特性的变化可导致体复合寿命测试的不正确。导致这种变化的原因可能是:

  a) 存在平行于表面的 p-n 结或高-低(p-p+ 或 n-n+)结;

  b) 存在不同复合特性的区域(例如硅片上有氧沉淀和没有这种沉淀的表面洁净区)。

5.5 温度对载流子复合寿命的影响主要体现在载流子迁移率和杂质能级随温度的变化。这些变化都会对测试产生影响,建议测试温度控制在 18 ℃~25 ℃,对于电子级材料的测试宜控制到更窄范围。硅中杂质的复合特性和温度密切相关,如果需要对比测试结果(比如,在一个工艺过程之前和之后,或在供需方之间),应在相同温度下进行测试。

5.6 在测试的两个主要阶段,激光注入及探测微波反射信号的过程中,湿度的变化不会产生影响,因此,湿度不作为载流子复合寿命测试的干扰因素。

5.7 光注入高次模的衰减会影响衰减曲线的形状,特别是在其早期阶段[1]。在高次模消失之后进行测试将此效应减至最小(在衰减信号最大值的 50% 以下开始)。

5.8 初始注入水平也对寿命测试值有影响。初始注入水平足够低,测试的寿命不会被注入水平影响。但是为了提高信噪比(S/N)常采用高的注入水平,因此在衰减的初始阶段,注入水平可能会影响测试寿命,本测试方法仍然被允许使用。注入水平[2]的相关内容参见附录 A、附录 B,低注入水平下测试的载流子复合寿命与温度的关系[3]参见附录 C。

5.9 小信号条件经常被描述成低水平注入条件。在这种情况下,当注入脉冲停止后,过剩载流子呈指数衰减。但即使不是低水平注入,在注入脉冲停止后,衰减的曲线形状仍然会随着时间变化,并且通过这部分衰减曲线测试载流子复合寿命。在这部分衰减曲线里,过剩载流子浓度少于多数载流子平衡浓度。因此,这部分衰减曲线可近似认为是指数衰减以及具备小信号条件。

5.10 根据光激发水平,按本方法测试的载流子复合寿命可能是少数载流子寿命(低注入水平)或少数载流子和多数载流子的混合寿命(中、高注入水平)。在中、高注入水平下,若假定样品中只含有单一复合中心,则根据 Shockley-Read-Hall 模型(应用于小浓度复合中心的情况)进行分析,在某些情况下,可以区分少数载流子寿命和多数载流子寿命。

5.11 杂质中心的复合特性依赖于掺杂剂的类型和浓度,以及杂质中心能级在禁带中的位置(参见附录 D,D.2)。不同的杂质中心有不同的复合特征。因此,如果在样品中存在不止一种类型的复合中心,衰减可能是两个或多个时间常数的作用所组成。这样衰减曲线得出的复合寿命不能代表任何单一的复合中心。

5.12 通过本方法得到的数据进行分析,进而辨别杂质中心的形成机理和本质仅在非常有限的条件下对个别杂质适用,单从载流子复合寿命的测试中可得到的此方面的某些信息在附录 B、附录 C 中讨论。

通过对复合寿命进行测试,识别样品中的杂质中心及浓度,通常可使用更可靠的 SEMI MF978 中的方法,或者在沾污类型已知时,利用其他电容或电流瞬态谱技术[4]。

5.13 影响载流子复合寿命的金属杂质可在各道工艺中被引入到样品中,特别是那些涉及高温处理的过程。分析工艺过程以检查沾污源不在本方法范围内。

5.14 在某些情况下,例如非常快的双极开关器件和高功率器件,为获得所需的器件性能应仔细控制复合特性。但是对于当今大多数电子级硅片,只需要通过控制过程来保证这些杂质不出现。虽然本方法测试的载流子复合寿命是样品内所有杂质、缺陷等因素的综合反映,但是在非常有限的条件下,某些个别的杂质种类能被识别出来(参见附录 B 和附录 C)。

5.15 大尺寸样品的载流子复合寿命可按 GB/T 1553 中的方法进行测试。这些测试方法,都是基于光电导衰减(PCD)测试法,需在样品表面制备电接触。另外,若样品所有表面都具有很快的复合速率,测试寿命的上限由样品的尺寸决定。少数载流子寿命也可按照 YS/T 679 中的表面光电压(SPV)法测试得到的载流子扩散长度推算得到。

5.16 在低注入水平的情况下进行测试,SPV 法和 PCD 法在一定条件下将得到相同的少数载流子寿命[5]。这首先应没有载流子陷阱产生,其次应采用正确的吸收系数和少数载流子迁移率用来进行 SPV 测试分析,再者在进行 PCD 法测试时,应消除表面复合的影响(如按本标准规定的方法),或者做出适当的评估(如在 GB/T 1553 规定的方法中)。产生寿命是半导体材料的另一个瞬态特性,其通常比复合寿命要大几个数量级。虽然 SEMI MF1388[24]包含硅片产生寿命的测试方法,但需在高于 70 ℃条件下使用相同的 MOS 电容结构,通过其电容-时间的测试推导出复合寿命[6]。

5.17 1/e 寿命与注入水平和激光透入深度有关,并强烈的受到表面条件的影响,因为在刚注入之后,过剩载流子分布在表面附近,另一方面,在衰减曲线的初始阶段,由于信噪比好且数据分析简单,1/e 寿命 τ_e 的测试是快速易行的。

5.18 载流子陷阱或者耗尽区会影响衰减时间的测试。

5.19 化学试剂的纯度可能会对测试结果造成影响。

5.20 考虑到在样品边缘处光斑范围及其样品边缘损伤的影响,建议测试点距离边缘大于 5 mm。

5.21 因为复合中心的浓度在样品中的分布一般是不均匀的,所以在测试复合寿命时应对样品进行多点测试,测试点的密度及在样品上的位置应由测试相关各方协商一致。

6 仪器设备

6.1 总则

载流子复合寿命的测试设备一般由脉冲光源、光子监测器、微波采样系统、样品台、衰减信号分析系统和计算机系统组成,如图 1 所示。

6.2 脉冲光源

建议选取波长在 0.9 μm～1.1 μm 之间的激光二极管,薄膜、薄层、薄硅片或者其他材料的波长段的使用需经相关部门或组织测试后确定认定。光源输出功率可调,脉冲作用期间在样品表面产生的光子密度为 $2.5×10^{10}$ 个/cm² ～$2.5×10^{15}$ 个/cm²。脉冲宽度≤200 ns,上升沿和下降沿≤25 ns,脉冲光源的上升沿、下降沿和信号调节器的采样时间应不大于待测寿命最小值的 0.1 倍。

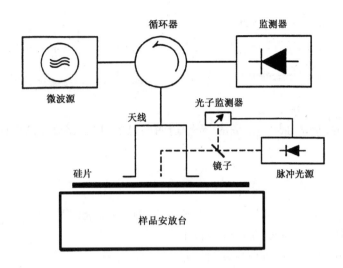

图 1　测试设备示意图

6.3　光子监测器

采用适当的方法,如在光路上放置一个45°角半透镜和一个硅光子监测器,提供反馈控制使激光功率维持在符合规定注入标准的恒定水平上。

6.4　微波采样系统

微波采样系统包括一个标称工作频率为 10 GHz±0.5 GHz 的微波源及一个测量反射功率的设备,如循环器、天线及监测器(见图1)。探测系统的灵敏度应尽可能大,以便测试低注入水平下的光电导衰减。

6.5　样品台

将样品固定(如用真空吸牢)在脉冲光源下所需的位置。样品台可装一个加热器以便在高于室温的一个小的温度范围内控制其温度。该样品台可由计算机控制的马达驱动,提供 x-y 或者 r-θ 方式的动作,以实现在整个样品表面的扫描功能。另外可配置自动装片及传输装置,以便于依次测试一组样品。如果硅片厚度小于 150 μm,宜使用非金属支架托。

6.6　衰减信号分析系统

衰减信号分析系统应有适当的信号调节器和显示单元(比如时间扫描和信号灵敏度都适用的真实或虚拟示波器)。信号调节器带宽应不小于 40 MHz,或最小采样时间不大于 25 ns。显示单元应具有精度和线性都优于3%的连续刻度的时间基准。系统应能独立确定使用者选定的衰减信号部分的时间常数。

6.7　计算机系统

虽然可以手动进行测试,但推荐采用匹配的计算机系统控制样品的装载、样品台驱动、脉冲和监测器的运作、衰减信号分析、数据统计分析、数据记录、存储以及打印和绘制结果。

6.8　腐蚀和钝化设施

测试前,如需对样品表面进行腐蚀和钝化,可采用下列设施:

a)　化学处理设施:具备有防酸水槽的通风橱,能够在室温下盛放氢氟酸等液体化学试剂的烧杯或

其他容器,及适用于所用化学试剂的防护用品;

b) 氧化钝化设施:可在 950 ℃~1 050 ℃温度下进行高质量干氧氧化的清洁炉子,及相关的样品清洗、干燥和传输设备。

6.9 样品容器

必要时,需要平整的、化学性质不活泼的、光学透明的容器,用于盛放样品或钝化液等。

7 试剂

7.1 水:推荐使用满足 GB/T 11446.1—2013 中 EW-Ⅲ级或更优级别要求的水。

7.2 碘(I_2):w(质量分数)＞99.8%,优级纯及以上。

7.3 无水乙醇(CH_3CH_2OH):w(质量分数)≥99.9%,优级纯及以上。

7.4 氢氟酸(HF):w(质量分数)为 49.00%±0.25%,优级纯及以上。

7.5 硝酸(HNO_3):w(质量分数)为 70.0%~71.0%,优级纯及以上。

7.6 碘-乙醇钝化溶液:碘含量为 0.02 mol/L~0.2 mol/L。

注:其他的钝化溶液若可以获得稳定的表面,且能够将样品表面载流子复合速率降低到不再干扰体复合寿命的程度,则也可使用。

7.7 化学抛光腐蚀溶液:硝酸:氢氟酸＝95:5(体积比)混合液。

7.8 腐蚀去除样品表面氧化层的氢氟酸溶液:氢氟酸:纯水＝4:96(体积比)混合液。

8 样品

8.1 对待测样品的处理过程取决于其表面状态及对体复合寿命 τ_b 的预期值。

8.2 如果样品体复合寿命 τ_b 不大于表面复合寿命 τ_s 的 1/10,则无需对待测样品进行处理,可精确测试的最大体复合寿命约为表面复合寿命的 1/10。表面复合寿命的相关内容参见附录 E。如果样品体复合寿命 τ_b 大于表面复合寿命 τ_s 的 1/10,在进行测试之前,采用确保获得稳定、可重复测量结果的钝化技术是关键,需通过机械研磨和化学机械抛光或只通过化学抛光去除样品表面的残留损伤后,再参考下列方法之一对样品表面进行处理,以满足 $0.1\tau_s \geq \tau_b$ 的条件:

a) 钝化:将样品置于碘-乙醇钝化溶液(见 7.6)或其他可选择的钝化溶液中做预处理。然后将样品封存在小塑料袋或其他含有足够钝化溶液的容器中,使得在测试进行时,有一层钝化液薄膜覆盖在样品表面;

b) 氧化:将硅片清洗干燥后,放入干氧氧化的清洁炉子中。温度控制在 950 ℃~1 050 ℃,得到具有厚度大于 100 nm 的高质量干氧热氧化膜的硅片样品;

注:长有热氧化层或通过化学溶液钝化的抛光面的复合速率将大大降低。例如长有高质量氧化层的硅片的表面复合速率可低至 1.5 cm/s~2.5 cm/s,而通过氢氟酸去除氧化层之后表面复合速率能低至 0.25 cm/s[7]。参考文献[7]也略述了确定表面复合速率的测试方法。碘-乙醇钝化溶液浸泡可将无氧化层的抛光面的表面复合速率降至 10 cm/s 以下。在参考文献[8]中介绍了多种界面态密度(D_{it})测量技术,但这些技术还未标准化。

c) 硅片表面持续电晕充电:在测试具有自然氧化层的抛光裸片时,为了获得 0.5 ms~1 ms 载流子衰减寿命,需要在硅片两面进行表面原位电晕充电。图 2 显示了对于一组具有不同体复合寿命的 p 型氧化硅片,电晕充电量对衰减时间的影响。衰减时间为沉积电荷量的函数关系,当沉积正电荷或负电荷增大,衰减时间相应增加并接近常量,在这种情况下,表面复合的影响可以忽略不计。

8.3 如果样品表面被氧化过,先用稀氢氟酸腐蚀掉氧化物后再用碘-乙醇钝化溶液或其他可选的钝化溶液进行钝化。腐蚀时间依据氧化层厚度而定,应确保氧化层完全去除。

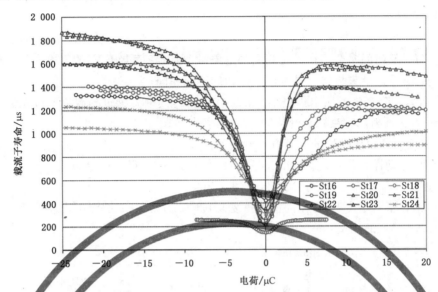

图 2 不同体复合寿命的 p 型氧化硅片表面沉积电荷量和载流子寿命函数关系图

8.4 经各测试相关方协商同意,可以使用其他表面钝化方法,并验证其结果具有可比性。

9 测试步骤

9.1 硅片

9.1.1 依据 GB/T 1550 测试硅片的导电类型;依据 GB/T 6618 测量硅片中心点厚度,依据 GB/T 1551 或 GB/T 6616 测试硅片的中心点电阻率。依据 GB/T 13389 将电阻率换算成多数载流子浓度(n_{maj})。记录数据和样片的标称直径及正、背面的状态(抛光、腐蚀、研磨、切割等)。

9.1.2 记录测试温度。如果样品台具有温控系统,则记录样品台表面温度。

9.1.3 如果需要,记录并使用 9.1.1 中的正、背面的状态。

9.1.4 将样片置于样品台上,使脉冲光能照射到待测的区域。

9.1.5 打开脉冲激光光源开关,使用合适的波长,记录所使用的激光波长和脉冲光斑大小。

9.1.6 调节光强 Φ_1,使注入水平 η 达到所需值。

注: 如未规定注入水平,宜将其设为小于1。如果注入水平可精确测量并记录,则可采用较高的注入水平。较高的
注入水平通常会有较好的信噪比。如果设备不能自动调节注入水平,可参照附录 A 对其进行设定。

9.1.7 打开微波源电源,在显示设备上观察光电导衰减,调整时间及电压值的显示范围以便能观察到所需的衰减信号部分。

9.1.8 分析衰减曲线,确认所选范围内的衰减信号符合指数衰减模式,通过将指数曲线拟合到电压 V 与时间 t 的函数曲线上,或在手动数据采集时,将一条直线拟合到 $\ln V$ 与 t 的函数曲线上,从而测定时间常数。

9.1.9 从记录下的衰减曲线,即光注入后反射微波功率的变化曲线可计算出寿命,见图3,该曲线即是光注入后反射微波功率 V 的变化。测试一次衰减曲线即有可能得到寿命测试值,但如果信噪比不太高,建议进行重复测试并取平均。具体如下:

　　a) 基本模式寿命或者基本模式衰减时间 τ_1:通常可将衰减曲线上满足指数衰减部分的时间常数作为基本模式的复合寿命。如果反射功率在 t(时间)$=t_A$ 时为 V_A,在 $t=t_B$ 时指数性地衰减到 $V_B=V_A/e$,则 $\tau_1=t_B-t_A$。或者,计算 t_2-t_1,记 t_1 为反射功率衰减到峰值 $1/e$ 的时刻,t_2 为反

射功率衰减到峰值 $1/e^2$ 的时刻,如果从 t_1 到 t_2 的这段时间内衰减曲线与指数曲线的偏离并不大,则可以将 t_2-t_1 视为 τ_1(见图3);

b) 体复合寿命 τ_b:如果样片表面已按8.2的方法进行了减小表面复合速率处理,从衰减曲线的指数部分可计算时间常数。在没有相反的迹象时,利用峰值电压 V_0 的 5%～45% 范围内的衰减信号进行计算。计算方法与基本模式寿命的情况相同;

c) 1/e寿命 τ_e:将 t_1 和 t_0 之间的间隔计算为1/e寿命,其中 t_0 为过剩载流子被光脉冲注入到样品的时刻,t_1 为反射功率衰减到峰值的 1/e 的时刻(见图3)。

9.1.10 记录测试复合寿命所选取的计算方法和数值。

9.1.11 如有需要,移动样片位置,重复 9.1.7～9.1.9 的测试,以获得该样品复合寿命的分布图,注明所测点的间距、模型及分布区域的半径。

9.1.12 如有需要,在不同温度下,在相同位置重复 9.1.2、9.1.7～9.1.9 的测试,或不同注入水平下,在同一位置重复 9.1.6～9.1.9 的测试。

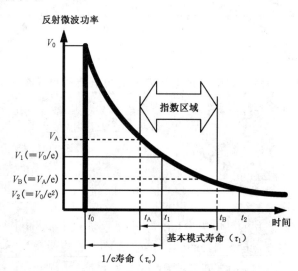

图 3　反射微波功率衰减曲线和复合寿命关系

9.2　硅锭

9.2.1 依据 GB/T 1550 测试硅锭的导电类型,依据 GB/T 1551 或 GB/T 6616 使用二探针法测试硅锭的电阻率,并记录。

9.2.2 记录测试温度。如果样品台具有温控系统,则记录样品台表面温度。

9.2.3 记录所使用的激光波长和脉冲光斑大小。

9.2.4 将硅锭置于样品台上,使脉冲光能照射到待测的区域。

9.2.5 打开脉冲激光光源开关,使用合适的波长,记录所使用的激光波长和脉冲光斑大小。

9.2.6 调整或检测入射脉冲照度水平,获得足够好的信噪比,记录数值。

9.2.7 打开微波源电源,在显示设备上观察光电导衰减,调整时间及电压值的显示范围以便能观察到所需的衰减信号部分。

9.2.8 分析合适的衰减曲线,确认所选范围内的衰减信号符合指数衰减模式,获得基本模式寿命 τ_1,并记录。如果反射功率在 $t=t_A$ 时为 V_A,在 $t=t_B$ 时指数性地衰减到 V_B,$V_B=V_A/e$,则 $\tau_1=t_B-t_A$。若记 t_1 为反射功率衰减到峰值 1/e 的时刻,t_2 为反射功率衰减到峰值 $1/e^2$ 的时刻,如果从 t_1 到 t_2 的这段时间内衰减曲线与指数曲线的偏离并不大,则可以将 t_2-t_1 视为 τ_1。测试一次衰减曲线即有可能得到寿命测试值,但如果信噪比不太高,建议进行重复测试并取平均。

9.2.9 如有需要,移动样品位置,重复9.2.7～9.2.8的测试,以获得该样品复合寿命的分布图,注明所测点的间距、模型及分布区域的半径。

9.2.10 如有需要,在不同温度下,在同一位置重复9.2.2、9.2.5～9.2.8的测试,或不同注入水平下,在同一位置重复9.2.5～9.2.8的测试。

10 精密度

10.1 选择3片硅单晶抛光片测试载流子复合寿命,电阻率分别为7.070 Ω·cm、7.377 Ω·cm、8.278 Ω·cm,硅片厚度分别为631.84 μm、629.23 μm、629.80 μm,载流子复合寿命范围为10.14 μs～13.12 μs。样片表面未经任何处理,选择6个不同实验室进行巡回测试,所用测试设备为相同厂家制造的不同型号设备,每个样片测试5次。测试结果显示,各实验室每个样片使用同一设备测试的相对标准偏差在1％内的占91.7％,在不区分实验室和设备型号情况下,每个样片的测试相对标准偏差均不大于6.83％。

10.2 选择3片硅单晶抛光片测试载流子复合寿命,电阻率分别为6.708 Ω·cm、9.344 Ω·cm、54.73 Ω·cm,硅片厚度分别为608.51 μm、619.40 μm、704.89 μm,载流子复合寿命范围在12.05 μs～494.11 μs。样片表面进行氧化处理,选择3个实验室进行巡回测试,所用测试设备为不同厂家制造的不同型号设备,每个样片测试5次。测试结果显示,各实验室每个样片使用同一设备测试的相对标准偏差在3.75％内的占93.3％,在不区分实验室和设备型号的情况下,每个样片的测试相对标准偏差均不大于12.19％。

10.3 选择3片铸造多晶硅片测试载流子复合寿命,电阻率分别为1.404 Ω·cm、1.511 Ω·cm、3.500 Ω·cm,硅片厚度分别为2 154 μm、1 656 μm、1 058 μm,载流子复合寿命范围为3.62 μs～8.82 μs。样片表面未经任何处理,选择4个实验室进行巡回测试,所用测试设备为相同厂家制造的不同型号设备,每个样片测试5次。测试结果显示,各实验室每个样片使用同一设备测试的相对标准偏差在1.5％内的占93.3％,在不区分实验室和设备型号情况下,每个样片的测试相对标准偏差均不大于22.0％。

10.4 SEMI MF1535-1015[25]中关于精密度的介绍参见附录F。

11 试验报告

11.1 试验报告应包括以下内容:
    a) 测试的日期和地点;
    b) 仪器的型号和序号,如为计算机控制,应注明软件版本;
    c) 确定时间常数的衰减曲线部分;
    d) 注入水平;
    e) 所用的表面钝化工艺;
    f) 载流子复合寿命,应说明所测寿命是 τ_e 或 τ_1;
    g) 如果在几个不同的注入水平下进行测试,应报告每个注入水平时的寿命;
    h) 本标准编号;
    i) 其他与本标准不一致的内容。

11.2 如果需要,试验报告中应给出测试样品的信息,包括识别标记、电阻率、硅片中心点厚度、导电类型、表面状态(正面和背面)以及外观尺寸;若对测试样品的载流子复合寿命作图,除了载流子复合寿命分布图外还应报告测试点间距、测试点分布以及分布图区域的半径;若在特定的或多个温度下进行测试,应报告每次测试的温度。

附 录 A
（资料性附录）
注入水平的修正

A.1 如果样品被氧化,且氧化层厚度未知,采用测试各方都接受的方法进行测量或估计,并记录其厚度。通过图 A.1 虚线确定并记录入射光穿过氧化层被样品吸收的比率。

> 注:计算时假定入射光波长 λ 为 905 nm,硅的折射率取 3.610,SiO_2 的折射率取 1.462。最大吸收发生在氧化层厚度 $d=(2n+1)\lambda/4$,最小吸收发生在 $d=n\lambda/2,n=0,1,2,\cdots\cdots$。当入射光波长 λ_1 不等于 905 nm,要用氧化层有效厚度 $d_0=905d_1/\lambda$ 使用这些曲线求相对强度,其中 d_1 为氧化层实际厚度。

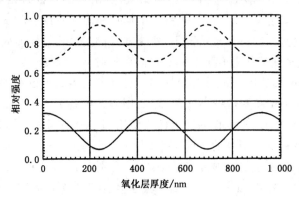

图 A.1　硅片上入射光的反射部分(实线)或吸收部分(虚线)的比率

A.2 调整光源强度,使脉冲作用期间样品吸收的光子密度 ϕ 等于 $\eta \times n_{maj}$。其中 η 是所需的注入水平,n_{maj} 是依据电阻率换算成的多数载流子浓度。光子密度 ϕ 由式(A.1)计算出:

$$\phi = \frac{f\int_0^{t_p} \phi_1 dt}{L} = \frac{f\Phi_1}{L} \quad\quad\cdots\cdots\cdots\cdots\cdots\cdots\cdots(A.1)$$

式中:

ϕ ——光子密度,单位为光子数每立方厘米(光子数/cm^3);

f ——从图 3 求出的吸收部分的比率;

ϕ_1 ——入射光强,单位为光子数每平方厘米秒[光子数/($cm^2 \cdot s$)];

t_p ——光脉冲长度,单位为秒(s);

Φ_1 ——每次脉冲时的光密度,单位为光子数每平方厘米(光子数/cm^2);

L ——样品厚度,单位为厘米(cm)。

示例:

Φ_1 设定为 $5\times10^{13}(1\pm20\%)$ 光子数/(cm^2),对 1 mm 厚的硅片,相当于 ϕ 为 10^{14} 光子数/cm^3 数量级。以电阻率 10 $\Omega \cdot cm$ 的硅片为例,多数载流子浓度约为 $10^{15}/cm^3$,因此 η 变成 0.1 数量级。在测试电阻率低于 1 $\Omega \cdot cm$ 的硅片时也可采用较高的入射光强。

附　录　B
（资料性附录）
注入水平的相关探讨

B.1 载流子复合寿命与少数载流子寿命通常是相关的。如果复合寿命是在低注入水平时测定的，即 η（过剩光生载流子浓度与平衡多数载流子浓度之比）远小于 1，同时其他某些条件也满足（参见附录 C 和附录 D），则这种相关性是正确的。当 $\eta \ll 1$ 时，低注入（小信号）载流子复合寿命值与 η 的数值无关。但在本方法中，要在低注入水平范围内进行测试，常常是不可能也不方便的。在这种情况下测得的复合寿命是注入水平的函数。

B.2 半导体中载流子通过缺陷中心复合的基本模型，是由 Hall[9] 及由 Shockley 和 Read[10] 各自独立推出的。此模型由 Blakemore 进行了详尽的讨论[11]。在 Shockley-Read-Hall（S-R-H）模型中，假定半导体的掺杂水平不太高，没有使半导体产生简并，而且缺陷中心浓度与多数载流子浓度相比很小。

B.3 参阅 Blakemore 的文章，可获得比本附录更全面的论述，包括 S-R-H 载流子寿命表达式（式 B.1）的推导及费米能级对小信号复合寿命影响的讨论。此外，Blakemore 还讨论了当缺陷中心浓度相对于多数载流子浓度并不小[12]，及存在载流子陷阱[13]的情况引起的复杂性。

B.4 对于本方法要测试的样品，构成 S-R-H 模型基础的两个假定通常是合适的。在这两个假定下，过剩电子的浓度（n_e）与过剩空穴的浓度（n_p）相等，并且通过位于禁带中能级为 ε_T 的缺陷中心复合的电子寿命（τ_n）与空穴寿命（τ_p）相等。载流子寿命可表示为式（B.1）：

$$\tau = \tau_n = \tau_p = \frac{\tau_{n0}(p_0 + p_1 + n_e) + \tau_{p0}(n_0 + n_1 + n_e)}{(n_0 + p_0 + n_e)} \quad\quad\quad (\text{B.1})$$

式中：

τ_{n0}——被填充的缺陷中心俘获电子的时间常数，单位微秒（μs）；

p_0——非简并半导体中空穴的平衡浓度，单位为个每立方厘米（个/cm^3）；

p_1——费米能级 $\varepsilon_F = \varepsilon_T$ 时，非简并半导体中空穴的浓度，单位为个每立方厘米（个/cm^3）；

τ_{p0}——已被填充的缺陷中心俘获空穴的时间常数，单位微秒（μs）；

n_0——非简并半导体中电子的平衡浓度，单位为个每立方厘米（个/cm^3）；

n_1——费米能级 $\varepsilon_F = \varepsilon_T$ 时，非简并半导体中电子的浓度，单位为个每立方厘米（个/cm^3）。

B.5 在低注入范围内，n_e 可以忽略，式（B.1）简化为小信号复合寿命 τ_0，见式（B.2）：

$$\tau_0 = \tau_{n0}\frac{(p_0 + p_1)}{(p_0 + n_0)} + \tau_{p0}\frac{(n_0 + n_1)}{(n_0 + p_0)} \quad\quad\quad (\text{B.2})$$

另一方面，在高注入范围内，n_e 是主要项，复合寿命变成式（B.3）：

$$\tau_\infty = \tau_{n0} + \tau_{p0} \quad\quad\quad (\text{B.3})$$

中等注入时，复合寿命可由 τ_0 和 τ_∞ 联合表示，见式（B.4）：

$$\tau = \frac{(n_0 + p_0)\tau_0 + n_e\tau_\infty}{(n_0 + p_0 + n_e)} = \frac{\tau_0 + \eta\tau_\infty}{1 + \eta} \quad\quad\quad (\text{B.4})$$

因此，当以 $\tau(1+\eta)$ 对 η 作图时，可得一直线。这条直线的零截距为 τ_0，其斜率为 τ_∞。此函数的直线性可用以验证 S-R-H 模型的正确性以及检查样品中多种缺陷中心的存在。

B.6 n 型和 p 型硅中通过元素铁缺陷中心以及 p 型硅通过铁硼对复合的线性关系见图 B.1，计算时所用的参数见表 B.1。在各种情况下都假定铁全部为缺陷态。对于 p 型硅中的元素铁，$\tau_0 = \tau_{n0}$，对于铁硼对，τ_0 远大于 τ_{n0}；对于 n 型硅中的元素铁，$\tau_0 = \tau_{p0}$。

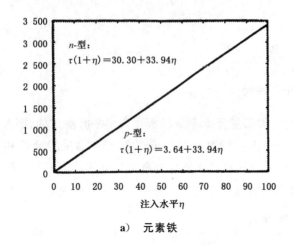

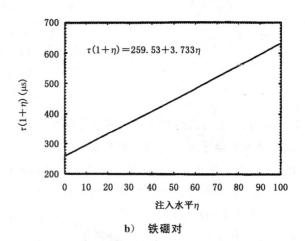

a) 元素铁   b) 铁硼对

图 B.1　由复合寿命与注入水平的拟合曲线导出 τ_0 和 τ_∞

表 B.1　用于计算复合寿命与注入水平关系的参数

参数	元素铁(Fe)	铁硼对(Fe-B)
温度/℃	26.85(300 K)	26.85(300 K)
硼浓度(原子数)/cm^{-3}	1×10^{15}	1×10^{15}
n_0/cm^{-3}	1.16×10^{16}	1.16×10^{16}
铁浓度(原子数)/cm^{-3}	5×10^{11}	5×10^{11}
缺陷能级,eV(相对于价带顶)	0.400	0.100
τ_{n0}/μs	3.64	0.400
τ_{p0}/μs	30.3	3.33
n_1/cm^{-3}	1.96×10^{7}	179
p_1/cm^{-3}	5.91×10^{12}	6.48×10^{17}

B.7　参考文献[2]提出在特定掺杂条件下,根据作为杂质中心浓度函数的注入水平谱在 τ_0 和 τ_∞ 之间的关系,可对杂质进行辨识。基于以下事实:(1)对样品进行适当处理后,可确保所有铁基本上处于元素态或配对态[14];(2)对于这两种状态,注入水平的关系有着显著的不同,见图 B.2。所以,此方法分析 p 型硅中的铁元素特别有效。

B.8　需要指出的是,如果同时存在多种沾污,且其浓度相近,则测得的 τ_0 和 τ_∞ 之比表示的是这些沾污的某种平均结果,因为此技术并不像深能级瞬态谱或其他频谱技术那样,在空间电荷层通过缺陷中心的填充和释放,来确定特定的杂质。

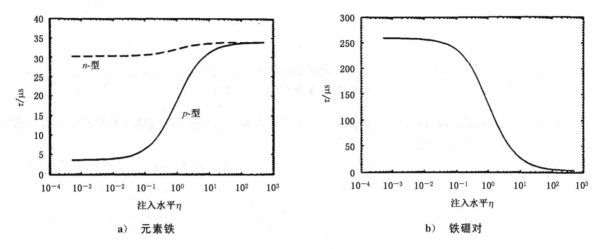

a) 元素铁   b) 铁硼对

图 B.2　复合寿命与注入水平的函数关系曲线

附　录　C
（资料性附录）
载流子复合寿命与温度的关系

C.1　参考文献[3]建议,可根据低注水平条件下载流子复合寿命对温度的依赖性,来辨识硅中的金属杂质,但是这种方法只在低注入情况而且非常严格的条件下才成立。

C.2　在低注入时,S-R-H 载流子复合寿命由式(B.2)给出。在非简并半导体内,载流子浓度 n_0、p_0、n_1 及 p_1 都是温度的指数函数。在平衡状态下,电子浓度(n_0)和空穴浓度(p_0)可分别记为式(C.1)、式(C.2):

$$n_0 = N_C \exp\left(\frac{\varepsilon_F - \varepsilon_C}{kT}\right) \quad\cdots\cdots\cdots\cdots\cdots\cdots\cdots(\text{C.1})$$

$$p_0 = N_V \exp\left(\frac{\varepsilon_V - \varepsilon_F}{kT}\right) \quad\cdots\cdots\cdots\cdots\cdots\cdots\cdots(\text{C.2})$$

式中:

N_C ——导带态密度,单位为每立方厘米(cm^{-3});

N_V ——价带态密度,单位为每立方厘米(cm^{-3});

ε_F ——费米能级或平衡电化学势,单位为电子伏(eV);

ε_C ——导带底,单位为电子伏(eV);

ε_V ——价带顶,单位为电子伏(eV);

k ——波尔茨曼常数,为 8.6173×10^{-5} eV/K;

T ——温度,单位为开尔文(K)。

C.3　类似地,当费米能级位于缺陷中心能级 ε_T 时,电子浓度(n_1)和空穴浓度(p_1)可分别表示为式(C.3)和式(C.4):

$$n_1 = N_C \exp\left(\frac{\varepsilon_F - \varepsilon_C}{kT}\right) = n_0 \exp\left(\frac{\varepsilon_V - \varepsilon_F}{kT}\right) \quad\cdots\cdots\cdots\cdots\cdots(\text{C.3})$$

$$p_1 = N_V \exp\left(\frac{\varepsilon_V - \varepsilon_F}{kT}\right) = p_C \exp\left(\frac{\varepsilon_F - \varepsilon_V}{kT}\right) \quad\cdots\cdots\cdots\cdots\cdots(\text{C.4})$$

C.4　从式(B.2)可知,低注入(小信号)载流子复合寿命 τ_0 可由电子(τ_{n0})和空穴(τ_{p0})俘获时间常数表示为四项和的形式,见式(C.5):

$$\tau_0 = \frac{\tau_{n0} p_0}{p_0 + n_0} + \frac{\tau_{n0} p_1}{p_0 + n_0} + \frac{\tau_{p0} n_0}{p_0 + n_0} \frac{\tau_{p0} n_1}{p_0 + n_0} \quad\cdots\cdots\cdots\cdots\cdots(\text{C.5})$$

在冻结区和本征区之间的温度区域内,多数载流子浓度等于净掺杂浓度,式(C.5)中各项分母为常数。另外,如果假定俘获时间常数不依赖于温度,则在缺陷中心被部分填满(即含 p_1 或 n_1 的项在小信号复合寿命起支配作用)的温度范围内,根据 $\ln\tau_0$ 与 $1/T$ 关系曲线的斜率,可得缺陷中心能级 ε_T。尽管该假设通常并不是非常正确,但俘获时间常数随温度的变化通常比载流子浓度随温度的指数变化要小很多。

C.5　不同情况下,载流子复合寿命与温度的关系如下:

　　a)　对 n 型和 p 型硅中存在元素铁及 p 型硅中存在铁硼对,这 3 种情况进行讨论。在每种情况下都假定铁浓度(原子数)为 5×10^{11} cm^{-3},掺杂浓度(原子数)假定为 1×10^{15} cm^{-3}。对 p 型硅,这种掺杂浓度相当于电阻率为 10 Ω·cm~15 Ω·cm;对 n 型硅,相当于电阻率为 3 Ω·cm~5 Ω·cm。考虑的温度范围从 -23.15 ℃(250 K)~726.85 ℃(1 000 K),在此范围内可假定掺杂原子完全电离。元素铁是施主中心,它位于如表 B.1 所示的禁带下半部远高于价带顶的位置上。铁硼对也是施主中心,但它离价带顶要近得多。于是,在这两种情况下,$p_1 \gg n_1$,其差别在铁硼对的情况下更大。

b) n 型硅中存在元素铁的情况下，低注入复合寿命与温度倒数的函数关系曲线见图 C.1。在约 100°以下，$n_0 \gg p_1 \gg n_1 \gg p_0$，于是 $\tau_0 = \tau_{p0}$。在约 200 ℃～225 ℃ 之间，$p_1 > n_0 > p_0$，p_1 项是最大的单项。这时，p_1 项和 p_0 项之间的差别更小，τ_0 曲线的斜率不受任一单项支配，所以元素铁中心的能级不能从曲线上精确获得。在更高的温度，p_0 变得可与 n_0 相比较（接近本征条件），载流子复合寿命下降，但对于近本征的 p 型材料，没有一个单项占主导地位，所以曲线斜率没有物理意义。

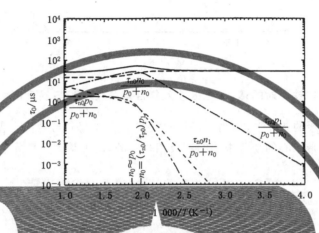

图 C.1　n 型硅中存在铁元素的情况下，低注入复合寿命（实线）与温度倒数的函数关系曲线

c) p 型硅中存在元素铁的情况下，低注入复合寿命与温度倒数的函数关系曲线见图 C.2。在室温以下，$p_0 \gg p_1 \gg n_1 \gg n_0$，于是 $\tau_0 = \tau_{n0}$。在约 150 ℃～200 ℃ 之间，$p_1 > p_0 \gg n_0$，p_1 项为最大的单项。但由于 p_1 和 p_0 差别不大，τ_0 曲线的斜率也不是很接近 p_1 项的斜率，所以元素铁中心的能级不能从曲线上精确获得。在更高的温度，n_0 变得可与 p_0 相比较（接近本征条件），载流子复合寿命下降，没有一个单项占主导地位，曲线斜率没有物理意义。

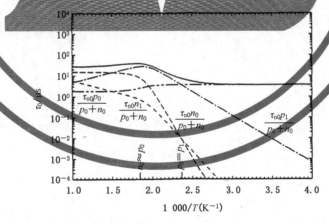

图 C.2　p 型硅中存在铁元素的情况下，低注入复合寿命（实线）与温度倒数的函数关系曲线

d) p 型（掺硼）硅中存在铁硼对的情况下，低注入复合寿命与温度倒数的函数关系曲线见图 C.3。此时，$p_1 \gg p_0 \gg n_0 \gg n_1$，所以从远低于室温到 225 ℃ 左右，$p_1$ 项在式（C.5）中占主导。由于 $p_0 = N_{\text{boron}}$，$\tau_0 \approx \tau_{n0}\left(\dfrac{p_1}{N_{\text{boron}}}\right)$，所以从 $\ln\tau_0$ 与 $1/T$ 关系曲线的负斜率可获得铁硼对的激活能 $\Delta\varepsilon = \varepsilon_{\text{Fe-B}} - \varepsilon_{\text{V}}$。在更高的温度，材料变成近本征的，分母增大，导致 τ_0 减小。

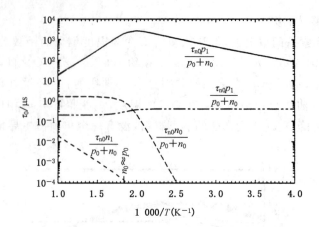

图 C.3　p 型硅中存在铁硼对的情况下，低注入复合寿命（实线）与温度倒数的函数关系曲线

C.6　上述例证说明，在有限的条件下，从测量得到的载流子复合寿命与稍高于室温的温度关系中获得的激活能是可以与接近禁带中心的缺陷中心的能级相联系的，这正是大多数元素金属杂质的情况。

附　录　D

（资料性附录）

少数载流子复合寿命

D.1　过剩电子空穴对在缺陷中心的复合是一个两步过程，包含两种情况，一是空的缺陷中心俘获一个电子，接着再俘获一个空穴；而是已经被填满的缺陷中心俘获一个空穴，接着再俘获一个电子。因此，复合时间取决于空的或者已经被填满的缺陷中心数目以及俘获时间常数。

D.2　正如参考文献[11]中所述，缺陷中心的占据率取决于费米能级所处的位置。如果所有的缺陷中心都是空的，电子复合时间就取决于电子俘获时间常数 τ_{n0}。这种情况发生在费米能级远低于缺陷中心能级之时。如果所有的缺陷中心都是被填满的，空穴复合时间就取决于空穴俘获时间常数 τ_{p0}。这种情况发生在费米能级远高于缺陷中心能级之时。另外，费米能级的位置主要取决于掺杂浓度，因此对于不同电阻率的硅片，其缺陷中心的占据率一般不同。

D.3　存在两类等效的情况，即缺陷中心与费米能级位于禁带中心的同侧或异侧，如缺陷中心处于 p 型半导体禁带下半部与缺陷中心处于 n 型半导体禁带上半部的情况是相同的，类似的，缺陷中心处于 p 型半导体禁带上半部与缺陷中心处于 n 型半导体禁带下半部的情况也相同。

D.4　例如，在室温（300 K）时，主要考虑以下三种情况，n 型或 p 型硅中存在元素铁及 p 型硅中存在铁硼对。在三种情况下，都假定铁浓度（原子数）为 5×10^{11} cm^{-3}。需要注意的是，对于电阻率很低的硅片，S-R-H 模型所要求的非简并条件可能得不到满足。具体如下：

　　a)　n 型硅中存在元素铁：这种情况下，对于所有电阻率，费米能级都远高于缺陷中心能级，所有的缺陷中心都被填满，空穴俘获取决于空穴俘获时间常数。因为费米能级接近存在大量电子的导带底，所以一旦有空穴被俘获，缺陷中心马上又会被填满。因此，空穴的俘获同样为极限过程，小信号载流子复合寿命等于空穴（少数载流子）俘获时间常数：$\tau_0 = \tau_{p0}$。室温下 n 型硅中存在元素铁的情况下，低注入复合寿命与电阻率的函数关系曲线见图 D.1；

　　b)　p 型硅中存在元素铁：在所有实际电阻率的情况下，费米能级在元素铁的靠近禁带中心能级以下数个 KT 的位置上，而元素铁中心能级靠近禁带中部。因此，缺陷中心为空，这种极限过程首先过剩的少数载流子电子被俘获，然后大量存在的空穴立即与之复合。所以，小信号载流子复合寿命等于电子（少数载流子）俘获时间常数：$\tau_0 = \tau_{n0}$。室温下 p 型硅中存在元素铁的情况下，低注入复合寿命与电阻率的函数关系曲线见图 D.2；

　　c)　p 型硅（掺硼）中存在铁硼对：缺陷中心非常接近价带顶。除电阻率特别低的硅片外，费米能级都在缺陷中心能级之上，因此有些缺陷中心是被填满的，在这种情况下，作为少数载流子的电子，其俘获仍然是极限过程。但是仅有一小部分缺陷中心能俘获电子，小信号复合寿命将大于电子俘获时间常数。定量地，因为 $n_0 \ll p_0$，小信号载流子复合寿命由 $\tau_0 = \tau_{n0}\left(\dfrac{p_1}{p_0}\right)$ 给出。室温下 p 型硅中存在铁硼对的情况下，低注入复合寿命与电阻率的函数关系曲线见图 D.3；

　　d)　第 4 种可能的情况是缺陷中心非常接近 n 型材料价带顶。虽然在 n 型材料中不存在铁硼对，但是对于缺陷中心能级接近价带顶的缺陷中心的情况，除重掺之外的所有材料，$\tau_{n0}p_1 \gg \tau_{p0}n_0$，所以小信号寿命受此项支配，少数载流子的性质不会影响复合过程。

D.5　因此，对于深能级缺陷中心，低注入（小信号）载流子复合寿命等于少数载流子俘获时间常数（或少数载流子寿命），而对于能级靠近能带边缘的缺陷中心，小信号载流子复合寿命通常比少数载流子俘获时间常数大得多。

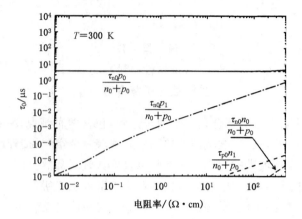

图 D.1　室温下 n 型硅中存在元素铁的情况下,低注入复合寿命(实线)与电阻率的函数关系曲线

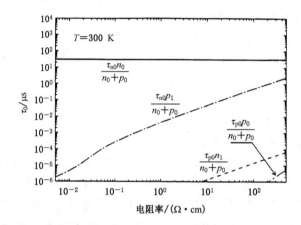

图 D.2　室温下 p 型硅中存在元素铁的情况下,低注入复合寿命(实线)与电阻率的函数关系曲线

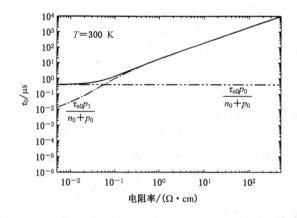

图 D.3　室温下 p 型硅中存在铁硼对的情况,低注入复合寿命(实线)与电阻率的函数关系曲线

附　录　E
（资料性附录）
测试体复合寿命、少数载流子寿命和铁含量的进一步说明

E.1　目的

E.1.1　为进一步采用本方法测定体复合寿命（τ_b）、少数载流子和金属铁含量，对硅片表面进行钝化处理是非常有必要的。适当的表面钝化处理方法取决于样品的表面状态以及所预估 τ_b 值的大小。为完成必须的表面钝化处理，本附录相关信息明确了附加参考标准、设备、试剂、危害和样品制备技术。

E.1.2　本附录讨论了硅体内的复合模式，并对用于识别被测硅片中杂质源或少数载流子寿命的电阻率和寿命值进行了额外限定。

E.1.3　本附录提供了一种使用注入光谱法测定硅片中铁含量的方法。

E.1.4　当本方法用于测定任何其他量值时，本附录提供了可以增加到报告中的附加项目。

E.2　表面复合寿命

E.2.1　表面复合寿命 τ_s 由两项构成：载流子扩散到样品表面所引起的扩散项 τ_{dif} 和表面复合引起的复合项 τ_{sr}，因此，表面复合寿命可通过下列近似关系式（E.1）计算[15]：

$$\tau_s = \tau_{dif} + \tau_{sr} = \frac{L}{\pi^2 D} + \frac{L}{2S} \qquad\qquad (E.1)$$

式中：

D ——少数载流子扩散系数，单位为平方厘米每秒（cm^2/s）；

L ——样品厚度，单位为厘米（cm）；

S ——表面复合速率，单位为厘米每秒（cm/s），假设样品的两个表面的复合速率相等。

E.2.2　扩散系数一定时，不同厚度样品的电子（空穴）的表面复合寿命与表面复合速率的函数关系[16]如图 E.1 所示。

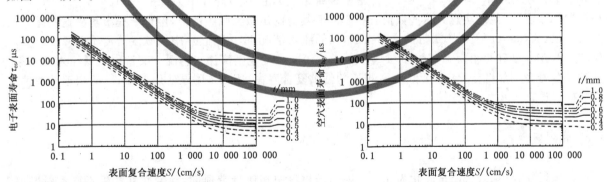

　　a）　电子表面复合寿命（$D_n = 33.5\ cm^2/s$）　　　　　　b）　空穴表面复合寿命（$D_p = 12.4\ cm^2/s$）

说明：

D_n ——电子的扩散系数；

D_p ——空穴的扩散系数。

图 E.1　不同厚度样品的电子（空穴）的表面复合寿命与表面复合速率的函数关系

注：如果 S 非常大（$>10^4$ cm/s），非平衡载流子到达表面之后便立即被复合，那么表面复合寿命主要为 τ_{diff}。良好抛光面的表面复合速率约为 10^4 cm/s，而研磨面的表面复合速率更大（约为 10^7 cm/s，为载流子的饱和速率）。在这种情况下，标准厚度硅片的最大可测体寿命（测试精度 10%），对 p 型硅片大约为 1 μs，对 n 型硅片大约为 2 μs。尽管对准确测试体复合寿命有诸多限制，但在满足一定条件下，高达 0.5 ms～1 ms 的未钝化抛光片的体复合寿命的相对变化仍然可以被测定。这些条件包括：(1)整个样品扩散系数和表面复合速率是均匀的；(2)微波探测系统足够灵敏，能够分辨少子寿命 1% 的变化。在相同条件下，对于体寿命高达 100 μs 的研磨片也能进行相对测量。在这种情况下，为了得到足够均匀的表面复合速率，需要将样品放入化学腐蚀抛光液中处理 1 min。

E.3 硅片的测试复合寿命

硅片的测试复合寿命 τ_{meas} 包含表面寿命和体寿命，具体见式（E.2）、式（E.3）：

$$\frac{1}{\tau_{meas}} = \frac{1}{\tau_b} + \frac{1}{\tau_s} \qquad\qquad\cdots\cdots\cdots\cdots\cdots\cdots\cdots\cdots（E.2）$$

$$\tau_b = \left\{\left[\frac{1}{\tau_{meas}}\right] - \left[\frac{1}{\tau_s}\right]\right\}^{-1} \qquad\qquad\cdots\cdots\cdots\cdots\cdots\cdots\cdots（E.3）$$

为准确的测定 τ_b，τ_s 至少为 τ_{meas} 的 10 倍[17]。

E.4 硅体内的复合模型

硅体内的过剩载流子有以下三种复合机理：
a) 俄歇复合，复合的能量传递到第 3 个载流子；
b) 辐射复合，复合能量转化为光子；
c) 通过位于能带隙的杂质中心复合。

E.5 俄歇复合

在俄歇复合中，复合能量传递到第 3 个载流子，对于掺杂浓度高于 10^{15} cm^{-3} 的低电阻率样品来说，这个模式显得尤为重要。Passari 和 SuSi[18] 已对该复合模式进行深入研究，他发现俄歇复合寿命在 n 型硅片中为 $9.328 \times 10^{25} N_d^{-1.76}$ s（N_d 为施主掺杂浓度），在 p 型硅片中为 $5.828 \times 10^{25} N_A^{-1.67}$ s（N_A 为受主掺杂浓度）。他们注意到这些数值有些不同于其他的出版文献中数值，但也未提出解决这些差异的办法。根据 Richter 等人[19] 最近的文献报道，在低注入情况下，n 型硅片中俄歇复合寿命为 $1.15 \times 10^{28} N_d^{-1.91}$ s，在 p 型硅片中为 $1.67 \times 10^{29} N_A^{-1.94}$ s。这篇文章也包括高注入情况。文章中的低注入的结果，俄歇复合寿命明显低于 Passari 和 SuSi 报道的俄歇复合寿命，所以本附录使用 Richter 等报道的数值作为当前讨论。

E.6 辐射复合

在辐射复合中，复合能量转化为光子。因为硅材料中相比价带顶部，导带底部产生不同动量，直接跃迁的机会很少，所以辐射复合相对比较少，但是辐射复合在某些条件下可能影响少子寿命的测试。目前广为接受的辐射复合测试方法是来自 Richter 等人[19] 和 Trupker 等人[20] 的文献中，辐射复合寿命为 $2.114 \times 10^{24} N_{dop}^{-1}$，式中 $N_{dop} = N_A + N_D$。

E.7 本征复合寿命

E.7.1 正如 Richter 等人[19] 报道，由于俄歇复合和辐射复合并不取决于杂质和表面影响，杂质和表面

影响可认为是硅材料本身,因此总测试复合寿命 τ_{meas} 也可写为式(E.4)或式(E.5):

$$\frac{1}{\tau_{meas}} = \frac{1}{\tau_{Auger}} + \frac{1}{\tau_{rad}} + \frac{1}{\tau_{b(SRH)}} + \frac{1}{\tau_s} \quad\quad\quad\cdots\cdots\cdots\cdots\cdots\cdots\cdots\cdots(E.4)$$

$$\frac{1}{\tau_{meas}} = \frac{1}{\tau_{intr}} = \frac{1}{\tau_{extr}} \quad\quad\quad\cdots\cdots\cdots\cdots\cdots\cdots\cdots\cdots(E.5)$$

式中:

τ_{Auger} ——体内的俄歇复合寿命;

τ_{rad} ——体内的辐射复合寿命;

$\tau_{b(SRH)}$ ——体内的缺陷中心复合寿命;

τ_s ——表面复合寿命;

τ_{intr} ——本征复合寿命(由俄歇复合和辐射机理产生);

τ_{extr} ——体内和表面缺陷复合寿命。

E.7.2 体内和表面缺陷复合寿命 τ_{extr} 按式(E.6)计算:

$$\frac{1}{\tau_{extr}} = \left\{ \frac{1}{\tau_{meas}} + \frac{1}{\tau_{intr}} \right\}^{-1} \quad\quad\quad\cdots\cdots\cdots\cdots\cdots\cdots\cdots\cdots(E.6)$$

为准确测试体内和表面缺陷复合寿命,τ_{intr} 至少为 τ_{meas} 的 10 倍。

E.7.3 在低注入状态下,不论 p 型或 n 型硅,其总本征复合寿命(实线标注)和掺杂剂的浓度成函数变化,在这些图中,辐射寿命(Trupker 等人[20])显示为黑色十字叉,俄歇寿命显示为圆点线(Richter 等人[19])。由于 n 型和 p 型硅片的复合寿命不同,n 型硅的总本征寿命和俄歇寿命显示为红色,p 型硅的总本征寿命和俄歇寿命显示为蓝色。如图 E.2 所示。

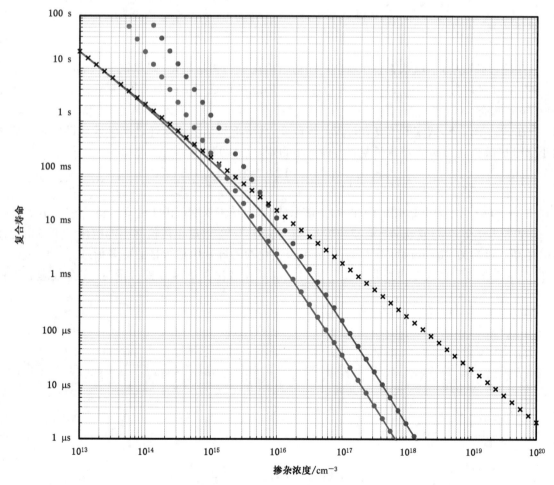

图 E.2 硅的本征复合寿命

E.8 深能级杂质中心复合

深能级杂质中心复合的相关内容参见附录 B。

E.9 少数载流子寿命

E.9.1 如果(1)仅由单一中心占主导地位,(2)载流子复合不被辐射和俄歇复合过程影响,S-R-H 寿命可以与少数载流子寿命相关联。如果表面复合被完全抑制,不同掺杂浓度水平的半导体材料的最大 S-R-H 寿命可以很容易由图 E.2 测定。

E.9.2 满足以上两种条件时,与深能级杂质中心相关的少数载流子寿命才具有意义,此外,测试样品的掺杂剂浓度或者过剩载流子浓度低于俄歇复合或辐射复合是 S-R-H[9,10]复合机理(单一缺陷中心应占主导地位,或者有大量不同类型中心引起的复合)很重要的条件。这种大量复合相互增加导致载流子复合寿命见式(E.7):

$$\tau_{total} = \left[\frac{c_1}{\tau_{01}} + \frac{c_2}{\tau_{02}} + \cdots + \frac{c_n}{\tau_{0n}}\right]^{-1} \quad\cdots\cdots\cdots\cdots\cdots\cdots\text{(E.7)}$$

式中,$c_1, c_2, \cdots c_n$ 为常数;$\tau_{01}, \tau_{02}, \cdots \tau_{0n}$ 为不同中心的少数载流子寿命,这种情况非常普遍,使得具有特殊深能级杂质中心的载流子复合寿命难以确定。

E.10 铁的测定

E.10.1 在硼掺杂硅中,金属铁能够在两个不同的电活化中心相互转化,间隙铁 Fe 在高于约 0.4 eV 的价带边缘,铁硼对在高于 0.100 eV 的价带边缘[21]。因此可以通过处理样品使得所有金属铁处于电子状态或 Fe-B 状态[14]。

E.10.2 在这种情况下,假定其他复合过程不被改变,硅中的铁浓度可以通过测量铁硼键(Fe-B)解离前后的小信号扩散长度 L 或者载流子复合寿命 τ 来测定,见式(E.8):

$$[Fe] = A\left(\frac{1}{L_{after}^2} - \frac{1}{L_{before}^2}\right) = C\left(\frac{1}{\tau_{after}} - \frac{1}{\tau_{before}}\right) \quad\cdots\cdots\cdots\cdots\text{(E.8)}$$

式中,$A = D_n C$,D_n 为少数载流子(电子)扩散系数,对于受主浓度范围 1×10^{15} cm^{-3} ~ 3×10^{15} cm^{-3} 的硅片,Zoth 和 Bergholz[14]发现 $A = 1.06 \times 10^{16}$ μm$^2 \cdot$ cm^{-3}。然而这个数值并不能应用于更宽的电阻率范围的样品。可参阅 Macdonald 等人[22]关于 A 值变化检测硅片中铁含量的更多信息。

E.10.3 Rotondaro[23]的文章中强调了关于使用光电导衰减法测试硅片铁含量时,完全处理表面的重要性。

附　录　F

（资料性附录）

SEMI MF1535-1015 中的测试方法目的和精密度

F.1　目的

F.1.1　如果半导体中载流子浓度不太高，载流子复合寿命由能级位于禁带中的杂质中心决定。很多金属杂质在硅中形成这样的复合中心。在大多数情况下，这些杂质在很低的浓度（原子数）（约 10^{10} cm^{-3} ～ 10^{13} cm^{-3}）下即可使复合寿命降低，对器件和电路起有害的作用。在某些情况下，例如高速双极开关器件和大功率器件，复合特性应谨慎地控制以达到所需的器件性能。

F.1.2　本方法包含多种类型硅片载流子复合寿命的测试步骤。由于测试时在硅片上没有制作电接触点，在测试后，如果硅片的清洁度保持良好，可以对其进行后续的工艺操作。

F.1.3　本方法适用于研究开发、工艺控制以及材料的验收。但由本方法获得的结果与表面钝化程度有关。当本方法用于材料的检验验收时，供方和需方应对测试中的表面处理达成共识。

F.2　精密度

SEMI MF1535-1015[25]中关于精密度的叙述：为编制 JEIDA 53（现今的 JEITA EM3502），1996 年 5 月至 1996 年 11 月围绕本方法进行巡回试验。测试选用了直径 150 mm 的直拉硅单晶（100）p 型和 n 型的热氧化片，电阻率 3 Ω·cm～47 Ω·cm 分为 2 挡，寿命 2 μs～1 500 μs 分为 3 挡，总共 12 种硅片。有 19 个组织（17 家公司和 2 所大学）参与了测试。在 5×10^{13}光子数/cm^2 的注入光子密度条件下，每个硅片中心位置的基本模式寿命值的标准偏差为 11.8%（对于所有组织），其中 A 组（成员使用了不同厂家的设备）为 16.8%，B 组（成员使用了同一厂家的设备）为 6.8%。

1/e 寿命通常比基本模式寿命长。更高的注入水平将带来更长的 1/e 寿命。但是基本模式寿命与 1/e 寿命很接近，两者都与样品的寿命水平相关联。所有尽管 1/e 寿命不等同于少数载流子寿命，但是两个寿命值对于评价样品都是有意义的。

参 考 文 献

[1] Blakemore,J.S.,Semiconductor Statistics,(Dover Publications,New York,1987) §10.4.

[2] Ferenczi,G.,Pavelka,T.,and Tüttô,P.,"Injection Level Spectroscopy:A Novel Non-Contact Contamination Analysis Technique in Silicon," Jap.J.Appl.Phys.30,3630-3633(1991)

[3] Kirino,Y.,Buczkowski,A.,Radzimski,Z.J.,Rozgonyi,G.A.,and Shimura,F.,"Noncontact Energy Level Analysis of Metallic Impurities in Silicon Crystals," Appl. Phys. Lett.57, 2832-2834 (1990)

[4] Schultz,M.,ed,in Semiconductors:Impurities and Defects in Group Ⅳ Elements and Ⅲ-Ⅴ Compounds,Landolt-Börnstein,New Series Ⅲ/22b,(Springer Verlag,Heidelberg,1989) §4.2.3.1.

[5] Saritas,M.,and McKell,H.D.,"Comparison of Minority-Carrier Diffusion Length Measurements in Silicon by the Photoconductive Decay and Surface Photovoltage Methods," J.Appl.Phys.63, 4562-4567(1988).

[6] Schroder,D.K.,Whitfield,J.D.,and Varker,C.J.,"Recombination Lifetime Using the Pulsed MOS Capacitor," IEEE Trans.Electron Devices ED-31,462-467(1984).

[7] Yablonovitch,E.,Allara,D.L.,Chang,C.C.,Gmitter,T.,and Bright,T.B.,"Unusually Low Surface-Recombination Velocity on Silicon and Germanium Surfaces," Phys. Rev. Lett. 57, 249-252 (1986).

[8] Schroder,D.K.,Semiconductor Material and Device Characterization(John Wiley & Sons, New York,1990) pp.267-286.

[9] Hall,R.N.,"Electron-Hole Recombination in Germanium," Phys.Rev.87,387(1952)

[10] Shockley,W.,and Read,W.T.,"Statistics of the Recombination of Holes and Electrons," Phys.Rev.87,835-842(1952).

[11] Blakemore,J.S.,op.cit., §8.2 and 8.3.

[12] Blakemore,J.S.,op.cit., §§8.4 and 8.5.

[13] Blakemore,J.S.,op.cit., §8.2.

[14] Zoth,G.,and Bergholz,W.,"A Fast,Preparation-Free Method to Defect Iron in Silicon," J.Appl.Phys.67,6764-6771(1990).

[15] Horányi,T.S.,Pavelka,T.,and Tüttô,P.,"In Situ Bulk Lifetime Measurement on Silicon with Chemically Passivated Surface," Applied Surface Science,63,306-311(1993).

[16] For these estimates,the diffusion coefficients were assumed to be constant at the following limiting values:$D_n=33.5$ cm^2/s and $D_p=12.4$ cm^2/s.These values are somewhat smaller than the limiting values given in the 1993 edition of DIN 50440,Part 1.

[17] Bullis, W. M., and Huff, H. R., "Intepretation of carrier Recombination and Diffusion Length Measurements in silicon"J.Electrochem.Soc.143(1996):pp1399-1405.

[18] Passari, L., and Susi, E., "Recombination Mechanisms and Doping Density in silicon"J. Appl.Phys.54(1983):PP.3953-37.

[19] Richter,A.,Glunz,S.W.,Werner,F.,Schmidt,J.,and Cuevas,A."Improved Quamntitative Description of Auger Recombination in Crystalline Silicon."Phys.Rev.B86,165202-1-165202-14,2012.

[20] Trupke,T.,Gree,M.A.,WÜrfel,P.,Altermatt,P.P.,Wang,A.,Zhao,J.,and Corkish,R. "Temperature Dependence of Radiative Recombination Coefficient of Intrinsic Crystalline Silicon."J. Appl.Phys.94(2003):pp.4930-37.

[21] Kimerling, L. C., and Patel, J. R. "Silicon Defects: Structures, Chemistry, and Electrical Properties" in VLSI Electronics: Microstructure Science, Volum12, Silcon Materials, N. G. Einspruch and H. Huff, eds., Academic Press, Orlando, 1985pp.223-67(see especially pp.241-47) 27 Zoth, G., and Bergholz, W., "A Fast, Preparation-Free Method to Defect Iron in Silicon," J. Appl. Phys. 67, 6764-6771 (1990).

[22] Macdonald, D. H., Greeligs, L.J, and Azzizi, A. "Iron Detection in Crystalline Silicon by Carrier Lifetime Measurements for Arbitrary Injection and Doping" J. Appl. Phys 95(2004): pp1021-28.

[23] Rotondaro, A.L.P., Hurd, T.Q., Mertens, P.W., Schmidt, H.F., M.M., Simoen, E., Vanhellemont, J., Végh G, Claeys, C., and Gräf, D. "limitations of Minority Carrier Lifetime as a Parameter for Evaluating Iron Contamination in silicon", presented at The Electrochemical Society Symposium on High Purity Slicon Ⅲ, Miami Beach, FL, 1994, Extended Abstracts pp.625-26.

[24] SEMI MF1388 金属-氧化物-硅(MOS)电容的电容-时间关系测量硅材料产生寿命和产生速率的测试方法[Test method for generation lifetime and generation velocity of silicon material by capacitance-time measurements of metal-oxide-silicon(MOS) capacitors]

[25] SEMI MF1535-1015 硅片载流子复合寿命的测试 非接触微波反射光电导衰减法(Test method for carrier recombination lifetime in silicon wafers by noncontact measurement of photoconductivity decay by microwave reflectance)

ICS 77.040.99
H 17

中华人民共和国国家标准

GB/T 26070—2010

化合物半导体抛光晶片亚表面
损伤的反射差分谱测试方法

Characterization of subsurface damage in polished
compound semiconductor wafers by reflectance
difference spectroscopy method

2011-01-10 发布
2011-10-01 实施

中华人民共和国国家质量监督检验检疫总局
中国国家标准化管理委员会
发布

前　言

本标准由全国半导体设备和材料标准化技术委员会材料分技术委员会(SAC/TC 203/SC 2)归口。

本标准由中国科学院半导体研究所负责起草。

本标准主要起草人:陈涌海、赵有文、提刘旺、王元立。

化合物半导体抛光晶片亚表面
损伤的反射差分谱测试方法

1 范围

1.1 本标准规定了Ⅲ-Ⅴ族化合物半导体单晶抛光片亚表面损伤的测试方法。

1.2 本标准适用于 GaAs、InP（GaP、GaSb 可参照进行）等化合物半导体单晶抛光片亚表面损伤的测量。

2 定义

2.1 术语和定义

下列术语和定义适用于本文件。

2.1.1

亚表面损伤 subsurface damage

半导体晶体经切、磨、抛等工艺加工后，在距离抛光片表面亚微米左右范围内，晶体的部分完整性会受到破坏，存在一个很薄（厚度通常为几十到上百纳米）的损伤层，其中存在大量的位错、晶格畸变等缺陷。这个损伤层称为亚表面损伤层。

2.1.2

弹光效应 photoelastic effect

当介质中存在弹性应力或应变时，介质的介电系数或折射率会发生改变。介电系数或折射率的改变与施加的应变和应力密切相关。各向异性的应力或应变会导致介电函数或折射率出现各向异性，导致晶体材料出现光学各向异性（双折射，二向色性）。

2.1.3

光学各向异性 optical anisotropy

当材料的光学性质随光的传播方向和偏振状态而发生变化时，就称这种材料具有光学各向异性。

2.1.4

线偏振光 linearly polarized light

振动电矢量总是在一个固定平面内的光称为线偏振光。

2.1.5

反射差分谱 reflectance difference spectroscopy，RDS

测量近垂直入射条件下，两束正交偏振入射光反射系数的相对差异随波长的变化，就是反射差分谱。

2.2 符号

下列符号适用于本文件。

2.2.1

$\Delta r/r$

被测晶体材料在两个各向异性光学主轴方向反射系数的相对差异，即反射差分信号。

2.2.2

R

被测晶体材料的反射率。

2.2.3

　　PEM

　　光弹性调制器(photoelastic modulator,PEM)

2.2.4

　　ω

　　光弹性调制器的调制频率。

2.2.5

　　Re( )

　　代表括号里宗量的实部。

2.2.6

　　Im( )

　　代表括号里宗量的虚部。

2.2.7

　　J_n

　　n 阶的贝塞尔函数。

2.2.8

　　δ

　　表征亚表面损伤程度的量,它正比于亚表面损伤的深度和与亚表面损伤密度相关量的乘积。

2.2.9

　　ε_s

　　被测晶体材料的介电常数。

2.2.10

　　n

　　被测晶体材料的折射率。

3　方法提要

　　RDS 测试方法是通过测量两束正交偏振的入射光的反射系数的相对差异来确定亚表面损伤层的损伤程度。其测试过程和原理是:RDS 测试系统的光源首先通过一个起偏器,经过起偏器后得到的垂直方向上的线偏振光可以在[110]和[1$\underline{1}$0]方向上分成大小相等的两个分量;如果样品在这两个方向上的反射系数是相等的,那么,反射后的两个分量重新合成的线偏振光仍旧是垂直的;这样,经过 PEM 和检偏器被探测器探测到的光强信号中将没有 PEM 的调制信号。如果样品在这[110]和[1$\underline{1}$0]方向上的反射系数是不相等的,那么,反射后的线偏光将不再是垂直的,结果探测器测得的光强信号中必然包含有 PEM 的调制信号。这个调制信号反映了[110]和[1$\underline{1}$0]方向上的反射系数的差别。表面亚损伤产生的光学各向异性可以通过反射系数的各向异性表示,具体说来,就是样品表面内两个垂直方向反射系数的相对差异:$\Delta r/r = 2(r_x - r_y)/(r_x + r_y)$。探测器探测到的光强信号将由式(1)决定:

$$R[1 + 2\mathrm{Re}(\Delta r/r)J_2(\phi)\cos(2\omega t) + 2\mathrm{Im}(\Delta r/r)J_1(\phi)\sin(\omega t)] \quad \cdots\cdots\cdots\cdots(1)$$

　　式中:

　　　　　　R——材料的反射率;

　　　　　　ω——PEM 的调制频率;

　　Re( )、Im( )——分别代表括号里宗量的实部和虚部;

　　　　　　J_n——n 阶的贝塞尔函数。

　　由式(1)可见,探测器中信号包含了三部分信号:直流部分反映的是样品的反射率;一倍频(ω)信号正比于 $\Delta r/r$ 虚部;二倍频(2ω)信号正比于 $\Delta r/r$ 实部。采用锁相放大技术,很容易将倍频信号从直流信号中提取出来,再对前边的贝塞尔函数系数进行修正,就可以测量出被测试样片表面上相互垂直的两个各向异性光学主轴方向的反射系数的相对差异($\Delta r/r$)。信号($\Delta r/r$)送入微机处理后,由打印机输出测试谱图。

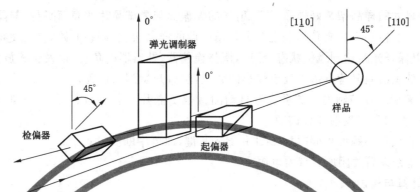

注:PEM主轴与样品的入射平面(水平面)垂直,即和垂直方向成0°角。对于具有(001)面的样品,各向异性的光学主轴一般为[110]和[1̄10]两个方向。要求PEM主轴方向与这两个光学主轴成45°夹角。

图1 RDS测试原理图

4 一般要求

4.1 测试系统构成及系统设备要求

半导体抛光晶片亚表面损伤的偏振反射差分谱测试系统由光源、起偏器和检偏器、PEM及其控制器、斩波器、样品架、单色仪、探测器、锁相放大器以及数据采集处理系统等组成。

光源采用250W钨灯(主要用在可见光到近红外波段)。起偏器和检偏器采用的是方解石格兰型偏光棱镜。PEM(参考仪器:Hinds公司PEM-90™)工作频率为50 kHz。样品反射光通过偏振片(检偏器)后,经过一个焦距为10 cm的凸透镜收集到一根光纤,然后进入单色仪(参考仪器:卓立汉光BP300型)分光,最后进到探测器中(根据测量的波长范围,探测器宜采用光电倍增管或硅二极管)。探测器探测到的光强信号包含:直流、一倍频和二倍频三个分量,如式(1)所示。用1台斩波器提取直流分量,斩波的频率应远小于PEM的工作频率(50 kHz)。用1台锁相放大器来提取二倍频信号。一倍频信号可根据二倍频信号计算出来,且其不包含新的光谱信息,可不测量。数据采集处理系统由微机和专用数据处理程序软件组成。

4.2 环境要求

4.2.1 测量的标准大气条件

    a) 环境温度:23 ℃±5 ℃;

    b) 相对温度:≤90%;

    c) 大气压:86 kPa～106 kPa。

4.2.2 测量环境条件

实验室应为万级超净室,无振动、电磁干扰和腐蚀性气体。

4.2.3 试样要求

测试样片应为抛光晶片,晶片表面洁净。

5 测试程序

5.1 测试系统准备

正式测试前,检查确定测试系统各仪器处于良好状态。确定测试系统在无测试样片时,系统的测试光谱信号输出为平直线,没有光谱结构。

5.2 测试步骤

a) 打开光源,检查是否正常工作;

b) 依次接通斩波器、锁相放大器、PEM、探测器电路电源,检查是否正常工作;

c) 取相应尺寸的样品架装好样品(使入射光的偏振面与测试晶片的表面平行,与晶片表面[110]、[1̄10]方向各成45度夹角),固定在方位角可调的样品架上,调整光路,首先使得直流信号达到最大,以保证光路达到最优状态,然后,调整检偏器、补偿器的角度,以及锁相放大器的参数,使二倍频的反射差分背景信号处于较小的数值,然后开始测试过程;

d) 采用计算机编程控制的测试系统将自动测量被测晶片反射差分信号 $\Delta r/r$ 随波长的变化,存储数据,并打印出反射差分谱图;

e) 测试过程出现问题即可同时按 Ctrl 和 Break 键,即可中断测试;

f) 测试完全结束后关闭所有仪器电源。

6 分析结果的计算与表述

示例1:GaAs 样品号 98-35

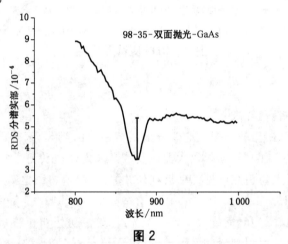

图 2

自测试光谱图查到该 GaAs 样品在带边附近($\lambda=870 \text{ nm} \pm 50 \text{ nm}$)RDS 实部信号($2\omega$)的最大强度差值为 $5.38 \times 10^{-4} \sim 3.5 \times 10^{-4} = 1.88 \times 10^{-4}$,利用公式 $\delta = \dfrac{\lambda(\varepsilon_s-1)\operatorname{Re}\{\Delta r/r\}}{8\pi n}$ 以及 GaAs 材料的介电常数 $\varepsilon_s=13$,折射率 $n=3.6$,计算得出该 GaAs 样片的 δ 值约为 0.021 7 nm。

示例2:InP 样品号 103-2-13

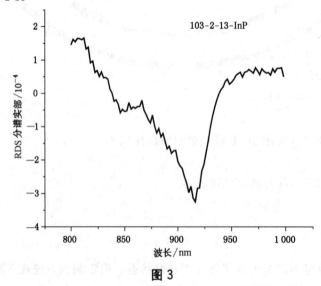

图 3

自测试光谱图查该 InP 样品在带边附近($\lambda=920\,\text{nm}\pm50\,\text{nm}$)RDS 实部信号($2\omega$)的最大强度差值为 $0.3\times10^{-4}-(-3.29)\times10^{-4}=3.59\times10^{-4}$,利用公式 $\delta=\dfrac{\lambda(\varepsilon_s-1)\,\text{Re}\{\Delta r/r\}}{8\pi n}$ 以及 InP 材料的介电常数 $\varepsilon_s=12$,折射率 $n=3.5$,计算得出该 InP 样片的 δ 值约为 $0.041\,3\,\text{nm}$。

7 测试方法系统提示

本方法的测试系统测量深度:$\leqslant 1\,000\,\text{nm}$;光谱测量范围:$700\,\text{nm}\sim1\,000\,\text{nm}$;波长精度:$2\,\text{nm}$;测试系统测量 $\Delta r/r$ 的精度:3×10^{-5};测试系统测量 RDS 谱图的时间:$10\,\text{min}$。

8 精密度

本方法的精密度是由起草单位和验证单位在同样条件下,用(RDS)测试系统上对 GaAs 和 InP 的各两个标准样片进行重复性试验,并根据标准偏差公式 $s=\sqrt{\sum(X_n-X_i)^2/(n-1)}$ 和重复性试验数据计算得出标准偏差和相对偏差。相对偏差不大于 5%(参见附录 A)。

9 质量保证和控制

应用控制样片,在每次测试前校核本方法的有效性,当过程失控时,应找出原因,纠正错误后,重新进行校核。

10 测试报告

测试报告应包括如下内容:
a) 样品来源、规格及编号;
b) 所用测量系统编号及选用参数;
c) 测试单位及测试操作人印章或签字;
d) 标样 RDS 的谱图及测量值;
e) 被测样品 RDS 的谱图及测量值;
f) 测试日期。

附 录 A

（资料性附录）

化合物半导体单晶抛光片亚表面损伤测试方法的重复性试验

A.1 GaAs 样片重复性测试谱图及测量值和计算值

A.1.1 1# GaAs 样片的 3 次重复性测试谱图及测量值和计算值见表 A.1。

表 A.1

测量次数	测 试 谱 图	测量值和计算值
1	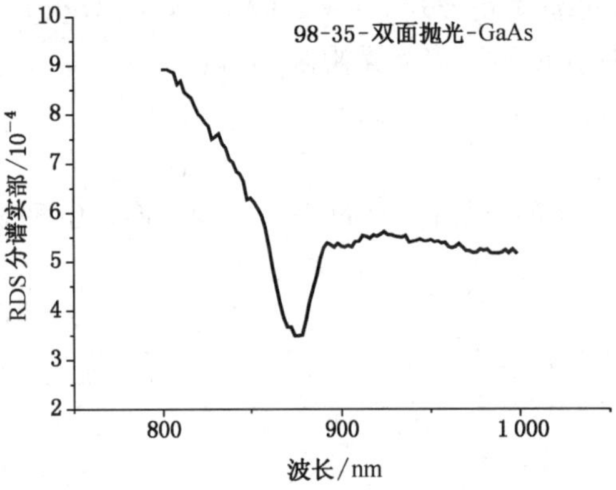	$RDS=1.88\times10^{-4}$ $\delta=0.021\ 7\ nm$
2	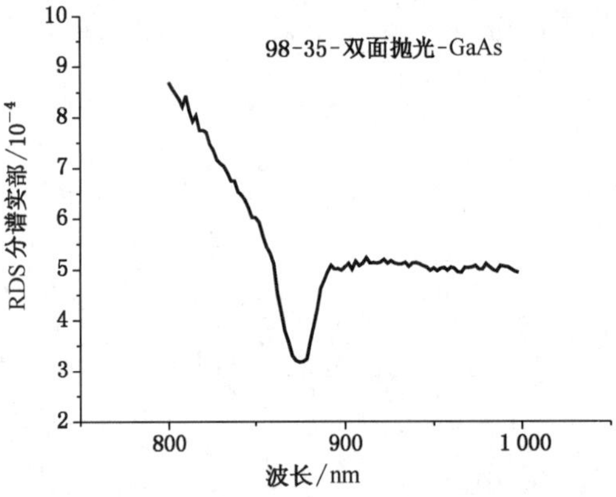	$RDS=1.87\times10^{-4}$ $\delta=0.021\ 6\ nm$
3	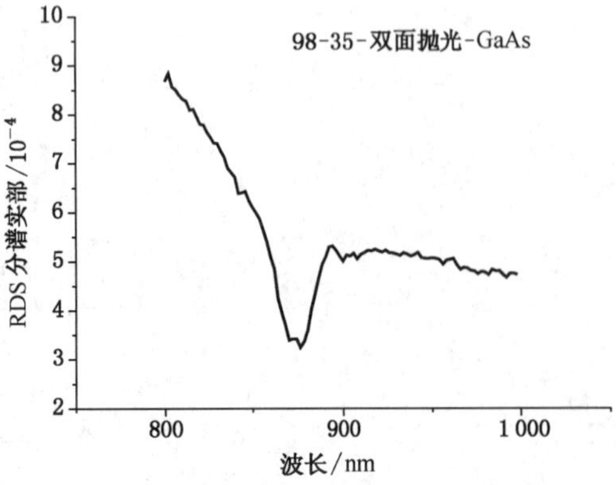	$RDS=1.92\times10^{-4}$ $\delta=0.022\ 2\ nm$

A.1.2 2# GaAs 样片的 3 次重复性测试谱图及测量值和计算值见表 A.2。

表 A.2

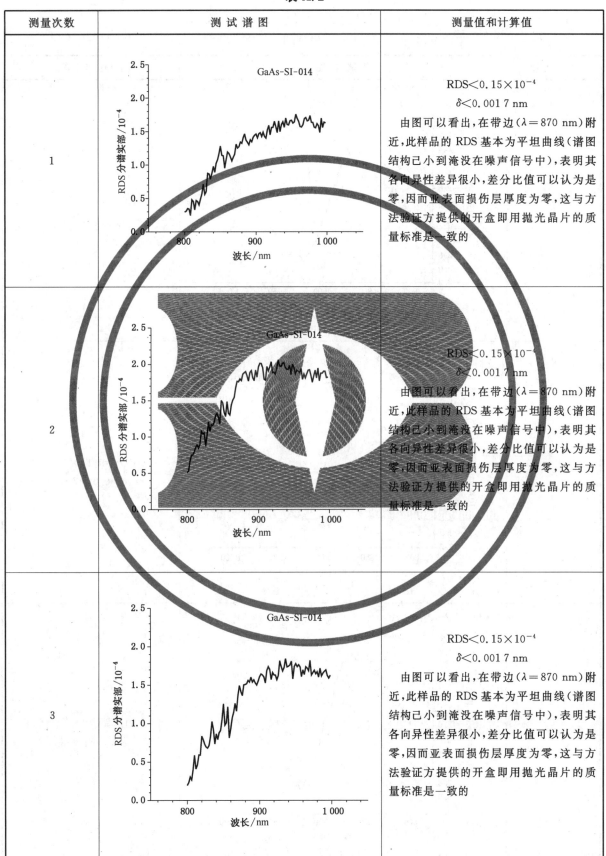

测量次数	测 试 谱 图	测量值和计算值
1	GaAs-SI-014	RDS<0.15×10^{-4} δ<0.001 7 nm 由图可以看出,在带边(λ=870 nm)附近,此样品的 RDS 基本为平坦曲线(谱图结构已小到淹没在噪声信号中),表明其各向异性差异很小,差分比值可以认为是零,因而亚表面损伤层厚度为零,这与方法验证方提供的开盒即用抛光晶片的质量标准是一致的
2	GaAs-SI-014	RDS<0.15×10^{-4} δ<0.001 7 nm 由图可以看出,在带边(λ=870 nm)附近,此样品的 RDS 基本为平坦曲线(谱图结构已小到淹没在噪声信号中),表明其各向异性差异很小,差分比值可以认为是零,因而亚表面损伤层厚度为零,这与方法验证方提供的开盒即用抛光晶片的质量标准是一致的
3	GaAs-SI-014	RDS<0.15×10^{-4} δ<0.001 7 nm 由图可以看出,在带边(λ=870 nm)附近,此样品的 RDS 基本为平坦曲线(谱图结构已小到淹没在噪声信号中),表明其各向异性差异很小,差分比值可以认为是零,因而亚表面损伤层厚度为零,这与方法验证方提供的开盒即用抛光晶片的质量标准是一致的

A.2 InP 样片重复性测试谱图及测量值

A.2.1 1# InP 样片的 3 次重复性测试谱图及测量值和计算值见表 A.3。

表 A.3

测量次数	测 试 谱 图	测量值和计算值
1		$RDS=1.68\times10^{-4}$ $\delta=0.019\ 3$ nm
2		$RDS=1.80\times10^{-4}$ $\delta=0.020\ 7$ nm
3		$RDS=1.80\times10^{-4}$ $\delta=0.020\ 7$ nm

A.2.2 2#InP 样片的 3 次重复性测试谱图及测量值和计算值见表 A.4。

表 A.4

测量次数	测 试 谱 图	测量值和计算值
1		RDS=3.59×10⁻⁴ δ=0.041 3 nm
2		RDS=3.54×10⁻⁴ δ=0.040 7 nm
3		RDS=3.53×10⁻⁴ δ=0.040 6 nm

A.3 精密度（标准偏差和相对偏差）

本方法的精密度是由起草单位和验证单位在同样条件下,用(RDS)测试系统上对 GaAs 和 InP 的各两个标准样片进行 3 次重复性试验,并根据标准偏差公式 $s=\sqrt{\sum(X_n-X_i)^2/(n-1)}$ 和重复性试验数据计算得出标准偏差和相对偏差。各样片的测试计算数据和标准偏差值和相对偏差值见表 A.5。

表 A.5

GaAs 样品号	第 1 次测量 δ	第 2 次测量 δ	第 3 次测量 δ	标准偏差 s	相对偏差
GaAs 1#	0.021 7 nm	0.021 6 nm	0.022 2 nm	3.24×10^{-4} nm	1.5%
GaAs 2#	0.001 7 nm	0.001 7 nm	0.001 7 nm	0	0%
InP 样品号	第 1 次测量 δ	第 2 次测量 δ	第 3 次测量 δ	标准偏差 s	相对偏差
InP 1#	0.019 3 nm	0.020 7 nm	0.020 7 nm	8.09×10^{-4} nm	4%
InP 2#	0.041 3 nm	0.040 7 nm	0.040 6 nm	3.81×10^{-4} nm	1%

ICS 77.040.99
H 17

中华人民共和国国家标准

GB/T 26074—2010

锗单晶电阻率直流四探针测量方法

Germanium monocrystal—Measurement of
resistivity-DC linear four-point probe

2011-01-10 发布

2011-10-01 实施

中华人民共和国国家质量监督检验检疫总局
中国国家标准化管理委员会 发布

前　言

本标准由全国半导体设备和材料标准化技术委员会材料分技术委员会(SAC/TC 203/SC 2)归口。
本标准由南京中锗科技股份有限公司负责起草。
本标准参加起草单位:北京国晶辉红外光学科技有限公司、云南临沧鑫圆锗业股份有限公司。
本标准主要起草人:张莉萍、焦欣文、王学武、普世坤。

锗单晶电阻率直流四探针测量方法

1 范围

本标准规定了用直流四探针法测量锗单晶电阻率的方法。

本标准适用于测量试样厚度和从试样边缘与任一探针端点的最近距离二者均大于探针间距的 4 倍锗单晶的电阻率以及测量直径大于探针间距的 10 倍、厚度小于探针间距 4 倍锗单晶圆片（简称圆片）的电阻率。测量范围为 1×10^{-3} Ω·cm～1×10^{2} Ω·cm。

2 方法原理

测量原理见图 1。排列成一直线的四探针垂直压在半无穷大的试样平坦表面上。外探针 1、4 间通电流 I(A)，内探针 2、3 间电压 U(V)。在满足一定条件下，四探针附近试样电阻率 ρ，可用公式（1）及公式（2）计算：

$$\rho = 2\pi l \frac{U}{I} \quad\quad\quad\quad\quad\quad\quad\quad\quad (1)$$

$$l = \left(\frac{1}{l_1} + \frac{1}{l_3} - \frac{1}{l_1 + l_2} - \frac{1}{l_2 + l_3} \right)^{-1} \quad\quad\quad\quad\quad\quad (2)$$

式中：

l——探针系数；

l_1——探针 1、2 间的距离，单位为厘米(cm)；

l_2——探针 2、3 间的距离，单位为厘米(cm)；

l_3——探针 3、4 间的距离，单位为厘米(cm)。

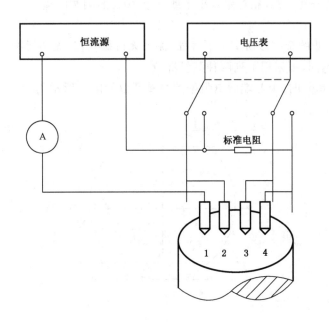

图 1 四探针法示意图

3 设备和仪器

3.1 电磁屏蔽间

为了消除邻近高频发生器在测量电路中可能引入的寄生电流,电阻率测量必须在电磁屏蔽间内进行。

3.2 恒温恒湿设备

保证电阻率测试间内的温度能稳定在仲裁温度 23 ℃±0.5 ℃内,相对湿度<70%。

3.3 温度计

测量锗单晶表面温度,精度±0.1 ℃内。

3.4 四探针电阻率测试仪

3.4.1 恒流电源

能提供 10^{-1} A～10^{-5} A 的直流电流,测量时其值已知且稳定在±0.5%以内。

3.4.2 数字电压表

能测量 10^{-5} V～1 V 的电压,误差小于±0.5%。仪表的输入阻抗应大于试样体电阻加试样与探针间的接触电阻的三个数量级以上。

3.4.3 探针装置

探针头用工具钢、碳化钨等材料制成。直径 0.5mm 或 0.8mm 左右。探针针尖压痕的线度必须小于 $100\ \mu m$。探针间距用测量显微镜(刻度 0.01 mm)测定。探针间的机械游移率 $\frac{\Delta l}{l}<0.3\%$(Δl 为探针间距的最大机械游移量,l 为探针间距)。探针间的绝缘电阻大于 10^3 MΩ。

3.4.4 探针架

要求提供 5 N～16 N(总力),且能保证探针与试样接触的位置重复在探针间距的±0.5%以内。

4 测量步骤

4.1 测量环境

试样置于温度 23 ℃±0.5 ℃,相对湿度小于或等于 70%的测试间里。

4.2 试样制备

试样待测面用 W28♯的金刚砂研磨上下表面,保证无机械损伤,无玷污物。

4.3 根据单晶直径的不同,可采用下列两种测量部位:

4.3.1 当单晶 $\phi<100$ mm 时,单晶端面电阻率的测量部位如图 2 所示。

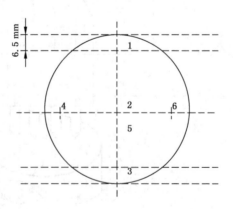

图 2　单晶端面电阻率的测量位置(1～6)

4.3.2 当单晶 $\phi \geqslant 100$ mm 时,单晶端面电阻率的测量部位如图3所示。

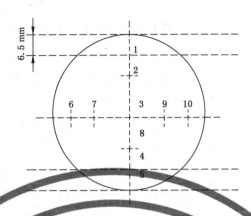

图3 单晶端面电阻率测量位置(1～10)

4.4 测量

待试样达到规定温度(23±0.5 ℃)时,把探针垂直压在试样表面平坦的单一型号区域上,调节电流到规定值。电流大小应满足弱场条件:小于1 A/cm。试样电流按表1选取。取正、反电流方向的电压平均值,根据样品的长度用不同的公式计算,见表1。

表1 不同电阻率试样电流选择表

电阻率范围/(Ω·cm)	<0.01	0.01～1	1～30	30～100
电流/mA	<100	<10	<1	<0.1
推荐的圆片电流值/mA	100	2.5	0.25	0.025

5 测量结果的计算

5.1 试样的厚度大于4倍探针间距单晶断面电阻率按公式(1)计算。

5.2 单晶径向电阻率变化的计算:

5.2.1 当单晶 $\phi < 100$ mm 时,单晶径向电阻率不均匀变化 E,按公式(3)计算。

$$E = [(\rho_a - \rho_c)/\rho_c] \times 100\% \qquad \cdots\cdots\cdots\cdots\cdots (3)$$

式中:

ρ_a——距边缘6 mm 处测量的电阻率平均值,单位为欧厘米(Ω·cm);

ρ_c——中心点测得两次电阻率平均值,单位为欧厘米(Ω·cm)。

5.2.2 当单晶 $\phi \geqslant 100$ mm 时,单晶径向电阻率最大百分变化 E,按公式(4)计算。

$$E = [(\rho_M - \rho_m)/\rho_m] \times 100\% \qquad \cdots\cdots\cdots\cdots\cdots (4)$$

式中:

ρ_M——测量的最大电阻率,单位为欧厘米(Ω·cm);

ρ_m——测量的最小电阻率,单位为欧厘米(Ω·cm)。

5.3 如果试样为圆片,计算几何修正因子 F。

5.3.1 计算试样厚度 W 与平均探针间距 S 的比值,用线性内插法从表2中查出修正因子 $F(W/S)$。

表2 厚度修正系数 $F(W/S)$ 为圆片厚度 W 与探针间距 S 之比的函数

W/S	$F(W/S)$	W/S	$F(W/S)$	W/S	$F(W/S)$	W/S	$F(W/S)$
0.1	1.002 7	0.64	0.988 5	0.91	0.943 8	2.8	0.477
0.2	1.000 7	0.65	0.987 5	0.92	0.941 4	2.9	0.462
0.3	1.000 3	0.66	0.986 5	0.93	0.939 1	3.0	0.448
0.4	0.999 3	0.67	0.985 3	0.94	0.936 7	3.1	0.435
0.41	0.999 2	0.68	0.984 2	0.95	0.934 3	3.2	0.422
0.42	0.999 0	0.69	0.983 0	0.96	0.931 8	3.3	0.411
0.43	0.998 9	0.70	0.981 8	0.97	0.929 3	3.4	0.399
0.44	0.998 7	0.71	0.980 4	0.98	0.926 3	3.5	0.388
0.45	0.998 6	0.72	0.979 1	0.99	0.924 2	3.6	0.378
0.46	0.998 4	0.73	0.977 7	1.0	0.921	3.7	0.369
0.47	0.998 1	0.74	0.976 2	1.1	0.894	3.8	0.359
0.48	0.997 8	0.75	0.974 7	1.2	0.864	3.9	0.350
0.49	0.997 6	0.76	0.973 1	1.3	0.834	4.0	0.342
0.50	0.997 5	0.77	0.971 5	1.4	0.803		
0.51	0.997 1	0.78	0.969 9	1.5	0.772		
0.52	0.996 7	0.79	0.968 1	1.6	0.742		
0.53	0.996 2	0.80	0.966 4	1.7	0.713		
0.54	0.992 8	0.81	0.964 5	1.8	0.685		
0.55	0.995 3	0.82	0.962 7	1.9	0.659		
0.56	0.994 7	0.83	0.960 8	2.0	0.634		
0.57	0.994 1	0.84	0.958 8	2.1	0.601		
0.58	0.993 4	0.85	0.956 6	2.2	0.587		
0.59	0.992 7	0.86	0.954 7	2.3	0.566		
0.60	0.992 0	0.87	0.952 6	2.4	0.546		
0.61	0.991 2	0.88	0.950 5	2.5	0.528		
0.62	0.990 3	0.89	0.948 3	2.6	0.510		
0.63	0.989 4	0.90	0.946 0	2.7	0.493		

5.3.2 计算平均探针间距 $\overline{S}$ 与试样直径 D 的比值,查出修正因子 F_2

当 $2.5 \leqslant \dfrac{W}{S} < 4$ 时,F_2 取 4.532。

当 $1 < \dfrac{W}{S} < 2.5$ 时,用线性内插法从表3中查出 F_2。

表3 修正系数 F_2 为探针间距 S 与圆片直径 D 之比的函数

S/D	F_2	S/D	F_2	S/D	F_2
0	4.532	0.035	4.485	0.070	4.348
0.005	4.531	0.040	4.470	0.075	4.322
0.010	4.528	0.045	4.454	0.080	4.294
0.015	4.524	0.050	4.436	0.085	4.265
0.020	4.517	0.055	4.417	0.090	4.235
0.025	4.508	0.060	4.395	0.095	4.204
0.030	4.497	0.065	4.372	0.100	4.171

5.3.3 计算几何修正因子 F

$$F = F(W/S) \times W \times F_2 \times F_{sp} \quad\quad\quad\quad\quad\quad\quad (5)$$

式中：

F_{sp}——探针间距修正因子；

W——试样厚度,单位为厘米（cm）。

注：当 $W/S > 1$, $D > 16S$ 时, F 的有效精度在 2% 以内。

6 精密度

6.1 本标准测量锗单晶电阻率的重复性优于 ±10%。

6.2 本标准测量锗单晶电阻率的再现性优于 ±10%。

7 试验报告

试验报告应包括如下内容：

a) 测量设备说明；

b) 试样的编号及说明；

c) 测量方法；

d) 测量电流；

e) 探针间距和探针压力；

f) 试样室温电阻率；

g) 试样电阻率标准偏差；

h) 本标准编号；

i) 测试者；

j) 测试日期。

ICS 77.120.01
H 14

中华人民共和国国家标准

GB/T 26289—2010

高纯硒化学分析方法
硼、铝、铁、锌、砷、银、锡、锑、碲、汞、
镁、钛、镍、铜、镓、镉、铟、铅、铋量的测定
电感耦合等离子体质谱法

Methods for chemical analysis of high purity selenium—
Determination of boron, aluminum, iron, zinc, arsenic, silver, tin, antimony,
tellurium, mercury, magnesium, titanium, nickel, copper, gallium, cadmium,
indium, lead and bismuth contents—
Inductively coupled plasma mass spectrometry

2011-01-14 发布   2011-11-01 实施

中华人民共和国国家质量监督检验检疫总局
中国国家标准化管理委员会   发布

前　言

本标准是按照 GB/T 1.1—2009 给出的规则起草的。

本标准由全国有色金属标准化技术委员会(SAC/TC 243)归口。

本标准起草单位:北京有色金属研究总院。

本标准参加起草单位:北京矿冶研究院、峨嵋半导体材料厂。

本标准主要起草人:刘英、高燕、李继东、刘红、冯先进、文英、李华昌、阮桂色。

高纯硒化学分析方法
硼、铝、铁、锌、砷、银、锡、锑、碲、汞、镁、钛、镍、铜、镓、镉、铟、铅、铋量的测定
电感耦合等离子体质谱法

1 范围

本标准规定了高纯硒中硼、铝、铁、锌、砷、银、锡、锑、碲、汞、镁、钛、镍、铜、镓、镉、铟、铅、铋杂质元素的测定方法。

本标准适用于高纯硒中硼、铝、铁、锌、砷、银、锡、锑、碲、汞、镁、钛、镍、铜、镓、镉、铟、铅、铋含量的测定。测定范围见表1。

表 1

元 素	测定范围/%	元 素	测定范围/%
B	0.000 1～0.001 0	Mg	0.000 01～0.000 20
Al	0.000 05～0.001 0	Ti	0.000 01～0.000 20
Fe	0.000 05～0.001 0	Ni	0.000 01～0.000 20
Zn	0.000 05～0.001 0	Cu	0.000 01～0.000 20
As	0.000 05～0.001 0	Ga	0.000 01～0.000 20
Ag	0.000 05～0.001 0	Cd	0.000 01～0.000 20
Sn	0.000 05～0.001 0	In	0.000 01～0.000 20
Sb	0.000 05～0.001 0	Pb	0.000 01～0.000 20
Te	0.000 05～0.001 0	Bi	0.000 01～0.000 20
Hg	0.000 05～0.001 0	—	—

2 方法提要

试料以硝酸溶解,采用电感耦合等离子体质谱法直接测定硼、铝、铁、锌、砷、银、锡、锑、碲和汞含量;以阳离子交换将镁、钛、镍、铜、镓、镉、铟、铅、铋与大量硒基体分离并得到富集,采用电感耦合等离子体质谱法测定镁、钛、镍、铜、镓、镉、铟、铅和铋含量。

3 试剂与材料

除非另有说明,在分析中仅使用确认为优级纯的试剂;所用水为去离子水,电阻率不小于18.2 MΩ·cm。

3.1 盐酸(ρ1.19 g/mL)。

3.2 硝酸(ρ1.42 g/mL)。

3.3 盐酸(1+1)。

3.4 氢氟酸(ρ1.128 g/mL)。

3.5 氨水(ρ0.90 g/mL)。

3.6 硝酸(1+1)。

3.7 硝酸(1+2)。

3.8 硝酸(4+11)。

3.9 硝酸(1+1 500)。

3.10 银标准贮存溶液:称取 1.000 0 g 银[w_{Ag}≥99.99%],置于 300 mL 烧杯中,加 20 mL 硝酸(3.6),低温加热溶解,加热除去氮的氧化物,取下冷却,移入 1 000 mL 容量瓶中,加入 50 mL 硝酸(3.2),用水稀释至刻度,混匀。此溶液 1 mL 含 1 mg 银。

3.11 砷标准贮存溶液:称取 1.000 0 g 砷[w_{As}≥99.99%],置于 300 mL 烧杯中,加入 50 mL 硝酸(3.6),低温加热溶解,加热除去氮的氧化物,冷,移入 1 000 mL 容量瓶中,加入 40 mL 硝酸(3.2),用水稀释至刻度,混匀。此溶液 1 mL 含 1 mg 砷。

3.12 硼标准贮存溶液:称取 5.717 4 g 硼酸[$w_{H_3BO_3}$≥99.99%],置于 300 mL 烧杯中,加少量水,低温加热溶解,取下冷却,移入 1 000 mL 容量瓶中,用水稀释至刻度,混匀。此溶液 1 mL 含 1 mg 硼。

3.13 汞标准贮存溶液:称取 1.000 0 g 汞[w_{Hg}≥99.99%],置于盛有 30 mL 硝酸(3.6)300 mL 烧杯中,移至通风橱内慢慢加热溶解,溶解完全后加水稀释,移入 1 000 mL 容量瓶中,加入 50 mL 硝酸(3.2),用水稀释至刻度,混匀。此溶液 1 mL 含 1 mg 汞。

3.14 铁标准贮存溶液:称取 1.000 0 g 铁[w_{Fe}≥99.99%],置于 300 mL 烧杯中,用 30 mL 硝酸(3.6)溶解完全后,加热除去氮的氧化物,取下冷却,移入 1 000 mL 容量瓶中,加入 50 mL 硝酸(3.2),用水稀释至刻度,混匀。此溶液 1 mL 含 1 mg 铁。

3.15 碲标准贮存溶液:称取 1.000 0 g 碲[w_{Te}≥99.99%],置于 300 mL 烧杯中,加 50 mL 硝酸(3.6),低温溶解,加热除去氮的氧化物,取下冷却,移入 1 000 mL 容量瓶中,加入 40 mL 硝酸(3.2),用水稀释至刻度,混匀。此溶液 1 mL 含 1 mg 碲。

3.16 锌标准贮存溶液:称取 1.000 0 g 锌[w_{Zn}≥99.99%],置于 300 mL 烧杯中,加入 20 mL 硝酸(3.6),低温溶解,加热除去氮的氧化物,冷却,移入 1 000 mL 容量瓶中,加入 50 mL 硝酸(3.2),用水稀释至刻度,混匀。此溶液 1 mL 含 1 mg 锌。

3.17 铜标准贮存溶液:称取 1.000 0 g 铜[w_{Cu}≥99.99%],置于 300 mL 烧杯中,加 20 mL 硝酸(3.6),低温溶解,加热除去氮的氧化物,取下冷却,移入 1 000 mL 容量瓶中,加入 50 mL 硝酸(3.2),用水稀释至刻度,混匀。此溶液 1 mL 含 1 mg 铜。

3.18 镉标准贮存溶液:称取 1.000 0 g 镉[w_{Cd}≥99.99%],置于 300 mL 烧杯中,加 20 mL 硝酸(3.6),低温溶解,加热除去氮的氧化物,取下冷却,移入 1 000 mL 容量瓶中,加入 50 mL 硝酸(3.2),用水稀释至刻度,混匀。此溶液 1 mL 含 1 mg 镉。

3.19 镓标准贮存溶液:称取 1.000 0 g 镓[w_{Ga}≥99.99%],置于 300 mL 烧杯中,加 20 mL 硝酸(3.6),低温溶解,加热除去氮的氧化物,取下冷却,移入 1 000 mL 容量瓶中,加入 50 mL 硝酸(3.2),用水稀释至刻度,混匀。此溶液 1 mL 含 1 mg 镓。

3.20 铟标准贮存溶液:称取 1.000 0 g 铟[w_{In}≥99.99%],置于 300 mL 烧杯中,加入 20 mL 硝酸(3.6),低温溶解,冷却,移入 1 000 mL 容量瓶中,加入 50 mL 硝酸(3.2),用水稀释至刻度,混匀,此溶液 1 mL 含 1 mg 铟。

3.21 镁标准贮存溶液:称取 1.000 0 g 镁[w_{Mg}≥99.99%],置于 300 mL 烧杯中,加入 20 mL 水,慢慢加入 20 mL 硝酸(3.6),低温溶解,加热除去氮的氧化物,取下冷却,移入 1 000 mL 容量瓶中,加入 50 mL 硝酸(3.2),用水稀释至刻度,混匀。此溶液 1 mL 含 1 mg 镁。

3.22 镍标准贮存溶液:称取 1.000 0 g 镍[w_{Ni}≥99.99%],置于 300 mL 烧杯中,加 40 mL 硝酸(3.6),

低温溶解，加热除去氮的氧化物，取下冷却，移入 1 000 mL 容量瓶中，加入 40 mL 硝酸(3.2)，用水稀释至刻度，混匀。此溶液 1 mL 含 1 mg 镍。

3.23　铅标准贮存溶液：称取 1.000 0 g 铅[w_{Pb}≥99.99%]，置于 300 mL 烧杯中，加入 30 mL 硝酸(3.6)，低温溶解，加热除去氮的氧化物，取下冷却，移入 1 000 mL 容量瓶中，加入 50 mL 硝酸(3.2)，用水稀释至刻度，混匀，此溶液 1 mL 含 1 mg 铅。

3.24　铋标准贮存溶液：称取 1.000 0 g 铋[w_{Bi}≥99.99%]，置于 300 mL 烧杯中，加 20 mL 硝酸(3.6)，低温溶解，加热除去氮的氧化物，取下冷却，移入 1 000 mL 容量瓶中，加入 50 mL 硝酸(3.2)，用水稀释至刻度，混匀。此溶液 1 mL 含 1 mg 铋。

3.25　锡标准贮存溶液：称取 1.000 0 g 锡[w_{Sn}≥99.99%]，置于 300 mL 烧杯中，加 50 mL 盐酸(3.1)，加热溶解，移入 1 000 mL 容量瓶中，加入 150 mL 盐酸(3.1)用水稀释至刻度，混匀。此溶液 1 mL 含 1 mg 锡。

3.26　铝标准贮存溶液：称取 1.000 0 g 铝[w_{Al}≥99.99%]，置于 300 mL 烧杯中，加 20 mL 盐酸(3.3)，滴加 1 mL～2 mL 硝酸(3.2)，低温溶解，移入 1 000 mL 容量瓶中，加入 80 mL 盐酸(3.1)用水稀释至刻度，混匀。此溶液 1 mL 含 1 mg 铝。

3.27　钛标准贮存溶液：称取 1.000 0 g 钛[w_{Ti}≥99.99%]，置于 300 mL 聚四氟乙烯烧杯中，加 20 mL 盐酸(3.1)，滴加 1 mL～2 mL 硝酸(3.2)，加 4 mL 氢氟酸(3.3)，低温溶解，移入 1 000 mL 塑料容量瓶中，加入 80 mL 盐酸(3.1)用水稀释至刻度，混匀。此溶液 1 mL 含 1 mg 钛。

3.28　锑标准贮存溶液：称取 1.000 0 g 锑[w_{Sb}≥99.99%]，置于 300 mL 烧杯中，加入盐酸(3.1)和硝酸(3.6)各 20 mL，加热溶解，移入 1 000 mL 容量瓶中，加入 150 mL 盐酸(3.1)用水稀释至刻度，混匀。此溶液 1 mL 含 1 mg 锑。

3.29　标准溶液 A：分别移取标准贮存溶液(3.10～3.24)各 1 mL 至 100 mL 容量瓶中，加入 5 mL 硝酸(3.2)，稀释至刻度，混匀。此溶液含银、砷、硼、汞、铁、碲、锌、镁、铋、铜、镉、镓、铟、镍、铅各 10 μg/mL。

3.30　标准溶液 B：分别移取标准贮存溶液(3.25～3.28)各 1 mL 至 100 mL 塑料容量瓶中，加入 5 mL 硝酸(3.2)，稀释至刻度，混匀。溶液含锑、锡、铝、钛各 10 μg/mL。

3.31　标准溶液 C：移取 10 mL 标准溶液 A 至 100 mL 塑料容量瓶中，加入 5 mL 硝酸(3.2)稀释至刻度，混匀，此溶液含银、砷、硼、汞、铁、碲、锌、镁、铋、铜、镉、镓、铟、镍、铅各 1.0 μg/mL。

3.32　标准溶液 D：移取 10 mL 标准溶液 B 至 100 mL 塑料容量瓶中，加入 5 mL 硝酸(3.2)，稀释至刻度，混匀，此溶液含锑、锡、铝、钛各 1.0 μg/mL。

3.33　铑内标溶液：称取 0.385 6 g 氯铑酸铵，置于 300 mL 烧杯中，加入 10 mL 盐酸(3.3)，移入 100 mL 容量瓶中，加入 10 mL 盐酸(3.1)用水稀释至刻度，摇匀，此溶液 1 mL 含 1 mg 铑，使用前稀释，每一步的稀释溶液中保持 2% 的硝酸介质，稀释后溶液 1 mL 含 1.0 μg 铑，体积分数为 2%HNO₃ 介质。

3.34　强酸性阳离子交换树脂

将 70～200 目筛的交联度为 7% 的 001 型强酸性阳离子交换树脂先用水冲洗至出水清澈无混浊、无杂质，然后用盐酸(3.3)浸泡 2 h，再用大量水淋洗，至出水接近中性，如此重复 3 次，每次酸用量为树脂体积的 2 倍。最后用水洗至中性，待用。

3.35　氩气[w_{Ar}≥99.995%]。

4　仪器

4.1　离子交换柱

管长约 50 mm，管内径 1.5 mm。将洗净后的玻璃纤维塞至管底，以防止树脂流出，管内充满水，将处理好的树脂(3.34)注入管内，装入树脂高度约 25 mm～40 mm(树脂体积约 0.5 mL)，上面再覆盖些玻璃纤维。泵入水，保持树脂湿润。

交换柱再生：以 0.5 mL/min 的流速泵入 15 mL 硝酸(3.7)；最后，用 10 mL 去离子水以 1 mL/min 的流速冲洗柱中树脂，待用。

4.2 电感耦合等离子体质谱仪：质量分辨率优于(0.8±0.1)amu。

5 分析步骤

5.1 试料

5.1.1 硼、铝、铁、锌、砷、银、锡、锑、碲和汞的测定，称取 0.1 g 试样，精确至 0.000 1 g。

5.1.2 镁、钛、镍、铜、镓、镉、铟、铅和铋的测定，称取 1.5 g 试样，精确至 0.000 1 g。

5.2 测定数量

独立地进行两次测定，取其平均值。

5.3 空白试验

随同试料做空白试验。

5.4 分析试液的制备

5.4.1 硼、铝、铁、锌、砷、银、锡、锑、碲和汞的测定

将试料(5.1.1)置于 300 mL 聚四氟乙烯烧杯中，盖上烧杯盖，分次加入总量为 3 mL 的硝酸(3.2)，低温加热至试料溶解完全，取下，冷却后移入 100 mL 塑料容量瓶中，加入内标溶液(3.33)1.0 mL，用去离子水稀释至刻度，摇匀待测。

5.4.2 镁、钛、镍、铜、镓、镉、铟、铅和铋的测定

将试料(5.1.2)置于 300 mL 聚四氟乙烯烧杯中，盖上烧杯盖，分次加入总量为 5 mL 的硝酸(3.2)，低温加热，试料溶解完全后，继续低温加热至烧杯内有少量白色固体析出，加入少量水溶解，取下，冷却后移入 100 mL 塑料容量瓶中，用去离子水稀释(稀释体积大约 50 mL 为宜)，并用氨水(3.4)调节 pH 值至 1.0～3.0，然后以 2 mL·min^{-1} 的速度泵入准备好的离子交换柱中。进样完毕后，用 5 mL 硝酸(3.9)淋洗，再用 5 mL 的硝酸(3.8)以 0.5 mL·min^{-1} 的速度洗脱。收集洗脱液，加入内标溶液(3.33)0.25 mL，定容至 25 mL，摇匀，待测。

5.5 工作曲线的绘制

5.5.1 硼、铝、铁、锌、砷、银、锡、锑、碲和汞工作曲线的绘制

5.5.1.1 分别移取标准溶液 C(3.31)0 mL、0.20 mL、0.50 mL、1.00 mL 于 4 个 100 mL 塑料容量瓶中，加入内标溶液(3.33)1.00 mL，以水稀释至刻度，混匀。此系列标准溶液 1 mL 含硼、铁、锌、砷、银、碲、汞分别为 0 ng、2 ng、5 ng 和 10 ng。

5.5.1.2 分别移取标准溶液 D(3.32)0 mL、0.20 mL、0.50 mL、1.00 mL 于 4 个 100 mL 塑料容量瓶中，加入内标溶液(3.33)1.00 mL，以水稀释至刻度，混匀。此系列标准溶液 1 mL 含铝、锡、锑分别为 0 ng、2 ng、5 ng 和 10 ng。

5.5.2 镁、钛、镍、铜、镓、镉、铟、铅和铋工作曲线的绘制

分别移取标准溶液 C(3.31)、标准溶液 D(3.32)0 mL、1.00 mL、5.00 mL、10.00 mL、15.00 mL 于

5 个 100 mL 塑料容量瓶中,加入内标溶液(3.33)1.00 mL,以水稀释至刻度,混匀。此系列标准溶液
1 mL 含镁、钛、镍、铜、镓、镉、铟、铅、铋分别为 0 ng、10 ng、50 ng、100 ng 和 150 ng。

5.6 测定

5.6.1 测定同位素

各元素的测定同位素质量数见表 2。

表 2

元　　素	同位素质量数	元　　素	同位素质量数
B	11	Mg	24
Al	27	Ti	47、48
Fe	56	Ni	60
Zn	66	Cu	63
As	75	Ga	69
Ag	107	Cd	111
Sn	118、119	In	115
Sb	121	Pb	208
Te	128	Bi	209
Hg	202	Rh	103
注:Fe 和 ^{118}Sn 采用去干扰技术测定。			

5.6.2 将空白溶液(5.3)、分析试液(5.4)与标准系列溶液(5.5)同时进行氩等离子体质谱测定。

6 分析结果的计算

按式(1)计算各待测元素的质量分数 w_x,数值以%表示:

$$w_x = \frac{(\rho_2 - \rho_1) \cdot V \times 10^{-9}}{m} \times 100 \qquad\cdots\cdots(1)$$

式中:

x ——被测元素硼、铝、铁、锌、砷、银、锡、锑、碲、汞、镁、钛、镍、铜、镓、镉、铟、铅、铋;

ρ_1 ——自工作曲线上查得空白试料溶液的各杂质元素的质量浓度,单位为纳克每毫升(ng/mL);

ρ_2 ——自工作曲线上查得试料中各杂质元素的质量浓度,单位为纳克每毫升(ng/mL);

V ——试料溶液的体积,单位为毫升(mL);

m ——试料的质量;单位为克(g)。

7 精密度

7.1 重复性

在重复性条件下获得的两个独立测试结果的测定值,在以下给出的范围内,这两个测试结果的绝对
值不超过重复性限(r),超过重复性限(r)的情况不超过 5%。重复性限(r)按表 3 数据采用线性内插法
求得:

表 3

元　素	质量分数/%	重复性限(r)/%	元素	质量分数/%	重复性限(r)/%
银	0.000 1	0.000 06	镁	0.000 01	0.000 003
	0.000 5	0.000 07		0.000 05	0.000 006
	0.001 0	0.000 13		0.000 10	0.000 015
铝	0.000 1	0.000 05	钛	0.000 01	0.000 005
	0.000 5	0.000 06		0.000 05	0.000 008
	0.001 0	0.000 12		0.000 10	0.000 015
砷	0.000 1	0.000 04	镍	0.000 01	0.000 004
	0.000 5	0.000 06		0.000 05	0.000 006
	0.001 0	0.000 1		0.000 10	0.000 015
硼	0.000 1	0.000 05	铜	0.000 01	0.000 005
	0.000 5	0.000 08		0.000 05	0.000 008
	0.001 0	0.000 17		0.000 10	0.000 015
汞	0.000 1	0.000 04	镓	0.000 01	0.000 003
	0.000 5	0.000 06		0.000 05	0.000 004
	0.001 0	0.000 14		0.000 10	0.000 014
铁	0.000 1	0.000 04	镉	0.000 01	0.000 005
	0.000 5	0.000 06		0.000 05	0.000 008
	0.001 0	0.000 15		0.000 10	0.000 02
锑	0.000 1	0.000 04	铟	0.000 01	0.000 003
	0.000 5	0.000 04		0.000 05	0.000 004
	0.001 0	0.000 11		0.000 10	0.000 013
锡	0.000 1	0.000 05	铅	0.000 01	0.000 003
	0.000 5	0.000 05		0.000 05	0.000 004
	0.001 0	0.000 12		0.000 10	0.000 013
碲	0.000 1	0.000 03	铋	0.000 01	0.000 003
	0.000 5	0.000 06		0.000 05	0.000 004
	0.001 0	0.000 13		0.000 10	0.000 011
锌	0.000 1	0.000 04	—	—	—
	0.000 5	0.000 06	—	—	—
	0.001 0	0.000 15	—	—	—

7.2　再现性限

　　在再现性条件下获得的两次独立测试结果的测定值,在以下给出的平均值范围内,这两个测试结果的绝对差值不超过再现性限(R),超过再现性限(R)的情况不超过5%,再现性限(R)按表4数据采用线性内插法求得:

表 4

元素	质量分数/%	再现性限(R)/%	元素	质量分数/%	再现性限(R)/%
银	0.000 1	0.000 06	镁	0.000 01	0.000 005
	0.000 5	0.000 1		0.000 05	0.000 01
	0.001 0	0.000 13		0.000 10	0.000 02
铝	0.000 1	0.000 08	钛	0.000 01	0.000 005
	0.000 5	0.000 1		0.000 05	0.000 01
	0.001 0	0.000 2		0.000 10	0.000 015
砷	0.000 1	0.000 06	镍	0.000 01	0.000 01
	0.000 5	0.000 1		0.000 05	0.000 01
	0.001 0	0.000 2		0.000 10	0.000 02
硼	0.000 1	0.000 08	铜	0.000 01	0.000 005
	0.000 5	0.000 1		0.000 05	0.000 01
	0.001 0	0.000 2		0.000 10	0.000 02
汞	0.000 1	0.000 05	镓	0.000 01	0.000 004
	0.000 5	0.000 1		0.000 05	0.000 005
	0.001 0	0.000 15		0.000 10	0.000 015
铁	0.000 1	0.000 08	镉	0.000 01	0.000 005
	0.000 5	0.000 2		0.000 05	0.000 01
	0.001 0	0.000 25		0.000 10	0.000 02
锑	0.000 1	0.000 05	铟	0.000 01	0.000 004
	0.000 5	0.000 1		0.000 05	0.000 005
	0.001 0	0.000 12		0.000 10	0.000 014
锡	0.000 1	0.000 06	铅	0.000 01	0.000 003
	0.000 5	0.000 1		0.000 05	0.000 006
	0.001 0	0.000 15		0.000 10	0.000 013
碲	0.000 1	0.000 05	铋	0.000 01	0.000 004
	0.000 5	0.000 1		0.000 05	0.000 008
	0.001 0	0.000 18		0.000 10	0.000 012
锌	0.000 1	0.000 05	—	0.000 01	—
	0.000 5	0.000 1		—	—
	0.001 0	0.000 2		—	—

8 质量保证和控制

应用国家级标准样品或行业级标准样品(当前两者没有时,也可用控制标样替代),每周或每两周校核一次本分析方法标准的有效性,当过程失控时,应找出原因,纠正错误后,重新进行校核。

ICS 31.030
L 90

中华人民共和国国家标准

GB/T 29056—2012

硅外延用三氯氢硅化学分析方法
硼、铝、磷、钒、铬、锰、铁、钴、镍、
铜、钼、砷和锑量的测定
电感耦合等离子体质谱法

Trichlorosilane for silicon epitaxy—Determination of boron, aluminium,
phosphorus, vanadium, chrome, manganese, iron, cobalt, nickel,
copper, arsenic, molybdenum and antimony content—Inductively
coupled plasma mass spectrometric method

2012-12-31 发布

2013-10-01 实施

中华人民共和国国家质量监督检验检疫总局
中国国家标准化管理委员会　发布

前　言

本标准按照 GB/T 1.1—2009 给出的规则起草。

本标准由全国半导体设备和材料标准化技术委员会(SAC/TC 203)提出并归口。

本标准起草单位:南京中锗科技股份有限公司、南京大学现代分析中心、南京大学国家 863 计划新材料 MO 源研究开发中心。

本标准主要起草人:郑华荣、刘新军、龚磊荣、张莉萍、黄和明、陈逸君、虞磊。

硅外延用三氯氢硅化学分析方法
硼、铝、磷、钒、铬、锰、铁、钴、镍、
铜、钼、砷和锑量的测定
电感耦合等离子体质谱法

警告——使用本标准的人员应有正规实验室工作的实践经验。本标准并未指出所有可能的安全问题。使用者有责任采取适当的安全和健康措施，并保证符合国家有关法规规定的条件。

1 范围

本标准规定了用电感耦合等离子体质谱仪(ICP-MS)测定硅外延用三氯氢硅($SiHCl_3$)中硼、铝、磷、钒、铬、锰、铁、钴、镍、铜、钼、砷、锑等痕量元素含量的方法。

本标准适用于硅外延用三氯氢硅($SiHCl_3$)中硼、铝、磷、钒、铬、锰、铁、钴、镍、铜、钼、砷、锑等含量的测定。各元素测定范围见表1。

表 1

元　　素	测定范围(质量分数 w)/%
B	0.000 000 001～0.000 002
Al	0.000 000 001～0.000 002
P	0.000 000 001～0.000 000 2
V	0.000 000 000 5～0.000 002
Cr	0.000 000 001～0.000 002
Mn	0.000 000 001～0.000 002
Fe	0.000 000 001～0.000 002
Co	0.000 000 000 5～0.000 000 2
Ni	0.000 000 001～0.000 002
Cu	0.000 000 001～0.000 002
Mo	0.000 000 000 5～0.000 000 2
As	0.000 000 001～0.000 002
Sb	0.000 000 001～0.000 002

2 方法提要

乙腈能与一些金属氯化物生成稳定络合物。于三氯氢硅中加入乙腈，在常温下，用氮气载带挥发分离基体，残留的 SiO_2 用氢氟酸溶解转化为 SiF_4 挥发除去。再用1%HNO_3溶解残渣，溶液用 ICP-MS 测定。

3 试剂

3.1 乙腈:分析纯,经石英蒸馏器于 81.0 ℃蒸馏两次提纯,每升乙腈弃去最初馏分(50～60)mL 和末馏分(60～70)mL,取中间馏分保存于石英容器中。

3.2 氢氟酸:超纯试剂(Ultra pure,$\rho=1.13$ g/mL)。

3.3 甘露醇:准确称取 5 g 优级纯甘露醇溶于 500 g 超纯水中配制成 1‰ 水溶液保存在聚乙烯瓶中。

3.4 超纯水:电阻率为 18.2 MΩ·cm。

3.5 硝酸:超纯试剂(Ultra pure,$\rho=1.40$ g/mL)。

3.6 混合标准贮存溶液:含 B、Al、P、V、Cr、Mn、Fe、Co、Ni、Cu、Mo、As、Sb 等元素,浓度为 10 μg/mL。

3.7 钇标准贮存溶液:10 μg/mL。

3.8 钇标准溶液:10 ng/mL。移取 100 μL 钇标准贮存溶液(3.7)于 100 mL 容量瓶中,加入 2 mL HNO₃,用超纯水稀释至刻度。

3.9 氮气:纯度≥99.999%。

4 仪器及设备

电感耦合等离子体质谱仪。

5 分析步骤

5.1 安全措施

三氯氢硅遇明火强烈燃烧,受高热分解产生有毒的氯化物气体,与氧化剂发生反应,有燃烧危险,极易挥发,在空气中发烟,遇水和水蒸气能产生热和有毒的腐蚀性烟雾。在三氯氢硅取样及样品处理过程中,要禁止明火,禁止高热,禁止与空气及水等物质的接触。

5.2 试料

量取 30 mL 试样。

5.3 测定数量

独立地进行三份试样的测定,取其平均值。

5.4 空白试验

随同试样做空白试验。

5.5 测定

于洁净干燥的铂金坩埚中加入 1 mL 乙腈(3.1),量取 30 mL 试样,并注入铂金坩埚中,将坩埚放入石墨蒸发器中,通入氮气(3.9)(流量 0.8 L/min)形成流动的氮气环境,使三氯氢硅常温下缓慢地挥发除尽,取下熏蒸器盖,在坩埚内加入 0.1 mL 1‰ 的甘露醇溶液和 1 mL 氢氟酸(3.2),调温至 110 ℃～120 ℃,直至 SiO₂ 完全溶解并蒸干,冷却取出坩埚,在每个坩埚内加入 1 mL HNO₃(1:99)充分摇动,使残渣完全溶解,溶液待测。

按仪器工作条件,与标准溶液同时测定试液中各杂质元素的质量浓度,其中内标钇(Y)标准溶液(3.8)通过三通管在线加入。

5.6 工作曲线的绘制

分别移取 0 μL、20 μL、50 μL、100 μL 混合标准溶液(3.6)置于 4 个洁净的 100 mL 的聚乙烯容量瓶中,加入 2 mL 的硝酸(3.5),用去离子水稀释至刻度,此标准系列中含 B、Al、P、V、Cr、Mn、Fe、Co、Ni、Cu、As、Mo、Sb 浓度各为 0 ng/mL、2.0 ng/mL、5.0 ng/mL、10.0 ng/mL。按要求设置仪器条件(5.8),待仪器稳定后测定工作曲线。

5.7 ICP-MS 测定条件

5.7.1 具体测量参数见附录 A。

5.7.2 测定各元素含量时选取的同位素见表 2。

表 2

测定同位素	内标同位素
^{11}B、^{27}Al、^{47}Ti(PO)、^{51}V、^{52}Cr、^{55}Mn、^{56}Fe、^{59}Co、^{60}Ni、^{65}Cu、^{75}As、^{95}Mo、^{121}Sb	^{89}Y

5.8 注意事项

5.8.1 制样室及仪器室均为洁净室,其洁净度(每立方米 0.5 μm 的颗粒个数)至少需达千级标准。且温度需保持恒定(25 ℃左右)。

5.8.2 铂金坩埚在每次使用前进行净化处理。具体方法:用 10% MOS 级盐酸溶液煮沸 10 min 后用去离子水洗净,重复两次,烘干后备用。

6 结果计算

6.1 按拟定条件进行 ICP-MS 测定,计算机自动测量,以待测元素的 ICPS 对其浓度 c 绘制工作曲线,同时计算出空白及试料溶液中待测元素的含量。

6.2 按式(1)计算待测元素的质量分数:

$$W_{(x\%)} = \frac{(m_2 - m_1) \cdot V_1 \times 10^{-9}}{\rho \cdot V_2} \times 100\% \quad\cdots\cdots\cdots\cdots\cdots\cdots\cdots(1)$$

式中:

$W_{(x\%)}$ ——分别为硼、铝、磷、钒、铬、锰、铁、钴、镍、铜、钼、砷、锑的质量分数,以质量百分数表示(%);

m_1 ——工作曲线上查得空白试验的杂质元素的浓度,单位为纳克每毫升(ng/mL);

m_2 ——工作曲线上查得试料中杂质元素的浓度,单位为纳克每毫升(ng/mL);

V_1 ——测定溶液的体积,单位为毫升(mL);

V_2 ——量取试样的体积,单位为毫升(mL);

ρ ——三氯氢硅的密度,单位为克每毫升(g/mL)。

所有样品需进行三次平行试验,最终结果取平行样品测量结果的算术平均值。

7 精密度

7.1 重复性

在重复性条件下获得两次独立的测量结果,以下给出平均值范围内,这两个测量结果的绝对差值不超过重复性限(r),超过重复性限(r)的情况不超过5%,重复性限(r)按表3数据采用线性内插法求得。

表 3

$W_B/\%$	0.000 000 001	0.000 000 01	0.000 000 1	0.000 001
$r/\%$	0.000 000 001	0.000 000 005	0.000 000 02	0.000 000 16
$W_{Al}/\%$	0.000 000 001	0.000 000 01	0.000 000 1	0.000 001
$r/\%$	0.000 000 000 8	0.000 000 004	0.000 000 03	0.000 000 18
$W_P/\%$	0.000 000 001	0.000 000 01	0.000 000 1	0.000 001
$r/\%$	0.000 000 001	0.000 000 005	0.000 000 03	0.000 000 20
$W_V/\%$	0.000 000 000 5	0.000 000 01	0.000 000 1	0.000 001
$r/\%$	0.000 000 000 4	0.000 000 004	0.000 000 02	0.000 000 16
$W_{Cr}/\%$	0.000 000 001	0.000 000 01	0.000 000 1	0.000 001
$r/\%$	0.000 000 000 9	0.000 000 006	0.000 000 02	0.000 000 12
$W_{Mn}/\%$	0.000 000 001	0.000 000 01	0.000 000 1	0.000 001
$r/\%$	0.000 000 000 7	0.000 000 006	0.000 000 03	0.000 000 16
$W_{Fe}/\%$	0.000 000 001	0.000 000 01	0.000 000 1	0.000 001
$r/\%$	0.000 000 000 9	0.000 000 005	0.000 000 03	0.000 000 23
$W_{Co}/\%$	0.000 000 000 5	0.000 000 01	0.000 000 1	0.000 001
$r/\%$	0.000 000 000 4	0.000 000 006	0.000 000 03	0.000 000 13
$W_{Ni}/\%$	0.000 000 001	0.000 000 01	0.000 000 1	0.000 001
$r/\%$	0.000 000 000 8	0.000 000 006	0.000 000 03	0.000 000 14
$W_{Cu}/\%$	0.000 000 001	0.000 000 01	0.000 000 1	0.000 001
$r/\%$	0.000 000 000 8	0.000 000 006	0.000 000 02	0.000 000 22
$W_{As}/\%$	0.000 000 001	0.000 000 01	0.000 000 1	0.000 001
$r/\%$	0.000 000 000 9	0.000 000 008	0.000 000 03	0.000 000 20
$W_{Mo}/\%$	0.000 000 000 5	0.000 000 01	0.000 000 1	0.000 001
$r/\%$	0.000 000 000 4	0.000 000 005	0.000 000 02	0.000 000 11
$W_{Sb}/\%$	0.000 000 001	0.000 000 01	0.000 000 1	0.000 001
$r/\%$	0.000 000 000 7	0.000 000 004	0.000 000 02	0.000 000 13

注:重复性(r)为$2.8S_r$,S_r为重复性标准差。表中每一种同位素拥有上下两行数据,上行为同位素不同浓度下服从正态分布的随机变量均值,下行为相对应的重复性限。

7.2 再现性

在再现性条件下获得两次独立的测量结果,以下给出平均值范围内,这两个测量结果的绝对差值不超过再现性限(R),超过再现性限(R)的情况不超过5%,再现性限(R)按表4数据采用线性内插法求得。

表 4

$W_B/\%$	0.000 000 001	0.000 000 01	0.000 000 1	0.000 001
$R/\%$	0.000 000 001 4	0.000 000 006	0.000 000 02	0.000 000 18
$W_{Al}/\%$	0.000 000 001	0.000 000 01	0.000 000 1	0.000 001
$R/\%$	0.000 000 001	0.000 000 005	0.000 000 03	0.000 000 20
$W_P/\%$	0.000 000 001	0.000 000 01	0.000 000 1	0.000 001
$R/\%$	0.000 000 001 5	0.000 000 007	0.000 000 03	0.000 000 20
$W_V/\%$	0.000 000 000 5	0.000 000 01	0.000 000 1	0.000 001
$R/\%$	0.000 000 000 5	0.000 000 006	0.000 000 02	0.000 000 20
$W_{Cr}/\%$	0.000 000 001	0.000 000 01	0.000 000 1	0.000 001
$R/\%$	0.000 000 001	0.000 000 007	0.000 000 03	0.000 000 16
$W_{Mn}/\%$	0.000 000 001	0.000 000 01	0.000 000 1	0.000 001
$R/\%$	0.000 000 000 8	0.000 000 008	0.000 000 03	0.000 000 18
$W_{Fe}/\%$	0.000 000 001	0.000 000 01	0.000 000 1	0.000 001
$R/\%$	0.000 000 001	0.000 000 006	0.000 000 03	0.000 000 23
$W_{Co}/\%$	0.000 000 000 5	0.000 000 01	0.000 000 1	0.000 001
$R/\%$	0.000 000 000 5	0.000 000 006	0.000 000 04	0.000 000 15
$W_{Ni}/\%$	0.000 000 001	0.000 000 01	0.000 000 1	0.000 001
$R/\%$	0.000 000 000 9	0.000 000 006	0.000 000 03	0.000 000 17
$W_{Cu}/\%$	0.000 000 001	0.000 000 01	0.000 000 1	0.000 001
$R/\%$	0.000 000 000 9	0.000 000 006	0.000 000 03	0.000 000 22
$W_{As}/\%$	0.000 000 001	0.000 000 01	0.000 000 1	0.000 001
$R/\%$	0.000 000 001	0.000 000 008	0.000 000 04	0.000 000 20
$W_{Mo}/\%$	0.000 000 000 5	0.000 000 01	0.000 000 1	0.000 001
$R\%$	0.000 000 000 5	0.000 000 005	0.000 000 03	0.000 000 18
$W_{Sb}/\%$	0.000 000 001	0.000 000 01	0.000 000 1	0.000 001
$R/\%$	0.000 000 000 9	0.000 000 006	0.000 000 03	0.000 000 19

注：再现性(R)为$2.8S_R$，S_R为再现性标准差。表中每一种同位素拥有上下两行数据，上行为同位素不同浓度下服从正态分布的随机变量均值，下行为相对应的再现性限。

8 质量保证与控制

检验时，应用控制样品对过程进行校核。当过程失效时应找出原因，纠正错误后，重新进行校核。

9 试验报告

报告至少应包含以下内容：

a) 样品名称；

b) 送样单位；

c) 检测日期和报告日期；

d) 检测单位和检测人员名称；

e) 检测结果；

f) 仪器品牌及型号。

附　录　A

（资料性附录）

电感耦合等离子体质谱仪测定条件

A.1　电感耦合等离子体质谱仪参数

RF 功率　1 200 W 和 500 W；　　　雾化器气流量　0.90 L/min；

冷却气流量 13.0 L/min；　　　　　辅助气流量　0.70 L/min；

分析真空度　6.0×10^{-7} mbar；　　脉冲电压　1 900 V；

模拟电压　3 000 V。

A.2　使用的接口规格

镍截取锥孔径　0.7 mm；

镍采样锥孔径　1.1 mm；

A.3　测量方式

元素扫描方式，跳峰测量。

ICS 29.045
H 80

中华人民共和国国家标准

GB/T 29057—2012

用区熔拉晶法和光谱分析法评价
多晶硅棒的规程

Practice for evaluation of polocrystalline silicon rods by float-zone
crystal growth and spectroscopy

(SEMI MF1723-1104，MOD)

2012-12-31 发布

2013-10-01 实施

中华人民共和国国家质量监督检验检疫总局
中国国家标准化管理委员会　发布

前　言

本标准按照 GB/T 1.1—2009 给出的规则起草。

本标准修改采用国际标准 SEMI MF1723-1104《用区熔拉晶法和光谱分析法评价多晶硅棒的规程》。为方便比较,资料性附录 A 中列出了本标准章条和对应的国际标准章条的对照一览表。

本标准在采用 SEMI MF1723-1104 时进行了修改。这些技术差异用垂直单线标识在它们所涉及的条款的页边空白处。主要技术差异如下:

——在"规范性引用文件"中,凡我国已有国家标准的,均用相应的国家标准代替 SEMI MF1723-1104 中的"引用文件"。

——增加规范性引用文件 GB/T 1553《硅和锗体内少数载流子寿命测定　光电导衰减法》。

——将 6.2 中"…ISO 14644-1 中规定的 ISO 5 级…"改为"…GB 50073 中规定的 5 级…"。

——将 7.2.1 中"…ISO 14644-1 中规定的 ISO 6 级…"改为"…GB 50073 中规定的 6 级…"。

——将 7.3.1 中"…ISO 14644-1 中规定的 ISO 6 级…"改为"…GB 50073 中规定的 6 级…"。

——将 7.3.1 中"…1×10^{-6} torr…"改为"…1.3×10^{-4} Pa…"。

——将 8.1 中"硝酸(HNO_3)——符合 SEMI C35 2 级"改为"硝酸(HNO_3)——符合 GB/T 626 优级纯"。

——将 8.2 中"氢氟酸(HF)——符合 SEMI C28 2 级"改为"氢氟酸(HF)——符合 GB/T 620 优级纯"。

——将 8.4 中"去离子水——纯度等于或优于 ASTM D5127 中的 E-2 级"改为"去离子水——纯度等于或优于 GB/T 11446.1 中的 EW-2 级"。

——将 8.5 中"高纯氩气——符合 SEMI C3.42"改为"高纯氩气——符合 GB/T 4842 优等品"。

——增加 12.5.2.4"按照 GB/T 1553 检测晶棒体内少数载流子寿命。"

——将 12.6.1 中"…根据 SEMI MF1391 分析碳含量…"改为"…根据 GB/T 1558 分析碳含量…"。

——将 12.6.3.3 中"…按测试方法 SEMI MF1391…"改为"…按测试方法 GB/T 1558…"。

——将 13.3.5.1 中"…见 SEMI MF723…"改为"…见 GB/T 13389…"。

——将 14.1 中"…在 SEMI MF1391 中…"改为"…在 GB/T 1558 中…"。

本标准由全国半导体设备和材料标准化技术委员会(SAC/TC 203)提出并归口。

本标准起草单位:四川新光硅业科技有限责任公司、乐山乐电天威硅业科技有限责任公司、天威四川硅业有限责任公司。

本标准主要起草人:梁洪、刘畅、陈自强、张新、蓝志、张华端、瞿芬芬。

用区熔拉晶法和光谱分析法评价
多晶硅棒的规程

1 目的

1.1 本标准采用区熔拉晶法和光谱分析法来测量多晶硅棒中的施主、受主杂质浓度。测得的施主、受主杂质浓度可以用来计算按一定的目标电阻率生长单晶硅棒所需要的掺杂量,也可以用来推算非掺杂硅棒的电阻率。

1.2 多晶硅中施主、受主杂质的浓度及碳浓度可以用来判定多晶硅材料是否满足要求。

1.3 多晶硅中的杂质浓度可以用来监测多晶硅生产原料的纯度、生产工艺以及产品的合格性。

1.4 本标准描述了分析多晶硅中施主、受主及碳元素所采用的取样和区熔拉晶制样工艺。

2 范围

2.1 本标准包括多晶硅棒取样、将样品区熔拉制成单晶以及通过光谱分析法对拉制好的单晶硅棒进行分析以确定多晶硅中痕量杂质的程序。这些痕量杂质包括施主杂质(通常是磷或砷,或二者兼有)、受主杂质(通常是硼或铝,或二者兼有)及碳杂质。

2.2 本标准中适用的杂质浓度测定范围:施主和受主杂质为(0.002~100)ppba(十亿分之一原子比),碳杂质为(0.02~15)ppma(百万分之一原子比)。样品中的这些杂质是通过低温红外光谱法或光致发光光谱法分析的。

2.3 本标准仅适用于评价在硅芯上沉积生长的多晶硅棒。

3 局限性

3.1 有裂缝、高应力或深度枝状生长的多晶硅棒在取样过程中容易碎裂,不宜用来制备样芯。

3.2 钻取的样芯应通过清洗去除油脂或加工带来的沾污。表面有裂缝或空隙的多晶硅样芯不易清洗,其裂缝或空隙中的杂质很难被完全腐蚀清除;同时,腐蚀残渣也可能留在样芯裂缝中造成污染。

3.3 腐蚀用的器皿、酸及去离子水中的杂质都会对分析的准确性、重复性产生影响,因此应严格控制酸和去离子水的纯度。空气、墙壁、地板和家具也可能造成污染,因此应在洁净室中进行腐蚀和区熔。其他如酸的混合比例、酸腐蚀温度、酸腐蚀剥离的速率、腐蚀冲洗次数以及暴露时间等都可能产生杂质干扰,应加以控制;所有与腐蚀后的样芯接触的材料和容器都可能沾污,应在使用前清洗;手套和其他用来包裹腐蚀后样芯的材料应检测和监控。

3.4 区熔炉的炉壁、预热器、线圈和密封圈等都是常见的污染源,应保持洁净。

3.5 区熔过程的任何波动都会影响易挥发杂质在气相、液相和固相中的分布,从而改变测试结果。样芯直径、熔区尺寸、拉速、密封圈纯度与炉膛条件的变化都可能改变有效分凝系数或蒸发速率,使晶体中的杂质含量发生变化。

3.6 每种施主或受主元素以及碳元素都有其特定的分凝系数,拉制几支30倍熔区长度的晶体,可以测出和公开发表的数值一致的有效分凝系数。只能从晶棒上与分凝系数对应的平衡位置处切取硅片,从其他部分切取的硅片不能准确代表多晶硅中的杂质含量。如果单晶不能拉制到足够长度,就不能获得轴向浓度分布曲线的平坦区;在此情况下,可从晶棒上切取硅样片,并根据重复测量监控棒得到的有效分凝系数来修正测量结果。

3.7 样芯区熔后可能不是单晶,晶棒中过多的晶体缺陷会对光致发光或红外光谱造成较大的干扰,而难以准确分析,极端情况,甚至不能得到可接受的光谱。

4 规范性引用文件

下列文件对于本文件的应用是必不可少的。凡是注日期的引用文件,仅注日期的版本适用于本文件。凡是不注日期的引用文件,其最新版本(包括所有的修改单)适用于本文件。

GB/T 620 化学试剂 氢氟酸(GB/T 620—2011,ISO 6353-3:1987,NEQ)

GB/T 626 化学试剂 硝酸(GB/T 626—2006,ISO 6353-2:1983,NEQ)

GB/T 1550 非本征半导体材料导电类型测试方法

GB/T 1551 硅单晶电阻率测定方法(GB/T 1551—2009,SEMI MF84-1105、SEMI MF397-1106,MOD)

GB/T 1553 硅和锗体内少数载流子寿命测定 光电导衰减法

GB/T 1554 硅晶体完整性化学择优腐蚀检验方法

GB/T 1555 半导体单晶晶向测定方法

GB/T 1558 硅中代位碳原子含量红外吸收测量方法(GB/T 1558—2009,SEMI MF1391-0704,MOD)

GB/T 4842 氩

GB/T 11446.1 电子级水

GB/T 13389 掺硼掺磷硅单晶电阻率与掺杂剂浓度换算规程

GB/T 14264 半导体材料术语

GB/T 24574 硅单晶中的Ⅲ-Ⅴ族杂质光致发光测试方法(GB/T 24574—2009,SEMI MF1389-0704,MOD)

GB/T 24581 低温傅立叶变换红外光谱法测量硅单晶中Ⅲ、Ⅴ族杂质含量的测试方法(GB/T 24581—2009,SEMI MF1630-0704,MOD)

GB 50073 洁净厂房设计规范

5 术语和定义

GB/T 14264 界定的以及下列术语和定义适用于本文件。

5.1
监控棒 control rod
从多晶硅棒均匀沉积层上取得的用以监测样芯制备、酸腐蚀槽和区熔工艺洁净度的多晶硅圆柱体。经重复测试确定其硼、磷和碳的含量值。

5.2
样芯 core
使用空心金刚石钻头从多晶硅棒上钻取的用于制样分析的多晶硅圆柱体。

5.3
沉积层(生长层) deposition layer(growth layer)
环绕硅芯并延伸到多晶硅棒外表层的多晶硅层。

5.4
硅芯 filament,slim rod
装配成 U 形,作为供多晶硅沉积的基体或籽晶的小直径硅棒。

6 方法概述

6.1 按照规定的方案从多晶硅棒上选取一个或多个样芯用于多晶硅的分析检测。在多晶硅棒两端平行或垂直于硅芯钻取样芯。两种取样方式的制样过程和区熔工艺相同,但其数据计算和碳含量的分析不同。

6.2 检查样芯是否损伤,给样芯编号以便腐蚀和区熔。样芯用酸液腐蚀,冲洗干净后装入区熔炉准备拉制单晶。(为了避免表面沾污,样芯腐蚀后,要尽快进行区熔。研究表明,在 GB 50073 中规定的 5 级洁净室里,样芯在 36 h 后会出现表面沾污。因此,任何一个实验室都应确定最长的保存时间及有关处理包装程序;如果超过最长的保存时间,样芯应重新腐蚀。为延长保存周期,样芯可以用适当的清洁材料包裹并密封,并在使用前一直贮存在洁净的环境中。)

6.3 把监控棒和样芯一起腐蚀和区熔,以监测制样和悬浮区熔过程造成的污染干扰。

6.4 在氩气氛下,采用一次区熔将样芯拉制成单晶。检查拉制单晶棒的晶体完整性、直径和长度。

6.5 根据施主、受主和碳杂质元素各自不同的分凝系数,确定其在单晶棒上的取样位置。

6.6 在单晶棒上的取样位置处切取样片,并按照 GB/T 1558、GB/T 24574 或 GB/T 24581 所述的光谱技术进行制样和分析。

7 设备

7.1 制备样芯的设备

7.1.1 钻床——具备水冷功能。

7.1.2 金刚石样芯钻——取平行样芯的钻头尺寸应能钻出直径约为 20 mm 且长度不小于 100 mm 的多晶硅平行样芯;取垂直样芯的钻头长度应能完全钻穿晶棒直径;制备籽晶可用直径为 3 mm 或 5 mm 的钻头。

7.2 腐蚀设备

7.2.1 腐蚀柜——具备酸雾排放功能,包括酸腐蚀槽、去离子水漂洗装置和样芯烘干装置。腐蚀柜应放在 GB 50073 中规定的 6 级洁净室中以避免外界污染。

7.2.2 石英舟或其他耐酸材料(如聚四氟乙烯)——用于在腐蚀、冲洗和干燥过程中容纳一定直径和长度的多晶硅棒。

7.3 悬浮区熔晶体生长设备

7.3.1 区熔炉——具备惰性气体氛围,具有保证规定直径和长度的晶体生长的水冷炉膛。安放在 GB 50073 中规定的 6 级或更好的洁净室内。装置可以有相对于线圈的垂直运动,但不能有明显的水平运动。垂直运动可由螺杆、缆索或液压装置来完成。此外,有一根支持样芯的轴和一根支持籽晶的轴,至少有一根轴能相对于另一根轴作垂直位移,籽晶轴应能绕其轴旋转以避免熔区中热量和溶质的不平衡。在熔区冷凝时,样品卡头和籽晶卡头应能相对于转轴自由转动,卡头由能减少对硅沾污的钼、钽、钨或石英制成。线圈设计和电源控制应能在晶体生长的整个过程中保持熔区的稳定且完全融透。设备中所用的材料应能在工作条件下承受不超过 1.3×10^{-4} Pa 的气压。预热器直径应与样芯直径相当,由钽或其他能减少对硅污染的材料制成。

7.3.2 刻度尺——用于准确测量晶棒长度和标记晶棒切割的位置,精确到毫米。

7.3.3 钢丝刷——用于清洁区熔炉内室,用不锈钢制成,其手柄长度应能达到整个炉膛。

7.3.4 真空吸尘器——适合洁净室使用,带有灵活的软管和窄吸嘴。

7.3.5 洁净室用品——手套、衣服、口罩、头罩、抹布和其他洁净室用品。

7.3.6 圆片锯——用于从晶棒上切取大约 2 mm 厚的样片。

8 试剂

8.1 硝酸(HNO_3)——符合 GB/T 626 优级纯。

8.2 氢氟酸(HF)——符合 GB/T 620 优级纯。

8.3 混合酸腐蚀剂——HNO_3：HF 通常在 4：1 到 8：1 之间。

8.4 去离子水——纯度等于或优于 GB/T 11446.1 中的 EW-2 级。

8.5 高纯氩气——符合 GB/T 4842 优等品。

9 危害

9.1 操作人员应具有制造技术、酸处理操作和单晶炉操作的相关知识,熟悉实验室操作规程。

9.2 本标准使用混合酸腐蚀剂腐蚀多晶硅表面,具有较大的危险性,氢氟酸溶液尤其危险。应在腐蚀柜里进行腐蚀。操作人员任何时候都要极其小心,应严格遵守使用这些酸的有关规定,采取特殊预防措施,熟练掌握急救方法。任何不熟悉特殊预防措施和急救方法的人不得使用这些酸。

9.3 单晶炉使用射频(RF)功率器(发生器和线圈)为熔硅提供能量,温度约为 1 400 ℃,操作人员应经过电气、压力容器、RF 电场和热部件的操作培训。

9.4 熔区中的熔融硅发出强光,操作人员可能在强光下操作数小时,所以应使用眼睛防护装置。

10 取样、制样

10.1 样芯应能反映多晶硅棒生长过程的特征,并能代表被取样的多晶硅棒。

10.2 为满足不同的取样方案,可在多晶硅棒的不同位置取一系列样芯,取样位置涵盖硅棒的两端。有两种典型的取样方法,平行于硅芯取样和垂直于硅芯取样,如图 1、图 2 所示。平行取样详见 10.2.1,垂直取样详见 10.2.2。

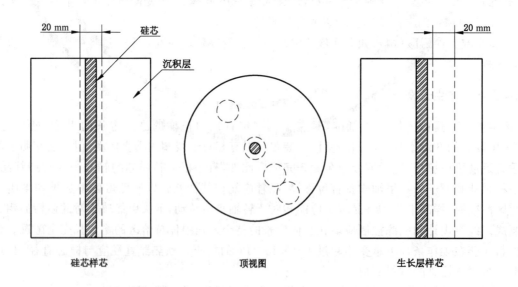

图 1 平行样芯的取样位置

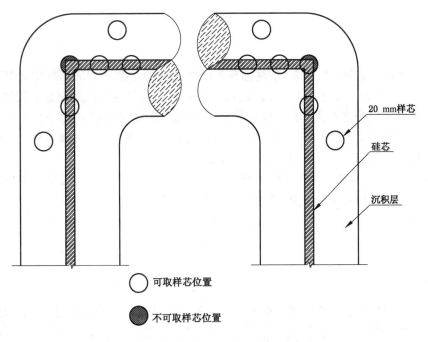

○ 可取样芯位置

● 不可取样芯位置

图 2　垂直样芯的取样位置

10.2.1　平行样芯——如图1所示,平行于硅芯方向钻取的长度不小于100 mm、直径为20 mm的样芯。计算多晶硅棒杂质总含量需要钻取两种不同的样芯,即硅芯样芯和生长层样芯。

10.2.1.1　平行硅芯样芯——包括硅芯的样芯。代表硅芯和硅芯上的初始沉积层,对样芯进行区熔、分析,并结合生长层样芯的数据计算多晶硅棒中的总体杂质含量。

10.2.1.2　平行生长层样芯——不包括硅芯,只包括生长层的样芯。代表沉积在硅芯上的多晶硅质量。对这些样芯进行区熔、分析,结合硅芯样芯数据计算多晶硅棒中的总体杂质含量。

10.2.1.3　平行样芯取样位置

10.2.1.3.1　径向位置——沿多晶硅棒直径方向取样,用以检测沉积层的径向均匀性。由于多晶硅棒外表面可能不平或有裂缝,不能在距硅棒表面5 mm范围内取样。

10.2.1.3.2　轴向位置——对于U型多晶硅棒,通常在横梁部分或在长棒上距任一端50 mm范围内取样。也可以在任意位置取样,以检查沉积层的轴向均匀性。

10.2.2　垂直样芯——如图2所示,沿着多晶硅棒直径方向钻取的20 mm直径的样芯。其长度和多晶硅棒直径相同,所取的样芯要包括硅芯和沉积层的所有部分。为了准确计算各个生长层中的杂质,垂直样芯至少有一端包括表层。如果硅棒直径小于60 mm,将不能拉制出准确分析所需的足够熔区长度的单晶棒;在这种情况下,应取平行硅芯样芯来分析。

10.2.2.1　垂直于生长层的样芯——如图2所示,没有与硅芯相交的样芯。可以进行区熔和分析,以确定沉积层中的杂质含量。为了确定整个多晶硅棒中的总体杂质含量,应单独分析硅芯,然后结合生长层的结果进行分析。用平行样芯的公式来计算(见13.2)。

10.2.2.2　垂直取样位置——对于整个U型多晶硅,一般在横梁部位取样或在长棒两端50 mm内取样。除了因为应力不能在U型硅棒的弯曲部分取样外,可以在任意位置取样以检测轴向沉积的均匀性。

10.3　硅芯分析——如果不能制取平行或垂直的硅芯样芯,可单独分析硅芯,然后与生长层的分析结果相结合评价。如果硅芯是单晶或接近单晶,可以使用GB/T 1558、GB/T 24574或GB/T 24581所述的光谱技术进行切片、制样和分析。

11 参照样

11.1 使用多晶硅监控棒监测样芯制备、酸腐蚀槽和区熔工艺的洁净度。从具有均匀沉积层的多晶硅棒上钻取多个直径为 20 mm、长度为 100 mm 的沉积层样芯。选用杂质含量较低的监控棒(如施主/受主含量约 0.01 ppba(十亿分之一原子比),碳含量约 0.05 ppma(百万分之一原子比),预先测量来自干扰源的痕量杂质。反复测试,分别得出施主、受主杂质及碳杂质的浓度值。定期对监控棒加以腐蚀、区熔和分析,以监测样品制备、腐蚀和区熔工艺的洁净度。

11.2 把监控棒的施主、受主和碳含量值绘制成控制图表。建立统计规律以确定当前的测定值是否在控制范围内。如果这些值超过统计范围,则应校正并重新分析。

12 步骤

12.1 籽晶制备

12.1.1 采用钻芯或切割工艺制备圆形或矩形籽晶。制备籽晶的材料为无位错、施主和受主含量小于 0.05 ppba(十亿分之一原子比)、碳含量小于 0.1 ppma(百万分之一原子比)的高纯度区熔单晶。

12.1.2 选用直径 3 mm 到 5 mm 的高纯度单晶籽晶作为区熔晶体生长的晶源。籽晶晶向为<111>,晶偏小于 0.5°。

12.1.3 采用与制备样芯相同的设备和步骤来清洗、酸腐蚀、漂洗和干燥籽晶。为避免污染,籽晶腐蚀后应在 36 h 以内使用,或以能避免沾污的方式贮存。

12.2 样芯腐蚀

12.2.1 所有操作均应在腐蚀洁净室或区熔洁净室中进行。操作人员应穿戴洁净室专用洁净服,包括手套、帽子和面罩。

12.2.2 配制新的混合酸腐蚀剂并充满酸腐蚀槽。在适当的温度和水流条件下,把样芯放入清洁的腐蚀槽内进行腐蚀、漂洗、干燥。用 HNO_3/HF 混合酸腐蚀剂,至少腐蚀两次,使样芯表面除去不少于 100 μm 的厚度,以消除取芯引起的污染。也可使用其他混合酸腐蚀剂,但应进行评价和控制,以确保其有效并避免杂质沾污。

12.2.3 腐蚀清洗后,样芯应尽快区熔,以减少被沾污的可能。如果样芯超过了保存期,应重新腐蚀。为了延长保存期,样芯应用适当的干净材料密封,并贮存在洁净室。

12.3 设备准备

12.3.1 清洁取样钻,避免样芯沾污。

12.3.2 清洗腐蚀柜,检查冲洗用的去离子水的纯度、温度、有机碳总量和电阻率。

12.3.3 清洁区熔炉炉膛,用不锈钢丝刷子刷炉壁使硅沉积物变松,并用真空吸尘器除去松弛的颗粒,用浸泡过高纯溶剂的专用抹布擦抹炉壁、预热器和线圈。检查冷却水水流、水温,检查线圈和预热器连接,检查轴、线圈引线、炉门密封等。

12.3.4 定期清洗线圈及连接部件,定期更换密封圈。清洗后,应用氩气吹洗干燥和抽真空,并将炉膛和预热器烘干处理至少 15 min。

12.4 晶棒生长

12.4.1 把样芯和籽晶装入区熔炉炉膛,悬挂于炉膛中心位置,并对准垂直旋转轴。

12.4.2 通过一系列抽真空和氩气吹洗循环处理除去炉膛内的空气。在炉膛中充满氩气并在整个晶体生长过程中继续通氩气,保持炉室内氩气为正压。

12.4.3 把样芯朝向籽晶的一端放入线圈,将预热器靠近该端,调节预热器功率,使样芯和预热器产生初始耦合;同时加热至样芯开始发光,约为600 ℃~700 ℃。移开预热器,使样芯靠近线圈开口处,通过控制线圈的功率,建立熔区。

12.4.4 在籽晶端建立小熔区后,垂直移动籽晶直到与熔区接触为止。回退籽晶形成一个圆锥形熔融区,确认籽晶已经熔入,然后开始缩颈形成无位错的晶体。

12.4.5 调整熔区顶部和底部的移动和旋转速率来完成缩颈,检查三条棱线以确保晶体是单晶。调节移动速度和功率以形成晶棒的最终直径。调节移动速度和旋转速度,生长无位错单晶。

12.4.6 当获得所需长度的单晶时,从熔体内拉出晶棒,要确保晶棒和熔体是在未凝固时分离。分离后,停止轴的移动和旋转,关掉电源,冷却。

12.5 晶棒评价

12.5.1 目测检查:目测检查晶棒的直径均匀性、生长面线和颜色的连续一致性,以确定晶棒是否为无位错单晶棒、是否存在因漏气而产生的氧化物沉积。

12.5.2 结构和电学检查

12.5.2.1 按照GB/T 1555抽样检查晶向,以验证目测检查的结果。

12.5.2.2 按照GB/T 1554抽样检查晶体的完整性,以验证目测检查的结果。

12.5.2.3 按照GB/T 1551测出沿晶棒长度方向的电阻率分布曲线,并用来分析施主和受主杂质的分布均匀性。电阻率沿晶棒长度方向的变化应与在各个点测得的净施主/受主含量相一致。分布曲线上的突然变化表明在该点存在沾污或样品沉积层不均匀。

12.5.2.4 按照GB/T 1553检测晶棒体内少数载流子寿命。

12.6 晶棒取样分析

12.6.1 单晶棒经晶体完整性、外观、均匀性检查并判定为合格后,选择施主、受主样片和碳样片的取样点。在选定的位置切取硅片,然后依据GB/T 24574或GB/T 24581分析施主和受主浓度,依据GB/T 1558分析碳含量。从单晶棒上切取大约2 mm厚的样片并按照所采用的分析方法制备样片。根据样芯类型,按照12.6.2和12.6.3中的步骤来确定晶棒的取样方案。

12.6.2 平行样芯(见10.2.1)——单晶棒直径约10 mm,长度约200 mm。根据各杂质的特定分凝系数选择取样点,这些点应可以代表90%以上的杂质浓度。

12.6.2.1 分凝效应——在晶体生长过程中,晶体从熔体中结晶,由于分凝,固相中的杂质浓度和液相中的杂质浓度不同。不同杂质具有不同的分凝系数K_0,定义见式(1):

$$K_0 = \frac{C_s}{C_1} \quad\quad\quad\quad\quad\quad (1)$$

式中:

K_0——平衡分凝系数;

C_s——固相中的杂质浓度,单位为原子每立方厘米(atoms/cm³);

C_1——液相中的杂质浓度,单位为原子每立方厘米(atoms/cm³)。

12.6.2.2 对较高的凝固速度,杂质原子受到前进熔体的排斥,其速度超过杂质原子扩散进入熔体的速度,杂质原子聚集在靠近界面的熔体层,形成杂质浓度梯度。不能用平衡分凝系数来进行计算,因为它只适用于以很低的生长速度进行凝固的情况。该浓度梯度取决于生长速度、熔体流和掺杂剂的扩散行为。有效分凝系数K_{eff}定义见式(2):

$$K_{eff} = \frac{K_0}{K_0 + (1-K_0)\exp(-V\delta/D)} \quad\quad\quad\quad (2)$$

式中：

K_{eff}——有效分凝系数；

K_0——平衡分凝系数；

V ——生长速度，单位为厘米每秒（cm/s）；

δ ——扩散层厚度，单位为厘米（cm）；

D ——熔体中杂质扩散系数，单位为平方厘米每秒（cm²/s）。

12.6.2.3 通过测量掺杂曲线来确定杂质沿晶棒长度方向的浓度分布。如图3所示，熔区长度取决于样品直径、线圈设计和拉晶速度。熔区长度确定后，只有在方法或装置发生变化时才需重测。测量每一种杂质的掺杂曲线，从而确定在晶棒上的切割位置，以便提供准确的杂质含量。选择的取样点应能够代表90%以上的杂质浓度。在图3中，测得的熔区长度为15 mm。对于一种杂质，如果掺杂曲线表明曲线的平坦部分位于12倍熔区长度处（12×15mm＝180 mm），则从距晶棒最初凝固端12倍熔区长度处取样。

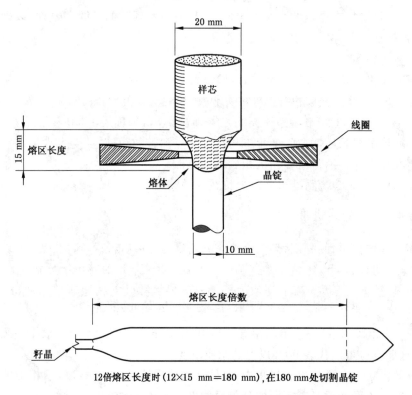

12倍熔区长度时（12×15 mm＝180 mm），在180 mm处切割晶锭

图3 熔区长度测量和晶棒取样位置

12.6.2.4 晶棒掺杂分布曲线——杂质的有效分凝系数会因区熔炉类型、线圈设计、拉晶速度、晶棒与样芯直径不同而变化。可通过测量实际的分凝曲线来确定各区熔炉的参数和工艺。例如，为了确定碳的分布曲线，可沿长度方向将晶棒切成硅片，测量每个硅片的碳含量，然后绘制浓度与熔区长度的分布曲线。为准确得到碳含量，所生长的晶棒长度要达到轴向浓度分布曲线出现平坦部分所需的熔区倍数的长度。图4是碳的轴向掺杂分布曲线，从图中可以看出，以熔区长度为15 mm的区熔方式把直径为20 mm的样芯拉制成10 mm直径的晶棒，有效分凝系数为0.175。在此例中，生长的晶棒达到12倍熔区长度，这就确保了最大量的碳熔入晶体。在12倍熔区长度处切片分析测试碳含量，可得到具有重复性的碳含量值，能准确反映多晶硅中的碳含量。

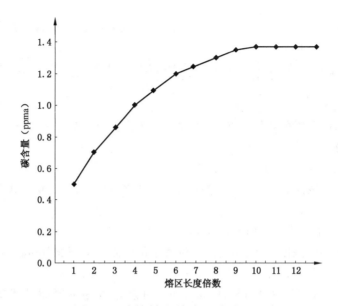

图 4　碳的轴向掺杂分布曲线

12.6.2.5 切片位置——在一定的区熔条件下，一旦建立了每个元素的浓度梯度，其取样规则就建立了。硼具有较高的分凝系数，其曲线相对平坦。在 6 倍熔区长度处切片，所测得数值与 12 倍熔区长度处切片的值几乎相同。如果一个值明显高于另一个值，则说明可能发生了沾污，应重新取样分析。磷的分凝系数较小，6 倍熔区长度处与 12 倍熔区长度处测得的值不同。中点的值应比端点约低 10%～15%；否则，表明有沾污，应重新取样分析。碳具有非常低的分凝系数，在 6 倍熔区长度和 12 倍熔区长度处数值变化很大；否则，表明有沾污，应重新取样分析。碳含量值在晶棒最长处切片测报。

12.6.3 垂直取样——对垂直样芯（见 10.2.2）而言，单晶直径约为 14 mm，其长度视多晶硅棒直径而定，约为 100 mm。对这类晶棒，由于碳的分凝系数小，测定施主/受主浓度的取样和测定碳的取样不同，取样选点方法如下：

12.6.3.1 电阻率分布曲线——按照 GB/T 1551 的测试方法以 10 mm 的间隔绘制晶棒电阻率分布曲线来确定施主/受主杂质沿晶棒长度的分布。同时按照 GB/T 1550 的测试方法以 10 mm 间隔绘制晶棒导电类型分布曲线。受 12.6.2.1 中所讨论的分凝效应、硅芯本身的纯度以及第 3 章中所讨论的干扰因素的影响，在不同的实验室中绘制的电阻率曲线不尽相同。在反复测试监控棒和样芯后建立典型的电阻率/导电类型曲线。电阻率曲线上突变点表明该处有污染或沉积层不均匀。

12.6.3.2 切片位置——根据电阻率/导电类型分布曲线建立每种元素的取样规则。单晶棒的长度与多晶硅棒的直径有关，在硅芯和多晶硅棒外层之间中点的对应处切取样片。按照 GB/T 24574 或 GB/T 24581 来测试施主/受主浓度。对多晶硅棒的横截面，这些浓度代表 R/2 处的值。如果电阻率/导电类型曲线和标准曲线明显不同，可在其他位置切片，以确定每种杂质的分布情况。浓度明显变化表明该处有污染，应重新分析。

12.6.3.3 碳分析——由于不能在长度较短的单晶棒得到准确的碳浓度值，因此应在经过退火的多晶硅片上进行分析。取第二个垂直样芯，在约 1 360 ℃退火处理 2 h，按 GB/T 1558 的测试方法切两块 2 mm 厚的硅片作碳分析。在代表生长层中点的位置取一个样，在代表硅芯位置的点取另一个样。如果需要也可在其他位置取样用于测量径向分布。

13　计算

13.1 通过测量取得样品的施主、受主杂质和碳杂质浓度，再按式（3）计算多晶硅棒中这些杂质的总体浓度。

13.2 平行样芯(见10.2.1)——在采用硅芯掺杂或硅芯与沉积层成分不同的情况下,用式(3)计算多晶硅棒中各种杂质的总体浓度:

$$C_{TRP} = \frac{(A_f \times C_f) + (A_t - A_f)C_{D.L.}}{A_t} \quad \cdots\cdots\cdots\cdots\cdots\cdots(3)$$

式中:

C_{TRP}——多晶硅棒中杂质的总体浓度,施主和受主单位为十亿分之一原子比(ppba),碳元素的单位为百万分之一原子比(ppma);

A_f ——硅芯面积,单位为平方厘米(cm²);

C_f ——硅芯的杂质浓度,施主和受主单位为十亿分之一原子比(ppba),碳元素的单位为百万分之一原子比(ppma);

A_t ——硅棒面积,单位为平方厘米(cm²);

$C_{D.L.}$——沉积层的杂质浓度,施主和受主单位为十亿分之一原子比(ppba),碳元素的单位为百万分之一原子比(ppma)。

上述计算假定沉积层沿多晶硅棒径向均匀分布。可以通过在整个沉积层钻取足够多样品来验证该假设。

13.3 垂直样芯(见10.2.2)——当生长的单晶棒如12.6.3的描述时,按式(3)计算来确定多晶硅棒中杂质的总体浓度。

13.3.1 如图5所示,单晶棒长度与多晶硅棒横截面大小有关,熔区长度与截面积有关。硼分凝系数较大,可以假设硼在整个横截面上均匀分布。磷的分凝系数较小,沿横截面各熔区磷的浓度值应根据分凝系数来进行修正。可以通过对特定样品直径、线圈设计和拉速下的监控棒的重复测量来确定磷元素的有效分凝系数。

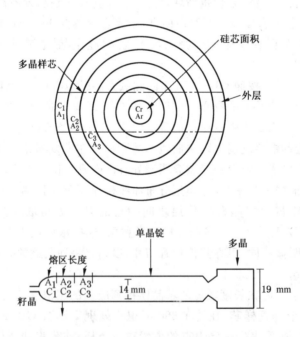

图 5 多晶棒横截面

13.3.2 用硼的光谱测量值(见 GB/T 24574 或 GB/T 24581),在不考虑分凝系数修正的情况下可以通过式(4)计算多晶硅棒中硼杂质的总体含量:

$$C_{VAC} = \frac{A_1 C_1 + A_1 C_2 + \cdots + A_f C_f}{A_1 + A_2 + \cdots + A_f} \quad \cdots\cdots\cdots\cdots\cdots(4)$$

式中：

C_{VAC} ——平均体积浓度，施主和受主单位为十亿分之一原子比（ppba），碳元素的单位为百万分之一原子比（ppma）；

A_1、A_2、A_f ——多晶硅棒横截面的相应面积（见图5），单位为平方厘米（cm²）；

C_1、C_2、C_f ——对应面积处的杂质浓度，施主和受主单位为十亿分之一原子比（ppba），碳元素的单位为百万分之一原子比（ppma）；如有必要，根据分凝系数进行修正。

13.3.3 用光致发光（GB/T 24574）或低温红外（GB/T 24581）的方法测量砷和铝的含量，如果超出检测范围，应根据实际的分凝系数进行修正。然后，根据多晶硅棒各个位置修正后的浓度值，通过式(4)来计算多晶硅棒中杂质的总体浓度。

13.3.4 使用光谱方法对硅芯与最外层之间的中点位置进行测量，可以得到总体的磷含量。

13.3.5 用式(5)计算12.6.3.1中测得的电阻率曲线图上中各个点的磷浓度：

$$C_P = \frac{85}{\rho} + C_B + C_{Al} - C_{As} \quad\cdots\cdots\cdots\cdots\cdots\cdots\cdots\cdots\cdots\cdots (5)$$

式中：

C_P ——测量点的磷浓度计算值，单位为十亿分之一原子比（ppba）；

ρ ——测量点的电阻率测量值，单位为欧姆厘米（Ω·cm）；

C_B ——测量点的硼浓度测量值，单位为十亿分之一原子比（ppba）；

C_{Al} ——测量点的铝浓度测量值，单位为十亿分之一原子比（ppba）；

C_{As} ——测量点的砷浓度测量值，单位为十亿分之一原子比（ppba）。

上式中假定磷在（100～5 000）Ω·cm电阻率范围内的转换因子近似于85，见GB/T 13389。用光致发光或低温红外获得硼、砷、铝的浓度值（见13.3.2和13.3.3），用这些数值和电阻率来计算磷含量值，并通过式(4)计算得出磷元素的体平均值。

13.3.6 碳的计算——按12.6.3.3中描述的方法以及13.2中描述的步骤计算碳含量。

14 精度和偏差

14.1 在第11章中，讨论了使用监控棒监测样品制备、腐蚀过程及区熔过程的杂质干扰。表1中的数据是用从同一炉多晶硅棒中钻取的15支样芯，经过近一年的重复性测试实验得出的。所有样品都是使用新配制的混合酸腐蚀剂，按相同的步骤腐蚀。硼和磷含量用低温红外光谱法测量，碳含量用常温红外光谱法测量。在GB/T 24581中硼、磷的测试误差为±10%（R1S）；在GB/T 1558中碳的测试误差为±12.5%（R1S）。

表 1 重复性测试实验结果

测量元素	碳/ppma	磷/ppba	硼/ppba
平均值	0.11	1.70	0.11
标准偏差（S）	0.01	0.16	0.01
相对误差（R1S）/%	9.97	9.34	9.60

14.2 为了比较不同实验室的样品制备、腐蚀工艺和区熔工艺，将一支多晶硅棒切成三段，分别送三个不同的实验室，按照本标准规定的步骤，在各自的实验室进行样品制备、腐蚀、区熔，然后用低温红外光谱法测量。测试数据见表2。

表 2　不同实验室测试数据比较

测量元素	磷/ppba	硼/ppba
实验室 A	0.21	0.02
实验室 B	0.24	0.02
实验室 C	0.21	0.06

15 关键词

区熔单晶生长、光谱分析、多晶硅、多晶硅评价、杂质、污染、单晶硅、分凝系数。

附　录　A

（资料性附录）

本标准章条号与 SEMI MF1723-1104 章条编号对照

表 A.1　本标准章条号与 SEMI MF1723-1104 章条编号对照

本标准章条编号	对应的 SEMI MF1723-1104 章条编号
1	1
2	2
3	3
4	4
5	5
6	6
7	7
8	8
9	9
10	10
11	11
12	12
13	13
14	14
15	15

ICS 29.045
H 80

中华人民共和国国家标准

GB/T 29505—2013

硅片平坦表面的表面粗糙度测量方法

Test method for measuring surface roughness on planar surfaces of silicon wafer

2013-05-09 发布

2014-02-01 实施

中华人民共和国国家质量监督检验检疫总局
中国国家标准化管理委员会 发布

前　言

本标准按照 GB/T 1.1—2009 给出的规则起草。

本标准由全国半导体设备和材料标准化技术委员会(SAC/TC 203)提出并归口。

本标准起草单位:有研半导体材料股份有限公司、中国有色金属工业标准计量质量研究所。

本标准主要起草人:孙燕、李莉、卢立延、翟富义、向磊。

硅片平坦表面的表面粗糙度测量方法

1 范围

本标准提供了硅片表面粗糙度测量常用的轮廓仪、干涉仪、散射仪三类方法的测量原理、测量设备和程序,并规定了硅片表面局部或整个区域的标准扫描位置图形及粗糙度缩写定义。

本标准适用于平坦硅片表面的粗糙度测量;也可用于其他类型的平坦晶片材料,但不适用于晶片边缘区域的粗糙度测量。

本标准不适用于带宽空间波长≤10 nm的测量仪器。

2 规范性引用文件

下列文件对于本文件的应用是必不可少的。凡是注日期的引用文件,仅注日期的版本适用于本文件。凡是不注日期的引用文件,其最新版本(包括所有的修改单)适用于本文件。

GB/T 14264 半导体材料术语

3 术语和定义

GB/T 14264界定的以及下列术语和定义适用于本文件。

3.1
自相关函数 autocorrelation function

强谱线密度函数的傅立叶转换。它表示一个表面轮廓和经滑移或横向移动的同样轮廓之间关于其自身的相似性。

3.2
自相关长度 autocorrelation length

要求横向滑动以把自相关函数简化为一个等于 e−1 乘以它的 0 滑动值的值。有时使用10%或者0 值定义替代 e−1。

3.3
双向反射分布函数 bi-directional reflectance distribution function;BRDF

由一个表面来描述光散射的分布,以不同的发光度(辐照度)归一化不同的发光(辐射率),并且近似于每单位投射的立体角散射功率除以入射功率。

3.4
尼奎斯特准则 Nyquis criterion

检测到的最短空间波长。它是两倍于取样间隔。

3.5
一维光栅方程式 one-dimensional grating equation

按最普通的形式,它是一个由一维正弦光栅给定衍射级位置的表达式。

3.6
功率谱密度(PSD)函数 power spectral density(PSD)function

一个表面特征函数,它比例于表面的傅立叶变换系数的平方,并且可以看作是每单位空间频率的粗糙度率。

3.7

分辨能力的瑞利判据　Rayleigh criterion of resolving power

利用一个图形的最大与另一个图形的最小迭加来辨别一对衍射图形的条件。当一个透镜没有像差时,点状物体的像呈现衍射图形。当一个图形原理上的最大与另外一个图形的第一个最小相遇时,把这个像描述为被分解了。当从仪器的物镜观察点状物间的距离可分辨时,这个判据是适用的,对于圆形透镜为:

$$\frac{0.61\lambda}{N_A}$$

其中 N_A 是物镜的数值孔径(阑),λ 是照射光波长。

3.8

空间频带宽度　spatial bandwidth

给定仪器运行的波长范围。

3.9

空间频率　spatial frequency

空间波长($\lambda_{spatial}$)的倒数。

3.10

空间波长　spatial wavelength

在一个纯正弦轮廓的相邻两峰间的间隔。

3.11

传递函数　transfer function

在全部测量空间波长范围内仪器的响应。一个轮廓仪在全部测量空间波长范围内应有 100% 的响应,每一个测量仪器对应于一个完美的响应,尤其是在低空间频率极限(截断长度)(traversing length)和高空间频率极限处应具有相同的偏离。可以利用能量谱来检查高空间频率响应附近的这个极限。

3.12

截断长度　traversing length

沿一给定方向取样的最大距离。最大可测量的空间波长小于截断长度。

3.13

波长定标　wavelength scaling

如果在某一波长可以使用的散射测量能够预测另一波长的散射测量,表明一个表面给予了波长定标(标度)。

3.14

波纹　waviness

与粗糙度比较,表面结构是那种彼此更宽间距的组织构成。

4　方法提要

4.1　本标准包含对局部和整个面的表面特征的标准化扫描图形,然后以一组缩写代码形式描述粗糙度及测量条件。

4.2　硅片的表面粗糙度测量通常涉及三种类型的粗糙度测量仪器,这些类型包括但不局限于:

——轮廓仪:AFM 和其他扫描探针显微镜;光学轮廓仪;高分辨机械探针系统。

——干涉仪:干涉显微镜。

——散射仪:全积分散射仪(TIS),角分辨光散射仪(ARIS),扫描表面检查系统(SSIS)。

4.3 硅片表面粗糙度使用最广泛的是均方根(rms)粗糙度(Rq)和平均粗糙度(Ra)。其他粗糙度检测参数也可利用。

5 干扰因素

5.1 硅片表面粗糙度测量使用了如轮廓高度测量方法、光学干涉方法以及光学散射方法等不同类型的技术,由于各种不同方法对测量点的限制或测量区域不同、方法精度不同等因素的影响可能造成对同一硅片测量绝对值的较大差异。

5.2 不同粗糙度参数表征的含义不同,数值差异明显。测量参数是使用者根据研究对象、研究工艺等感兴趣的目的选择的,因此不注明测试方法或测试设备的粗糙度参数数值没有实用意义。

5.3 粗糙度测量的一个共同特性是它们都依赖于使用仪器的带宽和传递功能。第一种是测量仪器的带宽,测量仪器的带宽或使用的带宽可能严重影响粗糙度测量结果,第二种带宽影响来自分析软件,因此应使用规定的波长单位,且轮廓仪应能够调节扫描长度和带宽。另外,通用的高或低的空间频率滤光片也对测量结果有影响。这些都造成了相同表面使用不同测量仪器报告的数值会有很大的不同。本标准规范了仪器带宽及其传递功能方面的使用,并在测试报告中体现这些信息。

5.4 粗糙度在一个晶片表面上可以有相当大的变化。它可能有一个择优的方向或者是各向异性,被称为"方向性",例如切割工艺的硅片可以产生低对称性,而单片抛光能产生高对称性。而很多测量方法被限制在一个很小的测量范围内并且限制在一个或两个扫描方向。因此本标准提出并定义了使用标准化图形的方法,能够清楚地表述扫描位置,且测量图形可以获得有代表性的和可重复的结果。同时这些图形应与不同的制造步骤在硅片上观察到效果一致,这些工艺步骤能够在硅片表面产生从镜面到无穷大分布的旋转对称的特征。在附加的相关信息中包括了描述几种类型的粗糙度变化,扫描图形以及报告的结果之间关系的模型,以帮助使用者说明和解释这些变数。

5.5 薄膜的存在可影响光散射方法的测量。

6 仪器设备

6.1 轮廓仪(profilometers)

AFM,机械和光学剖面(轮廓)仪的高空间频率极限分别和机械触点的半径或激光斑点的直径和强度分布近似。其响应函数复杂,并且在某些情况下是探针和被测表面的综合效果。为了获得合理的、可比较的并且可重复的测量,需要设定这种仪器的高端空间频率极限,或者选择适度地远离设定的高端空间频率极限。

6.2 干涉显微镜(interference microscope)

干涉仪的高端空间频率极限是由调焦光学所限定,在某些情况下由探测器阵列的像素间隔所决定。为了获得合理的、可比较的并且可重复的测量,需要设定这种仪器的高端空间频率极限,或者选择适度地远离设定的高端空间频率极限。

6.3 散射仪(scattering instruments)

6.3.1 对于相当平滑的表面来说,光散射强度和粗糙度之间仅存在一种简单的关系。式(1)和式(2)给出了平滑表面的瑞利判据,它常常用于估计平滑表面的极限。

$$\frac{1}{2}\left[\frac{4\times\pi\cdot a\cos\theta_i}{\lambda}\right]^2\ll1 \quad\cdots\cdots(1)$$

$$m\ll1 \quad\cdots\cdots(2)$$

式中：

m —— 轮廓斜率；

λ —— 入射光的波长，单位为纳米(nm)；

a —— 样品轮廓的幅度(峰到谷高度的一半)；

θ_i —— 光的入射角度，单位为度(°)。

假定取 0.1 极限其对应幅度的结果是：

对 $\lambda = 633$ nm, $\theta_i = 0°$, $a \leqslant 23$ nm 和对 $\lambda = 488$ nm, $\theta_i = 70°$, $a \leqslant 51$ nm。

对一个正弦的轮廓和 0.1 的极限，等效的均方根(rms)粗糙度值为：

对 $\lambda = 633$ nm, $\theta_i = 0°$, $Rq \leqslant 16$ nm 和对 $\lambda = 488$ nm, $\theta_i = 70°$, $Rq \leqslant 36$ nm。

6.3.2 光散射仪器也可以用于测量更加粗糙的表面，但是，对于比较粗糙的表面而言，光散射强度和粗糙度之间不仅仅存在一种简单的关系，一些与功率谱密度函数曲线相比较的数学探讨不得不使用计算的粗糙度或斜率值，并且在某些情况下，功率谱密度函数曲线的斜率可能很重要。

6.3.3 对于光散射仪器存在一个不能超过的基本空间频率(短端空间波长)极限。该极限是：

a) 在相切(掠射)入射(grazing incidence)($\theta_i = 90°$)的情况，波长的倒数的 2 倍，$2/\lambda$；

b) 在法向入射($\theta_i = 0°$)的情况，波长的倒数，$1/\lambda$。

这些条件恰恰遵循一次掠射方程[见式(3)]：

$$f_x = \frac{(\sin\theta_s \cdot \cos\varphi_s - \cos\theta_i)}{\lambda} \quad\quad\quad\quad\quad\quad\quad (3)$$

式中：

θ_s —— 在入射平面内的散射角，单位为度(°)；

φ_s —— 超出入射平面的散射角，单位为度(°)。

注：当被散射的光是沿着入射平面内($\varphi_s = 180°$)接收光的反方向时，f_x 变为 -1。

6.4 全积分散射仪(TIS)

这些仪器最常用于入射角接近零的条件。而可达到的空间带宽的低端和高端频率极限是由光系统的设计所限定。一个恰当的系统设计有可能达到大约 0.8 μm 到 40 μm 的空间带宽。也可以为了把散射信号插入低端空间频率(接近镜面)和高端空间频率(大的散射角)带而设计这种系统。

6.5 角分辨光散射仪(ARLS)

6.5.1 该技术的高端空间频率极限是由入射角和散射角以及使用的光源的波长所限定。

6.5.2 低端空间频率极限由以下条件给出：

a) 上述的掠射方程(对入射角度)；

b) 入射到硅片表面处的光点直径；

c) 光学系统的立体收集角；

d) 仪器允许的镜面反射光和探测器间的最小角距离。

6.5.3 测量粗糙度可以用一个固定的入射角，并且记录在入射平面内各种散射角的散射光强度。然后，可以由散射光(BRDF)的角度谱计算表面的两维功率谱密度函数曲线。只要可以接受上述的极限，对一个给定的空间带宽，Rq 和 Rmq 一样可以由一维的或各向同性的功率谱密度函数曲线计算得到。

6.5.4 仪器能达到的空间带宽范围可以是大约光源光波长的二分之一到几百微米。

6.6 扫描表面检查系统(SSIS)

SSIS 测量是积分散射测量，与 TIS 系统制造的那些仪器类似，收集整个大立体角上的光；然而，也存在一些明显的不同。通常，大多数 SSIS 避免对反射束 5°～10°内的光收集，因为在这一区域内散射的控制趋于由表面粗糙度散射(其变为本底噪声)与来自激光散射作用信号的对抗。早期扫描器通常由一个探测器测量来自大立体角收集器的光。近期的系统倾向于使用几个较小的收集角,而各自具有自己的检测器。无论怎样的装置,就其空间频带通过的范围而言能够限定每个收集角,并且每个探测器具有某些本底雾的成分(或阈),它是由表面粗糙度引起的。于是,在不存在激光散射作用时,可以把测到的雾转换为限定空间频率的 rms 粗糙度。这种转换假设表面符合粗糙度计算所要求的必要条件(平滑、洁净、正表面反射),并且不出现其他的噪声源如本底的电子噪声和瑞利大气散射。

6.7 粗糙度测量仪的精度

粗糙度测量仪的精度使用通常的测试仪器的精度和公差的比值 P/T 来描述。当 P/T 低于 10% 时对于粗糙度测量是适用的。如果 P/T 大于 30%,测试仪器很可能不适用。对 P/T 处于 10%~30% 之间的情况取决测量系统设置和供需双方的要求。

7 粗糙度测量步骤

7.1 选择仪器的类型

7.1.1 轮廓仪

7.1.1.1 原子力显微镜(AFM)。
7.1.1.2 其他扫描探针显微镜。
7.1.1.3 光学轮廓仪。
7.1.1.4 机械探针。

7.1.2 干涉仪

干涉显微镜。

7.1.3 散射仪

7.1.3.1 全积分散射仪(TIS)。
7.1.3.2 角分辨光散射仪(ARLS)。
7.1.3.3 扫描表面检查系统(SSIS)。

7.2 选择所计算的粗糙度参数

根据需要选择 Rq、Ra、Rms 或其他粗糙度检测参数。

7.3 选择测量位置或图形

7.3.1 1点——硅片中心点。
7.3.2 5点——硅片中心点及距硅片中心点 $2/3r$ 处的四个点。
7.3.3 9点——硅片中心点及距硅片中心点 $2/5r$、$4/5r$ 处的各四个点。
7.3.4 整个 FQA 的光栅扫描。
7.3.5 整个 FQA 的 $R\text{-}\theta$ 扫描。图的坐标位置表述参见表1。图形和扫描取向见图1。
注:这些图形已经表明对于对称性和数值的一定范围是有效的。见相关资料。

GB/T 29505—2013

表 1 扫描图形位置

位 置		X,Y 坐标	扫描方向(对于线和面工具),平行于
中心点		0,0	Y 轴
5 点图形			
1	中心点	0,0	Y 轴
2	$\frac{2}{3}r$	$0,\frac{2}{3}r$	Y 轴
3	$\frac{2}{3}r$	$-\frac{2}{3}r,0$	X 轴
4	$\frac{2}{3}r$	$0,-\frac{2}{3}r$	Y 轴
5	$\frac{2}{3}r$	$\frac{2}{3}r,0$	X 轴
9 点图形			
1	中心	0,0	Y 轴
2	$\frac{4}{5}r$	$0,\frac{4}{5}r$	Y 轴
3	$\frac{4}{5}r$	$-\frac{4}{5}r,0$	X 轴
4	$\frac{4}{5}r$	$0,-\frac{4}{5}$	Y 轴
5	$\frac{4}{5}r$	$\frac{4}{5}r,0$	X 轴
6	$\frac{\sqrt{2}}{5}r$	$\frac{\sqrt{2}}{5}r,\frac{\sqrt{2}}{5}r$	Y 轴
7	$\frac{\sqrt{2}}{5}r$	$-\frac{\sqrt{2}}{5}r,\frac{\sqrt{2}}{5}r$	X 轴
8	$\frac{\sqrt{2}}{5}r$	$-\frac{\sqrt{2}}{5}r,-\frac{\sqrt{2}}{5}r$	Y 轴
9	$\frac{\sqrt{2}}{5}r$	$\frac{\sqrt{2}}{5}r,-\frac{\sqrt{2}}{5}r$	X 轴
整个 FQA 扫描			
光栅扫描		整个 FQA	X 轴
同心圆或螺旋形		整个 FQA	$R-\theta$
注:r 为标称硅片半径。			

626

A类区域扫描图形

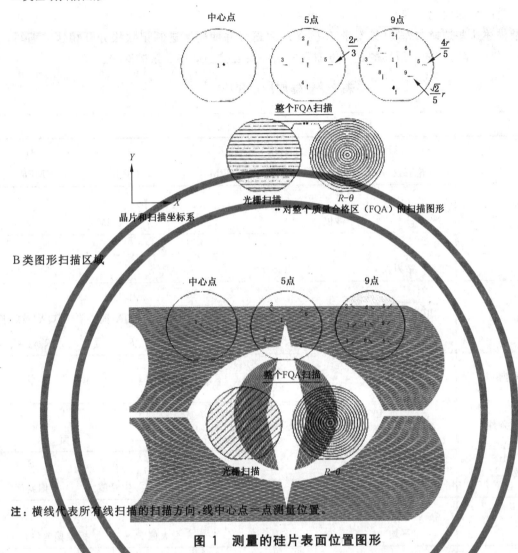

注：横线代表所有线扫描的扫描方向，线中心点一点测量位置。

图 1　测量的硅片表面位置图形

7.4　选择测量取向

7.4.1　类型 A——平行和垂直于基准平分线的线性扫描。类型 A 一般用于所有的表面。

7.4.2　类型 B——与基准平分线呈 45°角的线性扫描。类型 B 对(111)硅片的某些表面状况是有效的。

7.5　选择局部测量条件

7.5.1　点。

7.5.2　线。

7.5.3　面。

7.6　测量并计算测试数据

7.6.1　详细说明报告的测量计算

平均（A）

范围（R）

最大值(M)

标准偏差,$1\sigma S_{n-1}$

7.6.2 在收集的数据内说明带宽和扫描长度极限。

7.6.3 记录描述这些选择的缩写(见附录 A 例子),用逗号并使用十进制记数法分开相邻的缩写。由此产生一个 7 位的缩写。如上所述的这 7 位缩写的次序要遵循表 2 中要素的次序。

表 2 粗糙度测量代码[a]

要　素	缩写项				
仪器	A 轮廓仪	1 AFM	2 SPM	3 OPR	4 MPR
	B 干涉仪			1 IM	
	C 散射仪	1 TIS	2 ARLS	3 SSIS	
图形[b]	1 中心	5 5 点	9 9 点	R FQA/光栅 扫描	C FQA/同心 $R\text{-}\theta$ 扫描	S FQA/螺旋形 $R\text{-}\theta$ 扫描
图形取向	A A			B B	
局部测量条件	P 点		L 线		A 面
参数[b]	Q Rq	A Ra	Z Rz	T Rt	K 尖峰值	S 偏斜度
计算[b]	A 平均	R 范围	M 最大值	D 标准偏差($1\sigma_{n-1}$)	
带宽/μm	〔　〕/〔　〕 空白处填入 2 位有效数字 长波长(μm)/短波长(μm)				

[a] 本标准表 2 中列出的代码不具有识别仪器传递的功能。

[b] 如果规定的要素多于 1,按规定的次序在相关的"位"处连接代表的字母。见附录 A 例子。

7.6.4 图 1 的坐标位置表述参见表 1。

8 报告

通常一个硅片报告一个值。而给定的图形多于一个时,报告的计算值在次序上按表 2 列出的次序。

附 录 A
（规范性附录）
粗糙度测量规范和有关输出的例子

典型的测量报告表示如下，它可以是仪器自动输出的，或直接手动完成的。仅在第一例中列出要素和代码。下面提出的定量数据仅仅是为了举例说明，它不表示实际的仪器或样品的测量。

A.1 机械轮廓仪（剖面仪）

机械轮廓仪的测量规定为 MPR,5,L,A,A,A,250/10。表示一个局部线性扫描和图形取向 A 的 5 点图形测量，并且是从 250 μm 到 10 μm 的整个带宽上报告的 Ra 平均值。

要素：　　　　轮廓仪，机械的；5 点；线性扫描；取向 A；Ra；平均；250/10 μm

代码：　　　　　MPR　　5　　L　　A　　A　　A　　250/10

输出例子：　　　　　MPR,5,L,A,A,A,250/10＝0.53 nm

A.2 角分辨光散射

角分辨光散射仪的测量规定为 ARLS,9,B,P,Q,A,40/2.0。表示一个单光斑的和图形取向 B 的 9 点图形的测量，并且是从 40 μm 到 2 μm 的整个带宽上报告的 rms(Rq)平均值。

输出例子：ARLS,9,B,P,Q,A,40/2.0＝0.15 nm

A.3 干涉显微镜

干涉显微镜测量规定为 IM,5,A,A,T,D,250/10。表示一个局部区域和图形取向 A 的 5 点图形测量，并且是从 250 μm 到 10 μm 的整个带宽上报告的峰-谷(Rt)的标准偏差。

输出例子：IM,5,A,A,T,D,250/10＝0.05 nm

A.4 全积分散射

全积分散射仪(TIS)测量规定为 TIS,S,P,A,Q,D,38/0.50。表示一个局部光斑和图案取向 A 的全 FQA/螺旋扫描的测量，并且是从 38 μm 到 0.5 μm 的整个带宽上报告的 rms(Rq)标准偏差。

输出例子：TIS,S,P,A,Q,D,38/0.50＝0.02 nm

A.5 光学轮廓仪（剖面仪）

光学轮廓仪测量规定为 OPR,9,L,B,A,AD,80/0.50。表示一个局部线性扫描和图形取向 B 的 9 点图形测量，并且是从 80 μm 到 0.5 μm 的整个带宽上报告的 Ra 平均值和标准偏差。

输出例子：OPR,9,L,B,A,AD,80/0.5＝0.17 nm(Ra,平均值),0.02 nm(Ra,标准偏差)

A.6 AFM

AFM 测量规定为 AFM,5,A,A,Z,A,20/0.04。表示一个局部区域(面积)和图形取向 A 的 5 点图形测量,并且是从 20 μm 到 0.04 μm 的整个带宽上报告的 Rz 平均值。

输出例子:AFM,5,A,A,Z,A,20/0.04=0.43 nm

附　录　B
（资料性附录）
有关硅片粗糙度分布的试验和模型（源于 SEMI M40 附录）

B.1　摘要

B.1.1　传统的粗糙度测量仅在一个表面上挑选的几个点处进行，并且实际上仅有少数方法，像光散射能对整个表面扫描。因此定义硅片整个表面的粗糙度，需要进行系统的、标准化的探讨。可以定义一个或几个代表整个表面的测试点图形，目的是使平均粗糙度的偏差和其标准偏差与"真值"偏离很小。探讨寻找这样的图形并证实它们能代表整个表面的工作，分为两步：

　　a)　在各种硅片表面上试验研究各种图形；

　　b)　模拟表面的粗糙度图并使用选择的图形。

B.1.2　对于硅片表面的试验研究，使用了五种不同的位置图形，硅片的表面为最终抛光、粗抛和酸腐蚀。图形的组成分别是：一点、五点、九点、十点和十三点（十三点是五点和九点图形相加），使用 10 μm、30 μm、80 μm 和 250 μm 波长的滤光片进行测量。因此对每个研究的硅片，任一波长滤光片的五种图形得到了 20 个平均粗糙度值和相应的标准偏差。

B.1.3　这些表面雾的图显示分别为没有变化或近似旋转对称的变化、或整个表面有一个梯度的变化。对于使用的硅片组合和选择的滤光片设置，利用各种位置图形测量的表面平均粗糙度，其变化超过四个和半个大小的数量级，相应的标准偏差小于平均粗糙度的 10%，而有四个 200 mm 的最终抛光片例外，它们的标准偏差达到 50%~60%。就平均粗糙度和相应的标准偏差而言，对每个硅片的 5 点、9 点和 10 点位置图形进行了比较，当对应硅片的总平均粗糙度（对一个硅片所有图形的全部点的平均）规格化时发现，平均粗糙度的变化（标准偏差）和测量的标准偏差在任何情况下小于或近似等于 10%。

B.1.4　根据三种不同模型模拟产生的粗糙度图：一个具有旋转对称的、一个线性梯度的和一镜面对称的粗糙度图形。对每个表面分别考虑到粗糙度的任何不对称性和中心粗糙度以及边缘粗糙度，产生了两个像素尺寸 1 mm^2 的图。对两个图中的任一个是作为无参数来使用的。对于以 2^5 系数设计"试验"得到的两个图，那里对称性作为第五参数考虑，这些参数在两个等级之间（0.1 和 0.2）变化。1 点、5 点和 9 点位置图形被应用于各种作图，并且使用一图全部点的真实值计算了平均粗糙度和粗糙度的标准偏差。对 1 点图形观察到了很强的影响。因此，硅片中心的一个点不能代表整个表面的平均粗糙度这一结论是合理的。5 点测量提供的粗糙度平均准确到 ±6%，9 点为 ±2.5%。同样，5 点的标准偏差准确到 ±1.6%，9 点为 ±1%，发现二级影响小于主要影响。因此得出结论：针对适当均匀的硅片表面，5 点和 9 点测量图形可很好地提供整个硅片表面粗糙度及其变化的估算。

B.2　前言

B.2.1　采用各种各样技术完成表面粗糙度的测量，最普通的技术是在真实空间中机械的或光学的剖面仪或倒易空间的光学散射仪。粗糙度测量工艺的数值结果很大程度上取决于几个参数，如包括滤光片在内的使用仪器响应功能（函数）的空间带宽、扫描长度、探针直径、扫描速度等。这些参数彼此是不独立的，并且对机械的剖面仪应标准化。不同类型的仪器报告的粗糙度值通常不一致，但是它们是相关的，只要设置它们的参数不是太困难。公制标准化粗糙度例如平均粗糙度 Ra，均方根（rms）粗糙度 Rq，当用剖面技术完成时，主要涉及到线扫描。采用调整一系列线扫描的方法，实现剖面仪器的面扫描通常是很慢的。用剖面仪扫描一个硅片整个表面要消耗很多小时,用 AFM 完成一硅片的整个表面甚至需要几年。

B.2.2 建立在光散射基础上的技术可以非常迅速地扫描整个硅片表面,大约 1 min~2 min。然而,它们的响应功能有一限定的空间带宽区,近似从 0.5 μm~40 μm。

B.2.3 为了获得一个标准化的硅片表面的粗糙度值,首先要解决:

    a) 定义一个位置图形,可执行一维或两维的扫描;

    b) 与测量结果一起,报告重要的参数。

第一个任务是,为了收集典型的整个真实硅片表面粗糙度变化的数据进行试验;为了找到一组位置,它的粗糙度能非常好地与整个表面的粗糙度一致,需要数字模拟。用收集重要参数和设计一个合适的缩写码,从理论上解决第二个任务。

B.2.4 本附录报告的相关粗糙度测量结果同样使用真实的试验设计(DOX)(design-of-experiment)进行的数值模拟。

B.3 粗糙度定义

各种粗糙度的定义已由美国、日本和欧洲的国家和国际研究机构标准化了。相关标准已列入标准第 2 章,参考文献中还有一些供选择的文件。使用最广泛的是平均粗糙度 Ra 和均方根(rms)粗糙度 Rq,两者都涉及一个轮廓相对参照线的平均偏离。

B.4 粗糙度测量

B.4.1 试验资料

B.4.1.1 为了收集有关整个硅片表面粗糙度变化的数据,调查了四个硅片的四组中的每一个。选择代表不同工艺步骤和抛光技术的硅片:

    最终的抛光硅片,150 mm,1♯~4♯

    最终的抛光硅片,200 mm,5♯~8♯

    粗抛硅片,200 mm,9♯~12♯

    酸腐蚀硅片,200 mm,13♯~16♯

B.4.1.2 对于雾用 SSIS 表征硅片,用光学无接触轮廓仪进行粗糙度测量。进行长度 3 mm 的扫描取得粗糙度数据并分别用 19 μm、30 μm、80 μm 和 250 μm 的滤光片进行估值。根据图 B.1 显示的四种不同位置图形进行扫描,图中还指示了扫描的方向:

    ⅰ) 硅片中心,一种扫描;

    ⅱ) 五点,硅片中心加上半径 2/3 处的四个点;

    ⅲ) 九点,硅片中心加上半径 2/5 处的四个点再加上半径 4/5 处的四个点;

    ⅳ) 十点,硅片中心的两点加上半径 1/2 处的四个点和半径负 10 mm 处的四个点;

    ⅴ) 十三点,上述 ⅱ 和 ⅲ 的结合。

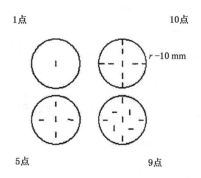

图 B.1　位置图形

B.4.2　结果

B.4.2.1　和相应的标准偏差一起报告每个位置图形的平均值。可以考虑用平均值来表征整个硅片的粗糙度,而标准偏差是粗糙度均匀性的一个度量。表 B.1 和表 B.2 是这些结果的摘要。可以把这些平均值和标准偏差称作各自位置图形的、对于每个硅片和使用的每种滤光片波长的位置平均值和位置标准偏差。

表 B.1　粗糙度测量结果,10 μm 和 30 μm 滤光片

被测片 表面状态	片号	平均/标准偏差 Å									
		10 μm 滤光片					30 μm 滤光片				
		位置图形									
		i	ii	iii	iv	v	i	ii	iii	iv	v
直径 150 mm 最终抛光	1	0.08	0.086/ 0.005	0.089/ 0.009	0.090/ 0.007	0.086/ 0.008	0.36	0.390/ 0.020	0.396/ 0.030	0.389/ 0.028	0.396/ 0.025
	2	0.09	0.090/ 0.007	0.094/ 0.010	0.090/ 0.005	0.093/ 0.009	0.43	0.408/ 0.037	0.413/ 0.035	0.410/ 0.028	0.410/ 0.035
	3	0.09	0.090/ 0.000	0.092/ 0.008	0.090/ 0.005	0.092/ 0.007	0.41	0.404/ 0.018	0.401/ 0.030	0.387/ 0.022	0.402/ 0.027
	4	0.09	0.090/ 0.000	0.097/ 0.010	0.090/ 0.004	0.095/ 0.009	0.40	0.402/ 0.015	0.420/ 0.025	0.414/ 0.016	0.415/ 0.024
直径 200 mm 最终抛光	5	0.23	0.14/ 0.05	0.15/ 0.06	0.15/ 0.06	0.14/ 0.06	1.17	0.746/ 0.35	0.827/ 0.33	0.795/ 0.32	0.769/ 0.29
	6	0.26	0.13/ 0.07	0.15/ 0.06	0.15/ 0.06	0.14/ 0.06	1.36	0.746/ 0.35	0.846/ 0.36	0.801/ 0.33	0.768/ 0.32
	7	0.10	0.13/ 0.03	0.12/ 0.04	0.13/ 0.06	0.13/ 0.04	0.53	0.736/ 0.23	0.699/ 0.23	0.752/ 0.32	0.726/ 0.22
	8	0.09	0.12/ 0.02	0.11/ 0.02	0.12/ 0.03	0.12/ 0.02	0.50	0.648/ 0.15	0.626/ 0.14	0.636/ 0.18	0.644/ 0.13

GB/T 29505—2013

表 B.1（续）

被测片表面状态	片号	平均/标准偏差 Å									
		10 μm 滤光片					30 μm 滤光片				
		位置图形									
		ⅰ	ⅱ	ⅲ	ⅳ	ⅴ	ⅰ	ⅱ	ⅲ	ⅳ	ⅴ
直径 200 mm 粗抛	9	2.64	2.41/0.25	2.45/0.32	2.39/0.39	2.42/0.29	7.21	6.398/0.77	6.538/0.83	6.387/0.91	6.432/0.78
	10	2.64	2.56/0.36	2.69/0.19	2.37/0.41	2.64/0.27	6.84	6.760/0.95	7.147/0.50	6.419/1.00	7.022/0.27
	11	2.75	2.77/0.07	2.78/0.10	2.46/0.45	2.78/0.09	7.30	7.310/0.19	7.302/0.30	6.545/1.05	7.305/0.27
	12	2.76	2.48/0.32	2.50//0.32	2.43/0.42	2.47/0.31	7.30	6.566/0.91	6.521/0.75	6.146/1.05	6.478/0.77
直径 200 mm 酸腐蚀	13	327.2	332.0/6.73	335.0/16.25	352.6/12.37	334.5/13.76	826.2	873.5/43.16	869.5/50.22	906.5/28.56	874.4/46.13
	14	337.9	344.9/18.74	344.7/9.19	353.1/12.11	345.3/13.00	876.8	899.9/60.49	915.5/24.15	930.0/43.19	912.5/39.69
	15	339.5	340.58/13.42	335.2/6.07	363.4/7.22	337.0/9.58	887.7	913.7/68.10	879.1/24.64	966.1/30.75	891.7/47.65
	16	337.6	331.8/8.84	337.6/13.37	348.7/9.26	335.4/12.41	922.8	886.1/37.57	896.0/38.04	921.8/27.16	890.2/37.14

表 B.2　粗糙度测量结果，80 μm 和 250 μm 滤光片

被测片表面状态	片号	平均/标准偏差 Å									
		80 μm 滤光片					250 μm 滤光片				
		位置图形									
		ⅰ	ⅱ	ⅲ	ⅳ	ⅴ	ⅰ	ⅱ	ⅲ	ⅳ	ⅴ
直径 150 mm 最终抛光	1	1.33	1.426/0.075	1.416/0.134	1.434/0.108	1.426/0.115	4.34	4.678/0.484	4.836/0.632	4.786/0.435	4.813/0.578
	2	1.57	1.470/0.112	1.482/0.147	1.444/0.112	1.471/0.133	5.34	4.944/0.312	5.441/0.613	4.592/0.434	5.258/0.591
	3	1.49	1.460/0.025	1.472/0.131	1.357/0.080	1.466/0.108	4.81	4.788/0.403	5.164/0.823	4.353/0.507	5.047/0.735
	4	1.33	1.394/0.089	1.446/0.115	1.461/0.09	1.435/0.106	4.09	4.528/0.619	4.814/0.584	4.934/0.503	4.760/0.585

表 B.2（续）

被测片表面状态	片号	平均/标准偏差 Å									
		80 μm 滤光片					250 μm 滤光片				
		位置图形									
		i	ii	iii	iv	v	i	ii	iii	iv	v
直径 200 mm 最终抛光	5	3.29	2.582/0.45	2.638/0.71	2.531/0.65	2.566/0.60	7.33	6.676/0.45	6.627/0.99	6.560/0.95	6.592/0.82
	6	3.65	2.560/0.65	2.724/0.79	2.510/0.67	2.590/0.69	7.49	6.804/0.57	6.834/0.93	6.443/0.92	6.772/0.80
	7	2.02	2.682/0.72	2.493/0.56	2.641/0.81	2.602/0.61	5.45	6.914/1.37	6.601/0.81	7.057/1.47	6.810/0.97
	8	1.97	2.400/0.45	2.317/0.40	2.279/0.54	2.375/0.40	5.56	6.268/0.59	6.342/0.69	6.232/1.08	6.374/0.62
直径 200 mm 粗抛	9	11.12	9.94/1.06	10.19/1.09	10.10/1.27	10.02/1.04	15.15	14.25/1.31	14.50/1.18	14.47/	14.36/1.22
	10	10.13	10.54/1.34	11.05/0.78	10.27/1.85	10.92/1.03	14.40	15.44/2.01	15.58/0.77	14.59/1.88	15.62/1.28
	11	11.29	11.35/0.31	11.26/0.45	10.13/1.23	11.29/0.41	15.75	16.56/0.59	16.27/0.81	14.83/1.26	16.42/0.74
	12	10.60	10.11/1.10	9.86/0.95	9.92/1.12	9.90/0.99	14.42	14.33/1.31	14.10/1.14	14.41/1.26	14.17/1.21
直径 200 mm 酸腐蚀	13	1 257.0	1 404/140.8	1 391/123.44	1 439/88.10	1 406/122.83	1 789.6	2 127/331.59	2 118/295.83	2 185/270.70	2 147/291.78
	14	1 421.9	1 460/109.9	1 514/53.27	1 497/95.92	1 501/78.94	2 154.6	2 256/154.21	2 366/222.41	2 322/216.72	2 349/203.72
	15	1 374.7	1 500/199.2	1 396/94.33	1 549/95.25	1 438/147.56	1 970.4	2 350/508.52	2 071/257.41	2 348/198.70	2 186/384.36
	16	1 478.4	1 421/109.9	1 450/108.89	1 477/104.51	1 437/109.71	2 006.4	2 075/186.85	2 219/297.40	2 264/252.44	2 180/271.75

B.4.2.2 用不同位置图形得到的平均值变化也可以由下面两种方法计算得到：

a) 对每个硅片各自位置的平均值和标准偏差的平均；

b) 各自位置的标准偏差和对应的标准偏差的平均。

把这些平均值分别称为硅片的平均值和硅片的标准偏差。把对应的标准偏差称为硅片平均的标准偏差和硅片标准偏差的标准偏差。表 B.3 和表 B.4 以及图 B.2 和图 B.3 报告了这些数据。

表 B.3 每个硅片所有位置图形 ii、iii 和 iv（硅片平均）的平均和对应的相对标准偏差

被测片表面状态	片号	平均值的平均 Å				平均值的相对标准偏差 %			
		10 μm	30 μm	80 μm	250 μm	10 μm	30 μm	80 μm	250 μm
直径 150 mm 最终抛光	1	0.088	0.392	1.425	4.767	2.34	0.90	0.65	1.69
	2	0.091	0.410	1.465	4.992	2.80	0.66	1.33	8.55
	3	0.091	0.397	1.430	4.768	1.41	2.29	4.43	8.52
	4	0.092	0.412	1.434	4.759	4.17	2.22	2.45	4.38
直径 200 mm 最终抛光	5	0.146	0.789	2.584	6.606	6.09	5.15	2.07	1.24
	6	0.145	0.798	2.598	6.694	7.79	6.25	4.32	3.25
	7	0.128	0.729	2.605	6.857	4.16	3.74	3.81	3.40
	8	0.116	0.637	2.332	6.281	3.35	1.76	2.66	0.89
直径 200 mm 粗抛	9	2.418	6.441	10.08	14.41	1.35	1.31	1.23	0.96
	10	2.541	6.775	10.59	15.21	6.30	5.37	4.18	3.54
	11	2.669	7.052	10.91	15.89	6.89	6.23	6.20	5.83
	12	2.469	6.411	9.96	14.28	1.54	3.60	1.30	1.13
直径 200 mm 酸腐蚀	13	339.87	883.15	1 411.66	2 143.24	3.27	2.30	1.78	1.68
	14	347.57	915.12	1 490.70	2 314.67	1.37	1.64	1.87	2.40
	15	346.41	919.62	1 481.90	2 256.45	4.32	4.77	5.29	7.13
	16	339.38	901.30	1 449.77	2 185.77	2.52	2.04	1.93	4.52

表 B.4 所有位置图形 ii、iii 和 iv（硅片标准偏差）的平均标准偏差和
用硅片平均值归一化每个硅片对应的相对标准偏差

被测片表面状态	片号	标准偏差的平均 Å				标准偏差的相对标准偏差 %			
		10 μm	30 μm	80 μm	250 μm	10 μm	30 μm	80 μm	250 μm
直径 150 mm 最终抛光	1	0.007	0.026	0.106	0.517	2.2	1.4	2.1	2.2
	2	0.007	0.033	0.123	0.453	2.8	1.2	1.4	3.0
	3	0.004	0.023	0.079	0.578	4.6	1.6	3.7	4.6
	4	0.005	0.019	0.091	0.569	5.5	1.4	1.6	1.3
直径 200 mm 最终抛光	5	0.059	0.302	0.603	0.797	3.8	6.2	5.3	4.6
	6	0.065	0.347	0.703	0.807	4.0	1.8	2.9	3.1
	7	0.042	0.261	0.699	1.219	10.4	7.3	4.9	5.2
	8	0.025	0.156	0.463	0.789	4.7	4.0	3.1	4.1
直径 200 mm 粗抛	9	0.320	0.834	1.14	1.397	3.1	1.1	1.1	1.8
	10	0.321	0.816	1.17	1.553	4.4	4.0	3.2	4.5
	11	0.205	0.516	0.663	0.889	7.9	6.6	4.5	2.2
	12	0.353	0.901	1.06	1.234	2.2	2.3	0.9	0.6

表 B.4（续）

被测片 表面状态	片号	标准偏差的平均 Å				标准偏差的相对标准偏差 %			
		10 μm	30 μm	80 μm	250 μm	10 μm	30 μm	80 μm	250 μm
直径 200 mm 酸腐蚀	13	11.78	40.65	117.5	299.4	1.4	1.3	1.9	1.4
	14	13.35	42.61	86.4	197.8	1.4	2.0	2.0	1.6
	15	8.90	41.16	129.6	321.5	1.1	2.6	4.1	7.3
	16	10.49	34.25	107.8	245.6	0.7	0.7	0.2	2.5

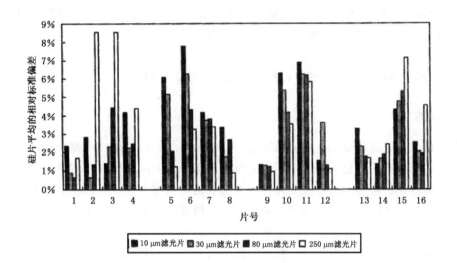

图 B.2　对所有被研究硅片和 10 μm、30 μm、80 μm 及 250 μm 波长的滤光片，
用硅片平均值归一化位置图形 ii、iii 和 iv 的平均值及相对标准偏差

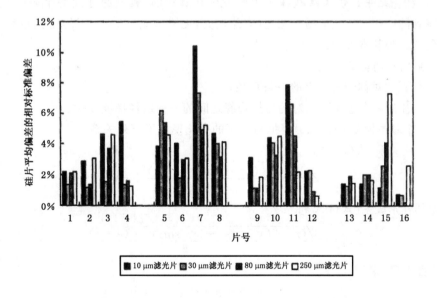

图 B.3　对所有被研究硅片和 10 μm、30 μm、80 μm 及 250 μm 波长的滤光片，
用硅片平均值归一化位置图形 ii、iii 和 iv 的平均值及相对标准偏差

B.4.2.3 发现位置平均粗糙度值的范围对 10 μm 滤光片从最终抛光片的 0.09Å 到酸腐蚀片的 350Å，而对 250 μm 滤光片，大致从 5Å 到 2 200Å。总的方面，大致分别覆盖了四个数量级和半个数量级大小的范围。不同位置图形的位置标准偏差为一个均匀硅片表面粗糙度的硅片平均粗糙度值约 10%～15%。对相关的位置标准偏差，在位置图形 ii、iii、iv 和 V 之间的差异是小的，代表值大约 1%～2%。例外的是 200 mm 的最终抛光片，对 10 μm 滤光片，标准偏差大约 50%～60%。

注：1Å=0.1 nm。

B.4.2.4 根据表 B.4 和表 B.5 中的硅片平均值的标准偏差在任何情况下小于 10%（图 B.2）。各种位置标准偏差（图 B.3）的标准偏差也小于或约为硅片平均值的 10%。这表明目前情况下任何位置图形（硅片中心的单个位置测量例外）相当合理地阐明了整个硅片表面"真实"的平均粗糙度和它的标准偏差。

B.4.2.5 对整个硅片粗糙度变化不大于或接近两个系数的硅片 5 点位置图形相当合理地阐明了平均表面粗糙度。对有疑问的（不能预知的）表面推荐用位置数较高的图形。

B.5 粗糙度分布的模型和用一个系数设计的实际试验对它们估值

B.5.1 模拟的目的

仅在很少的情况下才测量整个硅片的粗糙度。应找到一个近似值能代表整个硅片表面具有适当准确度的粗糙度。本标准第 7 章定义的三个不同的位置图形可以提供那样的近似值。使用这些位置图形进行多次测量就可以评价它们的真实性。另一种方法就是模拟整个硅片表面粗糙度的变化并且针对这种变化运用这些图形。这样很容易和系统地修正表面粗糙度性质和图的变化。应用系统的方法对结果进行再一次的评估。做这一工作最适合的工具是对使用的各种表面模型中的变数利用一个系数设计。当不同表面模型的变数变化不会引起对系数设计的估值有很大的影响时，可认为寻找一个能代表整个表面的位置图形的目的达到了。

B.5.2 粗糙度图的模拟

B.5.2.1 报告的测量结果提供了某些深入了解发生在真实的、典型的硅片整个表面粗糙度的变化。对不同硅片观察到的变化与特定的抛光工艺（有蜡抛光，无蜡抛光）以及使用的抛光参数有关。雾图的检查揭示了变化的三种基本模形：

a) 一种圆形对称的雾的变化；

b) 雾的变化近似对称于硅片上的一条直径；

c) 雾是从硅片的一个边缘到相对的另一边缘之间的一种线性梯度变化。

B.5.2.2 根据三个基本模型 a)、b)、c)模拟粗糙度的变化使用了下列关系：

模型 a)：抛物线关系[式(B.1)]

$$Z(x,y) = \frac{(x^2 + y^2) \cdot (e-c)}{r^2} + c \quad \cdots\cdots\cdots (B.1)$$

模型 b)：半圆柱形关系[式(B.2)]

$$Z(x,y) = \frac{\sqrt{(r^2 - (y \cdot \cos\alpha - x \cdot \sin\alpha)^2} \cdot (e-c)}}{r} + e \quad \cdots\cdots\cdots (B.2)$$

模型 c)：线性梯度[式(B.3)]

$$Z(x,y) = \frac{(y \cdot \cos\alpha - x \cdot \sin\alpha) \cdot (e-c)}{r} + c \quad \cdots\cdots\cdots (B.3)$$

式中：

r ——硅片半径；

α ——对称平面和 x 方向的夹角[模型 b)],或是梯度方向和 Y 方向的夹角[模型 c)];

e,c——分别是硅片边缘附近和中心处的粗糙度值。

B.5.2.3 利用上面的方程式[式(B.1)～式(B.3)],把粗糙度值分配到每个位置可以产生硅片表面的粗糙度图。这是采用 MathCad® 软件和假设为 200 mm 的硅片进行的,每个区域被分割为 1 mm² 尺寸的位置。

B.5.2.4 粗糙度不一定是表面各向同性的。例如在硅片表面上的同一点扫描两次,但方向是相互垂直时,一般获得不同的粗糙度值。因此,每个硅片假设两组参数——e_1 和 c_1、e_2 和 c_2,在每一情况可以产生代表粗糙度各向异性的两种图。

B.5.3 系数设计

B.5.3.1 为了比较产生的各种硅片,选择了两种级别的系数设计。参数 e_i 和 c_i($i=1,2$)用做变数并且在两个级别,0.1 和 0.2(任意单位)间变化。另外图形也被利用作为一个变数并且相应地指定值 -1 和 $+1$,结果是 2^5 系数设计。表 B.5 示出了全部使用的一组参数。

B.5.3.2 使用表 B.5 中参数全部 32 种可能的组合,可以生成具有 1 mm² 像素尺寸的硅片粗糙度图。使用一个图(平均粗糙度真实值,标准偏差真实值的全部像素以及本标准图 1 中所示的三个无联系的位置图形(平均值 1,平均值 5,平均值 9,标准偏差 5,标准偏差 9),计算了平均粗糙度和标准偏差。为了比较模型 a)和 b),相应的结果示于表 B.6 中。为了进一步的求值,这些值被归一化,关于平均粗糙度真实值的平均(相对平均粗糙度$_i = \dfrac{\text{平均粗糙度}_i}{\text{平均粗糙度真实值}}$,$i=1,5,9$),它们对于真实值差异的标准偏差相对标准偏差$_i = \dfrac{\text{标准偏差}_i - \text{标准偏差真实值}}{\text{标准偏差真实值}}$,$i=5,9$)(见表 B.7)。比较模型 a)和 c)的结果是相似的,这里不做详细说明。

表 B.5 2^5 系数设计使用的全部参数组

变数	e_1	c_1	e_2	c_2	模型
高等级	0.2	0.2	0.2	0.2	$+1$[模型 b)或 c)]
低等级	0.1	0.1	0.1	0.1	-1[模型 a)]

表 B.6 对模型 a)(变数＝-1)和 b)(变数＝1)粗糙度模拟的结果

片号	变数设定											
	c_1	e_1	c_2	e_2	符号	平均 1	平均 5	平均 9	平均	标准偏差 5	标准偏差 9	标准偏差
1	0.1	0.1	0.1	0.1	-1	0.1	0.1	0.1	0.1	0	0	0
2	0.2	0.1	0.1	0.1	-1	0.2	0.143	0.127	0.125	0.038	0.031	0.014
3	0.1	0.2	0.1	0.1	-1	0.1	0.117	0.129	0.125	0.021	0.032	0.014
4	0.2	0.2	0.1	0.1	-1	0.2	0.16	0.156	0.15	0.049	0.05	0
5	0.1	0.1	0.2	0.1	-1	0.1	0.123	0.116	0.125	0.028	0.018	0.014
6	0.2	0.1	0.2	0.1	-1	0.2	0.165	0.143	0.15	0.017	0.02	0.029
7	0.1	0.2	0.2	0.1	-1	0.1	0.14	0.144	0.15	0.021	0.021	0
8	0.2	0.2	0.2	0.1	-1	0.2	0.183	0.171	0.175	0.021	0.032	0.014

表 B.6（续）

片号	变数设定											
	c_1	e_1	c_2	e_2	符号	平均1	平均5	平均9	平均	标准偏差5	标准偏差9	标准偏差
9	0.1	0.1	0.1	0.2	−1	0.1	0.117	0.129	0.125	0.021	0.032	0.014
10	0.2	0.1	0.1	0.2	−1	0.2	0.16	0.156	0.15	0.021	0.021	0
11	0.1	0.2	0.1	0.2	−1	0.1	0.135	0.157	0.15	0.017	0.02	0.029
12	0.2	0.2	0.1	0.2	−1	0.2	0.117	0.184	0.175	0.028	0.018	0.014
13	0.1	0.1	0.2	0.2	−1	0.1	0.14	0.144	0.15	0.049	0.05	0
14	0.2	0.1	0.2	0.2	−1	0.2	0.183	0.171	0.175	0.021	0.032	0.014
15	0.1	0.2	0.2	0.2	−1	0.1	0.157	0.173	0.175	0.038	0.031	0.014
16	0.2	0.2	0.2	0.2	−1	0.2	0.2	0.2	0.2	0	0	0
17	0.1	0.1	0.1	0.1	1	0.1	0.1	0.1	0.1	0	0	0
18	0.1	0.1	0.1	0.1	1	0.2	0.158	0.153	0.142	0.047	0.048	0.009
19	0.1	0.2	0.1	0.1	1	0.1	0.102	0.102	0.108	0.003	0.003	0.009
20	0.2	0.2	0.1	0.1	1	0.2	0.16	0.156	0.15	0.049	0.05	0
21	0.1	0.1	0.2	0.1	1	0.1	0.133	0.13	0.142	0.04	0.034	0.009
22	0.2	0.1	0.2	0.1	1	0.2	0.191	0.183	0.185	0.007	0.015	0.017
23	0.1	0.2	0.2	0.1	1	0.1	0.135	0.132	0.15	0.038	0.032	0
24	0.2	0.2	0.2	0.1	1	0.2	0.193	0.185	0.192	0.009	0.016	0.009
25	0.1	0.1	0.1	0.2	1	0.1	0.107	0.114	0.108	0.009	0.016	0.009
26	0.2	0.1	0.1	0.2	1	0.2	0.165	0.168	0.15	0.038	0.032	0
27	0.1	0.2	0.1	0.2	1	0.1	0.109	0.117	0.115	0.007	0.015	0.017
28	0.2	0.2	0.1	0.2	1	0.2	0.167	0.17	0.158	0.04	0.034	0.009
29	0.1	0.1	0.2	0.2	1	0.1	0.14	0.144	0.15	0.049	0.05	0
30	0.2	0.1	0.2	0.2	1	0.2	0.198	0.198	0.192	0.003	0.003	0.009
31	0.1	0.2	0.2	0.2	1	0.1	0.142	0.147	0.158	0.047	0.048	0.009
32	0.2	0.2	0.2	0.2	1	0.2	0.2	0.2	0.2	0	0	0
平均						0.15	0.15	0.149 9	0.15	0.024 1	0.024 7	0.006 6
标准偏差						0.05	0.033 5	0.031 4	0.030 3	0.019 8	0.017 9	0.005 7

表 B.7　表 B.6 的归一化值

片号	变数设定				
	相对平均1	相对平均5	相对平均9	相对标准偏差5	相对标准偏差9
1	1.000 0	1.000 0	1.000 0	0.000 0	0.000 0
2	1.600 0	1.144 0	1.016 0	0.192 0	0.136 0
3	0.800 0	0.936 0	1.032 0	0.056 0	0.144 0

表 B.7（续）

片号	变数设定				
	相对平均 1	相对平均 5	相对平均 9	相对标准偏差 5	相对标准偏差 9
4	1.333 3	1.066 7	1.040 0	0.326 7	0.333 3
5	0.800 0	0.984 0	0.928 0	0.112 0	0.032 0
6	1.333 3	1.100 0	0.953 3	0.800 0	0.060 0
7	0.666 7	0.933 3	0.960 0	0.140 0	0.140 0
8	1.142 9	1.045 7	0.977 1	0.040 0	0.102 9
9	0.800 0	0.936 0	1.032 0	0.056 0	0.144 0
10	1.333 3	1.066 7	1.040 0	0.140 0	0.140 0
11	0.666 7	0.900 0	1.046 7	0.080 0	0.060 0
12	1.142 9	1.011 4	1.051 4	0.080 0	0.022 9
13	0.666 7	0.933 3	0.960 0	0.326 7	0.333 3
14	1.142 9	1.045 7	0.977 1	0.040 0	0.102 9
15	0.571 4	0.897 1	0.988 6	0.137 1	0.097 1
16	1.000 0	1.000 0	1.000 0	0.000 0	0.000 0
17	1.000 0	1.000 0	1.000 0	0.000 0	0.000 0
18	1.408 5	1.112 7	1.077 5	0.267 6	0.274 6
19	0.925 9	0.944 4	0.944 4	0.055 6	0.055 6
20	1.333 3	1.066 7	1.040 0	0.326 7	0.333 3
21	0.704 2	0.936 6	0.915 5	0.218 3	0.176 1
22	1.081 1	1.032 4	0.989 2	0.054 1	0.010 8
23	0.666 7	0.900 0	0.880 0	0.253 3	0.213 3
24	1.041 7	1.005 2	0.963 5	0.000 0	0.036 5
25	0.925 9	0.990 7	1.055 6	0.000 0	0.064 8
26	1.333 3	1.100 0	1.120 0	0.253 3	0.213 3
27	0.869 6	0.947 8	1.017 4	0.087 0	0.017 4
28	1.265 8	1.057 0	1.075 9	0.196 2	0.158 2
29	0.666 7	0.933 3	0.960 0	0.326 7	0.333 3
30	1.041 7	1.031 3	1.031 3	0.031 3	0.031 3
31	0.632 9	0.898 7	0.930 4	0.240 5	0.246 8
32	1.000 0	1.000 0	1.000 0	0.000	0.000 0
平均	0.996 8	0.998 7	1.000 1	0.128 7	0.125 4
标准偏差	0.270 0	0.068 2	0.052 1	0.110 6	0.108 0
最大	1.600 0	1.144 0	1.120 0	0.326 7	0.333 3
最小	0.571 4	0.897 1	0.880 0	0.000 0	0.000 0

B.5.3.3 对于各种变数组的相对平均值的平均值接近小于整体的1%。相应的标准偏差从相对平均值1到9分别减小从27%到5%，作为一种欲达到的期望，表明相对平均值9作为整个表面粗糙度与相对平均值1或5比较时是一个最精确的值。相对标准偏差5,9其平均值偏离真实值大约接近12%。对于相对标准偏差5和9，相应的标准偏差偏离不大。

B.5.3.4 当根据使用系数设计评价结果时，可以得到更加详细的信息。为了归一化模拟的结果，采取利用常系数的表，计算了改变变数的第1阶到第5阶的结果。第1阶的——或主要的——结果是对一个参数的级别和在其他所有范围内观察结果的平均，两者观察到的结果不同。第2阶的结果是对变数相互作用的测量并且用计算等级1的变数2和等级2的变数2对变数1平均结果的差值的一半得到。第三阶和更高阶的结果，目前的工作尚未考虑。假设忽略不计它们并用它们来计算结果的方差(=第3阶到第5阶结果的平方的平均值的方根)。

B.5.3.5 对主要的(第1阶)和第2阶的结果，表B.8和表B.9分别示出了这一估值的结果。

表 B.8 平均值(在整个变数组范围)和各种变数对观察的主要结果
(最后一栏显示的是从第2阶到第5阶结果计算的方差)

项目	平均值	c_1	e_1	c_2	e_2	对称	方差
相对平均1	0.996 8	0.448 2	−0.111 1	−0.223 7	−0.111 1	−0.006 4	$4.16×10^{-5}$
相对平均5	0.998 7	0.113 4	−0.046 0	−0.037 7	−0.028 7	−0.002 7	$3.69×10^{-6}$
相对平均9	1.000 1	0.043 9	0.006 7	−0.073 4	0.035 6	−0.000 1	$4.37×10^{-6}$
相对标准偏差5	0.128 7	−0.003 8	−0.004 9	−0.007 3	−0.008 0	0.031 5	$3.43×10^{-4}$
相对标准偏差9	0.125 4	−0.006 4	−0.005 7	−0.011 3	−0.005 2	0.019 8	$4.87×10^{-4}$

表 B.9 第二阶的结果(最后一栏显示的是从第2阶到第5阶结果计算的方差)

项目	c_1/e_1	c_1/c_2	c_1/e_2	$c_1/$对称	e_1/c_2	e_1/e_2	$e_1/$对称	c_2/e_2	$c_2/$对称	$e_2/$对称	方差
相对平均1	−0.015 7	−0.022 1	−0.015 7	−0.059 0	0.021 8	0.016 0	0.057 9	0.021 8	−0.054 7	0.057 9	$4.16×10^{-5}$
相对平均5	−0.001 5	−0.007 9	−0.004 0	−0.006 7	0.006 5	0.005 4	0.006 4	0.003 9	−0.022 5	0.023 8	$3.69×10^{-6}$
相对平均9	−0.000 3	0.002 3	−0.005 7	0.030 4	0.004 9	−0.001 5	−0.030 4	−0.000 5	−0.009 2	0.011 9	$4.37×10^{-6}$
相对标准偏差5	−0.006 2	−0.184 8	−0.060 3	−0.002 7	−0.042 3	−0.039 2	0.005 9	0.033 5	−0.000 5	0.002 9	$3.43×10^{-4}$
相对标准偏差9	0.008 0	−0.147 1	−0.072 2	0.000 2	−0.024 7	−0.089 4	0.000 3	0.051 8	0.002 7	0.000 8	$4.87×10^{-4}$

B.5.3.6 主要结果的性质也在图B.4中用图说明，图中绘出了相对平均值1、5、9和标准偏差5、9对于变数的变化。排除在0.1和0.2之间改变中心1对相对平均值的影响是很容易理解的，因为相对平均值1仅仅由硅片表面中心一个测量点组成。对相对平均值5和9观察到相似但较少明显的影响。注意，对于中心2当在计算相对平均值1、5或9不包括这点时，发生了相反的结果。同时还注意到，变数边缘1或2有极少的明显影响。任何情况下，5点测量提供了准确的平均值±6%，9点测量±2.5%。类似情况，5点的标准偏差的准确度±1.6%，9点的标准偏差的准确度±1%。

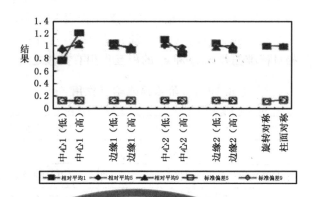

图 B.4 对模型 a)和 b)2⁵ 系数设计的主要结果

B.5.3.7 仅仅对于表 B.8 和 B.9 中显示的所观察到的噪声或方差,能够估价两个表给出的数字的意义。信号噪声比 S/N 可以用对数测量获得[见式(B.4)]:

$$S/N = 10\lg(结果^2 / 方差)$$

B.5.3.8 对应主要结果和二阶结果的 S/N 列于表 B.10 和表 B.11。

表 B.10 表 B.8 主要结果的 S/N

项目	平均值	c_1	e_1	c_2	e_2	对称
相对平均 1	43.781 7	36.838 4	24.725 1	30.804 6	24.725 1	−0.036 4
相对平均 5	54.321 5	35.423 0	27.595 9	25.860 9	23.480 1	2.941 6
相对平均 9	53.595 9	26.438 7	10.174 1	30.912 4	24.626 0	−26.261 2
相对标准偏差 5	16.838 3	−13.675 0	−11.495 9	−8.064 6	−7.824 6	4.615 4
相对标准偏差 9	15.093 4	−10.799 6	−11.765 6	−5.792 6	−12.574 5	−0.935 9

表 B.11 表 B.9 二阶结果的 S/N

项目	c_1/e_1	c_1/c_2	c_1/e_2	$c_1/对称$	e_1/c_2	e_1/e_2	$e_1/对称$	c_2/e_2	$c_2/对称$	$e_2/对称$
相对平均 1	7.704 5	10.711 0	7.704 5	19.223 7	10.589 7	7.873 2	19.068 2	10.589 7	18.568 4	19.068 2
相对平均 5	−2.310 6	12.274 3	6.382 0	10.829 1	10.552 9	9.016 2	10.441 4	6.241 7	21.382 0	21.851 7
相对平均 9	−17.003 4	0.727 8	8.743 8	23.251 2	7.395 4	−3.173 8	23.255 8	−11.962 3	12.861 8	15.136 1
相对标准偏差 5	−9.558 7	19.985 3	10.257 5	−16.748 4	7.180 2	6.517 8	−9.891 0	5.159 4	−32.115 3	−16.130 8
相对标准偏差 9	−8.850 5	16.478 2	10.293 2	−40.553 0	0.973 0	12.148 6	−37.173 3	7.419 1	−18.333 6	−28.684 6

B.5.3.9 为了从不重要的数据中区别出重要的数据,通常利用 3∶1 的线性信噪比。在目前对数信噪比的情况,线性比对应 S/N 大约为 10 左右。在表 B.10 和表 B.11 中暗灰色阴影部分比 $S/N>10$。变数中心 1、2 和边缘 1、2 对相对平均值 1、5、9 有重要的影响。选择的模型与其他变数的相互作用主要是对相对平均值 1、5、9 很重要,而且中心点 1 和 2 的相互作用对相对标准偏差 5、9 很重要。表 B.11 中用阴影着重的其他情况,S/N 仅稍大于 10。

B.5.3.10 对于两个例子,即相对平均9和相对标准偏差5(表 B.12)讨论了相互作用。从低对称[模型 a),抛物线对称]到高对称[模型 b),柱面对称]进行并保持 c_1 固定在低等级,相对平均9从0.993降到0.963。而当 c_1 保持固定在高等级时,它从1.007增加到1.037。这种在相反方向的变化说明 c_1 和对称之间的相互作用。对于相对标准偏差5, c_1 和 c_2 的相互作用有类似之处。

表 B.12 二阶结果或相互作用

c_1(低)/对称(高)	0.963		c_1(高)/对称(高)	1.037
相对平均9				
c_1(低)/对称(低)	0.993		c_1(高)/对称(低)	1.007
c_1(低)/c_2(高)	0.219		c_1(高)/c_2(高)	0.031
相对标准偏差5				
c_1(低)/c_2(低)	0.132		c_1(高)/c_2(低)	0.223

B.5.4 摘要和结论

B.5.4.1 研究了关于表面粗糙度分布(粗糙度图)的三种不同模型,对粗糙度测量应用了三种不同的位置图形。模型的参数——在硅片中心和近边缘附近处的粗糙度——作为系数设计的变数,并且在两个等级间改变。对于位置图形计算的平均粗糙度与用粗糙度图估值所有点获得的"真实"值进行了比较。

B.5.4.2 用五点和九点测量粗糙度的图形,显示出的标准偏差分别是7%和5%,这是从对所有可能的变数组合得到的真实值得到的。单一变数组的粗糙度分布的标准偏差的平均值与五点及九点位置图形的真实值之差大约为13%。用在32个不同变数组上的平均得到大约11%标准偏差的标准偏差。

B.5.4.3 变数 c_1、c_2、e_1 和 e_2 变化的那种系数设计轮廓的估值对平均粗糙度具有很重要的影响——关于噪声——但是,不影响对应的标准偏差。变化表面模型不对平均粗糙度和标准偏差有重要影响。某些二阶结果或相互作用也是很重要的,但是明显不如主要结果。变数 c_1 和 c_2 可发生显著的相互作用,例如对五点的标准偏差5。这种相互作用可以用引入一个测量粗糙度的附加位置来减小,即在硅片中心采用一垂直目前位置的方向上。

B.5.4.4 寻找一组仅仅没有重要影响的图形的目的,采用目前工作中五点和九点图形不能完全达到。然而,它们能够用于测量宽范围变化的表面粗糙度分布的平均粗糙度,具有 1σ 偏差 5%～7%,或 3σ 偏差 15%～21%。这些值对现在的硅片表面无疑已经足够了。

参 考 文 献

[1] ASTM E 1392 在镜状或漫射表面上角分辨光学散射测量规程(Practice for Angle Resolved Optical Scattering Measurements on Specular or Diffuse Surfaces)

[2] ASTM F 1048 用全积分散射法测量光学元件的有效表面粗糙度的测试方法(Test Method for Measuring the Effective Surface Roughness of Optical Components by Total Integrated Scattering)

[3] Lie Dou and Mary pat Broderick. 自动硅片颗粒及缺陷的检查和分类新技术,SEMATECH 技术转移文件 SEMATECH♯95082941A-TR. IEEE/SEMI 先进半导体制造研讨会,1997.

[4] J. M. Bennett,L. Mattson. Introduction to Surface Roughness and Scattering,Optical Society of America Washington,D. C.,1989.

[5] G. E. P. Box,W. G. Hunter,J. S. Hunter,John Wiley. Statistics for Experiments,An Introduction to Design,Data Analysis,and Model Building. N. Y..

[6] J. A. Ogilvy. Theory of Wave Scattering from Random Rough Surfaces. IOP Publishing, Bristol,1991.

[7] J. C. Stover. Optical Scattering,Measurement and Analysis,Second Edition. McGraw-Hill, Inc.,N. Y. 1955.

[8] P. Wagner,H. A. Gerber. W. Baylies,P. Wagner. In Particles,Haze and Microroughness on Silicon Wafers. Eds SEMICON Europe 1955.

[9] Lie Dou,L. Peterson,E. Bates,M. P. Broderick,M. David and V. Myers. 硅片表面缺陷自动检查和分类系统. SEMI 半导体技术研讨会,1996.

[10] Wayne Chen,Raj Persaud and George Kren. 使用 SP1 表面扫描仪探测和正确分类硅片表面缺陷. SEMICON 中国技术研讨会 1999.

[11] 刘伟、孙燕、卢立延. 硅片表面的颗粒测量. 第八届国际材料学会联合会电子材料国际研讨会张贴报告.

[12] 卢立延、孙燕. 应用表面扫描仪研究硅抛光片表面质量. 98 全国半导体硅材料学术会议论文集.

[13] 孙燕、李莉、孙媛,等。测试方法对硅片表面粗糙度测量结果影响的研究. 稀有金属 2009 (6).

ICS 29.045
H 80

中华人民共和国国家标准

GB/T 29507—2013

硅片平整度、厚度及总厚度变化测试 自动非接触扫描法

Test method for measuring flatness,thickness and total thickness variation
on silicon wafers—Automated non-contact scanning

2013-05-09 发布

2014-02-01 实施

中华人民共和国国家质量监督检验检疫总局
中国国家标准化管理委员会 发布

前　言

本标准按照 GB/T 1.1—2009 给出的规则起草。

本标准由全国半导体设备和材料标准化技术委员会(SAC/TC 203)提出并归口。

本标准起草单位:上海合晶硅材料有限公司、有研半导体材料股份有限公司。

本标准主要起草人:徐新华、王珍、孙燕、曹孜。

硅片平整度、厚度及总厚度变化测试
自动非接触扫描法

1 范围

本标准规定了直径不小于 50 mm，厚度不小于 100 μm 的切割、研磨、腐蚀、抛光、外延或其他表面状态的硅片平整度、厚度及总厚度变化的测试。

本标准为非破坏性、无接触的自动扫描测试方法，适用于洁净、干燥硅片的平整度和厚度测试，且不受硅片的厚度变化、表面状态和硅片形状的影响。

2 规范性引用文件

下列文件对于本文件的应用是必不可少的。凡是注日期的引用文件，仅注日期的版本适用于本文件。凡是不注明日期的引用文件，其最新版本（包括所有的修改单）适用于本文件。

GB/T 14264　半导体材料术语

3 术语和定义

3.1　GB/T 14264 界定的术语和定义适用于本文件。

3.2　硅片平整度参数的缩写及定义见表1。

表 1　硅片平整度参数的缩写及定义

缩写	测试方法	基准面	基准面构成	区域	测试参数
GBIR (global flatness back side reference plane ideal range)	总的	背表面	理想背表面	质量合格区	TIR
GF3R (global flatness front side reference plane 3 points range)	总的	正表面	三点构成的基准面		TIR
GF3D (global flatness front side reference 3 points deviation)	总的	正表面	三点构成的基准面		FPD
GFLR (global flatness front side reference plane least-squares range)	总的	正表面	最小二乘法构成的基准面	质量合格区	TIR

表 1（续）

缩写	测试方法	基准面	基准面		测试参数
			基准面构成	区域	
GFLD (global flatness front least squares deviation)	总的	正表面	最小二乘法构成的基准面	质量合格区	FPD
SBIR (site flatness back side reference plane global ideal range)	局部	背表面	理想背表面	质量合格区	TIR
SBID (site flatness back side reference plane global ideal deviation)	局部	背表面	理想背表面	质量合格区	FPD
SF3R (site flatness global front side reference plane 3 points range)	局部	正表面	三点构成的基准面		TIR
SF3D (site flatness global front side reference plane 3 points deviation)	局部	正表面	三点构成的基准面		FPD
SFLR (site flatness global front side reference plane least squares range)	局部	正表面	最小二乘法构成的基准面	质量合格区	TIR
SFLD (site flatness global front side reference plane least squares deviation)	局部	正表面	最小二乘法构成的基准面	质量合格区	FPD
SFQR (site flatness front side reference plane site least squares range)	局部	正表面	最小二乘法构成的基准面	局部区域	TIR
SFQD (site flatness front side reference plane least squares deviation)	局部	正表面	最小二乘法构成的基准面	局部区域	FPD
SFSR (site flatness front sub-side reference plane site least squares range)	局部	正表面	最小二乘法构成的基准面	次局部区域	TIR
SFSD (site flatness front sub-side reference plane least squares deviation)	局部	正表面	最小二乘法构成的基准面	次局部区域	FPD

4 方法提要

将被测硅片放置在平坦、洁净的小吸盘上,吸盘带动硅片沿规定的图形在两个相对的探头之间运动,两个探头同时测试得到一对位移数据,构成厚度的数据组($t[x,y]$)。当硅片背表面是理想平面时,数据组描述了硅片的正表面。该数据组可以产生所需的一个或多个参数,需要测量平整度时,在硅片背表面或正表面构建一个符合要求的基准面和焦平面。计算并报告硅片的厚度、总厚度变化以及相对于背表面或正表面基准面和焦平面的平整度、局部平整度参数。

5 干扰因素

5.1 在测试扫描期间,任何探头间或探头沿探头轴的相对运动都会产生横向位置等效测试数据误差。

5.2 大多数设备具有一定的厚度测试(结合翘曲度)范围,无需调整即可满足要求。如果校准或测试试样超出测试范围,可能产生错误的结果。操作者可通过设备的超量程信号得知这一情况。

5.3 数据点的数量及其间距不同可能影响测试结果。

5.4 测试局部平整度时,选择测试是否包括硅片边缘的不完整区域,将影响局部平整度的测试值,可通过插值技术减少这种影响。

5.5 选择基准面不同,得到的平整度的值可能不同。

5.6 本方法对硅片背表面微观颗粒相对敏感。

6 仪器设备

6.1 硅片夹持装置:例如吸盘或硅片边缘夹持装置,该装置的材质和尺寸可由测试双方协商确定。

6.2 多轴传输系统,提供了硅片夹持装置或探头在垂直于测试轴的几个方向的可控移动方式。该移动应允许在合格质量区域内以指定的扫描方式收集数据,且可设定采样数据点的间距。

6.3 探头部件,带有一对非接触位移传感探头,具体要求如下:

    a) 探头应能独立探测晶片的两个表面到距之最近探头的距离 a 和 b;

    b) 探头将被分别安装在硅片两面,并使两探头相对;

    c) 两探头同轴,且其共同轴为测试轴;

    d) 校准和测试时探头距离 D 应保持不变;

    e) 位移分辨率应小于或等于 10 nm;

    f) 探头传感器尺寸为 4 mm×4 mm,或由测试双方确定。

探头支持装置和指示单元(见图1)。

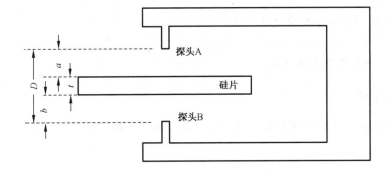

图 1 硅片、探头、设备示意图

6.4 控制系统,包括数据处理器及合适的软件。测试设备应具有程序输入选择清单的功能;可以自动按照操作者设定的条件进行测量、数据处理,并根据操作者的设置数值对硅片分类。必要的计算应可在设备系统内部自动完成,并可直接显示测量结果。

6.5 数据报告分辨率应为 10 nm 或更小。

注:精确的局部平整度测量需要测量邻接的定位点,足以详细地显示表面布局。推荐局部平整度测量使用一个和邻近点分隔 2 mm 或更少的数据点阵列。也推荐使用数据组去计算局部平整度,这时数据取自每个局部区域的拐角处并且沿着每个局部的边界,使得有效局部尺寸等于这局部尺寸区域。

6.6 硅片传输系统,包括硅片的自动装载和分类功能。

7 测量步骤

7.1 参数设置(根据需要选择测试硅片厚度、总厚度变化、平整度)

7.1.1 硅片的中心点厚度

硅片的中心点厚度为硅片的标称厚度。

7.1.2 总厚度变化的测试模式选择

7.1.2.1 5 点。

7.1.2.2 扫描方式。

7.1.3 平整度参数的测量模式选择

7.1.3.1 总平整度(G)

总平整度(G)选择如下:
a) 范围(总指示读数,TIR)(R);
b) 偏差(焦平面偏差,FPD)(D)。

7.1.3.2 局部平整度(S)

局部平整度(S)选择如下:
a) 指示读数(TIR)——每个局部区域局部平整度指示读数的值或最大值,或两者;
b) 偏差(FPD)——每个局部区域局部平整度偏差的值或最大值,或两者;
c) 图形或者柱状图显示部分或全部数值的分布。

如果确定选择局部平整度,需定义:
a) 局部区域的尺寸;
b) 局部区域相对 FQA 中心的位置;
c) 局部区域相互之间的位置,例如直线模式或者错层模式;
d) 选择是否包含局部不完整区域。

7.1.3.3 基准面的选择

7.1.3.3.1 构成基准面的点应位于合格质量区内。基准面选择如下:
a) 正表面(F)
b) 背表面(B)

7.1.3.3.2 对总平整度测试,可选择如下三个基准面之一:
a) 理想背表面(I);

b) 正表面三点平面(3);

c) 正表面最小二乘法平面(L)。

7.1.3.3.3 对于选择总基准面的局部平整度测试,可选择如下三个基准面之一:

a) 理想背表面平面(I);

b) 正表面三点平面(3);

c) 正表面最小二乘法平面(L)。

7.1.3.3.4 对于选择局部基准面的局部平整度测试,可选择如下基准面:

在局部区域内对正表面进行最小二乘法拟合平面(Q)。

7.1.3.3.5 对于使用次局部区域基准面的扫描局部平整度测试,可选择以下基准面:

在次局部区域对正表面进行最小二乘法拟合平面(S)。

7.1.3.4 合格质量区域的选择

通过规定边缘去除 EE 尺寸选择合格质量区域(FQA)。

注:有关硅片平整度参数的缩写定义及依据平整度确定网络方法参见附录 A,平整度的选择参照表1。

7.2 校准及校准用参考片

7.2.1 参考片的总厚度变化值(TTV)、平整度应有一组确定的值,该组数值用来判定测试设备所测得的数据与参考片数值的一致性。

7.2.2 参考片自身标有一组厚度或平整度参数的数据组(RDS),其中每个参数值是通过大量重复测试获得的平均值,且是在排除了所有可能的干扰因素之后依照本方法校正后重新得到的数据。

7.2.3 使用测试设备测试参考片,获得参考片测试数据组(SDS)。

7.2.4 将同一参数的两数据组相减,获得差值数据组(DDS),见式(1)。

$$DDS = RDS - SDS \quad\quad\quad\quad\cdots\cdots\cdots\cdots\cdots\cdots\cdots\cdots\cdots\cdots\cdots(1)$$

DDS 包含很多数值,表示设备测试值与参考片标称值之间的差值。DDS 数值用于确定参考片与设备测试之间的一致程度和可接受水平。

最简单的用于衡量是否可接受的标准是差异的最大值,即 DDS 的最大绝对值。它代表测试结果与参考片的值之间最大的不一致程度。只有设备的测试差异最大值小于这个值时才认为设备是可用的。更多复杂的计算也可用于判断测试是否可接受。例如,可使用参数值的 DDS 统计分析(平均值,标准偏差等)的柱状图。这些数据与可接受限相比较或提供对差异的性质和来源的进一步分析,或者两者都有,可接受水平由测试双方商定。

7.3 测量

将硅片放在测量设备上,开始测试。

7.4 测试结果计算

7.4.1 使用厚度$[t(x,y)]$的原理,用结果数据组计算硅片的厚度和平整度,详见附录 B。

7.4.2 硅片的厚度、总厚度变化和所需的平整度参数的计算可由设备内部自动计算并直接显示。

8 报告

报告应包含以下内容:

a) 日期、时间和测试温度;

b) 操作者;

   c)   测试实验室；

   d)   测试设备，包括硅片夹持装置的直径、数据点间距、传感器尺寸和测试方法；

   e)   测试片信息：包括硅片编号、直径、中心厚度和规定的边缘去除区域 EE；

   f)   硅片厚度；

   g)   总厚度变化；

   h)   平整度，可选择由以下一个或多个描述方法：

      1) 总平整度；

      2) 测试中局部平整度的最大值；

      3) 局部平整度的百分数，即允许局部平整度小于或等于设定值的比例；

   i)   作为仲裁测试，报告应包含每片测试硅片的标准偏差，有需要时，如测试了局部平整度，列出所有测试硅片的所有局部平整度的分布情况。

9   精密度

9.1   本方法的精密度是经过三个实验室的测试比对确定的，测试硅片试样共 30 片，硅片直径100 mm、125 mm 和 150 mm 三种规格。

9.2   单个实验室精密度：厚度不大于 0.24 μm (R3S)；TTV 不大于 0.33 μm (R3S)；SBIR 不大于 0.17 μm (R3S)。

9.3   多个实验室精密度：厚度不大于 1.00 μm (R3S)；TTV 不大于 0.40 μm (R3S)；SBIR 不大于 0.39 μm (R3S)。

附　录　A
（资料性附录）
依据平整度确定网络和 SEMI MF 1530-0707 标准中精密度

A.1　平整度确定网络

平整度确定网络见图 A.1。

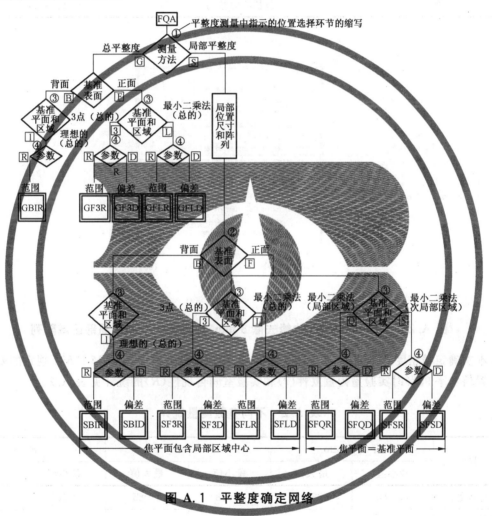

图 A.1　平整度确定网络

A.2　SEMI MF 1530-0707 精密度

A.2.1　对直径 200 mm 的 23 片单面抛光片进行了巡回测试,这些片分为三个不同的处理工艺,所有片的正表面都是裸硅。其中两个背表面是裸硅,另一个背表面有氧化层。

A.2.2　在八个实验室测量了厚度,在其中的六个测量了平整度。共 23 个片子。每一片都在自动测量系统依据本标准进行测量。

A.2.3　所有测试数据都是在规定了边缘去除 3 mm 获得的。

A.2.4　平整度值是在定义了 15×15 的局部,X 和 Y 轴相对硅片中心偏移 7.5 mm 时计算获得的。在这 137 个局部阵列中,精密度统计来源于四种选择:两个完整的局部位于中心区域。两个不完整区域沿着 FQA 的边界,如表 A.1 所示,图 A.2 展示了全部的 137 个局部阵列。

表 A.1 局部区域信息

局部区域数量	局部区域类型	硅片上位置
69	完整的	中心点
73	完整的	从中心点 60 mm(0°)
75	包括不完整的	FQA 边界(0°)
135	包括不完整的	切口(270°)

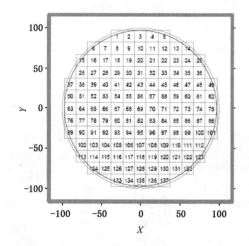

图 A.2 200 mm 硅片上边缘去除 3 mm,15 mm×15 mm 局部区域阵列

A.2.5 本次确定精密度的研究中,实验室、样片以及测量的数目符合 ASTM E 691 规定的要求。

A.2.6 置信水平 95% 时实验室内重复性(r)和实验室间再现性(R)的统计见表 A.2。

表 A.2 不同参数测量统计

参 数	平均值/μm		$r/\mu m$		$R/\mu m$	
	最小值	最大值	最小值	最大值	最小值	最大值
中心点厚度	714.86	735.87	0.028	0.085	0.563	1.039
TTV	0.94	2.39	0.026	0.091	0.100	0.292
69 区域 SBIR	0.09	0.24	0.010	0.012	0.017	0.095
73 区域 SBIR	0.14	0.54	0.013	0.026	0.015	0.037
75 区域 SBIR	0.29	1.16	0.017	0.093	0.109	0.243
135 区域 SBIR	0.20	1.05	0.015	0.068	0.035	0.892

A.2.7 图 A.3～图 A.8 分别显示了对硅片的中心点厚度、TTV 和四个不同取点的 SBIR 参数的平均值的重复性(r)和实验室间再现性(R)。

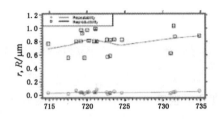

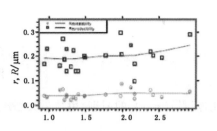

表 A.3　中心点厚度平均值重复性和再现性　　　表 A.4　总厚度变化平均值重复性和再现性

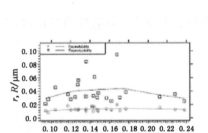

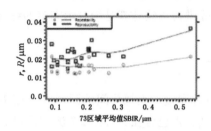

表 A.5　69 区域 SBIR 重复性和再现性　　　表 A.6　73 区域 SBIR 重复性和再现性

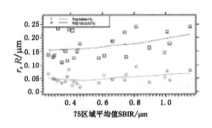

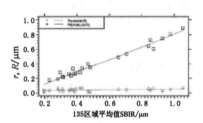

表 A.7　75 区域 SBIR 重复性和再现性　　　表 A.8　135 区域 SBIR 重复性和再现性

附 录 B

（规范性附录）

测试结果计算

使用厚度$[t(x,y)]$的原理,用结果数据组计算硅片的厚度和平整度。

B.1 概述

硅片的厚度、总厚度变化和所需的平整度参数的计算可由设备内部自动计算并直接显示。

以下提供的离线计算是为显示完整的程序。

B.2 厚度

B.2.1 硅片厚度由两探头间的距离以及探头与之最近的硅片表面的距离决定。在每个测试位置,所有的间距之和都包含在 D 中,每个测试位置的厚度按式(B.1)计算:

$$t(x,y) = D(x,y) - [a(x,y) + b(x,y)] \quad\quad\quad (\text{B}.1)$$

式中:

D ——探头 A,B 之间的距离;

a ——探头 A 和与之最近的硅片表面间的距离;

b ——探头 B 和与之最近的硅片表面间的距离;

t ——硅片厚度。

B.2.2 硅片中心点的厚度作为硅片的标称厚度

B.2.3 总厚度变化(TTV):由硅片上厚度最大值与厚度最小值相减得到的式(B.2)计算:

$$\text{TTV} = t_{max} - t_{min} \quad\quad\quad\quad (\text{B}.2)$$

B.3 平整度的确定

B.3.1 根据数据组 $t(x,y)$ 集做出基准面。

  注:使用厚度数据组 $t(x,y)$ 基准面,相当于设置了晶片背表面的每个点为 Z 轴原点,如 SEMI M20 中所定义,则每
    点的 Z 值相当于该点的厚度。这相当于规定了晶片的背表面需放置在一个理想的吸盘上。

基准面表示形式如式(B.3):

$$Z_{ref} = a_R x + b_R y + c_R \quad\quad\quad\quad (\text{B}.3)$$

式中:

a_R, b_R, c_R——常数,选择如式(B.4)和式(B.5)所示:

a) 对于理想背表面基准面:

$$a_R = b_R = c_R = 0 \quad\quad\quad\quad (\text{B}.4)$$

b) 对于最小二乘法基准面:

$$\sum_{x,y} [t(x,y) - (a_R x + b_R y + c_R)]^2 \quad\quad\quad\quad (\text{B}.5)$$

选择 a_R, b_R, c_R 应使式(B.5)差值最小,而基准面区域的选择应遵循:当选择总平整度时为整个合格质量区域,当选择局部时为合格质量区域中局部区域的那部分,当选择次局部区域时为合格质量区域中次局部区域的那部分。

c)　对于三点基准面,如式(B.6):

$$t(x_1,y_1)=a_R x_1+b_R y_1+c_R$$
$$t(x_2,y_2)=a_R x_2+b_R y_2+c_R \quad\cdots\cdots\cdots\cdots\cdots(B.6)$$
$$t(x_3,y_3)=a_R x_3+b_R y_3+c_R$$

其中(x_1,y_1)、(x_2,y_2)和(x_3,y_3)均匀分布于距硅片边缘3mm处的圆周上。

注:a_R和a_F分别提供了基准面和焦平面的在X方向的斜率,b_R和b_F分别提供了基准面和焦平面在Y方向的斜率,c_R和c_F分别提供了该点从晶片背表面到基准面和焦平面中心点的距离。

B.3.2　构成焦平面,利用数据集$t(x,y)$计算偏差参数,焦平面表示如式(B.7):

$$Z_{focal}=a_F x+b_F y+c_F \quad\cdots\cdots\cdots\cdots\cdots(B.7)$$

焦平面与基准面平行,所以在任何情况下都有

$$a_F=a_R,b_F=b_R$$

当总焦平面与相应的基准面一致时,

$$c_F=c_R$$

一个局部或次局部区域焦平面用相应的基准面取代时,

$$c_F=t(x_0,y_0)-(a_F x_0+b_F y_0)$$

式中:

x_0,y_0分别是局部或次局部区域中心点的坐标。

B.3.3　通过式(B.8)确定各点厚度与基准面或焦平面间差异

$$f(x,y)=t(x,y)-(a_i x+b_i y+c_i) \quad\cdots\cdots\cdots(B.8)$$

此处下标i取R或F,取决于使用的是基准面或焦平面,(x,y)位于合格质量区域,无论是选择局部,或次局部区域,分别对应于总的、局部、次局部参数的测定。

B.3.4　通过式(B.9)确定范围(也称TIR)。

$$TIR=f(x,y)_{max}-f(x,y)_{min} \quad\cdots\cdots\cdots\cdots(B.9)$$

式中:

$f(x,y)_{max}$——规定的(x,y)范围内,$f(x,y)$的最大值;

$f(x,y)_{min}$——规定的(x,y)范围内,$f(x,y)$的最小值。

在这种情况下,使用焦平面或基准面所得结果相同。

注:GBIR,用理想背表面做基准面时的平整度TIR,它等于TTV。然而,TTV能够从$t(x,y)$数据组获得而不必构造基准面。

B.3.5　使用焦平面确定焦平面偏差(FPD)。FPD取$|f(x,y)_{min}|$和$|f(x,y)_{max}|$两者中大的值。若$|f(x,y)_{max}|>|f(x,y)_{min}|$,则在值前添加"+"号;若$|f(x,y)_{min}|>|f(x,y)_{max}|$,则在值前添加"—"号。

B.3.6　记录测定值。

B.3.7　用于仲裁或其他测试时,如果测试不止一次,计算每片被测硅片的最大值、最小值、标准偏差、平均值和测试范围。依据测试双方的商定记录标准偏差和其他统计参数。

ICS 29.045
H 82

中华人民共和国国家标准

GB/T 29849—2013

光伏电池用硅材料表面金属杂质含量的
电感耦合等离子体质谱测量方法

Test method for measuring surface metallic contamination of silicon materials used for
photovoltaic applications by inductively coupled plasma mass spectrometry

2013-11-12 发布

2014-04-15 实施

中华人民共和国国家质量监督检验检疫总局
中国国家标准化管理委员会 发布

前　言

本标准按照 GB/T 1.1—2009 给出的规则起草。

请注意本文件的某些内容可能涉及专利。本文件的发布机构不承担识别这些专利的责任。

本标准由全国半导体设备和材料标准化技术委员会(SAC/TC 203)提出并归口。

本标准起草单位:信息产业专用材料质量监督检验中心、中国电子技术标准化研究院、江苏中能硅业科技发展有限公司、国家电子功能与辅助材料质量监督检验中心、天津市环欧半导体材料技术有限公司。

本标准主要起草人:褚连青、王奕、徐静、王鑫、何秀坤、裴会川、冯亚彬、鲁文峰、张雪囡。

光伏电池用硅材料表面金属杂质含量的
电感耦合等离子体质谱测量方法

警告:使用本标准的人员应有正规实验室工作的实践经验。本标准并未指出所有可能的安全问题。使用者有责任采取适当的安全和健康措施,并保证符合国家有关法规规定的条件。

1 范围

本标准规定了利用电感耦合等离子体质谱仪(ICP-MS)测定光伏电池用硅材料表面痕量金属杂质含量的方法。

本标准适用于光伏电池用硅材料表面痕量金属杂质钠、镁、铝、钾、钙、钛、铬、铁、镍、铜、锌、钼含量的测定。各元素的测量范围见表1。

表 1 表面金属杂质含量测量范围
单位为纳克每克

元素名称	元素符号	测量范围
钠	Na	$3 \times 10^{-2} \sim 2 \times 10^{3}$
镁	Mg	$2 \times 10^{-2} \sim 2 \times 10^{3}$
铝	Al	$2 \times 10^{-2} \sim 2 \times 10^{3}$
钾	K	$2 \times 10^{-2} \sim 2 \times 10^{3}$
钙	Ca	$4 \times 10^{-2} \sim 2 \times 10^{3}$
钛	Ti	$1 \times 10^{-2} \sim 2 \times 10^{3}$
铬	Cr	$1 \times 10^{-2} \sim 2 \times 10^{3}$
铁	Fe	$4 \times 10^{-2} \sim 2 \times 10^{3}$
镍	Ni	$1 \times 10^{-2} \sim 2 \times 10^{3}$
铜	Cu	$3 \times 10^{-2} \sim 2 \times 10^{3}$
锌	Zn	$2 \times 10^{-2} \sim 2 \times 10^{3}$
钼	Mo	$1 \times 10^{-2} \sim 2 \times 10^{3}$

2 规范性引用文件

下列文件对于本文件的应用是必不可少的。凡是注日期的引用文件,仅注日期的版本适用于本文件。凡是不注日期的引用文件,其最新版本(包括所有的修改单)适用于本文件。

GB/T 25915.1—2010 洁净室及相关受控环境 第1部分:空气洁净度等级

3 方法提要

将试样用硝酸、氢氟酸、过氧化氢和水的混合物浸提一定的时间,取出试样后,将浸提溶液加热蒸发至干,溶液中的硅以 SiF_4 的形式挥发。然后用硝酸溶液溶解残渣,用超纯水定容后利用电感耦合等离子体质谱仪(ICP-MS)测定溶液中待分析金属元素的含量。

4 干扰因素

4.1 实验室的洁净度、容器和仪器进样系统的洁净度、试剂和水的纯度以及操作过程等因素直接影响测量结果的准确度,应严格控制。

4.2 双原子离子、多原子离子、基体效应、背景噪声、元素间的干扰、交叉污染和仪器漂移等因素会影响测量结果。

4.3 由于硅材料表面金属杂质分布不均匀,样品的选择会影响产品表面金属杂质含量的评价结果,因此所取样品应具有代表性。

4.4 如果样品杂质含量高,可采用电感耦合等离子体原子发射光谱等方法进行测定,以免仪器被污染,影响仪器的检测限和精确度。

5 试剂

5.1 超纯水:电阻率大于 18.2 MΩ·cm,且每种金属杂质含量低于 20 ng/L。

5.2 硝酸:质量分数 65%,每种金属杂质含量均低于 10 ng/L。

5.3 氢氟酸:质量分数 48%,每种金属杂质含量均低于 10 ng/L。

5.4 过氧化氢:质量分数 30%,每种金属杂质含量均低于 10 ng/L。

5.5 标准贮存溶液:钠、镁、铝、钾、钙、钛、铬、铁、镍、铜、锌、钼、钇浓度均为 1 mg/mL,采用国内外可以量值溯源的有证标准物质。

5.6 硝酸溶液:硝酸(见 5.2)和超纯水(见 5.1)的体积比为 $V_{HNO_3} : V_{H_2O} = 1 : 19$。

5.7 浸提溶液:硝酸(见 5.2)、氢氟酸(见 5.3)、过氧化氢(见 5.4)和超纯水(见 5.1)的体积比为 $V_{HNO_3} : V_{HF} : V_{H_2O_2} : V_{H_2O} = 1 : 1 : 1 : 50$。

6 仪器和设备

6.1 电感耦合等离子体质谱仪。

6.2 分析天平:感量为 0.01 g。

6.3 通风橱。

6.4 器皿:所用器皿应由聚四氟乙烯(PTFE)或全氟烷氧基树脂(PFA)等耐氢氟酸腐蚀并可清洗的材料制成。

6.5 电热板。

7 环境条件

7.1 温度为 18 ℃～25 ℃。

7.2 相对湿度应不大于 65%。

7.3 洁净度应优于 GB/T 25915.1—2010 中所定义的 6 级洁净室要求。

8 试样准备

8.1 取样应在洁净室内进行,从一批产品中选出一袋不少于 5 kg 的样品用于取样,并且假设分析出的表面金属含量代表该批样品。如果异地取样,为避免样品在转移过程中被污染,则应将样品密封后送至实验室。取样过程中应严格避免沾污。

8.2 为保证分析的一致性及实验室间分析数值的对比,对于块状样品,应确定一个标准重量或体积;仲裁时,应取 6 块试样,每块尺寸约为 3 cm×3 cm×3 cm,重量约为 50 g,试样总重量约为 300 g,6 块试样中至少 3 块带有生长外表面。

9 试验步骤

9.1 试样量

称量一定量的试样(如样品量允许,宜称取 50 g 左右),准确至 0.01 g。

9.2 测定次数

独立地进行 3 次测定,至少有一份试样带有生长外表面,取 3 次测量结果的算术平均值。

9.3 空白试验

随同试样做空白试验。

9.4 标准溶液的配制

9.4.1 混合元素标准溶液的配制

将钠、镁、铝、钾、钙、钛、铬、铁、镍、铜、锌、钼的标准贮存溶液(见 5.5),逐级稀释(稀释过程中保持合适的酸度),配制成混合元素标准溶液,各元素浓度为 1 μg/mL。

9.4.2 标准系列工作溶液的配制

在 5 个洁净的 100 mL 容量瓶中,分别加入 0 μL、20 μL、50 μL、100 μL、200 μL 混合元素标准溶液(见 9.4.1),再分别加入 40 mL 硝酸溶液(见 5.6),用超纯水(见 5.1)定容。此标准系列溶液中钠、镁、铝、钙、钛、钾、铬、铁、镍、铜、锌、钼的浓度分别为 0 μg/L、0.20 μg/L、0.50 μg/L、1.0 μg/L、2.0 μg/L。所配制的标准系列工作溶液浓度值应尽量与样品溶液中待测元素的浓度值接近。

9.4.3 钇标准溶液的配制

移取 100 μL 钇标准贮存溶液(见 5.5),置于 100 mL 容量瓶中,加入 40 mL 硝酸溶液(见 5.6),用超纯水(见 5.1)稀释至刻度,摇匀,此标准溶液浓度为 1 μg/mL。

9.4.4 钇标准工作溶液的配制

移取 200 μL 钇标准溶液(见 9.4.3)于 100 mL 容量瓶中,加入 40 mL 硝酸溶液(见 5.6),用超纯水(见 5.1)稀释至刻度,摇匀,此标准工作溶液浓度为 2 μg/L。

9.5 样品溶液的制备

将试样置于一具有适当容积的、洁净的敞口容器中,加入适量浸提溶液(见 5.7)并使试样完全浸入浸提溶液(见5.7),盖上表面皿,于70 ℃的电热板上恒温加热60 min,室温冷却后用夹子取出试样,再用超纯水(见5.1)淋洗试样表面,淋洗液收集至敞口容器中。将装有浸提溶液的敞口容器在150 ℃的电热板上加热至干。取下敞口容器,盖上表面皿,室温冷却后,加入4 mL硝酸溶液(见5.6),充分摇动,使残渣完全溶解。将溶液转移至10 mL容量瓶中,用超纯水(见5.1)定容,摇匀,备ICP-MS测定。

9.6 仪器分析

9.6.1 仪器准备

测试前电感耦合等离子体质谱仪需要设定适当的工作条件,并进行调谐,以达到最佳测试条件。

9.6.2 同位素的选择

样品中各待分析元素和内标元素同位素的选择应按表2进行。

表 2 同位素选择汇总表

待测金属元素				内标元素[a]	
元素名称	同位素	元素名称	同位素	元素名称	同位素
钠	^{23}Na	铬	^{53}Cr	钇	89Y
镁	^{24}Mg	铁	^{56}Fe		
铝	^{27}Al	镍	^{60}Ni		
钾	^{39}K	铜	^{63}Cu		
钙	^{40}Ca	锌	^{66}Zn		
钛	^{49}Ti	钼	^{98}Mo		
[a] 除钇外,还可以选择其他元素作为内标。					

9.6.3 分析

将空白溶液、样品溶液(见9.5)和标准系列工作溶液(见9.4.2)分别在电感耦合等离子体质谱仪上进行分析,以钇标准工作溶液为内标,用内标法校正。以标准系列工作溶液中各元素信号与内标元素信号的比值为纵坐标,以标准系列工作溶液中各元素的浓度为横坐标做校正曲线,仪器自动给出空白溶液和样品溶液(见9.5)中各待测元素的质量浓度。根据实际情况也可采用其他方法进行定量分析。

10 结果处理

按式(1)计算样品中各金属杂质的质量分数:

$$w_x = \frac{(c_2 - c_1) \times V}{m} \quad\quad\quad\quad\quad\quad (1)$$

式中:

w_x——分别为样品中钠、镁、铝、钾、钙、钛、铬、铁、镍、铜、锌、钼的质量分数,单位为纳克每克(ng/g);

c_2——样品溶液中待测元素的浓度,单位为纳克每毫升(ng/mL);

c_1——空白溶液中待测元素的浓度,单位为纳克每毫升(ng/mL);

V——样品溶液的体积,单位为毫升(mL);

m——试样的质量,单位为克(g)。

11 精密度

在重复性条件下获得两次独立的测试结果,在以下给出的平均值范围内,这两个测量结果的绝对差值不超过重复性限(r),超过重复性限(r)的情况不超过 5%,重复性限(r)按表 3 数据采用线性内插法求得。

表 3 重复性限　　　　　　　　　　　　　　　　　　　单位为纳克每克

样品序号	1#	2#	3#
w_{Na}	0.15	1.1	11
r_{Na}	0.06	0.4	1.5
w_{Mg}	0.25	1.2	16
r_{Mg}	0.09	0.4	1.8
w_{Al}	0.20	0.70	14
r_{Al}	0.09	0.21	12
w_{K}	0.11	1.0	9.2
r_{K}	0.07	0.39	1.2
w_{Ca}	0.26	3.2	35
r_{Ca}	0.09	0.86	4.1
w_{Ti}	0.06	0.58	9.8
r_{Ti}	0.04	0.10	1.2
w_{Cr}	0.08	0.65	8.4
r_{Cr}	0.04	0.12	1.0
w_{Fe}	0.18	2.2	28
r_{Fe}	0.08	0.80	3.2
w_{Ni}	0.10	0.82	9.6
r_{Ni}	0.05	0.21	1.5
w_{Cu}	0.11	1.5	9.5
r_{Cu}	0.06	0.38	2.3
w_{Zn}	0.21	1.0	18
r_{Zn}	0.12	0.35	3.2
w_{Mo}	0.09	0.72	8.6
r_{Mo}	0.04	0.10	0.8

注:重复性限(r)为 2.80S_r,S_r 为重复性标准差,w 为元素的质量分数。

12 质量保证与控制

检验时,应用控制样品对过程进行校核。当过程失效时应找出原因,纠正错误后,重新进行校核。

13 报告

报告至少应包含以下内容：
a) 送样单位和送样日期；
b) 样品名称、规格和编号；
c) 样品状态描述；
d) 样品存放及运输情况；
e) 仪器型号；
f) 测量环境；
g) 测量结果；
h) 操作者、测量日期、测量单位。

ICS 29.045
H 82

中华人民共和国国家标准

GB/T 29850—2013

光伏电池用硅材料补偿度测量方法

Test method for measuring compensation degree of silicon
materials used for photovoltaic applications

2013-11-12 发布

2014-04-15 实施

中华人民共和国国家质量监督检验检疫总局
中国国家标准化管理委员会　发布

前　言

本标准按照 GB/T 1.1—2009 给出的规则起草。

请注意本文件的某些内容可能涉及专利。本文件的发布机构不承担识别这些专利的责任。

本标准由全国半导体设备和材料标准化技术委员会(SAC/TC 203)提出并归口。

本标准起草单位:信息产业专用材料质量监督检验中心、中国电子技术标准化研究院、无锡尚德太阳能电力有限公司、国家电子功能与辅助材料质量监督检验中心、天津市环欧半导体材料技术有限公司。

本标准主要起草人:董颜辉、何秀坤、郑彩萍、裴会川、冯亚彬、路景刚、张雪囡。

光伏电池用硅材料补偿度测量方法

1 范围

本标准规定了光伏电池用硅材料补偿度的测量和分析方法。
本标准适用于光伏电池用非掺杂硅材料补偿度的测量和分析。

2 规范性引用文件

下列文件对于本文件的应用是必不可少的。凡是注日期的引用文件,仅注日期的版本适用于本文件。凡是不注日期的引用文件,其最新版本(包括所有的修改单)适用于本文件。
GB/T 4326 非本征半导体单晶霍尔迁移率和霍尔系数测量方法
GB/T 14264 半导体材料术语
GB/T 24581 低温傅立叶变换红外光谱法测量硅单晶中Ⅲ、Ⅴ族杂质含量的测试方法
GB/T 29057 用区熔拉晶法和光谱分析法评价多晶硅棒的规程

3 术语和定义

GB/T 14264 界定的术语和定义适用于本文件。

4 方法原理

利用载流子浓度与温度变化关系的电中性方程,对 $n(P)-T^{-1}$ 关系曲线进行计算机拟合分析,从而得到补偿度。电中性方程(以 N 型样品为例)如式(1)所示:

$$\frac{n(n+N_A)}{N_D-N_A-n}=\frac{N_C}{g_A}\cdot\exp^{(-E_j/kT)} \quad\cdots\cdots(1)$$

其中 N_C 计算方法见式(2):

$$N_C=2\left(\frac{2\pi m_a^* kT}{h^2}\right)^{3/2} \quad\cdots\cdots(2)$$

电离化杂质浓度关系见式(3):

$$n_{300}=N_D-N_A \quad\cdots\cdots(3)$$

由式(1)、式(2)、式(3)利用最小二乘法原理,并适当调整 g_A、m_a^*、N_D、N_A、E_j 5 个量作数据拟合,得到补偿度的表达式见式(4)、式(5):

$$K_p=N_D/N_A \quad (P)型 \quad\cdots\cdots(4)$$
$$K_N=N_A/N_D \quad (N)型 \quad\cdots\cdots(5)$$

根据 GB/T 4326,对样品作变温霍尔测量,由式(6)计算测试数据,得到 $n-T^{-1}$ 关系曲线。

$$n=\gamma/e\cdot R_H \quad\cdots\cdots(6)$$

式(1)~式(6)中:
n ——载流子浓度,单位为每立方厘米(cm^{-3});
N_A ——受主杂质浓度,atoms·cm^{-3};

N_D ——施主杂质浓度,atoms·cm^{-3};

Nc ——有效态密度,单位为每立方厘米(cm^{-3});

g_A ——能级简并因子;

E_j ——浅施主杂质电离能,单位为电子伏特(eV);

k ——玻尔兹曼常数,单位为焦耳每开(J/K);

T ——温度,单位为开尔文(K);

m_a^* ——电子有效质量,单位为克(g);

h ——普朗克常数,单位为焦耳秒(J·s);

n_{300} ——温度为300 K时的载流子浓度,单位为每立方厘米(cm^{-3});

γ ——霍尔因子;

e ——电子电荷,单位为库仑(C);

R_H ——霍尔系数,单位为立方厘米每库仑(cm^3/C)。

5 干扰因素

5.1 测试温度的准确性直接影响测量结果的准确性。

5.2 电极应具有良好的欧姆接触,以确保测量的准确性。

5.3 对于多晶硅样品,区熔拉晶过程和取样位置会对多晶硅的评价造成影响。

6 环境条件

6.1 温度为15℃~28℃。

6.2 相对湿度应不大于65%。

6.3 测试屏蔽室应无机械冲击,避免振动,无电磁干扰和大功率用电设备。

7 仪器设备

7.1 霍尔测试系统

7.1.1 恒流源

为样品提供电流,其电流稳定度应优于±0.5%。

7.1.2 电压表

测量样品电压,准确度应优于±0.5%,电压表的输入阻抗应为被测样品阻抗的10^{3}倍以上。

7.1.3 磁体

磁通密度应在0.2 T~1.0 T范围内,在样品所处范围内,磁通密度均匀性应优于±1%。

7.1.4 开关矩阵

用于改变样品中电流流通方向和测量相对应电极的电压,开关矩阵应具有良好的绝缘性和可靠性。

7.2 样品室

7.2.1 样品室由低温装置、测温装置、样品架组成。样品室应由非磁性材料组成,温度可调且能够保证样品温度具备一定的稳定性。加热装置如为电阻丝加热则应注意电阻丝的绕制及摆放,避免电阻丝在通电过程中产生垂直于样品表面的磁场。

7.2.2 样品架应防光、屏蔽、高绝缘(电阻率大于 10^8 $\Omega \cdot cm$),以减少光电导、光电压以及高频影响,并确保样品表面与所加磁场垂直(见图1)。样品架用黄铜(或不锈钢)制成,其中加热系统有热沉(用紫铜材料)、加热炉(高、低温区应选不同加热功率、加热丝应无感应缠绕)、温度计(置于热沉内,以指示样品温度)。样品应贴紧绝缘层,样品架外有黄铜真空封套(真空度优于 0.1 Pa),引线之间以及电极之间应高绝缘,各部件应能耐低温(10 K)、高温(400 K)。

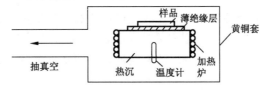

图 1　样品架示意图

7.2.3 低温装置的温度范围为 10 K～400 K,控温精度应优于±0.05 K。测温装置的温度传感元件应尽量靠近被测样品,以保证测量温度与样品温度的一致性。

8　试样制备

8.1　单晶测量试样

按 GB/T 4326 对单晶硅测量试样进行加工处理,超声清洗后晾干,待用。

8.2　多晶测量试样

按照 GB/T 29057 将多晶硅样品制备成单晶硅,并按照上述标准规定的位置取样,切割成厚度为 1 mm 的圆片,按范德堡样片的要求将圆片制备成测量试样,超声清洗后晾干,待用。

8.3　欧姆电极的制备

利用蒸发、溅射等技术制备测量试样的电极,在不影响电极引线正常引出的情况下,电极的尺寸应尽可能小(最好点接触)、靠近边缘,并尽可能在样品对称的位置上制备电极(确保电极与样品欧姆接触)。

9　测试步骤

9.1 将待测样品放置在样品架上,密封置于磁体间的致冷系统中,位于磁极中央,磁场应垂直样品表面。

9.2 开启真空泵,当真空度达到 0.1 Pa 时,开启低温系统。

9.3 根据样品要求选定起始温度,并进行温度控制,待温度稳定后加磁场进行霍尔系数测量。

9.4 设定下一个温度点,待温度稳定后,重复 9.3 步骤,直到测完全温区,得到 $n-T^{-1}$ 关系曲线。

9.5 为了减小误差,变温测量在低温区取点要密,$n-T^{-1}$ 关系曲线要求呈现明显的去离化过程(以曲线光滑,不出现扭曲为好)。

10 数据处理

10.1 将不同温度下所获得的测量数据,根据式(6)进行计算,并取 γ 因子等于 1 进行修正。
10.2 利用载流子浓度与温度变化关系的电中性方程进行计算机数据拟合分析,获得补偿度 K 值。

11 精密度

在同一实验室,按照本标准,对同一 N 型多晶硅样品进行 10 次重复性测量,相对标准偏差(RSD)为 5%。取补偿度在 0.2~0.8 的 6 个 N 型多晶硅样品,按照 GB/T 24581 测量施主杂质浓度和受主杂质浓度,然后利用公式 $K_n = N_A/N_D$ 计算得出的补偿度与按照本标准测量的补偿度偏差在 15% 以内。

12 报告

报告至少应包含以下内容:
a) 送样单位和送样日期;
b) 样品名称、规格和编号;
c) 仪器型号;
d) 测量环境;
e) 测量结果,包括补偿度和关系曲线;
f) 操作者、测量日期、测量单位。

ICS 29.045
H 82

中华人民共和国国家标准

GB/T 29851—2013

光伏电池用硅材料中 B、Al 受主杂质含量的二次离子质谱测量方法

Test method for measuring boron and aluminium in silicon materials used for
photovoltaic applications by secondary ion mass spectrometry

2013-11-12 发布   2014-04-15 实施

中华人民共和国国家质量监督检验检疫总局
中国国家标准化管理委员会   发布

前　言

本标准按照 GB/T 1.1—2009 给出的规则起草。

请注意本文件的某些内容可能涉及专利。本文件的发布机构不承担识别这些专利的责任。

本标准由全国半导体设备和材料标准化技术委员会(SAC/TC 203)提出并归口。

本标准起草单位:信息产业专用材料质量监督检验中心、中国电子技术标准化研究院、国家电子功能与辅助材料质量监督检验中心、天津市环欧半导体材料技术有限公司。

本标准主要起草人:何友琴、马农农、王东雪、何秀坤、裴会川、冯亚彬、张雪囡。

光伏电池用硅材料中 B、Al 受主杂质
含量的二次离子质谱测量方法

1 范围

本标准规定了用二次离子质谱仪(SIMS)测定光伏电池用硅材料中硼和铝含量的方法。

本标准适用于光伏电池用硅材料中受主杂质硼和铝含量的定量分析,其中硼和铝的浓度均大于 1×10^{13} atoms/cm³。其他受主杂质的测量也可参照本标准。

2 方法原理

在高真空条件下,氧离子源产生的一次离子,经过加速、纯化、聚焦后,轰击样品表面,溅射出多种粒子,将其中的离子(即二次离子)引出,通过质谱仪将不同荷质比的离子分开,记录并计算样品中硼、铝分别与硅的二次离子强度比$(B^+)/(Si^+)$、$(Al^+)/(Si^+)$,然后利用其相对灵敏度因子进行定量。

3 干扰因素

3.1 样品表面吸附的硼和铝会干扰样品中硼和铝的测量。

3.2 从 SIMS 仪器样品室吸附到样品表面的硼和铝会干扰样品中硼和铝的测量。

3.3 在样品架窗口范围内的样品表面应平整,以保证每个样品移动到分析位置时,其表面与离子收集光学系统的倾斜度不变,否则测量的准确度和精度会降低。

3.4 测量的准确度和精度随着样品表面粗糙度的增大而显著降低,可通过对样品表面进行化学机械抛光予以消除。

3.5 标准样品中硼和铝分布不均匀会影响测量精度。

3.6 标准样品中硼和铝标称浓度的偏差会导致测量结果的偏差。

3.7 因仪器不同或者同一仪器的状态不同,检测限可能不同。

3.8 因为二次离子质谱分析是破坏性的试验,所以应进行取样,且所取样品能代表该批硅料的性质。本标准未规定统一的取样方法,因为大多数合适的取样计划根据样品情况不同而有区别。为了达到仲裁目的,取样计划应在测试之前得到测试双方的认可。

4 仪器及设备

4.1 扇形磁场二次离子质谱仪

仪器需要装备氧一次离子源,能检测正二次离子的电子倍增器和法拉第杯检测器,质量分辨率应优于 1 500。

4.2 液氮或者液氦冷却低温板

如果分析室的真空度大于 1.3×10^{-6} Pa,应用液氮或者液氦冷却的低温板环绕分析室中的样品架。如果分析室的真空度小于 1.3×10^{-6} Pa,则不需要上述冷却。

4.3 测试样品架

要保证样品架上各样品的分析表面处于同一平面并垂直于引出电场(约几千伏,根据仪器型号的不同而不同)。

5 试样准备

5.1 标准样品

需要一个共掺杂或分别掺杂硼和铝的硅单晶标准样品,且硼和铝的体浓度经过各方都认同的其他测量方法测定,浓度在$(1\sim10)\times10^{16}$atoms/cm^{3}范围内,分布均匀性在5%以内。标准样品的分析面应进行化学腐蚀抛光或者效果更好的化学机械抛光,使其平坦光滑。

5.2 空白样品

需要一个硼和铝浓度均低于1×10^{12}atoms/cm^{3}的真空区熔硅单晶作为空白样品。空白样品的分析面同样应进行化学腐蚀抛光或者效果更好的化学机械抛光,使其平坦光滑。

5.3 测试样品

测试样品的分析面同样应进行化学腐蚀抛光或者效果更好的化学机械抛光,使其平坦光滑,且样品尺寸应适合放入样品架内。

6 操作步骤

6.1 样品装载

将样品装入二次离子质谱仪(SIMS)的样品架,并检查确认样品是否平坦地放在窗口背面,并尽可能多覆盖窗口。一次装载的样品包括:空白样品、标准样品和测试样品。

6.2 仪器调试

6.2.1 按照仪器说明书开启仪器,二次离子质谱仪(SIMS)应状态良好(例如经过烘烤),以尽可能降低仪器背景。

6.2.2 根据4.2中描述条件,如果需要使用冷却装置,则将液氮或者液氦装入冷阱。

6.3 分析条件

6.3.1 使用聚焦良好的氧一次离子束,调节衬度光栏和视场光栏,得到最大的^{30}Si$^+$离子计数率。在不扫描的情况下,法拉第杯上得到的^{30}Si$^+$离子计数率应大于1×10^8counts/s。

6.3.2 调整仪器达到足够的质量分辨能力以消除质量干扰。测试铝含量时,质量分辨率$(M/\Delta M)$应大于1 500。

6.3.3 开始时,应根据束斑大小使用几百微米×几百微米的第一扫描条件(典型的条件是250 μm×250 μm),以除去表面自然氧化层中硼、铝的干扰。实际分析时,应使用第二扫描条件,扫描区域要比第一扫描条件减少几倍(典型的第二扫描条件是50 μm×50 μm)。采用的计数时间是1 s。

6.4 样品分析

6.4.1 移动样品架,使样品上的溅射坑形成在窗口的中心位置附近。

6.4.2 对中一次束,开始 SIMS 剖析。首先用第一扫描条件溅射样品 50～100 个磁场周期,直到硼和铝的信号强度稳定,以除去晶片表面自然氧化层中典型存在的残留的表面沾污。然后减小扫描面积到第二扫描条件,继续溅射样品,直到硼和铝的信号稳定。

6.4.3 剖析结束后,测试并记录电子倍增器上的 $^{11}B^+$、$^{27}Al^+$ 的离子计数率及法拉第杯上的主元素 $^{30}Si^+$ 的离子计数率,对最后 20 个周期的结果进行平均。

6.4.4 重复 6.4.1～6.4.3 步骤,对样品架上所有的样品进行测试。

6.4.5 每次剖析结束后,由记录的二次离子强度,计算出 $^{11}B^+$ 离子计数率和 $^{30}Si^+$ 离子计数率之比 $(^{11}B^+)/(^{30}Si^+)$,记为 $Su(B)$;$^{27}Al^+$ 离子计数率和 $^{30}Si^+$ 离子计数率之比 $(^{27}Al^+)/(^{30}Si^+)$,记为 $Su(Al)$。

6.4.6 如果空白样品中测得的离子计数率比 $(^{11}B^+)/(^{30}Si^+)$、$(^{27}Al^+)/(^{30}Si^+)$ 超过其他样品的 20%～50%,则应停止分析,寻找造成仪器背景较高的原因。

6.4.7 对所有样品,包括空白样品、标准样品和测试样品,在表格中记录样品编号和对应的离子计数率比 $(^{11}B^+)/(^{30}Si^+)$、$(^{27}Al^+)/(^{30}Si^+)$。

7 结果计算

7.1 分别按式(1)和式(2)计算硼和铝的相对灵敏度因子:

$$RSF_{(B)} = \frac{[B]}{(^{11}B^+)/(^{30}Si^+)} \quad\cdots\cdots\cdots\cdots (1)$$

$$RSF_{(Al)} = \frac{[Al]}{(^{27}Al^+)/(^{30}Si^+)} \quad\cdots\cdots\cdots\cdots (2)$$

式中:

$[B]$ —— 标准样品中硼的标定浓度,单位为 atoms/cm^3;

$[Al]$ —— 标准样品中铝的标定浓度,单位为 atoms/cm^3;

$(^{11}B^+)/(^{30}Si^+)$ —— 标准样品中 $^{11}B^+$ 离子计数率和 $^{30}Si^+$ 离子计数率之比;

$(^{27}Al^+)/(^{30}Si^+)$ —— 标准样品中 $^{27}Al^+$ 离子计数率和 $^{30}Si^+$ 离子计数率之比。

7.2 对每个测试样品,利用测得的离子计数率比 Su 和从标准样品中得到的相对灵敏度因子 RSF,分别按照式(3)和式(4)计算测试样品中硼的浓度 $[B]u$ 和铝的浓度 $[Al]u$。

$$[B]u = Su(B) \times RSF_{(B)} \quad\cdots\cdots\cdots\cdots (3)$$

$$[Al]u = Su(Al) \times RSF_{(Al)} \quad\cdots\cdots\cdots\cdots (4)$$

8 精密度

在同一实验室,由同一操作者使用同一台仪器,按照本文件对取自同一硅片的 10 个试样进行了硼和铝含量的测试。所测得的硼浓度的平均值为 9.7×10^{13} atoms/cm^3,标准偏差为 5.1×10^{12} atoms/cm^3,相对标准偏差是 5.2%;铝浓度的平均值为 8.4×10^{13} atoms/cm^3,标准偏差为 4.3×10^{12} atoms/cm^3,相对标准偏差是 5.1%。

9 报告

报告至少应包括以下内容:

a) 送样单位和送样日期;

b) 样品名称、规格和编号;

c) 样品状态描述；

d) 取样位置；

e) 标准样品和空白样品信息；

f) 仪器型号；

g) 测量环境；

h) 测量结果，包括相对灵敏度因子和杂质浓度；

i) 操作者、测量日期、测量单位。

————————————

ICS 29.045
H 82

中华人民共和国国家标准

GB/T 29852—2013

光伏电池用硅材料中 P、As、Sb 施主杂质含量的二次离子质谱测量方法

Test method for measuring phosphorus, arsenic and antimony in silicon materials
used for photovoltaic applications by secondary ion mass spectrometry

2013-11-12 发布

2014-04-15 实施

中华人民共和国国家质量监督检验检疫总局
中国国家标准化管理委员会 发布

前　言

本标准按照 GB/T 1.1—2009 给出的规则起草。

请注意本文件的某些内容可能涉及专利。本文件的发布机构不承担识别这些专利的责任。

本标准由全国半导体设备和材料标准化技术委员会(SAC/TC 203)提出并归口。

本标准起草单位:信息产业专用材料质量监督检验中心、中国电子技术标准化研究院、国家电子功能与辅助材料质量监督检验中心、天津市环欧半导体材料技术有限公司。

本标准主要起草人:马农农、何友琴、王东雪、何秀坤、冯亚彬、裴会川、张雪囡。

光伏电池用硅材料中 P、As、Sb 施主杂质
含量的二次离子质谱测量方法

1 范围

本标准规定了用二次离子质谱仪(SIMS)测定光伏电池用硅材料中磷、砷和锑含量的方法。

本标准适用于光伏电池用硅材料中施主杂质磷、砷和锑含量的定量分析,其中磷、砷和锑的浓度均大于 $1×10^{14}$ atoms/cm³。

2 方法原理

在高真空条件下,铯离子源产生的一次离子,经过加速、纯化、聚焦后,轰击样品表面,溅射出多种粒子,将其中的离子(即二次离子)引出,通过质谱仪将不同荷质比的离子分开,记录并计算样品中磷、砷、锑与硅的二次离子强度比($^{31}P^-$)/($^{30}Si^-$)、($^{75}As^-$)/($^{30}Si^-$)、($^{121}Sb^-$)/($^{30}Si^-$),然后利用相对灵敏度因子进行定量。

3 干扰因素

3.1 样品表面吸附的磷、砷、锑会干扰样品中磷、砷、锑的测量。

3.2 从 SIMS 仪器样品室吸附到样品表面的硼和铝会干扰样品中磷、砷、锑的测量。

3.3 在样品架窗口范围内的样品表面应平整,以保证每个样品移动到分析位置时,其表面与离子收集光学系统的倾斜度不变,否则测量的准确度和精度会降低。

3.4 测量的准确度和精度随着样品表面粗糙度的增大而显著降低,可通过对样品表面进行化学机械抛光予以消除。

3.5 标准样品中磷、砷、锑分布不均匀会影响测量精度。

3.6 标准样品中磷、砷、锑标称浓度的偏差会导致测量结果的偏差。

3.7 因仪器不同或者同一仪器的状态不同,检测限可能不同。

3.8 因为二次离子质谱分析是破坏性的试验,所以应进行取样,且所取样品应能代表该批硅料的性质。本标准未规定统一的取样方法,因为大多数合适的取样计划根据样品情况不同而有区别。为了达到仲裁目的,取样计划应在测试之前得到测试双方的认可。

4 仪器及设备

4.1 扇形磁场二次离子质谱仪

仪器需要装备铯一次离子源,能检测负二次离子的电子倍增器和法拉第杯检测器,质量分辨率优于 4 000。

4.2 液氮或者液氦冷却低温板

如果分析室的真空度大于 $1.3×10^{-6}$ Pa,应用液氮或者液氦冷却的低温板环绕分析室中的样品架。如果分析室的真空度小于 $1.3×10^{-6}$ Pa,则不需要上述冷却。

4.3 测试样品架

要保证样品架上各样品的分析表面处于同一平面并垂直于引出电场(约几千伏,根据仪器型号的不同而不同)。

5 试样准备

5.1 标准样品

需要一个共掺杂或分别掺杂磷、砷、锑的硅单晶标准样品,且磷、砷、锑的体浓度经过各方都认同的其他测量方法测定,浓度在$(1\sim10)\times10^{16}\,atoms/cm^3$范围内,分布均匀性在5%以内。标准样品的分析面应进行化学腐蚀抛光或者效果更好的化学机械抛光,使其平坦光滑。

5.2 空白样品

需要一个磷、砷、锑浓度均低于$5\times10^{13}\,atoms/cm^3$的真空区熔硅单晶作为空白样品。空白样品的分析面同样应进行化学腐蚀抛光或者效果更好的化学机械抛光,使其平坦光滑。

5.3 测试样品

测试样品的分析面同样应进行化学腐蚀抛光或者效果更好的化学机械抛光,使其平坦光滑,且样品尺寸应适合放入样品架内。

6 操作步骤

6.1 样品装载

将样品装入二次离子质谱仪(SIMS)的样品架,并检查确认样品是否平坦地放在窗口背面,并尽可能多覆盖窗口。一次装载的样品包括空白样品、标准样品和测试样品。

6.2 仪器调试

6.2.1 按照仪器说明书开启仪器,二次离子质谱仪(SIMS)应状态良好(例如经过烘烤),以尽可能降低仪器背景。

6.2.2 根据4.2中描述条件,如果需要使用冷却装置,则将液氮或者液氦装入冷阱。

6.3 分析条件

6.3.1 使用聚焦良好的铯一次离子束,调节衬度光栏和视场光栏,得到最大的$^{30}Si^-$离子计数率。测量磷时,在不扫描的情况下,法拉第杯上得到的$^{30}Si^-$离子计数率应大于$5\times10^7\,counts/s$;测量砷和锑时,在不扫描的情况下,法拉第杯上得到的$^{30}Si^-$离子计数率应大于$1\times10^8\,counts/s$。

6.3.2 调整仪器达到足够的质量分辨能力以消除质量干扰。测量磷时,质量分辨率$(M/\Delta M)$应大于4 000;测量砷和锑时,质量分辨率$(M/\Delta M)$应大于3 200。

6.3.3 开始时,应根据束斑大小使用几百微米×几百微米的第一扫描条件(典型的条件是200 $\mu m\times$ 200 μm),以除去表面自然氧化层中磷或砷、锑的干扰。实际分析时,应使用第二扫描条件,扫描区域要比第一扫描条件减少几倍(典型的第二扫描条件是50 $\mu m\times50\,\mu m$)。采用的计数时间是1 s。

6.4 样品分析

6.4.1 移动样品架,使样品上的溅射坑形成在窗口的中心位置附近。

6.4.2 对中一次束,开始 SIMS 剖析。首先用第一扫描条件溅射样品 50～100 个磁场周期,直到磷或砷、锑的信号强度稳定,以除去晶片表面自然氧化层中典型存在的残留的表面沾污。然后减小扫描面积到第二扫描条件,继续溅射样品,直到磷或砷、锑的信号稳定。

6.4.3 剖析结束后,测试并记录电子倍增器上的 $^{31}P^-$ 或 $^{75}As^-$、$^{121}Sb^-$ 的离子计数率及法拉第杯上的主元素 $^{30}Si^-$ 的离子计数率,对最后 20 个周期的结果进行平均。

6.4.4 重复 6.4.1～6.4.3 步骤,对样品架上所有的样品进行测试。

6.4.5 每次剖析结束后,由记录的二次离子强度,计算出 $^{31}P^-$ 离子计数率和 $^{30}Si^-$ 离子计数率之比 $(^{31}P^-)/(^{30}Si^-)$,记为 $Su(P)$;$^{75}As^-$ 离子计数率和 $^{30}Si^-$ 离子计数率之比 $(^{75}As^-)/(^{30}Si^-)$,记为 $Su(As)$;$^{121}Sb^-$ 离子计数率和 $^{30}Si^-$ 离子计数率之比 $(^{121}Sb^-)/(^{30}Si^-)$,记为 $Su(Sb)$。

6.4.6 如果空白样品中测得的离子计数率比$(^{31}P^-)/(^{30}Si^-)$、$(^{75}As^-)/(^{30}Si^-)$、$(^{121}Sb^-)/(^{30}Si^-)$超过其他样品的 20%～50%,则应停止分析,寻找造成仪器背景较高的原因。

6.4.7 对所有样品,包括空白样品、标准样品和测试样品,在表格中记录样品编号和对应的离子计数率比$(^{31}P^-)/(^{30}Si^-)$、$(^{75}As^-/^{30}Si^-)$、$(^{121}Sb^-/^{30}Si^-)$。

7 结果计算

7.1 分别按式(1)、式(2)和式(3)计算磷、砷、锑的相对灵敏度因子:

$$RSF_{(P)} = \frac{[P]}{(^{31}P^-)/(^{30}Si^-)} \quad\cdots\cdots(1)$$

$$RSF_{(As)} = \frac{[As]}{(^{75}As^-)/(^{30}Si^-)} \quad\cdots\cdots(2)$$

$$RSF_{(Sb)} = \frac{[Sb]}{(^{121}Sb^-)/(^{30}Si^-)} \quad\cdots\cdots(3)$$

式中:

$[P]$——标准样品中磷的标定浓度,atoms/cm³;
$[As]$——标准样品中砷的标定浓度,atoms/cm³;
$[Sb]$——标准样品中锑的标定浓度,atoms/cm³;
$(^{31}P^-)/(^{30}Si^-)$——标准样品中 $^{31}P^-$ 离子计数率和 $^{30}Si^-$ 离子计数率之比;
$(^{75}As^-)/(^{30}Si^-)$——标准样品中 $^{75}As^-$ 离子计数率和 $^{30}Si^-$ 离子计数率之比;
$(^{121}Sb^-)/(^{30}Si^-)$——标准样品中 $^{121}Sb^-$ 离子计数率和 $^{30}Si^-$ 离子计数率之比。

7.2 对每个测试样品,利用测得的离子计数率比 Su 和从标准样品中得到的相对灵敏度因子 RSF,分别按照式(4)、式(5)和式(6)计算测试样品中磷的浓度$[P]u$、砷的浓度$[As]u$ 和锑的浓度$[Sb]u$。

$$[P]u = Su(P) \times RSF_{(P)} \quad\cdots\cdots(4)$$

$$[As]u = Su(As) \times RSF_{(As)} \quad\cdots\cdots(5)$$

$$[Sb]u = Su(Sb) \times RSF_{(Sb)} \quad\cdots\cdots(6)$$

8 精密度

在同一实验室,由同一操作者使用同一台仪器,按照本方法对取自同一硅片的 10 个样品进行了磷、砷和锑含量的测试。所测得的磷浓度的平均值为 1.5×10^{14} atoms/cm³,标准偏差为 1.4×10^{13} atoms/cm³,相对标准偏差是 9.3%;砷浓度的平均值为 1.0×10^{14} atoms/cm³,标准偏差为 7.8×10^{13} atoms/cm³,相对标准偏差是 7.8%;锑浓度的平均值为 1.2×10^{14} atoms/cm³,标准偏差为 1.2×10^{13} atoms/cm³,相对标准偏差是 10.0%。

9 报告

报告至少应包括以下内容：
a) 送样单位和送样日期；
b) 样品名称、规格和编号；
c) 样品状态描述；
d) 取样位置；
e) 标准样品和空白样品信息；
f) 仪器型号；
g) 测量环境；
h) 测量结果，包括相对灵敏度因子和杂质浓度；
i) 操作者、测量日期、测量单位。

ICS 77.040
H 21

中华人民共和国国家标准

GB/T 30857—2014

蓝宝石衬底片厚度及厚度变化测试方法

Standard test method for thickness and thickness variation on sapphire substrates

2014-07-24 发布

2015-04-01 实施

中华人民共和国国家质量监督检验检疫总局
中国国家标准化管理委员会   发 布

前　言

本标准按照 GB/T 1.1—2009 给出的规则起草。

本标准由全国半导体设备和材料标准化技术委员会(SAC/TC 203)及材料分技术委员会(SAC/TC 203/SC 2)共同提出并归口。

本标准主要起草单位:协鑫光电科技控股有限公司、中国科学院上海光机所、浙江昀丰新能源科技有限公司。

本标准主要起草人:魏明德、黄朝晖、刘逸枫、杭寅、徐永亮。

蓝宝石衬底片厚度及厚度变化测试方法

1 范围

本标准规定了制备氮化镓薄膜外延片及其他用途的蓝宝石单晶切割片、研磨片、抛光片(简称衬底片)厚度和厚度变化是否满足标准限度要求的测试方法。

本标准适用于蓝宝石衬底片厚度及厚度变化的测试。

2 规范性引用文件

下列文件对于本文件的应用是必不可少的。凡是注日期的引用文件,仅注日期的版本适用于本文件。凡是不注日期的引用文件,其最新版本(包括所有的修改单)适用于本文件。

GB/T 14264　半导体材料术语

3 术语和定义

GB/T 14264　界定的以及下列术语和定义适用于本文件。

3.1

5 点厚度变化　5 points thickness variation

TV5

衬底片上特定 5 个点的厚度测量值中的最大厚度与最小厚度的差值称为衬底片的 5 点厚度变化。

4 方法概述

4.1 分立点式测量

在衬底片中心点和距边 2 mm 圆周上的 4 个对称位置点(见图 1)测量衬底片厚度。中心点厚度作为衬底片的标称厚度。5 个厚度测量值中的最大厚度与最小厚度的差值即为衬底片的 5 点厚度变化。

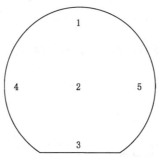

说明:

1、4、5——距圆边 2 mm;

2　　——中心点;

3　　——距平边 2 mm。

图 1　分立点位置

4.2 扫描式测量

衬底片由基准环上的3个支点支撑,中心点厚度作为衬底片的标称厚度,利用接触式或非接触式的探头或激光器按规定图形(见图2)扫描衬底片表面,进行厚度测量。距边2 mm内开始取点,至少每1 mm~3 mm取一点测量厚度,测量值中的最大厚度与最小厚度的差值即为衬底片的总厚度变化。

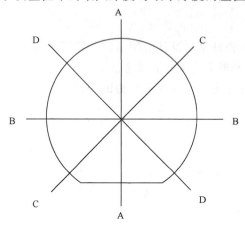

图 2 厚度测量扫描路径

5 设备

5.1 接触式测厚仪

接触式测厚仪由带有指示仪表的量具及可支持衬底的夹具或平台组成。仪表最小指示单位不大于1 μm,测量探头的底面积不应超过2 mm²,待确认厚度校正标准片,厚度值的范围从0.25 mm~1.2 mm,厚度间隔为0.2 mm±0.025 mm。

5.2 非接触式测厚仪

非接触式测厚仪由一个可移动的基准平台,具有指示器的固定探头装置,定位器等所组成。
基座底面应光滑,粗糙度应小于0.25 μm,平整度应小于0.25 μm。

6 样品

衬底片应具有清洁、干燥的表面,如果待测片不具备参考面,应在衬底片背面边缘处作出测量定位标记。

7 测量

7.1 测量环境

除另有规定外,应在下列条件下进行测量:
a) 温度:20 ℃~25 ℃;
b) 湿度:不大于70%;
c) 配置有防振平台。

7.2 仪器校正

7.2.1 从一组厚度校正标准片中选取厚度与待测衬底片厚度相差在0.125 mm范围内的厚度校正标准

片进行校正测量。

7.2.2 仪器可自动调整厚度测量仪,使所得测量值与该厚度校正标准片的厚度标准之差在 2 μm 以内。

7.3 测量

7.3.1 分立点式测量步骤如下:

   a) 将待测衬底片正面朝上放入夹具中,或置于厚度测量仪的平台或支架上;

   b) 依图 1 所示的测量位置点作测量并记录测量的厚度值。

7.3.2 扫描式测量步骤如下:

   a) 将待测衬底片正面朝上并将参考面依对位放入夹具中,或置于厚度测量仪平台或支架上;

   b) 厚度测量仪探头执行厚度校正(部分设备无需厚度校正);

   c) 自动或手动移动平台至扫描开始位置;

   d) 自动或手动开始测量待测衬底片的厚度;

   e) 沿扫描线对应的位置开始记录被测点上的厚度测量值,对于记录成对位移的和值的最大值与最小值之差,则为该衬底片总厚度变化值。

8 精密度

8.1 接触式测量

8.1.1 通过对厚度为 480 μm±15 μm 的粗磨片 25 片,在 3 个实验室采用接触式检测厚度及厚度变化。

8.1.2 对厚度的接触式测量,2σ 标准偏差应小于 5.11 μm,精密度为±1.08%。

8.1.3 对厚度变化的接触式测量,2σ 标准偏差应小于 1.32 μm,精密度为±37%。

8.2 激光式测量

8.2.1 通过对厚度为 430 μm±15 μm 的抛光片 25 片,在 4 个实验室采用激光式检测厚度及厚度变化。

8.2.2 对厚度的激光式测量,2σ 标准偏差应小于 2.54 μm,精密度为±0.58%。

8.2.3 对厚度变化的激光式测量,2σ 标准偏差应小于 1.02 μm,精密度为±32%。

9 报告

报告应包含以下内容:

   a) 测试日期;

   b) 操作人姓名;

   c) 设备名称、型号;

   d) 测试条件和测试方法;

   e) 材料批号或其他标识;

   f) 已测试的晶片数量;

   g) 测试结果;

   h) 本标准编号;

   i) 测试结果仅对送样负责。

ICS 77.040
H 21

中华人民共和国国家标准

GB/T 30859—2014

太阳能电池用硅片翘曲度和
波纹度测试方法

Test method for warp and waviness of silicon wafers for solar cells

2014-07-24 发布

2015-04-01 实施

中华人民共和国国家质量监督检验检疫总局
中国国家标准化管理委员会 发布

前　言

本标准按照 GB/T 1.1—2009 给出的规则起草。

本标准由全国半导体设备和材料标准化技术委员会(SAC/TC 203)及材料分技术委员会(SAC/TC 203/SC 2)共同提出并归口。

本标准起草单位:江苏协鑫硅材料科技发展有限公司、瑟米莱伯贸易(上海)有限公司、有研半导体材料股份有限公司。

本标准主要起草人:薛抗美、夏根平、孙燕、林清香、徐自亮、黄黎。

太阳能电池用硅片翘曲度和
波纹度测试方法

1 范围

本标准规定了太阳能电池用硅片(以下简称硅片)翘曲度和波纹度的测试方法。
本标准适用于硅片翘曲度和波纹度的测试。

2 规范性引用文件

下列文件对于本文件的应用是必不可少的。凡是注日期的引用文件,仅注日期的版本适用于本文件。凡是不注日期的引用文件,其最新版本(包括所有的修改单)适用于本文件。
GB/T 3505—2009 产品几何技术规范(GPS) 表面结构 轮廓法 术语、定义及表面结构参数
GB/T 6620 硅片翘曲度非接触式测试方法
GB/T 14264 半导体材料术语
GB/T 16747—2009 产品几何技术规范(GPS) 表面结构 轮廓法 表面波纹度词汇
GB/T 18777 产品几何技术规范(GPS) 表面结构 轮廓法 相位修正滤波器的计量特性
GB/Z 26958(所有部分) 产品几何技术规范(GPS) 滤波

3 术语和定义

GB/T 3505—2009、GB/T 14264、GB/T 16747—2009、GB/T 18777 和 GB/Z 26958 界定的术语和定义适用于本文件。为了便于使用,以下重复列出了 GB/T 3505—2009 和 GB/T 16747—2009 中的某些术语和定义。

3.1

轮廓滤波器 profile filter
把轮廓分成长波和短波成分的滤波器。在测量粗糙度、波纹度和原始轮廓的仪器中使用三种滤波器,见图1。它们都具有 GB/T 18777 规定的相同的传输特性,但截止波长不同。
[GB/T 3505—2009,定义 3.1.1]

3.2

λ_s 轮廓滤波器 λ_s profile filter
确定存在于表面上的粗糙度与比它更短的波的成分之间相交界限的滤波器,见图1。
[GB/T 3505—2009,定义 3.1.1.1]

3.3

λ_c 轮廓滤波器 λ_c profile filter
确定粗糙度与波纹度成分之间相交界限的滤波器,见图1。
[GB/T 3505—2009,定义 3.1.1.2]

3.4

λ_f 轮廓滤波器 λ_f profile filter
确定存在于表面上的波纹度与比它更长的波的成分之间相交界限的滤波器,见图1。

GB/T 30859—2014

[GB/T 3505—2009,定义 3.1.1.3]

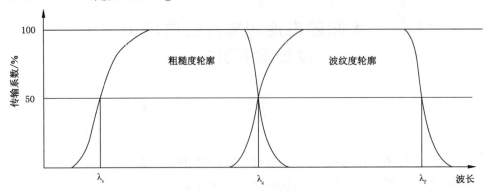

图 1　粗糙度轮廓和波纹度轮廓的传输特性

3.5

实际表面　real surface

物体与周围介质分离的表面。实际表面是由粗糙度、波纹度和形状叠加而成的。

[GB/T 16747—2009,定义 3.1]

3.6

表面轮廓(实际轮廓)　surface profile(real profile)

由一个指定平面与实际表面相交所得的轮廓。它由粗糙度轮廓、波纹度轮廓和形状轮廓构成。

[GB/T 16747—2009,定义 3.2]

3.7

原始轮廓　primary profile

通过 λ_s 轮廓滤波器后的总轮廓。

[GB/T 3505—2009,定义 3.1.5]

3.8

表面波纹度轮廓(波纹度轮廓)　profile of surface waviness(waviness profile)

对原始轮廓连续应用 λ_f 和 λ_c 两个轮廓滤波器以后形成的轮廓。采用 λ_f 轮廓滤波器抑制长波成分,而采用 λ_c 轮廓滤波器抑制短波成分。这是经过人为修正的轮廓,见图 2。

[GB/T 16747—2009,定义 3.7]

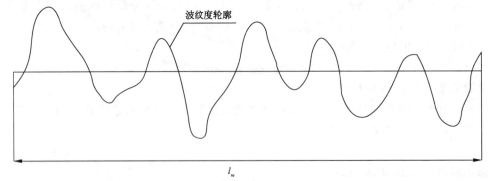

图 2　波纹度轮廓示意图

3.9

分离实际表面轮廓成分的求值系统(滤波器)　operator (filter) for separating the profile component of the real surface

通过预定的信息转换,对实际表面的轮廓成分进行分离的一种处理过程。实际上,该过程可用各种不同的方式实现,对各种不同方式分离出的轮廓成分,应说明其方法离差。倘若总体轮廓含有所认为的公称形状,就须用一个附加的预处理过程来消除该轮廓的形状部分。

[GB/T 16747—2009,定义 3.3]

常用的滤波器有高斯滤波器和最小二乘滤波器等。有关滤波器的更进一步的信息,可参照GB/Z 26958。

3.10

表面波纹度 surface waviness

由间距比粗糙度大得多的、随机的或接近周期形式的成分构成的表面不平度。

波纹度通频带的极限由高斯滤波器的长波截止波长和短波截止波长之比 $\lambda_f : \lambda_c$ 确定,若无特殊规定,此比值通常为 10：1。

[GB/T 16747—2009,定义 3.6]

3.11

波纹度取样长度 waviness sampling length

l_w

用于判别波纹度轮廓的不规则特征的 X 轴方向上的长度。它等于长波截止波长 λ_f。在这段长度上确定波纹度参数。

[GB/T 16747—2009,定义 3.8]

3.12

波纹度评定长度 waviness evaluation length

l_n

用于评定波纹度轮廓的 X 轴方向上的长度,它包括一个或几个取样长度。

[GB/T 16747—2009,定义 3.9]

3.13

波纹度轮廓偏距 waviness profile departure

$Z(x)$

波纹度轮廓上的点与波纹度中线之间的距离。

[GB/T 16747—2009,定义 3.15]

4 方法

4.1 翘曲度

翘曲度的测量采用非接触式技术,利用成对的、分别位于硅片上方和下方的探头可以测量出硅片上、下表面相对于同一侧探头的距离,沿一定路径扫描,则可以给出硅片上表面和下表面的轮廓起伏。根据测量得到的硅片表面轮廓数据,依据一定的物理模型就可以计算出硅片翘曲度。

4.2 波纹度

一般认为,硅片表面波纹度是硅片表面空域波长在 0.5 mm～30 mm 的硅片表面变化。波纹度的测量可以采用各种接触式或非接触式技术;推荐采用非接触式技术,利用成对的、分别位于硅片上方和下方的探头,测量出硅片上、下表面相对于同一侧探头的距离,沿与硅片表面平行的路径进行扫描,得到硅片上表面和下表面的表面轮廓;然后采用合适的滤波器、选取合适的截止波长,在硅片表面轮廓中去除粗糙度轮廓成分和硅片形状变化成分后得到波纹度轮廓;根据提取出的波纹度轮廓就可计算出波纹度值。

5 干扰因素

5.1 对翘曲度和波纹度都有影响的干扰因素

5.1.1 不同的测量技术、使用同一测量技术的不同厂家或同一厂家的不同型号的测量仪器均可能会给出不同的测量结果。

5.1.2 不同的扫描路径,包括其长度或方向,可能会产生不同的测量结果;因此在试验报告中,应给出采用的扫描路径的具体信息。

5.1.3 由于各种因素的影响,扫描路径的起始点和终结点距离硅片边缘过近可能会带来测量误差。因此扫描路径的起始点和终结点应距离硅片边缘 5 mm 以上,以去除边缘影响;而且扫描路径开始和结束时的部分数据应去除,以避免扫描开始和结束时偶然因素对测量结果的影响。

5.1.4 测试平台的不平整可能会引入测量误差。

5.1.5 设备采集数据的频率不同,可能会产生不同的测量结果。

5.1.6 在测量过程中,测试仪器的振动或测试样品相对于测量方向的振动或挪移都会引入误差。

5.1.7 硅片表面的外来物或表面缺陷(如裂纹、孔洞、硅晶脱落等),都会引入测量误差。

5.2 对翘曲度有影响的干扰因素

本标准中规定的翘曲度的测试方法未考虑可能由硅片自重引入的重力形变影响。

5.3 对波纹度有影响的干扰因素

5.3.1 从硅片表面轮廓中提取波纹度轮廓时,采用不同的滤波器以及不同的设置等,提取出的波纹度轮廓可能会有不同,从而产生不同的波纹度测量结果,因此在硅片表面波纹度测量结果的报告中,应尽可能给出使用的滤波器以及具体的滤波设置。

5.3.2 测量硅片表面波纹度时,扫描路径的长度最好大于评定长度;为方便全面评价硅片表面的变化,建议扫描路径的长度不小于硅片尺寸规格的 4/5,以避免由于采样不完全而导致的测量结果的偶然性。

5.3.3 如果评定长度内包含的取样长度数目不同,可能会影响波纹度的计算结果。建议评定长度内包含 5 个或以上的取样长度,而且试验报告中应给出评定长度内包含的取样长度的具体数目。

5.3.4 对于接触式方法,由于各种原因,比如探针尺寸过大、移动速度过快、探针与硅片表面贴合不充分、探针臂弹性过大以及仪器数据采集速度不够快等,测量到的硅片表面轮廓与实际的表面轮廓可能会有差异,这可能会影响波纹度的测量结果。

5.3.5 对于非接触式方法,探头尺寸或者光斑尺寸过大、光路的像差、光信号采集系统的噪声等,都会在提取出的硅片表面轮廓中引入一定的误差,从而影响波纹度的测量结果。

6 仪器

6.1 翘曲度测量仪

6.1.1 探头传感器:采用光学、电容式或其他非接触测量技术,用于测量探头和硅片表面之间的相对距离;成对安装,分别位于硅片的上方和下方,且上、下探头位于同一轴线上,该轴线垂直于硅片表面;探头可以上、下垂直调节。轴线与测试平台的法线之间的夹角应小于 2°,厚度测量分辨率应优于 0.25 μm。

6.1.2 测试平台或样品输送装置,测量区内测试平台或样品输送装置的表面平整度应小于 0.25 μm。

6.1.3 定位器,用于对测试平台或样品输送装置上所测硅片进行定位。

6.1.4 控制系统,包括电脑、外设以及软件等,负责控制测量过程、采集并存储测量数据,并根据测量数据计算测量结果。在扫描测量过程中,自动采集数据的能力每秒钟应超过 100 个。

6.1.5 测量仪应备有厚度校准样片,用以校正测量仪。

6.2 波纹度测量仪

6.2.1 表面轮廓测量装置,可以是采用各种接触式或非接触式技术、用于获取硅片表面轮廓的探头传感器;最好是采用非接触技术的探头传感器,成对安装,分别位于硅片的上方和下方,且上、下探头位于同一轴线上;该轴线垂直于硅片表面;探头可以上、下垂直调节。轴线与测试平台的法线之间的夹角应小于 2°。

6.2.2 测试平台或样品输送装置,测量区内测试平台或样品输送装置的表面平整度应小于 0.25 μm。

6.2.3 定位器,用于对测试平台或样品输送装置上所测硅片进行定位。

6.2.4 控制系统,包括电脑、外设以及软件等,负责控制测量过程、采集存储测量数据、按照设定的参数从硅片表面轮廓中提取波纹度轮廓、最后计算波纹度测量结果等。控制系统应具备设置、调节扫描参数和滤波器参数的功能,以便根据硅片表面的不同情况设置合适的波纹度轮廓测量参数。在扫描测量过程中,自动采集数据的能力每秒钟应超过 100 个。

7 试样

硅片表面应清洁、干燥。

8 测量程序

8.1 测量环境

8.1.1 温度:18 ℃~28 ℃。

8.1.2 湿度:不大于 65%。

8.1.3 洁净度:8 级洁净室或以上。

8.1.4 周围环境无明显的电磁干扰。

8.1.5 工作台振动小于 0.5 g。

8.2 仪器校准

8.2.1 翘曲度测量仪校准

8.2.1.1 翘曲度的校准是利用厚度校准进行的:根据待测硅片的规格和厚度范围,选择一张或一组厚度标准片;如果选用一张厚度标准片,则其标称厚度与待测硅片的厚度之差应不大于 25%;如果是选用一组厚度标准片,则待测硅片的厚度范围应包含在选择的这组厚度标准片的厚度标称值区间内。

8.2.1.2 利用选择的厚度标准片校准翘曲度测量仪;如果选择了一张厚度标准片,其测量值与标称值的偏差应小于 2 μm;如果选择的是一组厚度标准片,则每一标准片厚度的测量值与标称值的偏差应小于 2 μm,然后以其厚度标称值为横坐标、测量值为纵坐标,在坐标系中描点,在两个端点之间画一条直线;在两个端点处描出对应端点值±0.5% 的两个点,通过两个 +0.5% 和 -0.5% 的点各画一条限制线,如图 3 所示,观察描绘的点,如果所有的点都落在限制线之内(含线上),就认为设备满足测试的线性要求,否则应对仪器重新进行调整。

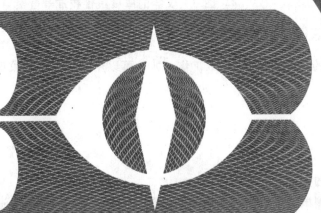

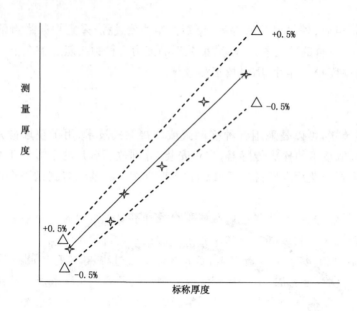

+0.5%

-0.5%

+0.5%

-0.5%

测量厚度

标称厚度

✦——厚度 M。

图 3　仪器的厚度线性校准

8.2.2　波纹度测量仪校准

根据所用仪器的具体要求进行校准工作。如果可以用厚度校准波纹度测量仪,则应按照8.2.1中的规定进行。

8.3　测量

8.3.1　翘曲度测量

8.3.1.1　选择合适的翘曲度测量仪。

8.3.1.2　依据选用测试仪器的具体情况,在下述建议的扫描路径中选取合适的扫描路径:

    a)　单线或三线。如果是单线,建议扫描路径与硅片中线重合;如果采用三线,则建议中间一条线与硅片中线重合,而另两条线对称分布于硅片中线两侧,距相应一侧的硅片边缘的距离至少大于探头或传感器尺寸的一半。测量时,扫描方向应平行于硅片上下表面、且垂直于硅片线切工艺的走线方向;如果无法判断线切工艺的走线方向,则推荐沿两条相互垂直、各自平行于硅片边缘的路径进行扫描测量;如图 4 所示;

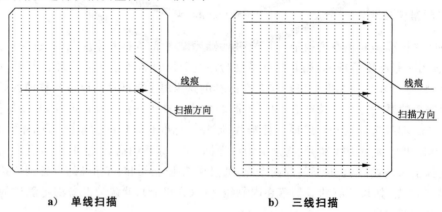

线痕

扫描方向

线痕

扫描方向

    a)　单线扫描　　　　　　　　　　　　**b)　三线扫描**

图 4　单线或三线扫描路径图

b) 覆盖硅片中心和四角区域的多段扫描路径,如图5所示:

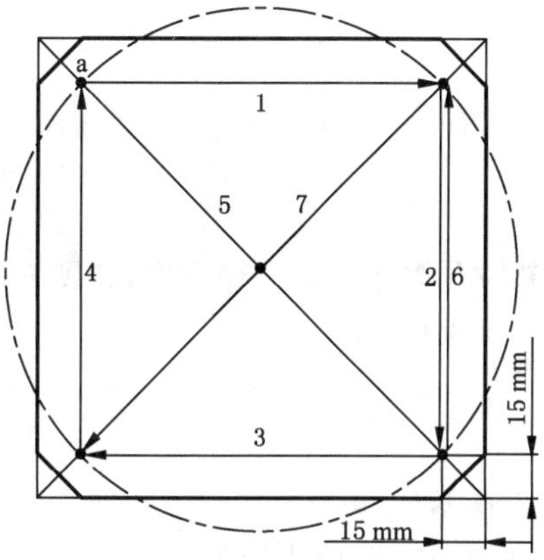

图 5　覆盖硅片中心和四角区域的多段扫描路径图

c) 不同于上述两种路径的其他扫描路径,需经供需双方协商达成一致。对于在线检测,采用扫描路径 a)。

8.3.1.3　将待测硅片平放入测试平台或样品输送装置上,确认仪器的探头行程与8.3.1.2确定的扫描路径一致。

8.3.1.4　按仪器要求,用定位器对待测硅片进行定位。

8.3.1.5　测量硅片翘曲度。

8.3.1.6　如果是半自动仪器,沿扫描路径,以 μm 为单位,记录被测量点上下表面与各自相应测量探头之间的距离;对于全自动仪器,直接读数仪器显示的翘曲度值。

8.3.1.7　测试完毕,小心取出硅片。

8.3.1.8　对每个测量硅片,进行 8.3.1.3～8.3.1.7 的操作步骤。

8.3.1.9　若使用半自动仪器,计算硅片翘曲度值;翘曲度的计算参照第9章进行。

8.3.1.10　分析、保存并记录测量结果。

8.3.2　波纹度测量

8.3.2.1　选择合适的波纹度测量仪。

8.3.2.2　根据选用测试仪器的具体情况,确定合适的扫描路径。

8.3.2.3　扫描方向应与硅片线切工艺的走线方向垂直;如果无法判断线切工艺的走线方向,则推荐沿两条相互垂直、各自平行于硅片边缘的路径进行扫描测量。

8.3.2.4　选择合适的波纹度参数;表征波纹度的参数建议采用下述参数中的一个或多个:波纹度轮廓算术平均偏差(W_a)、波纹度轮廓的最大高度(W_z)、波纹度轮廓均方根偏差(W_q)和波纹度轮廓的平均间距(W_{sm})。也可以采用其他的参数。有关波纹度参数更详细的信息,可参见 GB/T 3505 和 GB/T 16747—2009。

8.3.2.5　根据选用的波纹度测量仪的具体情况,进行其他必要的参数设置,例如选择合适的滤波器、设置滤波器的参数等。

8.3.2.6　观察硅片表面线切工艺的走线方向,将待测硅片平放入测试平台或样品输送装置上,确保仪器探头或光斑的行程与确定的扫描路径完全相同。

8.3.2.7　用定位器对待测硅片进行定位。

8.3.2.8　测量硅片波纹度。

8.3.2.9　测试完毕,小心取出硅片。

8.3.2.10 分析、保存并记录测量结果。

9 测量结果计算

9.1 翘曲度

9.1.1 建议采用 GB/T 6620 中规定的方法计算硅片翘曲度，如图 6 所示。翘曲度的计算按式(1)进行：

$$\text{warp}=\frac{1}{2}\left[\,|\,(b-a)_{\max}-(b-a)_{\min}\,|\,\right] \quad\cdots\cdots\cdots(1)$$

式中：
warp——硅片的翘曲度，单位为微米（μm）；
b　　——硅片下表面到下探头的距离，单位为微米（μm）；
a　　——硅片上表面到上探头的距离，单位为微米（μm）。
max 表示最大值，min 表示最小值。
有关翘曲度更进一步的信息，可参见 GB/T 6620。

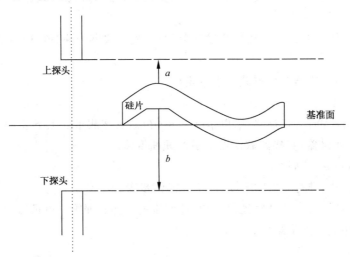

图 6　翘曲度计算示意图

9.1.2 如果采用其他方法计算翘曲度，则应在试验报告中注明具体的计算方法。

9.2 波纹度

9.2.1 波纹度轮廓算术平均偏差（W_a）
在取样长度内，波纹度轮廓偏距绝对值的算术平均值，计算公式如式(2)：

$$W_a=\frac{1}{l_w}\int_0^{l_w}|Z(x)|\,\mathrm{d}x \quad\cdots\cdots\cdots(2)$$

式中：
l_w　　——取样长度，单位为毫米（mm）；
$Z(x)$——波纹度轮廓偏距，单位为微米（μm）。
或者近似为式(3)：

$$W_a=\frac{1}{n}\sum_{i=0}^{n}|Z_i| \quad\cdots\cdots\cdots(3)$$

式中：

n——在波纹度轮廓上的取样点数。

9.2.2　波纹度轮廓的最大高度（W_z）

波纹度取样长度内，波纹度轮廓最大峰的偏差和波纹度轮廓谷底最大偏差的绝对值之和，按式（4）进行计算。

$$W_z = Z(x)_{peakmax} + |Z(x)|_{valleyMax} \qquad\cdots\cdots\cdots\cdots\cdots\cdots\cdots（4）$$

9.2.3　波纹度轮廓均方根偏差（W_q）的计算公式如式（5）：

$$W_q = \sqrt{\frac{1}{l_w}\int_0^{l_w} Z^2(x)\,\mathrm{d}x} \qquad\cdots\cdots\cdots\cdots\cdots\cdots\cdots（5）$$

或者近似为式（6）：

$$W_q = \sqrt{\frac{\sum_{i=0}^{n} Z_i^2(x)}{n}} \qquad\cdots\cdots\cdots\cdots\cdots\cdots\cdots（6）$$

9.2.4　波纹度轮廓不平度的间距（W_s）

含有一个波纹度轮廓峰和相邻轮廓谷的一段波纹度中线的长度。如图7所示。

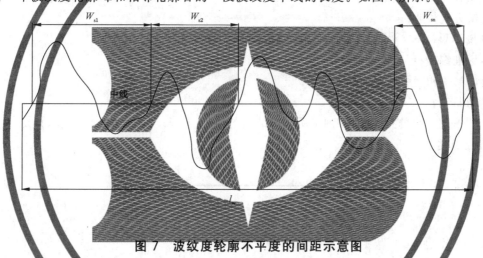

图 7　波纹度轮廓不平度的间距示意图

10　精密度

10.1　翘曲度的测量结果

10.1.1　三线扫描路径

样品选用厚度 200 μm±20 μm、边长 156 mm±0.5 mm 的多晶硅片 10 片，选择 5 家试验室进行测量，每家试验室重复测量 10 次。单个试验室的 2 s 标准偏差小于 3.0 μm，多个试验室的精密度为±9.23%。

10.1.2　覆盖硅片中心和四角区域的多段扫描路径

样品选用厚度 200 μm±20 μm、边长 156 mm±0.5 mm 的多晶硅片 9 片，选择 2 家试验室进行测量，每家试验室重复测量 10 次。单个试验室的 2 s 标准偏差小于 1.3 μm，多个试验室的精密度为±14.56%。

10.1.3 不同扫描路径测量对比分析

通过同一样品的三线扫描路径与覆盖硅片中心和四角区域的多段扫描路径翘曲度数据对比发现，多段扫描路径测试数据普遍大于三线扫描路径测试数据。

10.2 波纹度的测量结果

样品选用厚度 200 μm±20 μm、边长 156 mm±0.5 mm 的多晶硅片 10 片。选择 5 家试验室进行测量，每家试验室重复测量 10 次。W_z 值单个试验室的 2 s 标准偏差小于 2.0 μm，多个试验室的精密度为±8.84%。

11 试验报告

试验报告应包括下列内容：
a) 试样批号、编号；
b) 测量仪器名称、型号；
c) 测量方式说明；
d) 测量结果；
e) 本标准编号；
f) 测量单位和测量者；
g) 测量日期；
h) 如果是波纹度的报告，则需列出所用滤波器的类型、λ_f、λ_c 具体值、取样长度、评定长度和扫描路径长度。

———————————

ICS 77.040
H 21

中华人民共和国国家标准

GB/T 30860—2014

太阳能电池用硅片表面粗糙度及
切割线痕测试方法

Test methods for surface roughness and saw mark of silicon wafers for solar cells

2014-07-24 发布

2015-04-01 实施

中华人民共和国国家质量监督检验检疫总局
中国国家标准化管理委员会　发 布

前　言

本标准按照 GB/T 1.1—2009 给出的规则起草。

本标准由全国半导体设备和材料标准化技术委员会(SAC/TC 203)及材料分技术委员会(SAC/TC 203/SC 2)共同提出并归口。

本标准起草单位:中国有色金属工业标准计量质量研究所、瑟米莱伯贸易(上海)有限公司、江苏协鑫硅材料科技发展有限公司、有研半导体材料股份有限公司、特变电工新疆新能源股份有限公司、洛阳鸿泰半导体有限公司、连云港国家硅材料深加工产品质量监督检验中心。

本标准主要起草人:徐自亮、任皓、陈佳洵、李锐、孙燕、熊金杰、杨素心、蒋建国、王丽华、薛抗美、黄黎。

太阳能电池用硅片表面粗糙度及
切割线痕测试方法

1 范围

本标准规定了太阳能电池用硅片(以下简称硅片)的表面粗糙度及切割线痕的接触式或非接触式轮廓测试方法。

本标准适用于通过线切工艺加工生产的单晶和多晶硅片。如果需要适用于其他产品,则需相关各方协商同意。

2 规范性引用文件

下列文件对于本文件的应用是必不可少的。凡是注日期的引用文件,仅注日期的版本适用于本文件。凡是不注日期的引用文件,其最新版本(包括所有的修改单)适用于本文件。

GB/T 1031 产品几何技术规范(GPS) 表面结构 轮廓法 表面粗糙度参数及其数值

GB/T 3505 产品几何技术规范(GPS) 表面结构 轮廓法 术语、定义及表面结构参数

GB/T 10610 产品几何技术规范(GPS) 表面结构 轮廓法 评定表面结构的规则和方法

GB/T 14264 半导体材料术语

GB/T 18777 产品几何技术规范(GPS) 表面结构 轮廓法 相位修正滤波器的计量特性

GB/T 26071 太阳能电池用硅单晶切割片

GB/Z 26958(所有部分) 产品几何技术规范(GPS)滤波

GB/T 29055 太阳电池用多晶硅片

GB/T 29505 硅片平坦表面的表面粗糙度测量方法

GB/T 30859 太阳能电池用硅片翘曲度和波纹度测试方法

3 术语和定义

GB/T 1031、GB/T 3505、GB/T 10610、GB/T 14264、GB/T 18777、GB/T 26071、GB/T 29055 和 GB/Z 26958 界定的术语和定义适用于本文件。

4 方法原理

4.1 表面粗糙度

4.1.1 一般认为硅片表面粗糙度是硅片表面空域波长小于 0.5 mm 的硅片表面变化,测量采用各种接触式或非接触式技术的探头,在硅片表面最粗糙的单个或多个区域,或者某些规定的区域,沿一定的扫描路径进行扫描,得到硅片表面轮廓,进一步提取出粗糙度轮廓,最后计算出硅片表面粗糙度值。

4.1.2 表征硅片表面粗糙度的参数推荐使用粗糙度轮廓算术平均偏差 Ra、粗糙度轮廓最大高度 Rz、粗糙度轮廓均方根 Rq、粗糙度轮廓单元平均宽度 Rsm。如有必要也可采用其他参数。更详细的信息可参见 GB/T 1031、GB/T 3505、GB/T 10610、GB/T 18777、GB/T 26071、GB/T 29505 和 GB/T 30859。

4.1.3 采用各种接触式、非接触式光学法或其他非接触式技术测量得到硅片表面轮廓,然后应用合适的滤波器以及合适的滤波参数设置,从硅片表面轮廓中提取出硅片表面粗糙度轮廓,再依据一定的计算方法计算出硅片表面粗糙度。推荐使用非接触式光学法测量硅片表面粗糙度。

4.1.4 测量硅片表面粗糙度时,先用肉眼观察硅片表面的粗糙程度,选取最粗糙的区域进行测量;如果硅片表面有多个区域比其他区域粗糙,但在这多个区域中无法找出最粗糙的区域,则应对此多个区域进行测量;如果硅片表面粗糙程度均匀,肉眼无法识别出表面最粗糙的区域或者相对更粗糙的数个区域,则按照如图1中规定的区域进行检测,具体的位置坐标列见表1,其中 a 为硅片的尺寸规格。

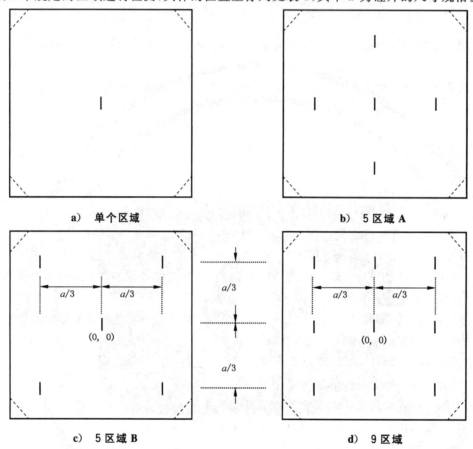

a) 单个区域　　　　　　　　　　　　　　b) 5区域 A

c) 5区域 B　　　　　　　　　　　　　　d) 9区域

图 1　硅片表面粗糙度测量区域位置示意图

4.1.5 对于线切割硅片而言,粗糙度主要源于线切工艺的工艺条件及其稳定性,因此在测量线切割硅片表面粗糙度时,如果无法判定线切工艺的走线方向,应采用两个相互垂直的、分别平行于硅片边缘的方向进行测量,如图2所示。

4.1.6 测量硅片表面粗糙度时,评定长度应包含至少5个取样长度。如果采用5个取样长度,则可以不标出评定长度内包含的取样长度数目;如果是其他情况,则应在测量结果报告中明确标注评定长度中包含的取样长度的数目;有关评定长度和取样长度的更详细的信息,可参见 GB/T 3505。

4.1.7 测量硅片表面粗糙度时,扫描路径的长度应大于等于5 mm。如果使用的仪器的探针或光斑的行程可以覆盖整个硅片,则扫描路径不小于硅片尺寸规格的4/5,且进行3线测量,中间一条线经过硅片中心,两边两条线以中间线为对称轴对称分布,距相应的硅片边缘的距离至少大于探头、传感器或光斑尺寸的一半。

4.2　切割线痕

4.2.1 硅片表面切割线痕与线切工艺的工艺条件及其稳定性相关,其测量可采用各种接触式或非接触式的探头,沿一定的扫描路径进行扫描,得到硅片表面轮廓,最后根据得到的硅片表面轮廓得出硅片表面切割线痕值。

4.2.2 硅片的切割线痕也是通过各种接触式或非接触式轮廓提取技术测量的。首先得到硅片表面轮廓,然后应用合适的滤波器滤去短波信号,再根据一定的算法计算出切割线痕的高度、深度或宽度等信息。作为参考,附录A中给出了切割线痕的定义、基本类型及其参数等。对于在线检测,推荐使用非接触式光学法测量硅片表面的切割线痕。

4.2.3 测量切割线痕时,为了准确充分地测量出硅片上不同区域切割线痕的最大值,表征硅片切割线痕,扫描路径应垂直于切割线痕;如果无法判断切割线痕的方向,应沿两条相互垂直的、分别平行于对应的硅片边缘的路径进行扫描测量,如图2所示。

4.2.4 对于切割线痕的在线测量,建议扫描路径为单线或多线。如果是单线,建议扫描路径与硅片中线重合;如果采用多线,建议多条扫描路径以硅片中线为对称轴对称分布,而且最外侧的扫描线距相应一侧的硅片边缘的距离至少大于探头、传感器或光斑尺寸的一半。

4.2.5 测量切割线痕时,扫描路径尽可能地覆盖整个硅片,其长度应不小于硅片尺寸规格的4/5。

表 1 推荐粗糙度测量区域的位置坐标

序号	区域位置	具体坐标
单个区域		
1	中心点	(0, 0)
5 区域(A)		
1	上	(0, a/3)
2	左	(−a/3, 0)
3	中心点	(0, 0)
4	右	(a/3, 0)
5	下	(0, −a/3)
5 区域(B)		
1	左上	(−a/3, a/3)
2	右上	(a/3, a/3)
3	中心点	(0, 0)
4	左下	(−a/3, −a/3)
5	右下	(a/3, −a/3)
9 区域		
1	左上	(−a/3, a/3)
2	中上	(0, a/3)
3	右上	(a/3, a/3)
4	左中	(−a/3, 0)
5	中心点	(0, 0)
6	右中	(a/3, 0)
7	左下	(−a/3, −a/3)
8	中下	(0, −a/3)
9	右下	(a/3, −a/3)

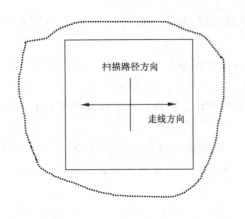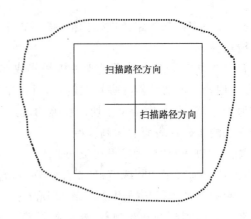

a) 可以判定硅片表面线切工艺走线方向   b) 无法判定硅片表面线切工艺走线方向

图 2　扫描路径方向与线切工艺走线方向关系示意图

5　干扰因素

5.1　对表面粗糙度和切割线痕都有影响的干扰因素

5.1.1　震动对硅片表面粗糙度和切割线痕的测量都有影响。

5.1.2　硅片表面的外来物、表面沾污、水迹,或表面缺陷,如裂纹、孔洞、硅晶脱落等,都会影响硅片表面粗糙度和切割线痕的测量结果。

5.1.3　由于各种因素的影响,测量硅片表面粗糙度或切割线痕时,选择的扫描路径的起始点应距离硅片边缘 5 mm 以上,以去除边缘影响。在不影响测量准确性的情况下,可以采用更小的边缘剔除值,但应经过各方的同意;而且扫描路径的长度最好大于评定长度,以避免扫描开始和结束时偶然因素对测量结果的影响。

5.1.4　不同的测量技术可能会给出不同的测量结果。

5.1.5　使用同一测量技术的不同厂家或同一厂家的不同型号仪器可能会给出不同的测量结果。

5.1.6　设备采集数据的频率不同,可能会产生不同的测试结果。

5.2　对表面粗糙度有影响的干扰因素

5.2.1　不同的扫描方向可能会给出不同的粗糙度结果。

5.2.2　硅片表面粗糙度的测量结果与选择的测量区域或测量点有很大的关系,因此在报告硅片表面粗糙度测量结果时,应同时给出测量区域或测量点的具体位置。

5.2.3　在提取粗糙度轮廓时,选用不同的滤波器或者不同的滤波设置,可能会给出不同的粗糙度轮廓,从而产生不同的表面粗糙度测量结果,因此在报告硅片表面粗糙度测量结果时,应尽可能给出使用的滤波器以及具体的滤波设置。

5.2.4　对于接触式方法,由于各种原因,比如探针尺寸过大、移动速度过快、探针与硅片表面贴合不充分、探针臂弹性过大以及仪器数据采集速度不够快等,测量到的硅片表面轮廓与实际的表面轮廓可能会有差异,这也会影响粗糙度的测量结果。

5.2.5　对于接触式方法,探针的颤动以及探针臂的细微弹性抖动都会在提取出的硅片表面粗糙度轮廓中引入噪声。因此在使用接触式方法测量硅片表面粗糙度时,应消除这一噪声。

5.2.6　对于非接触式方法,探头尺寸或者光斑尺寸过大、光路的像差、光信号采集系统的噪声等,都会在提取出的硅片表面粗糙度轮廓中引入一定的误差,从而影响表面粗糙度的测量结果。

5.2.7　硅片表面波纹或起伏很大时,如线切割硅片,严格地讲已不满足平坦表面的要求,因此

GB/T 29505规定的某些取样方式已不能满足正确反映该硅片的粗糙度,对这类硅片应使用4.1规定的取样方法和取样长度,以避免得出错误的测量结果。

5.3 切割线痕

5.3.1 由于硅片表面切割线痕的类型多样,且每条线痕在不同位置处的特征参数可能不完全相同,因此不同的扫描路径可能会产生不同的测试结果。

5.3.2 由于硅片两面的切割线痕分布和特征不会完全相同,因此测量不同的面会给出不同的测量结果;在切割线痕试验报告中,应明确给出测量的是哪个面,或者是二者的综合。

5.3.3 选用的仪器的探头或探针等的行程大小会影响切割线痕的测量结果。在行程比较小的情况下,为尽量减小或消除测量误差,应先用肉眼观察硅片表面切割线痕的分布情况,选取其中最深或最高的一条或数条进行检测,而且应尽可能地在垂直于硅片线切工艺走线方向的一条直线上分多段进行扫描,每一段至少5 mm长、且覆盖一条或多条切割线痕。

6 仪器

6.1 硅片表面粗糙度测量仪

6.1.1 硅片表面粗糙度测量仪应包括样品平台或样品输送装置、粗糙度轮廓提取系统、测量控制系统等,各部分具体作用如下:
   a) 样品平台或样品输送装置应保证在测试区域内,样品所在的平面与粗糙度轮廓提取系统的探针或探头测量过程中行程路径所在的平面垂直;
   b) 粗糙度轮廓提取系统用于准确提取硅片表面轮廓,然后根据测量控制系统的指令准确提取出硅片表面粗糙度轮廓,并上传至测量控制系统;
   c) 测量控制系统用于对测量参数进行设置、控制测量过程、计算和存储以及输出测量结果;在扫描测量过程中,测量控制系统自动采集数据的能力每秒钟应超过100个。

6.1.2 硅片表面粗糙度的测量可以选用各类可以提取出硅片表面粗糙度轮廓的仪器,包括但不局限于各类光学轮廓仪以及高分辨率机械探针系统等。更详细的信息可参照GB/T 29505。

6.1.3 选用的粗糙度测量仪应遵循:精度和公差的比值P/T低于10%时可以使用;如果P/T大于30%,不推荐使用;介于10%和30%之间时根据应用的重要性、成本以及维修费用等情况酌情使用,但应征得相关各方的同意。

6.2 硅片切割线痕测量仪

6.2.1 硅片切割线痕测量仪应包括样品平台或样品输送装置、表面轮廓提取系统、测量控制系统等,各部分具体作用如下:
   a) 样品平台或样品输送装置应保证在测试区域内,样品所在的平面与表面轮廓提取系统的探针或探头在测量过程中的行程路径所在的平面垂直;
   b) 表面轮廓提取系统用于准确提取硅片表面轮廓,直接向测量控制系统上传硅片表面轮廓,或者根据测量控制系统的指令进行适当的滤波后(一般是高频滤波,滤去纯粹的粗糙度信息)上传至测量控制系统;
   c) 测量控制系统用于对测量参数进行设置、控制测量过程、计算和存储以及输出测量结果;在扫描测量过程中,自动采集数据的能力每秒钟应超过100个。

6.2.2 硅片表面切割线痕的测量可以选用各类可以提取出硅片表面轮廓的仪器,包括但不局限于各类光学轮廓仪、高分辨率机械探针系统、以及其他专门为硅片表面切割线痕测量设计的仪器等;推荐采用探针或探头或光斑行程可以覆盖整个硅片的测量仪器;对于在线测量,推荐采用非接触式光学技术,且其扫描路径可以覆盖整个硅片表面的仪器。

6.2.3 选用的切割线痕测量仪应满足：横向分辨率不低于 $10\ \mu m$，Z 轴方向的分辨率不低于 $1\ \mu m$；对于在线测量设备，横向分辨率不低于 $50\ \mu m$，Z 轴方向的分辨率不低于 $5\ \mu m$。

7 试样

硅片表面应清洁且干燥。

8 测量程序

8.1 测量环境

除有特殊要求外，测量环境应满足以下要求：

a) 温度：18 ℃～28 ℃；

b) 湿度：≤65%；

c) 洁净度：8 级洁净室或以上；

d) 粗糙度测量仪最好放置于防震平台上。

8.2 仪器校正

8.2.1 根据选用的粗糙度测量仪的具体情况和操作手册校正粗糙度测量仪，使其满足 6.1.3 的规定。

8.2.2 根据选用的切割线痕测量仪的具体情况和操作手册对切割线痕测量仪进行校正，使其满足 6.2.3 的规定。

8.3 测量

8.3.1 硅片表面粗糙度

8.3.1.1 选择合适的粗糙度测量仪。

8.3.1.2 决定测量区域或测量点。用肉眼观察样品的表面，查找并选择最粗糙的区域为测量区域；如果多个区域比其他区域粗糙，但肉眼无法甄别出最粗糙的区域，则应把这些区域都选择为测量区域；如果硅片表面的粗糙程度均匀，肉眼无法甄别出最粗糙的一个或多个区域，则应按照图 1 中的规定选择合适的测量区域或测量点。

8.3.1.3 选择合适的扫描路径。扫描路径应垂直于硅片线切工艺走线方向；如果无法判断样品表面的线切工艺走线方向，则应在每个测量区域内沿两条相互垂直、分别平行于硅片边缘的直线进行扫描测量。

8.3.1.4 根据选用的粗糙度测量仪的具体情况，选择合适的扫描路径长度。建议扫描路径应尽可能地至少覆盖选择的测量区域，最短不小于 5mm。

8.3.1.5 根据选用的粗糙度测量仪的具体情况，选择合适的滤波器，并根据实际情况对滤波器进行适当的参数设置。

8.3.1.6 选择合适的粗糙度参数。

8.3.1.7 根据选用的粗糙度测量仪的具体情况，进行其他必要的参数设置。

8.3.1.8 将样品放置于粗糙度测量仪的样品平台（离线）或样品传送装置（在线）上，准备进行测量。

8.3.1.9 进行粗糙度测量，保存并记录测量结果。

8.3.2 硅片表面切割线痕

8.3.2.1 选择合适的切割线痕测量仪。

8.3.2.2 选择合适的扫描路径:切割线痕测量的扫描路径应垂直于硅片线切工艺走线方向;如果无法判断样品表面的线切工艺走线方向,则应沿两条相互垂直、分别平行于硅片边缘的直线进行扫描测量。

8.3.2.3 选择合适的扫描路径长度:切割线痕测量的扫描路径应尽可能地覆盖整个硅片,以免发生漏检;如果选用的切割线痕测量仪的探针或探头的最大行程不能满足上述要求,则应尽可能地分多段进行测量,或者选用肉眼观察挑选最大的几条切割线痕进行测量。

8.3.2.4 根据选用的切割线痕测量仪的具体情况,进行其他必要的参数设置。

8.3.2.5 将样品放置于切割线痕测量仪的样品平台(离线)或样品传送装置(在线)上,准备进行测量。

8.3.2.6 进行切割线痕测量,保存并记录测量结果。

9 测量结果计算

9.1 表面粗糙度

9.1.1 硅片表面粗糙度的计算按 GB/T 1031 和 GB/T 3505 的规定进行。

9.1.2 如果测量区域多于 1 个,则取其中的最大值做为硅片表面粗糙度测量结果。

9.2 切割线痕

9.2.1 硅片表面切割线痕的深度是凹型切割线痕底部相对于硅片表面的纵向高度差,而表面切割线痕的高度是指凸型切割线痕或台阶性切割线痕顶部相对于硅片表面的纵向高度差。更详细的信息见附录 A。

9.2.2 如果在多个点上测量了同一条切割线痕,则取各点对应的切割线痕高度或深度值中的最大值做为该条切割线痕的线痕高度或深度值。

9.2.3 如果硅片表面有多个线痕,则取所有线痕的高度或深度值的最大值做为硅片表面的线痕高度或深度值。

10 精密度

10.1 硅片表面粗糙度

硅片表面粗糙度测量试验共选用了 12 片多晶、单晶样品,在 4 家试验室进行了粗糙度测量。由于探针式粗糙度测量仪在测量硅片表面粗糙度时,重复测量会改变硅片表面,从而造成粗糙度重复性结果比较差,因此在这里没有进行粗糙度重复性试验。

试验结果表明:

    a) 不同的测试技术给出的粗糙度结果不完全相同;如果需要比对不同测量技术测量得到的粗糙度结果,则应在扫描方向相同、取样长度相同、取样长度包含的评估长度的数目相同、测试区域相同等条件下进行。

    b) 测量区域的选择对最后的测量结果影响很大。对于表面粗糙程度不均匀的样品,先用肉眼观察并选择最粗糙的区域然后进行测量是必要的。

    c) 扫描方向对硅片表面粗糙度的结果影响很大,因此在测量使用线切工艺加工生产的硅片时,扫描路径必须垂直于线切工艺的走线方向。

    d) 取样长度的大小对粗糙度测量结果的影响很大;对于有些探针或光斑行程较短的粗糙度测量

仪器,单个行程不能满足现有的线切割加工硅片表面粗糙度测量需求。建议通过额外的样品移动装置和/或软件来增加扫描路径的长度,或者把多个行程合并为单个行程考虑。但是使用这种方法时,其误差主要取决于所选用的粗糙度测量仪。

10.2 硅片表面切割线痕

硅片表面切割线痕测量试验共选用了16片样品,其中包括6片多晶样品和10片单晶样品。多晶样品在5家试验室中进行了测量,在3家试验室中进行了复验;单晶样品在4家试验室中进行了测量,在1家试验室中进行了复验;每家试验室中每张样品重复测量10次。

单个试验室测量结果的相对标准方差,多晶介于3%~15%之间,单晶介于6%~19%之间。多个试验室之间的相对标准方差多晶小于21%,单晶小于20%。由于试验和复验中所用的技术不完全相同,因此测量值不完全相同,但是趋势一致。

11 试验报告

11.1 硅片表面粗糙度

硅片表面粗糙度试验报告应包括下列内容:
a) 试样批号、编号;
b) 测量仪器种类和型号;
c) 具体的粗糙度测量技术;
d) 测量区域的具体位置;
e) 扫描路径和扫描方向;
f) 如有必要,应包括其他一些测量参数设置,例如采用的滤波器、滤波器的参数设置等;
g) 测量结果;
h) 本标准编号;
i) 测量单位和测量者;
j) 测量日期。

11.2 硅片表面切割线痕

硅片表面切割线痕试验报告应包括下列内容:
a) 试样批号、编号;
b) 测量仪器种类和型号;
c) 具体的切割线痕测量技术;
d) 扫描路径和扫描方向;
e) 如有必要,应包括其他一些测量参数设置;
f) 注明测量的是硅片两面中的哪个面,或者是二者的综合;
g) 测量结果;
h) 本标准编号;
i) 测量单位和测量者;
j) 测量日期。

附　录　A
（资料性附录）
切割线痕的定义和类型

A.1　定义

切割线痕是硅片表面由于线切工艺引起的表面结构或表面不平整性。相关定义如下：

a)　ASTM 中 saw mark 定义原文为：saw marks n-on a wafer, surface irregularities in the form of a series of alternating ridges and depressions in arcs, the radii of which are the same as those of the saw blade used for slicing. [ASTM F1241]；

b)　SEMI M59-1105：4.107 saw mark—surface texture or irregularity resulting from the blade or wires used for slicing.

A.2　类型

A.2.1　概述

切割线痕通常分为凹型、凸型和台阶型三种。

A.2.2　凹型切割线痕

凹型切割线痕是硅片表面上局域性凹陷，如图 A.1 所示。凹型切割线痕的深度是其底部与硅片表面在纵向上的高度差 t。

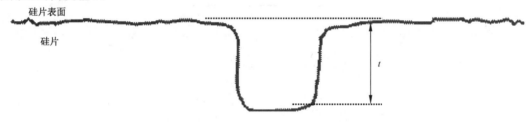

图 A.1　凹形切割线痕示意图

A.2.3　凸型切割线痕

凸型切割线痕是硅片表面上局域性凸起，如图 A.2 所示。凸型切割线痕的高度是指其凸起的顶部与硅片表面之间的纵向高度差 t。

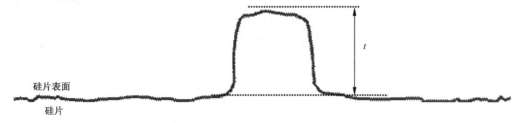

图 A.2　凸型切割线痕示意图

A.2.4　台阶型切割线痕

台阶型切割线痕改变了硅片表面的高度,如图 A.3 所示。台阶型切割线痕的深度定义为硅片表面高度因台阶型切割线痕引起的纵向高度差 t。

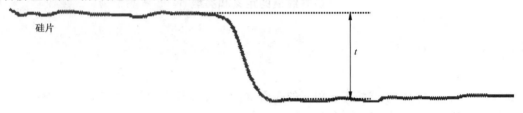

硅片

图 A.3　台阶型切割线痕示意图

A.3　复合型切割线痕

复合型切割线痕是以上 3 种基本类型的混合。在具体测量时,可以把混合型切割线痕分解为上述 3 种基本类型,分别加以表征。

A.4　扫描范围

在实际测量时,扫描范围应能够完全覆盖凹型切割线痕、凸型切割线痕,或者完全覆盖台阶型切割线痕的台阶部分。

ICS 29.045
H 83

中华人民共和国国家标准

GB/T 30866—2014

碳化硅单晶片直径测试方法

Test method for measuring diameter of monocrystalline silicon carbide wafers

2014-07-24 发布

2015-02-01 实施

中华人民共和国国家质量监督检验检疫总局
中国国家标准化管理委员会 发布

GB/T 30866—2014

前　言

本标准按照 GB/T 1.1—2009 给出的规则起草。

本标准由全国半导体设备和材料标准化技术委员会(SAC/TC 203)及材料分技术委员会(SAC/TC 203/SC 2)共同提出并归口。

本标准起草单位:中国电子科技集团公司第四十六研究所、中国电子技术标准化研究院。

本标准主要起草人:丁丽、周智慧、蔺娴、郝建民、何秀坤、刘筠、冯亚彬、裴会川。

碳化硅单晶片直径测试方法

1 范围

本标准规定了用千分尺测量碳化硅单晶片直径的方法。
本标准适用于碳化硅单晶片直径的测量。

2 方法提要

避开碳化硅单晶片主副参考面,选取三个测量位置(如图1所示),沿直径方向用外径千分尺测量碳化硅单晶片的三条直径,计算直径平均值和直径偏差。

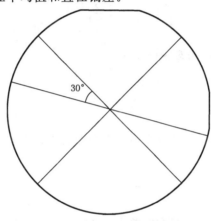

图 1 直径测量位置示意图

3 仪器设备

分度值为 0.02 mm 的外径千分尺或精度相当的其他仪器。

4 试样准备

碳化硅单晶片应清洁、干燥,边缘应光滑、平整。

5 测试环境

5.1 温度:18 ℃~28 ℃。
5.2 相对湿度应不大于 75%。

6 测试程序

6.1 校正外径千分尺零点。

6.2 选取三个测量位置,第一条直径位于主、副参考面的中间,第二条直径垂直于第一条直径,第三条直径与第二条直径逆时针成30°角(如图1所示)。

6.3 旋出外径千分尺测量杆,放入待测试样,使待测直径处于测量位置。

6.4 旋进测量杆到终止位置。

注:旋转外径千分尺的滚花外轮,听到咯咯的响声即表示千分尺与碳化硅片已接触好。

6.5 记录外径千分尺的读数,取下待测试样。

6.6 重复测量步骤6.3~6.5,直至测完三条直径。

7 结果计算

7.1 直径平均值

碳化硅单晶片直径的平均值($\overline{D}$)按式(1)计算:

$$\overline{D} = \frac{1}{3}\sum_{i=1}^{3}D_i \qquad\qquad\cdots\cdots\cdots\cdots\cdots(1)$$

式中:

$\overline{D}$——第 i 条直径测量值,单位为毫米(mm);

i ——测量点1、2、3。

7.2 直径偏差

对每一片碳化硅单晶片,其最大直径减去最小直径即为该碳化硅单晶片的直径偏差。

8 精密度

在重复性条件下,本方法测量值的标准偏差小于0.05 mm。

9 报告

报告至少应包括以下内容:

a) 送样单位;

b) 样品名称、规格、编号;

c) 直径测量值、平均值和偏差;

d) 操作者、审核人签字;

e) 测量日期;

f) 本标准编号。

ICS 29.045
H 83

中华人民共和国国家标准

GB/T 30867—2014

碳化硅单晶片厚度和总厚度
变化测试方法

Test method for measuring thickness and total thickness variation of
monocrystalline silicon carbide wafers

2014-07-24 发布

2015-02-01 实施

中华人民共和国国家质量监督检验检疫总局
中国国家标准化管理委员会 发布

前　言

本标准按照 GB/T 1.1—2009 给出的规则起草。

本标准由全国半导体设备和材料标准化技术委员会(SAC/TC 203)及材料分技术委员会(SAC/TC 203/SC 2)共同提出并归口。

本标准起草单位:中国电子科技集团公司第四十六研究所、中国电子技术标准化研究院。

本标准主要起草人:丁丽、周智慧、郝建民、蔺娴、何秀坤、刘筠、冯亚彬、裴会川。

碳化硅单晶片厚度和总厚度
变化测试方法

1 范围

本标准规定了碳化硅单晶片厚度及总厚度变化(TTV)的测试方法,包括接触式和非接触式两种方式。

本标准适用于直径不小于 30 mm、厚度为 0.13 mm~1 mm 的碳化硅单晶片。

2 规范性引用文件

下列文件对于本文件的应用是必不可少的。凡是注日期的引用文件,仅注日期的版本适用于本文件。凡是不注日期的引用文件,其最新版本(包括所有的修改单)适用于本文件。

GB/T 14264 半导体材料术语

GB/T 25915.1—2010 洁净室及相关受控环境 第1部分:空气洁净度等级

3 术语和定义

GB/T 14264 界定的术语和定义适用于本文件。

4 方法提要

4.1 接触式测量

接触式测量采用五点法。在碳化硅单晶片中心点和距碳化硅单晶片边缘 D/10 的圆周上 4 个对称点位置测量碳化硅单晶片厚度,如图 1 所示。单晶片中心点厚度为标称厚度,5 个厚度测量值中的最大值和最小值的差值为碳化硅单晶片的总厚度变化。

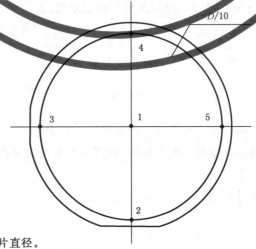

说明:图中 D 为碳化硅单晶片直径。

图 1 接触式测量的测量点位置

4.2 非接触式测量

非接触式测量采用光干涉法。用真空吸盘吸持碳化硅单晶片试样的背面,使试样表面尽可能靠近干涉仪的基准面,来自单色光源的平面波受到试样表面的反射,在空间迭加形成光干涉。由于所处光程差不同,在屏幕上出现干涉条纹(见图 2)。系统以真空吸盘为基准平面,分析得到的干涉条纹,可度量试样总厚度变化。

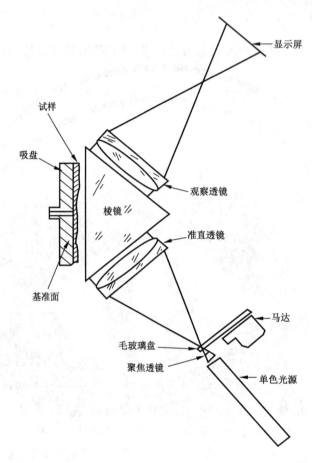

图 2 掠射入射干涉仪示意图

5 仪器设备

5.1 接触式测厚仪

5.1.1 测厚仪由带指示仪表的探头及支承单晶片的夹具或平台组成。

5.1.2 测厚仪应能使碳化硅单晶片绕平台中心旋转,并使每次测量定位在规定位置的 2 mm 范围内。

5.1.3 仪表最小指示量值不大于 1 μm。

5.1.4 测量时探头与碳化硅单晶片接触面积不应超过 2 mm²。

5.2 非接触式测厚仪

5.2.1 掠射入射干涉仪:由单色光源、聚焦透镜、毛玻璃散射盘、准直透镜、棱镜、目镜和观察屏组成。仪器灵敏度优于 0.1 μm,并可调节其灵敏度大小。

5.2.2 真空泵和真空量规:真空度不低于 60 kPa。

5.2.3 真空吸盘:其表面总厚度变化应小于 0.25 μm,吸盘的直径与待测试样的直径相匹配。

5.2.4 校准劈:为总厚度变化已知的光学平晶,用于校准干涉仪的灵敏度。

6 试样制备

6.1 碳化硅单晶片应具有洁净、干燥的表面。

6.2 如果待测碳化硅单晶片不具备参考面,应在碳化硅单晶片背面边缘处做出测量定位标记。

7 测试环境

7.1 温度:18 ℃~28 ℃。

7.2 相对湿度应不大于 75%。

7.3 洁净室:洁净度应优于 GB/T 25915.1—2010 规定的 ISO 5 级要求。

7.4 具有电磁屏蔽,且不与高频设备共用电源。

7.5 防振工作台。

8 测试程序

8.1 接触式测量

8.1.1 调整测试仪的零点。

8.1.2 将待测碳化硅单晶片正面向上,置于厚度测试仪的平台上。

8.1.3 将厚度测试仪探头置于碳化硅单晶片中心位置(见图1),测量厚度记为 t_1,翻转单晶片,重复操作,厚度记为 t_1',比较 t_1 与 t_1',较小值为该单晶片标称厚度值[单位为微米(μm)]。

8.1.4 移动碳化硅单晶片,使厚度测试仪探头依次位于单晶片上位置 2、3、4、5(见图1)(偏差在 2 mm 之内),测量厚度分别记为 t_2、t_3、t_4、t_5。

8.1.5 厚度测试仪探头中心距碳化硅单晶片边缘应不小于 $D/10$。

8.1.6 5 个厚度测量值中的最大值和最小值的差值为碳化硅单晶片的总厚度变化[单位为微米(μm)]。

8.2 非接触式测量

8.2.1 校准

8.2.1.1 将校准劈的锁钉与真空吸盘底托相接触,并使校准劈表面尽量靠近干涉仪的基准面,之间形成空气薄层。在入射角 θ 一定的情况下,两束相干平面波之间的光程差导致屏幕上出现干涉条纹。系统根据已知的校准劈表面平整情况,调整吸盘底托的倾斜度,使干涉条纹与预设条纹相吻合,此时认为真空吸盘底托为满足测试需要的平整状态。

8.2.1.2 将真空吸盘与底托相接触,并使吸盘尽量靠近干涉仪的基准面,之间形成空气薄层。在入射角 θ 一定的情况下,两束相干平面波之间的光程差导致屏幕上出现干涉条纹。系统根据已知的吸盘表面平整情况,调整吸盘的倾斜度,使干涉条纹与预设条纹相吻合,此时认为真空吸盘为满足测试需要的平整状态。

8.2.2 测量

8.2.2.1 将碳化硅单晶片在吸盘上定位。

8.2.2.2 将碳化硅单晶片吸持在吸盘上。

8.2.2.3 碳化硅单晶片表面尽可能靠近干涉仪基准面。

8.2.2.4 系统以真空吸盘为基准面,计算干涉条纹数量,输出总厚度变化数值。

9 精密度

9.1 接触式测量

在重复性条件下,本方法测量的厚度标准偏差小于 $2.5\ \mu m$,总厚度变化标准偏差小于 $2\ \mu m$。

9.2 非接触式测量

在重复性条件下,本方法测量的总厚度变化标准偏差小于 $2\ \mu m$。

10 报告

报告至少应包括以下内容:
a) 送样单位;
b) 样品名称、规格、编号;
c) 中心点厚度;
d) 总厚度变化(或表征值);
e) 测量方式;
f) 测试仪器;
g) 操作者、审核人签字;
h) 测量日期;
i) 本标准编号。

ICS 29.045
H 83

中华人民共和国国家标准

GB/T 30868—2014

碳化硅单晶片微管密度的测定
化学腐蚀法

Test method for measuring micropipe density of monocrystalline silicon
carbide wafers—Chemically etching

2014-07-24 发布   2015-02-01 实施

中华人民共和国国家质量监督检验检疫总局
中国国家标准化管理委员会   发布

前　言

本标准按照 GB/T 1.1—2009 给出的规则起草。

本标准由全国半导体设备和材料标准化技术委员会(SAC/TC 203)及材料分技术委员会(SAC/TC 203/SC 2)共同提出并归口。

本标准起草单位:中国电子科技集团公司第四十六研究所、中国电子技术标准化研究院。

本标准主要起草人:丁丽、周智慧、郝建民、蔺娴、何秀坤、刘筠、冯亚彬、裴会川。

碳化硅单晶片微管密度的测定
化学腐蚀法

1 范围

本标准规定了利用熔融氢氧化钾腐蚀法测定碳化硅单晶微管密度的方法。
本标准适用于碳化硅单晶微管密度的测定。

2 规范性引用文件

下列文件对于本文件的应用是必不可少的。凡是注日期的引用文件,仅注日期的版本适用于本文件。凡是不注日期的引用标准,其最新版本(包括所有的修改单)适用于本文件。

GB/T 14264　半导体材料术语

3 术语和定义

GB/T 14264 界定的术语和定义适用于本文件。

4 方法原理

采用择优化学腐蚀技术显示微管缺陷,用光学显微镜或其他仪器(如扫描电子显微镜)观察碳化硅单晶表面的微管,计算单位面积上微管的个数,即得到微管密度。

5 试剂和材料

本方法需要下列试剂和材料:
a)　氢氧化钾(KOH):优级纯;
b)　硅溶胶:小于 150 nm;
c)　去离子水:电阻率大于 2 MΩ·cm。

6 仪器设备

本方法需要下列仪器和设备:
a)　光学显微镜或其他仪器:放大倍数为 20~500 倍;
b)　镍坩埚:直径 Φ60 mm~150 mm;
c)　控温加热器:可加温到 800 ℃以上。

7 试样制备

7.1 抛光

7.1.1　将切割好的、厚度适当的、完整的碳化硅单晶片用粒径小于 5 μm 的磨料进行粗磨。

7.1.2 用粒径小于 3 μm 的磨料进行细磨。

7.1.3 用硅溶胶抛光液或其他化学抛光液进行化学抛光,使表面光亮。

7.1.4 将抛光好的碳化硅单晶片用去离子水清洗干净,吹干。

7.2 微管腐蚀

7.2.1 将碳化硅单晶片预热至适当温度。

7.2.2 将氢氧化钾放在镍坩埚中加热,待熔化后,使其温度保持在 500 ℃±10 ℃,放入碳化硅单晶片,腐蚀 15 min～25 min。

7.2.3 取出碳化硅单晶片,待其冷却后用去离子水清洗,吹干。

8 测试环境

8.1 温度:18 ℃～28 ℃。

8.2 相对湿度应不大于 75%。

9 测试程序

9.1 将腐蚀好的试样置于光学显微镜载物台上,根据微管孔洞大小选取不同放大倍率。

9.2 观察整个碳化硅单晶片表面,确认微管形貌,如图1(图 1 中较大的、不规则的六边形为微管腐蚀坑)和图 2 所示,记录观察视场内微管个数。记数视场的选择有两种,根据需要可选取:

    a) 依次观察记录整个碳化硅单晶片每个观察视场内的微管个数;

    b) 选取观察视场面积及测量点,观察视场面积 S 不小于 1 mm²,测量点位置如图 3 所示。记录每个视场的微管个数。

    注:a)、b)两种测试方法中推荐优选方法 a)测试整个碳化硅单晶片的微管缺陷。

9.3 计算平均微管密度。

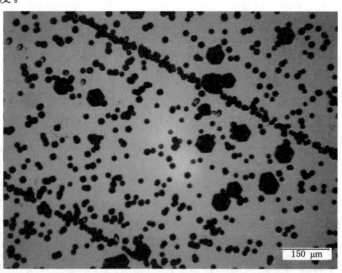

150 μm

说明:图中较大的、不规则的六边形为微管腐蚀坑。

图 1 微管的光学显微镜图(100×)

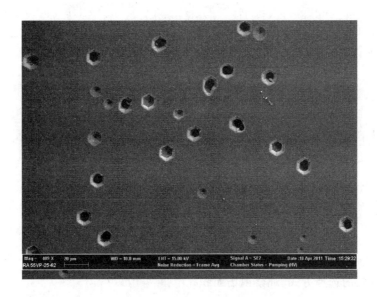

图 2　微管形貌的扫描电镜图（409×）

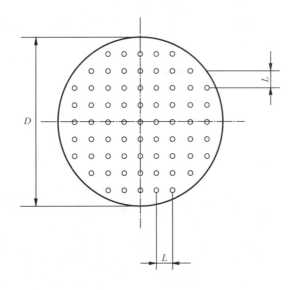

说明:图中 L 为检测位置间距, D 为碳化硅单晶片直径, $L=D/10$ [单位为毫米(mm)],o 为检测位置。

图 3　微管密度测量位置图

10　结果计算

碳化硅单晶片平均微管密度 $\overline{N_d}$ 按式(1)计算。

$$\overline{N_d} = \frac{1}{nS} \sum_{i=1}^{n} N_i \quad\quad\quad \cdots\cdots\cdots\cdots\cdots\cdots\cdots (1)$$

式中:

$\overline{N_d}$ ——平均微管密度,单位为个每平方厘米(个/cm²);

i ——测量点的位置, $i=1,2,3\cdots\cdots n$;

N_i ——第 i 个测量点的微管数目;

S ——观察视场面积,单位为平方厘米(cm^2);

n ——观察视场个数。

11 精密度

在重复性条件下,本方法测量的微管密度的相对标准偏差不大于20％。

12 报告

报告至少应包括以下内容:

a) 送样单位;

b) 样品名称、规格、编号;

c) 记录计数视场的选择方式、观察视场面积;

d) 微管密度测试结果;

e) 测试仪器;

f) 操作者、审核人签字;

g) 测量日期;

h) 本标准编号。

ICS 77.040
H 21

中华人民共和国国家标准

GB/T 30869—2014

太阳能电池用硅片厚度及总厚度变化
测试方法

Test method for thickness and total thickness
variation of silicon wafers for solar cell

2014-07-24 发布
2015-02-01 实施

中华人民共和国国家质量监督检验检疫总局
中国国家标准化管理委员会 发布

前　言

　　本标准按照 GB/T 1.1—2009 给出的规则起草。

　　本标准由全国半导体设备和材料标准化技术委员会(SAC/TC 203)及材料分技术委员会(SAC/TC 203/SC 2)共同提出并归口。

　　本标准起草单位:东方电气集团峨嵋半导体材料有限公司、有研半导体材料股份有限公司、乐山新天源太阳能科技有限公司、青洋电子材料有限公司。

　　本标准主要起草人:何紫军、冯地直、程宇、黎阳、陈琳、荆旭华、刘卓。

太阳能电池用硅片厚度及总厚度变化
测试方法

1 范围

本标准规定了太阳能电池用硅片(以下简称硅片)厚度及总厚度变化的分立式和扫描式测量方法。

本标准适用于符合 GB/T 26071、GB/T 29055 规定尺寸的硅片的厚度及总厚度变化的测量,分立式测量方法适用于接触式及非接触式测量,扫描式测量方法只适用于非接触式测量。在测量仪器准许的情况下,本标准也可用于其他规格硅片的厚度及总厚度变化的测量。

2 规范性引用文件

下列文件对于本文件的应用是必不可少的。凡是注日期的引用文件,仅注日期的版本适用于本文件。凡是不注日期的引用文件,其最新版本(包括所有的修改单)适用于本文件。

GB/T 26071 太阳能电池用硅单晶切割片

GB/T 29055 太阳电池用多晶硅片

3 方法提要

3.1 分立点式测量

在硅片对角线交点和对角线上距两边 15 mm 的 4 个对称位置点测量硅片厚度(见图 1)。硅片中心点厚度作为硅片的标称厚度。5 个厚度测量值中的最大厚度与最小厚度的差值称作硅片的总厚度变化。

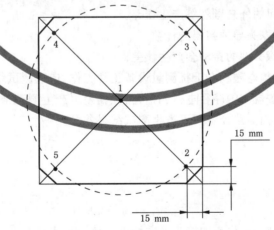

图 1 分立点式测量的测量点位置

3.2 扫描式测量

硅片置于平台上,在硅片中心点进行厚度测量,测量值为硅片的标称厚度,然后从 a 点开始按 1～7

规定路径扫描硅片表面,进行厚度测量,自动显示仪显示出总厚度变化,具体扫描路径见图2。

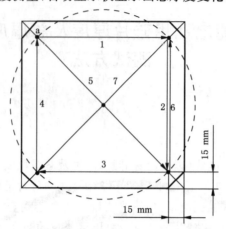

图 2　扫描式测量的扫描路径图

4　干扰因素

4.1　分立点式测量

4.1.1　由于分立点式测量总厚度变化只基于5点的测量数据,硅片上其他部分的几何变化不能被检测出来。

4.1.2　硅片上某一点的局部改变可能产生错误的读数。这种局部的改变可能来源于表面缺陷例如沾污、小丘、坑、线痕、硅晶脱落等。

4.1.3　接触式测量对于翘曲度大的硅片可能导致测试误差。

4.2　扫描式测量

4.2.1　扫描期间,测厚仪平台的不平整可能导致测量误差。

4.2.2　测厚仪平台与硅片之间的外来颗粒等产生误差。

4.2.3　扫描过程中,硅片偏离探头导致错误的计数。

4.2.4　测试样片相对于测量探头轴的振动会产生误差。

4.2.5　现场若有高频设备,高频电磁场会干扰测量设备正常工作,造成测试结果偏差。

4.2.6　本标准的扫描方式为按规定的路径进行扫描,路径偏差可产生测试结果的偏差。

4.2.7　对于在线扫描式测量,扫描路径不同可产生测试结果差异。

5　仪器设备

5.1　接触式厚度测量仪

5.1.1　接触式厚度测量仪由带指示仪表的探头及支持硅片的夹具或平台组成。

5.1.2　仪表最小指示量值不大于 $1\ \mu m$。

5.1.3　测量时探头与硅片接触面积不应超过 $2\ mm^2$。

5.2　无接触式厚度测量仪

5.2.1　无接触式厚度测量仪由带有定位标识的测量平台和带数字显示的固定探头装置组成。

5.2.2 测量平台表面应光洁平整,以保证测试精度并防止硅片背面划伤;外形尺寸可以承载 100 mm× 100 mm～210 mm×210 mm 的硅片在平台上进行扫描检测,平台示意图见图3。

探头轴线位置

硅片位置
标识线

图 3　测量平台示意图

5.2.3　固定探头装置

5.2.3.1　固定探头装置由一对同轴的无接触传感探头(探头传感原理可以是电容的、光学的或其他非接触方式的)、探头支架和信号采集系统及数字显示屏组成。

5.2.3.2　上下探头同轴,与硅片上下表面探测位置相对应。固定探头的公共轴应与测量平台上的平面垂直(在±2°之内),传感器可感应各探头的输出信号,并能通过采集、数据处理及运算在显示屏显示当前点的厚度。

5.2.3.3　固定探头装置应满足以下要求:

  a)　探头传感面直径应在 1.57 mm～20 mm 范围;

  b)　探测位置垂直方向的度数分辨率优于 0.1 μm;

  c)　基准厚度值附近,每个探头的位移范围至少为 50 μm;

  d)　在满量程的 0.5% 之内呈线性变化;

  e)　在扫描中,对自动数据采样模式的仪器,采集数据的能力每秒钟至少 100 个数据点;

  f)　应选用适当的探头与硅片表面间距。

5.2.3.4　规定非接触是为防止探头使试样发生形变及对被测试样产生表面损伤。

5.2.3.5　指示器单元通常可具有:

  a)　计算和存储成对位移测量的和(或)差值,以及识别这些数量最大和最小值的手段;

  b)　存储各探头测量值的选择显示开关等。显示可以是数字的或模拟的(刻度盘),推荐用数字读出,来消除操作者引入的读数误差。

6　试样

硅片表面应清洁、干燥。

7　测量程序

7.1　测量环境

7.1.1　温度:18 ℃～28 ℃(或根据测量仪器等规定)。

7.1.2　湿度:≤65%(或根据测量仪器等规定)。

7.1.3　测试环境洁净度:8 级洁净室。

7.1.4　工作台振动小于 0.5g_n。

7.2 仪器校正

7.2.1 对仪器探头进行调节,使探头位置在要求范围内。

7.2.2 用一组厚度校正标准片置于平台上进行测量。

7.2.3 以标称厚度为横坐标,测试值为纵坐标在坐标系上描点,通过两个端点画一条直线,在两个端点画出对应端点值±0.5%的两个点,通过+0.5%和-0.5%的点各画一条限制线(如图4所示),观察描绘的点都落在限制线之内(含线上),就认为设备满足测试的线性要求,否则对仪器重新进行调整。

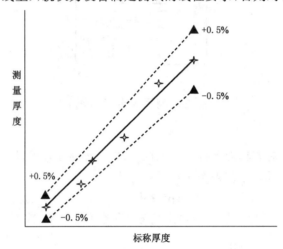

说明:
✦——厚度

图 4 仪器的厚度线性校准

7.3 测量校准

7.3.1 将两块标准样片置于测量仪平台上进行测量,要求所测硅片应于两标准样片厚度之间。

7.3.2 按仪器校准规范进行校准,使标准样片测量值与厚度标称值之差在 1 μm 以内。

7.4 测量

7.4.1 分立点式测量

7.4.1.1 选取待测硅片,置于测量仪平台上。

7.4.1.2 将硅片按平台标识线进行放置(见图3),硅片中心点应置于探头轴线位置(偏差在±2 mm 之内),测量厚度记为 δ_1,即为该片标称厚度。

7.4.1.3 移动硅片,使厚度测量仪探头依次位于硅片上位置2、3、4、5点(见图1)(偏差在±2 mm 之内),测量厚度分别记为 δ_2、δ_3、δ_4、δ_5。

7.4.1.4 或设备选取五点厚度模式,按程序设置测量。

7.4.2 扫描式测量

7.4.2.1 将硅片按平台标识线进行放置(见图3),硅片中心点应置于探头轴线位置(偏差在±2 mm 之内),测量厚度记为 δ_1,即为该片标称厚度。

7.4.2.2 指示器复位。

7.4.2.3 移动硅片,使探头沿扫描路径1~7进行扫描(见图2)。

7.4.2.4 沿扫描路径,记录被测量点厚度,最大值与最小值之差即为该硅片总厚度变化值。对于直接读数仪器,可直接读出该片总厚度变化值,以 μm 为单位。

7.4.2.5 从平台上小心取出试样。

7.4.2.6 对每个测量硅片,进行 7.4.2.2～7.4.2.5 的操作步骤。

7.4.2.7 仅对仲裁性测量要重复 7.4.2.2～7.4.2.4 操作达 9 次以上。

8 测量结果计算

8.1 对分立点式测量,选出 δ_1、δ_2、δ_3、δ_4、δ_5 中最大值和最小值,然后求其差值,将此差值记录为总厚度变化值。

8.2 对扫描式测量,由厚度最大测量值减去最小测量值,将此差值记录为总厚度变化值。

8.3 计算公式如式(1):

$$TTV = \delta_{max} - \delta_{min} \quad\quad\quad\quad\quad\quad (1)$$

式中:

TTV —— 总厚度变化,单位为微米(μm);

δ_{max} —— 被测硅片的最大厚度值,单位为微米(μm);

δ_{min} —— 被测硅片的最小厚度值,单位为微米(μm)。

9 精密度

9.1 通过对标称尺寸 156 mm×156 mm 硅片 10 片,在 4 个实验室进行了循环测量获得精密度。

9.2 对于非接触式厚度测量,单个实验室的 $2s$ 标准偏差小于 1.92 μm。多个实验室的精密度为±0.64%。

9.3 对于非接触式总厚度变化测量,单个实验室的 $2s$ 标准偏差,分立点式小于 2.36 μm,扫描法小于 1.08 μm。多个实验室的精密度,分立点式为±11.56%,扫描法为±11.55%。

9.4 对于接触式厚度及总厚度变化测量方法,其测试精密度可能低于无接触式厚度及总厚度变化测量方法。

10 试验报告

试验报告应包括以下内容:

a) 试样批号、编号;

b) 硅片标称直径;

c) 测量方式说明;

d) 使用厚度测量仪的种类和型号;

e) 硅片中心点厚度;

f) 硅片的总厚度变化;

g) 本标准编号;

h) 测量单位和测量者;

i) 测量日期。

国内知名的超纯气体纯化器供应商

大连华邦值得您信赖的合作伙伴
HPC your trusted partner

★ 国家高新技术企业；

★ 辽宁省瞪羚企业；

★ 专精特新"小巨人"企业；

★ 主要产品体系：超纯气体纯化器的研制生产、加氢催化剂、NO_x 净化装置，以及超纯气体现场供应及管理；

★ 可覆盖全国的 9 个售后服务网点，提供高效的、可靠的售后服务；

★ 服务于半导体、LED、太阳能、光纤、冷轧、化工等多个行业。

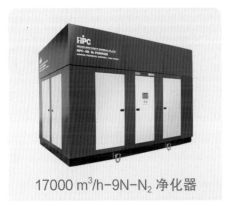

17000 m³/h-9N-N_2 净化器

POU 净化器

室内常温管式纯化器
Room temperature tubular purifier

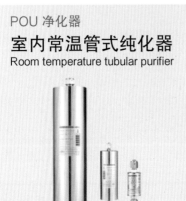

全面的纯化产品应用
Comprehensive application of purified products

★ 目前华邦 HPC-9N 系列纯化器产品，已成功应用于国内多条 30.36 mm 产线（大连、无锡、广东、北京、合肥、武汉等），以及数十条 15 mm ~ 20 mm、TFT、LED、IGBT 等产线，近千台纯化器在线运行；

★ 单台最大流量可达 30000 N/m；

★ 为客户提供超纯气体现场供应及管理、设备维保与租赁服务。

华邦以开发世界顶级纯化技术为终身目标，与伙伴共进，共赢！
Huabang takes the development of the world's top purification technology as its lifelong goal, making progress with partners and win-win!

产品种类

- N_2 净化器
- H_2 净化器
- O_2 vr
- Ar、He 净化器 r
- NH_3 净化器
- XCDA 净化器
- CO_2 净化器

服务热线：400-115-8088
邮箱：ruan.fang@hpcdl.com
网址：www.hpcdl.com

HPC 大连华邦化学有限公司
DALIAN HIGH PURITY CHEMICAL CO.,LTD.

东方电气（乐山）峨半高纯材料有限公司
Dongfang Electric(LeShan) EBan High-purity Material Co., LTD.

公司简介

　　东方电气（乐山）峨半高纯材料有限公司创建于 1964 年，是东方电气集团四川东树新材料有限公司控股子公司，是我国集半导体材料科研、试制、生产相结合的科技开发型企业，是国内较早从事高纯金属及化合物半导体材料的研究、开发和生产的公司，拥有现代化的千级净化厂房和百级超净室，国内领先的 GDMS、ICPMS 检测设备，近六十载，公司研发、生产的高纯金属及半导体材料为我国经济发展做出了重要贡献。

　　公司主要产品分为单质元素、化合物以及氧化物 3 大类，涵盖 5N ~ 7.5N（即 99.999% ~ 99.999995%）碲、镉、锑、铟、磷、银、碲化镉等 20 余种高（超）纯材料，产品广泛应用于红外、光伏、新能源、热电、医学、电子制冷元件、集成电路、半导体、合金等行业，在高新技术领域发挥至关重要的作用，给大国重器提供了关键材料。

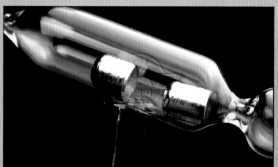

高纯锌 5N-7N

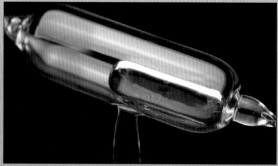

高纯锡 5N-7N

高纯铟 5N-7.5N

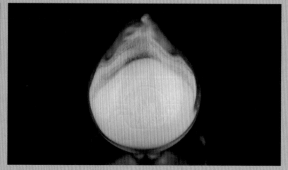

高纯硫 5N-6N

证书

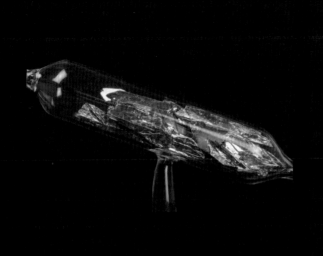

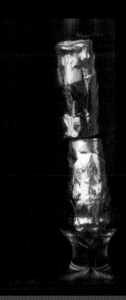

高纯碲 5N–7.5N

高纯镉 5N–7.5N

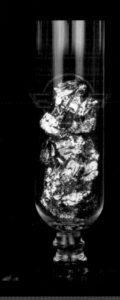

高纯锑 5N–7.5N

高纯磷 6N

东方电气（乐山）峨半高纯材料有限公司
Dongfang Electric(LeShan) EBan High-purity Material Co.，LTD.
地址：四川省乐山市夹江县新场镇经开大道 206 号
电话：19181377776

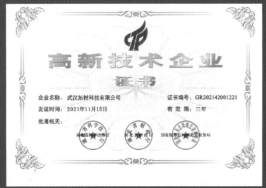

武汉拓材科技有限公司成立于 2015 年 10 月 10 日，坐落在中国光谷——葛店国家经济开发区，是一家专注于研发、生产、销售高纯半导体材料的高新技术企业。主要生产的产品有纯度从 99.99% ～ 99.999999% 的碲（Te）、镉（Cd）、铟（In）、镓（Ga）、锑（Sb）、锗（Ge）、砷（As）、硒（Se）、铝（Al）、锌（Zn）、磷（P）等 15 种高纯元素，以及磷化铟、碲化镉、锑化镓、氧化锗、氧化镓、氧化铟等 20 余种高纯化合物材料，也可以根据需求定制其他高纯材料。

产品质量通过加拿大国家检测中心、美国埃文斯等第三方国际权威检测机构的检测认证，产品纯度处于国际前列。获得 ISO 9001 质量管理体系、环境管理体系、职业健康安全管理体系认证证书。公司产品广泛应用于半导体芯片、太阳能电池、半导体靶材、人工晶体、高端合金等领域。

本着"理论研发联合高校、应用研究立足公司"的研发思路，公司与中国科学院半导体所、武汉理工大学材料复合新技术国家重点实验室、华中科技大学光电国家重点实验室建立了深入的产学研合作，获批成立院士专家工作站 1 个，校企合作中心 1 个，建成了基于材料提纯核心数据库平台和化合物半导体研发平台，拥有 ICP-MS 等各类检测设备十余台。近五年来，研发投入超过 2000 万元，获得国家专利 40 余项，承接了国家部委、省、市级多项重点技术攻关研发项目。

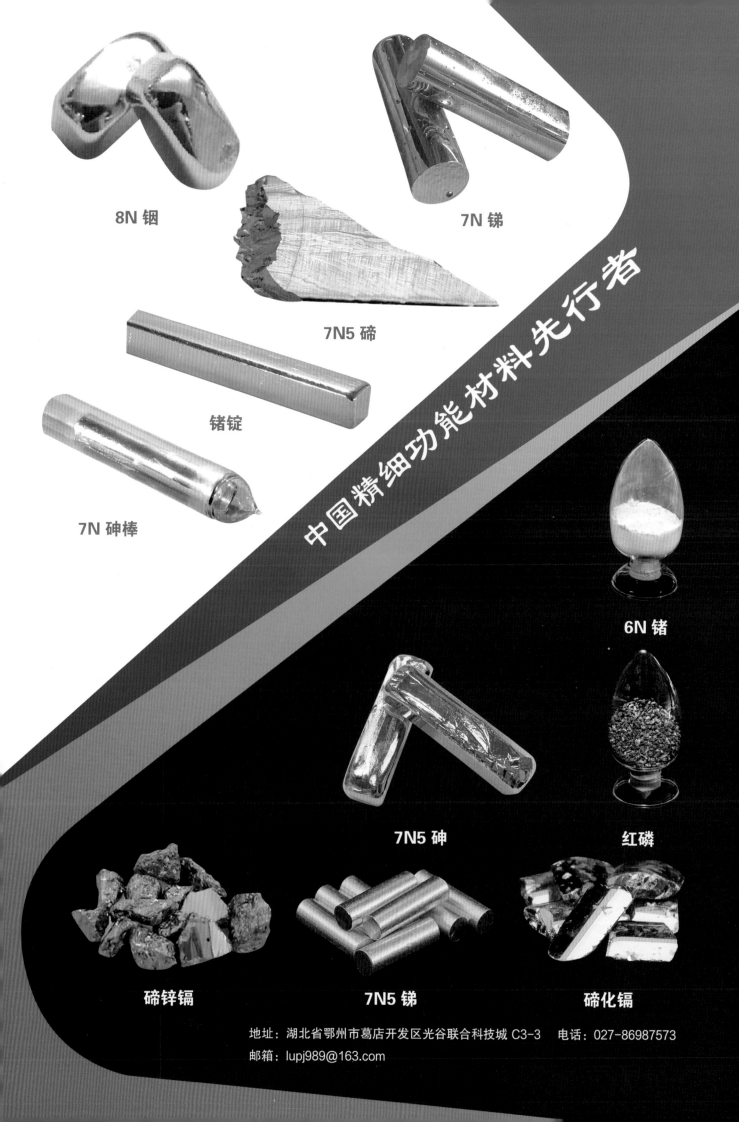

8N 铟

7N 锑

7N5 碲

锗锭

7N 砷棒

中国精细功能材料先行者

6N 锗

7N5 砷

红磷

碲锌镉

7N5 锑

碲化镉

地址：湖北省鄂州市葛店开发区光谷联合科技城 C3-3　电话：027-86987573
邮箱：lupj989@163.com

广东先导微电子科技有限公司

Guangdong leading Microelectronics Technology Co. , Ltd.

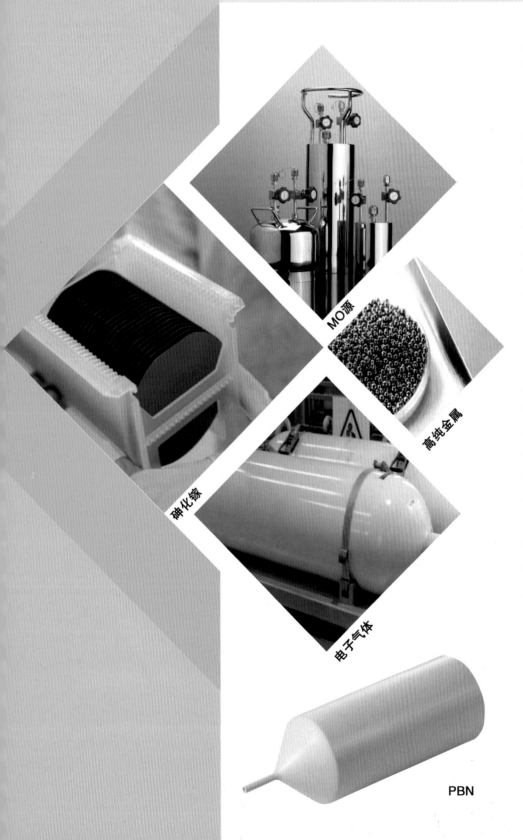

砷化镓

MO源

高纯金属

电子气体

公司简介

　　广东先导微电子科技有限公司是一家专业从事砷化镓、磷化铟、锗及其相关高纯、超高纯半导体材料的研发、生产、销售和回收服务的综合型科技企业。公司服务于全球多个国家和地区，在国内外半导体材料行业具有较高的品牌知名度，产品国内市场占有率高，国际认可度高，并远销欧美、日本、韩国等国家。

　　公司积极在化合物半导体研发和生产领域，在已有技术的基础上，结合中外化合物半导体生产的成熟技术，采用先进的垂直梯度冷凝法（Vertical Gradient Freeze，简称 VGF 法）技术，自主研发出磷化铟多晶、5 cm ～ 15 cm 磷化铟单晶及晶片、2.5 cm ～ 20 cm 砷化镓单晶及晶片、10 cm ～ 20 cm 锗单晶及晶片、MBE 超高纯材料、MO 源、特气、热解氮化硼等生产技术，建成了具有自主知识产权的产品研发及规模化产业化生产线。

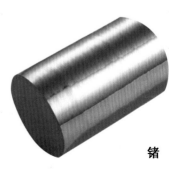

PBN   锗

公司布局于全产业链，从原材料的提纯、晶体生长、晶圆制造再到金属回收，是国内能够对全产业链进行整合的化合物半导体材料公司，是全球产能较大的砷化镓产品生产商之一，是国内研制出分子束外延（MBE）用超高纯金属材料并进行批量化生产的企业。

证书

IATF 16949证书
（中文版）

ISO 9001

ISO 14001

知识产权管理体系
认证证书

地址：广东省清远市高新区创兴三路 16 号 A 车间
电话：020-83511906

西安晟光硅研半导体科技有限公司

西安晟光硅研半导体科技有限公司成立于 2021 年 2 月，注册资本 2474.6628 万元，公司主营业务为半导体材料及专用设备的研发和销售。主要产品包括围绕第三代半导体晶锭材料的滚圆、切片、划片等设备。作为新一代半导体材料加工设备的技术领先者，晟光硅研拥有半导体加工设备领域核心技术专利十余项，其掌握的微射流激光切割技术，已经成功完成 15cm 碳化硅晶锭的滚圆、切片和划片，同时技术兼容 20cm 晶体滚圆切片，可实现高效率、高质量、低成本、低损伤、高良品率碳化硅单晶衬底制备。

晟光硅研在专注滚圆、切片、划片设备及工艺定型之余，同时拓宽服务特种材料探索及代工，从碳化硅成熟应用为起点，打样测试及代工包括但不局限于：氮化镓晶体、超宽禁带半导体材料（金刚石、氧化镓）、航空航天特种材料、陶瓷复合材料、闪烁晶体等，解决硬、脆、贵材料加工瓶颈。

未来，该项技术设备也将为航空发动机热端部件制造、航空器 CFRP 结构件加工、CMC 刹车片材料加工、大规模集成电路晶片切割等行业提供领先的解决方案。同时，由于其在三代半切割领域具有独创性、开拓性与先导性，具有非常广泛的推广应用价值，也势必引起全球范围内该领域的技术迭代。

产品功能及主要技术

微射流激光技术（Laser MicroJet，LMJ）

聚焦激光束耦合进高速水射流，在水柱内壁形成全反射后形成截面能量均匀分布的能量束。

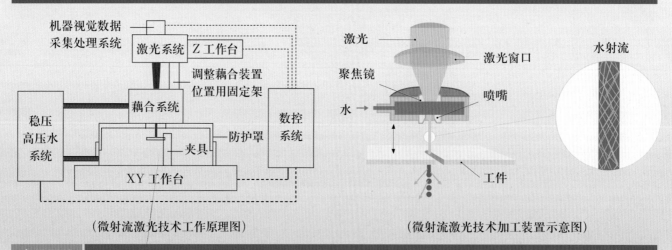

（微射流激光技术工作原理图）　　　　（微射流激光技术加工装置示意图）

产品图片

微射流激光技术与传统方式的对比

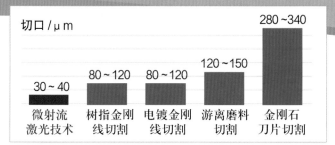

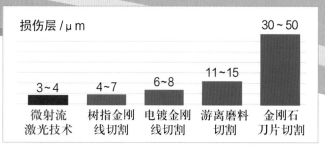

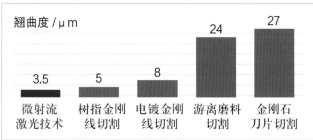

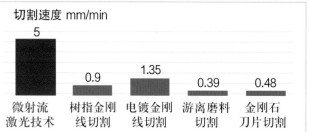

相比较于传统方式，微射流激光技术能降低 SiC 衬底总成本 1/3。

微射流激光先进技术加工硬脆材料的优势

（1）无需对焦，水射流中的保持其中的激光完全平行，可实现 30 μm 以下的损耗切割，确保了高质量的加工壁和切边，节约了材料成本；

（2）水射流避免了加工废料的堆积，高能水射流驱散废料离子避免加工毛刺，损伤层在 3 μm ～ 4 μm，极大地降低后续抛磨难度；

（3）水射流冷却作用避免了热损伤和材料变化，使得翘曲度达到 3.5 μm 左右，保证了材料的一致性；

（4）加工设备损耗小，比金刚线加工损耗大大降低，省去换耗材的时间和调校设备时间。

应用领域加工成果图

SiC 晶锭滚圆　　　　　　　　　　　　　　　　SiC 晶体异型切割

SiC 晶圆微孔刻槽　　　金属化金刚石切割　　　氧化镓衬底异形加工　　晶圆划片　航空航天复合材料

陶瓷切割　　氮化镓晶体切割　碳陶复合纤维打孔　金刚石衬底切片　金属钨棒打孔　金属钴切片　闪烁晶体切块

地址：陕西省西安市国家民用航天产业基地航天南路中国电科西安产业园 6 号楼

电话：17392516210

VULCAN
Materialing the Future

国产高端热场材料先行者

关于我们

嵊肯科技是一家专注于高端热场材料研发及生产的高新技术企业，主要产品包括碳纤维热场材料、高纯石墨材料、碳碳复合材料、SiC涂层产品及碳纤维复合材料等。目前嵊肯产品已广泛应用于半导体级大硅片长晶、SiC及化合物半导体长晶、光伏长晶、蓝宝石＆LED长晶、光通信预制棒生长＆光纤拉丝、高端热处理与冶金行业等相关领域，并可为客户提供配套热场材料应用技术方案及服务。

嵊肯科技拥有着一批深耕于炭材料行业多年的高端研发与技术人员团队，包括博士生5人，硕士生20多余人，同时与浙江大学、上海交通大学、东华大学、上海大学等多家科研单位保持着紧密地产学研合作。

嵊肯科技目前拥有专利30余项，其中发明专利16项，实用新型专利15项。

嵊肯科技总部位于杭州，同时在浙江省杭州市、诸暨市、湖州市（建设中）拥有4个集研发与生产基地。

目前，嵊肯科技已完成D轮股权融资，由国家中小企业发展基金（浙普）领投，合肥产投、金浦智能（二期）、稼沃资本、吴兴产投、上海诺毅、厚合资本、浙科投资共同参与。

嵊肯科技全体人员一直致力于提升中国碳材料在全球的影响力，并为中国材料的进步与发展做出一份贡献。

主要产品

软毡

PAN 基石墨软毡

改性石墨软毡

黏胶基软毡

石墨

三瓣坩埚

加热器

石墨盘

碳碳

CC 坩埚

CC 结构件

CC 高强度板材

硬毡

保温筒

炉底盘断热材

碳布表面硬毡

地址：浙江省杭州市钱塘区江东六路 5588　　电话：15705851977/+86-571-57183100
号邮箱：vulcanhz@vulcan-hz.com　　网址：http://www.vulcanhz.com/

广西铟泰科技有限公司
Guangxi Intai Technology Co., Ltd.

公司简介

　　广西铟泰科技有限公司成立于1999年10月8日，注册资金6648.35万元，是一家主要从事高纯金属材料制造高科技企业，生产工艺是自主开发的，具有国际水平，专业从事5N–8N碲、镉、锑、铟、锌、银、锡、硒等20余种高纯金属材料及其系列产品的研发、生产和销售，被广泛应用在电子计算机、太阳能电池、电子、光电、国防军事航空航天、核工业和现代信息产业等高科技领域，具有极其重要的战略价值。

　　广西铟泰科技有限公司坐落于柳州市柳城县六塘工业园，厂房面积9000 m²，洁净厂房面积8000 m²。公司技术力量雄厚、生产工艺先进成熟、质量控制严格、质量管理体系完善，产品检测设施先进齐全。通过采用先进提纯技术、严格的质量标准以及先进的分析检测设备，使产品质量达到国际先进水平。2019年通过广西自治区高新技术企业认定，2022年2月8日被美国列入BIS公布的33家中国实体企业UVL名单，成为被美国制裁的中国制造企业。

　　公司的发展目标是成为高纯金属材料及其相关的高新功能材料加工生产和技术研发的高新科技企业，向市场提供高质量产品和技术服务，发展自身的核心提纯技术，不断开发高纯金属材料市场需要的高新材料，以此树立起高科技企业的形象。

洁净车间

分析设备

银

锑

镉

铟

碲

理事单位

高新技术企业

环保许可

地址：广西壮族自治区柳州市柳城县六塘镇六塘
　　　工业区建安路 1 号
电话：0772-7751966

安徽长飞先进半导体有限公司

企业基本情况

发展历程：安徽长飞先进半导体有限公司成立于2018年1月31日，公司注册资本11903.7208万元。公司主要从事第三代半导体（碳化硅、氮化镓）材料、器件、模块封装的研发及生产，目前公司已实现从材料、芯片到模块封装与测试的全流程的量产。

经营情况：长飞先进半导体现有总资产198509.93万元，总负债8880.96万元。2021年实现营业收入11560.99万元，同比增长233%，2022年1-8月公司实现营业收入超8000万元，同比增长70.08%。公司现有员工406人，其中研发人员176人，研发人员占比达43.35%。

核心产品：

（1）SiC功率器件的代工，具备200V～3300V/5A～50A功率器件研究、开发、生产与测试能力。可代工生产SiC外延片、SiC肖特基二极管、SiC MOSFET等。这些器件可广泛用于新能源汽车、光伏、功率放大器（PA）、充电器、充电桩等领域。

（2）各种先进的GaN射频器件的代工，具备100GHz频段的高频器件和集成电路研究、开发、生产与测试能力。可代工生产广泛应用于通信、雷达等领域的SiC基微波HEMT、射频集成电路。

（3）器件封装与测试的代工，具备≤100GHz高频集成电路芯片、200V～3300V/5A～50A高功率器件的封装与测试能力。

（4）功率模块的代工，重点生产IPM智能功率模块、IGBT功率模块。这些产品主要用于变频电机驱动、家用电器、光伏逆变、风能发电、充电桩、轨道交通、新能源汽车等新兴产业领域。

行业情况：长飞先进半导体已形成每年加工5万片晶圆、每年封测300万只IPM智能功率模块、60万只IGBT功率模块、1800万只功率单管的生产能力。长飞先进半导体以CREE、ROHM等国际领先的第三代半导体制造企业为目标，力争实现第三代半导体领域的芯片国产化和自主化。

发展设想：2022年长飞先进半导体将坚持"以研发为基础，以良率为根本，以销量为目标，以产能为王道"的工作总体方针，争取公司的碳化硅功率器件在国内新能源、光伏、电动汽车等领域大规模应用，向着成为国内第三代半导体企业、国际先进半导体制造企业的目标奋勇迈进。

2022年长飞先进半导体新增实施研发项目5项，分别为SiC沟槽高功率密度功率器件的研发、SiC外延关键核心工艺研发、SiC基GaN毫米波器件工艺开发、650V GaN E-HEMT器件研发、新型碳化硅模块开发，总预算5880.96万元。

企业技术创新情况

研发投入及团队：长飞先进半导体2021年研发投入4246.66万元，同比增长100.29%。公司2021年共引进大专以上人才164人，其中高级人才33人；新增高层次人才团队1个，2021年获得安徽省委组织部"115"团队1个。

研发平台和机构建设：长飞先进半导体2020年获批国家双创示范基地支撑关键领域创新平台；2021年被认定为安徽省新型研发机构；2021年与西安电子科技大学芜湖研究院共同组建安徽省第三代半导体材料与核心器件产业创新中心；目前已建成国家级平台1个，省级平台3个。

产学研合作：长飞先进半导体先后与清华大学集成电路学院、西安电子科技大学芜湖研究院、电子科技大学、华南师范大学半导体科学与技术学院等高校签订了战略合作框架及人才实训基地共建协议。

科研项目方面：长飞先进半导体目前已承担安徽省科技重大专项项目3项、芜湖市重大科技项目1项、芜湖市科技计划项目2项，总研发经费1.218亿元。

知识产权方面：长飞先进半导体2021年新增申报专利53项（发明专利25项）；长飞先进半导体已有授权专利62项（发明专利10项），2022年至今新增授权专利22项（发明专利4项）。

标准制定方面：长飞先进半导体2021年参与申请制定国际标准1项，已开始制定；长飞先进半导体牵头申请制定国家标准2项；长飞先进半导体2021年牵头申请制定团体标准2项；参与制定行业标准1项，于2021年正式颁布。

企业资质方面：长飞先进半导体2021年成功入围安徽省研发投入强度百强、芜湖市研发投入五十强；2021年被认定为国家高新技术企业；获批2021年芜湖市"专精特新"中小企业、2021年度安徽省"专精特新"中小培育企业。

地址：安徽省芜湖市弋江区利民东路82号　电话：0553-2112627　https://www.yascsemi.com

MCL 麦斯克电子材料股份有限公司

公司简介

麦斯克电子材料股份有限公司（简称麦斯克电子）成立于1995年，地址位于中国洛阳国家高新技术产业开发区，是一家集直拉单晶硅、硅抛光片研发、生产和销售的高新技术企业，主要生产12cm、15cm、20cm电路级单晶硅抛光片。

麦斯克电子是国内较早通过TS 16949体系认证的硅片制造企业之一，公司的生产规模、质量管理和技术水平均处于行业先进地位，先进的工艺设备、齐全的检测手段、配置优良的厂务系统和优越的生产环境为产品质量提供最可靠的保障。麦斯克电子建有河南省企业技术中心，2018年被国家工业和信息化部评为"大规模集成电路硅基底智能制造试点示范"企业，2020年入选国务院国有企业改革领导小组办公室评选的"科改示范行动企业"，2022年成为"河南省创新龙头企业"。

发展历程

1995年 由美国MEMC公司与洛阳单晶硅厂上级主管单位合资成立，是国内较早生产10cm、12cm免洗单晶硅抛光片的制造商。

2000年 引进美国UNISIL公司150 mm直径硅片生产线。

2004年 通过ISO/TS 16949质量管理体系认证。

2007年 通过ISO 14001：2004环境体系认证。

2014年 在新厂址建立全新的兼容200 mm的硅抛光片生产线。

2018年 被国家工信部评为"大规模集成电路硅基底智能制造试点示范"企业。

2020年 入选国务院国有企业改革领导小组办公室评选的"科改示范行动企业"。

2021年 被国务院国有资产监督管理委员会评为"国有重点企业管理标杆创建行动标杆企业"。

2022年 被评为"河南省创新龙头企业"和"河南省质量标杆"。

主要产品

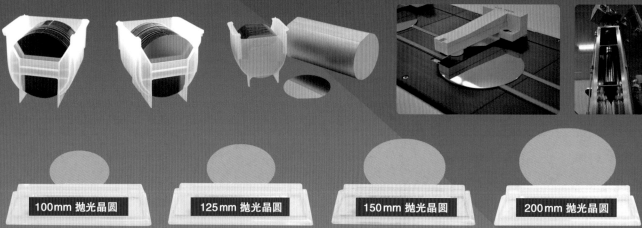

100mm 抛光晶圆　　125mm 抛光晶圆　　150mm 抛光晶圆　　200mm 抛光晶圆

公司资质

地址：洛阳高新技术产业开发区滨河北路99号
销售咨询热线：0379-63390449
销售邮箱：sales@mclwafer.com

成都方大炭炭复合材料股份有限公司

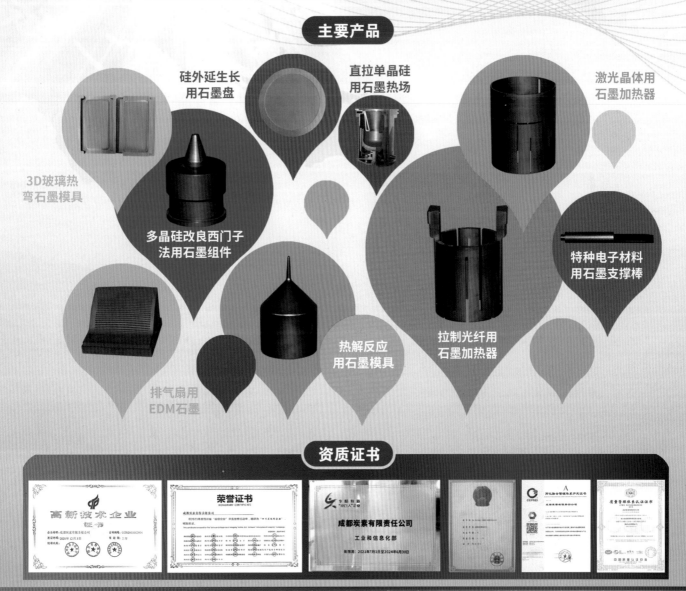

公司概况

唐山三孚电子材料有限公司（简称三孚电子）上市公司三孚硅业的全资子公司，成立于2016年12月9日，注册资本1.8亿元人民币，预计总投资2.88亿，目前有技术及管理，生产等60余人，三孚电子材料年产500t电子级二氯二氢硅及1000t电子级三氯氢硅。公司目前有多项发明和实用新型专利，其中"一种同时生产电子级二氯二氢硅，电子级三氯氢硅以及电子级四氯化硅的技术"发明型专利已获授权。公司已顺利通过ISO 9001:2015、ISO 14001:2015、ISO 45001:2018以及IATF 16949:2016认证并取得相关证书。同时，公司是电子工业用二氯硅烷的国家标准制定单位之一。

获得专利

DCS/TCS产品COA

产品充装与包装形式

5-21T TCS罐车

40L DCS钢瓶　450L/1000LDCS罐　210L、900L TCS罐

公司优势 advantagea

三孚电子是三孚硅业绿色循环"两硅两钾"产业链的延伸，公司从硅粉源头做起，做到最终的电子级DCS、TCS产品，同时三孚运输公司自配危化品物流运输车队，确保产品安全，及时供应到客户。
三孚电子材料拥有国际先进的ICP-MS、氦离子化色谱仪(GC-DID)、红外光谱仪等分析仪器。

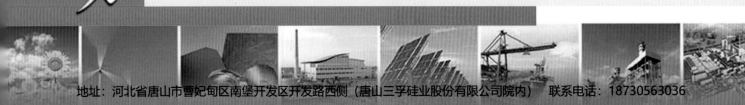

地址：河北省唐山市曹妃甸区南堡开发区开发路西侧（唐山三孚硅业股份有限公司院内）　联系电话：18730563036

青海芯测科技有限公司

公司简介

青海芯测科技有限公司成立于2019年8月，隶属国家电力投资集团青海黄河上游水电开发有限责任公司，拥有目前国内按照国际半导体设备和材料（SEMI）标准设计建造的实验室。公司配备了半导体材料专用检测设备5大类50多台（套），检测及研发人员35名，具备集成电路用高纯硅材料、硅基材料、高纯电子特种气体、高纯电子化学品等8大类65项检测能力，在集成电路用高纯硅材料、硅基材料产品纯度及超痕量杂质检测，高纯电子特种气体、高纯电子化学品检测等方面拥有一流的检测及研发能力。

资质

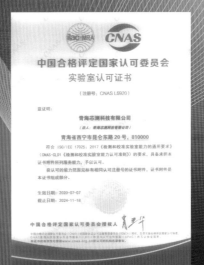

CNAS 证书中文

CMA 资质认定证书

荣誉

青海省新能源材料与储能技术重点实验室、与浙江大学硅材料国家重点实验室共同开展集成电路用硅材料研发、西宁市集成电路用硅基材料研发中心、西宁市科技型企业。

设备

FZ-100 悬浮区熔炉

高分辨电感耦合等离子体质谱仪

低温红外检测仪

地址：青海省西宁市经济技术开发区东川工业园区昆仑东路 20 号　电话：0971-8861220/8861200

公司简介

　　湖南恒光化工有限公司是一家以基础硫化工为平台，以精细化工及新材料为主导的化工新材料研发、制造和服务的现代化高科技企业。

　　公司为湖南恒光科技股份有限公司全资子公司，地处中南地区重要工业城市湖南衡阳，厂区位于国家重点盐化工及精细化工产业基地衡阳松木经开区，配套设施完善，交通十分便利。公司始建于2008年，是衡阳市"深洽周"上签约的重点招商引资项目，列入衡阳市重点工程公司，注册资金1.5亿元，当前总资产4.45亿元，现有员工300余人。

　　公司建有硫铁矿制酸及精细化工新材料等先进装置。具有年产30万t硫酸、15万t铁精粉、2万t氨基磺酸、2万t钙铝水滑石的生产能力，生产工艺和技术处于国内先进水平。主要产品有硫酸系列、铁精粉、氨基磺酸、钙铝水滑石、焦亚硫酸钠、亚硫酸钠以及蒸汽。公司始终坚持"质量第一、用户至上"的经营理念，产品远销海内外并获得客户的一致好评。

　　公司立足工业园区，利用产业集群，坚持"发展循环经济、实现综合利用，依托技术创新、改造传统产业"的经营模式，构建循环经济产业链。多年来公司坚持循环经济产业模式和环保节能的发展理念，以30万t硫铁矿制酸为平台，以硫化工为主导，积极发展精细化工新材料，现已延伸产业链向高端、精细、新材料、环保服务等方向发展，实现产品由初级资源型向高端材料型转变。

　　公司为湖南省高新技术企业，并通过了ISO 9001：2015质量管理体系、ISO 14001：2015环境管理体系、ISO 45001：2018职业健康安全管理体系认证，取得了危固废经营许可资质、国家安全生产标准化二级资质等；被列为危化品运输信息化管理试点企业。

发烟硫酸

硫酸

试剂硫酸

焦亚硫酸钠

氨基磺酸

七水硫酸镁

区熔锗锭

地址：湖南省衡阳市石鼓区松木工业园上倪路1.5千米处　电话：0734-8328900　15675496850

半导体材料标准汇编
广告目录

半导体材料标准汇编
鸣谢单位

单位	人员
隆基绿能科技股份有限公司	李振国　邓　浩
陕西有色天宏瑞科硅材料有限责任公司	苏旭盛　徐　岩　赵渭滨
中船（邯郸）派瑞氢能科技有限公司	李绍波　孟祥军　李翔宇
江苏双良新能源装备有限公司	王法根
大连连城数控机器股份有限公司	黎志欣　胡动力
无锡上机数控股份有限公司	杨建良
麦斯克电子材料股份有限公司	史建强　陈卫群
东方电气（乐山）峨半高纯材料有限公司	李陈虎　张双全
广东先导微电子科技有限公司	周铁军　马金峰
武汉拓材科技有限公司	卢鹏荐　蔡　斌
唐山三孚电子材料有限公司	孙任靖
洛阳中硅高科技有限公司	万　烨　严大洲
浙江森永光电设备有限公司	李正良　周　冀
大连华邦化学有限公司	侯　鹏
成都方大炭炭复合材料股份有限公司	李　虓　朱　刚　赵世贵
西安晟光硅研半导体科技有限公司	郭　辉　杨　森　张　聪
幄肯新材料科技有限公司	唐　波　王二轲
广西锢泰科技有限公司	张光龙　詹　科　唐远光
青海芯测科技有限公司	薛心禄
湖南恒光化工有限公司	陈建国　刘巧栾
安徽长飞先进半导体有限公司	陈重国　钮应喜　袁　松